学术生命与生命学术

张立文学术自述

张立文/著

中国人民大学出版社
·北京·

自　序

"人生就在于奋进，生命就在于创造，只要认定了目标，就要不断地追求，以达真、善、美的境界。"① 这是我 1984 年经国务院学位委员会特批为教授后对访问者说的话。它既是我学术生命的深切体验，也是我生命学术的矢志追求，学术生命与生命学术的紧张和融突构成了我这一生学术生涯的风风雨雨。

生也有涯，知也无涯。以有限的体质生命追求无限的知识学术，艰也！难也！老子说："人法地，地法天，天法道，道法自然。"人的学术生命与生命学术度越不了时代和环境的"地"的生存世界，也度越不出性命和机运的"人"的意义世界，以顺应自然而然的"道"的可能世界。基于此，我把自己的生命大体分为两个阶段："文化大革命"以前为学术的生命，之后为生命的学术。有生命的存在与开拓，才有学术的追求与发展。生命是学术的体能和智能的支撑，学术是生命的意义和价值。但在"文化大革命"结束前的时代和环境，只能有学术生命，而不可能有生命学术，假如有，也只能处于"潜龙勿用"状态，以保生命的生存，而罔顾学术。学术和生命相兼并得，是"文化大革命"后所开出的新局面。

依照我的理解和体会，学术生命是以生命投入学术，以求生和求学为宗旨，在求生存中求学术。在那"考零分为光荣"、"斗大字不识一箩筐"为荣耀的"打倒学术权威"的社会氛围中，学术被视为反动，被视为"白专道路"，被误读为是与要灭掉的资产阶级思想联系在一起的。但我却把生命投入学术，尤其是投入哲学社会科学的学术，而不是"理工科还是要

---

① 中国社会科学院哲学研究所编：《中国哲学界学者简介·张立文》，见《中国哲学年鉴 1985》，315 页，北京，中国大百科全书出版社，1985。

办的”学科，故而被人视为“傻子”“书呆子”。然而，我无怨无悔，克服一切艰难困苦，不管学术生命道路上陷阱遍布，荆棘丛生，我认定了目标，坚持走下去。

求学术的最好途径、最优选择是考大学，这是我学术生命的最初目标。学术生命支撑着我度过“红薯当粮草，火炉当被袄，竹篾当灯草”的“三同”岁月，挺过镇反运动“坦白从宽，抗拒从严”的批斗时日，度过“横扫一切牛鬼蛇神”“知识愈多愈反动”的“革命”春秋。历经种种磨难，庆幸生命的实存，庆幸考上中国人民大学，起始了学术生命。

学术生命既已起始，就不能中途而废，而只能不断追求。因此，我放弃了结束“牛郎织女”生活的祈望，抛开了一跃龙门而成为领导阶级的荣耀，只想过艰苦的、平淡的、宁静的、无利的、无出息的（当时是这样看的）学术生活，以能延续学术生命。在当时确有点“生命诚贵，亲情价高，为了学术，皆可抛弃”的意味。正由于有这么一点精神，所以在“三同”之余，耕耘之后，运动之间，批斗之暇，也还捧书沉潜，自我切磋，偶思所得，喜不自禁。读书给人以知识的海洋、智慧的启迪、人格的塑造、道德的培育、思维的锻炼、观念的构成，并给人以烦恼的缓解、孤独的消除、痛苦的减少、精神的安抚，因此，读书求学成了我生活的主要内容，学术生命是我自己交往活动的主旨。

“文化大革命”后，我的学思历程发生了显著变化，学术生命的开展与生命学术的追求交相贯通。如果说学术生命是把生命投入学术，生命在学术的交流、涵泳中流逝，那么生命学术的主旨则是以生命转生学术，转生智慧，生命在学术的交流、涵泳中获得深刻的体验，换言之，即转生命为智慧。

生命是我们活着的实存主体与生俱来的。荀子认为，生命现象不仅人具有，而且草木、禽兽也具有。“水火有气而无生，草木有生而无知，禽兽有知而无义，人有气、有生、有知亦且有义，故最为天下贵。”贵的价值就在于人有知、情、义的生命现象以及道德。生命可以与生俱来，但智慧不能。人来到这个世界上时，无论出身如何，贫贱抑或富贵，智慧都是一张白纸，任何人均得从零开始学习，在白纸上涂鸦。这就是说，天老爷一视同仁，人人平等，把每个人放在同一起跑线上，没有任何优待和偏爱，每个人必须依靠自己在竞赛场上的拼搏去获得成绩和智慧。

转生命为智慧，就是在这个竞赛场上，生命在体验、反思、探索、总结学术生命中，在学术生命走近生活、走近社会、走近现实中，在化解人类所共同面临的人与自然、人与社会、人与人、人的心灵、不同文明间的冲突中，以及由此五大冲突所造成的生态危机、社会危机、道德危机、精神危机、价值危机中，以全球的视野、人类的意识来观照学术生命，以实现转生命为智慧。

智慧之智，见于甲骨文，《说文》："智，识词也。"慧不见于甲骨文，《说文》："慧，儇也。"徐锴《系传》："儇，敏也。""智慧"两字均有聪明的意思。墨子主张尚贤使能，以治理国家，"若使之治国家，则此使不智慧者治国家也，国家之乱，既可得而知已"①。孟子与公孙丑辩论，讲到周文王依靠其小国而建立丰功伟业，是困难的。齐国有句俗语："虽有智慧，不如乘势。"② 现在乘势推行王政，与周文王相比，就容易多了。智慧指聪明、才智。"智慧"又作"智惠"，荀子认为，天子势位至尊，应该是"道德纯备、智惠甚明、南面而听天下，生民之属，莫不振动从服以化顺之"③。佛教传入中国后，智慧为梵语般若的意译。《大智度论》卷四三载："般若者，一切诸智慧中最为第一，无上无比无等，更无胜者，穷尽到边。"是指了悟迷惑、证实真理的识力。西方把爱智慧理解为哲学，它是对希腊文 philosophia 的翻译。简言之，智慧既指人体认、辨析、判断的才智和与时偕行的创新发明的智能，也指度越形相、无形相和超名言之域的理智了悟。

如何由学术生命向生命学术转生？如何能转生命为智慧？如何由体认才智到理智了悟的超拔？如何把超名言之域的不可能性变为现实的可能性？如此，就不能仅停留在显性现象的层面，如身的求生活动，心的求学活动，以及社会的政治、经济、文化的求知活动和审美经验的求情活动，

---

① 吴毓江：《墨子校注》卷二，77 页，北京，中华书局，1993。

② 《公孙丑上》，《孟子集注》卷三，《四书五经》本。

③ 荀况：《荀子新注》，北京大学《荀子》注释组注释，293 页，北京，中华书局，1979。按：惠，同慧。

这些都是在探索学术生命的“是什么”之域。生命学术是变“是什么”为“为什么”的求索，即变“所当然”为“所以然”的探求。“一阴一阳之谓道”，是“所以阴阳者，道也”。所以，道体的追求是德性的观念层面，它具有制约、影响显性现象价值导向的意义。但隐性观念是在对显性现象的体悟中了悟的，是“为什么”对“是什么”之深层奥秘的觉解，是对“打破砂锅问到底”之“底”的觉悟，即是一种度越形相与无形相、度越名言之域的理智了悟和觉解。

转生命为智慧，关键在智慧。智慧所关注的是点燃与时偕行的发明创新智能的火花，提出化解当代人类所共同面临的冲突和危机的系统理念，构建体现时代精神的中华民族的哲学理论思维体系。如果说我的《周易思想研究》《朱熹思想研究》《宋明理学研究》《走向心学之路——陆象山思想的足迹》《李退溪思想研究》《正学与开新——王船山哲学思想》《戴震》等，是代古人发言，画古人思想之画，再现古人精神之风采，那么就需要遵循求真、求善的原则，而不能借古人思想之题，任意发挥而太离谱。只能依据其本人的著作文本、相关的记载之真，描述其思想形象，阐发其心灵气质，诠释其理想精神，整合其精、气、形而成研究对象的完善本真。虽后人、今人与古人存有时空的差距，以及后人、今人在与时偕行的不同人文语境中不可避免地带有时代的“前见”“前识”，而不可能完全再现古人的本真和其思想的本义，但对实存主体的研究者来说，在其理念层面应力求贴近研究对象的精、气、形，尽量缩短由时空差所造成的隔界。它要求研究者有一种诚实的态度和真诚的诠释。在这里，研究者与被研究对象之间的关系是一种“我注六经”的关系。

那么，如何转生命为智慧？简言之，就是建构独具个性化的、生命智慧的、智能创新的理论思维体系。我的《中国哲学逻辑结构论》《传统学引论》《新人学导论》，就是度越中国传统哲学理论思维形态的探索；《和合学概论》《和合与东亚意识》《和合哲学论》，是在上述“三论”基础上的提升，是在重建伦理价值、安顿价值理想、营造精神家园、落实终极关切的根基上，进入和合生生道体的天人和乐的美的境界。这个天人和乐的和合世界，在终极追求上是与儒家的大同世界、佛教的西方极乐世界、道教的神仙世界、基督教的天国世界、伊斯兰教的天堂世界相贯通的。从这个意义上说，生命学术已度越了学术生命的精、气、形的“我注六经”的学术进境，而跃于和合生生道体的建构中华民族自己的理论思维体系的途中。这里，我与“六经”的关系已转变为“六经”为我所用，“六经”是说明以及论证我的观点、理念的资源和活水，这就把超名言之域的不可能性转变成了可能性。

转生命为智慧，是转学术生命的照猫画虎式的“照着讲”、“声一无听”式的“跟着讲”、秉承衣钵式的“接着讲”，为生命学术的独具匠心式的“自己讲”“讲自己”。“自己讲”“讲自己”是古希腊哲学“认识自己”的逻辑延伸。“认识自己”要求直面生命的本来面目，“讲述自己”要求直面“话题本身”或生命学术本身，“讲述自己”是对“话题本身”或生命学术本身的体贴、发明和创新。传说苏格拉底为了证实神谕“苏格拉底是最聪明的人”，到处找有知识的政治家、诗人甚至工匠谈话，以求证自己是否比他人更聪明、更智慧，从而证明神谕是驳不倒的。他反躬自问，觉得自己其实毫无所知，“自知自己无知”正是他的聪明所在。柏拉图说：“像苏格拉底那样的人，发现自己的智慧真正说来毫无价值，那就是你们中间最智慧的了。”① 苏格拉底要求人人都“自知自己无知”，而要人“认识自己”。“自己讲”“讲自己”，正是由于自知自己无知，不会“自己讲”“讲自己”的哲学，才要求知自己哲学的无知，从而激起强烈地求知自己民族之哲学的动力，获得自己知自己哲学之知，讲自己哲学之讲。

如果说苏格拉底教人要“认识自己”，就是说要人认识“真正的我”，那么我们“自己讲”“讲自己”就是要认识中华民族真正自己哲学之我，把自己从西方形形色色的哲学、主义的注脚中解放出来，从削足适履地肢解中华民族自己的哲学以合西洋哲学之谓哲学之履中超拔出来，从那种分门别类的按宇宙论、认识论、辩证法、历史观等教条式的重新组装的固定框架中跨越出来。只有这样，才能有中华民族真正自己哲学之我，才能“自己讲”“讲自己”哲学之真，才能建构真正适应中华民族与时偕行所需要的哲学智慧，以及化解人类所共同面临的冲突和危机的智慧之学；只有

① 北京大学哲学系外国哲学史教研室编译：《西方哲学原著选读》上卷，68页，北京，商务印书馆，1981。

这样，才能真正实现转生命为智慧，使生命学术变为现实。

“对酒当歌，人生几何！譬如朝露，去日苦多。慨当以慷，忧思难忘。”[①] 人生在世，生命如流星，一闪而逝，若能闪出一丝光芒，就有所价值了。事实上，数以千万计的流星默默无闻地、无显光芒地消失在宇宙中，又有谁看得见！谁知道！如果说人生是一种担当、责任和使命，那么就应该忧中华民族文化处弱势之忧，忧未真知中华民族自己哲学之忧，忧不能讲中华民族自己哲学之忧，忧思难忘！人生虽“慨当以慷”，但若没有孟子那种“当今之世，舍我其谁”的气魄和精神，那么就没有这种担当的能力和智慧。既然如此，还是回头以平常心做平常人，在这里，只是一种“淡泊以明志”而已。

张立文

序于中国人民大学孔子研究院

2006 年 3 月 11 日

---

① 曹操：《短歌行》，见《曹操集》，5 页，北京，中华书局，1959。

目 录

第一章　屈辱的时代

我生于中华民族灾难深重的1935年农历二月初七，阳历3月11日。这个生日，我是后来查家谱知道的。1950年，我参加温州地委土改工作队，需要填表，在出生年月栏，我估摸着填了1935年4月28日，这就成了户口簿和身份证上的生日。这年1月10日，王新命、何炳松、武堉干、孙寒冰、黄文山、陶希圣、章益、陈高佣、萨孟武、樊仲云十教授联名在《文化建设》上发表《中国本位的文化建设宣言》。12月9日，北平学生掀起抗日救国大游行，反对华北特殊化。一二·九运动影响到温州。我出生在浙江温州永嘉县永强三都普门桥北的一座门前有旗杆、堂屋里挂着"明经"匾额的房子里。这是我祖父后来买的房子，原住在附近的一间偏房里。三都普门有5个自然村，各有各的专业。吴宅主要从事下海捕鱼，多数姓吴。李宅主要从事烧石灰（温州话：烧白玉），多数人姓李。车架巷做面条，桥南主要务农，桥北做买卖、读书的人较多。车架巷、桥南、桥北绝大部分人姓张，是明嘉靖初年首辅张璁的后裔及亲族。

一、我的老家

人一呱呱坠地，就到了一个自己不能选择贫富贵贱的地区、国家、家庭中，中国儒家说这是命，佛家说是因果报应。它影响人的一生，关系着人一生的生活、交往、职业、婚姻和幸福。所以，人一生下来就没有选择的自由，人是在种种环境、条件、规定、法律、契约等的限制中生活活动的，谁都逃脱不了。我家至祖父张士福（？—1962）时已穷困到靠下海打鱼糊口，据说由于大伯父死于海，所以改挑海鱼到寺前街卖，一天两潮，一般早上去挑一次，有时下午也可去挑一次。到我父亲长大后在寺前街开了一间豆腐店，店号“张长发”，兼卖豆芽、酱油、醋、酒，生活稍有好转，逐渐买了30多亩田（部分自耕，部分出租）。祖父识字不多，能记账；父亲张成枢（1910—1951）只读过两年私塾，靠自学粗通文墨。他涉猎很广，“四书五经”、古今小说、“麻衣相命”以至棋谱医药，都是他读书的内容，这些书也成为我小时候的伴侣。父亲晚上要算账，把白天流水账上的每一笔分别登记在分账簿和总账簿上，所以睡得晚，早上3、4点又要起床，把先天晚上泡的黄豆磨碎，磨盘上有一把手，右手抓住把手不停地转，左手往磨孔里加黄豆，磨好豆浆后再经烧开、挤压等几道工序，最后做成豆腐，以便天亮开店时有热豆腐卖。由于睡得晚，起得早，睡眠常年不足，父亲经常磨着磨着就睡着了。磨黄豆使得手又酸又痛，半天抬不起来，父亲的身体很弱。现在磨豆都是电动的，省了很多劳力，体会不到手工磨豆的辛苦了。永强寺前街小镇上的住户都以热豆腐拌酱油为早餐的小菜。由于我祖父、父亲做生意童叟无欺，诚实可信，因此，“张长发”店号在当地四里八乡威望很高，生意很好。

祖父忠厚豁达，由于年轻时穷苦，有了一点钱以后便乐善好施，热心公益事业。贫穷的人在店里赊的账，还不起就不去讨，能还多少算多少，用红薯粉抵账都可以。对有困难而求助他的事，他绝不推辞，总是想方设法帮助解决。在地方净做好事，尽管土改时被划为工商业兼地主，但没有被批斗抄家，在分农具和家具时，祖父说破农具、家具分去不能用，便专门请篾工和木工来修好，然后拿去分配。祖父去世虽已40多年，但至今地方上老人还在传颂这些善事。我回家时，老人们经常给我说起祖父对地方公益事业的热心和对贫穷人的帮助。祖父母在1962年经济困难时期先后去世。

大伯父去世后，祖父就只有我父亲一个儿子，父亲由于晚睡早起，学会了抽烟。他身体弱，我小时候有时早晨起来帮助父亲磨豆腐、包豆腐干等，过年过节忙不过来就要雇短工帮忙。后来据中医说我父亲得的是痨病（肺结核），父亲时常吐血，做豆腐等体力活就干不了了，只得雇一个长工。父亲起早贪黑，做完豆腐后还要站店堂，做卖豆腐、酱油、醋等工作。做豆腐的雇工上午就可以结束工作，下午便可以休息、睡觉。父亲在我16岁时就去世了，那时我早已到泰顺县参加土改了，尽管父亲在死前很想见我这个长子一面，但当时信息不通，我一点消息也不知道。祖母周氏（？—1962）不识字，有我母亲做家务事后，平时就看管我们这帮兄弟姐妹五人，她是闲不住的人，总要做点事，攒点零用钱，于是便去苎麻店领来苎麻，用水打湿后分成细条条，捻成细细的一条线，然后合纺成一条细绳，即使看管我们这帮小孩时，她手里还是不停地捻线，以便织成一张渔网（下海打鱼的网）。晚上，祖母点一盏油灯，口里念着《心经》，手上捻着苎麻或织网，我在旁边读书。织成一张网要一年左右，甚至更长，织成后拿到苎麻店，扣去苎麻的成本钱，再拿回很少的工钱。渔网染上猪血等，就可以用来下海打鱼了。当时，很多家庭妇女平时在家里都做这种活计。

母亲邵招弟 1911 年 5 月 28 日生，不识字，店里、家里繁重的家务都由她承担，她一生劳碌，没有一丝空闲，平时一有空就要为我们兄弟姐妹纳鞋底、做鞋、做衣服等，还要缝补店里做豆腐的包布和包豆腐干的布等。祖父年老在公私合营豆腐店里干不动了，由我母亲顶替，她每天起早贪黑磨黄豆、做豆腐、卖豆腐等，非常辛苦。母亲出身贫苦农民家庭，吃苦耐劳是她的本质。她以勤劳、慈祥、忠厚获得家里和地方人的赞扬与尊敬，她于 2003 年 2 月 1 日去世，享年 92 岁。母亲共生育我们兄弟姐妹 7 人，其中一个弟弟 4 岁时生病死了，一个妹妹夭折。姐姐张秋香 1934 年生，大我 1 岁，我 1935 年生。妹妹张桂兰 1942 年生，终身未婚。弟弟张宪栋 1944 年生，他很聪明能干，学习成绩优等，但由于经济原因，未能上大学，他自学电器知识，担任温州永强电器厂厂长，加入中国共产党，曾被选为温州市人大代表。他善于动脑，有很多新产品都是他研发的。妹妹张眉香 1948 年生，她学习刻苦，成绩优等，也由于种种原因，不能上大学。弟弟妹妹若能上大学，一定很有成就。眉香 60 岁时去世。

二、罗山小学

生命的诞生，就是学习的开始。吃乳、会爬、走路、拿筷、说话，样样都要学，不学就不会，任何人都不例外，例外的人就会成傻瓜。我家人不想使我成为傻瓜，在我虚岁 6 岁时便送我到“罗山小学”读书。罗山是明嘉靖初年首辅张璁（1475—1539）的号，张璁又号罗峰。嘉靖十年

(1531)，以璁与朱厚熜音同，请改，世宗改其名为孚敬，字茂恭。[①]“罗山小学”就以张璁宗祠为校址。光绪三十四年（1908），张云忱的父亲眉山翁乘清废科举兴学校之机，会同生员张书授、张荣恩、张松齐等创立“就正学堂”，为普门张姓子弟就学，学生有限。1920 年，改为“罗山小学”。1924 年，张云忱的父亲不幸病逝，他便秉承父志，与张之潮、张执中、张肇环、张铁民、张季莘、张幼玉组成校董事会，他任董事长，张肇环任校长，遵照孙中山先生“学校者，文明进化之泉源也”的教导，开门办学，招收各地各姓学生，并亲自兼授课。[②] 明清以来，普门文风兴盛，人杰地灵。小学以罗山命名，既有纪念张璁的意义，亦靠张璁宗祠的田产来维持学校的一部分财政开支。张云忱董事长为人正直，爱国，爱教育。我 1940 年入学，正值抗日战争期间，温州屡遭敌机轰炸，三度沦陷，经济困难，张云忱先生四处奔波，筹募资金，维持罗山小学的正常教学。当时，教我们语文、算术、常识、劳作等课的老师都是有名望的，如朱志豪、郑笃志、王铣、张育青、杨宗昌、郑逊华[③]，其中多数教师思想进步，知识丰富，学生们很崇拜、敬仰他们。

从家里到罗山小学有较长的一段路，有时候怕迟到，就要小跑，可是我从家里出来要经过 4 条较高的门阶，往往被门阶绊倒，特别是穿了家里做的长衫，更容易被绊倒，膝盖和手心经常跌破出血。倒霉的是，愈着急赶着上学，被绊倒的次数就愈多，跌得就愈厉害。我上小学二年级的时候，由于要帮助家里晒早稻和晚稻，特别是晚稻，晒谷、扬谷时身上沾满谷的毫毛（晚稻的糯谷，毫毛特多），一出汗就会痒，痒了就挠，后来就生了疥疮，起泡、化脓、流脓水，全身到处都有，当时乡下不讲卫生，又没有医院看，只得休学，后来把我折腾得不能坐、不能睡，身体很弱，才去找中医看，拿来一些草药，又敷又洗，才慢慢痊愈。现在讲卫生，很少有人生疥疮。

---

① 参见张宪文、张卫中：《张璁年谱》，上海，上海古籍出版社，1999。

② 张之潮日本高等师范毕业，张执中、张肇环二人旧制浙江省立第十中学毕业，张铁民、张季莘、张幼玉三人私立上海大厦大学毕业。

③ 朱志豪温师毕业，郑笃志温十中毕业，王铣、张育青、杨宗昌、郑逊华四人为温州简师毕业。

这期间，日本侵略军占领温州①，到了永强，杀人放火，把怀孕妇女强奸后破肚子，惨绝人寰，给百姓带来了无穷的痛苦和灾难，其罪恶真是罄竹难书。当时，我们全家人跟着大家仓皇逃难，祖父给我一点钱，以便逃散了能买点东西吃，还当路费用，当时放在正间房桌子的抽屉里，走时匆忙忘了拿。我们逃难的目标是松台山，我当时还能自己走，大人拿着东西，我姐姐张秋香抱着不到3岁的妹妹张桂兰，爬山时不慎摔倒，妹妹也摔在地上，脊柱骨摔伤，啼哭不止，当时不觉，在逃难中不可能到温州看病，最后成驼背，终身痛苦。在逃难中，晚上睡在岩洞里，吃点干粮。日本人退去后，回到家里，家里乱七八糟，最可愤可恨的是在我们家灶台上和镬里拉了屎。后据邻居说，这样的事情不止在一家发生。祖父母非常生气，他们说，灶上供着灶王爷（即灶神），是保佑我们家年年有饭吃的，在做饭的锅里拉屎，得罪了灶王爷，这叫我们如何做饭、吃饭！想起这事就气愤，日本军人的无德、无人性真令人发指！这在我心里留下了不可磨灭的伤痛。我知道这不是我一家的苦难，是整个中华民族的苦难。

小时经常干活，农忙时插秧，秋收时把割好的稻谷抱到打谷场，或拾谷穗，早晒谷，晚收谷，还要与人家争晒谷的场地等。有时与邻居家男孩到稻田里捉蚱蜢（温州一带把蝗虫叫蚱蜢），为了捉蚱蜢，我自己就用菜刀削竹签，找一根竹子，留下最后一个竹节，再削成薄薄的、细细的竹签，把捉到蚱蜢串起来，拿回家喂鸡，据说鸡吃了蚱蜢长得快，蛋生得多，但为了削竹签往往割破手，血流得多，便往灶膛里抓一把草灰敷在伤口上，据说可以止血。一般手割破不告诉大人，免得挨大人骂，以后不让小孩动刀。有时上山笼柴（不能砍树），即把落在地上的树叶、松针等笼拢来背或挑回家烧饭。2003年2月6日为母亲送葬，经过我过去笼柴的地方，竟然柴草满地，积成厚厚一层，都没有人收拾。想当年，几个孩子为了抢一点柴就要吵嘴，甚至打架。我总是给他们调解，一般都做均分处理，或给先发现的人多一点。尽管打架，但只要大家都有一些柴，

① 1941年—1945年6月，日本侵略者3次侵略温州：第一次是1941年4月19日—5月3日，第二次是1942年7月10日—8月15日，第三次是1944年9月9日—1945年6月18日。

回家不会给大人骂，回家路上大家就都高高兴兴的，好像没有吵过嘴、打过架似的。有时在大人犁田（水田）的时候，大家跟在后头捡泥鳅、挖黄鳝。

由于身上长疥疮，在小学休学近两年，心里只想复学读书，三年级开始我就用功学习，一方面赶上同学，把落下的课补上，另一方面也想把休学的时间补回来，于是便跳过四年级，直上五年级。五年级我的作文、算术、书法均受表扬，父亲把我送到温州市“三希小学”读六年级。据说是三兄弟的名字中都有希字，故名“三希”。恰巧当时住在我们家大屋前进房屋的张体宁在三希小学任教，我父亲拿着我五年级第一名的成绩单去跟他商量，他同意我插班六年级。开学时，父亲送我到温州市入学，竟顺利插班。当时永嘉寺前街到温州交通不便，从寺前街坐船，划到白楼下村，约半天时间，船里能坐 10～20 人，街头艺人在船上就唱“道情”（温州道情），别有情趣。从白楼下村上岸，爬过茅竹岭到状元茅竹桥，再坐船到温州大南门。茅竹岭是古时官道，据说古道长 493 米，宽 2.2 米，上岭原有石阶 197 级，这是后来听人说的。当时年少，爬这样的山岭并不觉得累。我们从白楼下太阴宫门前的张老祠经宫丁仙岭上山，路经平山寺、性空亭、缘起亭。古道中段有一座三间单层名为“茅川转舍”的房子，是供过岭人休息用的。茅竹岭岭背的平山寺建于清嘉庆六年（1801），寺不大，却古朴、静幽，是过岭人可参观的地方，香火较盛。一般过岭人不会太停留，因为要赶到状元茅竹桥坐船，在白天到温州办事、住店。白楼下也名牌楼下，相传明弘治年间榜眼王瓒为未婚亡妻立牌坊于此，故名牌楼下。王瓒在《茅竹岭西庄》诗曰：“乘闲聊赴野云期，水荇牵风荡桨起。求友黄鹂声缓转，伺鱼白鹭步轻移。江清似此谁同渡，山好吾今更有诗。茅竹岭西千树竹，繁阴如盖坐多时。”赞美茅竹岭山水之秀。因是第一次到温州，也是第一次由乡下到城里，我心里既高兴又害怕，一切都觉得新奇。沿河岸两边既有店铺也有农田，一片田园式的自然风光。到温州后，天色已晚，父亲领我去住旅店，这是一间由民居改成的旅店，店主人与我父亲有点熟悉。第二天，我和父亲拿着被褥、衣服及祖父母、母亲给我带的一些吃的东西到三希小学报到。三希小学是当时温州最有名的私立小学，师资力量很强，管理方法比较严格。当时，三希小学有 20 多名从各县、各乡来的住校寄宿生。宿舍挨着厨房，用薄木板隔开，但木板缝很大，教师、寄宿生一日三餐都在这里做，由于烧柴烟很大，其烟都飘到宿舍里来，特别是早上，我们寄宿生还在睡，厨房便开始做饭，烟刺得我们眼睛流泪，很难受，并且烟尘亦飞进来，被子搞得很脏，清晨都睡不好觉。虽提过意见，但校方以无房子住为由而没有解决。这是我第一次离开家，离开亲人，开始生活有点不习惯，衣服脏得快，有钱的学生请人洗，我零用钱少，只得自己洗，这是我第一次学会自己洗衣服，自己照顾自己的生活。

从五年级到三希小学念六年级，开始有点吃力，但老师要求严，慢慢跟上来，到学期结束考试时我已经名列前茅了。于是，我不想在三希小学那受烟熏的地方住下去了，想考中学。当时，考中学必须有小学毕业文凭，报考时要验一下文凭，并在文凭背面盖一个章。假期中由我的朋友张岩芳借到了张立文罗山小学毕业的文凭。我原名张宪江，本想最好借到“宪”字辈的，按照张氏宗祠的谱系，我这一辈除“宪”字外，还有“立”“思”两字，都算同辈的字，因此，用张立文的文凭亦不违辈分。我就拿这个文凭去考温州瓯海中学。当时，瓯海中学有春、秋两次报考机会。结果竟考上了。考上后，我把文凭还给张立文家，并给他家一担谷子（合200斤）。此后，我就用张立文这个名字至今。其实，名字仅是一个符号而已，譬如我的乳名叫“打娒”，祖父讲有两重意思：一是不怕人欺负，二是不怕鬼怪欺侮。祖父怕我这个长孙遇到不测，希望我平安顺利地成长，为此还在“娘娘宫”许了愿，求娘娘保佑。这种迷信思想在当时乡下很流行。

三、私塾读经

父亲对我管教比较严，我记得有一次不听话做错了事，在家里被吊起来打了一顿，到我祖父闻讯从寺前街店里赶到才把我放下来，究竟做错了什么事，现在已记不起来了。由于打得我痛了很多天，所以记忆深刻。父亲怕我不好好学习，所以小学、中学寒暑假都要我去张步禧（字星甫）的私塾念书。张步禧是邑庠生（县秀才），他年高严厉，子学、经学都有研究。学生十多人，大多数是张姓子弟，也有李宅来的李姓子弟，学生都很怕他。由于学生年龄大小不一，程度参差不齐，只能单独授课。每天早上学生轮流到老师坐的桌旁背诵老师昨天教（温州叫“点”）的课文，背得不流畅或背错了，他都要瞪眼睛，就叫学生背熟了下午再背给他听，背得好就继续教一课，如果不是太过玩耍或闯乱子，他是不会借背诵不好打手心的。这样，几乎每天都要背一课。抗日战争中他去世了，私塾由他的儿子张学精（字自强，号仲光，1890—1960）继办，我寒暑假照样上私塾。先读《三字经》《千字文》《幼学琼林》，后念《古文观止》《论语》《孟子》等，这样坚持了 6 年的假期。《周易・乾卦》“天行健，君子以自强不息”的精神激励着我刻苦学习。虽然当时私塾教学光背诵而不讲解释，让人不知其义，我觉得不满意，但关于仁义礼智、孝悌忠信，老师也会结合《三字经》《千字文》《古文观止》等讲一些故事给我们听，以引起我们的读书兴趣，帮助我们理解做人的道理。这使我懂得了一些做人的道理，使我增长了知识，使我生活充实。张学精毕业于英国人在温州创办的教会学校——艺文学堂，所以会教一点英语，以吸引学生们的学习兴趣。

小学时期最具诱惑力和神秘感的是与邻家小孩偷偷跑到阁楼去玩耍，阁楼与邻居家好像是通的，我们在阁楼上大人看不到，可以肆无忌惮，或学私塾老师摇头晃脑地教书，或装老师闭起眼睛听学生背诵的模样，或在清代官员出巡时“回避”“肃静”等木牌子间穿梭追逐。但不能出大声，否则大人知道了就要赶我们下阁楼。阁楼里有好几只箱子，是不准小孩打开的，但我们总会设法打开锁，然后穿戴起又大又长的清代官服和红缨帽，像做戏一样地走着，或装作审案的样子。虽然我们玩耍后总会照原样放好，以免被大人发现而挨骂，但每次总逃不过大人的眼睛，总要挨一顿训斥。

四、瓯海中学

考上瓯海中学我很高兴，祖父母、父母亲亦都很高兴。瓯海中学在当时温州是很有名的，在浙江省也是屈指可数的大型中学之一。她不仅有著名的教育家谷寅侯校长，而且有一批名教师，如张肇骞、夏承焘、王季思、戴家祥、沈炼之、梅冷生、方介堪、徐桂芳、陈仲武、谢印心等，吸引着四方学子。父亲送我到瓯海中学报到，办理入学手续，分了我住宿的床位。1947 年秋季入学的共 189 人，分成 6 个班。我们班共有 35 人。同班同学与我同宗的有三都普门车架巷的张炘，他 1949 年后参加工作，是国家干部，我回家他曾热情回忆我们同学时的历史。寺前街的同学有朱邦仪，他家在寺前街开南货店，王凌云家也在寺前街开店，在寒暑假时有往来。董南康是我参加新民主主义青年团（后改为共产主义青年团）的介绍人，他为人实在、忠厚，与同学关系很好。陈雄身高体壮，我们关系较好，我曾与同学张子明到他家玩，他家在永嘉南溪山区，风景很好，但要走很长的山路，我们吃住都在他家，玩了几天后回温州，结果在天黑时走不到温州，我们俩就在一个村的戏台上睡了一夜，没有出事。女同学陈燕燕，她家在温州市内，曾邀请几个同学到她家去玩过，1955 年她考上大学，曾来信鼓励我也考大学，她结婚后再没与我联系。由于泰顺远离温州，交通非常不便，因此与不少同学断了联系，甚是遗憾。入学后的第一天，身着西装、面带笑容、和蔼可亲的陈乐书老师来教我们唱校歌。歌词是谷寅侯校长作的，曲是谢印心老师谱的："抱落霞，拱松台，气爽景明水山限。士多才，四方来，朝夕问难广厦开。教权曾旁落，一旦得收回。艰矣，快哉！光阴速，莫徘徊，为国致用学博该。"歌词经陈老师的解释，深深震撼着我的心灵，油然产生了对瓯海中学的敬仰和热爱。瓯海中学坐落在瓯江之滨，松台山下，九山湖畔，在此山水环抱的地方，风景优美，气爽景明，令人心旷神怡，天马行空；她宁静安详，而又汹涌澎湃，四方士子，聚集一堂，求学解惑，为国致用。她记录着中华民族反帝的事迹，刻画了反国民党贪官污吏的斗争，描绘着师生员工追求真理、爱国爱人民的心声。

谷寅侯校长毕业于艺文学堂，后进南京金陵大学深造，因父病辍学，被聘为艺文学堂教师。1925 年上海发生五卅惨案，艺文学堂学生集会声援上海人民罢工、罢课、罢市，但受到英国牧师蔡博敏校长的粗暴压制，学生们在群情激愤下冲出校门。艺文学堂教师分成两派，谷寅侯、陈竺同、林省中、江莲仙等积极支持学生行为，并倡议"夺回教权，集资办学"。在各方支持下，决定创办"瓯海公学"（后改名为"瓯海中学"），选吕文起为董事长，谷寅侯为校长，校址选在温州蛟翔巷九山仁济庙（俗称平水王殿）。原脱离艺文学堂的师生都归瓯海公学。瓯海公学初创，经费无着。谷校长自劝父亲捐资，并发动各界赞助，以解燃眉之急。他反帝爱国，无私奉献，获得了师生们的尊敬。原艺文学堂由于得不到各界支持而烟消云散。瓯海公学开学后因学生猛增，又租落霞潭曾氏宗祠为高中部。所以，校歌有“抱落霞”之句和“教权曾旁落，一旦得收回。艰矣，快哉!”之叹。

谷校长诚恳慈祥，平易近人，学生都愿意向他请教，他支持学生的正义斗争，保护进步教师和学生。1927年“四一二”政变，国民党视瓯海公学为进步学生活动的大本营，派军警包围学校，搜捕进步师生，谷校长掩护他们避开搜捕，并营救被拘押的王季思、张肇骞，保释回校任教，为此被迫辞去校长职务。他资助贫困学生，自己生活十分俭朴。他住在学校游泳池东首边一间平房里，隔壁就是教室，我们初三的教室就挨着他的宿舍，我们每天都要从他门口经过很多趟，总看见他敞着门与人谈话或商量事情，说是宿舍，实是办公室。他是教英语的，我借问英语语法问题进过他宿舍几次，只见狭小的屋里有一床一桌，几个书架和几把椅子，家具都是旧的。看后我很是惊讶，这个著名的谷校长生活竟如此朴素！一个高大的形象在我心底油然升起。

谷校长为把瓯海中学办成名校，他敦聘名师，不仅所有教师都是大学毕业，而且有的还是留学回国的专家，如留学英国的植物学家、学部委员张肇骞，一代词宗夏承焘，戏剧专家王季思（王起），20世纪30年代获法国里昂大学博士学位的历史专家沈炼之。20世纪40年代后期，沈炼之教我们历史，我记得他到学校上课是坐一部自己的黄包车（人力车）来的。他知识渊博，旁征博引、中外比较，引人入胜，他讲课是一种美的艺术，一种美的享受。学生们很爱听他的课。林天游老师也教过我们。由于老师们的原因，我对历史产生了很大的兴趣，每次考试都是90分以上。

我在瓯海中学读书时，由于羡慕、敬佩名师的为人为学，在他们的教诲下，对国文、算学、物理、历史、地理、图画、书法产生了兴趣。教我们国文的游仁建老师，他根底深厚，博学强记，学淹古今；他讲解文章条理清楚，深入浅出，明白易懂。教物理的王锦光老师讲课生动，举一反三，易于理解；他以手势音调、鲜活的比喻，紧紧地吸引着同学们的注意力。我记得教数学的是李筱遐老师，他是暨南大学数学系毕业的优秀生，能把枯燥乏味的数学讲得有声有色。在名师们的启迪下，我对数理化也产生了浓厚的兴趣，考试成绩为85～95分。至今我还保存了一张初中春季三年级全班第一名的成绩单。

瓯海中学的学习生活是紧张的、愉快的，早饭前我都走出校门，经八角亭老师住的地方，向右到九山湖边念英语，晚上在教室自修，一盏煤气灯下坐好多同学，大家都很安静地看书做习题。肚子饿得实在不行就与同学到学校门口，在挑来的馄饨担上买一碗馄饨吃，上面放的几根菠菜也觉得很好吃。老师们渊博的知识、不倦的教学，使我觉得世界上有无穷无尽的知识需要去探索，要像海绵一样不断地吸收。只有知识，才能使自己充实。聪明才干来自有知，愚昧无能来自无知。有着这样强烈的求知愿望，我珍惜每一点时间，因此，成绩总是名列前茅。

我特别喜欢书法，学校教我们图画课的有曾师从张大千、潘天寿，擅画山水、梅花，并攻章草的谢印心老师和毕业于上海美专的孙孟昭老师。他们教我们习画习字的技法，更鼓励我们多练习，先临后创，并持之以恒。我曾请教两位老师，因此，学校每年书法比赛大小楷我能拿到前三名。

瓯海中学是有反帝爱国传统的学校，我一入校，老同学就会自豪地说起反温州专员张宝琛和捣浙瓯日报馆的事件。民怨极大的张宝琛解职调离，一些政客宣扬他的“政绩”，激起温州人民的公愤，《浙瓯日报》的广告栏于1946年6月14日刊出了《瓯海中学学生自治会为警告无聊士绅谄送离职官员暨要求张专员离职前公布各项账目启事》：“查官吏去留，古今常事，其政绩良窳，自在人心，岂可曲意逢迎，乱人耳目。……近闻本埠无聊士绅，妄欲发动欢送诸离职官员，本会认为，此举不符民意，因特登报警告。又张前专员在任时，如兴建陡门，筹建大礼堂。办理平粜等用款孔钜，而有始无终；最近处置闹米事件，尤欠合理，竟以格杀勿论之手段，一味高压。凡此种种，甚难使人悦服。值兹张前专员临行之时，特此要求理清旧账，明白公布，以昭大信。”这则启事为游任逵老师所拟，刊出后反响极大，各界纷纷检举张宝琛的劣迹，达21条，这表达了同学们反暴政、反贪官污吏的正义要求，代表了温州人民的心声。当张宝琛离温时，瓯海中学同学到码头拦张起程，张偷偷离温。事后《浙瓯日报》和

《温州日报》竟捏造事实，说什么“沿途民众夹道欢送，爆竹之声不绝”等，欺骗民众，激怒了瓯海中学学生，于是同学们义愤填膺，捣毁了浙瓯日报馆，军警包围瓯海中学，由于全市学校的声援才撤围。这次斗争的胜利鼓舞了瓯海中学学生与恶势力斗争的信心，也使我领悟了读瓯海中学的意义和价值。

由于国民党末期物价飞涨，纸币一日三贬，所以学校要求学生的学费、住宿费、伙食费都缴实物，如谷、米等。瓯海中学为私立学校，学费本比公立学校贵，又要增加学费，这引起了学生的不满。校学生自治会一方面推举代表与校董事长邱鸣和谈判；一方面发动寄宿生闹食堂。我记得学生自治会头天晚上要我们第二天早饭放开肚皮吃，吃得食堂供不上了闹饭厅。我第二天早饭喝了 7 碗粥，还吃了馒头等，学生们个个吃得多，一下子就吃光了。我们就敲饭碗，敲饭桌，接着不知谁摔了饭碗，我们接着也摔饭碗，说学校克扣学生的伙食。董事长被迫接受了条件。这是我第一次亲自参加学生自治会的斗争，斗争的胜利使我心情很激动，知道了维护学生自身利益的重要性。

学生自治会学术部编印《瓯海中学周刊》，宣传进步思想，内容短小精悍，图文并茂，很受同学喜欢，同时还办大型墙报，纪念五卅运动。我就动员我们班同学办墙报，墙报名为《虎啸》，每月一期，与学生自治会的墙报相呼应，亦颇受同学欢迎。

在瓯海中学读书最难忘的有两件事：一是参加“维也纳音乐会”。1948 年下半年，中共瓯海中学党支部为团结广大同学，成立了党的外围组织“维也纳音乐会”。从名称上看怎么也看不出是由地下党员吴廷享、王毅等领导的学生音乐团体。“维也纳音乐会”下设合唱队、国乐队、口琴队、舞蹈队。我为合唱队队员，谢印心老师、陈乐书老师是我们的指导老师。入会者都在胸前佩戴一枚黑底克罗米纽扣那样大小的会徽，合唱队唱当时的进步歌曲，如《民主青年进行曲》《团结就是力量》《古怪歌》《你这个坏东西》《兄妹开荒》《黄河大合唱》《打长江》《山那边是个好地方》等。合唱队经常活动，有时国乐队的同学也来助兴，我记得陈光力同学二胡拉得很好，他演奏《空山鸟语》，能抒发其意境。后来听说他同一个唱戏的演员结婚了，可谓夫随妇唱。“维也纳音乐会”在学校非常活跃，影响很大。介绍我参加“维也纳音乐会”的是我要好的同班同学中共党员董南康，他还同我讲一些中国共产党革命的道理，以及国民党官吏的腐败和人民解放军的战争形势等，使我思想大为提升，有了为国为民的意识。

“维也纳音乐会”以其激情的、战斗的歌声，震撼了合唱队队员的心灵，默化着他们的思想情感，同时也吸引了广大同学，唤醒着他们的心灵。譬如，我们唱的《我们是开路先锋》的歌词是：“轰！轰！轰！看岭塌山崩，天翻地动，炸倒了山峰，大路好开工，挺起心胸，团结不要松！我们是开路先锋，轰轰轰！哈哈哈，轰！”这是推倒大山、掀翻旧社会的气概和力量，一扫学校里传唱的《毛毛雨》等靡靡之音。在周六、周日的晚上，陈乐书老师带着他的夫人陈璧老师与我们寄宿生中的“维也纳音乐会”会员围坐在操场的草地上，给我们演奏小提琴，那悠扬美妙的琴声在他的手指间震荡开来，撞击着我们的心灵，给我们以理想与信念，给我们以美的享受。

二是参加迎接温州解放活动。1949 年 4 月 21 日，百万雄师过大江，同学们得知后，雀跃不已。同学们坚持上课，反对疏散。温州解放的前一天（即 1949 年 5 月 6 日）晚上，中共瓯海中学党支部书记张良权同学组织师生写迎接解放的标语、口号。我也积极写标语、口号，心里有一种黑暗就要过去、太阳就要升起、光明就要到来的感觉，确实是欣喜万分。奋战一夜，写了很多很多，贴满了校园和校外附近的地方。5 月 7 日天刚亮，浙南游击纵队司令员龙跃一部从九山桥进城，瓯海中学寄宿生立即组成宣传队，谷寅侯校长讲了几句话，便敲锣打鼓上街迎解放、庆解放了。其间亦有走读生赶来参加的。高呼“天亮了，解放了”“欢迎浙南游击队”等口号，声音都喊哑了。回校时，路上遇见几股背着枪和没背枪的国民党伤病员，他们在街上随便拿东西。见此，商店便赶快关门，不过没有与我们宣传队发生冲突。解放了，同学们革命热情高涨，有的报名参军，有的要求参干。

1949 年下半年，国民党飞机经常轰炸温州市，有时一天来几趟，炸死、炸伤了平民百姓，祖父母不让我到温州瓯海中学读书，怎样争取也不行，只得休学半年。祖父要我在张长发豆腐店帮他做豆腐、做生意，这时祖父已70多岁，父亲痨病已病入膏肓，很难在店里做生意，我时常在店里帮忙，另外继续师从张学精学《左传》，并与其子张岩芳及村干部民兵队队长张维新守粮库（由娘娘宫附近的祠堂改建的），当时有国民党残余分子烧粮库，也有从海上来抢粮食的，主要是晚上守护。有一天晚上通知说上河滨发现有敌人，要我们去，我背着79式步枪去追敌人，摸黑走很窄的田埂，踩空好几次，搞得一身都是泥。张岩芳是张学精的独子，从小受宠爱，虽跟其祖父、父亲学古代文献，念私塾，但要求不严，这就是古人易子而教的原因所在。他很聪明，手也巧，能刻图章、修钢笔等，新中国成立后他想教书，有学校聘他，教了一年又不干了。我在念私塾时曾跟他学刻图章。“文化大革命”中他出走，人们都不知道他到哪里去了，我几次打听他的下落，至今没有他的消息。

1950年春节后，虽然国民党飞机还来轰炸，但我喜欢读书，读书能使我好动的心安静下来，所以我一再向祖父要求继续读书，父亲也勉强同意，于是就插班到春季三年级，分班后，我发现原同年级的女同学任宏影也插到这一班，可见她也休学了一学期，原永强寺前街的同级或同班同学朱邦仪、王凌云、何表泉由于没有休学，所以就不同级同班了。由于我关心学生工作，同学们就选举我担任级务主席。这学期的学杂费仍然缴实物（谷、米），所以要雇人运，从寺前街运到温州很费劲。新中国成立不久，同学们的革命热情高涨，时有同学参干、参军。我一方面积极工作，另一方面努力学习，取得全班第一名的好成绩；三年级第二学期由董南康介绍，于1950年10月14日加入了中国新民主主义青年团。在团总支的领导下，开展各项活动。同年级的任宏影也是团员，她与我一起参加了温州土改工作队，不过我们温州欧海中学的男同学被分配到温州地区最落后、最艰苦的大山区泰顺县土改，女同学被分配到永嘉县土改，就不在一起了，此后没有再联系。

第二章　生命的磨炼

1950年，美国发动朝鲜战争，战火烧到我国国境的鸭绿江边，全国掀起保家卫国、抗美援朝的运动，同学们被保卫新中国的热情所激荡，纷纷要求参军。当日本军国主义占领我家乡时的悲惨情景在我脑子里再现时，我强烈地感到再也不能被侵略者占领了，再也不能重演那非人的逃难生活了。因此，我要求参军，但年龄不满18岁而未被批准。后又要求参干，当时温州地区开始土改运动，需要大量干部。原南下干部（主要是山东干部）不懂温州话，老百姓也听不懂他们说的普通话，故而需要吸收本地干部，我怕年龄小而不被批准，便找团总支商量，后来一些同学给我出了一个主意，报虚岁18岁，结果被批准了，我很高兴。我与瓯海中学张良权、陈崇武、吴杰等大约20位同学参加了革命工作，从而结束了在瓯海中学的读书生活，我们班里一起参干的还有任宏影同学，全班同学为我们开了欢送会。全班照了一张相，我被拥在中间。

一、泰顺土改

瓯海中学的男女同学由中共瓯海中学党支部书记张良权领头，于1950年10月14日到温州地区干部学校学习，瓯海中学男同学我记得在一个班学习的有陈崇武、吴杰、范德彰、谷一芳及我等，主要学习土改政策、土地改革法以及如何划分阶级成分等。青年学生有一股能克服一切困难的革命热情，在学习期间，我们集体表决心，要求到最艰苦的地方去土改，以锻炼自己的革命意志。学习到1950年12月14日结束，瓯海中学的所有男同学和永中的女同学董兰芬、谷月霞、傅惠兰、汪姿英、林抗、陈秀英、罗菊影、江爱云及永中的男同学林文征等被分配到有土匪活动的、最贫穷、最艰苦的大山区泰顺县土改。我参加土改到温州地区干校学习，不敢告诉祖父母和父母亲，后来我家里知道了，外公来温州找我，劝我回家，他说："你祖父老了，父亲病重，母亲不识字，秋香（我姐姐）要出嫁，弟弟只有几岁，又有两个妹妹，你是长子，应负起家庭的责任。"确实，我觉得外公讲得很有道理，我也觉得自己辜负了父母的养育之恩。但抗美援朝，保家卫国，做好土地改革工作，支援前线，是我们应尽的职责；只有保大家才能保小家，日本人到温州杀人放火，我们少时的逃难情形历历在目。因此，我说土改后回家，孝敬祖父母、父母亲，而没有被外公劝回家，从此我就开始了生命的磨炼。生命就像出鞘的剑，愈磨炼愈锋利，愈磨炼愈光辉。锈钝的剑是不磨炼的结果，无光的剑是不磨炼所造成的。这样，我就投入了我从未经受过的脱胎换骨的生命磨炼中。

我到泰顺之前没有回家，也不敢回家看望祖父母、父母亲。只怕一回家，家里人不让我走。尽管是冬天，我只带了一条薄薄的被子和几件衣服（衣服塞在枕套里）以及日用碗筷等，其他衣服、书、箱子托付同学替我带回家。我们打起背包，像解放军一样背在背上，心情激动地出发到泰顺，这时才知道除瓯海中学男同学、永中女同学外，还有其他学校的学生和社会青年如杨子耀、潘中坚、白洪发等30多人。我们先坐轮船到瑞安县城，从瑞安到泰顺百丈口要坐沙船（蚱蜢船）逆飞云江而上。要走三四天时间，所以要在瑞安买好这几天吃的粮食和蔬菜，我记得黄鱼是6分钱到9分钱1斤。蚱蜢船两头尖，中间大，盖一张弧形的竹篷，吃睡都在船里，在船舱中人是站不直身子的，一群青年学生哪里坐得住，不时到船头船尾去，看飞云江两岸的风景。我们的船到了文成县境时，两岸有时高山峻岭，有时平地村庄，有急流险滩，有漪澜平湖。在急流转弯时，眼看船就要碰到突出的岩石上，船工的竹篙轻轻一点便绕了过去。在上浅滩时，船上不去，船工三人中掌舵的船老大跳下溪里用肩头扛船尾，两人在前面拉纤，我们男同学纷纷下船帮船工拉纤，开始我们肩上的绳子怎么也搭不上纤绳，船工教了我们才搭上去。我们脚踩在乱石上不免有点痛，有时浸在溪水里有点凉，脚都冻红了，不过大家热情很高。同学们第一次做这件事，兴趣很高。进入泰顺县境，浅滩就多起来了，下去拉纤的机会也多了，到了特浅的滩，船工就要女同学也下来走，以减轻船身的重量，好过浅滩。于是，有的女同学出于好奇也要拉纤，就得向男同学学如何搭上纤绳了。在拉纤中各人的体力、耐久力也就暴露出来了。我虽在同学中年龄较小，只有 15 岁，绝大部分同学是高中生，年龄相对比我大，然我平时在家里做豆腐、拾柴，秋收后晒谷、挑谷、抬谷上楼等都干过，所以体力并不亚于年龄大的高中同学。这样在船上过了四夜三天半，终于到了百丈口，也称百丈镇。这是泰顺唯一的商品集散地，也是泰顺唯一的水路出入地，在当时没有一条公路的大山区，这是唯一的交通要道。以后我们到温州、杭州都要走这条路。到百丈口以后，沙船就上不去了，百丈口以上到洪口，就只有竹排可通了。

当晚，百丈镇镇政府接待了我们，他们已知道我们的到来。他们安排给我们两个房间，男的一个，女的一个，地上铺着稻草和竹席，我们打开自己的铺盖背包，席地而眠。睡前东聊西聊，讲这四天来的感受，其味无穷。第二天一早，吃过早饭，我们就出发到泰顺县县委县政府所在地罗阳镇。陪同我们到罗阳镇的干部在吃早饭时就告诉我们，从百丈镇到罗阳镇要爬一天山路，劝我们早饭要多吃，特别看到女同学吃得少，连劝她们多吃。男女同学每人背着铺盖背包，像行军一样开始爬山路。一出百丈镇，抬头仰望，只见山高林密，层层叠叠，白云缭绕，无边无际。从百丈到罗阳要翻过一个山头又一个山头，只觉往上爬的多，往下走的少，于是愈爬愈高，上爬的山路愈爬愈陡，不到一小时，同学们都已气喘吁吁，顿觉身上很小的铺盖卷愈来愈沉了，陪同我们的百丈镇干部就抢过女同学的铺盖来背，到了路上有凉亭的地方就休息，口渴了就喝路边的山水。为了消除疲劳，大家就唱歌，开玩笑，说笑话，这比埋头走路好，既轻松，又觉得走得快。到了下午，女同学体力弱的就走不动了，但百丈到罗阳有 70 多里山路，中间没有过夜的地方，由于当时有土匪活动，为安全起见，必须赶到罗阳过夜。大家只得鼓足干劲和勇气，拿出吃奶的劲头赶路，女同学的铺盖慢慢地转到男同学的肩上。男同学也是弯腰弓背，艰难地迈步。傍晚时总算到达罗阳，大家累得站都站不住了，只想躺下。一天走这样长的山路，对我们这些学生来说，生平都是第一次，也是第一次生命的磨炼。

到罗阳后也是睡地铺，吃过晚饭，解开鞋，绝大多数同学脚上都起了泡，有大有小，用针挑了泡，也没有药，倒头便睡了。第二天泰顺县县长何剑峰来见我们，他是山东南下的干部，下辖的区委书记、区长绝大部分也是山东人。县委书记是原浙南游击纵队的干部，他向我们介绍了泰顺县的基本情况和土改形势。泰顺是革命老根据地，它与福建、江西交界，是浙赣闽革命老区。20 世纪二三十年代就有中国共产党领导的武装力量，刘英同志、粟裕同志曾领导过这里的武装斗争。淮海战役后，国民党小股部队撤退中就散落在这一带，与当地原国民党武装结合，杀害乡村干部和破坏土改，所以土改必须结合剿匪和反霸，发动贫雇农与恶霸地主斗争，安定社会秩序，保卫贫雇农斗争的胜利果实。他还介绍了泰顺县土地改革试点——泗溪区南溪乡土改的情况，要我们待两天便出发到离罗阳有 80 里山路的泗溪去。这时，我们脚上的水泡均没有好，我们没有二话，没有怨言，革命的需要、任何艰难困苦都能克服的信念支撑着我们。虽然我们艰难地爬着山路，但精神是愉快的，我们所盼望参加的土改革命工作真的就要开始了。路上白洪发常常说些幽默的话，引得大家哈哈大笑，减轻了大家累的感觉。然而，毕竟前天爬山的疲劳没有完全消除，所以爬了 40 多里山路，大家就都累得走不动了，只得在大安区的一个乡政府过夜，脚上又起了不少新泡。第二天一开始爬山，脚一落地，打泡的地方就钻心地痛，腿肚子也痛，但走着走着也就不觉得了。旧的水泡走破了流水，新的水泡又起来了，这双脚真是接受了考验，我们过了一山又一山，爬了一岭又一岭，好像没有尽头。明明说离前面休息的地方只有 5 里路，可觉得走了好久还没有到，总觉得说得不准确，又觉得路怎么愈走愈长。这一天，就在这愈走愈长中，终于到了泗溪区政府所在地，亦即土改队队部所在地。吃了晚饭就休息，照样是睡在地铺的稻草上。我脱掉鞋子一看，袜子脱不下来了，原来水泡与袜子黏在一起了，忍痛剥下袜子，脚好多地方都破了，难以下地。休息了一天，尽管脚痛，但仍闲不住东走西看，觉得一切都新鲜。第二天土改队队长从下面乡里回来，他是一个山东干部，便向我们做报告，讲当地阶级斗争的复杂性、发动群众的艰难性、贫雇农斗争的状况及他们“变天”的顾虑等。听后我的印象是国民党的残余势力活动猖獗，接连进行杀害乡村干部的恐怖活动，给千百年来老实忠厚、做牛做马的贫雇农增添了威胁和思想顾虑，但也增强了我发动贫雇农进行土改工作的积极性。贫雇农有顾虑是可以理解的，只要讲清全国的形势，顾虑就会被打消，蕴含在农民身上无穷无尽的求翻身的力量就会喷发出来。

当时泗溪区土改工作队进乡入村不久，我们温州来的男女同学就被分散到各个乡村去参加土改了。当时领导叫我们到哪里我们就到哪里，绝无二话。原参加泗溪区土改运动的干部小部分是南下的山东干部，这部分人不懂温州话，更不懂泰顺话，文化程度不高，本地的乡村干部虽会本地泰顺话，但听不太懂普通话，需要我们替他们翻译，这部分人的文化水平更低。泰顺话接近闽北话，我们温州地区其他县的人也听不懂，所以工作起来非常困难，我们为减少辗转翻译，便拼命学泰顺话，争取能把普通话直接翻成泰顺话，以便直接了解群众的要求和困难，解决群众需要解决的问题。当时开群众大会，就要这样来回反复翻译，很影响会场的气氛和群众的情绪，后来我提议把大会要讲的内容先讲给本地干部听，让他们记住要点和重要内容，然后由他们直接向群众宣讲，经过事先的演习，效果较好。

土改队进村后经初步摸底，对群众有控诉的、有血债的、有罪恶的，就先逮捕起来，发动群众进行反霸斗争，以清除土改工作的障碍和消除群众的顾虑。因为这部分人有的在国民党时期担任过乡保长，与各方面都有勾结，与国民党残余势力有联系，把他们逮捕起来，一方面为切断其联系，不让其搞破坏活动；另一方面削弱其在地方的势力，消除群众的顾虑，便于发动群众。反霸斗争一展开，贫雇农就起来了。我们召开个别的、小型的、大型的等各种诉苦会与控诉会，先是背对背，后是面对面，贫雇农把自己的深仇大恨控诉出来，斗争就达到了高潮，恶霸地主就不敢乱说乱动了，贫雇农土改的积极性就喷发出来了。

接着就是调查、登记、核实每一户的人口土地和财产等，有的地主的土地多，连乡、跨区、跨县的，还要到外地调查、核实，然后计算村里的土地总数和每人应分数，以及村与村之间、乡与乡之间的土地调剂数等。可分配的土地数确定后，还要把土地分成等级，如旱涝保收田、仰天田、冷水田等，以及土地的远近、土质的优劣等，进行各方面的协调，开各种会议讨论分配方案，以求合理做到大家满意并公布出来。登记应该没收恶霸和地主家的农具、家具、房屋等财产，又召开多次会议，讨论分配标准、方案、对象，要做到十分仔细，群众才能满意。这些任务绝大部分都落在我们身上。同时，还要整理恶霸、地主的材料，包括其剥削方式、欺压群众的罪行、破坏土改活动等，上报土改队队部。当时法制不健全，土改队队部有批准逮捕人和决定枪决恶霸的权力。土改进行到一定阶段，为进一步巩固土改成果，消除贫雇农的“变天”顾虑，土改队队部召开全区公审大会，我们便敲锣打鼓地领着村里的群众去参加公审大会，大会周围贴了一些标语，如“打倒恶霸”“打地主、分田地”“共产党万岁”之类的。各乡押来的要斗争的恶霸、地主跪在临时搭建的台上，贫雇农苦主上台控诉其罪恶，后便宣判罪行，有的枪决、有的继续关押等。会后就在会场旁边不远的地方实施枪决，群众都挤过去看，我们便费劲地维持会场秩序。

泰顺县是温州地区最贫穷、最落后的地方，我们土改队队员分散住在最贫穷的贫雇农家里，与他们同吃、同住、同劳动，称为“三同”。当时泰顺有一句民谚：“泰顺三件宝：番薯丝当粮草，火炉当被袄，竹篾当灯草。”也有说：“番薯丝吃到老，火笼当棉袄，火篾当灯照。”泰顺山高气寒，大部分是山地，溪边的水稻田很少，绝大部分种红薯，把红薯刨成丝，晒干当粮食吃，天天吃，吃久了的确很难咽下去；冬天天气寒冷，衣服不够保暖，贫雇农都拿一个火炉，火炉是竹编的火笼，把煮红薯干（番薯丝）所遗留的余火放在火笼内，提着它取暖。泰顺山区冬天比我家乡永强普门冷，当时农民还穿长袍，坐着开会时，就把火笼夹在两大腿之间。小孩也这样过冬，有不慎把两腿烧伤的。竹篾当灯照，是把毛竹破成一条一条，把篾黄放在水里沤一段时间，拿起来晒干，当灯点，就不会灭火。我们晚上在贫雇农家里整理材料就用这种竹篾灯，因为老百姓点不起油灯，我们连吃的油都没有，哪里还有油（菜子油）来点灯呢。我住的雇农家，有时为优待我，就拿出一块黑糊糊的猪肉皮，在烧热的锅底和边上转一圈，就算烧菜的油了。这黑糊糊的肉皮又被拿起来放着，下一次再用。我们根本吃不到肉和油水。有时，我们到土改队队部开会，同学久别聚在一起便讲讲各村的土改情况，但最高兴的是中午菜里有一点肥肉，我们便叫作“剿白匪”，菜一上来便赶快用筷子去夹，动作慢了便夹不到了，不过也不会不给夹慢的人留一块。

土改期间虽出去剿匪几次，但都是扑空。泗溪区土改试点结束后，就分成两个土改队到两个区土改，这样全县土改就逐渐展开了。我们这一队春节前到了县城所在地罗阳镇，罗阳镇地处泰顺县海拔较高的地方，县委机关与泰顺县中学之间有一条清澈见底的溪流。镇上百姓和县机关都饮用这溪水，洗刷蔬菜杂物也是这溪水。顺流而下有一座深红色的廊桥，挑担的人、走路的人都会情不自禁地在桥上驻足，坐下来休息乘凉。这时只觉桥下溪水潺潺，两岸青山翠翠，使人心旷神怡。我曾在心情不畅时来过这里。这时土改队队员集中住在罗阳镇的一座宗祠里，仍旧是集体睡地铺。尽管这样，比在贫雇家里还是好一些，因为我住在泗溪贫雇农家里时全身长满了虱子，又痒又难熬，这是我生命中第一次经受虱子的磨炼。到罗阳后经自己数次清洗才彻底消灭了被子上和衣服上的虱子。白天土改队队员分头到各村，深入贫雇农中了解情况，发动群众，宣传土改政策，讲清形势，消除顾虑。由于有了土改试点工作的经验，工作起来便顺手些。我们罗阳镇土改工作队队长由泰顺县县长何剑峰兼任，还有一位副队长桑晓庭，他是个高个子的山东人，很严厉，在开会时经常批评我们这些知识分子的小资产阶级思想和作风，总之他很看不惯我们这群工作热情很高的学生。有一天，他在布告栏里写了两句话："墙草根浅两面倒，嘴尖皮厚腹中空。"前一句是说墙头草，根底浅，两面倒，是说没有改造好的小资产阶级知识分子立场不坚定，东风吹来向西倒，西风吹来向东倒，像墙头草一样；后一句话是批我们这群知识分子嘴上说得漂亮，面皮又厚，其实肚里没有什么货色，是空的。当时有的同学嘴上不说，心里不服气，觉得自己千辛万苦，忍饥受寒来泰顺土改，还受这一顿奚落。但我觉得这没什么，参加土改，与贫雇农"三同"，就是要锻炼自己的生命意志，要改造自己，树立无产阶级的立场、观点。他的批评可以作为自己自律的警语。

随着罗阳土改工作的深入，贫雇农群众起来控诉在任泰顺县卫生院院长刘镇的罪行，他原是国民党时泰顺县卫生院院长、国民党民团团长，一贯欺压老百姓，并杀害过我党地下工作人员，全家拥有很多土地，凭着他国民党民团团长的权势，剥削佃户，有的被逼得卖儿卖女。这样罪大恶极的刘镇，新中国成立后怎么会当上共产党领导的泰顺县卫生院的院长呢?的确叫人纳闷。我们这帮天真纯洁的青年学生就非要搞个水落石出不可，当时就估计到肯定有人包庇他。终于有人揭发了是我们土改队队长、泰顺县县长何剑峰包庇了刘镇。新中国成立初期，何剑峰的老婆病了，是刘镇用好药把他老婆治好，再加上刘镇很会拍马屁，经常送东西给何县长，于是，何县长就把他包庇下来了。这事出来后，在土改队队员中一阵哗然。后来我们把材料整理好，包括群众控诉、检举的材料，直接报给了泰顺县县委书记。土改队副队长知道后就批评我们无组织、无纪律，是小组织活动，要我们停止工作做检讨，我们觉得自己没有做错，很受委屈。后来他便抓住“土改经验交流组”的事，大做文章，说是非组织活动，是由坏人操纵的非法组织，有反动活动的嫌疑，不久就逮捕了黄文林同学。

“土改经验交流组”是在泗溪区土改试点工作结束后，原土改队分成两个土改工作队；我们这队到罗阳，另一队到仕阳。土改队领导在总结工作时提出，原土改队虽然分开了，但应加强土改经验的交流，以便更好地做好土改工作，胜利完成党交给我们的伟大土地改革任务，把农民从地主的压迫下解放出来。在领导同意下才有了“土改经验交流组”。既没填表，也没报名，究竟谁参加、谁没参加，都搞不清楚。两队分开后，各自忙于工作，交通又非常不便，相隔遥远，其实没有什么交流，也不可能进行交流。黄文林根据自己土改工作的体会，写了一篇稿子，说的是如何发动群众的土改经验。我看过这篇稿子，于是便怀疑我是“土改经验交流组”的成员，要我检查活动情况。其实，根本没有什么非组织活动。“土改经验交流组”不仅土改队副队长同意，而且是他支持的。可他反过来说我们背着组织搞非组织活动，真是翻手为云覆手为雨。这样，刘镇的事、何剑峰的事我们就管不了了，也不可能管了。直到 1953 年，我才听说刘镇被枪决，得到应有的下场，何剑峰不仅包庇刘镇，影响很坏，而且还包庇其岳父的罪恶，结果被开除党籍，撤销党内外一切职务，回乡监督劳动。

罗阳土改结束后，泰顺县土改就全面铺开了。1951 年 4 月底，我被分到大安区三魁乡土改，我与一个当地乡干部和两个已完成土改的乡的乡干部组成一个土改工作组，到三魁乡土改。四个人一个正组长，我为副组长。我们四人住在老乡一间下面是猪栏、鸡栏、厕所的房子里，整天很臭很臭；一到夏天，蚊子、苍蝇多得不得了，根本坐不住，我们晚上只得坐在狭小的蚊帐里工作。当时我们享受供给制，衣服、鞋袜、蚊帐、棉被都是政府发的。零用钱发得很少，只够买牙膏、牙刷之类的小东西。我所在的乡比较复杂，土匪头子吴宗论在福建境内劫了55亿人民币（老版与新版的是1万比1）巨款，给土匪活动提供了方便。据说当时就在我们所在地方一带活动，所以我们四人住在一起，每人发一条枪，记得好像有79式步枪和38式步枪。38式步枪是日本造的，我们叫它“38大盖”。事情是这样的：1950年7月30日，中国人民银行福建省福安中心支行将55亿人民币调拨给福鼎支行，由张辉等人组织押运回福鼎。当时没有现代化的押运车，且不通公路，便由9个民夫挑运，每人挑担50公斤。7月31日出发，穿越闽浙交界山区，走了7天7夜，于8月1日到达柘荣县。8月2日向福鼎方向行进，由于闽浙交界地区山高林密、四野苍茫，在经过福鼎花亭时，被土匪所劫。这是一起有预谋的事件，这次运款消息已被台湾潜伏特务密报给台湾特务组织，并派特务杜谋平潜入福安、泰顺、柘荣等地，杜谋平与潜伏在泰顺的土匪吴宗论、林宗远、方志彬等接上头，组成了“东南人民反共救国军闽浙边区挺进军”，杜谋平为总指挥，吴宗论为副总指挥。泰顺王家坪村土匪密报说有9担钞票，土匪分兵3路埋伏在距金沙溪2.5公里的花亭路旁。运钞队走在前面的是柘荣县大队的8名新战士，中间是9名挑夫，福鼎县公安队的6名警员和运输公司的业务员许景生、张辉在后。1950年8月3日清晨7点，土匪开枪抢劫运钞队，柘荣县大队3名战士牺牲。土匪将9担人民币分为16担向泰顺方向逃窜，到达泰顺王家坪村山上的坟坪里，因怕解放军追击，便在坟坪里分赃，分给挑工、报信的2亿外，48亿由吴宗论、林宗远两股土匪平分，林宗远携24亿逃到泰顺仕阳严山村，各匪分去1亿元，余款隐藏。吴宗论将24亿搬入王家坪山上的碗窑洞，并分赃，各匪分散携款隐藏。土匪得巨款后便扩大队伍，增买武器，破坏乡村政权，泰顺县13个乡长和村干部遭杀害，并威胁以及收买百姓、党政干部、战士。1950年9月击毙要匪方志彬，1950年11月在牛塘湾击毙匪首杜谋平。“闽浙边区挺进军”总指挥由吴宗论接替。后来吴宗论被活捉，追回被劫人民币约30亿元。①

有一次我们在祠堂里开群众大会，据说吴宗论就躲在祠堂天花板上。

---

① 参见《西安商报·旧闻参考》，2009-08-27。

有时夜里传来消息说，某某地方发现土匪了，我们就赶紧背起枪赶去围剿。我所在的乡有几户地主，地主家都有碉堡，碉堡的墙很厚，有的约一米，讲究的用泥拌米粥，夯实后非常坚固，机枪、小炮都打不垮，有铁门，不怕火烧，碉堡里有水井，一般有四五层，生活用品一应俱全。每层开枪眼和小窗，以作防御之用。平时存放粮食等，说是防土匪的，新中国成立前也防共产党游击队。当时谣言也很能混淆视听，说什么国民党要反攻大陆了、第三次世界大战要打起来了、共产党站不住了等。因此，群众怕分了土地以后，地主、恶霸反攻倒算，我们做了许多艰苦工作，如培养苦主，开展各种形式的诉苦会，提高其阶级斗争的觉悟等，才使土改顺利完成。外乡的两个乡干部回乡了，我与本乡的乡干部留下帮助农民搞生产，提高贫雇农的生产积极性，我们几乎天天与刚分到土地的贫雇农下地干活，并帮助解决各种困难，我们也去剿过几次土匪。后来我到温州干部学校学习，据说他在剿匪中牺牲了，他是朴实农民出身，为人很好，干农活时处处教导我，他的牺牲，我很痛心。

二、镇反对象

1951年8月底9月初，温州来了几次极猛烈的台风风暴，暴雨成灾。虽然泰顺山区损失较少，但亦受灾。这时泰顺已是树树秋声，山山寒色。这年我16岁，被调到温州干部学校学习，校址好像是原永嘉师范学校。干校校长是董锐，人很瘦，有一只眼睛不好，另一只眼睛却很厉害，不知别人感觉如何，反正我有点怕。幸好只在他做报告的大会或“坦白从宽，抗拒从严”的大会上见到他。后来有一次他在报告中提到瓯海中学“维也纳音乐会”是托派组织，这使我非常惊讶。我原来一直以为“维也纳音乐会”是中共地下党领导的进步青年组织，接受的是共产主义理论和为贫苦大众解放而奋斗的教育，一直以参加“维也纳音乐会”及相关的进步活动为自豪，这一棒打下来真把我打懵了，干校的纪律是不准串连，不准订攻守同盟等，出校门也受限制，因此，不能去访问瓯海中学的同学和老师。到干校学习，本来我是挺高兴的，以为可以获得很好的学习机会，但到干校报到时，我就觉得气氛不对，不仅工作人员对我们态度很严肃，而且墙上、柱上都贴着“坦白从宽，抗拒从严”的口号、标语之类，我懵懵懂懂，不知自己犯了什么错，反正看见来干校学习的人年龄都比我大，没有一个像我这样的16岁孩子。这期干校有300～400人。下面分班、班下分组，我被分到一个组里，先在大礼堂听董锐的动员报告，动员大家交代问题和反革命罪行，再讲党的“坦白从宽，抗拒从严”政策，等等。一般要讲一上午，以后便学习讨论报告，制订自己坦白交代问题的计划以及思想改造计划等，写出来，贴在分配给组里的墙上。这时我才知道他们都是国民党区分部书记和三青团区分部书记。组长问我交代什么问题，我真犯难，我交代什么呢？我问自己。他看我这么小，国民党区分部书记、三青团区分部书记肯定够不上，其他反革命罪行也不至于。他说：“看你这个人是一个面相和善的人，为什么到这里来学习？”我被搞得莫名其妙，直到董锐宣布“维也纳音乐会”是托派组织，我才知道是这个问题，也知道了我进干校的原因。

1950年10月10日，中共中央发出《关于镇压反革命活动的指示》。各地开始进行镇反运动，1952年12月公安部门统一“肃托”，要将全国各地的“托派分子”一网打尽，并收缴托洛茨基的全部著作。我当时年轻，没有社会经验，不知道问题的严重性以及政治问题对一个人的政治生命多么重要。只觉得干校的伙食与在泰顺土改时吃番薯丝当饭有天壤之别，不仅每餐有米饭、米粥，而且星期天改善伙食有馒头和肉，菜也比较丰富，在泰顺除了竹笋，就是苦玛菜。竹笋白煮，一点油和肉都没有，或者竹笋加盐，几个月吃下来，肠里的油都被刮光了，人很瘦很瘦。所以，我就放开肚皮吃，反正没有定量，吃饱为止。有一天早上我喝了12碗粥，这是破我个人纪录的，也是破干校学员纪录的。人们都以惊奇的目光看着我，我觉得没什么难为情的，我就是吃得多么！尽管干校生活有各种限制，但我觉得挺好过的。

一个小组8～10人，从上午8点到12点，下午2点到6点，都要在小组里开会学习、讨论、谈体会、检讨思想顾虑，及如何树立对自己政治问题的正确认识和态度等，整天就讲这些。每个人都要写学习体会，写后交给组长，组长交给班里。年纪大的人讲起来一套一套的，也有沉着脸不说话的，有顾虑重重的、愁眉苦脸的、无可奈何的，亦有装作无所谓的、没什么了不起的，还有像我这样不知所措的，反正各种人都有。开始我不知说什么，如何说，组长就点名叫我说，这是我最不愿意的，在这种情况下我不得不说，但都会说得结结巴巴，言不达意，说了也不知自己说了什么。

这样学习了一个月左右，就开全校大会，动员交代问题。校长董锐说明党的政策，进一步动员“坦白从宽，抗拒从严”，老实交代问题。他要大家丢掉幻想，国民党反攻大陆是痴心妄想，第三次世界大战绝对打不起来，等等。他警告大家说：“你们每个人的反动材料都已被掌握，蒙混过关是不可能的，侥幸过关也不可能，唯一的出路就是竹筒倒豆子，痛快彻底地交代自己的问题和罪行，不能像挤牙膏一样，一天挤一点，不老实交代。”这样，小组气氛顿时紧张起来，讨论、领会党的政策，消除思想顾虑等。不久就召开了全校“坦白从宽，抗拒从严”大会，一进会场就有人领着喊口号，接着董锐讲话，然后就有人上台坦白交代自己的反革命罪行等，中间不断喊“坦白从宽，抗拒从严”的口号，会场气氛压得人透不过气来。在这种高压气氛下，神经稍有点脆弱的人就受不了，况且这些人都是第一次经历这种情境，因此，失眠的失眠，吃不下饭的吃不下饭，整天垂头丧气的垂头丧气，什么人都有。这次大会后就有人自杀了，是夜里起来吊死在走廊里的，早上被发现时，我们大家去看，班干部已经把他放在地上了，他可怖的面孔在我年轻的心灵中留下了很深的印象。这一下气氛更紧张了，很多人的脸色更难看了。各组每人纷纷轮流交代问题，我就如实交代了“维也纳音乐会”和“土改经验交流组”的事。我交代后，大家说这不是问题啊！这是进步的革命活动和为党做的工作啊！我说就只有这些事实和活动。

我们小组的组长自己带头交代了三青团区分部书记的问题，他对组里的工作抓得很紧，每天都要到班里向班干部汇报组员交代问题的情况，即将组里的人挨个地汇报，他自然汇报了我交代问题的情况。第二天小组会一开始，组长就介绍班干部对我们组交代问题的意见，他把我们组分成三类：一是交代问题较好的，但不彻底；二是交代问题较差的，想蒙混过关；三是不老实，不好好交代问题的。要大家对照检查自己，老实彻底地交代问题。我觉得自己是老实交代问题的，可是组长说班干部说我不老实。当时班干部的话就是“圣旨”，谁敢不听，谁敢不相信。于是，小组就把斗争的矛头指向我，要我老实交代问题。组里的人一下子对我变得另眼看待，好像不认识了似的。这不怪他们，因为这是阶级斗争，镇反运动就是镇压反革命分子，我属于被镇压对象，当然不能像请客吃饭，不能温良恭俭让。这是董锐在报告中一再提到的。既然是阶级斗争，那么就不能手软；手不软，心要硬。据说中央对镇压反革命分子运动有八条规定。所以，对我心硬手不软，也就可以理解了。

但对 16 岁的我来说，压力实在太大了，真是呼天天不应，喊地地不灵，上天无路，入地无门，逃避是逃不了的，只能面对现实，但身边没有一个熟人、亲人可诉说的。我问自己，这里谁了解我的苦衷？谁知道我的实际情况？我为什么要受不白之冤？一会儿觉得自己没有出路了，一会儿又很气愤，为什么把反革命托派的帽子扣在我头上，一会儿又觉得非把问题搞清楚不可。各种各样的思想涌上心头，悲观、失望、苦恼、焦虑等交织在一起，自己也不知道是什么滋味。有天夜里我爬下床，在外面偷偷地大哭了一场。然而，我仍不知如何交代是好，于是我便搜索枯肠，竭力回忆，还是一些进步的活动，我虽详详细细地做了交代，一次又一次地写了坦白书，但换来的是更加严厉的批判，说我根本不是交代反革命活动，而且摆革命功劳，责令我必须老实交代，否则就要被打倒，等着的将是从严处理，这一下那委屈、冤枉、悲观的心情就升到了极点。有几天我真是饭也吃不下，觉也睡不着。在失眠的日子里，我横想竖想，总想不通，想不明白。我在强大压力下反思，在反思中挣扎。我想怎样才叫老实呢？是按照班干部的意思，胡编乱造我托派的反革命罪行，胡说乱咬一些同学、同志参加托派组织，这就叫老实吗？但我想到胡编乱造不仅关系到做人的起码品质，而且关系着人的起码道德。这时我想起在私塾里读的先圣先贤的话，老师教导的话，做人要讲诚信。诚信是做人最起码的品质和道德，我想我不能跨越这个道德底线。《中庸》中说："君子诚之为贵。"《荀子》中告诫："夫诚者，君子之所守也。"我想起孔子在回答子贡食、兵、信三者虽都很重要，但不得已要去掉一项，先去什么？孔子回答："去兵"；再不得已在食与信两项中去掉一项，孔子回答："去食。"信是不能去的，因为"自古皆有死，民无信不立"。所以，我想来想去，要保持自己的人格和道德，不能胡编乱造，不能冤枉别人，相信政府是讲诚信的。

为此我遭到更多、更严厉的批判，以为我是死不坦白的人。但我想宁可自己以所谓不老实坦白而被从严处理，也不能陷害别人。我想自己大不了就是坐牢。这样想通了，也就吃得下饭，睡得着觉了。尽管学习班临结束时，对我的批判更严、更猛，但我坚守诚信这一条不动摇。当时，我告诫自己，我要做一个诚信的人、不说谎的人、老实的人。如果说参加土改、与贫雇农“三同”是体质生命、肉体生命的磨炼，那么镇反学习便是心灵生命、思想生命的煎熬。这种煎熬比体质生命的磨炼更难受，更痛苦。肉体生命的磨炼，人与人之间还是同志，可以相亲相爱，互相关心，互相友爱，团结互助，同舟共济；心灵生命的煎熬却截然相反，人与人之间是敌人，是斗争的对象，没有关心而只有狠心，没有友爱而只有仇视，没有互助而只有斗争，没有共济而只有压挤。虽然两者生命的磨炼和煎熬可以贯通，但重点和主旨分殊。经此磨炼和煎熬，我觉得自己长大了，懂事多了。尽管友爱的关心离我远去，但总觉得好像缪斯在耳边向我诉说，勇敢地昂起头，希望就在前面。

镇反运动的学习是三个月一期，绝大部分人交代清问题就算结业了，各回原单位、原地方，只留下少数几个不能结业的，我就是其中之一，留校继续学习改造，老实交代问题。后来有人透露，我属于思想顽固、死不认罪的人。这是对一个 16 岁的人不想捏造事实、歪曲事实而照事实交代问题的评价。可见，任何评价都有先入为主的问题，都是从既有的立场、观点、方法出发的，即从已有的价值观出发认识、评价问题。尽管这个评价不符合事实，但价值评价掌握在强者手里，强者就是评价的标准，强者就是正确的，弱者只有挨批、挨斗的命运，而不能有异议。以后的政治运动都证明了这一点。

温州干校第一期结业后，第二期很快就开始了，这在 1951 年元旦之前。新来的学员把我当成老学员，有的心情沉重地向我打听第一期的学习情况：怎样学，学什么；如何交代问题；交代什么问题；等。我就我所知道的和经历的做了介绍。我估计他们与第一期一样，不是国民党区分部书记，就是三青团区分部书记。有的人就问我，他已在单位交代了问题，为什么还要到这里“坦白交代”？这我就不知道了。我估计在社会上、单位里已开始镇压反革命运动了，所以他们进来时都顾虑重重，不像我第一次进来时那样轻松，不知学什么。当时我离开泰顺时，领导只告诉我到干校学习，我总以为学习是一件好事，可增长知识、学问，哪知道是镇压反革命运动的学习！这种学习的内容、性质、方法，与我原来所理解的学习完全不是一码事。我原来所理解的学习是学习政治及理论知识、业务技术，提高认识，增长才干；干校学习是学习坦白从宽地交代罪行，划清敌我界限，不过也叫学习，这大概是广义上的一种学习吧！

第二期学习内容、进度、方法以及时间安排都与第一期差不多。班干部、学校领导还是那些人，是原班人马，对我的状况，我所交代问题的情况，他们都清楚。期间，班干部还找我个别谈话：一是不要向新学员乱介绍情况；二是说这是我最后的机会，要老实交代问题；三是希望我起带头作用，带头老实交代问题。谈话的态度倒比较诚恳，我也表示要好好交代问题，争取第二期结业。在集中交代问题的阶段，我虽搜肠刮肚，要像学校领导要求的那样把问题竹筒倒豆子似地都倒出来，可是一点也没有增加够得上实质性的反革命活动的内容和材料。我们学习小组的人在交代了问题后，放下了历史包袱，精神显得轻松多了。有的人为了表现积极，结业时所填的表上有个好的鉴定，领导有个好的评语，这张结业鉴定表寄回原单位，原单位领导对他有一个好的印象，就积极批判我，向我开火，说我不老实交代问题，一定是隐瞒了重大反革命罪行。批判的火力、压力比第一期学习时大，我曾想来这里学习的人大概都受到批判，不是在原单位就是在这里，可为什么要把自己受批判的痛苦心情又加给别人，能不能不做“己所不欲，要施于人”的事。我又想，人是不是都有对己宽、对人严的情结，对“人皆有不忍人之心”我产生过怀疑。但我有了第一次的经验，思想的包袱、顾虑以及紧张的程度就没有第一次那样强烈，思想的碰撞、震荡也没有第一次那样激烈，我仍然坚持自己诚信的道德信念不动摇，心情比第一次平静，没有吃不下饭，睡不着觉。因为他们攻击我的“重炮”是我隐瞒重大的反革命罪行，即所谓托派组织的“维也纳音乐会”。这是因 1948 年瓯海中学托派学生大拉选票，控制了学生自治会，中共瓯海中学地下党支部为广泛团结同学，孤立托派控制的学生自治会而组织的党的外围组织，当时实际负责人是中共瓯海中学党支部的吴廷享和王毅，李作模任会长。1948 年 12 月后，由中共瓯海中学党支部书记张良权负责，张良权是与我们瓯海中学男同学一起到泰顺参加土改的，是我们带队的人，即领导，他同我的关系比较好。攻击我、批判我的人也不想一想，1948年我只有13岁，一个13岁的初中学生能干出什么重大反革命事情？且瓯海中学就在温州市，离我们学习的温州干部学校只有几步之遥，去调查一下就清楚了，不知何故仍抓住我不放。“坦白从宽，抗拒从严”“不坦白，死路一条”等话语在我耳边响个没完。最后，我听多了，听惯了，就不觉得稀罕了。

我总觉得“坦白”是坦白事实，并不是胡说，把胡说瞎编当作事实，就不是实事求是了。“实事求是”是共产党坚持的原则，但实事往往被歪曲、编造、诬告所遮蔽和误导，被高压、斗争所迫而不得不承认被歪曲、编造、诬告的事实，这样实事就被完全颠倒过来，被歪曲、编造、诬告的事实便成了真实事，真可谓“假作真时真亦假”。“实事求是”的“求是”是去伪存真，去假求真，让被歪曲、遮蔽了的实事恢复真面貌，这才是真正的实事求是。若能真正做到实事求是，就不会发生伤害人的冤假错案和运动后的“平反”了。其实，一个冤假错案伤害的不是一个人，而是一个家庭、一族亲戚、一群朋友等，从而造成人心的不稳定、社会的不安宁。希望不要把痛苦强加给无辜的人！不幸的我，第二期结业时又被留下了，第一期与我一样没有结业、被留到第二期的都结业分配了，只有我这个“顽固分子”留下了。有一天班干部看到我挖苦地说：“你又留级了，我可不愿看到你再留级呵！”对我来说，“留级”有两种：一是学业上留级，我没有；二是政治上留级，这次是经历了。我想我从小学到中学不仅从未留级，而且是不断跳级，这一下可体会到“留级”的滋味和痛苦了。

第三期学员不完全是国民党、三青团的区分部书记，大概温州地区的这部分人已轮训得差不多了，因此有国民党员和“伪职员”中的一些低级官员。这时已经是1952年了，第三期中间又转来一些“老虎”，即“三反”“五反”运动中各单位揭露出来的“大贪污犯”，送到温州干校来要他们彻底交代贪污事实。我们原小组成员坦白交代问题基本告一段落后，就与其他小组调整成20人左右的“打虎队”，我尽管仍属于不老实交代问题者，但没去处，就被放到“打虎队”，分配给我们队一个“老虎”。干部学校董锐校长又做了动员报告，说明了“三反”“五反”运动的必要性和重要性以及国内国际形势，特别说到抗美援朝的形势，不法奸商与我们干部内外勾结，破坏抗美援朝，破坏国家建设，以旧棉冒充药棉，危害志愿军的伤病员等罪行，然后学习、讨论报告。有的人义愤填膺，表示要与“三反”“五反”分子斗争到底。当时，大家满脑子都是阶级斗争的观念，不动员也照办。我记得我们“打虎队”的对象是原温州粮食局的干部张骏，他在新中国成立初期负责粮食调运工作，粮食在调运工作中有亏损，就说他与奸商勾结，偷卖粮食，贪污赃款。原单位转来的材料中说他贪污的数目很大，有几千斤粮食的亏损。干校“打虎队”便采取疲劳战术，白天、黑夜进行批判斗争。“打虎队”成员可轮流“作战”，可张骏一个人就不是轮流而是连续挨斗了。张骏进干部学校时是一个身体很棒的小伙子，半个月斗争下来就面黄肌瘦了。他开始一直说自己没有贪污，后来终于受不了疲劳战术，开始交代“问题”，“打虎队”就要追问粮食被卖到哪里去了？卖给什么人了？他说不出来，便翻案。这样反反复复好几次，翻一次，斗争的火候就升温一次。最后，他实在受不了就胡编了一通。我当时是“打虎队”材料组的成员，负责把每笔贪污的时间、地点、数目、出处、卖给谁等落实下来。每落实一笔，他都显露出痛苦的表情，有时又用迷惘的眼神看着我们。

第三期干校学习临近结束，“打虎队”队长要我们带着张骏去追一笔“赃款”。这笔“赃款”他说是把粮食卖给了平阳县鳌江镇的一位商人，钱没有给他。我们带着他坐船、走路（当时没有汽车），我看他脸色非常犹豫，又非常难受。我们过鳌江时他跳江了，我们便下去救他，在群众的帮助下终于把他救上来了，到鳌江镇一打听，根本没有他说的那位商人，他才说实话，是被逼得没办法编出来的，所谓实事，原来是假的、编造的，却被当作真实事来追赃。这样，我们只得回到干校。他的话我能理解，因为我也是被冤枉的。虽然没有对我采取白天、黑夜斗争的疲劳战术，但连续几天批判斗争也是经历过的，只要思想动过想过关的一念，就会胡编乱造，这是被逼得无可奈何的事。用群众运动的方法、政治斗争的办法，而不是用法律的手段来解决干部存在的问题，并在预先确定运动斗争对象比例的情况下，为完成此比例的任务，不冤枉人才怪呢！这就出现了运动—

冤枉—平反这循环往复的怪圈。

这时，温州地区根据中共中央《关于在学校中进行思想改造和组织清理工作的指示》，在1952年的暑假对各县中小学教师中的国民党党员、三青团团员展开了组织清理工作，以肃清文教队伍中国民党、三青团的影响。温州地区成立了文教干校，永嘉、瑞安、平阳、乐清等县为分部，分部下面有班，需要一大批班干部，我不知怎么被分到平阳县分部的一个班担任班部的生活干事，负责学员生活方面跑腿的事务以及文艺生活等杂七杂八的事。小学教师一般是师范学校、普通高中毕业的学生，中学有师范学院和大学毕业的学生。有的加入国民党和三青团是中学、大学里全班集体加入的，加入时连自己也不知道，训育主任把全班同学的名单报上去就算加入了，现在成了要背一辈子的政治历史问题包袱，成了一辈子被人另眼看待的、有政治历史问题的人，所以他们心里真有点不甘，很难受，但已成历史事实，刷也刷不掉，这样他们一辈子就难以取得领导的信任或被提拔了。当时新中国成立不久，没有考虑那么多，可是有的中小学教师想到了与其他教师以及学生相处的问题、别人如何看自己的问题等。这就是说，他们已考虑到今后的工作、生活环境对自己的变化与压力。我当时思想简单，就没有考虑到这个莫须有的“托派”问题将会对我产生什么影响。

温州地区文教干校平阳分部学员被集中在平阳中学及县城城区的几所中学里，有一次开分部学员大会，动员交代政治历史问题，会址是一座较旧的木结构的礼堂，由于学员较多，对着主席台的楼上木结构不堪重负，倒塌下来，压伤了下面的不少学员，我们班干部怕继续倒塌下来就跑去救人，而有些人就往外挤，搞得混乱不堪，我只好大喊“大家不要乱，大家要镇静，先救人”，这样才使大家按班离开会场，并将伤员送往医院救治，所幸没有死人，我所在的班也没有伤人。由于我所在的班学习气氛比较沉闷，班领导找我谈话要活跃学员的文艺生活，组织起来教学员唱革命歌曲。我本来是喜欢唱歌的，但在温州干校修整了我9个多月的“维也纳音乐会”的“托派”问题，我对音乐实在无兴趣了，提不起精神唱歌。这倒不是怪唱歌，唱歌本无罪，但我在情感上转不过来。为了学员的文艺生活和活跃学习气氛，我又不得不去做，我结合学员的思想，改编了几首歌曲的歌词，教学员们唱，在一次文娱比赛中，我指挥的改编歌曲获得了好评。

温州干部学校“镇反班”连续办了三期，也只有这三期，我是唯一连续学三期的人。每期结业都要填写一份鉴定表，这份表上有家庭出身成分、何时何地参加反动党团组织及其他反革命组织等栏目，我都要把“维也纳音乐会”作为“托派”反动组织填上，每次填表时我的心情都非常复杂和沉重，可以说一次比一次复杂和沉重，因为我在与国民党区分部书记、三青团区分部书记的接触中慢慢体会到将是怎样的处境。当时，我已变成一个有严重政治历史问题的人。温州地区文教干校从 1952 年 6 月开始到 1952 年 9 月结束，我们班干部也要填一张工作鉴定表，又有这些栏目，我真怕填表，碰到填表我就头痛，它像一块沉重的枷锁，套在我的脖子上，压垮了我的肩膀，压得我抬不起头来。我总纳闷，革命怎会变成反革命！我想不通，为什么不去调查一下实际情况？我带着这许多沉甸甸的思想包袱，于 1952 年 10 月左右回到了泰顺县。这次回泰顺与第一次到泰顺土改的心情完全不同，那一次是革命热情喷发，战天斗地，这一次是戴着一顶沉重的、压得人喘不过气来的反革命“托派”帽子回来的，没有一点重回原地方的高兴，只有抬不起头来的悲伤。

温州干部学校镇反学习是对人性的拷问，是一次道德的衡量和生命的考验，要不要编造谎言，以蒙混过关，减少压力，少受批判、斗争，是考验人性善良与否、道德高尚与否的试金石，但在各种各样的强压下，如何自处，如何回应，如何通过“坦白从宽，抗拒从严”的“鬼门关”，每个人都有自己的选择。我在班里看到，个别人对自己人性的反思检讨，以自己为对象而思，就留恋不舍，手软抬不起来，但对别人的批判斗争却从不留情，手是硬的。为什么自己受批判斗争的痛苦心情又加给别人呢？能不能不做“己所不欲”的事！按孟子所说，人有一种“不忍人之心”，如果人人都具有仁、义、礼、智、信的道德，那么就不会冤枉好人，但为什么制造那么多冤假错案？应该有一个答案，应该请领导调查，把“托派”问题搞清楚。我相信历史事实总是历史事实，而且 1948 年到 1951 年，相距时间不远，当事人俱在世，一调查就清楚了。

三、粮食工作

1952 年 9 月到泰顺县县政府人事科报到后，我被分配到泰顺县文化馆，先做图书管理员的工作，后来做群众文艺工作。泰顺县没有县图书馆，文化馆兼图书馆，其实图书很少，穷山区，本来文化就十分落后，根本没钱买书，只订几份报纸，挂在外面给群众看，就算尽财力为群众做事了。土改以后，农民分得了土地，千百年来蕴含在农民中的生产积极性爆发出来，有了可供交换的产品，为了促进农村经济的发展，县里、区里搞农村物资交流会，即商品交流会，为活跃物资交流会的文化气氛，组织各种文艺演出，主要是农村原有的戏班子，吸引了四里八乡的农民群众来观看。我被派到百丈区，负责这个区物资交流会的文艺宣传工作，交流会的会址就在百丈镇。这是一条 T 字形的很简陋的街道，没有多少商店，我们在溪滩上搭起戏台，作为演出的场所，农民们把自己生产的东西，如猪、羊、鸡、菜、茶叶、粮食等拿到物资交流会上出售，以换回农具、布、日用品等。本计划开一天的物资交流会，由于较远地方闻讯赶来的农民第二天才到，延了一天。县合作总社组织了一些商品在交流会上出售，生意很好，特别是布匹类，土改后农民想做新衣服，这是他们当时的愿望，特别是姑娘们，剪了花布，喜气洋洋，说说笑笑，增加了物资交流会的热闹气氛。这时是鼓励农民发展商品经济的，而不是像后来那样把农民生产的农产品作为资本主义尾巴割掉。如果按当时情况发展，中国经济很快就会繁荣起来。

文化馆在当时是安排其他单位都不要的干部的单位，既无实权，又无物资。特别是我，刚从镇反学习的干校回来，人们都另眼相看，以为我不是他们的同志似的，也不敢接近我，免得牵扯上关系，走在罗阳街上背后便有人指指点点，这种滋味是很不好受的。真体悟到人情冷暖、世态炎凉的意蕴。一想到“维也纳音乐会”是“托派”组织，心里就总觉得冤枉。因此，思想包袱很重！很重！我想总不能一辈子戴着这反革命分子的帽子过活，如何放下这个包袱，只有向温州专署军事革命委员会说清楚事实，请组织调查。于是，我对“维也纳音乐会”和“土改经验交流组”的情况做了详细说明，并把这份说明报告直接寄给温州专署军事革命委员会。

1953 年 2 月，我从文化馆调到泰顺县粮食局秘书股做文书工作。文书工作主要是收发文件，股长是一个姓孙的同志。我每天都能收到从省粮食局、温州专署粮食局与邻省各兄弟县粮食局寄来的大批来函来件，以及泰顺县政府等的文件，有密件，有普通文件，我要一件一件登录、编号，整理好后送给局长，局长看后有存档的，有批给计划股、财务股、储运股等办理的，我则分送给各股股长，请他们处理。各股向上一级粮食机关报告或发文件给全县各区粮库（后改为某某区粮食管理所），便由他们拟好稿，送局长审阅、批准，由我刻成蜡纸，再油印成所需要的几十份、几百份，写好寄发单位的信封，分寄出去。有时一天要这样发出去三四个文件，工作很紧张，比文化馆的工作繁重得多。有时候，局长、秘书股股长及其他股同志要查阅文件，就向我要，一时不知从何找起，也很难找到，真是他们急，我更急。我就对收文件工作进行改革，提出了分类分性质登录编号，在取得秘书股股长和局长的同意后，便开始实行，结果大大改善了收发文件的工作，要找某一文件很快就能找出来，这种收发文件的工作方法后来得到推广，我因此被评为粮食系统的优秀工作者，发了一个笔记本做纪念。

1953 年 8 月—9 月，一天秘书股股长叫我到局长那里去，我们一起到局长办公室（他单独有一间办公室）去谈话，局长拿出一份红头文件，盖有温州专署军事革命委员会竖的长章，局长宣读了这份文件，文件中对“维也纳音乐会”的性质做了结论：“维也纳音乐会”是中国共产党温州瓯海中学党支部领导的进步青年组织；“土改经验交流组”查无政治问题。听后我非常激动。3 年来像大山一样压在我头上的反革命政治包袱终于搬掉了，它一直压得我喘不过气来，抬不起头来，16 岁～18 岁，我就是在人们的白眼中艰难地过来的，是在低人一等的氛围中屈辱地度过的。至于家庭的政治包袱——“工商业兼地主”，就不是我自己所能选择的了。这时我得痨病的父亲已去世了。因我在泰顺，山高路远，信息不通，电话没有，死前也没有见他一面。即使知道了，我也不敢回去，一是我背着“托派”政治反动的包袱；二是回家看地主老子，马上就会批判你为地主阶级的孝子贤孙，阶级立场有问题。后来才知道父亲在死前很想见我一面，惦念着我能回去见他，好像有话对我说。

没有了反动的政治历史问题，政治上我是清白的了，填表时在“何时何地参加反动党团组织及其他反革命组织”这一栏，我就可以写上“无”这个大字了，这个“无”字对我来说就像灵魂解放的解脱那样可贵。有了这次政治上的解放，才会有我以后的一切；否则，什么考大学、读书都是不可能的，即使我成绩最好，也要被刷下来，这是一个所谓政治立场问题，也是培养什么人的问题。这次作为镇压对象的经历和体验，是我人生的一大宝，它使我遇事更加理智、冷静，人生更加淡泊、慎独，更加珍惜生命的宝贵，更加自律，促使我人生的觉醒。经过这次水火的煎熬和锻炼，我改变了以往糊里糊涂过活的状态，体会出人生的价值与意义之所在。

1954 年，我便由秘书股调到计划股当调研员，调研员的主要任务是到全县各区、各乡粮库调查情况，回来向领导汇报，使领导了解下面的情况，另外就是配合县委县政府下农村宣传组织互助组等中心任务。当时，全县粮食系统要创建“四无”粮库，即无虫、无霉、无鼠、无耗。如果入库的粮食比较干燥，那么无虫、无鼠，粮食是不会有损耗的，甚至会涨出来。粮仓在粮食入库前都要消毒，当时是用“666”，我们与粮库保管员都是在没有采取任何防毒措施的条件下喷洒的，既不戴口罩，也不穿防护服，有时喷洒一天，我就觉得头有点晕，不知道是什么原因，一点防护知识也没有。粮库依据库容大小而设有保管员，不少保管员是没有文化的老党员，他们有空都会给我讲述泰顺老区革命斗争的故事。征收公粮的时候是粮食部门最繁忙的季节，这时我们就在社会上招收临时工，这些临时工在泰顺不易招到，因为需要有一定知识的青年，于是就从温州市招来青年学生和社会青年，他们的主要工作是过秤、登记、结算，保管员和我主要是验谷，看看谷子的干燥度，是否有空壳等，即检查质量是否合格。如果湿度太大，那么入库后就会发霉，会影响到整个粮仓的粮食发霉变质，若如此保管员和粮库领导的责任就大了，所以征粮入库的验收工作都是由经验丰富的保管员担任的。

四、三大改造

调研员经常被县委县政府抽去做中心工作，所谓中心工作即根据中央、省委布置的当时的农村主要工作，如我被抽去从事农业互助组、合作化及粮食统购统销工作等。农民分到土地后，有的没有耕牛，农具短缺，还有寡、孤、独、残疾者，生产存在很大困难，于是就需要把个体农民组织起来，互助合作，取长补短，以增加生产。在组织互助组的过程中，虽讲自愿原则，但谁心里都不愿意与寡、孤、独、残疾者在一起，以免自己吃亏，这就需要做艰苦的思想工作，打破光想单干的思想，发扬互助精神。我们需要考虑土地的远近、劳动力的搭配、农具的配备，还要考虑寡、孤、独、残疾者的分配，只有合理安排，农民群众才会满意，互助组才能真正发挥互助的作用。我负责的村在大安区三魁乡，经过深入摸底调查，搞清了劳动力、土地、农具、寡、孤、独等具体情况，各互助组配制比较合理，真正发挥了互助组的作用。我住在村里与贫下中农同吃、同住、同劳动，真正做到“三同”，育秧、插秧、除草、施肥到最后秋收，所有的农活我样样都干过。与贫下中农一起干活，虽然艰苦，一天干下来，腰酸背疼，但体会到我们吃的粮食真是“粒粒皆辛苦”，所以要珍惜粮食。

1955年掀起三大改造运动，即农业改造运动、工商业改造运动、手工业改造运动。我主要参加农业合作化运动和工商业公私合营运动。1955年7月31日，毛泽东在中共中央召集的省委、市委和自治区党委书记会议上做了《关于农业合作化问题的报告》，省委、市委、县委就赶紧布置，立即掀起了农业合作化的高潮，大办农业合作社，不久也掀起了工商业公私合营的高潮。这样，我就被抽去搞农业合作化运动。泰顺是农业县，工业几乎等于零，商业也很少。原农业互助组搞得好的村在互助组基础上扩充成合作社就可以了，工作比较容易一些。我被派到一个基础比较差的村，互助组名存实亡，所以工作要从头做起。我们分析了互助组名存实亡的原因：一是没有一个好的、坚强的领导；二是互助组各方面因素搭配不合理；三是互助精神有待发扬。我们找到了原因所在，就有针对性地设计了一个合理方案，请农民群众来讨论、商量，听取农民群众的意见做了修改，之后又去征求农民群众的意见，特别在个别征求意见中，农民群众反映了在会上不敢讲的真实情况，又做了一些修改，农民群众相当满意了，就把几个互助组联合起来，并进行一些调整，组成了上村与下村两个自然村的农业合作社，每个社20～30户不等。农业合作社是使一家一户的自给自足个体经济向集体经济过渡的一个步骤。入农业合作社的农户保留了自留地和菜园子，但我发现有的农民对自己的自留地、菜园子比较关心，对入合作社以后自己以前的土地就不关心了，未入合作社前即使没有活也要到自己地头转一转、看一看，现在不去转了，这就是在农业合作化高潮隐蔽下的农民积极性不高的表现。我曾向工作组汇报了这种情况，组里批评我只见树木不见森林，只识个别不知全体。这样，我就不好说什么了。我当时想，如果不急于搞农业合作社，也许农业生产情况会好一些，农业发展会快一些。

1955 年下半年年初，进行全县粮食统购统销工作，由县计划科科长冯子亚负责。由于他要报考中国人民大学国民经济计划系，所以一些具体工作由我来做。我对 200 多名参加统购统销工作的工作人员（包括县里的干部以及招聘来的工作人员、乡村干部、会计等）讲了统购统销的意义、政策界限、工作方法及步骤等，这些工作人员集中在县里学习 3 天后就分赴各区、乡、村进行工作。工作包括进行每户产量摸底，记录收入稻谷数、杂粮数、每人所需口粮数、养牲畜（猪）所需饲料数，然后计算出每户是缺粮户还是余粮户，余粮多少等。这本是非常复杂的工作，它关系着每户农民的口粮够不够、能否吃饱、会不会饿肚子等问题。但由于一些干部工作简单化，有的没有很好地核实每户实际产量，甚至为了表明自己领导的成绩而多报产量，致使农民多卖余粮而不够吃，缺粮户也得不到应有返销的粮食。尽管我们复查了一些乡村，但我们不可能复查全县所有的乡村，所以只得布置乡村干部去复查，但仍有虚报不实的情况。这也不能怪他们，因为上面有指标压着，下面又要加码，他们是两头为难，苦就苦了农民。总的来说，泰顺还算好的。

1953—1957 年为国家经济建设的第一个五年计划期，对此全国人民都欢欣鼓舞，充满信心。国家经济建设需要有文化、有技术的人才。我想自己初中毕业参加工作，没有很好学文化、学技术的机会，如果有机会去学文化、学技术，就一定要争取，因此我在工作之余就抓紧时间学习，特别是 1955 年泰顺县县政府原计划科科长冯子亚和泰顺县原共青团团委书记童宛书考上了中国人民大学，我也萌发了考大学的念头。当时，我们粮食局计划股股长是吴杰，我和他是瓯海中学同学，一起到泰顺参加土改的，另一个股员是1953年省里分配来的青年学生，我们三人都想考大学，于是都偷偷地复习考大学的功课，办公桌上摆着要办理的文件等，把要复习的课本和书放在抽屉里，其他同志来时肚子一顶，抽屉就闭上了。因为领导知道了工作时间复习功课，就会批评你工作不安心，给你扣上个人主义、名利思想、怕工作艰苦等一大堆帽子，所以复习都是保密的。泰顺粮食局的办公室是一个宗祠改造的，是一间大房间，每股的办公桌拼在一起，办公桌挨着办公桌。保密是保不住的，大家心照不宣而已。

1955年9月间，我被调去负责洪口粮食转运站的工作。泰顺作为一个穷山区的县，当时连一米的公路都没有，物资运输完全靠肩挑，其唯一的水路运输就是从洪口到百丈口，由百丈口到瑞安再到温州。洪口到百丈口只能走竹排，因为水少滩浅，蚱蜢船走不了。泰顺县粮食局根据温州专署粮食局下达的粮食外调任务，将粮食分配到各区粮库，各区粮库再根据情况（如库容、秋后公粮入库盈余等）将粮食分配到各粮仓，各粮仓按外调任务组织农民将粮食肩挑到洪口，远的地方要挑上2～3天。我们对农民工挑来的每担谷进行验收，看看是否调换，以次充好或渗水（渗水的谷要放1～2天后挑来，水被谷吸收，但手一摸就能感觉出来），验收后过秤，装麻袋，结算挑谷工钱。这个工作非常紧张，从天蒙蒙亮到半夜，都得不到休息。因为天黑前挑到的粮食较多，验收都验收不过来。晚上必须把粮食装入麻袋，按100斤秤好，并缝口，会计、出纳要统计每天收入粮食数与运出粮食数是否平衡等，我要检查每一项工作。每天天刚亮，我们每个男同志肩扛一麻袋粮食到码头的竹排边，我是站长，要带头扛100斤重的麻袋，排工接过去放在竹排上，保持竹排的平稳。这样，我们每天都要上下码头几十趟，扛得腰酸背痛的。排工在发货单上签字后，直接运到百丈，百丈粮库接收后马上装蚱蜢船运到瑞安、温州。其间处理过几起麻袋粮食掉到水里的事件。这往往是在竹排转弯时发生的。

粮食转运站在农忙季节、春节前后比较闲，当时报刊上在讨论《红楼梦》问题，我对此产生了兴趣，并撰写了一篇《贾宝玉、林黛玉婚姻悲剧原因的探讨》的文章，寄给泰顺县作品评奖委员会，竟然获奖了。

1956年2月，我从泰顺县洪口粮食转运站调到浙江省粮食干部学校学习，校址在杭州湖墅区，这是我第一次到省会美丽的杭州，心情特别舒畅。3月1日游西湖，我写过一篇《西湖记》。这期省粮食干校是粮食管理所所长轮训班，与我一起从泰顺县来学习的有周士潘所长。这个时候杭州挺冷，在简易的礼堂里听报告，记录用的自来水笔的笔头都冻起来了，要不断放在嘴里温热，使其不冻，觉得比温州要冷。主要是学习毛泽东著作、粮食政策、创“四无”粮库以及粮食统购统销政策和机构建设等。结合学习，我们到杭嘉湖参观先进模范粮库。有的粮库确实管理得很好，与泰顺粮库相比，粮仓建设和管理水平都高一层次，是值得我们学习的。当时，认为麻雀是啄粮食的害鸟，所以各粮库都打麻雀，而没有认识到麻雀啄害虫的一面。结果发生了一位学员爬上省粮食干校附近高压电线杆上打麻雀触电而死的悲剧，据说他刚结婚不久，学校领导很重视，要大家接受教训，注意安全。

五、报考人大

1956年党中央发出向科学进军的号召，并允许在职干部可以考大学，这使我看到了有机会学习知识的曙光。考不考大学，对我来说，是人生的一次重大抉择。当时泰顺粮食局领导对我的工作比较满意，我觉得在这里干也不错，但一想自己若能对党的事业作更大的贡献，就必须有知识和技术，这样便坚定了我报考大学的信念。已考上中国人民大学的冯子亚和童宛书也来信介绍中国人民大学的情况，说明人民大学排名在北大、清华、师大之上，简称人、北、清、师。特别是人大单独招生，可以在参加全国统一招生考试之前先考人民大学，这样就可以获得两次参加高等学校考试的机会。当我把想考大学的念头与要好的同志谈起时，他们劝我要好好工作，初中生很难考上大学，这是好意相劝；当有些人知道我要考大学，就讽刺地说：真不自量，是癞蛤蟆想吃天鹅肉；也有人给我鼓励。这些都更激起了我考大学的决心和信心，我暗下决心，一定要跨入大学之门。我冷静地估量自己：初中毕业班时参加土改，高中没有读，六年的农村工作，没有好好读书，必须抓紧学习功课，才有可能考上。我为了复习功课，分秒必争，星期天其他学员去参观杭州的名胜古迹，我就留校复习，只要干校布置是自学时间，我就躲在干校礼堂后面一个僻静的地方复习，因为这个地方很少有人来学习，而且全校学员全是男的，没有谈恋爱之事，所以这个安静的地方没有其他人光顾。我下定决心考大学后，就打报告给泰顺县粮食局局长，由粮食局报县委县政府，出乎意料，竟被顺利批准考大学。同时，我得知泰顺县在职干部有 5 人被批准，泰顺县粮食局计划股股长吴杰及另一股员都被批准考大学。这样，他们来到杭州与我会合，先考中国人民大学。我们想住到一个离考场较近的旅馆，以便走路方便些。结果因考生们都想获得两次考大学的机会，所以考人大的人很多，离考场较近的旅馆已住满，我们只得找稍远的旅馆住，7 月杭州已经很热，那时没有空调，6 个人挤在 1 个小房间里，热得书都看不下，坐在那里不动都流汗。中国人民大学在杭州招生组的组长是林茂生老师，准考证上有他的签名。

这时恰巧浙江省粮食干部学校已结业，在杭州考完中国人民大学后就与泰顺来的其他同志一道回到温州市，准备参加全国统一招生考试，我们几个人住在旅馆里抓紧复习考试科目，因为考中国人民大学的考生太多，没有考上的把握，所以不敢放松。在全国统一招生考试开考的前两天，《浙江日报》于 1956 年 7 月 10 日刊登了《中国人民大学杭州招生组公告》（56）杭字第 10 号。《公告》中说："兹将中国人民大学 1956 年度录取新生名单公布如下……"我们几个人赶快抢过来看，以便查找自己的名字。几个人挤在一起不好看，于是就由一个人照着念："一、新闻专业……二、统计学专业……三、财政学专业……四、国民经济计划专业……五、工业经济专业……六、马克思列宁主义基础专门化……七、贸易经济专业……八、中国革命史专门化，张立文。"第一个就是我的名字，我高兴坏了，大家也替我高兴，向我祝贺。接着念："九、历史档案专业……十、哲学专业……十一、法律专业……十二、农业经济专业……十三、政治经济学专业……"念完了，没有其他人考上人大，其他人都很失望。过了一会儿，气氛缓下来，有人说我们泰顺来的终于有人考上人大了，回县也好交代了，于是大家的愁眉终于舒展开了。我想我既考上人大，就不参加统招考试了，况且人大《公告》的附②说："备取生仍可参加统招考试。"我是正取生，而且是杭州考区中国革命史专门化的第一名。《公告》中没有说正取生可以参加统招考试，是否不主张参加统招考试，我当时是这样想的。我就对他们说："你们好好复习，其他生活上的事或温州要办理的事我去做，统考后我们一起回泰顺。”这样，我就负担起照顾他们生活的工作，而没有回家看祖父母及母亲。考后我们先到瑞安坐蚱蜢船经文成到百丈，再爬一天山路到县城罗阳，之后各回原单位。全国统一招生考试发榜也登在《浙江日报》上，登了好几版，结果吴杰考上上海财经学院，潘中坚考上华东师范学院，粮食局计划股另一股员考上武汉测绘学院。这一下轰动了泰顺，有人表示第二年他们也要考大学，其实大学也不是那么好考的，后来虽报名的多，但考上的就不多了。

1956 年 7 月回到泰顺，我被任命为仕阳区粮食管理所副所长，所长没有，由我负责工作。我在当调研员时曾到仕阳粮管所帮助过工作，对这里原所长和会计的矛盾做过调解工作。我同会计林细绸的关系不错，因我在调解工作中对林细绸所获得的不公正对待做了纠正。我到仕阳区粮管所后制定了一些工作制度，并到全区粮库检查了一遍，做好公粮入库准备工作和收购统购粮的人员雇用准备，并审核了全区餐饮业等用粮单位统销粮的数量和销售点、加工厂的情况，对全区粮食系统有一基本的掌握，这样工作起来就心里有数了。我全面了解情况不是为了我自己，因为我知道我马上就要离开泰顺到北京中国人民大学报到，而是在离开仕阳粮管所时对其之后的工作有一合理的建议，粮食局领导对我的要求也是如此。8 月底我回到泰顺县粮食局，按规定领了我到北京的路费，告别了我工作了 6 年既艰难困苦、曲折悲伤，又初涉社会、增长知识的时光。尽管如此，我对泰顺还是有感情的，毕竟是我付出心血的地方，也是我心志更坚强的地方。我虽然工作了 6 年，但前几年是供给制，没有留下一个钱，后几年评了级，我是政府最低的 25 级，离开前提了一级为 24 级，也没有留下什么钱。到北京读书总得有棉衣，所以我只得回家。况且我 6 年未回过家，确实需要回家看望我年迈的祖父母、母亲以及姐弟妹。我家原经营的张长发豆腐店已公私合营，祖父的确老了，他在公私合营店里工作，母亲在店里做豆腐，起早贪黑，很辛苦，祖父和母亲为居民户口，我祖母、弟弟张宪栋、妹妹张桂兰和张眉香为农业户口，弟弟 10 来岁，大妹妹虽大点，但已驼背，小妹妹 8 岁，家里没有劳动力，主要靠祖父和母亲的居民供销粮维持一家 6 口的口粮，口粮很紧张，不得已就得高价买黑市粮。即便如此，家里还是帮我做了一件棉衣，买了一只皮箱。依依不舍地告别了亲人，由温州坐汽车到金华，从金华坐火车到上海，在上海小旅馆住了一夜，第二天坐火车，经 24 小时从上海到北京前门火车站。前门火车站前有中国人民大学新生接待站，接待站同学送我到东四十二条海运仓原朝阳学院的校址，这是中国人民大学的校舍之一，我们中国革命史专门化专业的学生住在西大楼，从此开始了我的大学生活，这是我“学术生命”的开端。我当时认为，学术是神圣的，也是神秘的。既然我选择了学术生命，就要探索学术的奥秘，让学术生命开花结果。生命并不总是悲剧，我经过肉体生命的磨炼和心灵生命的煎熬，可谓悲极喜来，否极泰来，一帆风顺给人的幸福是可贵的，但逆水行舟争来的幸福更可贵，于是我便有了一种幸运的感觉。我想在学术生命中寻找一种超脱，以便离世俗的种种政治、斗争、运动远一些，可以在“两耳不闻窗外事，一心只读圣贤书”中追求一块净土，在平凡中实现自己的学术生命。然而，在现实生命中，生命存在与学术探求的关系仍然十分紧张、冲突，我就在这激烈的紧张、冲突中继续着我的学术生命。

第三章　学术的生命

1956年考入中国人民大学，我已21岁，如果一直读书，应18岁入大学。1955年我曾提出考大学，领导以种种缘由为托词而未批准，在当时想离开泰顺真难于登天。一方面泰顺本地干部文化水平低，不适应工作需要，外地干部又不愿意到温州最苦、最穷的泰顺大山区工作，被误认为有一种“发配”干部的性质，因此，干部缺乏；另一方面原外地来的干部不太愿意长期在泰顺工作，要求调动工作，领导往往不放。考大学也被认为是离开泰顺的途径，所以要受到怕艰苦、个人主义等的批评。这次国家政务院下了干部可以考大学的通知，才顺利地被批准。在人的生命中，容易得到的东西往往不被珍惜，艰苦得到的东西才会被珍惜。因此，我非常珍惜这得来不易的大学学习机会。

一、发奋学习

从祖国边远的山区泰顺到古老的首都北京，我心情特别激动，有一种从“苍茫古木连穷巷，寥落寒山对虚牖”之地到“绿影秋实连王府，嬉闹暖木满城花”之地之感，反差特别显著，感觉也特别强烈。如果说1950年参加土改运动是我生命道路上的一次转折，那么到中国人民大学读书就是我生命历程中的一次大转折，它基本上决定了我的人生命运。我想命（古人以为是天命）是一种必然性，譬如人一定要死，自己不能把握，但“命运”的“运”是可以自己掌握的。我反反复复地思考如何把握好上大学这一难得的机遇。在求知的大道上，投机取巧是行不通的，懒惰贪玩是学不到的，必须分秒必争地学习，光阴似箭，不抓紧就溜过去了。运是一种机遇，不抓住就过去了，时不再来。记得英国弗兰西斯·培根在《论时机》中说："善于识别与把握时机是极为重要的。在一切大事业上，人在开始做事前要像千眼神那样察视时机，而在进行时要像千手神那样抓住时机。"我既已察视时机考上中国的名校，那么就要抓住时机，刻苦学习，向科学进军。开学第二天，由马克思列宁主义基础专门化和中国革命史专门化组成的历史系召开迎新大会，宣布由著名中国革命史专家何干之教授任系主任，云光任系副主任，每个学子都兴高采烈，心想在名师指导下，我们一定能学好，我也这样暗暗地下决心。何干之教授中等身材，微胖，额头很高，秃顶，说话口吃，所以他迎新大会的致辞是写好稿子的，照稿子念就不会口吃了。他后来给我们讲课也是念稿子，不过他写的稿子语言很美，有自己独到的见解，并且他对中国革命史如数家珍，所以同学们一点也不觉得枯燥乏味，而是听得津津有味。我有记笔记的习惯，他讲课的内容我基本上都能记下来。当时各门课没有现成的教科书，也没有讲义，只有靠笔记，后来有人把它概括为：上课记笔记，下课对笔记，考试背笔记。一到考试前我的笔记本就忙开了，或被同学借去对笔记，或被借去抄笔记，转个圈才回到我手里。我作为第六班的学习班长，有责任使全班学习好，而当时学习好与不好的标准就是考试成绩。

这次历史系中国革命史专门化招生 300 人，加上备取生，超过 300 人，分为 10 个班；马克思列宁主义基础专门化招 350 人，分 12 个班，整个系学生达 650 多人，加上教职工，人数就更多了。要召开这么多人参加的迎新会，原朝阳学院没有那样大的房子，只得借用隔壁军队机关的一个礼堂。朝阳学院的原建筑基本上是平房，唯一的楼房是二层的西大楼，历史系两个专门化的学生不够住，有的就与哲学系的学生住平房。新闻系住新盖的六层大楼，档案系以及研究班学生住铁狮子胡同 1 号，法律和经济各系住西郊校舍。校部各机关分散在东四各条胡同里办公。办一件事便要东跑西找，比较费时。

中国人民大学是全国招生，所以我们班同学来自五湖四海，来自的地方有新疆、四川、广西、广东、福建、浙江、江苏、山东、天津、北京、河北、湖北以及东北三省等。我们班 30 人中男生 26 人，女生 4 人；调干生 25 人，应届高中毕业生 5 人。调干生助学金我们班分两级：政府 19 级～25 级，每月 25 元人民币；18 级以上的，每月 29 元人民币。应届毕业生每月 15 元人民币。我拿每月 25 元助学金。学生伙食分中灶和大灶，中灶每月 15 元，大灶每月 12 元 5 角。第一学期我吃中灶，8 人一桌，与吃饭馆差不多，8 菜一汤，主食有各种包子和鸡蛋炒饭等。第二学期以后想多买书，以及要寄钱回家，帮助弟妹读书，就改吃大灶，不过大灶伙食也很好，比我在泰顺机关里伙食好多了。

我们每个班都成立党团支部，我们班党支部书记是章赓圣，是湖北来的一个 18 级干部，即正区级干部。在县里区级干部就了不起了，如我工作的泰顺县各局局长、法院院长、各区区长等都是党员或老干部，觉得高不可攀。我是团支部组织委员，不过我们班除了党员就是团员，所以没有组织发展的任务。当时每个班的女同学都很少，但男党员又多又吃香，所以女同学都把终身目标锁定在党员干部上，团员根本没门，也就知趣地不去追。就像我们到泰顺土改时的女同学一样，她们的结婚目标是县里区局级党员干部，一般干部就没有资格攀上，这便是当时的恋爱观、婚姻价值观。不过，这种价值观也是与时俱进的，各个时期有各个时期的价值观潮流，抗拒价值观潮流很不容易。

从入学开始，我们班的同学就都很用功，个个刻苦学习，争取好成绩。系里提出创造全优班级的要求，所以学习压力很大，同学们从图书馆借来马克思、列宁等的大部头著作，根据课程要求，一本一本地啃，几个月的紧张学习，有的同学失眠了，有的同学脑袋昏沉沉的，有的同学吃不下饭等，出现了各种各样的反应。我不但没有反应，反而精力充沛，因为这种学习的紧张与我在温州干校参加镇压反革命运动学习的紧张完全不同，那是思想的痛苦、精神的摧残、心灵的折磨，这是思想的愉快、精神的培育、知识的增长。书籍给我的是智慧的启迪和美的享受，要使学术生命得到滋养，就要读书；要使学术生命获得充实，还是要读书。读书可以神游无限的、奥秘的学术太空，可以遨游广阔的、无际的知识海洋，我要畅游到知识的彼岸。

第一学期结束考试，人民大学考试的方式学苏联莫斯科大学的考试方式，一律口试。口试老师 3～5 人，考生当着老师的面抽考签，抽一签，上有两题，没有挑选的余地，抽到哪一题就是哪一题。对这种考试方式我们都不习惯，没有经验。它与笔试大不一样，不少同学担心会因临时精神紧张而发生怯场现象，慌了神说不出话来，所以大家都很害怕，特别怕老师提问，有的同学说，老师一提问，脑袋就会懵，什么都想不起来了。那些平常不爱说话的学生更害怕自己临场说不出话来。我就请别的系的老同学来介绍经验，他们特别强调的是：不要紧张，一紧张脑子一热，原来背得滚瓜烂熟的就记不起来了，愈紧张就愈记不起来；对口试老师要视而不见，只当是听课的学生；要利用抽题后短短的时间写出回答问题的要点，回答时照着提纲要点讲，就不会说忘了，说丢了；考试复习时要注意概括问题和要点，要把每个问题搞清楚，否则老师提问题时就答不出来，也就不能给优了；等等。老同学还告诉我们，上午 8 点—10 点时口试老师头脑最清醒，所以提问题多；到了下午 3 点—5 点，口试老师的脑袋听木了，提的问题就少了。口试最怕中间提问题，回答了问题，原准备的提纲就被打乱了，记不起来了。这种考试一般要考两天，慢的考三天，一天考 8～9 人。所以，排考试的先后次序，大家都很计较，我当学习班长，负责排考试的先后次序，就得一个一个征求同学意见，然后调整次序。在这种情况下，我作为学习班长只得自己带头，第一个进考场抽考题，我们有两个人同时进考场，我先抽一个考签，上有两题，一个属于大题，一个属于小题，在考场准备，可带一支自来水笔和一张白纸，不可带书和笔记本，其实在老师眼皮底下准备，根本没有作弊的可能。我准备时间最短，一会儿老师就催我回答问题，我做了较好的回答，对老师认为说得不清楚的问题的提问，也做了较好的说明，老师还算满意，给我的成绩为优。我记得当时记分分为五级：优、良、中、及格、不及格。我从考场出来后，再进去一个同学，即出来一个进去一个，考场保持一人回答考题，一人准备。出来后同学围住我问这问那，我对同学说，千万不要紧张，老师不吃人，不会为难学生。不过也有同学被老师提问了四五次，甚至有被追问不舍的，搞得同学晕头转向，全乱了套。考试结果，我们班并没有成为全优班，有三四个同学得了良。不过，与其他班比起来还算好的了。学校为照顾同学考试，一个月考试期间的伙食特别好，这是学校为了照顾同学们的身体。

这学期最激动人心的是参加十一国庆大游行、大检阅，我们系的学生站在离天安门城楼最近的金水桥边，面向天安门城楼，看天安门城楼上的领导人看得最清楚。我们每人手里拿一束大红花，是我们自己做的大红花，有同学说这是我们灿烂的红心。10 月 1 日这一天我们起得早，整队出发从东四十二条海运仓校舍到铁狮子胡同 1 号，会齐其他系的同学，然后一起走到天安门广场，要走 1 小时左右，到达后站到事先排练过的位置上，每次排练都是在晚上进行的，就同真的游行一样。我们的任务是隔开游行队伍，不让其越过我们到金水桥上去，实际起着保卫作用。当庆典开始时，党与国家领导人都出现在天安门城楼上，全场欢呼雀跃，红旗飞舞，红花摇动。我们要一动不动地站在那里，不能回头看我们背后的游行队伍一队一队通过，游行结束后，天便暗了下来，像是要下雨，当我们回校走到一半路程时，雨就下起来了，所有人都没有带伞，回到海运仓时身上全湿透了，晚饭时食堂准备了红糖姜汤，驱寒以免感冒。晚上天安门广场放焰火，这次不是走而是用汽车把我们拉去参加天安门广场上的通宵舞会，每所大学分一块地方，打着大学的旗帜，在一块地方内围成几个圈跳舞。说是通宵，其实没有达旦，晚上 12 点以后就开始逐渐退场。此后几年的五一劳动节和十一国庆节都在天安门游行庆祝。

我虽到北京已有一学期，但没有出去玩过，北京的名胜亦未去看过。1957 年 1 月 24 日学期考试后，同学们说放松一下，便相约去参观故宫、景山、北海等名胜古迹。这一天风怒吼着，沙尘蔽日，天阴沉沉的，使人难受，不仅冻手，而且冻耳。但春节前办年货的人们还是喜气洋洋的。据说故宫与“五海”构成了水火二龙的形象，水火便是坎离二卦，在中国《周易》思想里，水火是相对相关、不离不杂、相反相成的。《说卦传》讲坎为月，离为日，所以故宫的宫墙都是红的。故宫为中国古代天子所居，为天，天为乾、为父、为金，故用金黄色琉璃瓦。《乾·象传》说：“乾道变化，各正性命，保合大和，乃利贞。”所以，故宫有太和殿、中和殿、保和殿。“五海”为地，地为坤、为母，我想“五海”应是东南西北海加什刹海，合乎五方或五行的意蕴。这就是中国“一阴一阳之谓道”的阴阳五行理念。这些想法为参观后所得，也是私塾读书所闻的印证。

这一学期给我影响最深、启发最大的，一是名师上课，他们的为师之道令人敬佩。这些名师有蜚声国内外的著名学者何干之，新中国成立初期中学生必读必考的《中国革命史》作者胡华，中国史学界著名专家孙家让、尚钺、李春辉、冯拾、彭明、戴逸等。何干之讲课的理论性、逻辑性、思想性强，虽口吃，但讲得慢，好记笔记。胡华讲课潇洒，引经据典，史实事件信手拈来，如数家珍。孙家让个子高，板书写得好，他讲先秦两汉史，旁征博引，条理清楚，生动活泼，除此之外，他还介绍当时史学界的一些争论问题，如中国封建制的分期问题等，发人深省。我亦对此感兴趣，便搜集、研读各派观点及资料，如范文澜的西周封建说，郭沫若的春秋战国之交封建说，尚钺、何兹全的魏晋封建说等。20 世纪 60 年代，尚钺的史学观受到批判，被说成“托派”观点。尚钺讲中国资本主义萌芽问题，有大学者的风范，讲课深入浅出，分析透彻。冯拾讲中国革命史专题，层层剖析，清晰易懂。老师们讲课各有特点，各有长处，可谓“八仙过海，各显神通”。尽管是上大课，但人人认真听课、记笔记，那时没有扩音器，300 多人的大教室却只有老师讲课的声音，而无其他杂声，坐在后排亦能听清楚，但黑板上的字就看不清了，所以需要早点去，以便坐在前面一点。名师的传道、授业、解惑，循循善诱，如春风化雨，泽润心田，每次听课都觉得打开了一扇知识的天窗，自己的思想好像豁然洞开，窥见了知识海洋的底蕴，解开了自己学习中的许多疑惑。老师们将长期积累的知识和研究心得及理论概括传授给我们，听一堂课胜过自己读千百本书，因此，我课课必到，绝不缺课。名师们攀登学科高峰的精神魅力鼓舞着我们，他们诲人不倦的教导激励着我们，他们高尚纯朴的师德默化着我们。在名校名师的教育中，我们不仅获得了理论知识的提高，更重要的是获得了人格良知的提升。

二是聆听著名学者的学术报告。在全国向科学进军的氛围下，学术环境相对比较宽松。尽管当时对哲学界泰斗冯友兰有种种批判文章发表，但中国人民大学哲学系还是邀请冯友兰来做学术报告。1956 年 11 月 16 日，冯友兰来人民大学东四十二条海运仓礼堂做“中国哲学史中思想的继承性问题”的报告，我虽久闻其大名，但未见其人，很想看看这位名人的风采，于是我便提前两小时早早来到礼堂，占了一个较靠前的位置，后来住在铁狮子胡同 1 号的同学也赶来听，这样 700～800 人的礼堂就坐不下了，同学们只得站在过道里，过道站不下，就站在门外窗户下听，盛况空前。这次报告给我印象最深的是提出了如何继承中国哲学思想（命题）的问题。我记得他举例说：譬如“忠”这个概念，在封建时代，它的具体意义是忠于皇帝，忠于封建国家，现在我们应该抛弃，但“忠”的字面意义，即抽象意义，可以继承下来，变为忠于党（中国共产党），忠于社会主义。听后我觉得很有道理，解决了一个传统哲学命题如何转换为现代哲学命题的问题。散会后同学们议论纷纷，各种看法都有。当时，同学们思想比较开放，好辩论，无顾忌，熟悉的、不熟悉的同学走在一起或凑在一起，就辩论开来，滔滔不绝，思维特别清晰有条理。辩论使思想闪光，辩论启迪智慧，辩论没有结果就拉着人不让走，非得辩出个结果不可，但往往很少有人认输，都是仁者见之谓之仁，智者见之谓之智。对冯友兰字面意义的继承问题，有赞同的，认为这是解决传统哲学继承问题的唯一途径；有反对的，字面意义（抽象意义）是通过具体意义来表现的，具有阶段性、封建性，是不能继承的；有认为一半对一半不对的等，各说其是。学生们吃集体食堂，饭桌就成为最佳、最自由的辩论场所，真是无所不辩，尽管争论得面红耳赤，亦无所谓。辩论声音又大，便吸引不少人来旁听或参加辩论。后来，冯友兰这个报告的内容被概括为“抽象继承法”，一直被作为取消道德阶级性、否定阶级斗争的政治问题来批判，“文化大革命”后才获得了公正的评价。1982 年 9 月 10 日下午，冯友兰在跟我们一起参加夏威夷“国际朱熹学术研讨会”后到其母校哥伦比亚大学接受名誉文学博士学位的答词中说：“东西文化的差别，实际上就是中古和近代的差别……我的踌躇摇摆，实际上是一个如何解决不同文化之间矛盾冲突的问题，这个问题又进一步表现为如何继承精神遗产的问题。50 年代我就提出这个问题，一时讨论得很激烈。”冯友兰先生所说 50 年代就提出这个问题，就是他讲的“中国哲学史中思想的继承性问题”，所谓“讨论得很激烈”，实际是批判得很激烈。

二、反右派斗争

这种自由辩论的学术空气强烈刺激着学术思考的氛围，但并没有维持多久，我的学术生命也受到了挫折。一年级第二学期开学后（1957 年年初），我们仍然沉醉在“一心只读圣贤书”（这里的“圣贤书”是指马、恩、列、斯、毛的书）中。1957 年 2 月 27 日，毛泽东在最高国务会议上做“关于正确处理人民内部矛盾”的讲话，提出发展学术的“百花齐放，百家争鸣”方针，还提出“古为今用，洋为中用”“破除迷信，推陈出新”等主张，在文艺界、学术界、知识界引起了很大反响，很多人认为文艺界的春天、学术界的春天到来了。毛泽东号召“大鸣大放”，帮助各级党组织整顿作风。1957年4月27日，中共中央发出《关于整风运动的指示》，整顿党内的主观主义、官僚主义、宗派主义。中国人民大学党委由党内到党外传达中央整风运动的指示及精神，并层层动员，说这是共产党员和共青团员热爱党、热爱社会主义的表现或实际行动，是全国扩大民主生活，人民享有充分的自由、平等的表现等。同学们出于爱党、爱社会主义之心，响应党的号召，帮助党整顿作风。学校还动员同学们不要有顾虑，要“知无不言，言无不尽”。这样，平静的校园瞬间掀起了一股巨浪——“大鸣大放”、大辩论、大字报。学校后勤为大家提供纸、墨水、毛笔、糨糊等。大字报有几个人一起署名写的，有个人写的，有化名写的等。哲学系、新闻系、历史系的学生所写的大字报几乎把整个海运仓校园的墙壁贴满了，学校只得搭席棚。我印象深的有化名为“哭声”“怒吼”“进一言”等，最活跃的是法律系五年级女学生林希翎，她是中国人民志愿军的转业学生，在校期间撰写过多篇高水平论文，发表在当时文艺界最高水平的《文艺报》上。传说她同某秘书谈恋爱，得知赫鲁晓夫在苏联共产党第二十次代表大会上所做的否定斯大林的秘密报告的一些内容。林希翎到海运仓演讲，便揭露斯大林的错误和反对个人崇拜，她的演讲对海运仓同学的“大鸣大放”起了推波助澜的作用，东北来的同学讲苏联在1945年二战胜利后把东北重工业的机器搬到苏联去了，甚至把东北铁路的铁轨也挖了去；农村来的同学揭露农村干部的官僚作风，农民生产积极性降低，农民生活困苦；也有同学讲人民大学教学有教条主义作风，是教条主义的大蜂窝等。在这种情况下，尽管没有说停课，但同学们都没有心思听课了。每天以班为单位，每人拿一个马扎，围成一圈，或“大鸣大放”或学习讨论，原来正常的学习秩序完全被打破了。我鉴于镇压反革命运动学习的教训，心有余悸，“大鸣大放”并不积极。我回忆起我们一群十几岁的同学在去泰顺土改时，在爬山途中，为解除疲劳，同学们互相开玩笑，彼此起了一些绰号，镇反学习时这些开玩笑的绰号便成了要我坦白交代的反革命联络暗号。在整风运动中，我们班“大鸣大放”，有一次我做记录，班里要我把记录整理一下，写成一张大字报贴出去，我照着做了。后来在反右派斗争中就因此批判我立场不稳，把右派言论没有批判就整理成大字报贴出去了。我辩白说：当时班里只叫我如实整理，反映我们班里“大鸣大放”的情况，没有叫我批判，但我仍被批判阶级觉悟不高。1957 年 6 月 8 日，《人民日报》发表社论《这是为什么?》，这是根据毛泽东《中共中央关于组织力量准备反击右派分子进攻的指示》写的，全国掀起了大张旗鼓的反右派斗争。帮助党整风，“大鸣大放”变成了“引蛇出洞”，“言者无罪，闻者足戒”变成了反党反社会主义的反革命言论。我的思想一时转不过来，不像有的同学转得快，我本就不太说话。我们班划了两个右派：一个是来自北京的调干生刘友权同学，他原在北京郊区工作，讲了农民生活苦的情况；一个是东北来的青年学生，说他对党的领导人不满。我们班完成了 5%的划右派指标，其他班划得多一些，划成右派的同学被开除学籍、党籍、团籍，去劳动改造，据说我们班两位被划成右派的同学到京西煤矿下矿井挖煤。由于同学的减少，党史系原 10 个班减去 2 个班，合成 8 个班。我们班从四班、十班两个班来了 4 位同学，其中包括后来的党支部书记王建初。原党支部书记章赓圣由于神经衰弱，经常失眠，就不担任党支部书记了。这样，我们班便有 32 位同学，我仍担任学习班长。“文化大革命”后，右派平反，我和王建初证明我们班这两位同学没有反党反社会主义的言论，他们被重新分配工作，恢复党籍（当时我们班被划成右派的调干生刘友权同学，于 1958 年 2 月 9 日被开除党籍），刘友权同学被分配到北京体育学院教党史，我们还聚过几回。被分配到北京大学讲授党史的同班同学梁柱在反右派运动中被划为“中右”，他要求入党时组织向我和王建初调查，我们证明他在反右中立场坚定，旗帜鲜明，他得以顺利入党，不久就被提拔为北京大学副校长。2006 年，我们班同学为纪念入校 50 周年在北京聚会，由在北京的已退休的雷殿福、夏东华等人联系。50 年岁月，原来个个青春年少的小伙子都垂垂老矣。我们在北大一个会议室座谈，大家谈别后的工作、退休后的情况，亦得知有人去世，如新疆同学安静等。

二年级第二学期开学后不久（1958 年 3 月），中国人民大学结合全国反浪费、反保守的“双反”运动，开展了一颗红心向着党的“向党交心”

运动。当时认为，知识分子是属于资产阶级范围的，所以要不断接受思想改造，转变立场、观点。“向党交心”“红专辩论”，就是要“搞臭资产阶级个人主义”，在思想上“拔白旗，插红旗”，即拔掉资产阶级思想的白旗，插上无产阶级思想的红旗。纯朴的同学们为了向党表忠心，把自己的思想活动、一些错误思想都向党老实做了交代。我也不断检讨自己资产阶级个人主义名利思想，如离开泰顺考大学等，表示拔掉资产阶级思想的白旗，插上无产阶级思想的红旗，但由于“向党交心”，交出了错误思想，个别同学成了“内控分子”。所谓“内控分子”，就是不能参加一些重要活动，如五一、十一天安门游行活动等，活动受到一定限制，并在重要节日时有人看管。我们班也有几个同学成了“内控分子”。

由反浪费而发动了全北京市人民打麻雀，说麻雀是吃粮食的害鸟，每年浪费几万担。1958 年 4 月 19 日，我们班被分配到东直门外的田里打麻雀。这时城里红旗迎风飘，喊声遍地起，草人屋头坐，天笼地网布，人人拿竹竿，麻雀惊飞起，上天无门路，入地又无途。麻雀不停地飞逃，在精疲力竭时便掉在地上飞不动了。我们海运仓校园离东直门很近，当时高高的城墙还没有被拆掉，麻雀在城里待不下去了，飞到城外就落在田里，我们很容易就逮着麻雀。当时要求我们灭绝麻雀，不留一双。“双反”运动不仅人遭殃，麻雀也遭遇了灭顶之灾。我们当时没有一点保护动植物的意识和环保意识，人为的错误造成了生态危机。意识支配政策方针的制定以及人的行为，领导的价值观又决定着意识的导向。错误的价值取向导致了种种错误行为。

反右派斗争、“双反”运动、“向党交心”、“红专辩论”后的知识分子，都成了资产阶级分子，成了思想改造的对象。他们被看作抽掉了资产阶级脊梁骨但无产阶级脊梁骨未立的软骨的人，被看作依附在资产阶级皮上的毛但皮已不存的毛人。唯一的出路只有依附在无产阶级的皮上，其途径便是脱胎换骨地改造思想，便是向工农学习，下农村接受劳动改造。于是，我们轮流参加修十三陵水库，这是我第一次到北方的农村，第一次睡土炕，第一次吃窝窝头，由于劳动强度大，所以吃得很多。我当时写了一首不像诗的诗：“一挑土，一筐沙；一筐沙，一挑土。它经过了我们起泡的手，它经过了我们红肿的肩。这虽是轻轻的一挑，这虽是小小的一筐。

它啊！是我们劳动改造的心在跳；它啊！是我们价值观念在转。”我们班在十三陵水库的风口劳动，我第一次感受到风沙打脸的疼痛、眼睛睁不开的难受，这是我在温州劳动中所没有感受到的。但下农村劳动对我来说并不算什么，因为土改、互助组、合作化、统购统销，我都与贫下中农一起过“三同”生活，6 年的农村劳动生活使我的立场、观点发生了很大的变化。

三、人民公社

三年级第一学期开学后（1958 年 8 月），学校根据中共八大二次会议通过的“鼓足干劲，力争上游，多快好省地建设社会主义的总路线”，以及 8 月中共中央政治局的《关于在农村建立人民公社问题的决议》等，决定把学校小课堂搬到农村大课堂，参加四季青人民公社化运动，在劳动中彻底改造知识分子的资产阶级思想和立场。学校安排哲学系、国际共产主义运动系、中共党史系的学生到北京郊区四季青乡，准备实行“三结合”，即边劳动、边学习、边参加运动，其实这很难实行。在我们 8 个月的“三结合”中，集中有过两次课堂（露天）讲授，但整天劳动后坐下来听课，一些同学和我都听不太进去，连打盹，提不起精神。我和很多同学都感觉到劳动虽累，但吃得多，睡得香，一些同学在学校的神经衰弱、失眠等症状一扫而光。但是，锄草要蹲着干，工具是一把小铁铲，蹲的时间长了腿非常累，有人就爬着向前锄草。在劳动中，思想上无任何负担，比学校学习轻松得多，所以很多同学不想学习，宁可劳动。从身体上说，劳力比劳心费力；从思想上说，劳心比劳力费心。这就是说，学习比劳动更艰苦，劳心比劳力更费神。学习劳心，要有自己的独立见解，思想负担大，冥思苦想，几天想不通，想不出来，易神经衰弱和失眠；农业劳动比较简单，一学就会，动作机械，只要照着做就行。

在人民公社化高潮中，四季青公社在东冉村召开了成立大会，各村敲锣打鼓，高举红旗，大呼口号，宣布成立。当时，人们把人民公社说成“向共产主义过渡的最好组织形式”，于是各村大办公共食堂，实行吃饭不要钱，称之为“一大二公”，村里各家就不准做饭了，实行集体出工劳动、集体吃饭。我们青年人饭吃得多，真有点放开肚皮吃饭的意思。吃到

1959年春节以后，村里粮食库存就紧张起来了。有人把这个吃饭不要钱说成过共产主义的生活。在1958年掀起的“超英赶美”的“大跃进”高潮中，《人民日报》等各大报纸大登某某地方亩产粮食超1万斤、2万斤等的报道，说这是“放卫星”，于是四季青公社也要大家鼓足干劲，连续作战，争取“放卫星”。我们班所在的西山站分给我们一块“卫星田”，我们便挑灯夜战，深挖麦田。有人说挖得越深越增产，于是要我们挖一丈五尺深，我们挖到2尺深后便是生土，到一丈五尺深完全是生土。当时，我就怀疑这是否能增产。我在泰顺干过农活，没有这样翻田的。不过我对北方不了解，也不好发表意见，但生土是没有肥力的，把生土变成熟土不是两三年的工夫能做到的。有的村就去打狗，说把狗埋在下面就会增产，我们也琢磨着去打狗，但各村狗已被打光了。在当时要知识分子“夹着尾巴做人”、做“党的驯服工具”的情况下，组织（代表党）叫我们做什么我们就做什么，组织叫我们怎样做我们就怎样做，这便叫“驯服工具”，叫相信党、听党的话。个人不需要有思想，也不需要有意志，换句话说，不需要有自己的脑袋，这样才不会有资产阶级个人主义思想。这种理解显然不对，但又不能不这样理解。在所谓总路线、“大跃进”、人民公社三面红旗的指引下，是大办公共食堂、大炼钢铁、大“放卫星”的“三大”时代，很多人脑袋都大了，似乎丧失了理智和社会良知，在情绪化的大刺激下，昏头昏脑，浑浑噩噩。

由于我在劳动中写了一些打油诗，编了一些快板之类的东西，并在《北京文艺》上发表，共青团海淀区西山站总支委员会便表扬我在“宣传工作中成绩显著，以资鼓励”，特发奖状，时于1958年12月。所谓奖状就是一纸而已，并无物质奖励。

三年级第二学期（1959年2月—7月），哲学系、国际共产主义运动系、中共党史系等从四季青人民公社回到学校。这三系不是回到城内原海运仓校舍，而是回到西郊人大校舍。我们党史六班住在西郊人大校舍南四楼，一个房间住8个人，双人铺的床4张，每人一个两屉桌，8张桌拼在一起放在房间的中间，为每人学习用。从第一学年第二学期中开始反右派到第三学年第二学期，已有三个多学期没有正规上课了，所以学校便抓紧安排上课，想把要学而未学的课程补回来。虽然同学们劳动回来转入学习不太适应，但要求学习的热情很高，同学们心里都明白，劳动干扰学习的时间太多了。如果上大学是劳动，又何必上大学，在哪里都可以劳动，但大家嘴上都不敢说。反右派斗争、“向党交心”后，大家都学乖了。我作为学习班长尽量把同学们的学习要求反映给系里或上课的教员。当时，人民大学规定讲师以上职称的教员才能给本科生上课，助教只能做教学辅助、辅导工作，如组织课堂讨论和个别辅导等。哲学、经济学、马克思经典著作、中国革命史、中国工人运动史、中国农村问题、中国通史、世界通史、中国革命史专题研究、社会主义建设专题研究等课，都是由教授、副教授以上职称的教员讲的。教授们教得认真，同学们学得用功，助教们每星期辅导两次，有不懂、不明白的问题都可以问他们，辅导老师可以与我们无拘束地讨论问题，直至把问题搞明白。

我本来对历史感兴趣，学了哲学、经济学、马列主义、毛泽东思想四大理论课后，我对哲学产生了特别的兴趣，它合乎我好思考问题、好追根问底、好问个为什么的思维方式。我对毕业后到高等学校教中共党史、中国革命史的信心不高（当时人大的人才培养方向就是高等学校的理论人才和政府高级工作人员），对自己不是中共党员和出身不好很自卑。若不是党员，有些党内的历史资料是看不到的；我们学习中共党史课时，登记买党史参考资料，就分党内党外，不是党员，有的资料就不能买，就看不到，看不到资料，以后讲党史课就会受知识的局限。这样，我的学习兴趣便逐渐转到哲学和中国通史上来，只要不上课，我就到图书馆借这两方面的书看，我把 1949 年以后出版的有关这两方面的书阅读了一遍，觉得都是按苏联教科书模式讲的，用中国的历史来说明西方或苏联教科书中的原理，就像古代中国人为“四书五经”做注疏那样，不敢越雷池一步，以中国史实为注脚，说明苏联教科书中原理的普遍性。我掌握这个思维模式和思路以后，看书就非常容易，看得很快，到后来就觉得没有书可看了。

四、科研初涉

我对此并不满足，我很想看 1949 年以前的书，想了解一下前人的看法。恰好这时学校、系里号召我们大搞科学研究，学生参加教改，参加科学研究和编写新教材。我和熊怀济等同学被分到中国工人运动史教研室，这个教研室的主任是彦奇同志，他是1949年以前参加革命工作的，彦奇的名字是参加革命后改的，不是他原来的名字。他没有领导架子，和蔼可亲，平易近人，对我们参加科研工作很欢迎。我虚心向教研室的老师学习，不时向他们请教不懂的问题，都能得到圆满的解答。同教研室的教师有王家勋等5～6人。我们学生可以与教员一起研究问题，研究指导思想，编写教材提纲，讨论对中国工人运动的评价等。为了研究1949年以前的工人运动，我被允许到藏有古旧图书报刊（绝大部分是印刷版的图书，不是线装古籍书）的开架阅览室去看书。这个阅览室是为教师开放的，学生不准进。这个阅览室在西郊校舍烧暖气的房子后面的平房里，房子很大，书很多很乱，只有一个女图书管理员（据说是语言文学系吴文治先生的夫人），有时问她书在什么地方，她也说不出来，需要自己找。这倒很合我的心意，我可以在这书的海洋里自由地游荡，想看什么书就拿什么书看，她不管我，因为我来的次数多，有时只有我一个人，所以我们很快就熟悉了，一些说不准看的、锁在柜子里的书，她也拿出来给我看。在这里，我大量地阅读新中国成立前的书，如邓中夏的《中国职工运动简史》、胡适的《中国哲学史大纲》、冯友兰的《中国哲学史》、陶希圣的《中国政治思想史》、蒋介石的《中国之命运》、梁启超和钱穆各自的《中国近三百年学术史》、夏君虞的《宋学概要》等，对胡适的《中国哲学史大纲》、冯友兰的《中国哲学史》做了笔记，并参照冯友兰、张岱年等教授在1957—1958年发表在《新建设》上的《中国哲学史提纲》的先秦和宋元明清部分做了比较。读后，我觉得中国古代哲学家的哲学思想深邃幽奥，价值理想高远，都是从"近取诸身，远取诸物"中体认出来的，有强烈的人文关怀和崇高的道德理想。我曾把这个秘密读书的地方告诉我一位较好的同学，并带他看过一次，他劝我不要看这种书，看了思想受毒害。之后我就不敢告诉其他同学，更不敢带同学到这里来看书了。

这一学期在紧张的学术生命中度过，四年级第一学期开始（1959年9月），系里宣布把我们五年学制改为四年毕业，原定五年课程要在四年上完，因此，学习更紧张严肃，但生活是轻松活泼的。虽然学校规定不准谈恋爱，然而男女调干生年纪为25岁～30岁，是谈婚论嫁的年纪，所以暗地里女同学都挑了恋爱对象，有的女同学来校前有对象，这时，由于种种政治运动的原因，便弃旧换新。特别在男多女很少的情况下，女同学便首选党员干部（学生干部），其次才是党员，作为自己终身的寄托和依靠。我们这些团员，尤其是出身不好的团员，便自认不如，不去参与追求的竞争。所以，我们班没有一个女同学与团员谈恋爱的。我觉得这也很好，可以安心学习，不要整天在一起谈情说爱，妨碍学习。对于这种情况，系里领导和干部是睁只眼闭只眼，没有管得很严。

这一学期后半期，有的同学被抽去到农村参加“继续实现‘大跃进’，反对右倾思想”的农村社会主义思想教育运动，我由于参加《中国工人运动史讲义》的编写工作，没有被抽去，继续在校搞科研，但正常的上课又被打破了。春节前，下乡的同学回校，据他们底下偷偷地同要好的同学说，有的村的公共食堂已解散了，没有粮食吃了，与1958年我们在四季青公社西山乡大办公共食堂时的情况大不相同，公社社员劳动消极，吃不饱又不能不上工，就坐在地头晒太阳，干部来了下田干一下。其实，三年困难时期已经到来，只是我们在北京的大学里没有太感觉到而已。我们吃饭的粮食有定量，即我们每个月的粮食定量为36斤（包括粗细粮），食堂发给我们粗细粮搭配的36斤粮食的粮票，去食堂吃饭时交多少粮票，就打多少饭给你。一般馒头、窝窝头（即玉米面做的）为2两一个，平平的一碗米饭为2两米饭。由于一个班男女同学饭量有大有小，互相调剂，还没有觉得饿肚子。这一学期就算平安地度过了。

四年级第二学期（1960年2月—7月）是在1959年庐山会议批彭德怀所谓右倾思想以后开始的，在继续“大跃进”，继续大刮“共产风”的情况下，全国经济形势更加严峻，全国农民在饿肚子，可是还坚持“公共食堂是我们必须固守的社会主义阵地”。家住农村的同学在春节回家时看到了农民饿肚子的实际生活情况，公开场合不敢说，底下偷偷同信得过的同学说，但在会上都说莺歌燕舞，形势大好，谁都不敢说农民没有饭吃、生产积极性不高、公共食堂办不下去等问题，否则就被认为是右派甚至反革命。我因为要完成《中国工人运动史讲义》的写作，没有回家。虽然都在传播小道消息，但没有出现反右派斗争中所出现的打小报告、告黑状的情况，所以没有同学受到批判。由于下农村搞社会主义思想教育运动的同学都回到学校，所以就抓紧上课，争取在毕业前把专业课上完。愈临近毕业，同学们的思想顾虑、压力愈大。在反右派斗争中有一点“问题”的同学，顾虑被分到中学去教书；有了恋爱对象的男女同学怕分不到一个地方，过牛郎织女生活；一般同学怕分配到差的地方或差的高等院校去教书。我虽然学习成绩优秀，但当时分配主要依据政治标准，我既不是党员又出身不好，对自己没有过高的期望，抱着听天由命的态度。所以，我抱着听由组织分配的思想，组织叫我到哪里工作，我就到哪里工作。在当时，我不能想也没有想如何更好地实现自己的人生价值和学术生命。一个人的人格尊严和个人志向等问题，是作为资产阶级思想被批判的。我想人作为生存个体，不能不被现实、社会、政治、意识形态所包围，个体存在犹如肥皂泡一样脆弱，不知什么时候就破灭而消失得无影无踪，始终伴随自己的只有自己的影子，假如出卖自己的影子，那就真的一无所有了，我必须不使自己的影子消失。

五、中国哲学

大概是由于老天爷的保佑和惠顾，我被提前分配到我梦寐以求的和我感兴趣的中国人民大学哲学系哲学史教研室工作，这是我始料不及的，为此我心底里高兴了好几天。这是我人生道路上最有意义和最值得纪念的大事，是决定我一生学术生命的好事，是决定我人生命运的喜事；这是我自己不能支配的，无能为力的，但我却获得了这个十分难得的、良好的学术起步机遇，我在中小学寒暑假上私塾所学的古书便有了运用的机会。这唤起了我实现学术生命的希望，总觉得消失的自我回来了。我积累的知识有了用场。人的命运在很多情况下是自己不能把握的，但有时又偏偏与人的期盼相符合，给人意外的惊喜，这可能是时运、气运。命运也并不时时与人作对，有时也能应天顺人。后来，我多少次掂量自己：如果分配我去教中共党史，我绝不会取得像研究中国哲学那样的成绩，因为我的兴奋点不在中共党史，而在中国哲学史。这次毕业分配，我觉得很幸运，很感谢组织对我的了解，实现了我的愿望。因此，我一生都珍惜这得来不易的机遇和机会，尽管以后有很多变故，如学校领导考虑到我与爱人两地分居的情况，调我去武汉一所学校，但因该学校没有中国哲学专业，要改变我的专业，我为了不放弃中国哲学而没有到武汉去。我也很感谢党支部的干部们，系里在分配时肯定征求过他们的意见，并征得他们的同意，否则我不可能被分到哲学系。不过，第一次招收本科生的哲学系、中共党史系、共产主义运动史系（又称马列主义基础系）、政治经济学系四大理论系留的首届毕业生都在 25～40 人，可算够多的了。中共党史系留的都是党员。我们系分配到哲学系的共两人：潘维麟和我，潘是党员我是非党员。由于我们中国通史学得比较系统，所以我们两人都被分到哲学史教研室（中外哲学史教研室未分家），从事中国哲学史的教学和研究工作；从共产主义运动史系分来的龚兴、裴德义从事外国哲学史的教学和研究工作。到哲学系后，我和潘维麟同住在一个 10 多平方米的房间里，我看他的心情与我有别，看样子并不高兴。有一次我问他对分配工作有什么想法，他说他妻子在南京师范学院教育系工作，希望他回南京，问我他能不能向组织提出来。我们两个人仔细分析了情况，认为说明实际困难，提供组织考虑，如果可能，请组织把他分到南京工作应该是可以的。这样，潘维麟就提出了要求，因为当时中共党史系的毕业班正在分配工作中，所以他的要求很快就被批准了，8 月份他被分配到南京江苏省委党校工作，之后就分来党史系的王俊义替代潘维麟。

四年大学学术生命经历了从号召向科学进军，主要任务是发展生产力，满足人民的经济文化需要，到以无产阶级专政、阶级斗争为纲，以无产阶级与资产阶级、社会主义道路与资产主义道路为主要矛盾的转变。这个转变使我的学术生命再次经受磨炼，引起我对为人处世的深刻体会。1956 年入学时，同学们来自五湖四海，机缘聚合，大家兴高采烈，一是到了心中久已向往的北京，二是入名校读书，自觉很幸福。因此，同学们亲切友好，无话不谈，无话不说。有的说自己要当大历史学家，有的说自己要当大哲学家，有的说自己要当总理、主席等，没有一个人说自己要当小小历史学家或小小哲学家的。同学们这些理想在反右派斗争、“向党交心”运动、“红专辩论”中受到了最强烈的批判，统统要作为“白旗”被连根拔掉。不仅要彻底拔除成名成家的资产阶级名利思想，而且要老老实实地、心甘情愿地做一颗“小小的螺丝钉”；党把你拧到哪里，你就在哪里起螺丝钉的作用。从此以后，同学们都寡言少语、谨小慎微，既不敢谈理想，也不敢说知心话，彼此之间都具有戒心，只怕被别人抓住话柄，成为批判对象。原先那种亲切友好、无话不谈的情境不见了，我的思想也陷入了迷惘和困惑，虽觉得这种情况不正常，但也自觉无力改变。鉴于镇反学习的教训，我变得沉默寡言，不过自己有读历史书和哲学书的爱好，所以思想并不苦闷和烦恼。

反右派斗争后，毛泽东认为我国存在两个剥削阶级和两个劳动阶级：前者为帝、封、官僚资本残余和右派，以及民族资产阶级和知识分子；后者为工人和农民。这样，只要是知识分子，即使是共产党员和共青团员，其阶级所属也为剥削阶级，即依附在资产阶级的皮上。于是，作为大学生的知识分子之间便无超阶级的友爱，而只有阶级的友爱、友谊和同情心，同学们之间是一种阶级和阶级斗争的关系。因此，个别同学为了表现自己与资产阶级的彻底决裂，就不顾友情，偷看别人的日记，把别人在日记中所记的事和想、闻和知，他认为是反党反社会主义的，通通揭发出来，名其曰帮助同学改造思想，实是置人于死地。基于这种威慑力，一些长年记日记的同学便不记了，我虽不是每天都记，但自己有所思、有所想时往往会记下来，但从此也不记了，免得为自己招来不必要的大麻烦。谨言慎行，是当时同学们普遍的处世方法。我当时虽没有过多地考虑这种为人处世之道的是与非，但我觉得自己绝不做这种缺德的事，葬送别的同学的政治生命。不损人、不害人、不做亏心事，这是我为人处世遵守的底线，也是我在镇反运动中坚持的原则。

在总路线、“大跃进”、人民公社三面红旗下，全国大刮浮夸风、虚假风、“共产风”，人民日报社、新华社发了疯似的，不是“请钢铁元帅升帐”，土法炼钢，家家户户把煮饭的铁锅砸了去炼钢，就是农业大放“卫星”，亩产小麦几万斤等。我从 1950 年到 1956 年在农村工作，土改时计算过每亩田的产量，粮食统购统销我又计算过每亩田的产量，以确定每户应统购统销的粮食数量。尽管这些计算不尽正确，但只有计算多了的，而没有计算少了的，绝对没有亩产万斤或几万斤的，当时我听了觉得是一个天文数字，想都不敢想的数字，但在当时那种“人有多大胆，地有多大产”的口号下，我只有怀疑，觉得浮夸得太离谱、太无边了。后来，听说 1959 年八届八中庐山会议，对讲了实话、真话的彭德怀元帅大肆批判，并把“彭（德怀）、黄（克诚）、张（闻天）、周（小舟）”打成“反党集团”，我就更不敢提出怀疑了。

在知识分子是依附在资产阶级皮上的毛、要进行脱胎换骨的改造的环境中，在资产阶级知识分子要夹着尾巴做人、要做“驯服工具”的氛围中，人们在理论上不敢独立思考，在学习中、教学中只能照本宣科。只求生命的生存，而不求有什么学术的创造；只求学好、工作好，而不求有什么成就，因为创造和成就都可能被批判为资产阶级名利思想。人的学术生命受到严重摧残、扼杀和封堵，一些有学术成就的学者只能“照着讲”，一些本来有创见的学者只能“跟着讲”，他们就连“接着讲”都不敢，只怕越过雷池一步而遭飞来横祸。自己遭殃就算了，还会株连子女，不得翻身。所以，学术创新，特别是哲学社会科学创新，就成为畏途，一些学者的学术生命和生命学术就这样被终结了。

第四章　生命的考验

1960年5月底，我到哲学系报到，学校在6月2日就发给我中国人民大学工作证（浅蓝色布面的），这样毕业分配工作就算落实了。哲学史教研室主任是石峻副教授，石峻老师（1916—1999）是湖南零陵人，曾用名石易元、石风岗。1934年考入北京大学哲学系，1938年留校任汤用彤先生助手，西南联大时讲授“哲学概论”“伦理学”，1948年受聘到武汉大学哲学系任副教授，兼任武汉大学图书馆主任。1952年院系调整，全国哲学系的教师都合并到北京大学哲学系，他便到了北大哲学系。1955年调到中国人民大学，以筹建哲学系。1963年晋升为教授，为考虑国家经济困难，他与全国60多名教授联名上书国务院，要求暂不享受正教授工资。1981年被国务院学位委员会批准为我国首批中国哲学史专业博士生导师。他是中国哲学史、思想史、宗教史的大家。他知识渊博，对儒、释、道各家学说都很精通。他诲人不倦，对我们青年教师很关心、爱护，常常鼓励我们要好好做学问。我经常向他请教学术问题，他都能无私地、准确地解释，给人以启迪。他一生爱书、藏书，每买一本书，他都仔细地用牛皮纸包起来。我有一次问他：“石公，你把书用一样颜色的纸包起来，找要看的书不是很费劲吗?”他说不费劲，什么书放在哪里他都知道。对此我非常佩服他的记忆力，因为他在包书纸上没有写书名，四个房间的书架上、地上都是书，如何找书？想我自己的书比他的少，又不包书皮，有时为找一本要看的书，翻箱倒柜，真是找死人！他由于爱书、买书，所以每星期必到海淀书店3～4次，有关书的信息他是最灵通的。1999年他83岁（虚岁84）临终时，他话已说不清楚，我们便拿纸笔请他写遗嘱，他很费劲地写下“保书”两字。我们与他从美国回来的夫人王医生、儿子石山商量，按石公的遗嘱保留他的图书在他原住的林园房子里。石公的墓碑上的字和墓志都是我书写的。

一、劳动浮肿

石峻教授，我们称他为石公。石公胸怀坦荡，热情好友。从三年困难时期到“文化大革命”期间，他常约我和方立天去书店，有时进城，中午他便请我们吃饭。那时花 5 元钱 3 人就可以吃得不错，还可以喝点酒，1～2 元钱 3 人也可吃一顿。当时，北京市大学毕业生月工资为 56 元，我为调干生，月工资为 62 元（这个 62 元一直维持到 1978 年），石公为教师 6 级（副教授的最高级，教授的最低级），月工资 210 元，所以每次吃饭都不让我们付钱。在一起散步时，石公会给我们讲老北大、武大、西南联大的种种奇闻逸事（都是事实），而且谈前辈哲学家和学者的学术特点、生活故事等，他讲起来生动有趣，使我们知道了很多在书本上看不到的东西，也使我们的认识更加贴近前辈学者的本真，我们受益匪浅。有时我为了请教问题和商量事情，便陪他散步。他的生活习惯是上午 10 点左右和下午 4 点出来散步 1 小时，我便会在这两个时间向他请教，他很乐意有人陪他散步，兴致比独自散步高，解释问题条理特清楚。

石公虽当哲学史教研室主任，但他不是党员，我的具体工作由哲学史教研室的党支部书记尹明同志安排，于是我找了尹明同志。她是 1945 年抗日战争胜利前参加革命工作的同志，尹明是她参加革命后改的名字。她是北京师范大学研究生毕业参加革命工作的，她性格开朗、态度和蔼、关心同志，是有工作魄力的基层女领导。她征求我的意见，是做中国哲学史还是外国哲学史的教学研究工作，我说我对中国古书较熟，念过私塾，在党史系学习时对中国通史感兴趣，做中国哲学史的教研工作比较合适，这样就定下来了。教研室开了一个欢迎会，欢迎我与龚兴同志（王俊义、裴德义还未分来），使我认识了苗力田、李武林、李志逵、李质明、钟宇人（以上是做外国哲学史教研工作的），杨宪邦、孙长江、李锬（以上是做中国哲学史教研工作的）及资料员江涛。尹明同志在会上布置了工作，根据校党委和哲学系主任吴江同志的意见，要集中哲学史教研室的力量，鼓足干劲，在一年内编出《中国现代哲学史讲义》。当时在人民大学附中借了一间大教室，摆了 12 张桌子，集中办公。我当时住在东风一楼东头，早上 8 点上班不觉得怎么，但下午 2 点上班就觉得紧张，当时我没有手表（买不起），怕迟到，匆匆地赶到附中，觉得路挺长的。当时教研室分配我写梁漱溟“乡村建设理论批判”，杨宪邦写冯友兰“新理学批判”等，每人写一章，个别人写两章。我全面、仔细地阅读了梁氏的“乡村建设理论”的书及其他著作，写出了初稿，交同志们传阅提意见。

从学生到助教，粮食定量从每月 36 斤一下子降为 28 斤，我明显觉得不够吃，吃不饱，所以要计划好每天、每餐吃多少。我们单身汉在集体食堂吃饭，食堂打饭缺斤少两，所以连 28 斤也吃不到。留校学生大部分单身，绝大多数是男同学，饭量大，不够吃了借都借不到，只好自己省着吃，不计划着吃，到了月底就没有吃的了。

1960 年初冬，中国人民大学开始搞教学检查运动，学生们揭发、批判教师在讲课中有错误的、修正主义的、反党反社会主义的观点，教研室也检查每个教师讲课的讲稿，如发现有上述观点便摘出来批判，说是帮助同志改正错误，不传播修正主义观点。哲学史教研室重点检查石峻和苗力田的讲稿，石峻讲课的讲稿很简要，苗力田讲课拿几张卡片。分我们检查石峻的一部分讲稿，我看后觉得没有问题，我想讲中国古代哲学史与修正主义、反党反社会主义有什么关系？我看过的那部分讲稿，别人又看，反复检查，搞得很紧张。在检查讲稿的同时，也检查文章，凡发表过的文章都要拿出来检查，查是否有上述观点。在检查杨宪邦讲师的文章时，一些人觉得其观点有问题，杨宪邦觉得没问题，于是便产生了意见分歧。后来郭影秋同志到人民大学任党委书记时，解决了意见的分歧。后来教学检查运动便限于党内，党外的教员就去中国人民大学在密云县的农场劳动，挖鱼塘。这样我和李质明、李皲、江涛就到农场挖鱼塘了。

北方冬天冷，劳动强度大，粮食定量少，吃不饱，半个多月下来我觉得有点吃不消，有一天睡前洗脚，无意中按摩腿，结果一按一个印，问其他同志才知道是浮肿了。在三年困难时期，由于营养不良而得浮肿病的人很多。我在泰顺土改时虽吃番薯丝、南瓜当饭，但没有得浮肿病。这次得浮肿病，显然是半年多来粮食不够吃而导致的营养不良的结果。当时我没有跟领导去说，挖完鱼塘回到学校，浮肿病加重了，脸上都显现出来了，领导照顾我，寒假就让我到中国人民大学北戴河疗养所疗养半个月，冬天的北戴河比北京还冷，就没有出去玩，待在屋里看书养病。北戴河疗养所是吴玉章校长向中央要来的，当时其他高等学校都没有这样的疗养所。疗养所伙食因有特殊照顾，所以吃得较好，半个月休息下来，我的浮肿有点好转，以后虽每年寒暑假都组织教职工轮流到北戴河疗养所休养，但我舍不得时间和工作，都没有去，直到现在。

1960 年以后，全国经济形势愈来愈困难，农村大量出现饿、病、死人的现象，我也经历了生命的考验。我除 28 斤定量粮食外，每月只有半斤肉、半斤油，形势很严峻。有家的教师自己做饭吃，可与老婆孩子相互调剂，且有家的教师多为讲师，每月工资为 89 元，每月补助半斤黄豆及其他东西。我们这些单身汉年轻教师都是集体户口，只能吃食堂，且年轻教师大多是助教，没有一点儿补助，又是能吃饭的年龄，更觉得不够吃。食堂早上稀饭做得更稀，米饭采取二蒸，米粒的体积大了，而给我们的仍是二两一碗，且刮了又刮。有个助教对此不满，还受到批评。我把 2 月份 28 天的粮票省下来一点儿，以补 3 月份 31 天不够吃的粮票。我 3 月份一开始去食堂买饭，就用 2 月份省下的粮票去买饭，可是炊事员态度很坏，不仅不打饭给我，而且骂人。我说：“这是我 2 月份省下来的，又不是偷来的，为什么不可以吃自己省下来的粮食。”炊事员却说：“粮食是一个月一个月定量，只能吃当月的。”我问：“食堂粮食上月结余是否放到下月吃？上月粮食结余是否上缴国家?”炊事员说：“没有。”我说：“食堂既然没有把上月粮食结余上缴国家而延到下月用，为什么我上月结余的粮票不能在下月吃。”炊事员骂我诡辩，说我投机取巧，是资产阶级思想在作怪等。后来他把此事告到哲学系工会主席那里，工会主席不听我的说明，仅根据片面反映就严厉地批评我投机取巧、思想有问题等，对此我心里觉得很冤枉。后来我与他说起这事，他直抱歉。“文化大革命”中，中国人民大学被“四人帮”解散时，食堂剩余粮食几十万斤，食堂只得不要粮票而发卡给教职工去食堂用餐，却在三年困难时期没饭吃、饿肚子的时候克扣教职工的粮食，缺斤少两，如果那时把这些粮食补给缺粮教职工，很多教职工就不会得浮肿病了。

三年困难时期，政治运动相对减少，劳动也减少，学校领导为了保证教职工身体健康，要求大家劳逸结合，注意休息。由于没有政治运动的干扰，教学就比较正常。1961年张腾霄获得平反后到哲学系当主任。他对我们说："你们年轻，身体好，下乡劳动容易，一学就会，读书、写文章就难得多了。"又说："教员会讲课，这是铁饭碗；会写文章，这是银饭碗；既会讲课又会写文章，这是金饭碗。"这是实话，也是他自己的亲身体验。本来哲学系的教研室就包含教学和科研两种基本任务及功能，每个教师都应该具备既会讲课又会科研写文章的基本功，张腾霄的话本没有错。但在"文化大革命"中，他的"饭碗论"被当作反党反社会主义的言论而受到了批判和斗争。

二、《周易》研究

1960年中共中央宣传部和高教部召开全国文科教材会议，会议决定设中国哲学史编写组。北京大学中国哲学史教研室、中国人民大学哲学系哲学史教研室、中国社会科学院哲学社会学部哲学研究所中国哲学史室的全部研究人员，于1961年年初集中到中央党校编写中国哲学史教材，开始我也随教研室到中央党校，但因当时中国哲学史有两个课堂：一是哲学研究班（三年制）二年级，这是各高等学校来的哲学教师；二是1957级哲学系本科生。当时我是教研室秘书，教研室主任石峻和党支部书记尹明都到中央党校编书，并住在中央党校，校内的讲课要我具体协调教员来讲课；同时，我还担任研究班的辅导教员，本科生班由王俊义任辅导教员。我不仅要答疑解惑，而且还给哲学研究班讲中国哲学史史料学和原著选读，如《论语》《孟子》《老子》《庄子》等，为此我需要花很多时间备课，于是我就回校了，因为辅导教员不仅要与研究班的同学一起听课，而且要组织课堂讨论，并协调每段讲课教员的时间和教室，另外每周还有两次个别辅导，同学有什么不懂的问题、讲课老师没有讲清楚的问题、经典原著读不懂的问题等都在个别辅导时解决，所以要全面准备，以免回答不出来。1960年我分到教研室时，石峻和尹明同志要求我搞通中国哲学史，能讲通史，不要像现在一样分段教学（当时教研室把中国哲学史分成四段，即先秦、汉唐、宋元明清、近代，每段由一个教员讲课），并根据教研室先秦和近代研究有人而汉唐和宋元明清缺人的情况，要求我重点研究宋元明清理学。1949 年以后，中国哲学史界一直在批判冯友兰的“新理学”，所以这一段几乎成为中国哲学史的禁区，几乎无年轻人研究。教研室出于教学的需要，要我研究这一段，我当时没有二话，表示完全服从教研室的分配。

为了适应教学工作的需要，也为了使自己的学术生命得到充实，我当时为自己制订了补课和科研的计划。在补课方面：每星期听 8 小时哲学原理和马列哲学经典著作课，仔细研读了《德意志意识形态》《反杜林论》《路德维希·费尔巴哈和德国古典哲学的终结》《唯物主义和经验批判主义》《哲学笔记》等，并参加考试，以提高自己的哲学理论素养、哲学思辨能力、理论思维水平。作为辅导教员，我还要认真听主讲教员的“中国哲学史”课，每星期 4 小时。我在准备辅导课中要融会贯通主讲教员的内容，同时参考各家观点，于是我找来所有有关中国哲学史的著作和论文，梳理各家观点的不同之处，梳理学术界最新研究情况和不同观点，以便在研究生问我时有较好的回答。这班研究生不仅都是大学毕业，而且有的从事哲学教学多年，大多年纪比我大，如胡福明、贾顺先同志等。为此，我整理了几篇学术讨论的报道：《首都哲学界展开孔子哲学思想的探讨》（《光明日报》1961 年 10 月 30 日）、《1961 年中国哲学史方面若干问题的讨论》（《光明日报》1962 年 3 月 16 日）、《思想的“普遍性形式”问题的讨论》（《人民日报》1963 年 11 月 26 日）、《哲学史研究中贯彻党性原则的问题讨论》（《人民日报》1964 年 3 月 9 日）等。这些就是当时为什么我连续写了几篇学术报道的原因和背景。

研究中国哲学史，必须准确理解古代经典文本的原意。尽管我在中小学寒暑假念过私塾，但只背不解，知其然而不知其所以然。治理和研究经典文本必须借助文字、音韵、训诂的方法。臧庸说：“读书当通训诂，始能治经。”段玉裁说：“学者之考字，因形以得其音，因音以得其义，治经莫重于得义。”理解和诠释经典文本的意义，必须搞懂、搞通文字的形、音、义。因此，我与王俊义到北京大学选修魏建功教授的“文字音韵训诂”课。当时人大到北大选修课程很简单，只要向北大中文系办公室报个名就可以了，不要交任何钱，每次听课还发给我们讲义。他讲课结合现代汉语文字，举例比较，很有启发，如讲文字，便讲文字释名、现代汉字综述、汉字书法与形体变化、古代文字形体溯源、各种字形组织释例、古典文献中的字形问题和整理工作的关系、六书释例七题。音韵、训诂也都讲得详细。他讲课条理清楚，深入浅出。他板书写得漂亮，我在记笔记时，就学其书法。后又听吴则虞先生的“文字音韵训诂”课，他的文字学只讲六书，音韵学只讲声韵、调、切，没有切合古籍整理工作。我便依据魏、吴两先生的讲授，选择中国古代哲学经典中最难理解的《周易》来注译。这时学术界也开展了对《周易》著作年代、作者、《经》《传》关系、思想内涵、现代意义的讨论。学术界各说其陈，莫衷一是。我想解决分歧意见的最佳方法是通过文字、音韵、训诂，搞清楚《周易》经典文本文字的形、音、义，排除后人及现代人的种种附会和误读，由文字、音韵、训诂而贴近《周易》文本的原意和作者的原意，再现《周易》本来面相，以便化解人们对《周易》的误会。经一年的努力，我完成了《周易》全书的注译工作。在注译中我几乎看完了中国人民大学图书馆所藏的全部相关资料，但基本上我是按文字、音韵、训诂的考据方法做的，发挥自己看法较少。

我在注译《周易》后，觉得意犹未尽，关于《周易》本身的文字、音韵、意义等问题，对后人在解释中所出现的歧义和现代人理解、诠释的异义有了一些自己的看法，便想把它整理出来，于是写了《周易思想研究》的初稿。当时给自己提了四点要求：

第一，依据《周易》文本文字的形、音、义，力求贴近《周易》的本来面相，尽量做到再现《周易》文本的原意和作者的原意。长期以来，诸多学者在解释《周易》的过程中采取六经皆我注脚的方法，随着历史的演化，时代的变迁，解释者以一定时代的“前见”“前识”诠释《周易》，便赋予《周易》各种各样的思想内涵，给《周易》穿上了形形色色的服饰：既有儒衣道袍，也有玄装理服，甚至披上现代的时装。这种假《周易》以阐述、发挥自己思想的方法，一直影响到现代。它虽给研究易学史提供了、积累了丰富多彩的文献资料，但也给我们恢复《周易》的历史本真带来了繁重的拨云去雾的工作。因此，实事求是地研究《周易》思想，就必须分清其固有的思想与后人发挥的思想，分段地、分层次地进行纵向和横向的研究，以厘清其思想。

第二，明确区分《周易》的《经》与《传》。汉以后，《经》《传》不分，附《传》于《经》。因此，长期以来，学者们以《传》解《经》，或授《传》于《经》。这样，便往往以《传》的思想引申《经》的意蕴，甚至以《传》代《经》，譬如现行的一个较普遍看法是，《易经》的八卦代表自然界的天、地、水、火、风、雷、山、泽八种物质元素，因而《易经》具有朴素唯物主义观点。经考证，《易经》本身并没有八卦象征八种自然物的思想，但见之于《易传》，是晚于《易经》的《易传》的诠释。一定的思想总是与一定的时代精神相联系，只有把它们放到各自的历史范围内，联系其社会的政治、经济、思维结构，进行历史的、逻辑的分析，才能比较贴近历史实际。经历史的、逻辑的分析，《经》《传》是两个不同历史时期的不同思想体系的著作。

第三，通过《易经》卦爻辞与甲骨卜辞的比较，搞清《易经》卦爻辞的时代、作者、性质和意义。如《既济·九三爻辞》载："高宗伐鬼方，三年克之。小人勿用。"《未济·九四爻辞》亦载："震用伐鬼方。"参照卜辞"己酉卜，丙贞：鬼方昜［亡］囚。五月"（《殷墟文字甲编》3343），及同时参考《尚书》《诗经》《国语》《古本竹书记年》等，厘清史实，探究爻辞意蕴，以避免牵强。

第四，通过《易经》思想体系的研究，明确中华民族哲学思维的起始，明确这种起始是怎样同宗教巫术思想相联系的。因此，我的研究便是揭示这种联系。《易经》是把殷周之际人们生活于其中的自然的、社会的、人际的交往活动，通过占卜这种宗教巫术形式呈现出来，看似光怪陆离，实乃人们在与自然、社会、他人交往活动中以及中央与各诸侯国之间冲突融合中所积累起来的各种经验教训的总结，正是在这个总结中闪烁着最初的哲学思维。如果这个观点能言之成理的话，那么中国古代哲学思维的起始就不应该从老子或孔子讲起。那种认为在中国奴隶制向封建制转变的春秋时期才出现哲学思维的说法就要改写。中华民族哲学思维的起始，就可以从公元前550年向前推6～7个世纪，即公元前12世纪的殷末。

《周易思想研究》初稿完成于1963年年初，由于忙于教学和撰写其他论文，也由于我有写完一篇论文和书稿后要放一放以便以后再修改的习惯，我就把《周易注译》和《周易思想研究》放下了。

大学四年，留校当教师一年，我都未回家看望我年迈的、从小疼爱我的祖父母和母亲。1961 年春节，我回到温州永嘉永强三都普门桥北，祖父 80 多岁，身体很弱，祖母、母亲及两个妹妹和一个弟弟都在家里，弟、妹虽在中小学读书时成绩优秀，但由于出身不好，高中就不让上了，在公社种田。家里人多粮少，不够吃，家人经常饿肚子，祖父为了用高价在黑市买粮食吃，把家里值点儿钱的东西都拿去买粮食吃了。本来我的家乡是比较富裕的，但当时也已饿死人了。祖父告诉我，我们家实在没有东西可卖了，以后的日子不知怎么过。我没有一点儿办法，既没有余钱，也没有余粮。我把我所换的一个月的全国粮票给了家里，待了不到 10 天就痛苦地离开了家人，以免把家里仅有的一点儿粮食吃了，这时我家全吃稀的，晚饭稀得都不见米粒了。我祖父母身体本来较好，但当时身体已很瘦弱。我离家时，祖父对我说他活得不会太长了，听后我直流泪，我想起祖父在我小时爱护我的情景，心如刀割。在三年困难时期的 1962 年，祖父母在饥饿中逝世。

三、教学科研

我在承担哲学研究班的辅导课和中国哲学原著选讲课中，尽管吃不饱，身体瘦弱，但我坚持发奋努力，把每个哲学家的原著分类、分概念、分范畴做了大量卡片（一直保留至今），并在研读原著中有了一些与古人、时贤不同的理解和诠释，撰写了多篇学术论文。在完全不认识报纸杂志编辑的情况下，仅凭自己论文的学术水平，在 1964 年上半年发表了《范缜〈神灭论〉中辩证法思想》（《光明日报》1964 年 2 月 7 日）、《董仲舒的认识论是唯物主义的吗?》（《文汇报》1964 年 4 月 9 日）、《略论王廷相的无神论思想》（《文汇报》1964 年 6 月 18 日）、《论“治统”与“道统”的关系——评冯友兰的“君师分开”论》（《江汉学报》1964 年第 4 期，《哲学研究》1964 年第 3 期简要转载）、《方以智的“合二而一”是形而上学的思想》（《教学与研究》1964 年第 5 期）、《论谭嗣同“仁学”哲学的唯心主义实质》（《江汉学报》1964 年第 6 期）六篇论文。同时与孙长江合作写成《论谭嗣同》，由于是应《中国近代人物论丛》的约稿，故在 1965 年由三联书店出版。这些文章一是时代跨度大，有些具有论争的意味；二是有自己独到的见解，是别的文章、论文所未论及的；三是自己在辅导中国哲学通史过程中的一些体认；四是提出了研究中国哲学史的新方法。

20 世纪 50 年代以来，谭嗣同思想成为近代哲学中论争的亮点，各家观点殊异，相持不下。我结合教学研读了《谭嗣同全集》和论争各方的文章，觉得其分歧关键点是关于对谭嗣同哲学思想中的仁、以太、心、识、心力等概念和范畴的内涵、意义及相互间关系的理解、诠释的分歧。我在《论谭嗣同“仁学”哲学的唯心主义实质》一文中认为“仁学哲学的最高范畴是‘仁’（‘心’‘识’）。‘仁’的一个重要的特性是‘通’；‘以太’‘心力’是用以表示‘仁’的‘通’的特性的工具。‘通’的目的是通过‘破对待’，达到同一（‘仁’），即‘平等’。”“仁—通—平等或平等—通—仁。这就是谭嗣同对于他的仁学哲学体系的简要表述。”“弄清‘仁’‘通’‘平等’等‘仁学’哲学的基本范畴，及其内在逻辑联系，就可以帮助我们解开谭嗣同‘仁学’的哲学思想，揭示其哲学思想的面貌。”这个体认和“仁—通—平等”的谭嗣同仁学逻辑结构，后曾被很多书和论文所采用与认同。这是我学术生命历程中获得的初步成果，是依照哲学家的文本体会其意义而作出的解释。尽管这种解释不一定完全符合其本义，但我试图尽量贴近其本来面目，这种解释方法后来发展为哲学逻辑结构的方法论。

四、湘潭“四清”

三年经济困难，全国饿死了很多人，大家都知道不能再折腾，所以稳定了几年，没有大的政治运动，教学秩序得到了恢复，虽然吃不饱，但有了一个安心读书的机会，学术生命也有了表现的机遇。1964 年，中国经济有了一定程度的恢复，三年困难时期基本过去，政治运动又开始了，较为稳定的教学秩序环境又被打破，又要开始折腾了，我的中国哲学史研究也中止了。1964 年下半年，哲学系教师和四五年级学生被派到湖南参加农村“四清”运动。所谓“四清”运动，是指清账目、清仓库、清财物、清工分，清理的对象是农村人民公社及生产队干部。上面特别强调：“当前国内严重的、尖锐的阶级斗争，在思想战线上，在教育、理论、科学、文艺、报纸、刊物、广播、出版、卫生、体育等方面，都有很值得注意的表现。”于是，我们这些所谓的知识分子就成为思想战线上、教育方面、理论方面很值得注意的阶级斗争严重问题的表现者，下乡参加“四清”运动，以改造思想。经短时期的学习“四清”运动文件和“四清”运动经验介绍，我们便来到湖南湘潭县，我被分到良湖公社。良湖公社是湖南省省委书记张平化蹲点的地方，所以我们所属的工作队便为湖南省委社会主义教育工作队（即“四清”工作队），这个工作队除我和五年级同学外，还有湖南师范学院的教师。“四清”工作队的纪律是要与农民实行“三同”，即同吃、同住、同劳动；要访贫问苦，要住在最穷苦的农民家里，规定不准吃肉、喝酒，不准乱搞男女关系等。我与五年级的吕国欣、吕志和、顾春忠等在一个大队，我被分配到一个生产小队，住在该队最穷苦的农民家里。他家临时在灶间用竹床搭了铺，我就睡在竹床上，这本来是南方夏天睡的，可到了南方阴雨很冷的冬天还睡在这竹床上，冻得我睡不着。这个生产队是一浅山沟，下面有一水塘，一下雨，田里的水，包括施了化肥的田水，就往塘里流。塘水是这个生产队人、兽的生活用水，吃的、喝的都是这塘水，洗衣、洗菜、洗马桶都到这塘里洗，所以这塘水很脏。虽然清早起来提水倒在水缸里做饮用水，但也很不卫生，过两天水缸里的水就变绿了。一到干旱天，这塘水更脏了。但农民们没有办法，因为没有其他水源，祖祖辈辈只能喝这塘水。

湖南人爱吃辣椒，我从小不吃辣，且家乡永强一带都不吃辣。开始时我住的户主在熬菜时都放辣椒，我吃后不仅上火，大便干燥，而且胃痛，我只得要求户主在菜熬熟后先拿出一点，再放辣椒。我是在得知户主每年自己种的辣椒不够吃还需要买一点之后才提出这样做的。这样不仅节省了户主家所吃的辣椒，而且免除了我的不适应。

“四清”运动特别强调“阶级斗争，一抓就灵”，提出农村社会主义教育“运动的重点是整党内那些走资本主义道路的当权派”。因此，工作队一进生产队，不管是否有“四不清”问题，就让生产队的所有干部先“靠边站”，发动群众揭发生产队和干部的问题，用的就是那套发动群众斗争的方法，同时开始清理账目、仓库、财物、工分，往往把对干部提意见的会议开成批判会、斗争会。生产队工作有魄力的干部往往在工作中态度生硬些，容易得罪人，农民意见就比较多，情绪较大；工作消极的好好先生，农民意见比较少；意见最多的是工分记不清、记错、少记等，因为工分多少关系着秋后的粮食分配，所以大家比较计较。由于账目、仓库、财物、工分都与生产队的会计有关，所以会计就成为“四清”的重点对象。会计需要一点儿知识，在当时能读高小和初中的学生，家庭大多是中农（中农又分下中农、中农和上中农），如果是上中农出身的，就要考虑换会计。生产队队长一般是党员，“运动的重点是整党内那些走资本主义道路的当权派”，所以生产队队长和干部都作为当权派被整，所谓“整”，就是阶级斗争。我必须每天整理农民群众对干部提的意见，往大队部报，这样我必须在晚上熬夜，在微弱的油灯下整理材料，加上营养不良，我就近视了，从此不得不戴上近视眼镜。

1965年春节期间，我们作为湖南省委“四清”工作队集中到湖南省委招待所学习中央“四清”文件和休整。招待所中餐和晚餐都有大鱼大肉，一改不准吃肉、喝酒的规定，几个月在农民家里没有吃肉了，大家吃得很高兴。省委招待所占地很大，里面有很多四面围墙的单独小院，有一次有人一一指给我们说，这是一号院，是毛泽东住的，称为蓉园宾馆一号院，还有二号院、三号院、四号院，分别由其他中央首长来住。由于是重点保卫区，不仅不让我们参观，而且连靠近点都不行。在这期间，我们还在省委招待所礼堂观看了湖南花鼓戏，这是我第一次看花鼓戏，觉得很有地方色彩，唱得很好听。据说参加这次演出的都是花鼓戏名角儿，我觉得很幸运。春节后，我们又回到良湖公社，继续进行“四清”运动。“四清”工作队队部要求掀起“四清”运动的高潮，把清出的问题落实。运动到了落实问题阶段，难度就大了。农民群众揭发的问题有的只是怀疑、猜测，有的是凭印象、记忆，有的是道听途说，有的是亲眼所见、所历。现在要一件件落实，有查无证据的，有账目制度不严而混乱的，有仓库保管员忘了登记而后想起的，有财物借出未还的，有工分漏记的等，凭这些就说他们“走资本主义道路”，好像扯不上，谁工作都有疏漏、有缺点、有失误，把这些问题上纲上线，提到阶级斗争的高度，并以工作中的缺点将他们定性为“走资本主义道路的当权派”，我总觉得不妥。再说一个几十户的小小生产队的干部，工作中起早贪黑、任劳任怨，就算有点儿自私自利思想，贪了点儿生产队的小便宜，也说不上“走资本主义道路”，更算不上

“当权派”。我想一个小小生产队干部有多大能力，能改变中国的社会主义方向，把中国引向资本主义道路？所以，我对我负责的生产队在落实政策、处理干部时，一定实事求是，不能挫伤其工作积极性，既要批评其自私自利的思想与行为，又要给予肯定的、很好的评价，对有意见的农民做了许多解释说服工作，干部对自己工作中的错误也向农民群众做了深刻检讨，表示今后改进工作，更好地为大家服务，结果干部、群众都满意。

从 1964 年 9 月学习“四清”文件，吃透中央精神，10 月到良湖公社“四清”，到 1965 年 4 月底回校开始总结工作，清理思想，破资立无，一学年就过去了。五年级同学把参加“四清”工作的表现作为毕业鉴定的重要内容，这对他们分配什么工作及工作单位有直接影响，所以我对他们都给了好的意见和较高的评价，他们对我也有很好的评语。我们参加“四清”运动，有着双重任务：一是改造客观世界，坚持农村走社会主义道路；二是改造主观世界，知识分子接受贫下中农的再教育，在向贫下中农的学习中改造自己的世界观，批判资产阶级个人主义、名利思想等。在“四清”工作鉴定中，我们每个人都对自己的思想做了检讨，在检讨中说明自己是如何破除资产阶级思想、树立无产阶级思想的。

在两个学期的“四清”，与贫下中农同吃、同住、同劳动后，我想回校后也应该上点儿课、看点儿书了。心刚安下来，屁股刚坐下来，过了一个暑假，四年级同学刚想上专业课，据党员教师说学校党委传达了毛泽东与陈伯达、康生的谈话：“有阶级斗争，才有哲学。哲学家应当下乡去，参加阶级斗争，身体不好的死不了，多穿点衣服就行了。”在这种形势下，哲学系师生被分成两部分：一部分是没有参加湖南“四清”运动的，他们与全校其他系教师、同学去北京郊区参加“四清”运动，由党委书记郭影秋带队；另一部分由哲学系主任张腾霄、副主任萧前带领，到北京郊区海淀区苏家坨公社前沙涧大队半农半读。我与从湖南“四清”回来的杨宪邦、乔长路等教研室教员，同一年级学生李甦平等，二年级学生周桂钿、李德顺、李崇富、陈升、郭绍明、张祥浩、侯成亚等一起劳动，挖鱼塘等。一、二年级学生是半天上课，半天劳动；教员是半天学习、备课，半天与学生一起劳动。没有星期六、星期天。我想，难道这就是参加阶级斗争？难道没有阶级斗争就没有哲学？人与自然、人与社会、人与人的冲突就没有哲学？哲学家难道只有下乡才能参加阶级斗争？城市就没有阶级斗争可参加吗？等等，思想上产生了种种疑惑、迷惘。

五、朱熹研究

我到哲学系哲学史教研室后，就被分配重点研究宋元明清理学，当时教研室教员研究先秦、近代的较多，宋元明清没有专人研究，特别是当时中国哲学史界把冯友兰的“新理学”作为批判的重点，又认为蒋介石信奉阳明哲学，因此，宋明理学成为禁区，误以为研究宋明理学是跟着他们跑。我当时认为，中国哲学史作为哲学系的一门重要必修课，不讲宋明理学是不行的，否则，就不成为哲学史。既然要开中国哲学史，宋明理学作为中国哲学发展的一个高峰，不研究它是不行的。我在辅导原著、讲授中国哲学史的过程中发现，要研究宋明理学必须精通宋以前的各家哲学和原著，包括道家哲学和佛教哲学；我特别发现，宋明理学家没有一个不研究《周易》的，不懂《周易》就很难搞清楚理学家文本的意义及其哲学思辨结构，所以我研究《周易》、注译《周易》、撰写《周易思想研究》，也是基于更好地研究宋明理学的考虑。

在研究《周易》的同时，我也关注宋明理学的研究。我当时确定自己的研究进路是：教学上求通，通讲中国哲学史，熟悉每个时期和每个哲学家在整个哲学演化过程中的独特贡献、地位、作用和影响，避免不知整体而片面拔高某一哲学家哲学思想之弊，力求做到定位准确和诠释符合实际；科研上求点，“点”即重视个案研究，通过个案的深入钻研和文本的诠释贴近哲学家本真，以避免凭想象的不实之弊。我试图把这两者结合起来，由点到面，由面到通。点、面、通相结合，而达到与中国哲学史的本真相契合。譬如《周易》是一本书，是一个点，搞懂这个点，就可以体认中国哲学思维的起源、思维的框架及其独特的魅力、巨大的影响。宋明理学研究我也要选择一个点，开始我想选择一个较有影响、资料较少的哲学家作为研究下手处，于是便看中了陆九渊。但当我看完了陆九渊的著作及相关的资料，着手写作时，却时时僵住，下不了笔。不仅处处碰到与朱熹哲学的关系问题，而且亦有“觉其空洞无物，然亦总觉此似若不能尽其实者”之叹。我体认到朱熹才是宋明理学的关键人物，研究两宋哲学绝避不开朱熹哲学，只有抓住这个点，才能疏通、带动整个宋明哲学这个面，于是我毅然暂且放下陆九渊，便找了朱熹这个硬果给自己啃。前沙涧的半农半读，读的主要是与朱熹相关的资料。我搜集从1949年到1965年报刊上发表的有关朱熹的文章，总共只有6篇，而主要是关于他的教育思想和读书方法的，哲学思想写得较详细的还是冯友兰的书及任继愈主编的《中国哲学史》和侯外庐主编的《中国思想通史》。我把主要精力放在读原典上，一本一本研读，先读从图书馆借来的《四部丛刊初编》本的《朱文公文集》（后自己在东安市场旧书摊买来此书），分概念、分范畴做卡片，后采取不全抄，只记要点和中心思想及页码，以便写作时重读和研究，这就大大节省了时间。当时人大图书馆没有《朱子语类》，恰好我们教研室的乔长路同志有线装本《朱子语类》，我便向他借来看，由于这书自己没有，所以做的卡片较多。这就是没有电脑前做学问的艰苦之处，不像现在鼠标一点所有资料都出来了。不过，我现在仍然习惯于老一套，这大概是不与时偕行的表现吧。

《朱熹思想研究》是想超越现有的、普遍采用的模式，我在该书1981年出版的“前言”中说：“近三十年来，对哲学家的思想，曾习惯地按其自然观、认识论、方法论、伦理论、历史观等方面，进行‘分门别类’的整理和研究，这虽是研究工作的基础……但停留在这个水平上是不够的。因为哲学家哲学体系的各个方面及其基本范畴之间，是紧密联系的，从而构成了一个整体。‘分门别类’的研究，往往于整个哲学体系内在的逻辑联系注意不够，而只有深入揭示某一哲学体系的内在逻辑结构或联系，才能如实地反映该哲学体系的本来面目。”该书打破以往四大块或五大块的研究方法，提出了逻辑结构新方法，并以120页的篇幅撰写了“朱熹哲学的逻辑结构”，依据朱熹哲学提出范畴或概念，探索其间的联系，分析各个范畴或概念的内涵、地位、作用，从而呈现其哲学逻辑结构，这样做是因为每个哲学思潮、哲学体系都是由诸多范畴或概念构成的。

我在“前言”中提出：“要坚持实事求是的原则，具体问题具体分析，只凭现成的原则、公式或空话是无济于事的。只有对每一哲学思潮、人物的特殊历史情况进行具体分析，把它提到一定的历史范围之内，才能作出实事求是的评价……不管是唯物主义还是唯心主义，它们作为整个人类思想发展的螺旋式前进的大圆圈中的一个圆圈，都有其历史的积极作用。对于这种历史必然性，切忌采取简单化、公式化和直线性的方法。”以此否定以往二元对立的、两个阵营和两条路线对战的观点与方法，使中国哲学的研究回到实事求是的原则上来。

“前言”还提出：“对于中国长期封建社会中所创造的灿烂的古代文化，对于封建社会中儒家思想集大成的朱熹哲学，必须区别其精华和糟粕，剔除其糟粕，吸收其精华，这就是批判继承。《朱熹思想研究》努力避免把朱熹思想当作死狗一样扔掉，一笔勾销就算完事……而是从这个暂时的形式中剥取有价值的成果和合理的因素。”在“文化大革命”极左思潮还有很大影响力的情况下，提出这些观点和方法不免触犯了一些人的思维定势，因此在1983年的“清除精神污染”运动中遭到一些人的批判和误读，就不可避免了。

第五章　学术的破坏

农村“四清”运动开展后，城市里也开始“四清”，自反右派斗争以来，大学生和大学教师就下农村、下工厂半农半读或半工半读，接受贫下中农再教育或工人阶级的再教育，近十年来正规的教育制度、教育秩序已逐渐遭到彻底破坏。读不像读，学不像学，农不像农，工不像工，学校不像学校，学生不像学生，教师不像教师，真不知道像什么。1965 年下学期到 1966 年 5 月，我们半农半读的生活结束了，开始了无书读的、不读书的、动乱的生活，人的学术生命就在这阶级斗争的动乱中浪费掉了。

一、红卫兵造反

1966 年 5 月，学校党委在党内传达“五七指示”，其中说：“教育要革命，资产阶级知识分子统治我们学校的现象再也不能继续下去了。”接着发布了中共中央的“五一六通知”，“通知”中说：“彻底批判学术界、教育界、新闻界、文艺界、出版界的资产阶级反动思想，夺取在这些文化领域中的领导权。”同时成立了中央文化革命小组。5 月 25 日，康生授意北京大学哲学系聂元梓等人贴出大字报。6 月 1 日，《人民日报》发表社论，号召“横扫一切牛鬼蛇神”；6 月 16 日，《人民日报》又发表社论，要“采取彻底革命的办法”，“把一切牛鬼蛇神统统揪出来。把他们斗臭、斗垮、斗倒”等。这就引起了哲学系教师的极大震动，大家议论纷纷，总觉得一场惊天动地的暴风雨就要来临了，知识分子又要遭殃了。思想改造运动后，每一次运动知识分子总是被批斗的对象，这次不仅不例外，而且更糟、更惨。这样，我们在前沙涧半农半读的老师就成了文化革命的主要对象。某几个教师贴出了炮轰哲学系领导张腾霄、萧前的第一张大字报，批判他们修正主义的教育路线，当时也有人持不同意见，曾展开小规模辩论。但“文化大革命”的浪潮不断升温，大字报愈贴愈多，“半读”便读不下去了，革命压倒了劳动，“半农”也坚持不下去了。学生和教师自发凑在一起，议论、揭发校系领导以及其他教师的问题。我根据自己历次参加运动的经验，认为揭发问题要实事求是，不要乱扣帽子，不要无限上纲。同学们革命热情很高，要求回校闹革命，学校也不得不同意，这样我们就撤回到学校，参加“文化大革命”运动。

8月1日，毛泽东写信支持清华附中红卫兵《对反动派造反有理》的大字报。红卫兵到处串连，张贴“造反有理”的标语，并贴出“老子英雄儿好汉，老子反动儿混蛋”、横批“历来如此”的对联，“龙生龙，凤生凤，老鼠的儿子会打洞”等宣扬血统论的标语。血统论像是头上的紧箍咒，像背上背的十字架。从我1950年参加土改起就不断被要求与地主家庭划清界限，每次向党交心，汇报思想，都要批判地主家庭。由于出身不好，总是低人一等，被看作改造对象。我有时会埋怨，会叹息，但出身是不能选择的，是个人无法决定和改变的。北京工业大学无线电系三年级学生谭力夫贴出《从对联谈起》的大字报，对血统论大加赞赏，主张将其作为全面的、策略的党的阶级路线加以推行。他们高喊“唯物主义者是无所畏惧的，不怕天，不怕地，不怕鬼神”，以致在行为上肆无忌惮。他们斗中学教师，剪女教师的辫子并将其剃成阴阳头，削女教师的高跟鞋等，甚至发展到把教师活活打死等。红卫兵由缺乏理智而到疯狂，再到残忍凶恶。人性的泯灭，兽性的发作，理智的丧失，是很可怕的。凶手不是天真的孩子，而是背后的教唆者。这种做法由学校发展到社会，红卫兵走上街头，在街上看见穿高跟鞋的女同志就把其鞋根削掉，见到长头发就剪，搞得人人自危。红卫兵到处抄家，烧教师的所谓“封、资、修”的书，抓“牛鬼蛇神”等。红卫兵由中学发展到大学，大学亦纷纷成立红卫兵战斗组织。8月8日，中共中央做出《关于无产阶级文化大革命的决定》，规定其“目的是斗垮走资本主义道路的当权派，批判资产阶级的反动学术‘权威’，批判资产阶级和一切剥削阶级的意识形态”。这样，革命的对象就不光是走资本主义道路的当权派，而且加上了资产阶级反动学术权威和一切剥削阶级的意识形态。革命对象的范围大大扩大了，而后两项的主要对象是知识分子，各条战线上的知识分子就陷入了万劫不复的境地。哲学系为贯彻中共中央《关于无产阶级文化大革命的决定》，召开师生大会，批判和斗垮三种人：一是当权派；二是反动学术“权威”；三是有资产阶级和一切剥削阶级的意识形态的人。会议的气氛非常紧张，只要有人在会下喊一声“把某某揪出来”，就算被揪出来了，这样张腾霄、萧前、方华、苗力田、李秀林、石雷等以及任学生班级的辅导员和写过几篇文章的中青年教师都被揪出来了，在台前排成一大排，会后就要他们戴上高帽子，高帽子不够用，就找来字纸篓扣在头上，甚至将痰壶扣在头上，在校内开始游街，并高喊“斗倒、斗垮、斗臭一切牛鬼蛇神”“打倒反动学术权威，打倒走资派，再踏上千万只脚，使它永世不得翻身”等口号，压得教师们气都喘不过来。

在会议中间，我精神很紧张，怕被揪出来，因为我从 1961 年到 1965 年发表了 11 篇文章，虽算不上“反动学术权威”，但只要有人喊一声“张立文有资产阶级名利思想或有剥削阶级的意识形态”，我就会被揪出来。为什么当时我没有被揪出来？第一，我原来辅导、教课的学生已毕业，同在校的学生接触很少；在前沙涧与一、二年级学生半农半读，只在劳动中有接触，我劳动很积极熟练，学生对我印象不错；“中国哲学史”课程一般是三年级第二学期和四年级第一学期才上，这时一、二年级学生没有上过“中国哲学史”的课，三、四年级学生上“中国哲学史”课时我到湖南湘潭县“四清”去了，所以他们不知道我的状况。第二，我在报刊上发文章到 1964 年 6 月为止，之后就没有在报刊上发文章，所以学生们不知道我写过什么文章，抓不住辫子。基于这些原因，我没有被揪出来。我当时认为我系被揪出来的所谓当权派、教师、辅导员都是对党的教育事业勤勤恳恳、任劳任怨、诲人不倦、教书育人的好同志，故而在“游街”后我便去看望他们，并不把他们当作打倒的、批臭的革命对象。

此后，观点一致的同学、教师便纷纷成立战斗队，揭发校系领导、教师等的各种问题，有“枪杆子战斗队”“红旗战斗队”“揭老底战斗队”“千钧棒战斗队”“丛中笑战斗队”“云水怒战斗队”等，无奇不有，甚至一个人也自称“战斗队”，并以“战斗队”的名义写大字报。我没有写大字报，也没有什么可写的，只是去看大字报，学校里所有的墙壁都贴满了，学校就在“文化广场”（文化广场是“文化大革命”中全校斗走资派和反动学术权威的地方）和操场搭了一排排席棚，把大字报贴在席棚上，“文化广场”一时成了人民大学最热闹、辩论最激烈的地方，也是信息最灵通的地方。北京市及外地来京的学生都来看大字报，于是经常是人山人海，配上高音喇叭，高喊“打倒当权派”“批臭反动学术权威”等口号，把斗争的气氛推向高潮。在这种气氛的鼓噪下，很多人迷失了方向，丧失了理智，跟着鼓噪。

1966年8月18日，毛泽东在天安门广场接见全国来京串连的红卫兵。这时，红卫兵组织已由北京中学发展到全国。他们对揪出来的所谓当权派、反动学术权威、有剥削阶级意识形态的人和地富反坏右五类分子实行斗争、抄家，对“封、资、修”的书实行烧毁，我和我们教研室的教师都担心在扫“四旧”中把我们的古籍书、线装书拿去烧掉，好在没有被烧。张腾霄曾对我说，红卫兵去抄他的家，看到他从内部购来的《金瓶梅》，当场一面批判他看这种淫乱书，是资产阶级腐朽反动的思想；另一方面就坐在他家看了起来！当时党中央号召全国闹革命，红卫兵就在全国串连闹革命，这样大学生也去“大串连”，后来教师也出去串连，其实就是出去走一走，看看大字报，也有玩的性质。我们年轻教师也去串连了。1966年冬，我与孙长江、葛荣晋三人一起由北京到南方去串连。当时串连坐火车不用买票，吃饭不要钱，住宿不要钱，三免费。每个地方都有接待站，是为串连的学生提供食宿的。住宿一般住学校教室，地上铺稻草和席子，我们和衣而睡，串连人太多，被子太少，有病的同学才可借到一床棉被。反正串连的同学、教师住一晚就走，即使在同一个地方待两天，也不会到原来的地方过夜，而到就近的学校去住宿。串连最难就是坐火车，人太多，火车一来，大家往上挤，挤不进去就爬窗户进车，有时爬窗户都不行，因人多，被堵住了，火车座位底下都躺着人，上面行李架上也坐着人，座椅背上也坐着人，厕所站满了人，人满得要爆炸了。见缝插针，恐怕连针也插不下了。有一次，我们三人过铁道到一列要开的车那里去，需要钻过好几列火车，我们就从车底下爬过去。孙和葛先爬过去，我爬时，车开了，他们赶快把我拉出来，避免了一起事故。由于坐火车实在太难，到处人满为患，我们串连了几个城市，如武汉、柳州、桂林等就回京了。

后来串连的同学和教师都回学校了，谈起坐火车难，他们就批评我们选择了一条错误的路线，去了错误的地方，在错误路线的指导下必然犯极大的错误。他们说选择西去和北去的路线，人就较少，坐火车相对容易，且不挤，但后悔也来不及了。

二、斗争“当权派”

“文化大革命”中，学校在“文化广场”召开了几次斗争“当权派”“反动学术权威”“叛徒特务”等的大会，学校领导、抗战和解放战争时期的老干部以及老教授在台上站了好几排，几十人，我们系的张腾霄、萧前也在其中，红卫兵把他们押上台后，就抓住他们的两只手，往下按头，成90度角，称之为“坐飞机”。然后喊口号，揭发斗争，一个接着一个，每一次这种斗争大会以后，第二天都会听到某某夜里自杀了的消息，哲学系自然辩证法教研室教员石雷自杀了，中文系的李尚公用煤球炉的通条把自己捅死了。此后，每个系都把“有问题”的人集中起来，统一管理。哲学系集中到东风三楼，在校外住的教师不准回家，也集中到这里，每天学习“中央指示”、《毛主席语录》，交代问题。逻辑教研室的王方名教授是毛泽东接见过的知名学者，这时作为“反动学术权威”也被集中到这里。他睡觉时呼噜声很响，能振动整个东风楼（这是夸张的说法），一些睡眠不好的人就叫苦连天。

当时，只要毛泽东说一句话，就是“最高指示”，不管白天还是夜里两三点，大家都要起来庆祝。先传达“最高指示”，然后在校内游行，敲锣打鼓，高呼“毛主席万岁”“毛主席万寿无疆”等口号，在“毛主席万岁”之前，还得加上“伟大的导师，伟大的领袖，伟大的统帅，伟大的舵手”四个伟大。林彪还题词：“大海航行靠舵手，干革命靠毛泽东思想。”这样，我们每天必须做两件事：一是“早请示”，向《毛主席语录》或“最高指示”请示，认为只有这样我们一天的工作和学习才有方向，才不会犯路线错误；二是“晚汇报”，以毛泽东思想为准绳，对照检查自己一天的思想行为，汇报自己的思想改造问题。这是一天雷打不动的功课。此外，我们青年教师都在集体食堂吃饭，食堂开门后先排好队，每人拿出“红宝书”（即《毛主席语录》），举书过头，有人领念《毛主席语录》，大家跟着念，然后吃饭，好像这饭是毛主席赐给我们吃的，要记住毛主席的恩情。我是只身一人（夫人在武汉），所以每天三餐都得参加这种仪式。在家里做饭吃的，也要求在家人吃饭前念《毛主席语录》，然后一家人才开始吃饭。我总觉得太麻烦，没有必要。去食堂吃饭的人都提着装饭碗的袋子或直接拿着饭碗和筷子，好几次有人在掏《毛主席语录》时不留心碗掉在地上打碎了，搞得大家不敢笑但又忍不住，还要受批评。若是有问题的"黑帮"，还要被扣一个破坏学习《毛主席语录》的罪名。所以，人人都很紧张，吃饭都怕犯错误。当时一犯错误就是政治性的错误，给红卫兵看见了，可以说你反毛泽东思想。

三、"文化大革命"解释学

在"文化大革命"中，由于天天强调两条路线、两个阶级、两种世界观的斗争，把人与人的关系统统说成阶级与阶级斗争的关系，又强调"造反有理"，认为凡"造反"都是有理的，因而完全破坏了中国固有的父子、夫妇、兄弟、朋友、上下级的伦理关系，鼓励儿子造老子的反，妻子造丈夫的反，下级造上级的反，错误地认为造反就是高举毛泽东思想，就是对毛主席革命路线的忠诚，从而大跳"忠字舞"。不知道毛泽东从哪里得知几个少先队员给他们爸爸贴的大字报，说爸爸忘记了过去，没有给他们讲毛泽东思想，而是问他们在学校的分数，分数高给奖励等。毛泽东就叫陈伯达转告这些小朋友："大字报写得很好，我向大家讲，青年是'文化大革命'的大军。"红卫兵到处造反，大部分领导干部都被作为走资本主义道路的当权派或资产阶级路线的实行者揪出来或"靠边站"，一些原来高喊"老子英雄儿好汉，老子反动儿混蛋"的红卫兵也面临自己的父母被揪出来和"靠边站"的命运，成为"可教育的子女"一类，从"红的"变成"灰的"了，但比"黑五类"子女还是要好一些。

当时，由于各人对教研室、系、校领导的看法不一，对学校以前的工作评价不一，以及对各种问题的看法有分歧，全校从每个家庭、教研室到学生班级都分成两派。我们中国哲学史教研室也不例外，中国哲学史教研室 12 个教员（石峻、尹明、杨宪邦、孙长江、李锬、乔长路、张立文、方立天、方克立、王俊义、张静贤、葛荣晋）及资料员黄淑贤也分成两派。在两派中有积极参与者，有消极参与者，也有思想上倾向于某一派者，情况比较复杂。“文化大革命”初期自发成立的“战斗队”经分化重组也分成两派，统摄在“人大三红”和“新人大”两个组织之下，“人大三红”于1966年8月8日成立，随后成立了“新人大”，两派都说自己是“革命派”（“造反派”），指斥对方是“保皇派”（“保守派”）。原先“战斗队”仍以自己“战斗队”的名义写大字报，但思想观点和倾向非常明显。两派各收集对方领导干部和教师的资料，以打倒对方为快，以打倒对方人数多为革命。同时，两派采取各种方法，借解释“最高指示”，为自己派别所用，攻击对方，把“解释学”发挥得淋漓尽致，大肆发明，可称之为“‘文化大革命’解释学”。

这时人大两派各抢占一座大楼，“人大三红”占教学楼，“新人大”占图书馆楼，两楼遥遥相对。两派各有一个广播室，在两楼楼顶上安装大喇叭，作为两派的喉舌和攻击对方的主要工具。两派都挑选最好的播音员。有一天早晨我在校园里听到广播，以为是中央人民广播电台的广播，我就停下来听，听到最后说是“人大三红”广播站，才知道是“三红”广播员播的，可见播音员水平之高。据说这学生毕业后被地方省台选中当播音员去了。当时两派广播的评论式稿子，从打派仗的视角来看，还是有一定水平的，因为这些稿子是学生中的才子和教师一起起草的，两派的“参谋班子”（又称“影子内阁”）成员绝大多数是教师，他们的点子（当时又称“鬼点子”）很多。我们哲学系的某位教师是最聪明的，脑子快，点子多，文笔好，他就是“人大三红”“影子内阁”的成员。两派“影子内阁”既是“点子公司”，也是两派的指挥中心。由于两派的学生和教师注意力在打派仗，所以就顾不上开展对原揪出来的一批所谓“牛鬼蛇神”的斗争了，各派都抓了一些被认为有问题的领导，“新人大”控制了副校长孙泱，孙泱是孙炳文的儿子、孙维世的哥哥，孙炳文是朱德的至交，据说孙泱当过朱德的秘书，他身材高大，文质彬彬，相貌堂堂，很有理论水平，著有《青年伦理道德》一书，结果在图书馆地下室自杀了，他家被抄，家里所有东西几乎被洗劫一空。孙维世也给江青害死了。孙炳文若泉下有知，对他们子女的惨死定会义愤填膺的。“人大三红”控制了副校长兼党委书记郭影秋，他到人大是吴玉章要来的。他原是云南省省委书记，调中央当国务院秘书长，是周恩来总理点的将，吴玉章校长说自己老了，要他到人大来协助工作，于是就到了人大。他工作能力很强，学术水平很高，出版了关于李定国历史事迹考证、评价的学术专著，学术界评价很高。中国人民大学清史研究所就是在他的领导和努力下成立的。他生活朴素，工作深入，关心教师，走访教师学生，改革教育，解决了人民大学存在的种种问题和矛盾，理顺了各种关系等。他经过认真调查，认为在领导干部和教师中存在21个疙瘩，我们教研室两位教师间的矛盾也被列为21个疙瘩之一。他是全心全意想把人民大学各方面工作搞好的。若不是“文化大革命”，中国人民大学在郭影秋的领导下定有新的发展。然而，“文化大革命”中抓住他在“白区”工作时早已弄清楚的问题，又要重新审查，把他作为有问题的“当权派”，叫他在教学楼扫厕所、扫地等。后发现腿上有肿块，便到医院治疗，医院误诊为癌症，后来由于过量化疗，一条腿不能走路了。即使在患病期间，他仍然十分关心中国人民大学的工作和师生。

四、武斗死人

1967年，各省、市的所谓“革命派”便起来夺取党政大权，各地省委书记、省长或被揪出，或“靠边站”，各地党政系统瘫痪，于是也分成两派，各派都要来北京争取“中央文化革命小组”的支持，以当钦定的“革命派”，以当毛泽东革命路线的执行者、捍卫者为荣，以便打压另一派，把另一派说成反动的“保守派”。由于“四人帮”的挑动，各地两派发生了武斗，在武斗中两派都有人员死伤，这样两派结怨越来越深，成为以怨报怨、以暴易暴的势不两立的两派。广西柳州地区个别“造反派”把对方派别的人抓来杀了吃掉。在这种形势下，人民大学两派紧张起来，磨刀霍霍，找来铁管或锯下自来水水管、暖气管，改造成红缨枪，准备武斗用。在向党内一小撮走资本主义道路的“当权派”和社会上的“牛鬼蛇神”展开总攻击的形势下，在誓死保卫毛泽东革命路线的氛围中，人民大学两派的武斗终于由零星的、小规模的接触发展成规模较大的武斗。“新人大”与“人大三红”这场武斗发生在图书馆楼与教学楼之间的草地上，在这场武斗中死了两个人（一个是女同学），伤了多人。在武斗的同时，两楼的屋顶都有大弹弓，武斗时弹弓齐发，打碎了对方楼上窗户的很多玻璃。省、市地方的武斗，由于解放军的所谓“支左”，即帮助所谓“革命左派”攻打所谓“保皇派”，已发展到使用枪和炮，这样死伤的就更多了。

这场武斗引起了我很多的思考，它对我的思想震动很大。从自己当大学生所经历的各种运动，毕业后教学、下乡劳动、每年 6 月到北京郊区割麦、“四清”运动、半农半读，在这些运动中我的感受是，学生们的思想都很纯朴，热爱党、热爱社会主义，对毛泽东无限忠诚，对毛泽东思想无限崇拜。他们的死，同学们还认为是为捍卫毛泽东革命路线而死。我很迷惘：武斗双方都说自己誓死捍卫毛泽东革命路线，谁也不说自己是刘少奇“反革命路线”的代表，既然双方都说自己誓死捍卫毛泽东革命路线，为什么要置对方于死地呢？同班同学，即使观点有分歧，也不至于你死我活。即使有的学生认识有错误，只要指出其错误，学生马上就会改正，况且当时学生都很听党的话，党指到哪里就打到哪里，为什么无限上纲上线，把学生和教师在认识上的不同、差异说成走社会主义道路与资本主义道路两条路线的斗争？说成无产阶级与资产阶级两个阶级的斗争？非要斗个你死我活不可，难道这样才解决问题？即使党内、社会上存在两条路线、两个阶级的斗争，学生在校学习，并没有踏入社会，为什么要把他们引向武斗场，拼个鱼死网破？我也纳闷：新中国成立后 10 多年，各种政治运动不断，天天讲两条路线、两个阶级斗争，各省、市、县的领导都是参加革命的老干部，他们怎么会那么快都变成了走资本主义道路的“当权派”呢？上海的王洪文在 1967 年 1 月 6 日夺了上海市党政大权，毛泽东说：“这是一个大革命，是一个阶级推翻一个阶级的大革命。”我不理解：难道共产党建立的政权都是资产阶级政权？如果是共产党自己领导的政权，为什么要自己推翻自己？如果整个上海由无产阶级政权变成了资产阶级政权，共产党的中央领导是不是应该首先负责？如果是上海的个别党政领导变质，那么只要在党中央领导下进行调整就可以了，为什么说是一场大革命？既然是夺取政权的大革命，为什么名不正、言不顺地叫“文化大革命”？当时说知识分子（属于资产阶级范围）是一群“皮之不存，毛将焉附”的无独立主体的依附者，1949 年以后知识分子的毛便依附在共产党的皮上，他们只接受共产党的改造，只听共产党的话，做共产党的驯服工具。同时，文化界（广义）也展开了广泛的批判运动，1951 年批判电影《武训传》，批培养地主阶级和剥削阶级的孝子贤孙，批陶行知的改良主义；1952 年批电影《清宫秘史》，批判卖国主义；1953 年批梁漱溟反动思想及一切资产阶级学术思想；1954 年批俞平伯《红楼梦研究》，批"胡适资产阶级反动学术思想"；1955 年批"胡风反革命集团"，批判、逮捕了一批"胡风反革命分子"，后又批"丁玲、陈企霞集团"，又批北京大学校长马寅初的"新人口论"；1957 年反右派斗争，把知识分子的脊梁骨都打断了。如此一来，资产阶级知识分子哪里敢与共产党较量，秀才哪里敢"造反"，他们只有挨整、挨批、挨斗的份，老老实实接受脱胎换骨的改造，哪敢走资本主义道路？对这些疑惑，我当时很迷惘，也不理解。

我当时有这些疑惑，但不敢同任何人说。在"文化大革命"中，儿子革老子的命、妻子革丈夫的命，都被认为是一种革命行为。这对我这个讲中国哲学史、对儒家思想有一些了解的人来说，总有点想不通，不理解。自"新人大"与"人大三红"两派学生武斗打死人后，我就只看自己的书，什么会也不参加，除非非参加不可，做了真正的"逍遥派"。自从"文化大革命"开展以来，由于强调阶级斗争，强调阶级出身，我作为"黑五类"的子女，本就夹着尾巴做人，低人一等，哪敢露尾巴，显现自己。在"文化大革命"中，我也没想表现自己，也不想表现自己如何进步。记得有人在活学活用毛泽东思想时，讲自己如何狠斗私字一闪念。他说，他在劳动挑土时，走一步斗一个私字，迈左脚斗右倾之私，抬右腿斗极左之私，举左腿斗形左实右之私，出右脚斗形右实左之私，走左脚斗"白专"道路之私，跨右腿斗名利思想之私，迈左腿斗资产阶级个人主义之私，举右脚斗走资本主义道路之私等。在会上大家都很严肃认真地听他讲，领导当场表扬，要大家向他学习，会后小组讨论，大家表态要像他一样"斗私批修"，彻底斗掉资产阶级思想，然而私底下却有各种各样的议论。确实当时有人承继 1958 年的浮夸风、虚假风，编造种种动听的不实之词，以换取领导的信任和重用。但我只想做个老老实实的人，因此，我把时间用来读书，主要是读朱熹的著作，书读累了就练字。既不参加"人大三红"斗争"当权派"的活动，也不参加"新人大"的活动。对两派来说，我当时只是一个可团结、可教育的人，不是一个可依靠的人，我自己也把自己边缘化，尽量少参加或不参加两派的活动，不参加活动也就没有人过问了。这样，我仍然可以抽时间研究学问，继续我的学术生命。尽管当时我不知道读书、研究学问以后有没有用，但这是我的兴趣，是我精神的寄托，它不是为了装潢自己的多知，也不是为了显示自己的博学，而是因为读书可以忘掉一切烦恼、疑惑、迷惘和焦虑，读书可以度越现实社会中、人际关系中对自己的鄙视、不信任，读书可以解脱自己出身不好的悲观和无可奈何，读书可以度越一切，而与古人对话交流。况且一个人在北京，不自己找事做，又做什么呢?

1967 年 5 月以后，说要按系统、按部门、按单位实行“大联合”。人民大学两派也叫喊“大联合”。说这“大联合”是实现“革命的大联合”，“要注意保守势力把革命派吃掉”，人大两派都说自己是“革命派”，攻击对方是“保守势力”，故而两派怎么也联合不起来。毛泽东作出批示：“应派军队支持左派广大群众”，并要求“必须坚决支持真正的无产阶级革命派，争取和团结大多数，坚决反对右派，对那些证据确凿的反革命组织和反革命分子，坚决采取专政措施”。究竟哪个组织是真正的“革命派”，哪个组织不是真正的“革命派”而是反革命组织，情况十分复杂，谁都说不清楚。哪一派都说自己是“革命派”，在这种辩论、争执中不可避免地发生了武斗，“支左”的解放军自以为是支持真正的“革命派”，对“右派”便采取了专政、镇压的措施。这样“支左”的解放军就变成了支持一派、镇压另一派的力量。四川、广西等地的解放军不仅“捉人太多”，而且“把大量群众组织宣布为反动组织”，真是火上浇油，斗争以至武斗的规模更加扩大，斗争越演越烈。被作为右派、反动组织的头头和群众不服，就到中央来申诉，来告状，搞得周总理天天、时时要接见各地来的代表。各地党政机关、工厂、学校都瘫痪了。刘少奇、邓小平早已被揪出打倒，永远不得翻身；彭真、罗瑞卿、陆定一、杨尚昆也已被打倒，被踏上了千万只脚；彭德怀、贺龙、陶铸也已被揪出，社会秩序完全破坏，动乱不堪。政府不办公，工厂不生产，学校不上课，人心浮动，人民生活困苦。

五、工、军宣队

面对这种状况和形势，我作为研究中国哲学史的人，往往会做历史比较的思考：中国历史上在每次大动乱后，新王朝往往会采取道家思想，与民休养生息，清静无为，以恢复生产，发展经济，所以出现了汉的文景之治和唐的贞观之治。中国刚经过八年抗战、五年解放战争、抗美援朝战争和三年饿死人的困难时期，新中国成立后为什么不采取与民休养生息、使民安居乐业的措施和政策？政治运动一个接着一个，朝令夕改，叫人捉摸不定。我也想到“得天下”与“治天下”的关系。《史记·郦生陆贾列传》记载：“陆生时时前说称《诗》《书》。高帝（刘邦）骂之曰：‘乃公居马上而得之，安事《诗》《书》!’陆生曰：‘居马上得之，宁可以马上治之乎？且汤、武逆取而以顺守之，文武并用，长久之术也。……乡使秦已并天下，行仁义，法先圣，陛下安得而有之?’高帝不怿而有惭色，乃谓陆生曰：‘试为我著奉所以失天下，吾所以得之者何？及古成败之国。’”打天下是“逆取”，是推翻一个政权，必须采取斗争的、发动群众运动的办法，否则难以“得天下”。“马上得之”就是说马上打出来的，也就是现代所说的枪杆子里出政权；那么，能不能马上治天下呢？陆贾认为，如果秦并天下（即统一六国，取得政权）以后，行儒家仁义之治，法先王，高帝能得天下而有之吗？秦不行仁义，不法先王，是秦所以失天下的原因所在，这就是“得天下”与“治天下”的不同。如果采取“得天下”的办法“治天下”，就只能搞乱自己，祸害人民。大凡一个政权在“得天下”以后，即掌握了政权以后，都采取巩固政权的措施，稳定社会秩序，使人民安居乐业，以能长治久安，而没有采取唯恐天下不乱的发动群众自己斗自己、自己推翻自己政府的做法。这样做的结果只能苦了人民，苦了功臣，而使“小人”篡权当政，我不知道这是为什么？

人民大学两派没有联合起来，北京各高校的两派也没有联合起来，于是，1968年8月中央便向各教育单位（大学、中学、小学）和党政机关派遣“工宣队”和“军宣队”。这是根据毛泽东说的：“凡是知识分子成堆的地方……都应有工人、解放军开进去，打破知识分子独霸的一统天下，占领那些大大小小的独立王国。”把学校看成知识分子独霸的独立王国，于是“工宣队”和“军宣队”便到全国所有学校，占领上层建筑，占领“知识分子独霸的独立王国”。两队进驻我校后，天天召集我们训话，说是要打掉资产阶级知识分子的嚣张气焰，打掉知识分子轻视工农兵的思想，改造知识分子。知识分子就成了“臭老九”。所谓“臭老九”，是指地、富、反、坏、右、叛徒、特务、走资派之后的第九位——资产阶级知识分子，即第九等人。“工宣队”和“军宣队”都说自己是工农兵，是领导阶级，但“斗大的字不识一箩筐”。他们训道：你们这些知识分子，共产党、社会主义养你们，你们还说共产党、社会主义不好，不是资产阶级是什么？你们要老老实实接受工农兵的领导，接受思想改造，使自己来一个脱胎换骨的改造等。“工宣队”“军宣队”进校，说是工农兵占领上层建筑阵地，于是便组织学生、教师天天学习毛主席著作及马列著作，主要是学《语录》和检查自己各种错误的、修正主义的思想及学术观点，同时召开各种斗争会，斗争“当权派”“反动学术权威”和有政治历史问题者。知识分子经过几年七斗八斗后，还要被批斗，知识分子的厄运接踵而来，不知何时了！在“坦白从宽，抗拒从严”大会后，又有人自杀了。这个时期，知识分子的生命都得不到保障，更不用谈学术研究了！

1968 年 7 月，毛泽东批示：“大学还是要办的，我这里主要说的是理工科大学还要办，但学制要缩短，教育要革命，要无产阶级政治挂帅，走上海机床厂从工人中培养技术人员的道路。”传达、学习这个“最高指示”后，我们教师都为人民大学的命运担忧。毛泽东说理工科大学要办，没有说哲学社会科学的大学要办，人民大学作为哲学社会科学的大学，今后还要不要办就成问题了，同时从 1966 年“文化大革命”以来，人大就没有招新的大学生，而 1965 年招的学生，当年提前毕业分配了，这就是说学校只剩下教职工了。教职工为学校命运担忧，也是为自己的前途和今后的工作担忧。这年 10 月，毛泽东发出“广大干部下放劳动”的号召。各党政机关、大学、科研、医院等单位都办起劳动基地，即“五七”干校。要我们知识分子走一辈子“五七”道路，即走劳动改造的道路，也要知识青年（即初、高中学生）到农村去，参加接受贫下中农再教育的上山下乡运动。城镇居民也搬到农村去，参加劳动，实行改造。人民大学便派出人员到各省农村去找“五七”干校的校址。

六、“清理阶级队伍”运动

1968年5月25日，中共中央发出《转发毛主席关于〈北京新华印刷厂军管会发动群众开展对敌斗争的经验〉的批示的通知》，据此要各地区、各单位“有步骤地有领导地把清理阶级队伍这项工作做好”。1969年1月1日，“两报一刊”（《人民日报》《解放军报》《红旗》）发表元旦社论，公布“最高指示”：“清理阶级队伍，一是要抓紧，二是注意政策。”于是，全校就开始开展“清理阶级队伍”的运动，哲学系在学生的参与下开展了“清理阶级队伍”的工作，对每个教职人员的家庭、历史进行了全面调查，1964级的两位同学到我家乡调查我的祖宗三代及历史状况。大概调查结果没有问题，所以调查回来后没有对我开展斗争。1969年4月24日，调查组向全系介绍庞景仁（1910—1985）教授的情况和苗力田（1917—2000）教授的情况。庞景仁教授学识渊博，融会中西古今，在巴黎大学获博士学位，曾在法国巴黎大学、瑞士伯利恒学院和伏利堡大学任教，其博士论文是《马勒伯朗士的“神”的观念和朱熹的“理”的观念》。这不仅是补白之作，而且是开创之作，为中西哲学比较做出了贡献。调查组说：庞氏曾领导北京大学学生地下党组织而被国民党逮捕，1932年由任曙介绍加入托洛茨基派组织，1932年2月25日被逮捕，在押一年多；1938年由余斌主教资助到法国留学；1946年回国后曾任瑞士驻南京使馆英文秘书等。群众要他交代“托派”问题，交代与任曙和余斌的关系问题，以及如何脱离共产党等。庞景仁教授说这些问题在1952年已交代清楚，当时组织已有结论。可是群众说他不老实，要继续交代等。庞教授原来家境并不富裕，但他靠自己的艰苦奋斗和勤工俭学而获得博士学位，并非由于余斌的资助。他是“文化大革命”前国内法文翻译的第一把手，但不断的政治运动浪费了他的学术生命。他在外国哲学史教研室工作认真、出色，尽管身患高血压，但还是竭尽全力地培养硕士生、博士生。

调查组又介绍了苗力田教授的“力行团”问题、国民党党员问题、缅甸远征军问题、伪作家协会问题等。苗力田教授是有强烈爱国精神的青年，1934年他17岁从东北到北京，在中山中学没有参加“力行团”，也没有加入国民党。在抗日战争时，缅甸远征军是抗日的。苗力田在交代时说："在那里我们做英文翻译，身份是征调的学生，临时工作，没有职称，没有军衔，也没有拿过任何委任状和派令之类的东西，没有发给军服，只发了没有填写职称和军衔的空白臂章和胸章各一枚。"他是为抗日而贡献自己的力量，同时他也是研究古希腊哲学的专家。

这年的5月15日，调查组介绍艾众的情况。艾众是新中国成立前参加革命时改的名字，原姓王。调查组把他的问题说得很严重，如"保安军"问题、"特务"问题等。这些问题本已在1956年3月22日澄清并做结论，现在又被翻腾出来，进行批判斗争，并夸大其词，这除了伤人的感情和给人制造痛苦外，起不了其他任何作用。一个人历史上即使有了一点问题，搞清楚了，就不能抓住不放，不时翻腾出来整人，使人一辈子抬不起头来，一辈子低人一等，不仅任何提干升级轮不到他，而且精神上受尽折磨，政治上受尽歧视，那种滋味的确很难受，也有辱于人格尊严，这我有亲身体验。

同一天调查组介绍尹明（1920—2002）的情况。尹明同志是中国哲学教研室党支部书记，她原名冷淑珍。她抗日战争末期参加革命，忠心耿耿为党工作，可要她交代与北京市市委书记"叛徒""走资派"刘仁的关系问题。其实，刘仁既不是"叛徒"，也不是"走资派"，而是革命有功的老干部，有什么交代的？5月22日，尹明做检查，检查后开批判斗争大会，这是"清理阶级队伍"被清理的人的必经程式。

1969年6月9日，我做检查：一是要坚定无产阶级立场，进一步划清与剥削阶级家庭的界限；二是要努力学习马列主义、毛泽东著作，提高无产阶级思想觉悟和路线觉悟；三是要走与工农兵相结合的道路等。后在9月3日，又检查自己"重专轻红"、厚古薄今的资产阶级"白专"道路。

8月10日，调查组详细介绍了系主任张腾霄（1915—　）的问题：一是攻击毛泽东思想；二是攻击社会主义制度；三是攻击无产阶级"文化大革命"；四是攻击"三面红旗"等。扣上这些大帽子，把一个1938年参加抗日战争的老干部、好同志打成"反革命"。然后开始批判斗争，并贴出很多诸如《砸烂张腾霄的反骨》等大字报。要他交代"反革命罪行"，在斗争会上不仅高呼"张腾霄不老实，就砸烂他的狗头"等口号，而且有人动手打了他。这种斗争，往往从嘴的批判即所谓触及灵魂的批判，演变成手脚的批判即触及身体的批判，即动手打人。主持批判的人觉得批判张腾霄的火力不够强，攻势比较弱，就拿出《毛主席语录》，领大家背诵“革命不是请客吃饭，不是做文章，不是绘画绣花，不能那样雅致，那样从容不迫，文质彬彬，那样温良恭俭让。革命是暴动，是一个阶级推翻一个阶级的暴烈的行动”。在这种情况下，批判的群众就毫不客气地殴打了张腾霄，萧前、方华、苗力田也在批判中遭到殴打。我系“清理阶级队伍”既没有清理出新的“反革命”罪行和问题，也没有揪出新的“反革命”分子，只是把每个知识分子抹黑，使其抬不起头来，并制造了大量冤假错案。

大学作为培养人才、研究学术的殿堂，已是学崩术坏，从硬件上和软件上都遭遇了浩劫。一些人浪费了青春年华，一些人埋没了哲学智慧，一些人葬送了创造才能，一些人了结了学术生命，时代的悲剧造成了悲剧的人生，人生的地狱造成了地狱的学术。

第六章 生命再煎熬

1969年10月17日，林彪发布1号命令，即所谓《关于加强战备，防止敌人突然袭击的紧急指示》。全校教师匆忙到北京郊区战备劳动，在此前，我们在校内挖防空洞、防空壕。哲学系被分在学校西边的空地，我们用铁锹挖下一米五深、两米宽的洞，两边砌上砖，上面盖上水泥板，就成了防空壕，其实起不了防空的作用。在这次下乡战备劳动中，我敬爱的中共党史系主任何干之教授心脏病发作，抢救不及时而死亡。

一、血吸虫的余江

这年冬天，人民大学"五七"干校校址选择在以血吸虫闻名全国的江西余江县刘家站的一个红土岗上。毛泽东曾写过诗《送瘟神》两首，其中有曰："千村薜荔人遗矢，万户萧疏鬼唱歌。"可是，我们就要到这"鬼唱歌"的红土岗上劳动锻炼，安家落户。1969年第一批先头队伍就到了这里，为全校教职员工安排住宿等。由于人民大学不是理工科大学，前途未卜，有被取消的危险，所以军宣队动员时就说不要有回到北京的幻想，老弱病残一个不剩，统统到"五七"干校去，走不动的抬也要抬去。这样，教师就要把自己所珍爱的大量书籍卖掉。我先挑出一批书和资料卖掉，后又在留下来的书中挑出一批，有的书挑出放在卖掉的一堆中，看看又把它捡回来，捡回来后又挑出去，真是舍不得。由于学校规定每个人的行李有一定的数量，最后我只得狠下手，狠心割爱，把大部分书当废纸卖掉。一些教职工夫妇两人一方在外单位不下放的，就把东西搬到另一方住的地方去；夫妇双方都下放的，可以随对方下"五七"干校。我是一个人在人民大学，所以全部东西要搬下去。夫妇双方在人大工作的，包括双方的父母、子女都下干校，教职工子女中是初中生、高中生的上山下乡去了，留下的大部分是小学生和幼儿园小孩。所以，他们不仅要卖书，而且要卖家具，一般沙发椅没人要，红木椅子也只卖几元、十几元钱。据说有人在这期间买了很多很便宜的古董、家具等。这也可说是一次浩劫。

全校经几个月的准备，1970 年年初，人大教职工全部到了江西余江“五七”干校，只留下极少数搞专案未了结的人员。不久，人大的校舍全部被第二炮兵部队占据了，宣布中国人民大学停办，据说是陈伯达说文科不要办。人民大学教职工共编为四个连。哲学系、政治经济学系、中共党史系、马列主义基础系所谓四大理论系为二连，二连暂住在一个村子里，吃饭在一个祠堂里，这里到我们“五七”干校所种的田有 5 里路，余江的土壤是红土，下雨时是很黏的泥，黏得我们穿的橡胶雨鞋都拔不出来，有时拔得脚与鞋都分开了，得用手把鞋拔出来，雨天走路摔跤是经常的事；无雨天红土就是铜，死硬死硬，所以我们在红土地种田很费劲。我们教研室四人借住在老百姓屋的阁楼上，屋顶上铺的是瓦，瓦与瓦之间不免有空隙，雨大有风，雨水就从空隙里飘进来，睡的被子床铺都是湿的，平时湿度大也很潮湿，所以一有太阳，就要晒被子。我记得有一个月只有三天是有太阳的晴天，就只能盖潮湿的被子，冬天下雪，也飘进雪花，被子上、头上都是白的。这样艰苦的条件的确给年纪大的人带来了很大的困难。与我们住在一屋的经济学系的一位从美国留学回来的项冲老教授自杀了。项冲是纽约大学金融专业毕业，回国后曾任交通银行襄理，燕京大学经济学系副教授，1950 年到中国人民大学经济学系任教，他是国内知名的金融专家。他的自杀是中国人民大学的损失，也是国家的损失。

下干校前军宣队要每人准备雨鞋、雨衣、手电筒三样东西，在这里确实派上了用场，晚上收工晚，回来走到半路天就暗了，必须要有手电筒，否则走在很窄的田埂上，不留心就会踩空，常有人摔伤腿，我们住的房子没有电灯，晚上走路，夜里起来小便，都得用手电筒。但塑料雨衣太不经用，穿雨衣劳动，一两次就破了，有的人用橡皮膏粘起来，几天后又裂口了，特别是冬天和开春，江西是阴雨天气，特别冷，在北方冬天有暖气过惯了，南方的冬天真不好过，穿胶鞋冻脚，脚上长起了冻疮，塑料雨衣冻硬了，一碰就裂开，搞得人哭笑不得。为了改良红土壤，干校决定到南昌挖塘泥，塘泥由火车拉到刘家站，我们要挑 5～6 里路到田里。塘泥死沉死沉，愈挑愈沉，肩膀又红又肿，一碰就痛。

作为走一辈子“五七”道路的知识分子，总不能永远住在老百姓家里，干校决定自己盖房子，这里的房子是用红沙石砌的，因此从各连抽了一部分身体较好的同志组成了打石头连，他们集中住在“水晶宫”。所谓“水晶宫”，是原取红沙石后形成的一个大坑，里面积满了水，把水抽干后，加上一个顶棚，作为住人的地方，里面住了 50 多人，由于不通风，夏天十分炎热，里面经常是 40 多度，根本不能睡觉。他们专门打石头盖房子，很多人开始时往往把锤子砸在自己手上，而不是砸在铁杆上，所以手经常是青肿的。他们打石头，抬石头，很辛苦。我这时被查出转氨酶高，患了肝炎病，因会传染，所以领导要我到我校家属住的锦江镇去休养。锦江是一个不大的乡镇，教职工的家属（老人、小孩）都住在这里，锦江镇原居民在“我们也有两只手”的号召下①，都到农村插队落户去了，这些房子就成为我们学校家属的住房，当时因肝炎到锦江镇打针吃药的还有我校函授学院太原站的同志。我们每天注射一支 B_{12}，并按穴位注射，说这样注射效果好。太原站这位同志他得肝炎后曾采取过当时流行的“鸡血疗法”，即将鸡（公鸡）的血抽出来，直接注射到人的身体里。经济系孟氧（著名经济学家，我记得他写的《资本论名词概念解释》发表在《教学与研究》上，我在学《资本论》时曾看过。“文化大革命”中被作为“反革命”分子而判死刑缓期执行，在山西坐牢）回校后，我们一起散步，也曾向我大谈他自己养鸡，实行“鸡血疗法”对自己身体的确有益的实践，治好了他不少的病。但我觉得太不卫生，不敢实验。这也是因为农村医疗落后，不得已而为之。

二、学做篾工

治疗半月后，我回到干校。当时正在筹建篾工班，为春茶采摘和早稻收成的农具做准备，并聘请了当地一名篾工师傅和师傅带的一名徒弟，教

① 《人民日报》1968 年 12 月 22 日发表《我们也有两只手，不在城市里吃闲饭》的报道，号召“城镇居民到农村安家落户，参加劳动，接受贫下中农的再教育”。

我们编茶篓、茶筐、箩、席等，以便作为采茶、制茶和收稻谷用的工具。我、孙中原等4名男教师和徐冰、潘嘉等十几名女教师被抽调出来，在临时腾出来的篾工班工场（原刘家站农场的猪栏）里跟篾工师傅学习编篾具。篾工师傅破篾，破成适合我们编筐、编篓的材料，然后教我们编筐、编篓。篾满身是刺，大刺小刺说不清，所以在编筐、编篓时，若戴手套，就非常不方便，便不戴手套，手就会被刺伤，编上一天，手很累，红肿起来，搞得连扣纽扣都很困难，晚上回去女教师想用热水泡手以消除疲劳，但伤口没好不能泡，只得贴橡皮膏，第二天编篓时，手几乎都贴满了。即使如此，也没有一个人叫苦叫累或者请假休息。有一次，军宣队来视察，他们不知做篾工的艰苦，看见我们坐在猪栏里不晒太阳，心里就有气，一开始就训斥我们：你们到"五七"干校，是来劳动改造，不是叫你们坐着享福，劳动人民顶着太阳、流着汗养活你们，但你们却坐在不晒太阳的地方做轻活，这是接受贫下中农的再教育吗？你们每月拿着高工资，干这样轻松的活，对得起党对你们的养育之恩吗？训话完了，好一阵我们没有作声，一会儿一位女教师说，我们牢记军宣队领导的话，好好改造，编筐、编篓挺容易的，不妨请领导试试。他们还真以为容易，于是就坐下来想编，当拿起篾往那女教师编了一半的篓里插时，两只手都被扎进了竹刺，一下子就出血了。我们不敢笑，我们请来的老篾工笑着说："编篓、编筐看似轻松容易，其实很难，这是技术活。你们不懂，自我学师以来，没有站着编篓的，也没有在大太阳底下编篓的。竹子经太阳一晒就干了，竹篾干了就容易断，所以，干燥天气要经常打湿来编。"军宣队走了以后，我们都觉得好笑，不懂装懂乱训人，结果自己碰了钉子。

老篾工告诉我们，篾工最难、技术最高的是破篾，而不是编织。编筐、编篓知道编的方法后就会编，也可以自己编出新花样，女教师都会织毛衣，心灵手巧，只要学会编了，就编得很像样，与街上卖的差不多。但破篾女教师就连试也不敢试了，它不仅要体力手劲，而且要技术，这样就决定4个男的都学破篾。4～5丈长的大竹子（毛竹），先在竹梢处破成二分的口子，约一丈长，用手握住竹梢使劲一扒、一抖，竹子便一分为二，再用同样的方法二分为四。二分为四后就可以坐在那里把竹子破成所需要的宽窄粗细了，然后再把篾黄、篾青分开，以做不同的用途，篾黄最里层质地脆，一般不能做编篓用。编筐、编篓的经用篾青，纬用篾黄，隔一两寸也可以用一次篾青。筐篓的四角都要由篾青来做，因在四角转弯的地方，需要篾的韧劲，篾黄韧劲不够，弯折易断，为了固定转弯的角度，要将篾青放在火上烤一下，使之成为我们所需要的弯角，再放到水里使篾青冷却，转弯角的形状就基本固定了。在学破篾的过程中，右手拿很锋利的破篾刀，左手拿竹子，用右手的刀破左手的竹子，竹条去了篾黄以后的篾青是较软的，篾黄又较脆易断，在左、右手距离很近的情况下很容易劈到手。有一次孙中原老师把左手大拇指指甲劈去了，痛得他脸都白了，流了很多血（一时都止不住），以后就不敢破篾了。另一位男教师被调走做其他工作，这样破篾的就只留下我和篾工班班长，班长经常要开会，坚持破篾的只有我一个人，因为生产队要老篾工师徒二人回去。我的手虽然没有孙中原伤得那么重，但劈一口子是经常的，的确是伤痕累累，直至现在还可以看到伤疤。我们编了很多采茶的筐篓，后又编箩，编箩要求的篾要比编篓的篾薄，篾是愈薄愈难破，箩是装茶叶或谷子用的，后又要编竹簟，即竹席子以凉茶叶或晒谷用。因为竹簟用后要卷起来，所以要求竹篾很薄，这就不靠破了，而是用牙齿叨着上面一片竹子，右手用破篾刀拿下面一片竹子，将它们撕开为二，撕到竹节处，用破篾刀轻轻一碰就过去，接着又撕和碰，一天下来手痛、牙齿痛、嘴唇裂。竹子都是从满是尘土的地上捡起来破的，叼在嘴里撕也觉得不卫生，不叼在嘴里撕又破不出那么薄的篾。能破这种篾，当时篾工班就只有我一人。中间老篾工师傅来看望过我们一次，他看到我能把篾撕得这样薄和匀称（即没有一处厚点、一处薄点），大加赞扬，说他的徒弟学三年破篾也达不到这样的水平，要我跟他一起出去做活计，并说我有这样的手艺，一辈子不怕没饭吃。“五七”干校结束回北京时，经领导同意，我带回了我用的破篾刀，并一直保留至今，以为纪念。

三、清查“五一六”反革命分子

自 1969 年毛泽东通过《人民日报》《解放军报》《红旗》元旦社论，提出“清理阶级队伍”以后，学校便掀起了抓叛徒、特务、里通外国的阶级敌人运动，我们系原有政治历史问题的都交代清楚并做了历史结论的又重新翻出来审查、调查，但没有发现什么新材料。老革命曾文经50年代写过一本关于苏联经济建设经验的书，在当时有一定的影响。苏联学者曾通过中联部在我校党委成员陪同下访问过曾文经，为此，他便被扣上了“里通外国”的罪名，要他坦白交代是如何里通外国的修正主义分子的，等等。自然辩证法教研室的一位同志被扣上了“反革命”的帽子，进行斗争。1970年3月27日，中共中央又发出《关于清查“五一六”反革命阴谋集团的通知》，很多人遭到迫害。中国人民大学在“五七”干校清查“五一六”反革命分子，开始搞得很神秘，后来大会小会动员，清查“五一六”反革命分子，揭发“五一六”反革命阴谋。在群众的斗争下，所谓“五一六”反革命分子交代了很多人，造成了扩大化。住在“水晶宫”的经济学家陈秋梅被检举为“五一六”反革命分子，开斗争会要他老实交代“五一六”反革命阴谋，他不想乱咬而冤枉别人，一天晚上由我们教研室的杨宪邦同志看守，结果陈秋梅在被子里割腕自杀了，第二天早上不起床才被发现，杨宪邦一夜就坐在他床边守着，也没有发现。

在清查“五一六”反革命阴谋的同时，也开始清理人大两派的经济问题，当时两派都印刷了很多学习资料和首长讲话。军宣队认为“人大三红”负责印刷、发售学习资料和首长讲话的李华同志有很大的经济问题，因此专门组织专案组，要她交代贪污问题。两派在“文化大革命”期间，管理混乱，本派的人要学习资料，可以随便拿，即使下面“战斗队”或系里的人去领，也不一定都记得签字。由于印刷的总数与分配、出售数目出入大，便认为是私自出售贪污了。后来李华的问题转到篾工班，由我负责清理，她一笔一笔地做了交代，也回忆漏了登记、忘了登记以及没有做账目的情况，我们尽量做了核实，我认为她没有问题，在向军宣队详细汇报后，便释放了她，否则她还得挨斗。在历次政治运动中，冤枉人太多了，伤害人太狠了，人格的尊严得不到尊重，人的生命安全得不到保障。

四、家庭四分

1971年元旦以后，中国农业科学院油料研究所（所址在武昌宝积庵）要下放我妻子邓金兰到湖北光化县的一个生产大队插队安家落户，接受劳动改造和贫下中农的再教育。这也是当时中央的指示，是干部下放劳动的一种形式。当时，我们有3个孩子，大儿子张健，1963年出生，二儿子张清，1967年出生，三儿子张文勇，1970年出生，他们的户口也要随我妻子迁到农村。那时，大儿子上小学，二儿子上幼儿园，三儿子只有半岁，在武汉由我大妹妹带。当时，我在江西“五七”干校劳动，邓金兰插队落户要与生产队社员一起出工劳动，整天在田里劳动，没有办法照顾好两个幼小的孩子。因此，我只得将二儿子和三儿子送回浙江温州老家去养，大儿子由邓金兰带去插队落户。我们收拾了儿子的旧衣服，打成一捆，买好由武汉到上海的船票，我们虽然结婚近10年，却没有什么家具，除了一只木箱、一个我用武汉生火供应的木柴做的小碗柜、一张单位折价配给的旧木床和一张三屉桌外，一无所有，现在想起来真是寒碜。我们两个大学毕业生，当时也算最高的学历了，生活却很艰难。在日本侵略军占领温州时，我大妹妹在逃难中摔伤而驼背，她身体很弱，抱半岁的张文勇走路有困难，我们就准备了两只箩筐，一根扁担，一只箩筐放张文勇，一只箩筐装旧衣服。从武汉坐船到上海码头，码头上岸要走很长的路，我便挑着三儿子和旧衣服，大妹妹领着二儿子走得慢，距离拉开了约100米，我就放下担子，跑去抱二儿子，这样来回倒着走，上岸后又要走很长的路去买上海到温州的轮船票，然后到另一码头乘海轮，武汉到上海是长江内河轮，上海到温州是沿海走。这个码头的路比前个码头更长，我们还是采取一段一段接的办法。到了夜里，轮船开出吴淞口，海上风浪大，船摇晃得很厉害，我只想吐，大妹妹也想吐，我叫大妹妹躺在床上不要动，也不要坐起来，同舱的几个女的已不断地吐起来。好在两个儿子已熟睡，但我大妹妹最终还是吐了，我很难受地忍住了。这样，终于到了温州，由温州码头上岸后，又坐船到永强三都桥北我的老家，三儿子由大妹妹在武汉带了半年，所以就放在我的老家，二儿子被送到瑞安县城岳父母家，由岳父母带。岳父在杂货店上班，岳母已经带了邓金兰大姐的一个孩子，现在又增加了一个小孩，所以她很辛苦。我在江西余江“五七”干校，我妻子在湖北光化插队落户。这样，我们一家就四分了。这在当时中国不在少数，很多家庭都四分五裂。

我回到江西余江“五七”干校后，军宣队传达《全国教育工作会议纪要》精神，特别强调指出：大多数教师和学生的“世界观基本上是资产阶级的"，从1949年以来，"毛主席无产阶级教育路线基本上没有得到贯彻执行""资产阶级专了无产阶级的政"等。这样，"五七"干校一方面抓阶级斗争，斗争有"问题"的人，并继续清查"五一六"分子；另一方面开展活学活用毛主席著作的运动。在斗争紧张的时候，有一职工开动电锯，头触电锯而自杀；我系也有教员上吊自杀。在活学活用中，我没有那么立竿见影的、生动的事例作为活学活用的表现，所以从小组到队部，我都没有什么可说的。但我认真地看了一些书，特别是朱熹的著作。这时，篾工班的任务已基本完成，篾工班解散，我们各回原连队，我就回到二连工具房工作，开始修补用坏了的篓、筐及铁锹的柄等，篾工、木工的活都做。由于中国人民大学停办的信息已正式传达，所以人民大学就不可能招收工农兵学员的学生了，我们就要死心塌地地走一辈子"五七"道路了，这是军宣队领导一再强调的。劳动一天，身体很累，根本不想动，但思想上除了军宣队指定要学的书外，总觉得缺点儿什么。于是不时地读点自己喜欢的、感兴趣的中国哲学原著，我想读书不是为了活学活用说给领导听，不是为了高谈阔论炫耀自己，而是为了体认事物的原理，领会书本的意义。我在下"五七"干校时，中国哲学史原著都没有卖，带了7箱书到干校，这时用来读，绰绰有余。在读书中能获得思想的启迪、人生道路的指导、人生价值的启示、道德良知的教导、为人处世的规则等，这些好像是我们当时指定要学的书中所缺少的。

在夜阑人静、明月映窗、清风徐来、远处犬吠之时，往往夜不能寐，感叹大学毕业时虽被分配到梦寐以求的哲学系哲学史教研室，以为能实现自己的学术生命而有所作为，从1961年到1964年的困难时期写了并发表了一些学术论文，但此后就再没有时间坐下来写文章，有的与时不同的看法又不敢写出来，竟然事业无成。小家四散，不能尽父亲之责，对上不能赡养母亲，相反要她们照看我的儿子，对下不能照顾弟妹、妻儿，思念及此，尤感自己生不逢时。人民大学停办，今后工作前途渺茫，思念及此，潸然涕下。

在"五七"干校期间，我曾请假到邓金兰插队落户的湖北襄樊光化县去看望她和儿子。从余江坐火车到南昌，需要在南昌过一夜，第二天再由南昌到武汉。这样，我就得找旅馆、客栈。那时住旅馆都需要出示证件，登记家庭成分、工作单位等。由于怕无证明会在路上遇到麻烦、出问题，我就在“五七”干校开了一张证明。可是，住店时旅馆服务员却说“五七”干校都是“牛鬼蛇神”，是劳动改造的人，是无产阶级敌人，旅馆不接待这样的人。我找了几家旅馆都不准我住，最后只得到火车站坐着过夜。据说那时火车站也清理人，好在我那天夜里没有碰上。后来服务部门对“五七”干校有了新认识后，便允许住了。由武汉坐火车到光化，再坐农用汽车到邓金兰插队落户的农村集市，再走 5 公里的土路，才到她的住地。她与农民一样，天天下地干活，没有假日。下雪天下地掏粪，大年初四就出工，干 1 天活得 10 工分，值 1 角 2 分钱。分给家属的口粮是红薯，等于半年粮食。大儿子张健上农村小学，要走很长的泥路。有时下雨路滑，没有穿鞋，结果脚被划破，化脓溃烂，不能走路，我背他到农村卫生站去治疗，才慢慢好了。这是一个很贫穷、很落后的地方，住土坯小房，屋顶用高粱秆遮雨，它靠近四川、河南和神农架，生活很艰苦，当时都以为到最艰苦的地方去才改造人。1972 年 10 月，中国农业科学院油料研究所才召回下放干部回所工作。

1971 年 9 月 13 日，林彪外逃，摔死在蒙古温都尔汗。这年年底，从小道消息得知此事，我思想上产生了从未有过的极大震惊。“伟大领袖毛主席的亲密战友”，“读毛主席的书，听毛主席的话，照毛主席的指示办事，做毛主席的好战士”题词的作者，“大海航行靠舵手，干革命靠毛泽东思想”指示的发令者林彪，竟外逃摔死了。毛泽东自己选择的革命接班人林彪，竟是一个口是心非、叛党不忠的人，真不可想象！中国历代明君都知道“亲贤臣，远小人（佞臣）”，但“文化大革命”中却打倒了一批经过长期革命斗争考验的“忠臣”“贤臣”，整死了刘少奇、彭德怀、贺龙等，提拔了一批“佞臣”，有“四人帮”的江青、王洪文、张春桥、姚文元，以及康生、王力、关锋、戚本禹等。林彪集团的覆灭，“客观上宣告了‘文化大革命’的理论和实践的失败”①。1972 年 10 月，《人民日报》发表《无政府主义是假马克思主义骗子的反革命工具》等三篇文章，指出

① 中共中央党史研究室：《中共党史大事年表》，161 页，北京，人民出版社，1981。

林彪是煽动极左思潮的罪魁祸首。同年 12 月，毛泽东说林彪“是极右。修正主义，分裂，阴谋诡计，叛党叛国”，这样就只准批极右，不准批极左。“五七”干校传达了《粉碎林彪反党集团反革命政变的斗争》，及这个斗争材料之一、二、三。这年年底，中国人民大学“五七”干校准备撤销，这牵涉到人民大学每个教职工的工作分配问题，军宣队要把人民大学的教职工就地消化，交给江西省分配。学校副校长崔耀光到江西省省委汇报，讲了中国人民大学教职工的情况，江西省省委看到我校老干部多（有长征干部、抗战干部和解放战争干部）、工资高，计算了一下，人民大学教职员工工资的总数几乎等于江西省全省干部工资的总数，故而江西省省委书记程世清说消化不了。这样就只得考虑回北京，另行分配。

人民大学“五七”干校，经全校教职工的努力，自己种田养猪，种菜养鱼，打石盖房，已初成规模，但大家仍希望赶快回到北京。1972 年年底，人大教职工开始陆续回京。这年春节（1973 年 2 月 3 日），二连炊事班的教职工要打狗吃，可是烧出的狗肉的味道很难闻（因为我们没有佐料）。我根据《诗经》中讲的“和羹”的意思，建议将狗肉、猪肉、鸡肉一起在锅里炖，炊事班教职工照此去做，结果炖出的各种肉味道鲜美，非常好吃。香味飘出，嘴馋的人就要吃了。可见，中国古人在没有什么佐料的情况下，在实践中也做出了美味美食，其核心思想是一个“和”字。“和”使各种肉的味道得到中和、协调、和谐，从而转生为与各种肉的本味不同的新味道，这种“新味”便是“和味”。

五、人大解散

我是最后一批回北京的，干校只留下少数看守人员，以便移交给江西省。回校后，我们原住的林园楼、红三楼（红楼一、二、三）都给二炮占了，住了一些战士，学校与二炮交涉，要其腾出一些房屋给我们居住，二炮不同意，双方达不成协议，但我们总不能住在露天的空地上，不知由谁发起，撬开房门，自己搬进去住。下干校前我就住在红三楼，于是我只得撬开一个战士住的红三楼向南的一个房间住进去，这个战士下班回来发现房间住进一个生人，态度很凶，非要我立即搬出去不可，否则就要把我的东西扔出去。看他的架势就要扔东西，我耐心地向他说明情况，并指明现在住进来的人民大学教职工不止我一人，我们都没有地方住，只好暂时安身，待双方领导商量好后，再搬出去。于是，他去向他领导汇报，回来后态度不像初时那样凶狠了。后来与他交谈，才知道他是从山东兖州来的，是站岗的战士，快三年了，不久要复员。白天这个战士大部分时间站岗，于是我可以一个人在房间看书，并抓紧看朱熹的著作。当时人民大学图书馆的图书大部分已移交给北京市图书馆，但线装书大部分还放在这里，没有拿走。图书馆中地方志比较全，我就阅读了乾隆版和民国版的《婺源县志》《崇安县志》《建阳县志》《休宁县志》《同安县志》《五夫里志稿》《福建通志》《泉州府志》《晋江县志》《抚州府志》《金溪县志》等相关资料。当时看管图书馆的管理员只有一人，很少有人去看书，一个星期也只有我一人去看书，我们很快就熟悉了，于是，我要看的书由我自己在馆藏库里找，馆藏的古籍都能看到，他还从书柜里拿出宋版蝴蝶装的《晦庵先生朱文公文集》（残缺）给我看，以及宋版的《汉书》（残缺）。我看《汉书》是仿宋元版。有时我们就讨论版本问题，并拿宋版、元版、明版、清版的书来比较，这种比较使我对各种版本有了较粗浅的认识，知道了其纸张、装帧、字体、款式等的区别。

从“五七”干校回来，很多教职工家都要安置，老人、小孩需要安顿，领导忙于如何分配人大这批教职工的工作，即所谓“给出路”，所以无暇天天组织斗争、学习，也就给了我学习读书的时间。原在我们系办公室工作、当时在人事处工作的谭宏彰同志，很关心我校年轻教师夫妻两地分居的问题，他联系了很多单位和地方，正好南开大学哲学系要人，并同意解决夫妻两地分居的问题，便征求我的意见，我说先去看看，于是便与方克立、杨焕章、靳辉明、杨瑞森等人到了南开大学哲学系。原南开大学哲学系有五六位教师，是人大哲学系毕业的，大家都很熟悉，所以他们四人看后都同意到南开去，我不知为何没有去。他们去后，南开大学没有失言，把他们的爱人从外地调到南开大学工作，解决了“牛郎织女”问题。

在人民大学要解散之际，哲学系党支部（全系教师合成一个支部）要在重新分配工作之前吸收党员，我多次写过申请入党的报告，原与我要好的一位党员表面上对我说得很好听，说自己如何积极推荐，说要做我的入党介绍人等，但到真正支部考虑我入党时却变卦，不仅不肯当介绍人，而且在背后使坏。这种在“文化大革命”中学得两面派手法的人，是没有诚信道德的。1973年5月22日星期二，中国哲学史教研室党小组在听取我的申请报告和思想改造检查后，杨宪邦、张腾霄、张静贤、尹明、孙长江、乔长路六位党员先后发言，肯定了我思想改造的进步并指出了我的不足及缺点。不足主要有两点：一是要加深对剥削阶级家庭的认识和思想的清算；二是要加强克服资产阶级名利思想。党小组通过我的入党申请，并提请党支部大会通过。张静贤、尹明两位同志做我的入党介绍人。1973年6月2日星期六，哲学系召开支部大会，我做了思想检查和对入党的认识，介绍人做了介绍，支部大会上乔长路、方华、范茫、曾文经、胡仁芝、杨炎、苏天巩、杨宪邦（按当时记录的发言次序）发了言，大家同意我入党，认为我基本具备入党条件，在讨论我对工商业兼地主家庭的认识时，支部组织委员报告了在“清理阶级队伍”的运动中，曾派当时二年级两位红卫兵到我家乡调查过，调查的情况是，我家在1946年到1949年有9口人，30亩地，平均每人3.3亩；在寺前街开豆腐店，自己参加劳动，也雇一临时工。曾文经当时就说，按这样计算剥削量，可能既够不上地主，也够不上工商业。如此计算虽的确够不上工商业兼地主，但土改时就是这样定的阶级成分，依据这个阶级成分，当时也不好改变。可是，我弟弟、妹妹20世纪60年代考初中和高中，虽成绩优秀，但由于说不能为地主阶级培养孝子贤孙，结果都不让考，这个阶级成分使他们失去了上学的权利，背了一辈子阶级出身不好的政治包袱，成了终身的遗憾。最后，所有出席支部大会的党员都同意党支部书记胡仁芝同志的意见，认为我对自己要求较严，湖南“四清”、苏家坨劳动，积极肯干，与农民同吃、同住、同劳动，在社会主义教育运动中被评为优秀队员，生活艰苦，“五七”干校时无超假不归。他说，这些虽应该做到，但长期坚持不容易。支部大会经讨论通过了我的入党申请。按“文化大革命”时党章规定没有预备期，上级党委批准就是正式党员。当时积极要求入党的李毓章、方立天列席了支部大会，最后他们也发了言，说他们今后要努力改造思想，争取入党，等等。他们在1978年复校后，都加入了中国共产党。

第七章　生命的觉醒

不久，中国人民大学就按块、系被分到各高等院校，哲学系、经济系、党史系被分到北京师范大学；马列主义基础系（后改为国际政治系）、法律系、马列主义研究所等被分到北京大学；语言文学等系被分到北京师范学院；各部门、各系的办公室人员随各系被分给各校，行政人员有被分到北医三院的等，分得七零八落。当时，北京师范大学还没有哲学系、经济系，我们便单独成系，成为北京师范大学的哲学系和经济系。

一、师大谭厚兰

原北京师范大学的红卫兵领袖谭厚兰，是北京知名的五大红卫兵领袖之一。1967 年，毛泽东在评价红卫兵领袖时说三个比较好的：一个是西安交大的李世英，一个是北师大的谭厚兰，另一个是李东民。谭厚兰作为五大红卫兵领袖中的女学生，她有强烈的反孔意识。她曾率北师大红卫兵到曲阜砸了孔子的墓碑，挖了孔子的坟，还砸了孔庙中的其他碑，这是两千年来从未有过的，就连古代农民造反和军阀混战时都没有干出的事，她（他）们都肆无忌惮地、无法无天地做了，在国际上造成了极恶劣的影响，损害了中华民族的形象，可见极左思潮危害之深。1977 年，北京师范大学全校召开批判谭厚兰的大会，我第一次见到谭厚兰，她身体较弱。五四运动以后，孔子所代表的儒家思想便受到激烈的批判，儒家所代表的中国传统文化被作为反动的封建主义文化，被打倒、横扫。“文化大革命”给北师大也造成了极大的破坏，研究王充思想的著名学者刘盼遂教授就被红卫兵打死。我们被分配到北师大后，便参加了北师大的“文化大革命”运动，运动几乎是天天有会，有会必须到。开会是为了学习“最高指示”，检讨资产阶级名利思想，批判资产阶级意识形态，这是知识分子思想改造的组成部分；不参加会议，便等于对抗思想改造，便等于不划清无产阶级思想路线与资产阶级思想路线之间的界限。问题很严重，所以不得不去。可是，我们住人民大学，到北师大开会上班虽不太远，但交通不方便，坐公共汽车没有直达的，不像现在有多趟直达公共汽车，当时要从人民大学坐 332 路到西直门，再从西直门坐 16 路到北师大，很麻烦。我不会骑自行车，就与方立天相约学骑车，我们俩都是浙江人，浙江丘陵地区或河网地带多，当时绝大部分住在乡镇的人都不会骑车，学了一段时间，摔了几跤，就有人带着上路，骑车到北京师范大学。人大到北师大的马路，当时很窄，车少人少，路两旁都是农田，没什么房子，只在大钟寺有几座农民房子，路边有一间修自行车的店，我们经常在那里为自行车打气。

二、追查小道消息

林彪九一三事件后，各种小道消息多起来。小道消息是人民对“四人帮”倒行逆施、不顾人民死活的不满，是对“文化大革命”所造成的政治迫害的反抗，但敢怒不敢发，敢想不敢言，只能以小道消息的形式来表现不满和反抗，同时也表明人民政治生命的自觉和醒悟。但是，军宣队要我们检查传播小道消息的错误，并要追查小道消息传播的源头，要我们每人揭发、交代是从哪里听来小道消息的。如果追查到某某人，那个人就会成为制造政治谣言和破坏“文化大革命”的“反革命”分子，于是大家就推说是在厕所里听见的或在路上听见的，说话的人不认识或没有见到那个人。这样，组长汇报时也有所交代。这时，人们对“文化大革命”的本质已有一点认识，特别是林彪事件以后，人们对搞政治迫害已很讨厌，所以便想出各种对付汇报的办法。我记得军宣队追查得最紧、最凶的是关于江青是电影演员蓝苹且嫁过多个男人的“小道消息”。这本来是事实，但当时是作为最反动的政治谣言来追究的，并要我们人人过关检查、检举。在这种情况下，多数同志推说没有听见，我也说没听见、不知道。可见，“四人帮”也是怕人揭老底的，心里是很虚的。尽管江青表面上装得特别革命，处处打着毛泽东夫人的金字招牌，在群众大会上口口声声说“毛主席派我来看望你们”“我代毛主席向你们问好”等，但历史事实是抹不去的。

1973年1月1日，《新年献词》传达毛泽东“深挖洞，广积粮，不称霸”的指示，之后我们每天下午在人民大学西边挖防空洞，说是一旦发生战争或投原子弹，我们就可以进防空洞，这时全国掀起挖防空洞的高潮。其实有的防空洞质量很差，一下雨就塌陷了，明知这样的防空洞防不了炸弹，更防不了原子弹，但上面有指示，不得不挖，真是劳民伤财。

三、“批林批孔”运动

1973年7月，毛泽东与王洪文、张春桥谈话，说林彪同国民党一样，都是“尊孔反法”的。同年10月，江青派迟群、谢静宜组织北京大学和清华大学两校大批判组，人民大学被分到北京大学的一些人亦被吸收到大批判组中，冯友兰当顾问。江青还亲自接见“梁效”大批判组①的重要成员，并合影留念。这个大批判组在江青的授意下，以“梁效”为笔名撰写了大量的长篇文章，成为传播“四人帮”旨意的喉舌，成为“四人帮”制造政治舆论的重要工具，在全国影响十分恶劣。尽管各地效法成立大批判组，如北京市委的“洪广思”、上海市委的“罗思鼎”等，但影响力都没有“梁效”大。当时，人们把“梁效”的文章看成领会“中央”精神的一种渠道。“梁效”还编辑《林彪与孔孟之道》的材料，撰写“批孔”文章，学术遭到了“四人帮”政治的强奸和糟蹋。

1974年年初，由毛泽东批准，中共中央转发由江青主持编写的《林彪与孔孟之道》。接着，江青等在1月24日、25日召开“批林批孔”动员大会，这样全国掀起“批林批孔”“评法批儒”的浪潮，大讲“儒法斗争”。我当时怀疑，林彪究竟与孔子有什么联系？两千多年前孔子说的话，是根据当时的社会状况和话语氛围说的，并不是针对现在的社会说的，即使引用了孔子的话，历代的文人、文章都引用孔子的话或儒家思想，包括以后的所谓法家，照“批林批孔”的意思，都要批判？当时所谓批判，就是斗争。再说我觉得两千年之后的人所犯的错误、犯罪，也不能归咎于两

---

① “梁效”是北京大学与清华大学两校的大批判组，以“两校”的谐音为“梁效”。

千年前的孔子，以推卸现代人犯罪的责任，如果把现代人的犯罪都推给两千年前的古人，那么现代人的犯罪就不需要惩罚了，惩罚古人就是了。因此，我总觉得“批孔”不太对头。其实，“四人帮”的目的是借“批孔”之名，以达批周公（周总理）之实。

在全国“批林批孔”的高潮中，中山大学的杨荣国教授大讲“批林批孔”，他在1973年10月从南方讲到北京。10月12日，杨荣国在北京大学做“批判孔子反动思想”的报告，军宣队要我们去听，我去听了。这样各党政机关、高等学校、工厂农场，都讲“评法批儒”“儒法斗争”。工宣队、军宣队也要我们讲“儒法斗争”和注释法家著作。当时，北师大调集中文系和哲学系的教师组成了王充著作《论衡》注释小组，把王充作为汉代法家的代表人物。此后，中国思想史、哲学史都把法家说成进步阶级的代表，主张革命变革，批判孔孟之道；儒家是反动落后阶级的代表，主张保守、复古、倒退。哲学史便以儒法划界，把历史上的哲学家都分成儒与法两家、两个阵营。我便借机到北师大图书馆看书。北师大教师有专门的阅览室，是软椅，条件比原人大图书馆好。教师阅览室有专门的图书管理员负责，我只要把要看的书单给她，她就到书库里提出来，送到我坐的阅览桌上。不比不知道，一比才知道，无论硬件藏书量还是软件管理人员的素质，原人大都比北师大差远了。北师大有老传统，管理人员业务精通，服务意识强，不把图书管理工作看成伺候人的低贱工作。人大的图书馆管理员不仅一问三不知，业务水平差，而且像老爷，借书像求她（他）似的，没有服务意识。后来，我经常在北师大图书馆一待就待一天，中午在食堂吃饭后我没有地方休息，就回到教师阅览室看书，管理员与我熟了，也同意我这样做。不过，当时在阅览室看书的人很少，宽大的阅览室只有3～5人，到下午经常是我1人。在北师大的几年，我几乎把宋明理学家的著作以及有关年谱、地方志浏览了一遍，精读了朱熹、陆九渊的有关著作，并且做了卡片。

四、北京军区

1974年10月，北师大人事组找我谈话，说中央要调我去工作，并说我是新党员，要服从组织分配，好好工作。我问到什么方去？什么单位？

他们说不知道，说到时候就知道了，并通知我下星期有人来接，要我在宿舍等。我被搞得莫名其妙。先年中山大学哲学系李锦全、吴熙钊两位先生来北京修改杨荣国主编的《简明中国哲学史》，住在前门饭店，因为是同行，又比较熟，我去看望过他们。李锦全先生很关心地问我："你们还是牛郎织女吗?"我说："爱人调北京不太容易，户口难进。"他说："你就到我们那里去好了。"我就同意了他的意见。他回中山大学后，积极地为我的工作调动而努力。中山大学人事组发函中国农业科学院油料研究所，调去了我妻子的档案，安排在生物系工作，又几次发函到北京师范大学人事组调我的档案，北师大人事组既没有给中山大学人事组发去我的档案，也没有答复。1974 年，李锦全先生诚心想解决我的两地分居问题，直接找到北师大人事组，他对人事组负责人说："你们既不调张立文的爱人，解决两地分居问题，又不放张立文的档案，这是什么意思?"北师大人事组负责人无奈地说："张立文的档案不在我们这里，被中央组织部调去了没有还给我们。"这样，去中山大学的机会就落空了。

由于人事组通知我下星期有车来接，也不知道哪天来接，除开会外，我只能在宿舍等。大约是 10 月 11 日星期五下午，来了一部军用吉普车，我只拿了洗脸的毛巾、牙刷、牙膏等，就上车由他们拉去了，结果被拉到了西山北京军区大院，这时已经到了几个人，还有 1 人在途中，连我共调来 5 人，管接待的参谋领我们看了我们住的房子，每人可住一套间的房子，套内有厕所、有厨房。我当时真是眼睛一亮。从 1960 年毕业留校到 1974 年的 14 年间，我都是与另一教师住 13 平方米的集体宿舍，住三间一套的房子真是可望而不可即。第二天，参加北京军区团以上干部大会，在军区礼堂里我们五个人坐在一起，人们形容为"万绿丛中一点蓝"。晚饭时我们五个人在一起交谈，互相介绍，才知道其中一人是从"梁效"大批判组来的，原北大历史系教师，一人是从北京师范学院来的，一人来自中央党校，一人来自中央部委。我们来军区的工作好像是成立一个大批判组。第三天，北京军区政治部副主任找我们每个人谈话。轮到与我谈话时，他说明我们来的工作任务是大批判，准备成立一个大批判组，并说明工作的重要性和意义，最后他问我到这里工作有什么困难，我便说有两大困难。第一个困难是我是搞中国哲学史教学的，不是搞马列主义研究的，专业可能不对口。他说共产党员要服从革命需要，我就无话可说了。第二个困难是我十几年来两地分居，三个孩子分了三个地方，很难照顾，现在中山大学杨荣国教授调我去中山大学工作，解决两地分居问题。他回答很痛快，马上把我爱人调来北京。从当时的情况来看，有三点对我的引诱很大：一是参军是当时全国青年梦寐以求的最光荣的职业，学校的军宣队是高校"斗、批、改"的领导者，是最权威的，我可以一下子变成领导阶层，而不是天天被军宣队训话的资产阶级知识分子或臭老九，且一下子成了团级干部，这在当时来说无异于一步登天，这种地位身份的翻天覆地变化是所有教师梦寐以求的；二是可以解决老大难的两地分居问题，结束长期以来牛郎织女的生活，解决儿子的教育问题；三是有一套宽敞的住房，也是北师大所不能提供的。这就是说到北京军区工作，不仅可以改变身份地位，而且解决了长期不能解决的问题；还传说是党中央副主席王洪文抓的大批判组，来头很大。

老子说："祸兮福之所倚，福兮祸之所伏。"这个福来得这样容易，何尝不是祸呢？这时的我，毕竟已 39 岁了，虚岁已达"不惑"之年，所以对于突如其来的喜事、好事还是比较冷静，我去找了哲学系 64 级学生吴秀永等两人，他们毕业后就被分配到北京军区工作，当时就住在军区大院。"文化大革命"开始前，我与他们一起在前沙涧大队半农半读，后一起参加"文化大革命"，他们中的一人曾在"清理阶级队伍"运动中到我家乡调查我家的情况，因此对我的情况比较了解，对军区的情况也比较了解。因此，我请他们分析我的去留，他们觉得各有利弊，不好说哪个选择更好，这就引起了我激烈的思想碰撞。我当时想：若到军区大批判组，就要放弃自己的专业，就不能继续做中国哲学史研究，等于放弃自己的学术生命，换句话说，我十多年的研究就白费了，特别是放弃我当时对朱熹哲学的研究，这是我最不愿意的；另外，在军队一切行动听指挥，上级叫你做什么，你就得做什么，但做老师的话，就可以根据自己的兴趣，在完成教学任务和科研任务外，系领导和教研室领导并不阻挠每个教师的专业研究，我不愿意写奉命文章，而且也写不好，过去在工作中写过，总不合领导的意，在军区大批判组必须写奉命文章，我觉得很为难；考虑到自己家庭出身不好，军队是最讲出身成分的，我这样的出身能否待得下去？我思想有顾虑。尽管在调我时中共中央组织部做过审查，但“文化大革命”中变数很大，谁也说不清楚。一夜未睡，考虑再三，总觉得天上掉馅饼的好事、喜事来得太快，太突然，说不定并不是好事、喜事，我决定不下来。我又找临时调到北京市委原我读书所在党史系六班支部书记王建初及与他一起工作的成复旺，请他们分析是留北京军区还是不留。但如真的回去不来，怎样向北师大人事组交代，受批评是肯定的，中央组织部和军区追查起来，如何交代，其后果也不堪设想，没有一个很好的退路，因此，思想斗争很激烈。我考虑再三，决定放弃这好事、喜事，毅然决定回校。我记得有人说过：只要自己认为对的事情，不可优柔寡断，必须马上付诸行动，不能做决定的人，固然没有做错事的机会，但也失去了成功的可能。我向当时北京军区政治部副主任说明我来时衣服及必需的书没有带，想回学校拿来，请他准假，这样我就回到了学校。回学校后，我就待在寝室里看书，不敢去师大人事组说我不去了。过了约一星期，北师大人事组托人带口信来，催我回军区，后又叫我到人事组去谈话，我硬着头皮去了，向人事组的同事说明我不想去了。他们很吃惊！我再三说明我不想去，这时他们似乎才明白过来。他们看着我，好像我在说傻话。过了一会儿，他们说，这样的美差，你怎么不去呢？你以为军队是谁都可以去的吗？别人想去都去不成。你不去，这是组织纪律问题，你不怕处分么？把我批评了好一通。后来组织上对我进行批评教育好长一段时间。在我不去北京军区大批判组后，竟然有好几位教师要顶替我去北京军区大批判组，要求帅大人事组调换人，由于要经中央组织部审查，结果要顶替我去的几个人都没有去成。

不久，又有几次催我回北京军区，这时我的心情比较平稳了，不像前段时间斗争得那么厉害了。我就找了从人民大学一起被分到北师大的、时任北师大党委副书记的赵德芳，说明了情况及我不去的理由，他批评了我几句，并说他同人事组说一下，由他与军区联系，说明情况。这样，我总算可以不去了。我不去后，军区大批判组没有再进人，从“梁效”大批判组去的那个人，北京军区把他爱人从外地调到北京。但粉碎“四人帮”后，据说大批判组的四个人都作为“四人帮”派到北京军区的坐探，被逮捕了。

五、与工人结合

1974 年、1975 年，全国继续“批林批孔”“评法批儒”，有的较大的工厂也组成大批判组、工人理论组等。高校教师以及工农兵学员也到工厂与工人相结合，编写“儒法斗争史”和注释法家著作或儒家著作的批注等。我们中国哲学史教研室经由人民出版社联系，1975 年年初到了天津国棉二厂，与厂里的工人理论组相结合，共同编写以“儒法斗争”为指导思想的《中国哲学史》和《中国古代农民哲学史》，并与工人们同吃、同住、同劳动。工人理论组与我们共同讨论，共同撰写稿子，最后由我们修改。天津的自来水咸津津的，开水很难喝，我们教研室党支部书记尹明说一定要泡茶叶，这样可减少咸味。在天津国棉二厂住了 4 个月，写完初稿后我们便集中到人民出版社修改初稿，工人们不久回厂，只留下我们教研室的几个人参加修改。人民出版社的编审刘元彦与我们一章一章地讨论修改意见，然后修改。尽管我有不同的看法，但不能根据个人意见修改，而必须依大家意见修改。1976 年年初出清样，我们又校清样。“文化大革命”结束后，清算“四人帮”“儒法斗争”的指导思想，这两本书也属清算之例，就不出版了。在当时，教研室下工厂与工人相结合，是不能不去的，且教研室中年纪大的老同志都下工厂，我们年轻人没有理由不去。所以，有时候人的命运不是由自己支配的，是时代的使然。尽管你与自己的命运相抗争，但胳膊扭不过大腿，个人扭不过社会潮流。

1975 年 4 月 4 日，张志新（女）被长期关押后惨遭杀害。当时张志新的妹妹在人民大学工作，消息传来，我们都为其叹惜，认为她是一个坚持原则的同志。1975 年下半年，军宣队布置我们批判《水浒传》的投降主义。据说是原人民大学中文系的一位女教师在人大解散后，被分到北京大学，当时在毛泽东身边念《水浒传》给毛泽东听。毛泽东说：“《水浒》这部书，好就好在投降。做反面教材，使人民都知道投降派。”“四人帮”就借此影射周总理、邓小平，这时总理已病重，邓小平复出不到一年，又在全国掀起“批邓、反击右倾翻案风”运动。1976 年 1 月 8 日，周总理逝世，之后小道消息一下子多起来了，军宣队又布置追查小道消息的来源。学校贴出了悼念周总理的小字报。从 3 月下旬至 4 月 4 日清明节前后，各地学生、干部、人民、解放军自发进行悼念活动，北京市上百万群众连续几天到天安门广场献花圈，贴悼诗，有的小字报和诗直指“四人帮”，很感人。据说有的花圈很大，是用铁条焊成的，表示了反对“四人帮”的坚强意志，我们当时是这样理解的。学校布置谁都不准到天安门去，出去都得请假批准。但有的教职工家住校外，限制不住他们，他们便偷偷到天安门看小字报和悼诗，并抄回给大家看。4 月 4 日清明节这一天，天安门广场的悼念活动达到高潮。北京和外地来京的群众不顾一再重申的禁令，前往天安门广场，送花圈的队伍绵延不断，声势浩大。人民群众在悲痛中悼念周总理，怒斥“四人帮”。中央政治局在江青等人的左右下，把天安门广场发生的事情定为反革命事件。悼念周总理逝世，无可厚非，为什么是反革命事件？一般老百姓都想不通。人民在沉思中觉醒。在“文化大革命”持续近十年的时候，这预示着人民群众对是非颠倒、忠奸不分的不满，代表了人民群众对“四人帮”所制造的政治迫害的抗议。

六、自搭地震棚

1976 年 7 月 28 日，河北唐山、丰南地区发生强烈地震，天津、北京亦发生房屋倒塌、死人等现象。人们纷纷离开房屋，犹恐不及，我匆忙从红三楼跑出来，但楼道里、楼梯口放满了自行车，不知谁把自行车碰倒了，横在楼道，所以需要把自行车推出去，满楼人很着急。这时雨又大，有的老师因着急而没有拿雨伞或雨衣，只好挤到别人的雨伞底下，有的一把雨伞下挤三个人，一件雨衣伸开站四个人，真是狼狈。我们站在雨地里，不敢进屋，因为这时余震不断。第二天仍有余震，大家只得睡在露天，我就拣几块砖和石头，再放上床板，就当床铺，几经迁徙后，被安排在职工食堂平房前的空地上，好在我们都带回来在江西干校用的蚊帐，这次可有用处了，蚊帐上面盖上塑料布或雨衣，以挡雨，没有的教师又得去买。这时北京的大街上也搭了地震棚，各种各样，五花八门。由于地震余震不是一天，预报说可能还有大地震，所以我们在校园的空地里挖埋在土里的碎砖头，然后用泥砌墙，我与读小学的大儿子一起建成地震小屋。小而又小的地震屋建起来了，可是屋顶是用塑料布盖起来的，下雨风大就会被吹跑，平时屋顶中间积了水流不下来，一夜要起来几次把塑料布上的雨水弄下来，这样的生活过了一个多月。9月9日，毛泽东逝世，“四人帮”被隔离审查，“文化大革命”的十年动乱结束。北京师范大学教职工欢欣鼓舞，我也无比兴奋，觉得压在头上的大石头终于落下了，提心吊胆的心放下来了。中华民族的灾难、中国人民的祸害、知识分子的浩劫终于雨过天晴了。我总觉得中国人民会永远记得这灾难深重的教训，每个人都可以从中获得刻骨铭心的体认。经历了“文化大革命”，我觉得自己又长大多了，懂事多了。我知道了自己头上要长个脑袋，不能把脑袋长在别人头上，一切盲从，做驯服工具。以后凡事要多问个为什么？脑袋是要长在自己头上的，不是长在别人头上的，长在别人头上的不是自己的脑袋，把别人的脑袋当作自己的脑袋是可悲的。这是我当时的反思和体会，也是自己思想的觉醒。尽管在“文化大革命”中的个别时候，长在自己头上的脑袋曾自己思考过问题，如人民大学武斗死人后，我就做“逍遥派”，中央组织部调我到北京军区大批判组而不去等，但都付出了受批判的代价，所以在当时脑袋长在自己头上也是不好过的。

第八章　生命学术的起始

“文化大革命”后，北师大人精神焕然一新，校舍虽然陈旧破败，但是生机盎然。1977 年，高校恢复招生，实行统一考试，择优录取，改变“文化大革命”中工农兵学员靠推荐不考试的做法，避免了上山下乡知识青年在被推荐中所发生的种种丑恶现象，诸如靠关系、走后门、送礼送钱，以至乡镇、县级干部逼迫女知青献身和强奸等腐败事件。北京师范大学哲学系亦恢复招生。

一、天安门游行

1978 年，中国人民大学复校，原分到各校的各系教师及行政人员都回到人大，也有些教职工由于各种原因而留在原单位。这样，哲学系教职工和学生一起回到人民大学哲学系。但人民大学校舍被二炮占据，没有教室上课，只得临时搭工棚，没有地方吃饭，只得临时在露天吃饭，条件非常艰苦，眼看天气渐冷，工棚没有暖气设备，第二年招生很成问题。学生们要求有地方吃饭，有教室上课，要占领学校的二炮机关撤出学校，还我校舍。学校领导亦积极向上级领导反映情况，要求尽快解决。在迟迟得不到解决的情况下，学生们便自发到天安门游行，到新华门前静坐，要求还我校舍，这大概是“文化大革命”后的第一次学生游行。后来，二炮机关虽撤出了，但官兵家属住的宿舍却不撤，直至现在二炮家属仍占据人民大学的地方而不撤出，不知是何原因。新中国成立初期，从白石桥到现在的人民大学都属人民大学的校址，但后来被蚕食到只剩下很小的地方，当时又被二炮和大华衬衫厂蚕食，办学空间便越来越小，以至拥挤不堪，连必要的学生活动场地都没有，所有教研室都没有开会的地方，这是全国高校中最艰苦的一所著名高校。原我1956年读人民大学的东四十二条海运仓校舍（原朝阳学院）被中医学院占据，原档案系、研究班的铁狮子胡同1号校舍被中国社会科学院下属研究所占据，原东四六条至十条的校部办公用房也被外单位占据。“文化大革命”后的人民大学真是千疮百孔，像一个名副其实的贫民窟似的大杂院。从人民大学的情况可体会动乱是一种破坏，什么不破不立？实是光破不立。十年“文化大革命”动乱，人民大学立了什么？有目共睹。动乱摧残人的心灵，戕害学术生命，残杀肉体生命，人民大学校友张志新被“四人帮”杀害就是铁证。据后来传达张志新的所谓“反革命”问题有：(1)“九大”秘密召开，不符合党章规定，“九大”政治报告不符合马列主义原则。(2) 毛主席身边的人是否可靠？江青是否可靠？她的历史审查了没有？中央“文化大革命”有问题为什么不可以提意见。(3)“九大”是树林彪，不是树毛泽东。(4) 对“打倒一切”有不同看法，打倒这样多的人，为国家命运前途担心。(5) 对刘少奇问题想不通，对叛徒、内奸、工贼的结论有怀疑。(6) 彭德怀上书是可以的，对彭、黄、张、周“反党右倾集团”想不通。(7) 毛主席作为人也有缺点、错误，对其指示也可以问个为什么，“三忠于”是搞形式主义。其实，这些根本不是反党反社会主义的反革命问题，而只是思想上的一些怀疑，竟据思想定死刑。这无异于清代的文字狱，即搞思想恐怖主义。又，以思想罪判人民大学教师孟氧死刑，后改死缓，“文化大革命”后平反。“文化大革命”彻底摧毁了人与人之间起码的伦理道德，使人之所以为人的人性堕落，道德沦丧，激起了一些人兽性的膨胀，为贪婪、私利、争权而丧尽天良，使中华民族蒙受耻辱，中华文明惨遭蹂躏。同时，“文化大革命”严重破坏了社会秩序，严重破坏了国家生活机制的正常运作和社会生产，经济到了全面崩溃的边缘。

二、一家团圆

1977年年底，我妻子从武汉宝积庵中国农业科学院油料研究所调来北京。人虽调北京，但北京师范大学不安排工作，工作单位的落实要自己找，这对我这个在学校做教研的人来说实在很难，到处碰壁后，费了九牛二虎之力，终于找到了北京海淀区农业科学研究所。由于没有地方住，我只好请与我同住的另一位教师暂住别处，全家五口人才挤在红三楼三层朝北的一间 13 平方米的房间内。后来，学校看我住得太挤，不能备课工作，才给了我一间平房，隔成里外两小间，厕所、水房都是公共的，冬天生煤取暖，煤有定量，不能超出，但一个煤炉，温度总是升不上去，晚上看书写文章，便觉得从脚心一直冷到膝盖，从此以后到现在，天气稍凉，膝盖就冷痛，要盖棉袄才能御寒，治也治不好。我的房子在西头，到厕所、水房有一段路。下雨、下雪天，洗米、洗菜、洗衣服很不方便。孩子们上厕所也很辛苦。他们穿的都是旧衣服，平时根本不吃零食。因为我与妻子 1960 年大学毕业参加工作，她是助研，我是助教，17 年不变，她的工资是 53 元（在武汉是 53 元，北京是 56 元，是地区差），我的是 62 元，也是雷打不动。可是，3 个孩子上学读书，她与我每月寄钱给双方老母各 15 元，一个月 85 元生活费。虽比四分五裂时生活好一些，但亦须很节省才能维持五口人的生活，即使如此，我还是买了一些专业书籍，这些买书钱都是从口里扣出来的。有时为了买一本书，拿起来又放下，放下又拿起来，考虑再三，才能下定决心。

我的 3 个男孩虽读书很用功，但都分配他们参加家务劳动。孩子只有从小养成吃苦耐劳的习惯，经受劳动锻炼，才能在今后的学习工作中取得好成绩。有的老师对我说，让孩子参加家务劳动会耽误孩子的学习，但我不这样认为。在我看来，家务平等劳动，不仅不与学习相冲突，而且可以锻炼孩子的意志。于是，我分配大孩子负责洗菜、洗米、有时做饭做菜；二孩子负责打扫清洁和擦桌子；三孩子负责饭后洗碗、洗锅。冬天很冷，我们往厕所、水房的路结冰，三孩子滑倒，把碗全打碎了，孩子怕大人说他，其实我们心里不是心疼碗打碎了，而是心疼他用冷水洗完碗后，没有擦干手，走这么远的路，手背都冻裂了，流出血来，但我们并不因此而不让他洗碗、洗锅，而是继续干，他也没有说不干家务，因为大孩子、二孩子都干家务，这就锻炼了他们艰苦奋斗的优良品质。大孩子从武汉小学戴帽的初一插班到人大附中初二，虽基础很差，但经过努力，他赶上来了，1980 年考上北方交通大学；二孩子考上中国科技大学，毕业后分配在中科院自动化研究所工作；三孩子在中国人民大学附中以优异的成绩被保送到北京大学生物系生物工程专业，一年后（1992 年）到美国念书，获生物学和医学双博士学位。1996 年，三孩子张文勇被康奈尔大学医学院、洛克菲勒大学医学院、斯隆凯特林癌症研究中心录取为联合培养的博士生，被录取之后他便回国探亲，但在回美国读博士时，却被美国驻北京大使馆拒签，这样我们只得求助康奈尔大学医学院。康奈尔大学寄函大使馆，函中说：我们三个单位联合培养的博士生，是从 1 000 人中选取出 100 人，又从 100 人中选出 10 人，再从 10 人中选出 1 人，像张文勇这样天才的学生得不到培养，对我们将是一个很大的损失。张文勇拿这封信的复印件再去美国大使馆办签证时，就顺利通过了。三个单位为他提供了很好的学习条件，每年学费 36 000 美元全免，每月还供给 1 200 美元的生活费。这么多的费用，对我来说是一个天文数字，用我当时一辈子的工资也供不了他 1 年的学费和生活费（那时，1 美元好像是相当于 8 元至 9 元人民币）。由于他的聪明和勤奋，他获得生物学和医学双博士学位，现在康奈尔大学医学院当医生。

“三分天注定，七分靠打拼。”有人说：“所谓天才是 1 分聪明加 99 分努力。”人之一生，聪明而不勤奋，可能一事无成，不很聪明而勤奋，却可能有所成。勤奋使聪明插上翅膀，聪明使勤奋获得成功。古往今来，很多大家，包括伟大的思想家孔子、朱熹等，都说自己不是聪明的人。绝顶聪明的人，往往因聪明而不虚心，不专心，做一件事总是游移不定，这山看见那山高，到了那山又见别山高，从而成功率大大降低，可以这样说，聪明加勤奋，是大聪明，真聪明；聪明减勤奋，是小聪明，假聪明。凡人都从零开始，天才的孩子不一定是天才，愚人的孩子不一定就愚笨。只有坚持勤奋，才能通达成功。换言之，只有勤奋地灌溉，学术生命之树才能开花结果。

三、恢复教研

我不聪明，但我勤奋，脚踏实地，从不取巧，抓住时间，不虚度光阴。天给人的时间是一样的，从不偏爱。我的座右铭是：“人一能之己百之，人十能之己千之。”① 只有悟此道，才能“虽愚必明，虽柔必强”。我回顾自己的一生，“文化大革命”结束时我已过“不惑”之年（41 岁），这 41 年历经抗日战争和 1949 年后的所有政治运动，几乎一次也没有逃脱过。所幸的是天命惠顾，及不断地把握自己的命运，没有被政治运动的旋涡所淹没，现在好不容易地从政治的大风大浪中上了岸，从炼狱中走了出来，是喘口气歇一歇呢？或是放松一下，看一看变化呢？但我当时只有一个想法，就是把丧失的时间补回来，把被断烂了的学术生命延续下去。我要抓住这有限的学术生命和有利于学术发展的大好机遇，作为我生命学术的起始，充分地、高效地运用这天老爷对每个人都平等的 1 天 24 小时，为繁荣中国哲学做出自己的努力。这样我便以极大的热情投入教学和科研工作之中。给 1977 届哲学本科生讲授“中国哲学史”，这届学生都是老三届的知青，他们有丰富的社会经验和极高的学习热情，但年龄较大，如宦乡的女儿宦国琳已 30 多岁。我对自己提出高要求，深入钻研，认真备课，探赜索隐，条理清晰，讲出高水平，加上我板书秀丽，讲课受到同学的好评和赞扬。

这个时候虽然没有明确提倡搞科学研究，但我在讲课中深刻体认到，若不把自己的生命投入学术研究中，若对中国哲学没有钩深致远的研究，讲课的理论水平肯定不高。要讲好课，必须搞科研，必须有自己的独到见解，不能人云亦云，这样，就必须转学术生命为生命学术，即转生命为智慧。特别在“文化大革命”后从事科研，深感既不能按“儒法斗争”“评法批儒”的这两条斗争路线讲中国哲学史，也不能按“文化大革命”苏联斯大林的《联共（布）党史》四章二节两个对子讲中国哲学史，也不能按日丹诺夫《在关于亚历山大洛夫著“西欧哲学史”一书讨论会上的发言》中所说的“哲学史就是唯物主义与唯心主义斗争的历史”② 讲中国哲学史，而应走中国哲学自己的路。路是人走出来的，老路虽平坦，无风无

① 《四书章句集注·中庸章句》。朱熹注曰：“博学之以下，《家语》无之，意彼有阙文，抑此或子思所补也欤。”朱熹认为这句话是子思所补的，不过他自己也说他是这样做的。

② 日丹诺夫：《在关于亚历山大洛夫著“西欧哲学史”一书讨论会上的发言》，李立三译，5 页，北京，人民出版社，1954。

险，但没有新意，走别人没有走过的路，虽荆棘丛生，陷阱遍布，但总是自己走出来的。于是，我将20世纪60年代以来自己所选定的《周易》和朱熹思想研究的课题继续做下去，按自己的思想之路走下去，万幸的是1963年完成的《周易思想研究》的初稿在“文化大革命”中没有被抄走，“文化大革命”中积累和撰写的《朱熹思想研究》的部分初稿也还保存着。于是，重新翻阅旧稿，觉得还有价值，便参考各方面的资料，整理修改，重新诠释，后多次到北京大学蔚秀园张岱年教授家请教。记得我“文化大革命”前去张先生家请教问题，他住的是中关园16号平房，房子较蔚秀园宽敞，任继愈教授也住中关园平房，我也去请教过。蔚秀国两间房比较小，所以非常挤，到处是书。张先生非常认真地看了我的《周易思想研究》，既有很好的赞扬，也提出了宝贵意见。这时，恰好负责《哲学研究》的辛冠洁教授看了我《周易思想研究》的手稿，觉得很有新意，建议出版。他是老干部，又与出版界的领导比较熟悉，经他与湖北人民出版社联系，我的《周易思想研究》便作为湖北人民出版社《中国哲学史丛书》的第一本，在1980年8月出版，由于它是“文化大革命”之后第一本关于《周易》的著作，因此，在学术界引起了很大的反响，《光明日报》《中国哲学史研究》发表金隆德教授的《喜读〈周易思想研究〉》，他认为“这部书的问世，对学术研究的影响和意义值得重视”，“是近年来中国哲学史领域所取得的可喜成果”。他说：“作者把成书时代、思想体系迥然不同的《易经》和《易传》严格区分，理清了长期以来‘援传于经’‘以传解经’的混乱现象”，作者“努力搜集和掌握了大量的研究资料，以及近世有关著作，比较参验了从战国、秦汉以来的争论异义，还吸取了考古学方面的研究成果，在此基础上提出了作者自己的看法。这些论点是建立在充分的科学基础之上的。……所以他能在许多地方提出高于前人的见解，并有相当的说服力”，“作者对于文字古奥的《周易》不仅逐字逐句地推敲。……同时还钻研了甲骨文和金文。古文字研究往往是我们中青年哲学史工作者的薄弱环节。该书再次说明，要科学地整理我国古代哲学思想，在古文字学方面非下功夫不可”①。文字、音韵、训诂是研究中国哲学的基本功，

① 金隆德：《喜读〈周易思想研究〉》，载《中国哲学史研究》，1981（3）。

不懂此功，在解释古人文本时往往不明其义，以至望文生义，不能准确把握古人思想的本真。不充分掌握资料，不做古今中西比较，不明研究现状，亦很难度越前人，提出自己的创新见解。后金隆德教授从安徽社会科学院调到中国社会科学院当代思想研究所工作，在一次乘坐公共汽车时不慎摔倒受伤而死，一个有极大学术潜力的中年学者去世，是中国哲学研究界的一大损失。

1963 年《周易思想研究》初稿完成后，我就依照哲学史教研室分配我重点研究宋元明清哲学的要求，转入宋明理学具体人物研究。我的研究思路是由点到面、由微观到宏观，即通过具体人物哲学思想的研究而把握宋明理学，以至整个中国哲学。我认为这个研究思路比较可行。但我也提醒自己，不要陷于点和微观而不拔，一定要有面和宏观的眼光，即以面和宏观来观照点与微观，这样才有可能较真切地诠释点与面、微观与宏观。《周易思想研究》也是为掌握宋明理学家的思维方式、逻辑结构、观念体系提供参照。通过对宋明理学有影响的具体人物的切入，便能较好地体认宋明理学的本真和细微的意义。不做微观的研究而直接做宏观的论述，往往流于空泛和臆测。当我看完了陆九渊思想文本和其他一些资料后，觉得应与朱熹思想联系起来研究。科学研究不能钻牛角尖，否则事倍功半，甚至一无所获，最忌进去出不来，以至十八头骡子拉不出来，结果一辈子无收。因此，我便暂且放下陆九渊，确定以朱熹思想作为宋明理学研究的突破点。中国人民大学“文化大革命”中“人大三红”与“新人大”两派武斗死伤同学后，我就当了“逍遥派”，抓紧时间读朱熹的文本，以后下“五七”干校，都没有间断对朱熹资料的研究。到北师大后，我利用北师大丰富的古籍藏书对朱熹生平的地方志及有关资料，做了仔细的梳理和深入剖析，并草拟成书稿，“文化大革命”后当《周易思想研究》修改完后，便立即开始《朱熹思想研究》的整理和修改，发表《朱熹唯心主义认识论批判》（《西北大学学报》1978 年第 1 期）、《论朱熹的“一分为二”和他的形而上学观》（《哲学研究》1979 年第 6 期）、《子产辨——评叛徒江青授意炮制的一篇反党黑文》（《南开大学学报》1978 年第 2 期）、《略论墨子以三表为核心的认识论》（《哲学研究》1978 年第 10 期）、《试论中国古代“一分为二”与“合二为一”的学说》（《群众论丛》1979 年 9 月创刊号)、《论王守仁的“知行合一”学说》(《北方论丛》1979 年第 6 期) 6 篇学术论文。

四、学会成立

“文化大革命”以后，虽然我们批判了依“儒法斗争”来写中国哲学史的指导思想，但是却以“文化大革命”前唯物主义与唯心主义以及辩证法与形而上学两个阵营、两条路线斗争为指导思想，并遵照日丹诺夫《在关于亚历山大洛夫著“西欧哲学史”一书讨论会上的发言》中所说的哲学史定义：“科学的哲学史，是科学的唯物主义世界观及其规律的胚胎、发生与发展的历史。唯物主义既然是从与唯心主义派别斗争中生长和发展起来的，那么，哲学史也就是唯物主义与唯心主义斗争的历史。”① 在十多年的哲学史研究和教学中，我总觉得依此来分析中国哲学家的哲学思想不太契合，会引起中国古代哲学或唯心或唯物的争论，众多哲学家的定性确定不了，相持不下。这就是说，这个所谓马克思主义定义其实是苏化了的、形式主义化了的定义。因此，“文化大革命”后如何研究哲学史，方法论问题就成为首要问题，也是清算“四人帮”思想的重要课题。因此，在 1979 年 10 月 14 日—19 日于太原迎泽宾馆召开的第一次中国哲学史讨论会上，我提交了《关于哲学史方法论的几个问题——从朱熹思想评价问题谈起》② 的论文。论文油印出来后，我送给张岱年先生审阅，请他提意见，他认真看过后，说了四句话：“文章精湛，文字简练明畅，内容准确深刻，可说成熟之作。”这篇文章主要论述了关于新的中国哲学史研究方法，并纠正“文化大革命”“批林批孔”“评法批儒”中对朱熹的不实评价：一是关于朱熹战和态度的评价——历史地、全面地、具体地分析古人思想；二是关于朱熹哲学性质的评价，批判哲学史研究中的极左思潮；三是关于朱熹发展观的评价，分析“形而上学等于反动”这种不符合哲学史

---

① 日丹诺夫：《在关于亚历山大洛夫著“西欧哲学史”一书讨论会上的发言》，李立三译，4～5 页。

② 后改名为《从朱熹思想评价谈哲学史方法论的几个问题》，收入中国社会科学院哲学研究所中国哲学史研究室编：《中国哲学史方法论讨论集》，北京，中国社会科学出版社，1980。

事实的“公式”；四是关于朱熹思想的阶级实质的分析——一个阶级的理论代表与他所代表的阶级之间的关系。文章虽重点讲朱熹，实是讲当时的哲学史方法论问题。长期以来，中国哲学史研究陷入这些问题困境而不能自拔。我想通过朱熹思想研究，立足度越，开辟新路径，拓展新思路，走出旧困境。于是，我提出哲学逻辑结构论，并以此来分析朱熹思想和王守仁思想，撰写了《朱熹哲学逻辑结构论》和《王守仁哲学逻辑结构论》的论文。逻辑结构论的方法是从中国哲学实际出发，适合中国哲学的方法论。讨论会上，石峻教授讲了中国哲学史研究必须坚持马克思主义，不要望文生义、断章取义，不能用欧洲哲学史来比附中国哲学史以及批判继承的问题。

太原会议期间，成立中国哲学史学会，选举 70 岁的张岱年先生为会长，冯友兰先生时为 84 岁，便担任顾问，参加会议的其他中国哲学史学者在年纪上没有超过张先生者。任继愈、石峻两教授为副会长，我担任理事。会议期间参观晋祠、崇善寺、吕祖庙等。18 日晚，在太原体育场开 5 000 人大会，听于光远讲话。19 日，石峻、方立天和我去五台山参观，后回北京。在参观五台山期间，只见五台各寺院残破不堪，僧人很少。据僧人介绍，五台山在现代曾遭三次大破坏，第一次是抗战期间，日本侵略军占领五台山，各贵重文物和经籍遭抢劫，几乎是洗劫一空；第二次是土地改革运动，文物、经书遭破坏；最严重的是第三次，即“文化大革命”，不仅经书、佛像遭烧毁，有的殿宇也遭毁灭性破坏，僧众遭驱逐，流落各方，“文化大革命”后才回来一些。文化遗产的破坏是不能复原的，复原的也不是原有的，这种毁灭性的破坏是极大的犯罪行为。人们传说有一女大学生出家在此当尼姑，当时觉得很奇怪，于是我们就专门去拜访，并与她进行了交谈。她说是为了寻求精神慰藉，人们就猜测可能是失恋或精神受创伤而出家。现不知这位高僧在世否？

五、学术开放

1978 年十一届三中全会以后，过去长期封闭、与外界隔绝的状况被打破，国家实行改革开放，学术也逐渐开放。学术开放不仅是国内学术交流的开展，如学术讨论会的召开，而且是与国外学术交流的开端，几十年来与国外学术交流的中断使国内学者不知国外学者研究的课题、研究成果以及研究方法，这种闭门造车的状况阻碍、限制了学术的发展，学术研究只有在不断交流对话中，在冲突融合中才能获得新知、新成果。我也积极参加学术交流活动，在北京市哲学会的组织下，请学者做学术报告。1980年5月28日，在中国人民大学第15教室听邱汉生教授做“宋明理学与宋明理学史研究”的演讲，他讲了4个问题：一是中国封建社会后期的统治思想；二是理学发展阶段和特点；三是理学在思想史上的地位和影响，他对理学的评价基本是《中国思想通史》的观点，认为理学是思想的浊流，在中国思想史上起消极作用；四是如何研究理学史。这年7月9日下午，在中国人民大学图书馆楼115会议室听美国加州大学伯克利分校历史系杜维明教授讲“儒学研究的途径”。7月15日，在北京大学（旧）图书馆一楼会议室听加拿大麦克马斯特大学宗教学系主任冉云华教授做“佛教与宋明理学”的报告。11月7日，在中国人民大学第10教室听美国加州大学伯克利分校历史系陈启云教授做“美国是怎样研究中国中古史及思想史的”报告。1981年5月7日，在中国人民大学第15教室听日本京都大学教授做“儒教研究在日本”的报告。他提出：日本学者对儒教研究做出了贡献；儒教不是中国私有的，儒教的教理被日本岛田虔次所发展，从整体来看，日本、朝鲜、越南，都属儒教。当然，儒教的研究中国学者处于主导地位。从远东的观点来看，发展儒教是整个远东的事。1981年12月3日，在人民大学图书馆楼115会议室听加拿大多伦多大学秦家懿教授做“王阳明学说在中、朝、日三国的影响的比较”的报告。这些报告开拓了我的学术视野，使我了解了一些国外研究中国哲学的成果和方法，我思想上受到启发。

我记得弗兰西斯·培根曾讲，巴比伦王尼布甲尼撒曾梦见一棵大树，此树之根干是如此奇特，以至枝叶不管长得多么大也仍然可以支撑。培根说：“这是一个好梦，它的寓意是，哪怕是一个小国，但如果具有开放的心态和兼容并蓄的国策，因而善于不断从外部吸取人员和文化上的精英，那么也一定可以成为一个一等的强国。”① 学术也有相似之处，闭关自守、

① 培根：《人生论》，何新译，138页，长沙，湖南人民出版社，1987。

隔断交流，使中华民族古代光辉灿烂的伟大的强势文化随着国家的落后挨打而变成了弱小的弱势文化。文化学术的开放和兼容并蓄，吸收外来文化的学术精华，从事本土生命学术的培育，中华民族的文化学术就会复兴，成为文化学术强国。

学术开放，不仅请国内外学者来做学术报告，而且国内亦举办各种会议。1982 年 8 月，在北京密云水库召开“近现代哲学史讨论会”，张岱年、石峻、马振铎、徐运和、牟钟鉴、张绍良、焦树安、默明哲、王国轩、方立天和我等 25 人参加。我讲了近代新学的特点，中国哲学接着宋明理学讲自己讲了近 900 年，依照中国哲学 300～500 年有一个转变的规律，是否在当代也有一转变，以一种新的哲学形态代替现代新儒学，以体现当代时代精神的精华。石峻教授讲了如何解决近代社会矛盾的问题，他认为地主阶级改良派如龚、魏，农民阶级如洪秀全，资产阶级改良派如康、梁，资产阶级革命派如孙中山，都没有解决这个矛盾，最后社会主义革命解决了这个矛盾。这一年又在香山召开“秦汉哲学史讨论会”，参加人员基本与上会相同。我讲儒道的同与异，讲《周易》思想对儒、道、墨的影响，我认为中国哲学应从《周易》始，而不应从老、孔始。石峻不太同意冯友兰把先秦作为子学时期，汉代以后为经学时期，认为这个划分有缺陷。这种会议发言自由，各抒己见，既活跃了学术空气，又启迪了人的思想。

第九章　生命学术的曲折

“秋风想见西湖上，化出白莲千叶花”，在此诗意的1980年秋，浙江省社会科学研究所在杭州召开小型“宋明理学研讨会”，新成立不久的中国社会科学出版社的黄德志编辑出席了这次会议，她跟我说中国社会科学出版社作为中国社科院的直属出版社要出版学术研究著作，问我有没有书稿。我说我正在完成《朱熹思想研究》书稿，要交给人民出版社的金春峰编辑，黄德志希望由中国社会科学出版社来出版此书，我说不好向金先生交代，黄编辑很自信地说此事由她来处理，叫我不要管。她的热情使我很难再说什么。

一、《朱熹思想研究》出版

黄德志与金春峰最终达成了协议，《朱熹思想研究》便转由中国社会科学出版社出版。据后来黄德志告诉我，我的《朱熹思想研究》给她，她替金春峰出版一本专著。当时，金春峰正在研究两汉思想，于是《两汉思想研究》也由中国社会科学出版社出版。《朱熹思想研究》于1981年9月出版。为什么我1979年写好后没有交稿呢？因为我只有一份手写的原稿，可是当时没有复印机，也没有电脑，一份手稿要分别请石峻教授、张岱年教授、任继愈教授、辛冠洁教授提意见，只好采取这个教授看完，提了意见便修改，再送给另一位教授看，另一位教授提了意见，再修改，又送给另一位教授看。他们的工作都很忙，我不能催得太紧，但他们都有一种强烈的诲人不倦、提携后学的精神，无私奉献自己的研究心得和体会，使我十分感动，更促使我把此书修改好。任继愈教授在《朱熹思想研究·序》中说：“张立文同志勤奋好学，研究朱熹的哲学有年，他的《朱熹思想研究》最近完成，要我写一篇序，我高兴地接受了这一任务，这是因为：朱熹这个人很重要，应当有专门研究著作问世。新中国成立后学术界缺少这方面的系统研究，现在有了这方面的著作，是件好事。在政治运动接连不断的年月里，社会风气不鼓励读书，甚至打击读书的情况下，张立文同志居然挤时间，甘于寂寞，埋头读书，不怕坐冷板凳，这种好学态度值得提倡。42年前，我写的毕业论文是《朱子的哲学》，对这个题目一向有兴趣，也很关心，看到中青年一代的成长，我很高兴……1980年12月于北京。”张岱年教授也于1980年12月25日写了推荐信：“张立文同志《朱熹思想研究》是新中国成立以来关于朱熹思想学说的最详细的论述。朱熹学说有两个特点：一是体系庞大；二是内容比较细密。所以，清代学者全祖望说朱氏是‘致广大而尽精微’。张立文同志此书对于朱氏体系的各个方面作了比较全面的说明，对于朱氏学说中的细微曲折之处作了比较深入细致的分析。条理清楚，论证详明。书中有许多发前人所未发的独到之处，如朱氏关于理与事物的关系的思想，朱氏关于太极动静问题的思想，都不是简单的，此书对之作了比较详尽的论述，提出了自己的新见解。总之，此书是一本有价值的著作，希望早日出版。”我曾建议张先生，请他稍增一些，作为该书的序。张先生说已有任先生的序，就不必有二序了。黄德志编辑认真编辑，终于出版。

二、国内外学者的评价

最早看到《朱熹思想研究》三校样的是日本学者深泽助雄教授，他在1981年8月31日的来函中说：“有缘亲眼拜读大著《朱熹思想研究》第三校……大作是名副其实的佳作，有极高的学术价值。从前贵国研究哲学，在我看来，过于公式化，只从伦理学方面接近对象，但大作克服了这些毛病，开拓了新的领域，特别是对朱子学中的本体论及逻辑结构等，加以周密的考虑，获得燃犀之见。就此观之，我以为大作可算是近三十年来最高学术书之一，而几乎可以和侯外庐教授所著《中国思想通史》相媲美。作为外国人，我首次阅读原稿，愈觉荣幸。……我们已有李约瑟教授对宋学、朱子学的理解，我国安田先生、岛田教授、山田教授等阐明朱子学本体论，而今加之以大著，三者即将呈鼎足之势。贵国今后研究宋学、朱子学皆需依据大作所提分析和阐明，而将先生高见和前两者的分析比较，何处一致，何处分歧，对这种问题加以考虑，这将是我等后来者的课题。不管怎样，大作出版在国际学术界一定会引起反响，晚生拭目以待。”深泽助雄教授的评价，是他对“朱书”与日、美学者的比较而言，这也只是他的体认。

1981年10月15日—21日，在杭州新新饭店举行由中国哲学史学会和浙江省社会科学研究所联合主办的“第一次全国宋明理学讨论会”，会议代表269人，收到论文170篇，专著3部（包括我的《朱熹思想研究》、邱汉生教授的《四书集注简论》及沈善洪、王凤贤的《王阳明哲学研究》）。国内老一辈学者如冯友兰、贺麟、张岱年、任继愈、石峻、孙叔平、王明、张舜徽、邱汉生、冯契等均出席，如此世界知名的老一辈学者的咸集的确是空前绝后的。国外有陈荣捷（1901—1994），他是20世纪中国哲学、新儒学、朱熹研究在美国的开拓者之一。美国之有中国哲学研究，陈氏可谓嚆矢，他把中国哲学文献翻译成英语，成为西方学习、研究中国哲学的最重要的资料，贡献巨大，影响深远。1981年杭州会议我第一次认识陈教授，他已是德高望重、蜚声国际的大学者，但他平易近人，热情亲切，没有一点权威的架子，与他交谈，如沐春风。他提携后学，切磋学术，让人受益匪浅。他当时任职于美国卡泰学院。此外，参加会议的学者还有狄百瑞（美国哥伦比亚大学）、山井湧（日本东京大学）、秦家懿（加拿大多伦多大学）、余蓓荷（德国图宾根大学）及刘述先（香港中文大学）等。由于我52万字的《朱熹思想研究》是中国大陆1949年以来第一本全面系统研究朱熹思想的学术专著，因此引起与会学者的极大关注和重视。刘述先教授在《中国哲学界的两难局面——杭州宋明理学会议观感》中对这次会议做了全面评说。18日上午在大会发言中讲了我在《朱熹思想研究》一书中关于朱熹哲学逻辑结构的观点。刘述先教授说：“他（张立文）认为讲一家哲学，光讲一些范畴如理、气等是不足的。一定要深入这些范畴间的关系，始可还出此一思想的本来面目，这就要谈一家哲学的逻辑结构。从谈话中可以看出张立文的思考力很强。除去那一套唯物思想的架构不说，他是肯下苦功夫做学问。陈荣捷先生称赞他新出的朱子一书，不全依赖王懋竑的年谱，而用比王谱更古的续通鉴的材料。大陆历经

‘文化大革命’之祸，居然四五十岁一代的学者没有断绝，这实在是异数……他已出版了研究《易经》和朱子的两部大著，大陆哲学界的问题是看不到外面的研究成果，根本没有外汇到外面去买书，眼前的重点在科技与外语，所以能够有这样的造诣，实在是难能可贵了……明年他已接受邀请将到檀岛参加国际朱子大会，届时应该有机会作进一步的剧论。”① 这大概是刘述先教授在1984年邀我到香港中文大学新亚书院讲学的起因和缘由。

会议期间，我将《周易思想研究》和《朱熹思想研究》两书赠予陈荣捷等教授，会议后期陈荣捷教授约我谈话，他自我介绍他是来年美国学术联合会、亚洲太平洋研究中心联合召开的“国际朱熹学术研讨会”的主席，要我申请参加这个会议，并建议我撰写《朱熹的易学思想》。他说，据目前了解，与会学者的论文中还没有写这方面内容的，我既有这两本专著，一定能写好这篇论文。1981年11月4日，陈荣捷教授来函：“在杭得会，至觉欣幸。大著《朱熹思想研究》已经拜读若干页，喜知学术水准甚高……故即草此书，以证实在杭之约，即谓台端不必经过申请手续而与艾民、汉生等教授同样到会宣读论文。由北京到夏威夷来回飞航旅费与夏威夷住宿费均由会议支付。兹附上通告两纸，其中有铅笔标明者请祈注意为盼。为此遥颂著安。主席陈荣捷。”1981年12月13日，陈荣捷教授又来函：“立文教授：本月1日赐示拜悉。台端肯惠临朱子会议与世界朱子学者一并宣读论文，鼓励朱子研究，此不特捷个人之幸也。论文仍请在北京译成英文（这里要感谢巫白慧教授把拙文《朱熹易学思想辨析》翻译成英文），于3月1日以前寄到捷处，此处可略作文饰，会议预算有美币一百元为翻译之用。……尊著两册（‘两册’指《周易思想研究》和《朱熹思想研究》）尚未毕读，然台（端）治学之严，所用材料皆第一手，且每有新见，令人起敬……台（端）《易经》经文与《易传》为两者不同之哲学系统，诚是高明之见。”信的后半部分为讨论朱子卜筮的“遯”之“家人”或“遯”之“同人”，及朱熹署名“云台外史”“真逸”“隐吏”“平陵朱熹”何释等问题。这就是说陈荣捷教授是审阅了我的《朱熹思想研究》

① 《七十年代》，1981年11月号。

并有了基本评价后，才正式邀请我参加“国际朱熹学术研讨会”的。

《朱熹思想研究》出版后，我收到了很多来信来函。王明教授 1981 年 11 月 10 日来函：“承赠大作《朱熹思想研究》一册，至深感谢。足下用功甚勤，搜集资料丰富，分析批判总结有力，为当今学术界一大贡献。我为尊著出版表示衷心的祝贺。”邱汉生教授 1981 年 11 月 14 日来函：“承蒙赐寄大著《朱熹思想研究》，谢谢。深入探索，发为鸿篇，迈越前人，光我学苑，至为钦佩。弟衰病无似，难以为报，殊为惭恧。专复不尽。”王、邱两位前辈出于对后辈的鼓励，故有溢美之词。然后，赵宗正、黄德志发表了《于平实中见新意——评〈朱熹思想研究〉》(《光明日报》1982 年 6 月 19 日）一文，文中说：“解放 30 多年来，不仅没有出版过一本有关朱熹研究的专著，就连一本普通论朱熹的小册子也很难找到。张著《朱熹思想研究》的出版为中国哲学史、思想史重点人物的研究填补了一大空白。这是就本书的一般意义说的，如果结合本书的具体内容考查，那么，它的价值就更明显。我们觉得，这部书至少有以下四个方面特色：一、寓独见于平实……二、研究方法上的新尝试。没有采用过去哲学史研究中按哲学的自然观、认识论、辩证法、历史观‘四大块’‘分门别类’方法，而是从哲学家的思想实际出发，按朱熹思想中固有范畴和逻辑结构，解剖其整个思想体系……三、重视总结理论思维的经验教训……四、批判继承上的具体性……”日本《朝日新闻》1982 年 6 月 13 日在学术栏发表专文，介绍《朱熹思想研究》的内容观点，并做了很高的评价。《人民日报》1981 年 12 月 7 日发表士心的《评〈朱熹思想研究〉》，也对《朱熹思想研究》做了很高的评价。

三、美国“国际朱熹学术研讨会”

出席美国夏威夷“国际朱熹学术研讨会”的报告、邀请书、论文都要上报给中国人民大学校长办公室（当时中国人民大学还没有成立外事处或国际合作处，由校办负责外事工作)，由其上报教育部。1982 年 3 月 18 日，教育部通知出国人员到武汉华中师范大学参加出国人员学习班，学习内容是出国应注意事项、条例规定、纪律等，以及涉及台湾问题的“一中一台”“两个中国”问题，并填写各种表格（英文)，冯友兰先生由其女儿宗璞代替参加学习。同年 5 月，狄百瑞夫妇访问中国人民大学，并做演讲。狄氏谈到哥伦比亚大学汉学研究的情况，特别是对中国近世思想的研究，取得了较多的成果。狄百瑞曾在日本做中国思想的研究，他的汉学功底很深。学校办公室通知我 6 月 17 日到北京大学燕南园 54 号冯友兰教授家里开会，教育部有人来讲话，教育部外事处王复孙处长（他是复旦大学中国哲学史家、书法家王遽常教授的儿子）向冯先生及其女儿宗璞、邓艾民和我讲出国注意事项，特别是台湾问题。中国社会科学院系统的任继愈、邱汉生、李泽厚、冒怀辛不属于教育部系统，所以他们没有参加。这是我们与台湾社会科学学者的第一次见面开会，没有经验，所以王处长反复交代注意事项。由于这是“文化大革命”后的第一次出国，我们心中亦无底，但有像冯友兰先生这样的中国哲学泰斗共同出席，我们心里是踏实的。作为这次国际会议主席的陈荣捷教授对两岸问题处理得很好，没有涉及“一中一台”“两个中国”问题。7 月 5 日，从北京机场起飞，到日本东京机场转机，在机场候机时，冯先生由其女儿宗璞陪同，由驻日本使馆送到机场，与我们会合，21 时由东京起飞，夏威夷时间 5 日 15 时到达檀香山，陈荣捷教授亲到机场迎接，邱汉生教授赋诗曰：“乍卸行装语笑频，欢然故旧忆前尘；圣湖别后容颜好，津吏前头白发人。”“圣湖”指西湖，即 1981 年的杭州宋明理学会议。我们在陈荣捷教授帮助下办理入关手续，晚宿夏威夷东西文化交流中心。这是我第一次到美国，但对檀香山印象已很深，因为它是孙中山先生青年时期从事革命活动时所到过的地方。初到异国，既有生疏感，又有好奇感；中国大陆初次开放，与台湾学者初次会面，不知有否共同学术话语，一些疑惑在会议期间很快就消融了。这个会议组织得很好，参加会议的学者分三个层次：一是资深教授或中国哲学研究专家 38 人，如陈荣捷、狄百瑞、葛瑞汉、柳存仁、罗光、冯友兰、邱汉生、任继愈、高明、史华慈、孟旦、余蓓荷、岛田虔次、冈田武彦、山井湧、山崎道夫、友枝龙太郎、佐藤仁、尹丝淳、韦政通、蔡仁厚、刘述先、傅伟勋、杜维明、成中英、余英时、秦家懿、黄秀玑、邓艾民、李泽厚、冒怀辛和我等，梁漱溟、钱穆、徐复观、牟宗三没有出席，但都提交了论文，李约瑟、宇野精一没有出席，亦没有提供论文；二是青年学者 33 人，这是从世界各地数百名学者的申请中遴选出来的，他们是新血，是薪火的传承者，如黄俊杰、田浩、姜允明、李弘祺、朴洋子、曾春海、金永植、石汉椿、牛尾弘孝、朱荣贵、黄进兴、小官厚、岡田进、佐藤明、唐格理、赵玲玲等；三是观察学者 14 人，如孙铁刚、郭贞、修海乐等。安乐哲在《中国时报》1982 年 6 月 30 日至 7 月 18 日推出的《朱子学特辑》中说："年轻一代的研究者与会，他们除了能亲炙春风外，更可径收以心传心之功。"会议在夏威夷东西文化交流中心的太平洋会议室举行，一边是花园式的流溪曲水，一边是大学的绿茵花草，风和日丽，环境优美。大会特别安排王绮华女士关照中国大陆学者的生活。王女士从北京外国语大学毕业后，在夏威夷大学攻读硕士学位，她与 7 岁的女儿毛毛一起生活，对我们十分关照。

我发言的时间被安排在 7 月 10 日上午 8：30—11：30，这个时间段共 3 人宣读论文，宣读后即有评论者评论，及答问，每人 1 小时。我宣读《朱熹易学思想辨析》论文后，由日本著名学者岛田虔次教授评论，由于他事先看过我论文的英文稿和中文稿，对我的论文评价很高。他说他的老师曾说过，朱熹的《易学启蒙》是连魔鬼也搞不清楚的问题，张立文在论文中说清楚了，表示敬佩，并提了两个问题，我做了圆满的回答，他表示很满意。这年 8 月，日本学者深泽助雄教授写信给复旦大学潘富恩教授，并转告我。深泽在信中说："张立文先生在夏威夷会上发表的演讲，听说非常精彩，这点岛田先生详细告诉过我，另外德国女学者余蓓荷从夏威夷归国，途中来日本时到敝舍来了，她也谈到张先生演讲事，听说与会者给予极高的评价，我也为此感到高兴和引以为荣。"余英时教授在提交给会议的论文中，引用了我在《朱熹思想研究》一书中提出的一些论点。邱汉生教授作诗记"国际朱熹学术研讨会"宣读论文情况："任君超卓世无双，张邓文章动异邦。一席高谈惊四座，掌声如雨击寒江。"并注曰："邓艾民、张立文谈太极，异邦学人诧为难得。任继愈君最后发言，论朱熹消极影响，掌声雷动。"

第一天会议结束后，当晚著名语言学家李方桂夫妇在东来顺餐馆请冯友兰、宗璞、余英时和我等吃饭，饭后到李家小坐品茶点，李夫人徐樱赠予记其家事的书《寸草悲》(徐樱是徐树铮将军之女)。我受李济（中国考古学之父）之子李光模之托（李光模是李济亲生之子，1950 年从台湾回大陆，一直在中国人民大学俄语编译室工作，现健在），代其向李氏夫妇问好。李方桂还说到李济先生有一点钱想给李光模等事。

8日下午，在夏威夷大学哲学系，由狄百瑞教授主持，召开“中国哲学的前途与研究方法讨论会”，各国学者参加了这个会议。冯友兰教授首先发言，他讲在这几十年的人事变幻中，他的哲学观点也不断在变。现在毋宁说是更接近从前的。他从四个方面讲研究方法：（1）精其选，（2）慎其言，（3）得其意，（4）明其理。我讲了在《朱熹思想研究》中所运用的逻辑结构的新方法。① 所谓逻辑结构的新方法，是指中国哲学范畴的逻辑发展及诸范畴间的内在联系，是中国哲学范畴在一定社会经济、政治、思维结构背景下所构筑的相对稳定的逻辑理论思维形态。一个民族的理论思维，一个时代的哲学思潮或一个哲学家的哲学体系，总是通过一系列哲学范畴来表现的，是由诸多相互联系、相互作用的哲学范畴间的逻辑顺序或结合方式构成的，并从整体的逻辑结构上，确定诸范畴在一个时代思潮或哲学体系中的地位、功能、性质和作用。

四、两岸学者聚会

7月12日上、下午参加“国际朱熹学术研讨会”，晚由《中国时报》记者金恒炜先生在学人宿舍请两岸学者聚会，并经傅伟勋教授、杜维明教授、成中英教授努力，促成海峡两岸学者的聚会交流，两岸学者虽断绝往来30多年，但一旦相聚在一起，虽有很多疑惑，却没有一点生疏感、隔阂感，很是融洽。台湾韦政通教授1982年8月25日在《中国论坛》上发表文章说：“当我们一行未出发之前，对未来在漫长会期中要如何与北京方面来的会员相处，心中多少有些疑虑，想不到到了东西文化中心，双方相见都很自然，在此行十多天的会期中，彼此都能欢畅地谈笑，民族的感情自然流露着……”傅伟勋在会上曾提出“两岸同为炎黄子孙，同为中华文化的传承者，能够认同中华文化，因此文化中国”两岸都能接受。大家发言激烈，两岸学者均表示要加强学术交流，交换著作，以此作为开端。

① 参见拙著《朱熹思想研究》，182～299页，北京，中国社会科学出版社，1981。

会后合影留念，聚会由金恒炜先生做东。

冯友兰先生7月11日吟《朱熹会议志感》诗一首："白鹿薪传一代宗，流行直到海之东。何期千载檀山月，也照匡庐洞里风。"柳存仁教授、余英时教授等纷纷和诗，我虽不会作诗，亦和两首："濂洛关闽世人宗，道行天地感西东。旧学切磋体新义，愿把冬风换春风"；"北海南海别西东，道有默识心自通。珍重友情相与析，始悟真源此理同"。7月11日，会议安排游瓜伊岛，冯先生年迈，不宜爬山走远路，故没有参加。山路沿途有卖椰子的，杜维明教授买了送给我们解渴，我们爬到岛的最高处俯视火山喷发后的岩浆、岩灰及地质面貌。午饭于林间自助餐室，别有一番风味，篝火熊熊，炮烹乳豚，香飘四里，疲劳全消，一身轻松。后泛舟湖中，波利尼西亚少女莺歌曼舞，欢迎我们，并献花环。林间鸠妇啼呼，细雨如烟，绿草如茵，远处群山隐显于烟波缥缈之间，宛如寄身于蓬莱仙境。

12日晚，与会学者在留余斋聚餐，学者间情感融洽，谈笑风生，或交流学术，或抒发友谊，或讲别后情况，或介绍两岸学术界学术研究动态。席间有一美国女高音以英语唱《贵妃醉酒》。经几天会议交流，各国学者间都增强了彼此的理解和友谊，为以后的学术交流打开了方便之门，特别是加强了两岸之间的学术认同和沟通。

这次"国际朱熹学术研讨会"被安乐哲、姜允明等评为在当代哲学界"将树立一道新的里程碑"，杜维明认为："从规模、人数、学术水准，这次大会是中国学术思想界破天荒的第一个大会……论文杰出者：葛瑞汉哲学性很高，山井湧颇有启发作用，邓艾民有深刻的作用，冈田武彦提供一新方向，余英时有精到的见解，佐藤仁十分平实，史华慈十分欣赏韦政通，蔡仁厚简介牟宗三，任继愈有代表性，尹丝淳研究另一层面而常为人所忽略，张立文讲易，高明讨论礼。"① 梁燕城说："他们（大陆学者）的言行也无教条表现，且能开明地容纳各方的意见，其中尤以张立文和李泽厚更显示高度的哲学家潜质。张立文气象澄爽明朗，头脑清晰，其新作

---

① 金恒炜对杜维明访谈：《谈夏威夷国际朱子学会议》，载《明报》，1982年9月号。

《朱熹思想研究》，甚有学术格度。最近完成了《宋明理学研究》，还在印制中，功夫下得不少。”①

会议期间，夏威夷大学历史系郭颖颐教授给予大陆学者亲切关照，参观其书房竟发现有我的著作。“国际朱熹学术研讨会”15日结束，本来由成中英教授联系访问美国本土各著名大学，后取消。会议结束后，与台湾及各国学者告别，由大会秘书潘姬送至机场，经日本东京，于16日回到北京。回京后有报刊来约稿，我只从学术层面对“国际朱熹学术研讨会”的情况做了介绍②，而很少加个人评论，这是约稿所要求的，我也觉得这样较妥。1983年3月9日，接日本友枝龙太郎教授来函：“敬复者，去夏识教授檀岛，今日亦辱蒙贵翰，不胜感激。又读高著③，旁征博引，论述精到，近来的大著也。解明朱子思想的本领，虽贵书横说，拙著④纵说，然其意略相似，不亦乐乎……七月哈佛之会，得面谈而受高傲，则幸甚，幸甚。”哈佛之会是指“国际朱熹学术研讨会”。香港《镜报》于1983年第7期发表非闻撰写的《中年学者在大陆崛起——访〈朱熹思想研究〉作者张立文》一文，其文说：“去年7月间，张立文应邀参加了美国学术联合会和亚洲太平洋研究中心在檀香山召开的‘国际朱熹学术研讨会’……和德国、美国、日本、加拿大……来的数十位朱子学者一起，交流朱子思想研究的成果。他的新著《朱熹思想研究》受到与会学者的高度评价……三十多年来，大陆不仅没有出版过一本有关朱子研究的专著，就连一本普通论述朱子的小册子亦难于找到。特别是‘文化大革命’期间，大批儒孔，由孔子而株连及朱子，加上一顶‘大儒’的帽子，‘扔进历史垃圾堆’，不值一提了。难怪海外学者咸认为大陆无人研究朱子。张立文长达

---

① 梁燕城：《白鹿薪传·道通西东——国际朱子会议侧记》，载《七十年代》，1982年11月号。

② 参见《国际朱子会议》，载《中国百科年鉴》，517～518页，北京，大百科出版社，1983；《国外朱子学研究》，载《中国哲学年鉴》，156～160页，北京，百科全书出版社，1983。

③ “高著”，指《朱熹思想研究》一书。

④ “拙著”是友枝龙太郎教授自著之《朱子思想的形成》一书，并在来函中说：“此书20年前的博士论文，想恐有所不备，伏请赐教”云云。

50余万字的专著《朱熹思想研究》的问世，说明大陆对朱子的研究并未中辍。在那政治运动接连不断的年月里，社会风气不鼓励读书，甚至打击读书的情况下，特别在朱子遭厄运之时，张立文居然挤时间，埋头读书，不怕坐冷板櫈，刻苦努力十几年，完成了这部研究朱子思想的新著，并给朱子以客观的估价。由此可见中国知识分子对学术的真诚与抱负之一班。作者在书中保持着学者的清醒，没有简单地批判斥责了之，而是对朱子的经济思想、政治学说、教育思想中的合理因素或积极成分，一一作了具体分析，指出其可取之处。在大陆学术空气遭十年浩劫的污染以后，张立文对朱熹这个'大儒'所作的这样的分析研究，特别使人感到清新。"并且，文中指出，由于该书采取哲学逻辑结构研究的方法，"因而《朱熹思想研究》是散发着浓郁的中国芬芳的著作，在中国哲学史、思想史重点人物的研究中，开拓了新的蹊径。因此它的问世立即受到海内外学者的重视"。对《朱熹思想研究》一书做了实事求是的评价。

五、与施达克"异曲同工"

尽管《朱熹思想研究》得到了国内外学者，特别是得到了研究朱子的学者的肯定和称赞，但1983年开展了所谓"清除精神污染"运动，也称"反自由化"斗争，我的学术生命又遭到挫折。一些人认为，否定或反对四项基本原则，就是资产阶级自由化，就是反马列主义、反党反社会主义。"清污"运动来势很猛，各条战线及重点单位都找了"清污"对象。当时说资产阶级自由化已占了主导地位，问题很严重。"清污"运动一开展，一些歌曲、电影、电视剧被禁唱、禁演，裸体雕塑被砸等，这些都被作为资产阶级自由化的污染加以清除。在学术理论界也开展"清污"运动，《朱熹思想研究》首当其冲成为"清污"对象。国内一家最权威的社科杂志，在与一般书评有别的不寻常的位置，发表了署名"学谦"的《评〈朱熹思想研究〉》(1983年第4期）的长文。该文批判拙著在唯物主义和唯心主义这个马克思主义哲学基本"概念上产生了偏差"，说其模糊了唯物主义和唯心主义界限，也模糊了"主观唯心主义和客观唯心主义"，"这种观点与恩格斯当年批评过的施达克的观点可以说是异曲同工"。这就是说《朱熹思想研究》与施达克的《路德维希·费尔巴哈》一书犯了同样严重的错误。恩格斯曾批判施达克，写了《路德维希·费尔巴哈和德国古典哲学的终结》一书，提出全部哲学的最高问题与划分唯物主义和唯心主义的标准问题，批判施达克的错误。《朱熹思想研究》既与施达克的书“异曲同工”，又发生在恩格斯批判施达克之后，问题就更严重，于是学谦批判说：“这不仅关系到个人的学风、道德、名誉，更关系到人民的利益。恩格斯告诉我们：‘马克思认为自己的最好的东西对工人来说也还不够好，他认为给工人提供的东西比最好的稍差一点，那就是犯罪’。”其锋芒所指，即《朱熹思想研究》是犯罪！这个批判对我构成了冲击，文责自负，对我的批判我觉得无所谓，但株连到了拙著责任编辑的职称评定，以及累及为拙著作序的德高望重的任继愈先生，我觉得很抱歉，很对不起他们。虽然这种株连在“文化大革命”中屡见不鲜，但“文化大革命”后仍然如此，可见其影响之深。从此以后，我的书就再不请前辈作序，只怕由于自己的错误而有损于前辈的声誉。

受到批判后，我就去请教张岱年教授、辛冠洁教授和时任我们哲学系系主任的罗国杰教授。我还征求他们的意见，可不可以答复？要不要答复？我与他们讲了学谦文章的基本观点和问题：（1）断章取义，歪曲原意；（2）无限上纲，乱扣帽子；（3）不懂训诂，以错诬正；（4）人身攻击，不遗余力。他们一致支持我写文章答复，并指出应怎样答复。我在他们的鼓励和鞭策下很快写出《关于〈朱熹思想研究〉的几点认识》一文的初稿，张、辛、罗三位教授及孙长江教授，他们不仅认真看了初稿，而且提了修改意见，甚至还直接进行了修改。我根据他们的意见又做了修改，再拿给他们审阅，得到他们的认可后，我才寄给刊出《评〈朱熹思想研究〉》的那家杂志，但此文直到“清除精神污染”运动淡化后，才在1984年第2期刊出。这个答复仅就被学谦所歪曲和断章之处，恢复其原貌而已。“清污”虽已过去，心头却留下阴影，有很多感触，人生总是在艰难曲折中迈进，也在艰难曲折中完成，生命学术总要经历烈火的考验和铸炼，也要在烈火的考验和铸炼中完成。孟子说：“故天将降大任于是人也，必先苦其心志，劳其筋骨，饿其体肤，空乏其身，行拂乱其所为，所以动心忍性，曾益其所不能。”是说天要把重大的任务落到某人身上，一定先苦恼他的心志，劳动他的筋骨，饥饿他的肠胃，穷困他的身子，他的每个行为总是不能如意，这样便可震动他的心意，坚韧他的性情，增加他的能力。人的一生，没有不经历艰难挫折的，没有事事顺心的。人是在欲火中锻炼成长，在困苦的拼搏中实现价值。

1983 年 11 月 24 日，我被邀请到广西柳州参加“全国柳宗元思想讨论会”，会上讨论了柳宗元思想是唯物的还是唯心的问题、天人合一问题、佛教思想对其影响的问题、郡县制与封建制的关系问题等，对柳宗元思想的认识有了提高。会上巧遇与我同乡、同学、同专业的复旦大学哲学系中国哲学教研室主任潘富国教授，相谈甚欢，回忆往事，甚感欣慰。

第十章　生命学术的探索

生命学术是平凡的、深沉的，有时甚至是神秘的、幸运的，她吸引着大多学人在其中涉足。由此向内追求生命智慧，向外开出理想境界者，难也。我虽跋涉其间，但差距太远，高不可及。1983 年，我由于已出版 2 部学术专著、发表 39 篇学术论文（1978—1983 年）而被评为副教授。从 1960 年毕业留校到 1983 年，一直没有评过职称，在批判反动学术权威和资产阶级名利思想的日子里，谁敢提评职称？因此，23 年来我一直是助教，每月工资 62 元，养 3 个孩子，生活的艰苦自不待言。这是第一次给我提职称，但我对此很淡然，我曾向领导提出让比我年纪稍大的人先上，我可以等下一次。当时领导说："现在谁都没有你的科研成果多，在全国同行中你排在前列，1982 年你又被评为优秀教师，还是你先上，明年别人即可评上。"教育部规定副教授可以带硕士生，向世陵、张玉梅、郑为德成为我的第一届硕士生。向世陵后留中国哲学史教研室，张玉梅被分配到中国人民大学出版社，郑为德被分配到社会学系，从事中国社会学史研究，后到日本，便脱离了社会关系。

一、全国特批教授

1984 年，我在内地重要刊物及香港刊物上发表了 10 篇学术论文。当年，国家为庆祝新中国成立 35 周年，由国务院学位委员会直接审查，特批了一批中青年学者为教授，这年 8 月全国哲学界特批 5 人：刘放桐、方克立、方立天、靳辉明和我。中国人民大学占 3 人，其他 2 人是人民大学毕业的学生，刘放桐是苗力田教授的博士研究生，在复旦大学从事现代西方哲学史研究，方克立是人大哲学系 1962 届本科学生，在南开大学从事中国哲学史研究，当时大家都认为这是中国人民大学的荣誉。

1984 年 6 月 19 日—23 日，中国社会科学院哲学研究所中国哲学史研究室在蓟县招待所召开“中国哲学史上的唯物主义传统研讨会”，与会的有张岱年、石峻、辛冠洁、孙长江、乔长路、方立天、衷尔钜、肖万源、焦树安、王国轩、范阳（担任广西社科院院长）、傅云龙、张绍良、刘宏章和我等。当时，我正在撰写《中国哲学逻辑结构论》，为到香港中文大学新亚书院哲学系授课做准备，我提出中国哲学范畴有象性形态、实性形态、虚性形态，引起了大家的讨论，会上有不同看法，其中亦有批评意见，特别对虚性范畴争论最多，在唯物主义思想指导下，大家认为虚性范畴就是唯心主义的，如老子主张虚无的唯心主义，这促使我进一步思考，对我很有帮助。因为这是学术讨论，不是政治批判，所以能平等地、自由地探讨学术问题，提升对哲学范畴的认识。

1983 年 10 月 10 日—13 日，美国哈佛大学韩国研究所召开“第六届退溪学国际学术会议”，会议主题是“退溪学与新儒学”。会议邀请我参加，并提供来回机票和参会食宿费用，于是我为会议撰写了《朱子与退溪的易学思想比较研究》，这是《朱熹易学思想辨析》的姐妹篇，请冯禹博士翻译成英文。当时中国大陆只邀请了我 1 人，但后因中美关系紧张而未能成行。

1984 年 9 月 9 日—12 日，我应德意志联邦共和国汉堡大学中国语言与文化研究所的邀请，出席在汉堡大学召开的“第七届退溪学国际学术会议”，会议主题是“韩国哲学与东洋哲学”，应邀出席会议的有美、日、中、英、荷兰、意大利、瑞士、韩国等国学者 70 余人。李退溪（1501—1570），名李滉，是李朝朱子大家。约在 13 世纪，朱子学在朝鲜得以传播。1289 年，安珦（1243—1306）随高丽中烈王在元大都得《朱子全书》，将之带回朝鲜。安珦在高丽大学讲授朱子学，弟子白颐正在元朝得朱子学东还，其后权溥（1261—1346）、李穑（1328—1396）、郑道传（1348—1398）得传朱子学，由此朱子学得以流行。15 世纪，朱子学成为李朝正统思想，李退溪、李栗谷（1536—1584）为当时朱子学双璧。“第七届退溪学国际学术会议”就退溪学说与中国朱子学的关系进行讨论，与会学者认为退溪守成朱子学而有所发展，使其适应朝鲜的实际，但关于继承与发展的主次问题，学者的意见有分歧，或者以继承为主，发展为次，或者反之，或者并重。当时由于我国与韩国未建立外交关系，并且会议有台湾学者参加，所以教育部国际交流处王复孙处长一再向我交代出国注意事项等问题。我在大会上宣读的论文是《李退溪哲学逻辑结构探析》。大陆唯有我 1 人参加，台湾有师范大学国文系主任周何教授（考试院委员）、戴琏璋教授 2 人，他俩是浙江人，说起来我们有同乡之谊，因此毫无隔阂，很亲切友好，美籍华裔学者有杜维明教授、傅伟勋教授，我们 5 人在一起时有说有笑，韩国学者非常羡慕。

二、中国哲学逻辑结构论

1984 年 10 月—11 月，我应香港中文大学新亚书院院长金耀基教授和哲学系主任刘述先教授的邀请，担任“新亚书院龚雪因先生访问学人”讲席，讲授《中国哲学逻辑结构论》。这个讲稿是在酷暑中完成的，我把受批判的《朱熹思想研究》一书中“朱熹哲学的逻辑结构”一节的哲学逻辑结构发展为中国哲学研究方法，这也是对学谦《评〈朱熹思想研究〉》批判的回应。我在《中国哲学逻辑结构论》的“后记”中说：“中国哲学逻辑结构论，自 1981 年出版的《朱熹思想研究》中提出，赞同、支持者有之，非议、反对者亦有之。非议者中，若欲为师，理应谆谆，却致咄咄。故在答复之余，辄思有阐述中国哲学逻辑结构论之必要。适蒙香港中文大学邀请笔者在 1984 年担任……遂有此《中国哲学逻辑结构论》之作。其间承蒙刘述先教授审读全书 20 余万字，并提出宝贵意见。同年由中国人民大学哲学系打印，作为向本系研究生开设的课程。出乎意料的是除本系中国哲学史专业、哲学原理专业、伦理学专业研究生外，还有历史系、语言文学系、党史系、法律系研究生选修。同学们手中有了打印的讲义，笔者不再照本宣科，而是讲提出中国哲学逻辑结构论的原因、根据以及理论的运用、意义，特别对中国哲学研究方法的创新，中国传统文化思想与现代化的关系，中西传统文化的比较，中国哲学逻辑结构演变规律等。既讲授，又集体讨论，同学们热情很高，提出各种各样的问题，相互诘难，相互启发，使问题有所深入。这样，同学们既是本书的第一批读者，也是第一批认真帮助、批评本书的同志，使笔者领悟到‘教学相长’的情趣和欢乐，体会到‘弟子不必不如师’的道理……”

1984 年我被国务院学位委员会特批为教授后，由于当时人文社会科学界的教授不多，一些地方便要我去当领导或讲学，我都婉谢了，原因有二：一是我不愿意当官，只希望做一点学术研究；二是我觉得从 1956 年上大学以来，接连政治运动，没有很好读书，年华虚度，浪费了很多宝贵的时间和学术生命，需要清心寡欲地读书做学术。当时有记者问我人生格言，我说："人生就在于奋进，生命就在于创造，只要认定了目标，就要不断地追求，以达真、善、美的境界。"这是我当时真实的想法和对自己的要求。我要把自己的生命投入学术，在学术中遨游、激荡，以享受生命学术的乐处，以使生命转生为学术，即转生命为智慧。

"文化大革命"虽然过去，但极左思潮和教条主义的思维定势仍然阴魂不散，干扰着思想的解放和改革开放。20 世纪 80 年代，农村实行改革，随之人民公社瓦解，土地分配到户，实行以家庭联产承包责任制为核心的经济体制，于是出现了一批乡镇企业和私人企业，也出现了雇工和投机倒把等现象。有人就说，这是资本主义道路，资产阶级正在卷土重来等。于是，在"清除精神污染"的同时也批判资产阶级人道主义以及社会主义的异化等。胡乔木和周扬在这个问题上意见相左，因此各出版社领导怕犯政治错误，怕受批判，对出版哲学类书籍很谨慎。有的出版社编辑在底下就说，不要出现像《朱熹思想研究》那样与施达克"异曲同工"的错误。这样，我的出书就面临着厄运，有的出版社就不敢接受我《宋明理学研究》的书稿，这本书稿是我于 1982 年秋根据自己长期讲授宋明理学的讲稿及相关文章修改而成的。中国人民大学资深编审王颖先生扶余于患难中，毅然亲任《宋明理学研究》一书的责编，并请当时任《哲学研究》编辑的默明哲帮助，在 1985 年出版了《宋明理学研究》。此书 1987 年获北京市哲学社会科学优秀成果二等奖，并且作为大专教材在《光明日报》登报征订，从而挽回了一些影响。

三、日本教授的友情

1985 年 8 月 27 日—30 日，日本筑波大学召开"第八届退溪学国际学术会议"，会议主题是"退溪学的历史地位"。国际退溪学会和退溪学研究院理事长李东俊先生要我推荐大陆学者，原因是参加“第七届退溪学国际学术会议”的中国大陆学者仅我 1 人，当时我曾向他建议应多邀请中国大陆学者。由于当时中韩没有建交，他们对中国大陆学界很不了解，我推荐了张岱年、任继愈、辛冠洁、马振铎、徐运和、丁宝兰、李锦金、贾顺先、高令印、李甦平、杨宪邦、陈来、潘富恩、丁冠之、李洪淳、朱洪星、孔令仁、谢宝森等中国大陆各地学者 21 人，张岱年教授和任继愈教授因故未出席此次会议。教育部国际交流处处长王复孙指定由我带队教育系统的学者参加此次会议，但名义上各学者是以个人身份参加会议的。筑波大学主办人是副校长高桥进教授，他曾通过他的学生佐藤贡悦与我联系，亦要我推荐中国学者。我在大会上宣读的论文是《李退溪认识范畴系统论》。

中国台湾参加这次大会的学者是师范大学周何教授、戴琏璋教授，以及其学生辈的董金裕、傅伟光等七八人。我向周、戴两位教授提议，两岸学者聚一聚，由我们做东（因为出国时教育部曾给我们小量经费，我请陈来管理），周何教授说先年在汉堡时我请他吃过饭，这次他回请，这样两岸学者及美、加、澳籍华人学者傅伟勋、成中英、秦家懿、柳存仁等教授欢聚一堂，谈得很高兴，周何教授和柳存仁教授唱京戏，傅伟勋教授说笑话，李洪淳（延边大学）教授表演朝鲜舞蹈，亲切融洽，隔阂云消。

会议期间，我们参观了在筑波大学附近举办的世界科技博览会，会上展现了世界科技的发展。为举办世界科技博览会，筑波大学周围建了一些简易旅店，会议快结束时，我在旅店不慎左手被开水烫伤，手背肿得很厉害。

会后，应东京大学文学部中国哲学研究室主任山井湧教授之邀，出席了由他和安居香山教授主持的“中国出土文书研究会”，我宣读的论文是《帛书〈周易〉浅说》（即我《帛书周易注译》一书的“代前言”）。我在文中提出，紧接六十四卦的佚书，可名之为《二三子》，并对豪亮等把紧接《系辞》之后、篇首有墨丁、首句为“子曰：易之义”的佚书作为《系辞》下篇，提出不同意见，认为这是独立的一篇，可名之为《易之义》。我的发言引起了与会学者的兴趣和讨论，我的论文由吾妻重二先生翻译成日语，论文由其复印并分发给与会学者。感谢东京大学户川芳郎教授（后任文学部部长）带我到东京大学医院检查和换烫伤的药，东京大学医院是日本最有名的医院之一。之后由日本天理教主办的天理大学接待，参观天理大学、天理博物馆、天理图书馆等。天理博物馆是一个藏品非常珍贵和丰富的博物馆，它分阶段展出世界各国各地的文物，其中的中国馆除了展览青铜器、瓷器，有一室是中国民俗博物馆，专门展出各地民俗实物，如剃头担、面塑担、卖糖葫芦担、弹棉花店标志、大车店的标志物等，看后我很吃惊，我们以为没有用的东西竟成为其民俗收藏品。天理图书馆中有很多中国古籍孤本，并且图书馆还开始整理出版中国佚失的笔记、文集等，使我感兴趣的是首次看到珍贵的《阳明教言》，有文徵明画的阳明像及信函真迹，即《与道通书（五通）》，还有朱舜水的日记等文物。我还参观了奈良的各大寺院，如东大寺等，之后从大阪乘机回北京。

会议期间，大会主席高桥进教授提出成立国际儒学联合会的倡议，并起草了一份倡议书，征求各国代表的意见。中国台湾代表周何教授提出，成立国际儒学联合会应由孔子的故乡中国大陆牵头；我们表示支持周何教授的意见，并表示积极筹备。是时任韩国精神研究院院长的柳成国与退溪研究院、国际退溪学会都支持由中国大陆牵头成立国际儒学联合会。这样，由时任孔子基金会副会长的辛冠洁回国向中国孔子基金会（以中国孔子基金会作为牵头筹备单位）做了汇报，并起草章程，然后征求各国儒学、儒教单位的意见，这便是国际儒学联合会的由来。

我在日本手烫伤以后，虽能到著名东京大学医院、天理医院每两天换一次药，但在夜深人静时，勾起了很多联想。老子说："祸兮福之所倚，福兮祸之所伏""正复为奇，善复为妖"。人生在世，挫折与顺利、欢乐与悲伤、幸福与灾祸、正常与反常，总是紧密相依，难解难分。我的命运总是游走于这两者之间，循环往复。如何在有限的生命中度越这没完没了的循环，这是我所祈求的，也是我所致思的。追求生命学术，就是追求生命的度越，就是追求生命的创造。《论语》讲"死生有命，富贵在天"，对于天命，古人都主张顺受之。命运被看作一种异己力量和某种必然趋势。所以，庄子认为命运是一种"不知其所以然而然"的东西，这样命运便被赋予了神秘性和先验性，人生的祸福、贫富、贵贱、寿夭都被认为是命定的，命该如此；换言之，人生的一切都是与生俱来的。这剥夺了人掌握自己命运的权利。既然人的命运已经被决定，人自己无法改变，那么就只有消极等待，这样就无法激发人去争取好命运。只有改变这种命定论，把人之命运的好坏、贵贱、福祸、寿夭的主动权还给人自己，把改变人之命运的权利交还给人，人才会喷发出做好事、谋幸福、求富贵的激情，才会积极自律，努力改变自己的现状，争取好命运。王夫之提出“造命说”，试图打破旧命运，创造新命运。我把自己命运的每次循环都看作生存环境与生命样态的冲突、融合中的转生，这个转生就是追求生命的度越和创造，从而获得一次新的命运，或称之为转生命运。古罗马斯多葛学派哲学家塞涅卡说：“幸运固然令人羡慕，但战胜逆境则令人敬佩。”度越逆境就意蕴着命运的转生。

四、合著《中国哲学范畴精粹丛书》

1984 年 4 月 26 日，我时任人民大学哲学系中国哲学史教研室副主任，我建议办“中国哲学史教师进修班”（硕士课程），并制订了一份教学计划及教学安排，内容大致如下：（一）对象：大专院校和科研单位的中国哲学史教师与科研人员。（二）要求：坚持实事求是，从实际出发，理论联系实际；坚持马列主义的普遍真理与中国哲学史的实际相结合的学风；围绕哲学史，学习中国哲学史及哲学原著，学习哲学史方法论、中国哲学史史料学等。学习方式为授课与自学相结合。（三）课程安排：1. 马列主义哲学原著选读（144 学时，考查）；2. 中国哲学发展史（144 学时，考试）；3. 中国哲学原著选读：《周易》《庄子》《肇论》《孟子字义疏证》（144 学时，考试）；4. 中国现代哲学史（55 学时，必修，考试）；5. 中国哲学史史料学（54 学时，必修）；6. 哲学史方法论（54 学时，必修）；7. 中国哲学史专题讲座（40 学时，考查，主讲座人有张岱年、任继愈、王明、陈鼓应、杜维明等教授。1985 年 3 月 12 日张岱年教授讲“中国哲学史上的唯物主义传统”；3 月 19 日陈鼓应教授讲“庄子哲学与尼采哲学比较研究”；4 月 9 日王明教授讲“两汉哲学特点”；4 月 23 日杜维明教授讲“宋明儒学的中心课题”；4 月 24 日任继愈教授讲“儒、释、道三教合一”，这些专题讲座对中国哲学史教师进修班的学生有很大的启发）。（四）时间：学制一年，1984 年 9 月 1 日—1985 年 7 月，共 40 周，其中教学 36

周，考试、鉴定、总结 4 周。我担任该班的班主任，李甦平担任副班主任。学生是各省社科院的研究人员和各大学的教师，共约 60 人。1985 年 5 月 9 日，美国狄百瑞（时任哥伦比亚大学副校长）来校访问，我请他讲学，他向进修班讲“宋明理学在李朝的崛起”。我结合《帛书周易注译》讲“《周易》”和“《宋明理学研究》”，同学反映很好。这一年里，同学之间产生了一些矛盾，但我作为班主任尽量调解矛盾，保持了班集体的团结。

1983 年，我作为副教授即可招收硕士研究生。1984 级我招收了向世陵、郑为德、张玉梅三人。1985 年 7 月，中国哲学史教师进修班结业时，刘兴邦、张怀承报考我的硕士研究生。岑贤安（广西社科院）、徐荪铭（湖南省社科院）、蔡方鹿（四川省社科院）三人找我商议叫我带他们通过合作著书来提高科研能力和水平。我当时正在写《中国哲学范畴发展史（天道篇）》，由于篇幅的限制，很多范畴的丰富内涵及演化过程不能尽言，于是我想选取中国哲学中最普遍、最常见、影响最深远的十个范畴：天、道、理、气、心、性、仁、知、变、神，分别撰成专著，每册 25 万～30 万字，构成一套《中国哲学范畴精粹丛书》，这得到了中国人民大学出版社领导的同意和王颖资深编审的支持。我们反复讨论指导思想，我的《中国哲学逻辑结构论》得到大家认同，作为指导思想。我提出总体设想、框架，拟定提纲，然后分头撰写，交换审读，互提意见，相互修改，定稿后由我统稿。《道》于 1989 年出版。1987 年 4 月，我在《道》的“后记”中说：“《中国哲学范畴精粹丛书》坚持历史与逻辑统一的原则，采取系统分析的方法，从甲骨、金文一直到近代，揭示每个范畴的形成、演变、发展的脉络和规律，探索其发展的深层原因、根据及其理论思维教训，并进而分析该范畴在思想家哲学体系中的整体结构，与其他范畴的关系，以及关于该范畴的全部理论。我们力求广泛地占有材料，层层展开分析；力求通俗易懂，以满足不同层次读者的需要。我们的分工是：岑贤安先秦，徐荪铭汉唐，蔡方鹿宋明，张怀承明清之际和近代，我写绪论和结束语。”《中国哲学范畴精粹丛书》出版后影响很大，韩国的出版社翻译了《道》《理》《气》等，越南的出版社翻译了《理》《气》《心》《性》《道》《天》等，中国台湾的出版社以繁体字在台出版。岑贤安、徐荪铭、蔡方鹿、张怀承他们四人都成为了中国哲学方面学有专长的专家教授，成为了中国哲学界的杰出学者。

1985 年 5 月底，中国老年历史研究会筹备成立孔子研究所，我成为其会员，交会费 3 元（留有 1985 年 6 月 8 日收据）。1985 年 6 月 10 日，在孔庙大成殿召开“中国老年历史研究会孔子研究所成立大会暨学术讨论会”，成立中华孔子研究所，冯友兰为名誉所长，张岱年为所长，我为副所长。在会上，冯友兰讲“如何研究孔子之我见”；张岱年讲“历史地辩证研究孔子”；韩达讲：“1935 年 5 月 1 日，陕甘宁边区成立了孔子学会，并向全国发表了公开信，公开信在《北方日报》上发表”；梁漱溟讲：“孔学是反躬修己之学，己是以天下为己任之己。我没有读过‘四书’，像我这样年纪的人是很少的，但我是尊孔的，是服膺孔子的人。我实在没有学问，向大家致歉”。梁漱溟说话非常诚恳谦虚，令我肃然起敬。接着是张申府、杜任之、贺麟、陈元晖、杜维明发言。1985 年 7 月 13 日，我参加中华孔子研究所第一次所务会议，商议今后工作并发展个体和集体会员。10 月 11 日—14 日，在曲阜孔府召开“中国孔子研究会筹备会”，金景芳、孔令仁、赵骊生、严北溟、李泽厚诸教授做了发言，谈对孔子的看法，我也做了发言。后成立“中国孔子基金会”，我任第一届理事。

1986 年 4 月 17 日，召开《道》的统稿会议，岑贤安、徐荪铭、蔡方鹿从各地前来，张怀承读我的硕士研究生已在校。我们的工作程序是：先轮流看各人的稿子，然后讨论每一章，对每一章提出各自的修改意见，根据意见进行修改，之后把修改好的稿子寄给我，我再一章一章地修改统稿，完成后交给中国人民大学出版社的王颖编审。

1986 年 5 月，我根据中国哲学与东亚各国哲学 2 000 多年来的交流影响与现代学术发展的需要，根据我们教研室教师的研究方向（如冯禹访学印度一年，研究印度哲学；李甦平研究日本哲学；杨宪邦和我研究韩国哲学），建议哲学系中国哲学史教研室增设中国文化思想教研室和东方哲学教研室，人没有增加，但有 3 个牌子，以便对外交流。我们于 1987 年开始招收中国文化思想和东方哲学方向的硕士生，开出了“日本哲学”“韩国儒学”“印度哲学”等课程，发表了关于韩国、日本的研究论文。20 世纪 90 年代，教育部把东方哲学并入外国哲学。东方哲学应包括中国哲学，怎么能并入外国哲学？于理不通。其实，东西哲学各有自己的发展理路和特点，应该分立。传统的外国哲学是讲西方哲学，东方哲学被并入外国哲学后，基本上就不讲东方哲学了。

五、传统学研究

1986年6月22日，我出席《中国哲学史研究》编辑部召开的第七届夏季会议。（第一届夏季会议于1980年6月在中国社会科学院哲学研究所密云招待所召开，主题是“为哲学史的哲学化而奋斗”；第二届夏季会议于1981年7月在国务院招待所召开，主题是“哲学史上的思维与存在关系问题”；第三届夏季会议于1982年7月在哲学所密云招待所召开，主题是“汉唐哲学史”；第四届夏季会议于1983年6月在承德避暑山庄召开，主题是“中国哲学思潮研究”；第五届夏季会议于1984年7月19日—23日在蓟县招待所召开，主题是“中国哲学史上的唯物主义传统”；第六届夏季会议于1985年6月在秦皇岛李宪如经营的培训基地召开，主题是“中国古代历史观的特点”。）每届夏季会议张岱年教授均参加并发言，辛冠洁研究员时任《中国哲学史研究》主编，做总结讲话。第七届夏季会议的主题是“中国哲学史上人的价值”，在西山宾馆召开。我讲了人的生命价值、社会价值、理想价值等。道家重人的生命价值，儒家重人的社会价值，释家重人的理想价值，这是就大体而言，三者亦相互交叉，互渗互补。

1986年7月8日，我出席北京社科院召开的“北京文化史讨论会”，讲了北京文化的特点：一是创新性，即具有包容性、综合性；二是交融性，即具有北方文化的纯朴性和南方文化的灵活性；三是多样性，即具有宗法性和反宗法性。我的观点得到与会学者的认同。当时，哲学界思想比较活跃，关于如何解构“文化大革命”以来的思维模式，大家都有一些思考。特别是传统与现代（即古与今）的联系、转化、批判、继承问题，成为了学者争论的热点。于是，我们希望以学术沙龙的形式自由、平等地交流思想。我们的要求很简单，提供一个会议场所，免费供应一顿盒饭午餐，即使这样，也很难找到，后来《团结报》愿意提供。于是，1986年12月5日，由国民党革命委员会主办的《团结报》召开第一次文化座谈会，与会者 40 多人，会议主题是“传统文化的现代化问题”。大家各抒己见，气氛热烈，李泽厚发言讲“西体中用”，赞成者有之，修正者有之，特别是关于“西体”究竟指什么，大家意见不一。李氏做了各种解释，亦没有明确固定的所指。我发言认为，“西体中用”虽颠倒了孙家鼐、张之洞等的“中体西用”，但思维模式却没有变，都以体用关系范畴来规范、诠释中西文化。这种思维模式首先预定中学是传统的或落后过时的，西学是现代的或先进的，在传统文化向现代文化的转变中、在体用的选择上有第一位的不同和轻重之分，在实践上往往陷入不可操作的困境。

改革开放以来，人们把目光投向西方，西学像潮水般涌进。中国人放眼世界时，深深地感觉中国落后了，特别是“亚洲四小龙”（韩国、新加坡、中国香港、中国台湾）的经济腾飞，深深地震撼和刺激了国人。人们出于忧患，追问：中国为什么落后？中国大陆为什么不如中国香港、中国台湾？中国为什么没有现代化？怎样由传统走向现代？怎样才能实现现代化？在追问中，中国现代的一些知识分子陷入了传统思维的怪圈。明清之际，一些思想家曾把明亡的原因归咎于文化思想，批判空谈心性，认为其误国误民，而不着重从政治、经济、制度层面去寻找原因。五四运动前后，知识分子认为与传统文化思想的彻底决裂是实现现代化的前提，于是空前激烈地批判传统，“打倒孔家店”，实行道德革命、文学革命。“文化大革命”中，传统文化被作为破“四旧”的对象之一，被彻底扫除，出现了打倒传统文化、砸烂“孔老二”狗头等空前激烈的言辞和行为，乃五四运动所望尘莫及。在 20 世纪 80 年代初的文化论争中，一些学者开始反思五四运动和“文化大革命”这两次反传统运动：抹黑中华传统文化究竟有什么好处？这能否推进中华民族的现代化进程？中华传统文化是否像两次运动中所批判的那样糟糕？是否像批判所指的那样永世不得翻身？不可改造？不能转生？对此，《河殇》视中国文化为黄色文化，是封闭的、保守的；与西方蓝色文化的开放性、先进性相比，它是落后的。《河殇》认为，中国文化决定了中国的落后，中国若要现代化，就必须彻底地抛弃传统文化，放下五千年沉重的传统文化包袱；否则，中国的落后就是不可改变的。另一些学者则认为应复兴中华传统文化，特别是儒家文化，中国的落后要靠儒学来拯救，他们或主张儒学的第三期发展，或主张儒学是中国现代化的出路之一，等等。也有学者主张批判地继承，综合地创造，认为中华传统文化既有糟粕，亦有精华，应分别对待，剔除其糟粕，吸收其精华。还有一些学者主张创造性地转化、综合创新等。可谓是各说齐陈，莫衷一是。我试图从这个传统思维怪圈中和传统与现代的种种争论中度越出来，在与传统文化平等的、理性的对话中，理解和体认中华传统文化的本真，探索中华传统文化的特点、规律、价值和意义。在这个思想指导下，在中国人民大学科研处的组织下，我与王俊义、许启贤、黄晋凯共同主编了《传统文化与现代化》，此书吸收了各方面的意见，为传统文化与现代化的讨论提供了方便。我又受华夏出版社之约主编了《中国传统文化多维反思丛书》（上册《传统·西化·后现代化》、中册《人生·价值·儒释道法》、下册《反思·展望·走向未来》）。由于华夏出版社因故不予出版，我们就与台湾龚鹏程教授联系，将全部书稿邮寄给龚教授，请他帮助在台湾出版，后由于龚教授工作单位的调动，三册书稿在搬运中丢失。这是20多人精心写作的成果，造成不可弥补的损失，我很痛心，也很愧疚。

李甦平和汤群英努力活动，与中国人民大学出版社联系，征得李淮春社长的同意，与中国人民大学出版社副总编周文柏教授共同主编《传统文化与现代文化丛书》。当时，我正向哲学系硕士生及全校硕士生开“中国传统文化”课程，大教室坐得满满的，约有150人，有北京大学的学生来听课，包括在北大留学的留学生，如日本留学生永富青地等。我梳理并分析了西方各个文化学派思想的异同和发展，中国文化的内涵、特点、性质、作用、影响，以及中国文化未来发展的出路等。通过系统的教授，我体认到西方文化学的著作是在坚实的人类学调查研究的基础上做出的，然而我国人类学学科在1949年以后基本上停止了，要著文化学方面的著作，很难度越西方同类著作。于是，我就着力于传统与传统学的研究，在这方面中国既有丰富的资料和现实的事例，亦可回应传统与现代的争论，以便开拓一个新的领域。这种研究已不是“我注六经”式的对某位哲学家思想的描述，而是“六经注我”式的阐释自己的思想观点，它需要学术的个性和独创性，是一种生命学术的进路。于是，我撰写了《传统学引论——中国传统文化的多维反思》一书，并打印成讲义，发给选修这门课的哲学系、历史系、语文系、法律系、农经系的86级与87级研究生，我讲重点问题，请同学们讨论和提意见。这本书在 1989 年 1 月出版。在撰写基本完成后，于 1986 年 11 月 3 日，《光明日报》发表了我《论传统与传统学》的文章。在讲传统文化或文化传统时，人们往往把传统与文化这两个既异又同的概念混淆一起，不加区别。我在区分传统与文化的基础上，把传统学从文化学中分离出来，把传统学作为一个独立的学科来建构，正如文化学在 1871 年（更确切地说是 1909 年）从心理学和社会学中分离出来一样。这是我原创性的建构。此文对传统学做了规定：传统学是关于研究传统现象发生、发展及其各要素之间相互关系的学科。若从认知功能的角度来规定，可以被看作处理信息的系统、或者被看作具有吸引力量和排斥力量的场，或者是一种方式，系统、场、方式是由不同传统的诸要素构成的具有众多层次和结构的组合框架。这种框架既能制约影响这个传统场中人们的运思、认识、创造以及行为模式，亦能够制约影响他们对外来思想、知识、行为模式、价值观念等的吸收、排斥及解释。我在文中提出，从传统系统、传统模式和认知功能来看传统学的对象与范围，可包括这样几个主要方面：价值观念系统、精神心气系统、知识系统和语言符号系统。这四个方面相依不杂，相分不离。传统价值系统是由自然的价值观念、社会的价值观念、人自身的价值观念、历史的价值观念等组成的多层次复杂系统，它是传统系统、传统场的核心，并以传统主体的价值指向及其差异区别与评价不同的传统结构和模式；精神心气系统是指传统的性格、格调、旨趣、心态、情感结构、理想境界等，它是传统内在的活力；知识系统是指参与传统活动的精神要素、思维模式以及传统再创造的工具等，它包括经验型和理论型的知识；语言符号系统是指传统的传播、交流、延续所必需的条件和工具，是传统价值系统和精神心气系统的外在表现。传统学的提出和体系结构的建立，为研究传统问题开拓了广阔的生存活动空间，使传统成为独立的学科。

传统学的建构，不仅是对传统与现代长期论争的化解，而且为传统的研究开拓了无限的前景。傅铿等在 1991 年翻译出版了爱德华·希尔斯的《论传统》一书。希尔斯从社会学的角度探究了传统的含义、形成、变迁以及传统与现代化等，但没有提出构建传统学以及传统学理论体系。我的《传统学引论》着重在这方面做了探索。因为在现代生态氛围中，要体认、评价、化解传统与现代的紧张，就必须对传统做出符合本真的解释。夏甄陶教授以《〈传统学引论〉告诉我们什么——继承传统、超越传统、创造传统》为题，高度评价了该书。① 长春出版社张中良编辑与我联系，准备再版《传统学引论》，我做了一些修改，以《传统学七讲》为题于2008年出版。

六、新加坡儒家伦理教育

1987年3月23日—31日，我作为中国孔子基金会五人代表团的成员，与辛冠洁、孔令仁、马振铎、丁冠之诸教授应邀访问新加坡东亚哲学研究所。这次访问的主要目标是落实1985年9月新加坡李光耀总理访问中国时向中国领导人提议联合举办国际儒学大会的事，1986年5月新加坡副总理王鼎昌访问中国时进一步与中国国务委员兼孔子基金会名誉会长谷牧磋商，推动国际儒学大会的举办。我们访新的任务是与东亚哲学研究所具体落实会议的日程、次序、邀请人选、会议地点、接待细节等。这是中国孔子基金会第一次组团访新，所以受到新加坡媒体的极大关注，对我们每个人都做了介绍，特别是作为孔子后裔的孔令仁教授，备受关注。我们与吴德耀所长及其同仁举行了多次会议，落实了联合举办会议的各项事宜的细节。与新加坡课程发展署儒家伦理课程编写组教师进行了座谈，刘蕙霞主任对儒家伦理教育的缘起、编写教材的指导原则、不同年级的不同教材、各学校进行教学的实践状况等，做了详细介绍，对我们启发很大。我们对他们的艰苦工作表示诚挚的支持和衷心的感谢，同时到中学学习、观摩“儒家伦理”教育课的教学，并参加了教学课堂的讨论。1987年3月25日，中国孔子基金会五人代表团先后参观了圣尼各拉女校和德明政府中学。圣尼各拉女校李宝丝校长率老师和家长欢迎我们，李宝丝校长介绍了她们推行儒家伦理教育的情况，以及学生思想品德的提升和伦理道德行为的实行情况，之后我们到教室观摩学生上“儒家伦理”课的情况。之后又到德明政府中学参观，德明政府中学副校长朱美珍介绍了学校

---

① 参见夏甄陶：《〈传统学引论〉告诉我们什么——继承传统、超越传统、创造传统》，载《人民日报》，1989-03-10。

教育的概况，并就“儒家伦理”课的教学问题与我们座谈，我们提了诸如学生是否自觉选课、教师参加儒家伦理训练班是否自愿、道德教育和修身是否与实际相结合等问题。座谈后，我们与德明政府中学的同学们一起听他们的老师讲“儒家伦理”课，老师结合实际生活的实例，讲得很生动，又放投影的实情记录，同学们不仅认真听讲，而且结合自己的体会进行讨论，这种思想道德教育在中学生的心灵里种下了健康的种子，对其人生成长起着重要的作用。活动结束后，我们与老师、同学合影。

3 月 28 日，在新加坡课程发展署儒家伦理课程编写组主任刘蕙霞博士主持下，我向儒家伦理课程编写负责人和各校教师做“孔子伦理思想的再评价”的演讲。我当时指出：应该按照现代社会的发展需要，重新解释和评价孔子的伦理思想；任何思想意识必须经得起历史的沿革和考验，否则它的生命力就将停止；一些思想随着历史的演变，将成为过去，例如“不孝有三，无后为大”。我还提出：儒家伦理思想已成为华族心理结构和潜意识的一部分；一个民族必须保留自己的传统特质，这样才有存在和延续的价值；所以，华族要保持民族特质，就必须使优秀的儒家伦理思想发挥它的生命力。① 3 月 29 日，新加坡五个学术团体联合举办演讲会，我讲“孔子学说的基本范畴”，就孔子的“仁”“礼”“义”“恕”“天”等做了诠释，并揭示范畴之间的联结及其在思想体系中的地位。然后提问，反应热烈。访问新加坡课程发展署儒家伦理课程编写组结束时，刘蕙霞博士赠送我们全套“儒家伦理”课程的教材。

这年的 8 月 30 日—9 月 4 日，在孔子家乡山东曲阜联合举办“国际儒学讨论会”，我负责学术方面的筹备工作。这次会议新加坡来了 40 多人，儒家伦理课程编写组的成员和教师大部分都参加了，我与徐远和在北京接待他们，在北京住一晚后到曲阜。按照会议预先的安排，学术讨论会在曲阜阙里宾舍举行。

这次访问新加坡给我留下印象最深的是，参观圣尼各拉女校和德明政府中学“儒家伦理”课的教学活动，以及学生“知行合一”的讨论，其启

---

① 参见《新加坡课程发展署儒家伦理课程编写组简报》，1987 年 8 月号第 3 期：11～12 页。

发性的、声图结合的、生动活泼的教学方式使中学生容易接受。据报纸报道，在与儒家伦理课程编写组同仁、教师座谈结束时我表示：东方文化可以辅助西方文化之不足，儒家伦理相当适合我国的国情；儒家伦理的启发式教学，用现实例子和故事来说明大道理，能够收到潜移默化的功用。[①] 儒家伦理课程对当前我国青少年道德教育具有巨大的现实价值，对青少年人格的培养、道德素质的提高具有重要的借鉴意义。

七、悼念梁漱溟先生

1987年10月31日，中国文化书院在香山兄弟楼召开“梁漱溟先生从事教学科研工作七十周年学术讨论会”，恰好虞愚教授亦与会，在会议休息时，我在看梁漱溟先生著的《中国文化要义》一书，虞愚教授诗兴大发，拿过我的梁著书，填诗一首：

比观文化开新页，剖析钩玄有几人？
早岁高名满京阙，大年新著动凡尘。
哜真已悟生无尽，见独悬知道益亲。
学术商量加邃密，多公胸次迈千年。

虞愚初稿

1988年梁漱溟先生作古，享年95岁。1989年5月间，虞愚先生仙逝。人生忽忽，时也，命也，奈何，奈何！这是中国思想界的巨大损失。悲哉！痛哉！

---

① 参见《新加坡课程发展署儒家伦理课程编写组简报》，1987年5月号第2期：10页。

第十一章　朱子学与退溪学

1987年5月12日，我请美国天普大学傅伟勋教授来我校做“文化中国与中国文化”的演讲，他语言生动，情感真挚。他认为台湾方面以三民主义“统一中国”，大陆不会接受，大陆方面以共产主义“统一中国”，台湾方面也不会接受，但中国文化两方均可接受，故而他主张海峡两岸应以“文化中国”来统一，同学们反响热烈。6月15日，我请日本著名学者筑波大学中国思想史系汤浅泰雄教授做“日本当代哲学”的演讲。他演讲的内容包括：(1)近代前的哲学，主要讲空海、道元以及儒家的朱子学、阳明学；(2)近代日本的哲学和实存思想，主要讲西多哲学、和辻哲郎哲学即近代日本哲学的命运以及1970年前后的哲学等。这些演讲对中国哲学史研讨班的同学来说，开阔了视野，增强了他们对国外思想近况的理解。1987年6月17日，中国哲学史研讨班举行结业典礼。6月18日—19日，我指导的硕士生向世陵、张怀承、张玉梅、郑为德通过硕士论文答辩，除张怀承回其原单位湖南师范大学工作外，其他三位留校，向世陵留中国哲学史教研室，张玉梅留中国人民大学出版社，郑为德留社会学系。10月9日，我请卡尔·马克思大学（现为莱比锡大学）的毛来福教授做“汉学在民主德国”的演讲。从1878年莱比锡大学成立第一个汉学研究所以来，莱比锡大学培养了多位著名汉学家。毛来福是汉语名字，“文化大革命”中他在中国人民大学中国哲学史教研室留学。

一、东方文化书院

1987年1月24日—26日，我出席了香港中文大学在行政大楼祖尧堂召开的“第九届退溪学国际学术会议”，会议主题是“新儒学在东亚细亚地区的展开”。我在大会上宣读的论文是《李退溪理动论探析》。岁末12月2日—5日，由厦门大学、福建师范大学、福建省社科院、中国哲学史学会等9单位联合举办“国际朱子学学术会议”。美国的陈荣捷、狄百瑞、成中英，日本的冈田武彦、高桥进、佐藤仁、沟口雄三、小岛毅、牛尾弘孝、佐藤贡悦、土田健次郎，新加坡的龚道运等参加了会议。我在会议上宣读了论文《朱熹美学思想探析》，受到与会学者的好评。我还提交了《朱熹的自然科学》一文。《北京周报》记者王晓滨对我的两篇论文进行了系统报道，他认为我提出了新的见解，对今后朱熹思想研究、中国传统文化思想研究和中国哲学的思维样式与科技间关系的研究都具有启发意义。①

1987年12月23日，在中国人民大学灰楼（现求是楼）1210教室召开“中国哲学怎样走向世界学术座谈会”，我出席会议并发言。我认为中国哲学走向世界不能靠自己叫喊或一厢情愿，而是必须要关注世界哲学的前沿，参与世界哲学前沿的争论，只有如此，才能取得中国哲学在世界哲学中的话语权，才能获得世界哲学界的认同，才能走向世界。基于此，中国人民大学哲学系中国哲学史教研室（东方哲学教研室、中国文化思想史教研室）根据自己对东方哲学的研究，特别是对韩国哲学、日本哲学和印度哲学研究的成果，酝酿成立东方文化书院，作为中国哲学走向世界的第一步。作为教研室主任，我被大家推举为院长。1987年，国际退溪学会和退溪学研究院为表彰我对退溪学研究所做的贡献，授予我退溪学国际学术奖（由于当时中韩未建交，故而未被批准赴韩国领奖，由日本学者高桥进代领）。1988年2月，邀请冯友兰教授担任名誉院长，并请赵朴初先生题写院名，注册成为独立法人社团单位。秘书长为桑建民、党小林，学术处由卞崇道、李甦平负责，教务处由李静荣负责，秘书处由武书文负责，财务处由邢路负责等。后大家忙于教学和科研工作，没有按原定设想积极开展工作，故而东方文化书院没有很好地开办下去，十分遗憾。

1988年6月，梁漱溟先生逝世，一代乡村建设理论的建构者和实践

---

① 参见《北京周报》（日语版），第26卷第2号、第3号，1988-01-12、1988-01-19。

者，中国文化哲学的开拓者，敢于与毛泽东对着论理的人，驾鹤西去。6月 26 日，中国文化书院举行“沉痛悼念梁漱溟先生会议”。冯友兰教授的悼联是：“钩玄决疑百年尽瘁以发扬儒学为己任，廷争面折一代直声为同情农夫而执言”；我和石峻、方立天的悼联是：“哲人千古，风范长存”；张岱年先生的悼联是：“善行浩然立气有学有守，弘扬中华文化立德立言”；启功先生的悼联是：“给先德不朽芳徽初无意作之君作之师甘心自附独行传，愍众生多般若谛任有时呼为牛呼为马棘手唯留兼爱篇。”我数次拜访梁先生，请教中国文化和人心人生问题，承蒙于 1985 年题字赠《人心与人生》一书。

二、汉城奥运会

1988 年 9 月，奥林匹克运动会在韩国汉城举行，韩国要把这一届奥运会办成体育、科技、文化一体化的奥运会。因此，韩国奥林匹克运动会组织委员会主办了“奥林匹克国际学术讨论会”，这是一个由自然科学、人文科学、社会科学多学科组成的学术讨论会，邀请了世界各学科著名的 400 名学者参加，在奥运村国际会议大厅举行，会期 15 天，会后可观看奥运会比赛。中国受邀学者有费孝通教授和我等，会议要求提供本人论文和著作，以便在会议期间展出。我被分到伦理分会，就伦理问题与世界学者对话。我们出席了汉城奥运会的开幕式，代表和平、和谐、进步的奥运圣火于 8 月 23 日由希腊首席女祭师达卡鲁斯在希腊奥林匹亚赫拉神庙内点燃，由专机经曼谷运抵韩国南部济州岛，由此揭开了长达 4 163 公里的国内火炬接力。圣火的传送播种着和平与和谐的种子。在圣火过夜的地方开展当地固有的民俗艺术表演，如济州岛的奴拿文化祭、釜山的水营野游和当地民俗假面舞剧、晋州的农乐、江陵的李栗谷先生祭礼等，显示出各地浓厚的乡土气息和传统艺术的生命力。传送圣火的跑手各有传统的气息，如再现壬辰（万历二十年，即 1592 年）抵抗倭祸的情形。传送工具有现代车辆、传统的木筏等，体现了热爱自己民族传统文化的自信、自尊、自立的精神。对此，一位西方评论家说：“调和了韩国的神秘主义和超现代的壮观。”1988 年 9 月 17 日上午，汉城奥运会的开幕式以汉江边的鼓声为讯号开始。当江上祭的场面在国乐声中映现在奥运大竞赛场的巨型画面上时，场内十万观众起立鼓掌，同时千万个各色鲜艳的气球从各方升起，编织成锦绣的天空。接着，竞赛场南门、北门一千多名鼓手表演迎接日出的节目。自北门入场、停立于南端的世界树模型前，世界树分开，出现了圣火台和响彻天空的爆竹声，一群白衣少女象征朝鲜仙女和希腊女神翩翩入场，表现了东西方相逢的欢乐。一千多名舞蹈者，摆出五轮、三太极、奥运徽章，表演着“上古之光”的场面。我们坐在看台上，有人指挥我们举起预先放在座位上的彩色卡片，全场组成朝鲜传统图纹与“和谐”“进步”等字样。虽事先没有练习，但却十分整齐，标志着世界各国人民的团结和友好。

各国运动员或穿民族传统服装、或穿运动装有秩序地入场。荷兰选手拿着红色的雨伞，象征郁金香；东加选手无论男女，都穿独特的裙子；印度选手扎着金黄色的包头巾。我心里着急地等待着中华健儿的入场，中国选手全身着运动装入场，我同台湾学者共同呼喊着“中国、中国!”因为振兴中华是两岸学者共同的心愿。选手入场完毕后，汉城奥委会委员长朴世直与国际奥委会主席萨马兰奇一起走上讲台，朴世直致开幕词，萨马兰奇致欢迎词。在奥运歌声中升起奥运会会旗，紧接着圣火入场。韩国学者告诉我，手持火炬进入会场的运动员是52年前柏林奥运会马拉松赛跑英雄孙基祯。他虽已过古稀之年（75岁高龄），但精神饱满，他跑完100米，将火炬交给林春爱，由林春爱点燃奥运主赛场的大火炬。

运动员退场后，多姿多彩的文艺表演开始。“索车战”游戏表现了阴阳和合、南北相逢和东西文化的沟通，激动人心的农乐体现了朝鲜人民坚强的斗志、合作的精神和团结的力量。整个“索车战”高扬着和谐精神，体现了东方民族的风格。由世界60个国家的198种838个传统假面具组成的舞蹈“混沌”，使人联想起混沌与有序的关系，是东方民族哲学智慧的体现。当800名穿着白色上衣和蓝色裙子的女学生翩翩起舞时，高空跳伞人员像飞鸟似的从会场上空轻捷降落到会场中央的草坪上，西方评论家认为这是“东方的象征主义”，我认为这是传统文化与现代文化的和谐。一个民族绝不可以不讲自己的民族传统，没有传统的民族就会失去自己民族屹立于世界民族之林的价值与意义。汉城奥运会开幕式深深打动了我的心，弘扬民族精神和中华文化是我应尽的历史使命与职责。

奥运会期间又召开了“第十届退溪学国际学术会议”，会议主题是“退溪学的回顾与展望”。之前，会议组织者退溪学研究院理事长李东俊先生两次来北京找有关领导，以促成中国学者与会。年逾七旬的李先生是韩国政府八大经济顾问之一。他认为中国学者不参加会议，是会议的巨大损失。他说：1987 年授予对退溪学研究做出贡献的中国学者张立文教授退溪学国际学术奖，但由于两国没有建立外交关系，张立文教授不能去汉城领取奖状、奖金；这次借奥运会之机，他决心促成中国学者到汉城参加“退溪学国际学术会议”。由于李鹏总理、吴学谦副总理和谷牧副主席的批准，中国人文社会科学学者第一次到韩国汉城参加了“第十届退溪学国际学术讨论会”。会议时间为 1988 年 9 月 14 日—21 日。当时，中韩没有通航，我和李甦平、杨宪邦三人只得先到广州，在广州住一宿，第二天到香港。因为香港孔德容先生事先帮我们买好了到汉城的机票，所以到香港后，我们便顺利乘飞机到达汉城，在途中我还在赶写《朱子与退溪、栗谷道心人心说之比较》一文。李退溪的思想源于中国宋代理学集大成者朱熹，作为朝鲜的朱子学家，他发展出适合其社会实际需要的朱子学，并成为李朝 500 多年的官方意识形态。退溪思想不仅对朝鲜影响很大，而且对日本有很大影响。从东方儒家文化圈的视野来探讨中国的朱子学、朝鲜李朝的退溪学及日本的朱子学，以究其思想同源性，这对促进东方文化思想的发展是大有裨益的。在这届“退溪学国际学术会议”上，有近 40 位学者做了学术演讲，我也宣读了论文。我的论文涉及四个方面：（1）关于退溪思想与中国朱子学的比较研究；（2）关于退溪思想与日本朱子学的关系；（3）关于退溪思想与东亚现代化研究；（4）关于退溪经济、政治、哲学、诗文等思想的研究。

在会议的安排下，中国学者访问了汉城大学（现为首尔大学）、成均馆大学、高丽大学、中央大学、庆熙大学、岭南大学等，并在一些学校做了演讲。他们以“中国学者招请讲演会”发出通告，我就“中国朱子学的研究和再评价”“中国传统文化与现代化”“中国 80 年代关于文化的研究”等主题介绍中国学术研究的情况，使他们能了解中国学术研究的最新动态。各学校均非常重视这次访问，总长（校长）、理事长亲自接见，故而我们普遍接触到了各校教授。他们都对中国大陆学者表示了极大的热情，双方在文化上有一种认同感。他们对中国现代化建设寄予很大的期望，他们总觉得日本人帮助中国建设不一定怀有好意，并不真正想使中国富强起来，韩国学者和人民都真诚地希望中国富强起来，帮助中国现代化建设，因为我们有共同受日本侵略的痛苦体验，他们热切希望与中国大陆建立各种形式的经济、学术、文化交流。在我们访问各大学期间，各校都提出了建立校际关系的建议。中央大学总长还讲起他1945—1947年在上海生活的经历，对中国充满感情。

我们访问了相当于我国古代太学或国子监的成均馆大学，成均馆大学儒学每年招收30名左右的儒学生。这里有大成殿（孔庙），有孔子和72弟子的牌位以及古代朝鲜入孔庙的儒家学者如李退溪、李栗谷等的牌位，还有学生读经的讲堂。大成殿有两棵近500年树龄的柏树。成均馆大学继承了培养儒学人才的传统，专设儒学学科，这对我有很大的冲击，我们国家就没有一所大学专设儒学学科。成均馆大学的教授和学生以能到中国曲阜访问孔庙、孔府、孔林为一生最大的愿望。这不仅是一种文化上的认同，而且是一种文化上的寻根，是世界特别是东亚地区和平友好的有利因素。韩国各大学强烈希望派学生到中国大陆留学，过去有学生到中国台湾留学，但当时审查很严。韩方说，台湾认为为韩国培养的汉语人才和研究人才都去与大陆打交道，觉得白培养了。当时韩国各大公司、企业、学校急需大量汉语和汉学研究人才，以适应与中国大陆的经济、文化交往。过去，韩国只有3所大学有中文系，现在增加到13所大学。我回国后曾向国家教委打报告，要国家教委接受韩国留学生来中国大陆留学。自古以来特别是唐代以后，朝鲜都派大量留学生到中国留学，有的还参加中国科举考试而获得功名，这有利于中国文化思想的传播。我们在访问高丽大学民族研究所时，所长洪一植教授特别介绍了他们正在编写世界上最大的《朝汉大辞典》，可见他们也在积极从事这方面的工作和研究。

三、总统接见

韩国的大学都非常重视传统文化教育，并都设有博物馆，譬如高丽大学、庆熙大学、中央大学、梨花女子大学、世宗大学、延世大学、国立汉城大学等，博物馆有丰富的历史文物，关于古代抗倭战争及日本对朝鲜的侵略、殖民统治，都有详细的、具体的文物展出，通过展出进行爱国主义教育，树立民族自信心、自尊心。我们还参观了国立民俗博物馆、民俗村及古装展览会、皇仑寺出土文物展览会、伽倻土器特别展览会、初期百济出土文物展览会，对朝鲜民族灿烂的古代文化有了更深一层的体认。

在“第十届退溪学国际学术会议”期间，辛冠洁和我被通知韩国总统卢泰愚要接见我们及苏联学者布罗夫、南斯拉夫学者玛亚、日本学者高桥进等。这是我们出国前估计不到的，在中韩没有建交的情况下，我们无处商议，只得召开全体会议（12 名学者，分中国社会科学院系统和国家教委系统，分别由辛冠洁和我主持），大家充分发表意见，分析政治形势和可能出现的后果，并达成共识：卢泰愚以接见学者的名义接见，我们是以学者个人身份参加接见，不代表政府也不代表任何人。并提出两点要求：(1) 根据出国前国家教委国际合作处处长王柏哲同志的意见，不能出现“一中一台”“两个中国”的情况，考虑到接见名单中有中国台湾学者及韩台的外交关系，我们提出在接见中和报道中不能出现“一中一台”“两个中国”的问题；(2) 尽量不做大量报道，以至不报道，如报道也不要长篇报道或出现在显著位置的报道，以免朝鲜抗议。会议组织者李东俊和国际退溪学会理事长琴震镐经研究后，完全接受我们的要求，于是我们同意参加接见。

9 月 20 日上午 10 时前，保安人员引领我们到青瓦台总统府，把带的所有东西包括照相机等放在一个房间内，我记得没有经过安检就到了总统接见室，卢泰愚进入接见室与每位学者握手，然后坐在上首中间主位。与 6 位学者及李东俊、琴震镐（卢泰愚总统的连襟）的交谈中，卢泰愚问及各国研究退溪学和退溪学分会的情况，各国学者做了简要的回答，卢泰愚指着接见室内屏风上的退溪《圣学十图》，问它的意思和宗旨，我作为退溪学国际学术奖获得者，讲了其意义及“天人合一”的宗旨，卢泰愚还说希望“第十一届退溪学国际学术会议”在朱子的故乡——中国召开。我们回答说，作为学者，特别是作为退溪学的研究者，我们非常欢迎在北京召开“第十一届退溪学国际学术会议”，但一个国际会议涉及各方面，还需要回北京后再做确切答复。接见后，每人获赠一本由卢泰愚总统签字的奥运会纪念邮票集。有的学者认为我们对卢泰愚总统关于第十一届会议事宜回答得太生硬，但我们是据实回答。卢泰愚这次接见所谓社会主义集团国家的代表，表示了友好开放的姿态，不久韩国便与苏联、中国等国建交。1984年，“第七届退溪学国际学术会议”在联邦德国汉堡大学召开，我作为中国大陆的唯一代表出席了那次会议，当时退溪学研究院理事长李东俊先生就表达了在中国召开“退溪学国际学术会议”的愿望，随后第八、九届都向我提出要在朱子学的故地中国召开退溪学会议的要求，由于碍于中韩两国未建交，难度太大，我均没有答复。但我在每次学术会议后的报告中，都提出在中国召开“退溪学国际学术会议”的请示。这次会议后，我以中国人民大学的名义向国家教委报告卢泰愚总统接见时提出在中国召开“退溪学国际学术会议”的愿望，并亲自到外交部亚洲司向徐敦信司长汇报情况，同时请国家教委把我校的报告转给李鹏总理、吴学谦副总理等，进行各方面的努力，促成其事。

作为参加“第十届退溪学国际学术会议”的学者，瞻仰李退溪的事迹是理所当然的。于是，我们到安东李退溪的故乡，参观李退溪的出生地及读书的学校等。李退溪，名李滉，其家乡有一条溪名叫退溪，故以此为号。同时，我们参观了李退溪创办的陶山书院，陶山书院建立在风景优美、环境幽静的退溪先生故乡安东，有教学场所及学生宿舍，培养了一批有学术成就的学者，为朱子学在朝鲜的传播和发展做出了杰出的贡献。我们还参观了李彦迪先生创办的玉山书院。陶山书院与玉山书院的学规、教学内容，基本上按朱熹在白鹿洞书院所制定的学规实施。我在陶山书院前补植一棵松树，这是每位退溪学国际学术奖获得者都需要植的树，以祝退溪学万古长青，也是每位获奖者在心里和行为上所留下的纪念。

四、东京大学讲理学

1988年10月，我受日本东京大学文学部中国哲学研究室主任沟口雄三教授之邀，在东京大学文学部讲授宋明理学。30日下午北京时间16点40分乘巴基斯坦民航PLK752航班，于21点30分到东京，出站领到行李已22点，由本间木次先生（中国哲学研究室的助手）来接站，但我没有想到的是深泽助雄教授也来接机，我并没有告诉他什么时候乘什么飞机到东京，他说是从沟口雄三教授那里得知的，他从新潟赶来接我，我非常感动，沟口雄三教授知道后也很感动，他说这样的日本人不多了。从机场出来后，我们先坐汽车后坐地铁，共约1小时，最后坐出租车到我住的地方：东京港区白金台东大国际会馆B402，我请深泽助雄教授同住，但他要住旅社。10月31日，深泽助雄教授陪同我到东京大学，中午见到沟口雄三教授、渡边浩教授（渡边浩教授虽不是参加1982年美国夏威夷“国际朱熹学术研讨会”的代表，但他到会上看望日本学者，我亦与其见过面，因此亦算熟人）、土田健次郎教授及中国哲学研究室的助手福岛、小岛毅、本间木次等。中午在东京大学教员食堂吃饭，说是请吃饭，实只请我一人，其他人都是自己付钱，或者总费用大家分摊，大家边吃饭边谈工作，并对我在东大期间的任务做了具体安排，由此可见日本工作效率之高。我的讲学日程如下：11月2日（星期三）上午10：30—12：15，参与中国哲学史研究室研究生讲习课：研讨《朱子语类》；11月9日（星期三），我讲“二程思想之异同”；11月16日（星期三），我讲“无极太极之辩”；11月17日上、下午，学术交流会，我讲传统学、逻辑结构论等；11月19日，沟口雄三教授作为东京大学中国学会会长邀我在中国学会例会上讲“80年代以来中国宋明理学研究的进展”；11月26日（星期六），研讨《朱子语类》；11月30日（星期三），我讲“朱王异同”。这样，我讲课的日程就基本确定了。我心里有数，这充分体现了他们工作的计划性。

第二天，沟口雄三教授亲自送来做饭的锅碗等，还送来一袋大米，并详细交代安全事项及生活方面的问题，很是亲切。期间，我曾参加由沟口雄三教授主持的讲习会，有博士生、硕士生，有本研究室的助手以及其他大学的教授如（早稻田大学的）土田健次郎教授参与。我参与的是《朱子语类》第20卷第47～50段的讲习。这四段由上次讲习会指定的一个或两个学生为主，大家准备。学生先用中文念一遍这四段文字，再说对其中的名词、词语、人名、地名的注释，譬如第47段的“这个地位大故是高了”的“大故”，第48段的“圣贤言语平铺地说在那里”的“平铺”，根据《说文解字》《尔雅》等词典对此词语的解释进行解释，后由大家讨论、补充、修正，把文本的字面意义真正搞懂，然后翻译成日文。这种读汉字古典著作的方法，把读书与掌握文字、音韵、训诂相结合，把理解文本意义与翻译实用相结合，这样做学问，功夫扎实，知识充实，受益无穷，是值得我们学习的。当前中国哲学的硕士生、博士生，由于没有受较严格的文字、音韵、训诂的训练，基本功差，在解释古典文本中往往望文生义。《朱子语类》的讲习已坚持几年了，沟口教授说要把这讲习坚持下去，通过这种方法把《朱子语类》全部做完。1994 年，沟口教授已从东京大学退休，应聘到大东文化大学教书，我还参加了他召开的《朱子语类》讲习会，土田健次郎教授也参加了。每次《朱子语类》讲习会所形成的材料，根据大家的意见修改后，发表在《汲古》杂志上。

沟口雄三教授对我说，东京大学没有客座教授和顾问教授的称号，只有客座研究员称号，故而为我办理了客座研究员的卡，可以凭此卡到图书馆、资料室看书和借书。空下来时，我就抓紧时间校对《周易帛书今注今译》（台湾学生书局的清样稿）和准备我的几次演讲稿。11 月 6 日校对完毕，下午土田健次郎教授约我去东风书店，老板姓简，是台湾来的，曾在东京大学法学部读书，他与土田教授熟悉。书店开在二层，地方很小，但书很多，书架到屋顶，找书只能容一个人侧身到书架缝里去掏。我看准了《朱子遗书》，但当时没带那么多钱，又怕土田教授替我买，后来是请中国哲学研究室助手马渊昌也先生替我买的。从书店出来便到新宿台湾人开的梅园吃中国料理。土田教授要了 3 个菜：青菜、螃蟹、蛤蜊肉，还要了啤酒，花了 8 000 元，相当贵，但觉得未吃饱。我有时自己做饭吃，曾从我住的东大国际会馆到杉木屋八芳园超市买菜，菜相对便宜。

11 月 9 日，我向研究生和研究室助手、教师讲“二程思想的异同”①，由马渊昌也先生翻译，他中文水平很高，普通话讲得很地道。我 9 点到东大，中国哲学研究室未开门，附近中国文学研究室已开门，巫白慧先生已在等我了，那时巫先生也在东京讲学。10 时 30 分，我在东京大学法学部

① 后以《有我和无己——程颢程颐哲学思想异同》为题，收入拙著《宋明理学逻辑结构的演化》（269～278 页，台北，万卷楼图书有限公司，1993）。

2 楼 211 教室讲课，先由沟口教授对我做了介绍，我从“有我”与“无己”切入讲二程的异同，听讲者反映很好，认为这是一个新视角，能中二程之肯綮。来听的共计 30 余人，包括早稻田大学的 4 位博士研究生。吃中饭时，有两位自我介绍是从北京大学来留学的博士生，他们对国内的“体脑倒挂”现象颇有微词，认为这种“体脑倒挂”现象是“文化大革命”以来不尊重和不重视知识、技术、科学的后果。他们看到日本教授的工资、社会地位与国内教授的工资、社会地位存在巨大差距，便产生留在日本的想法，但我认为这种现象总会改变的。11 月 11 日，沟口雄三教授、马渊昌也先生和我去会见这次资助我到日本的国际文化交流共济会的理事长。由于理事长临时有事情，常务理事山下重明先生和龙川郁子女士接见了我们，谈得很融洽。由于这是礼貌性拜见，我送给山下先生《宋明理学研究》一书，送给龙川郁子女士我主编的《传统文化与现代化》一书。山下先生说看过我写的书，如《周易思想研究》。

11 月 15 日，我受中国哲学研究室池田知久教授之邀，向本科生、研究生、中国哲学研究室助手讲“《帛书周易》与通行本《周易》的异同”。池田知久教授是研究中国先秦简帛的，他当时正在做《帛书五行篇》的研究，并已写成稿子，请我提意见，研究做得很细。由于我对《帛书周易》与通行本《周易》分析得较仔细，他们听课后觉得收获很大，而我恰恰校对完《周易帛书今注今译》，因此，讲起来驾轻就熟。11 月 16 日，我讲“无极太极之辩”[①]，主要围绕周敦颐以后朱熹与陆九渊关于无极和太极的辩论展开，这场论争随朱陆之辩的延续而延续，成为约 800 年来的公案之一。11 月 17 日，东大中国学会例会，沟口雄三作为会长，由他主题演讲。他说日本儒学有两种倾向：一是以冈田武彦先生为代表发扬阳明学，它的后果是有可能向右的方向转变；二是岛田虔次教授儒学资本主义的提法，他不同意这种提法。渡边浩、土田健次郎、小岛毅、福岛仁、马渊昌也等都做了发言，讨论得认真、自由、开放，使我体认到学术的生命力及其生生不息的原因所在。

---

① 后以《朱陆无极太极之辩——周敦颐〈太极图〉与〈太极图说〉的矛盾》为题，收入拙著《宋明理学逻辑结构的演化》(311～324 页)。

11月19日，我在东京大学中国学会做“中国20世纪80年代宋明理学研究的分析与思考”① 的演讲，由马渊昌也先生翻译成日文。20日以后，受京都大学和京都地区岛田虔次教授、金谷治教授、本田济教授、庄司庄一教授、坂出祥伸教授、三浦国雄教授之邀，由吾妻重二先生联系，坂出祥伸教授接待安排，在京都大学会馆做“中国宋明思想研究的现状”的演讲，演讲会由岛田教授主持，我非常感谢他邀请我到他家做客——一般来说，日本教授是不会邀请到家做客的，他还带我参观了京都大学图书馆古籍部。我有几天在图书馆里看中国古籍，这里有很多珍贵版本以及古人眉批的手迹本，并看了《北溪字义》较早的本子，古籍部研究人员指出中华书局标点本有不少错误和校勘不精。在京都期间，我参观了金阁寺，金光灿烂，倒影水中，神妙无穷，还参观了清水寺、天龙寺以及岚山周恩来总理的诗碑等。诸多寺院的布局，甚有禅意。又受九州大学冈田武彦教授、荒木见悟教授、町田三郎教授之邀到九州讲“中国80年代文化论争的分析与思考”，后由于时间比较仓促而没有去九州大学，恰好筑波大学高桥进教授要我去演讲1次，这样我便在筑波大学讲“20世纪80年代的文化论争”。11月29日，我受早稻田大学楠山春树教授和土田健次郎教授之邀做“我的宋明理学研究”② 的演讲，沟口雄三教授特地赶到早稻田大学听我的演讲。演讲后，受众很有兴趣地提了很多问题，这既是对我的启发，也是对我演讲的支持。这次在日本的时间较长，参观了不少地方和神社，对日本社会有一定的了解。

我隐约地觉得，在日本古代，无论室町时代还是江户时代，儒学就分为各种学派。以江户时代的朱子学来说，依师承关系而有：以藤原惺窝、林罗山为首的京师朱子学派，以安东省庵、贝原益轩为代表的海西朱子学派，以谷时中、山崎暗斋、佐藤直方为代表的海南朱子学派，以三宅石庵、中山竹山等为代表的大阪朱子学派，以德川光国、安积淡泊为代表的水户学派等。这种学派的师承关系与学派意识促进了日本学术的发展。直

---

① 后收入拙著《宋明理学逻辑结构的演化》(511～529页)。

② 载日本早稻田大学：《东洋的思想与宗教》第6号，1989年6月。后收入拙著《宋明理学逻辑结构的演化》(1～14页)。

到现代，在东京、京都、九州等地区，以东京大学、京都大学、九州大学为中心而形成的不同学派在学风、观点、方法上均有所差异，正由于此等差异而形成了学派多元竞争的现象，这种现象对学术发展是非常有利的。它不仅激发了学术的生命力，而且催生了学术的日新而日日新。学术若无竞争，就犹如一潭死水，死水只能慢慢发臭，而后干枯，因此我赞成学术的多元竞争，而不赞成变学派为宗派。宗派往往走向故步自封，党同伐异，而不容纳、不吸收不同的学术，最终便走向衰落。保守使学术落后，开放使学术繁荣。

1988 年 10 月 25 日，人民大学中国哲学史教研室和哲学系主办“庆祝石峻教授执教 50 周年会议”。张岱年教授、任继愈教授不怕受累，均来参加。张岱年教授尽管年纪大于石峻，但过春节时仍到人民大学来拜年，甚至到石峻家拜年，我与方立天赶去陪同。任继愈与石峻是北京大学哲学系同学，他们本科毕业后，石峻留校任汤用彤教授助教，任继愈继续读研究生，他俩关系密切。在“庆祝石峻教授执教 50 周年会议”上，张岱年说石峻“兼通华梵，博贯古今”；任继愈说石峻“坐拥石渠八千卷，出入陈蔡五十年”。“华梵”指中国哲学与印度佛教哲学；“石渠”指石渠阁，汉代皇宫藏书之处，在未央宫殿以北，汉初萧何所造，收藏入关后得到的秦国图籍，成帝藏入秘书，寓意石峻藏书之多。“陈蔡”之“陈”，春秋时诸侯国名，周初封舜之后妫满为陈，《论语・卫灵公》载孔子“在陈绝粮，从者病，莫能兴”；“陈蔡”之“蔡”，周成王弟叔度封蔡，“出入陈蔡”，指石峻教授研究儒家思想，泛指中华文化。由于石峻教授是我们中国哲学史教研室的台柱子，亦是我们最尊敬的老师，所以会议很隆重，外校很多学者来参加。

第十二章　接着讲与自己讲

一、五四 70 周年

1989 年 1 月 14 日，国家教育委员会社会科学研究中心主任吴晓玲女士召集我们开会，传达中宣部、国家教育委员会领导关于庆祝新中国成立 40 周年、五四运动 70 周年的纪念活动的精神，出席会议的有戴逸、王雪珍、季羡林、梁柱、郑杭生和我等。这个会算是一个筹备会，总的意见是要继承五四爱国主义传统，增强中华民族的自信心和凝聚力，发扬民主科学精神，振兴中华，实现四化，建设有中国特色的社会主义。会议还传达了具体安排：团中央召开纪念大会，赵紫阳做报告，由胡绳同志组织班子起草；《人民日报》《光明日报》发表纪念文章；专访五四运动参加者；组织学术研讨会（由教委负责）、社会主义初级阶段的国际研讨会（由中国社会科学院负责）。社会科学研究中心确定五四研讨会的主题是“五四新文化运动的回顾与前瞻”，我参加学术组工作，共收到学术论文 293 篇。

4 月 10 日—13 日，五四研讨会在五四运动发源地北京大学召开。我主持一场大会发言，开始各人念稿子，会议沉闷，我建议发言人只讲论文要点，在控制论文发言时间的情况下，留下较多时间讨论、提问题，顿时会场活泼、气氛热烈，台下听众纷纷举手发言。大家就如何发扬民主科学精神、传统民族文化与外来文化的关系、马克思主义中国化等问题发表各种意见。会议要求正确阐明五四科学与民主精神，探讨在改革开放新形势下如何振奋民族精神、促进社会主义精神文明建设等理论问题。

4 月 15 日，胡耀邦去世，北京高校发生学潮，波及全国，学生们提出反官倒、反腐败的要求。4 月 25 日，将学潮定性为“一场否定共产党领导、否定社会主义制度的政治动乱”。4 月 27 日，北京学生、市民上街游行。5 月 2 日，学生向国务院提出对话要求。

5 月 1 日—5 月 3 日，我参加了在西山宾馆由中国文化书院主办的“五四与中国知识分子国际学术讨论会”，记得美国的林毓生、周策纵等以及一些台湾学者参加了会议。会议就中国知识分子的责任以及传统与现代化的关系问题展开讨论，论争激烈，针锋相对，包遵信在争论中很活跃，情绪激昂。5 月 4 日，学生走上街头。从 5 月 13 日开始，学生在天安门广场绝食，我们学校的学生也有去绝食的。“六四”以后，各学校根据中共中央、国务院转发中共北京市委、北京市人民政府《关于彻底清查、坚决镇压反革命暴乱分子的工作方案的请示》，开始清查暴乱分子。7 月 10 日，中共中央、国务院转发国家教育委员会《关于高等学校工作中几个问题的意见》，规定高校必须“把坚定正确的政治方向放在教育工作的第一位”，各高校加强政治思想教育。

8 月 18 日，我出席了国家教委中英友好奖学金评议委员会会议。出席会议的有北大的张滂、张龙翔，清华的袁乃驹、吴佑寿，北师大的伍铁平，北农大的石元春，人大的郑杭生和我，协和医院罗慰慈等。国家教委副主任朱开轩、留学生司司长何晋秋等介绍情况，这是由包玉刚爵士在 1986 年 6 月 9 日向中国政府提出，共筹集 350 万英镑（中方出资 140 万英镑，包玉刚出资 140 万英镑，英方出资 70 万英镑），每年可资助 300～400 名学生，包括博士生和高级访问学者等，到英国各大学留学、进修、访问。以后还出席过几次评议会议，审查、确定中英奖学金名单。哲学系段忠桥是通过中英奖学金去英国进修的。

二、主办“第十一届退溪学国际会议”

1989 年 10 月 3 日—7 日，由中国人民大学和国际退溪学会共同主办“第十一届退溪学国际学术会议”。在 1988 年“第十届退溪学国际学术会议”后，我和杨宪邦、李甦平便积极筹备这次会议，当时中韩没有建交，召开“退溪学国际学术会议”有一定难度，我们多次到教委各有关部门汇报情况，说明举办这次会议的重要意义和必要性，并多次直接到外交部亚洲司汇报情况，又去找亚洲司司长徐敦信说明举办“退溪学国际学术会议”的必要性和重要性，最终争得政府的批准。此前国际退溪学会的代表金彦钟教授到北京考察会议安排情况及参观团的住宿问题，我们去北京国际机场迎接，他见沿途都有军队站岗，很担心代表的人身安全和会议的安全，我们一再向他说明情况，保证代表的人身安全和会议的安全，双方才达成协议。会议代表 100 多人，住西颐宾馆，参观团住燕山宾馆。会议在科学会堂召开，冯禹、戴扬毅两位教授担任英语同声翻译，张敏女士、姜日天先生担任韩语同声翻译。代表出席的情况是：美国 4 人、日本 1 人、苏联 2 人、捷克 1 人、民主德国 1 人、中国大陆 35 人、中国台湾 14 人、中国香港 1 人、新加坡 2 人、韩国 36 人。这次会议的主题是“退溪学在儒学中的地位”，子题有“关于退溪学在儒学中的地位”“关于退溪学与宋明理学的关系”“关于退溪学的哲学性质”“关于儒学与现代化的关系”等。与会代表就这些问题展开了热烈的讨论。这次会议在校、系领导的大力支持下，在各兄弟单位的帮助下，举办得很成功，袁宝华校长主持欢迎宴会并致辞。“六四”以后，召开有与中国没有建立外交关系的国家的学术团体参加的国际会议难度很大，特别让人操心。韩国会议代表和参观团的绝大多数代表没有来过北京，所以他们兴致特高，会议尽量满足他们的要求。我在《退溪学在儒学中的地位：第十一届退溪学国际学术会议论文集》的“序”中说：“当第十一届退溪学国际学术会议，经过一年多艰难而曲折的积极筹备，终于在 1989 年 10 在北京召开并完满闭幕时，我如释重负，顿觉轻松，其时心情实难言传，多少个不眠之夜，总算有成。……1984 年 9 月，我作为中国大陆唯一的代表，首次参加了在联邦德国汉堡大学召开的第七届退溪学国际学术会议。会议期间，退溪学研究院理事长李东俊先生热切地对我说，由于退溪是朝鲜李朝时的朱子学大家，所以希望能在朱子学的故乡——中国大陆召开退溪学国际学术会议。对这种合理的要求，我心里是赞成的。但考虑到时机不成熟，而未能作出肯定答复。然李先生却很有信心，以后第八、九、十届退溪学国际学术会议期间，再三表示要在中国大陆召开，看到他那急切的心情，我总劝他需要耐心。他却说他将不久于人世，他等不及，因而要在他在世时办成这件事。我以为他身体尚好，总不至于那样，但还是应验了，他确实等不及了，在第十一届退溪学国际学术会议在北京召开前8个月，他离开了人世。一个人或一个民族是要有点精神的，没有精神的人或民族，是不能长久生存于世间的。这种精神就是‘君子终日乾乾’，奋进不懈，勤勉不已。要办成一件事，即使困难重重，只要有志气，有那么一种‘君子自强不息’的精神，坚持下去，总是能成功的。……我曾问他为什么要弘扬退溪学，他很感慨地说，60年代他在访问西方国家时，西方有些学者总是很轻蔑地问：你们东方有什么哲学思想？韩国有什么哲学思想？意思是说，韩国没有自己民族的哲学，一切要靠西方。作为一个东方人，一个韩国人，面对西方人的挑战，他心里是很不好受的。因此，他下决心弘扬退溪学，在世界各国的大学召开退溪学国际学术会议，要使西方人知道东方有自己民族的哲学，韩国有自己民族的哲学，东方和韩国的经济发展，是由自己民族的传统文化、传统哲学作为基础或支柱的，而不是科学技术搬西方，哲学思想也搬西方，一切靠西方，没有西方就不能生存，靠西方的恩赐过活。确实，任何一个国家、一个民族，都需要有自己的哲学思维，没有哲学思维的国家和民族，不仅会被有哲学思维的民族瞧不起，而且最终会被有哲学思维的民族所消融、所代替。这就是说，一个民族失去了自己的传统文化、传统哲学，也就失去了自己民族的特殊性，失去了这个民族存在于世界的价值。”李东俊先生的这种精神使我非常激动，是值得我们学习的，对此我将永志不忘。

三、中国哲学的方法论

1989年，我出版了几部有关中国哲学的理论性著作，这是我从中国哲学史的描述向中国哲学论的著述的转变，是从接着中国传统哲学和哲学家讲，向自己讲、讲自己的中国哲学的转变，也是从学术生命向生命学术的变化，即转生命为智慧。以往写《宋明理学研究》《朱熹思想研究》《中国哲学范畴发展史》，都是写古人、近人等的思想，既然写别人的哲学，就得写得像那个人的思想。虽可以有自己的诠释，但亦必须依据那个人的文本，尽量贴近那个人哲学思想的本真，这是讲别人哲学思想的实事求是的原则，而不能自己讲、讲自己的，也不能离开那个人的文本讲。“自己讲”“讲自己”有两方面的意思：一方面，既是讲中国自己民族的哲学，是依据中国哲学实际讲，而不是照着西方哲学讲，也不是接着西方哲学讲；另一方面，是讲自己的哲学思想，而不是讲别人的哲学思想，可不受别人文本的限制，讲自己对中国哲学的自我体认，讲自己对哲学话题的看法，讲自己哲学理论的建构。《传统学引论》（中国人民大学 1989 年 1 月出版）、《新人学导论》（职工教育出版社 1989 年 6 月出版）、《中国哲学逻辑结构论》（中国社会科学出版社 1989 年 10 月出版），此三本书出版的次序并不是我撰著的次序和思路的顺序。

《中国哲学逻辑结构论》是在 1983 年“清除精神污染”运动中，《朱熹思想研究》遭批判后，在思想激烈冲突下兴起的著述冲动，于 1984 年 6 月冒着酷暑而完成初稿，并作为这年 10 月赴香港中文大学新亚书院哲学系讲学的讲稿。我在长期中国哲学史教学研究中，深感中国哲学史研究方法的重要性。因为一切理论的探索，在某种意义上说，归根到底都是方法的探索，特定学科的研究方法之完善程度在一定意义上表明该学科的成熟程度，并带来该学科的发展。五四运动以来，我们在向西方学习技术、制度、价值观的过程中，以西方的真理为真理、规范为规范、原则为原则，要么依据西方的实用主义来讲中国哲学，要么以西方的新实在论来剪裁中国哲学。蔡元培就曾说：“中国古代学术从没有编成系统的记载，庄子的《天下篇》，《汉书·艺文志》的《六艺略》《诸子略》均是平行的记述。我们要编成系统，古人的著作没有可依傍的，不能不依傍西洋人的哲学史。所以非研究过西洋哲学史的人，不能构成适当的形式。”① 这便是当时学术界的认知。“哲学本一西洋名词。今欲讲中国哲学史，其主要工作之一，即就中国历史上各种学问中，将其可以西洋所谓哲学名之者，选出而叙述之。”② “所谓中国哲学家者，即中国某种学者，可以西洋所谓哲学家名之者也。”③ 我们又曾在一个较长的时间内遵照《联共（布）党史》四章二节和日丹诺夫《在关于亚历山大洛夫著“西欧哲学史”一书讨论会

---

① 蔡元培：《中国古代哲学史大纲序》，1 页，见胡适：《中国哲学史大纲》，上海，商务印书馆，1919。

② 冯友兰：《中国哲学史》，1 页，北京，中华书局，1961。

③ 同上书，8 页。

上的发言》中关于“科学的哲学史，是科学的唯物主义世界观及其规律的胚胎、发生与发展的历史。唯物主义既然是从与唯心主义派别斗争中生长和发展起来的，那么，哲学史也就是唯物主义与唯心主义斗争的历史”①的指示，对中国古代到近代的哲学家进行定性的分析，关于老子、庄子、张载、二程到康有为、谭嗣同等是唯物主义哲学家还是唯心主义哲学家，学界论争不休，各方均持之有故，言之有理，相持不下，莫衷一是，使中国哲学史研究陷入尴尬境地。

为了走出中国哲学史研究的困境，我提出了“中国哲学逻辑结构论”。我在《中国哲学逻辑结构论》的“前言”中写道：“每一个民族都有她固有的文化传统。每个民族理论思维的发展，都是这个民族自我觉醒的进程。中国是世界文明古国，是东方文化的典范。中国有没有自己独特的哲学思维，有没有别具风格的哲学范畴，有没有由这些范畴构筑的哲学逻辑结构，这是当代中国哲学研究者不能不思考的重要课题。……中国哲学逻辑结构不是从现成的原则、原理出发，也不承袭西方的‘分门别类’，更不把中国哲学削足适履地去符合现成的原则、原理，而是从中国哲学的实际出发，试图梳理和总结出中国哲学固有的原则、原理、规律、方法。我认为，中国的理论思维将会大大丰富人类的理论思维。这是因为，中国有悠久的历史记载，保存了世界上最丰富、最全面、最详尽的各方面珍贵资料。现存的15万片甲骨文以及经、史、子、集，蕴藏着对人类文化和社会发展阶段、规律、原理以及社会科学、人文科学等具有启迪作用的东西。这些资料由于种种原因（文字艰难和传播困难亦是原因），西方有影响的社会科学和人文科学理论家、思想家都没有很好，甚至没有利用过它，而只是依据西方历史资料、经验、实践概括出社会科学和人文科学的原则、原理、规律、方法，如果从中国的实际资料出发，总结概括，定会对人类文化、理论思维的发展作出巨大的贡献。中国哲学逻辑结构论向中国哲学的内在世界探索，从中国传统哲学范畴在一定社会经济、政治结构条件下的结合方式和人类认识发展史的角度，探索其逻辑结构的演变和发

① 日丹诺夫：《在关于亚历山大洛夫著“西欧哲学史”一书讨论会上的发言》，4～5页。

展，揭示中国哲学范畴横向联结和纵向承接关系，使哲学范畴的研究不停留在静态上，而在动态中探讨。这种根植于中国土壤的哲学范畴逻辑结构的分析，可以在思维中再现范畴逻辑结构的具体形态，从而进一步揭示出中国哲学逻辑的结构。中国哲学逻辑结构论根据中国哲学思维的发展和哲学范畴的固有特点，以及人类认识和思维发展的次序，提出了不同于西方的中国哲学范畴分类法。在西方，或者把范畴分为实体、属性、关系三类，或者把范畴分为辩证的唯物论、唯物的辩证法、辩证的认识论等。这种分类方法或者不能确切说明中国哲学范畴的相互关系与内在联系，或者没有体现逻辑与历史相统一的原则。本书依照中国理论思维发展的进程，即中国哲学范畴的历史顺序和逻辑顺序，从低到高、从简单到复杂、从具体—抽象—具体的发展，把中国固有的范畴分为象性范畴、实性范畴、虚性范畴三大类。从思维方法而言，即是直观的知性思维、思辨的理性思维和辩证的系统思维。"

所谓中国哲学逻辑结构，是指研究中国哲学范畴的逻辑发展及诸范畴间的内在联系，是中国哲学范畴在一定社会经济、政治、思维结构背景下所构筑的相对稳定的体系或结合方式。哲学作为以思想的思想而反思的思想，是通过概念、范畴而呈现的。中国哲学的以思想的思想而反思的思想，是指人对宇宙、社会、人生之道的道的体贴和名字体系，体贴有体悟、反省、反思的意思。一个民族的理论思维、一个时代的哲学思潮或一个哲学家的哲学体系，是通过一系列哲学概念、范畴来表现的，是由诸多相互联系、互相作用的哲学概念和范畴间的逻辑顺序或结合方式构成的，并从整体的逻辑结构上确定诸概念、范畴在一个时代思潮或哲学体系中的地位和作用。对中国哲学逻辑结构方法的体认，有一个过程。1964 年，在探讨谭嗣同哲学思想的过程中，我发现学界的意见分歧很大，主要对他的仁、以太、心、识、心力等范畴理解有异。我提出仁学哲学范畴之间的关联是可寻的，是有一定逻辑次序的，其逻辑结构是：仁—通—平等或平等—通—仁。① 关于老子哲学是唯物还是唯心的意见也是众说纷纭，争论

① 参见张立文：《论谭嗣同"仁学"哲学的唯心主义实质》，载《江汉学报》，1964（6）。

不休，谁都认为自己有理有据，说服不了对方。我根据《老子》和马王堆《老子帛书》写了《略论老子》。我认为“老子哲学的最高范畴是道（无），道的一个重要特征是有；二、三，即阴阳、天地冲气等矛盾是被用来表示有的；道借助有以派生万物。道（无）—有（二、三）—万物或万物—有—无，这就是老子宇宙生成的图式，也是他哲学思想的骨架”。经过十多年的思考，我把上述思想概括为哲学逻辑结构论，并把它作为自己研究中国哲学的方法论。

以中国哲学逻辑结构论为方法论来指导研究中国哲学和哲学范畴，不仅能真实地贴近中国哲学和哲学家思想的本真，而且能揭示中国哲学发展演变的规则性。我从中国哲学逻辑结构的历史演变来考察，便进行了中国哲学范畴史的研究，撰成了《中国哲学范畴发展史（天道篇）》《中国哲学范畴发展史（人道篇）》，主编了《中国哲学范畴精粹丛书》的《道》《理》《气》《心》《性》《天》《仁》《知》《变》《神》等。所谓中国哲学范畴发展史，是指中国哲学范畴产生、发展及其互相关系的历史，是关于中国哲学范畴发展的动因、内在逻辑及规律的历史。中国哲学逻辑结构论是中国哲学范畴的理论概括，中国哲学范畴是中国哲学逻辑结构论的展开。中国哲学范畴体系，是指体现事物诸规定性的固有联系的中国传统哲学范畴的融突体，是中华民族在体认客观世界中形成的支点、交感点，并通过一定方式相互联系成范畴体系，这是一门科学是否成熟的标志。中国哲学逻辑结构论作为中国哲学新的研究方法，它准确揭示了中国哲学的本质，深刻体现了中国哲学的特点，完整呈现了中国哲学的本真。因此，一经提出，它就被中国哲学界普遍运用。

四、传统学的建构

20 世纪 80 年代是就中国传统文化有无价值、传统与现代的关系进行大论争的年代，是对“文化大革命”中所奉行的极左思潮进行反思和解构的年代，这种反思和解构是为了建构新的文化观、价值观和方法论。建构了作为方法论的《中国哲学逻辑结构论》后，我便切入中国传统文化本身，继承传统、弘扬传统、度越传统、创新传统，于是我与中国人民大学出版社副总编周文柏共同主编了《传统文化与现代文化丛书》，试图对传统文化如何转生为现代文化进行深入的探索。传统与现代的论争，即古与今的论争，由来已久，从古至今，荦荦大者约有三次：第一次是秦始皇统一中国后，于公元前 213 年咸阳宫的古今之辩，最终酿成焚书坑儒的悲剧；第二次是五四反传统，提出“打倒孔家店”的口号；第三次是“文化大革命”与传统的彻底决裂，破“四旧”“批倒批臭孔老二”“踏上千万只脚，使他永世不得翻身”等。这三次传统与现代的论争中的确暴露出一些人对传统文化有深恶痛绝的情结，其反传统文化的行为极为激烈，不可思议，造成了极大的、不可弥补的损失。我为这套丛书撰写了《传统学引论》，试图建构新传统的“传统学”。我在这本书的“前言”中说：“人生就在于奋进，生命就在于创造，只要认定了目标，就要不断地追求，以达真、善、美的境界。……奋进就蕴含着艰难和险阻。然而，在逆水中行舟，进则尚有到达彼岸的希望，退则就会被急流所淹没。创造就意味着痛苦和磨炼。它需要冲决原有的价值观念，以及自己习以为常的思维理路，评价尺度，而往往使人陷入彷徨、矛盾之中，但却预示着新生命火光的再次点燃。追求就潜藏着困境和灾难。在哲学探索的道路上，陷阱遍布，荆棘丛生。虽怀‘如履薄冰’‘如临深渊’的心情，亦不免祸从天降。至于真、善、美的境界，只不过是自己的一种理想世界而已。然而，我却默默地这样做着，我写《中国哲学逻辑结构论》，试图探索一条适合中国哲学的研究方法，改变中国哲学照着或接着西方哲学方法论讲的情境。当中国大地上的文化旋风冲击着各个学术思想的‘世袭’领地时，原有的框框被打破了，先在的规定被否定了，文化思想界的面貌发生了巨大的变革。为了文化探索的扩展和深入，为了中国早日步入世界现代化国家的行列，我写了《传统学引论——中国传统文化的多维反思》，人们可以从反思传统中觉醒。今天的中国是传统的中国的延续，现代的中国人是传统的中国人的沿传。我们批判传统中国的丑陋，是为了建立一个富裕、文明、友爱的现代化中国。这就是我写《传统学引论》的宗旨。为此，我把传统学从文化学中分离出来，把传统作为一门独立的学科来建构。尽管传统学研究的前景还有很多困难，但只要坚持下去，是会取得成果的。正如文化学在 1871 年（更确切地说是 1909 年）从社会学中分离出来以后，蓬勃发展，建立了众多文化学派，促进了文化学的发展一样，传统学也将如此迅速发展。……传统像不停流动着的黄河之水，在不断地凝聚，不断地消失，又不断地创造。传统一代代的过去，一代代的成长，一代代的新生，它是一个不断分析扬弃和综合创造的进程。”

《传统学引论》原是我向博士生和硕士生讲课的讲稿，由学校打字组油印发给同学。1988 年 5 月 28 日，中国文化书院在中国人民大学附中二层旧楼会议室召开《传统学引论》讨论会，参加讨论会的有汤一介、成中英、陈鼓应、庞朴、孙长江、陈俊民、包遵信、陈来等。成中英认为，传统是文化，但文化不一定是传统，传统可以独立在文化之外，什么文化延续下来，继续起作用的是传统，这是传统与文化的相关性，传统在时空中有一个存在结构、方式，如价值观念、制度等被认定为一种规范、模式；传统是活的历史，是历史的效用性。他又讲了传统的效用性和动力性。庞朴认为我的传统学可以增加两章：一是传统的时空，二是传统本身的历史。汤一介认为传统与文化是有区别的，并发问：有没有没有传统的文化，能否叫文化传统学？孙长江认为，传统是传而统之，传是纵向的传承，统是横向的统摄；传统精神是什么，命运如何，儒学与传统的关系如何，都应加以论述。陈鼓应认为传统有大传统与小传统，风俗习惯就是大传统。陈俊民认为，传统与文化很难区分，传统是文化的传统。讨论会上大家各抒己见，对我的修改有很大帮助。

在《传统学引论》中，我把传统与文化加以区别，并把传统按其本来的含义规定为：“人类创造的不同形态的特质经由历史凝聚而沿传着、流变着的诸文化因素构成的有机系统。”这就是说：（1）传统就是凝聚，主体在实践中所创造的、建构的各种以实体为形式或外观的成果、产品，如树木加工成盆景，这是文化现象，但不是传统；传统是文化成果所体现的主体的智力和主体意向中某种精神、风格、旨趣、神韵的凝聚。（2）传统不仅是凝聚和内藏于物质型文化中的观念、意识、心理，而且是内藏于精神型文化中所凝聚的传统观念、心理。（3）传统是文化延续和凝聚为系统的内在要素、因子。传统离不开文化要素，文化要素依传统而延续。传统是文化的相对稳定结构。（4）传统与文化在其相互关系中，既有互补互济、不离不杂的一面，也有相互冲突、相互排斥的一面。这两方面相互作用，构成了传统与文化在其历史发展中出现的双向对应制约：一方面是顺应性制约，传统作为文化的样式、类型的内化与稳定结构，它受文化内容、特性、形式以及对象化了的本质力量的制约；另一方面是逆应性制约，文化在历史的变异中不断地自我扬弃、选择、凝聚，固化而构成传统，传统一旦形成，便对文化产生一种逆应性制约，传统反过来支配各种文化现象、样式、类型的运动导向和价值取向，以至代替文化的内容等。

文化学是关于研究文化现象或文化系统的科学，那么传统学是关于传统现象发生、发展的规律及其要素间相互关系的科学。(1) 文化学是研究主体如何以及怎样外化或对象化的，主体与客体化的关系；传统学是研究客体化的对象物是如何及怎样体现主体精神、风格、神韵、心理素质结构的。(2) 文化学研究各种文化现象间的对立统一，以及由此对立统一所构成的文化有机整体系统；传统学研究各种文化现象如何凝聚、固化成传统。(3) 文化学研究各个历史时期文化现象的发生、发展、瓦解的过程及规律，故而文化发展史与社会进化史有相似之处；传统学研究传统在各个历史时期的变异和契合，以及如何重新筛选、凝聚、固化，如何世代延续。

《传统学引论》的第1～2两章是讲传统与文化的分离、文化学与传统学的分离以及传统学的建构。建构传统学的纵横互补律、整体贯通律、混沌对应律三方法，以及传统发生、发展、破坏、重建的历史进程。第3～6四章是讲传统学建构的四要素，即传统学研究的对象和范围。如果说传统的价值观念系统、传统的心理气质系统是传统学的“软件”的话，那么传统的语言符号系统、传统的知识系统则是传统学的“硬件”。两者互相依存，互相促进，构成了传统学的主要内涵意蕴。第7章是关于传统无意识和传统的反思，在反思中建构新传统，以便建构富强、文明、自由、友爱的现代文化。我期望传统学像文化学一样从各个层面展开，如传统发生学、传统诠释学、传统义理学、传统文化学、传统心理学、传统哲学、大传统与小传统、传统民俗学等方面，以求繁荣昌盛。

55年来，为拓展传统学的研究，在哲学的视野下，我撰写和主编了一些著作：传统文献学研究著作有《帛书周易注译》、《退溪书节要》(主编)；传统发生学研究著作有《周易与儒道墨》《周易智慧和诠释》；传统义理学研究著作有《周易思想研究》《宋明理学研究》《朱熹思想研究》

《宋明理学逻辑结构的演化》《李退溪思想研究》《心学之路——陆九渊思想研究》《正学与开新——王船山哲学思想》《戴震哲学研究》《退溪哲学入门》《韩国儒学研究》《儒学与人生》《国学新诠释》《“自己讲”、“讲自己”中国哲学的重建与传统现代的度越》《传统与现代》；传统范畴学研究著作有《中国哲学范畴发展史（天道篇）》《中国哲学范畴发展史（人道篇）》《天》《道》《理》《心》《性》《气》《天》《知》；传统文化学研究著作有《新人学导论——中国传统人学的省察》、《传统文化与现代化》（主编）、《传统文化与东亚社会》（主编）；中国哲学的创新研究著作有《和合学概论——21 世纪文化战略的构想》（上、下卷）、《中国和合文化导论》、《和合与东亚意识——21 世纪东亚和合哲学的价值共享》、《和合哲学论》、《中国哲学思潮发展史》（上、下卷）、《中国哲学逻辑结构论》，但未能涉及传统人类学、心理学、历史学、逻辑学、社会学等领域。

五、人是会自我创造的和合存在

人创造了文化和传统，文化和传统亦创造了人。文化和传统的本质说到底是人化，人本质上是文化的人。作为文化现象、模式、类型的凝聚或固化的传统，其核心是人，是人生命智慧的智能创造或人智能力量的对象化和对象的人化，即主体的客体化和客体的主体化，或外化和内化的动态融突的凝聚结构的延传。这样，我便从传统学进入人学的探索，因为传统学说到底是人学。有人的自我体认、自我度越，才会有传统的自我体认、自我度越。同样，有人的自我智能创造，才会有传统的智能创造。人离不开传统，传统亦离不开人。现代人一方面延续着人类历史丰富的传统，另一方面借助传统进行智能创新。因此，一个否定自己传统的民族是没有前途的民族，当然，一个不吸收外来传统的民族是不会发展的民族。鉴于此，我主编了《传统人与现代人丛书》，并撰写了《新人学导论——中国传统人学的省察》一书，该书由人的“自我发现论”“自我塑造论”“自我规范论”“自我创造论”“自我和合论”五章构成。2000 年出版修订本，增加了“自我关怀论”一章。人的第一次发现是从自然中发现了人，把人从自然的奴役下解放出来；人的第二次发现是从宗教神学中发现了人，把人从宗教神学的奴役下度越出来；当前人面临着第三次发现，即从现代科技的异化中发现人，把人从现代科技的奴役下开放出来。

中西哲学家、思想家，从亚里士多德到恩斯特·卡西尔，从荀子到柳宗元，对“人是什么”都做了种种规定。卡西尔认为海德格尔等把人定义为“会言语的动物”“理性的动物”，不如定义为“人是符号的动物”。他说：“我们应当把人定义为符号的动物（animal symbolicum）来取代把人定义为理性的动物。”① 卡西尔的《人论》出版于1944年，当时电子计算机应用范围很窄，语言学未诞生转换成理论。当今是信息革命的时代，科学技术飞速发展，在电脑、互联网等高科技的统合中，数字化为人类提供了一个虚拟空间。虚拟作为中介系统，是度越语言文字符号的中介系统，它在语言文字符号创造的思维空间、符号空间中又开创出虚拟空间、数字空间、视听空间、网络空间。网络世界改变了人们方方面面的生活方式、交往方式、书写方式、思维方式，使以往的不可能变为可能，不能实现的变为可能实现的，如智能电脑与人的对话等。在这个背景下，卡西尔以“命题语言与情感语言之间的区别”作为“人类世界与动物世界的真正分界线”②，便不恰当了。换言之，卡西尔“人是符号的动物”这个在一定时期为前沿的定义，必将被“人是会自我创造的动物”（现改为“人是会自我创造的和合存在”）所代替。我提出“人是会自我创造的和合存在”，是基于对人类当前所面临的人与自然、人与社会、人与人、人的心灵、不同文明间的冲突及生态危机、人文危机、道德危机、精神危机、价值危机五大危机的反思，以及人在化解以上五大冲突和危机中应具有的所以然的作用、地位和价值的思考，这便是我撰写《新人学导论》的宗旨。这就是说，人类所共同面临的五大冲突和危机，在一定意义上说是人的自我创造所带来的负效应，它必须依靠人的自我创造来化解，在这里天老爷和上帝都不能替人化解。为了人的自我创造不导致负效应，也为了与以往中西哲学家、思想家都把人规定为某某动物相区分，以及从本真之性上说人具有

---

① 卡西尔：《符号：人的本性之指示》，见《人论》，甘阳译，42页，上海，上海译文出版社，2003。

② 同上书，47页。

自我创造与和合存在的品格，我将“人是会自我创造的动物”，改为“人是会自我创造的和合存在”。天地赋予人生命，也赋予人创造能力。创造是灿烂的金子，是金子总会发光。创造是一把通向成功的金钥匙，但在通向成功的路上，荆棘遍地，不冒风险便永远与成功分途；唯有终日乾乾，坚持不懈，才能使创造结出硕果。

“自我塑造论”探索了人创造力的来源，就人而言创造力的来源是身心的融合结构。就人身而言，我认为达尔文的学说有局限，人既在进化与竞争中诞生、成长，亦在融合与和谐中塑造。就人心而言，我认为梁漱溟对人心的规定太宽泛。中国古代有各种类型的人学，如规范型、元哲学型和贵己型的人学。人类面对五大冲突和危机，应该自我规范。人的自我创造创造了人类空前的财富，大大改善了人类生活的质量，但人的自我创造同时加剧了人与自然的冲突，生态危机、环境污染、资源匮乏，这些已威胁着人的生命和生存。如何化解此类冲突？只有依靠人的自我创造，除此别无他途。老天爷不会恩赐，上帝也不会怜悯，只有人的和合创造即依照人与自然的一体和合律及优化协调律来规范自己，才能化解冲突，解除危机。应在下层建筑管理控制系统与上层建筑管理控制系统之间建构中层建筑管理控制系统，只有它把社会各要素、各因素、各部门按照一定的程序、方式、方法组织起来，社会才能进行有序的、有目标的运转。它犹如交响乐团的指挥，把乐器、乐谱、演奏音协调起来，奏出美妙动听的音乐。在人的为我与无我的冲突中，中国古代哲学家提出了爱人论、为我论、无我论等。

“自我创造论”包括观念、思维、道德等的自我创造。“自我关怀论”探讨了终极价值与冲突，人与物的生生不息，人从何来、死往何去，以及自我的终极关怀等问题。和合生死学是指人生死终极关怀的价值理想，它所开显的宗教的、哲学的、精神的生死学，希望人的终极去处是一个理想的、完美的、幸福的、和平的极乐世界。儒教的大同世界、道教的神仙世界、佛教的西方极乐世界、基督教的天国世界，都是这样的世界，给人心灵的慰藉、精神的宁静和思想的安顿。

“自我和合论”塑造了和合型的人和优美型的人以及人生境界说。冯友兰先生有人生四境界说，唐君毅先生有九境界说，傅伟勋教授有生命十层面说，我提出了生命五境界说，即生命度越境、知行合一境、情景互渗境、圣王一体境、道体自由境。

我在《新人学导论》的“引论”中说：“千百年来，人们所探索的核心，就是人。只要人类还存在，它便是一个人们所寻究的永不完结的中心课题。人是一个谜，过去是个谜，现在是个谜，未来还是个谜。”人为什么是个谜，我在该书的“后记”中说：“人是一个内涵最丰富而又最复杂的范畴。世界上一切最美好、最神圣的东西都是人创造的，一切最丑恶、最残暴的事亦都是人制造的，而且每时每刻都在创造着、制造着，只要人类还存在，它就永不休止。人既会作善作美，又会作丑作恶，外美内丑，以至能好事做尽，也能坏事做绝。因此人需要‘三省吾身’，需要修身养性，需要人生价值意义的追寻，需要向善向美。”世界所发生的种种错综复杂的冲突、问题，归根到底都是人的问题。做什么样的人，如何做人？这是一个不能不反思的课题。在全球化信息革命的时代，人作为时代精神担负者，应该关怀人如何生存和发展；作为“为天地立心，为生民立命”者，应该关注人的价值与意义；作为“天地万物与吾一体者”，应该承载为天地万物造福的重任。

第十三章　和合学的逻辑体系

1989 年是精神世界震荡最激烈、思想意识冲突最严峻、中国命运碰撞最关键的一年。其间，人的观念在一定条件下起了决定性的作用。这就激起了我去竭思戴震所说的“理能杀人”与为什么“理”能杀人的问题。颜元说：“果息朱学而独行王学，不杀人耶?”即“心”为什么亦能杀人?假如“理”“心”均能杀人，难道“气”不杀人？即果息朱、王之学而独行气学，不杀人耶？这样我就撰写了《从宋明理学到和合学》一文，后改为《新儒家哲学与新儒家的度越》①。该文分为三节：一是从旧三学（宋明新儒学的理体学、心体学、气体学）到新三学（现代新儒家的新理体学、新心体学、新气体学）；二是“新儒家的度越”，探讨了要度越的原因和根据；三是“和合学的建构”，探讨了和合学的定义、内容及价值根据。在该文中，我提出和合学是中国文化的精髓和生命最完满的体现形式，是当代哲学理论思维的一种新形态。

一、21 世纪文化战略的构想

1989 年 10 月 30 日—11 月 2 日，我出席了中国社会科学院主办的“中印传统与现代化相互作用讨论会”。中印两国传统与现代化问题是两个古老社会所遇到的共同问题，两个国家在现代都经历了西方国家的侵略，当前又都面临着西方文化的挑战，如何现代化，是两国学者关注的共同课题，但两国国情有很大差别。在此次会议上，两国学者还就亚细亚生产方式的内涵究竟是什么、其在印度和中国的表现形式与特征等问题进行了

① 收入拙著《中国近代新学的展开》，285～304 页，台北，东大图书股份有限公司，1991。

讨论。

1990年是20世纪90年代开始的第一年（或曰跨入90年代），这年1月4日开始评职称，我作为职称评议委员会评委参加会议，校领导讲了“六四”后评职称复查工作，强调政治导向问题和如何继续评职称，并说明我校教师系列定额定编教授178人，现有171人，剩7人。我提出：国家教委给人民大学的教授名额太少，这样会限制人大的发展，不利于学术提高，要争取更多的名额；如果只评7人，那么以后的名额会更少，问题会更多，故而要打破名额的限制。最后，学校考虑评30名教授，42名副教授，共72名（包括转聘、评退等），支援新建院校教师职称不占系名额等。教授30名中包括中青年破格教授3～5名，年龄为50岁左右，不超过52岁。这次评审政治审查较严格。我要为本教研室争取评上1名副教授，最后经争取李甦平被评上了。

香港霍韬晦先生创办的佛教法住学会召开“太虚法师诞生100周年国际学术研讨会”，邀请我参加。1990年1月下旬，我抵达香港。法住学会会址与我1984年在香港中文大学新亚书院哲学系讲学时参观的情形大不一样：1984年所见时，法住学会只有1间狭小的房间，还是租的，1990年已经在九龙买了一层楼房，有10多间房子，有焕然一新之感，可见霍先生很能干。我为会议写的论文是《中国近代的佛教革命——太虚的法相唯识学、世论及其特点》。太虚法师提出要建设人间佛教，所谓人间佛教，是指以佛教的道理来“改良社会，使人类进步，把世界改善”。我的论文一是讲太虚所讲的佛教伦理，二是讲太虚的唯识法相原理，三是讲太虚的天观、地观、人观三观，四是讲太虚的思想特点，指出其世俗性、现代性和批判性。太虚主张“法相即括唯识，唯识即摄法相”，不同意分法相与唯识为二宗。他认为研究法相唯识学，最重要的是了解百法。他分百法为五类：心法、心所有法、色法、不相应行法、无为法。前四类属于有变化、有生灭、有功用的有为法，是不真实的，是假相；后一类无为法是最真实的、最圆满的，它是实体，是最高真理。百法不离识而存在。他从虚实、象质、自共、自他、总别、心境、因果、存灭、同异、生死、空有、真幻、凡圣、修正14个问题说明法相唯识的体系结构。太虚试图圆通印度佛学与中国传统哲学。他认为《周易》犹佛说诸有为法无常流转，相续不断，所谓神无方而易无体也。他把《周易》三才思想推衍为三观：天观、地观、人观。天观是指万法的生灭因缘观，从唯识论说，便是即物穷理，即果推因，以探究生的根源、灭的终极；地观以见闻为依，以考察为用，以征验为期，以名数为法，大略如今所谓自然科学；人观指人类的人伦历史和现世的生活情状，如生计、伦理、政治、工艺、学术、教化等。他以佛解荀（子），由《正名》《性恶》而《解蔽》，圆通佛荀之学。参加此次会议的有美国的傅伟勋、中国台湾的陈慧剑，他们研究佛学，崇奉弘一法师，收藏弘一的字，后又与我一同参加了法门寺佛教会议。在会议期间，大会代表吃素。素食确实别有风味，在北京我和石峻、方立天去素菜馆吃过，但很贵，所以很少去吃。

1990 年 8 月 27 日—29 日，苏联社会科学院远东研究所在国际退溪学会的资助下召开“第十二届退溪学国际学术会议”，会议主题是“现代世界的退溪学”。会议邀请中国学者辛冠洁、孔令仁、楼宇烈、马振铎和我参加。由于从北京到莫斯科的航班不是每天都有，所以我们提前一天到了莫斯科，由波罗夫教授安排住在一个小旅馆里，我与楼宇烈住一个房间。我们这些人中只有辛冠洁之前到过莫斯科，其他人都是第一次到莫斯科，所以大家都很想看看这个很神圣的地方。从机场到旅馆的路上，只见两边草地宽阔，树木参差，青草茵茵。第二天由远东研究所两个年轻人领我们参观红场和克里姆林宫。在以往苏联电影上看红场阅兵式，感觉红场很大很大，实地一见，比天安门广场小多了。陪同我们参观的年轻人向我们讲了红场一个大铜钟有点残缺的故事，并陪同我们参观了红场旁边雄伟的教堂。我当时想：在红场这共产主义思想胜利实践的地方，在这无产阶级宣扬无神论思想的地方，存在有神论的教堂，如果在中国“文化大革命”中，肯定早就被红卫兵砸烂了；苏联保存如此好，并成为人们参观的地方，可见苏联对保护文化遗产的重视。后又坐地铁，从地面到地铁站，感觉很深很深，据说是为了防止飞机炸弹。在大街上转时，参观了两个最大的百货商店，商品不多，新款服装及食品均缺乏，有点新样式的产品（如服装等）就需要排长队购买，与我们 20 世纪 70 年代末差不多。我们想买点儿纪念品，就要把美元换成卢布，两个年轻人很热情地要替我们换，他们感叹地说，以前是 1 卢布换 5 美元，现在是 1 美元换 5 卢布。他俩就以自己的卢布与我们换，我买了一点儿最普通的旅游小商品，作为纪念，有人买了很大、很笨的剃须刀。第二天，我们去参观列宁山和莫斯科大学。在列宁山上，莫斯科城市可以一览无余，尽收眼底。莫斯科大学的确很大、很幽美，校门前的路两边栽了很多松树，还设有休闲的座椅，我觉得约走了公共汽车站一站的路，才到莫斯科大学大门口。我们在莫斯科大学大门口照了相，留作纪念。1956 年我考上中国人民大学后，校领导就介绍说人民大学校舍要建成莫斯科大学那样，并将模型介绍给我们看，地址已选好。他们说，1950 年中国人民大学成立时，中央本想把燕京大学的校舍给人民大学，但人民大学要建成现代化的莫斯科大学，所以中央就把燕京大学的校舍给了北京大学。我们参观了附近建筑物便匆匆赶回小旅馆，准备搬到会议预订的宾馆，据说那是星级宾馆，但并不怎么豪华。在宾馆会见了国际退溪学会理事长琴震镐，退溪学研究院前院长李家源及安炳周、崔根德、尹丝淳、李楠永等。梁承武、金彦钟是学者兼活动家。根据会议安排，我主持一场会议，我在大会上宣读了《退溪与栗谷理欲、动静观之比较》的论文。会议组织参观了东正教著名的教堂，虽然我大学学的是俄语，但多年不用，早就还给老师了，故而解说员的讲解完全听不懂。多数韩国学者与我一样是第一次到苏联，觉得很新鲜。

1990 年 10 月 20 日—25 日，福建省武夷山朱熹研究中心召开“纪念朱熹诞辰 860 周年国际学术会议”。参加会议的学者很多，我记得的有陈荣捷、蔡尚思、刘述先、李楠永、金彦钟、李威熊等，还有我的学生难波征男、蔡方鹿、方国根、陈盈盈等，他们要求学“和合健身操”（和合功），后来蔡方鹿坚持锻炼，效果显著，对身体健康大有益处。我提供并宣读了论文《理学的演变和重建》。第七次与陈荣捷教授会面，我非常高兴。之前的六次见面分别是：1981 年，陈荣捷教授第一次回大陆参加杭州“宋明理学国际学术会议”；1982 年，我和其他中国大陆学者受邀参加夏威夷“国际朱熹学术研讨会”；1983 年，陈荣捷教授回大陆参观朱熹在福建、江西、浙江的遗址；1987 年，陈荣捷教授回大陆参加中国孔子基金会与新加坡东亚哲学研究所联合举办的“国际儒学研讨会”；1987 年 12 月，陈荣捷教授参加厦门大学召开的“国际朱子学学术会议”；1989 年 10 月，陈荣捷教授参加中国孔子基金会召开的“纪念孔子 2540 诞辰国际学术讨论会”。同时见到的与会学者还有美国的狄百瑞教授，日本的高桥进教授、荒木见悟教授和夫人。此年，陈荣捷教授已 89 高龄，但他的身体很健康，与我们一起参观朱熹遗址、朱子墓等，步态稳健，我与朱荣贵先生、李弘祺教授均赞叹陈教授养生有道。陈教授默默伫立在朱子墓前，眼里含着泪花，然后缓缓跪下，以表对朱子的敬仰之情，这令我很感动。朱子对中华民族文化的伟大贡献，是值得我们永远纪念的。我们参观了朱熹纪念馆、九曲，九曲岸边岩石上有朱熹写的摩崖石刻。我与陈先生在近十年的通信中都探讨学术问题，这次会面在路途中也不断求索，探讨如朱子脸上的北斗七星痣是怎么一回事、写真像是否自画、鹅湖之会究竟有多少人参加等，这些都是他在其《朱子新探索》中关注的问题。陈先生已于 1983 年参观过五夫里，所以在我们参观五夫里时，他与朱荣贵一起到福建蒲城真德秀故居参观。我们于 10 月 25 日到达五夫里朱熹读书的地方，这里有兴贤书院，现为朱熹事迹陈列馆，还有朱子巷、过化处、紫阳书院遗址，紫阳书院屋前有传说是朱熹手植的樟树，树身比三人合抱还粗，旁有楠木。我记得兴贤书院有新联“书山有路勤为径，学海无涯苦作舟”“梅花香自苦寒来，宝剑锋从磨砺出”等。我所想不到的是，这次与陈先生的会面竟成为我们最后一次见面。1994 年 8 月 12 日，陈荣捷教授病逝于匹兹堡家中。我痛悼陈荣捷教授逝世，“哲人其萎，精神永存”。他为学术而求真、求善、求美的精神，是值得我们永远学习的。

11 月 9 日，中国人民大学哲学系接见苏联科学院东方学研究所中国部的阿·伊·科布杰夫。他讲了苏联哲学界的现状，我们听到了前所未有的情况。他说，在十月革命后的 20 年没有真正的哲学家，真正的哲学家都被赶出苏联了，所谓的马克思主义者只有信仰，而没有批判等。我觉得苏联哲学界正在发生变化。这不仅要引起苏联哲学界的反思，而且值得我们反思，因为这关系着国家的命运。

我本预定于 12 月 4 日—6 日参加由中国文化书院主办的“冯友兰哲学思想国际学术研讨会”，预定开幕式在北京图书馆（现为国家图书馆）新馆举行。召开这次会议是为了庆祝冯先生诞辰 95 周年，但会议开幕前第 9 天冯先生逝世，庆祝会变成了追悼会，与会代表都去与冯先生的遗体告别。我在会上讲了“新儒学哲学与新儒家的度越”，认为冯先生是接着宋代新儒学程朱理学讲的现代新理学，这与台湾一些学者的观点有异，并提出如何度越新儒学及如何建构和合学，对和合学的意义和价值做了重点论述。冯先生去世，我深深地感到一个人的寿命亦长亦短，冯先生活到95岁，应该说是长寿了，但还是离庆祝95岁诞辰的学术会议差了几天，不能不说是短促，人的生命就是这样捉弄人。人生命的大限是这样不可抗拒，人的生死是这样紧密相连，分也分不开。我们只有更加珍惜学术生命与生命学术，才能不负天地父母给予我们的生命。我们本期待在其诞辰的会议上他能来讲话，与大家见面，但未想到他再也不能来了。冯友兰先生是中国哲学界的泰斗，他的逝世是中国哲学界的巨大损失。他一辈子都在做哲学的思考，即使在最困难的时候，他也在做独立的哲学思考，而不怕做意识形态的对立面。然而，中国台湾学者和国外学者对冯先生在"文化大革命"中的表现及其对儒学的批判不理解，冯先生亦一再以"周虽旧邦，其命维新"来表白他的心志。不管怎样，对冯先生的仙逝，大家都很悲痛。

12月8日，哲学系在资料楼（现改为人文楼）6层会议室召开"如何继承发展传统哲学会议"，李申、李存山、姜广辉、郑万耕、冯禹、洪汉鼎、周桂钿、陈来等做了发言。洪汉鼎教授研究西方解释学，他认为解释既继承传统又反传统，解释即是创造传统。继承传统不是主观愿望，而是历史的隐性发展。杜寒风博士说，现在哲学创新不够，张立文教授的和合学是一种哲学的创新。

二、东京论和合学

1991年3月23日—4月5日，在日本"高筒基金会"（也称"国际友谊学术基金会"）的资助下，东京女子大学比较文化研究所主办召开第二次"现代化与民族化——亚洲现代化与民族性因素国际研讨会"，会议主题是"儒教对近现代知识者深层精神结构之影响"。会议邀请的中国学者有钱理群、陈来、汪晖、马良春（已在日本）和我。3月23日，我们乘NH906航班于19：55在成田机场着陆，住后乐宾馆。这是根据范仲淹"先天下之忧而忧，后天下之乐而乐"而取名的，这是一种以天下为己任的担当。只有先忧，才有后乐；先乐必有后忧，后忧必趋衰败。据说"后乐宾馆”原名为“后乐寮”，即留学日本的中国学生住的地方。“后乐”对现代人有警示作用。现后乐宾馆附近仍有后乐寮，仍为中国留学生住的地方。后乐宾馆一层有间书店，主要卖中国的书，这里有我写的书在卖，我主编的《退溪书节要》在这里卖 1 万多日元。宾馆的房间很小，里面放了一张小床，床头就是写字的桌子，床尾隔一层墙即为厕所，对我来说，这就可以了。

3 月 25 日，赴东京女子大学比较文化研究所听中山和子先生演讲“明治时期文学中所见的女性观”和饭田泰三先生讲“日本近代思想史上的主要论争”，听完之后，我们对日本自明治以来的文学、思想便有所了解了，这便于进行比较研究。这次演讲由东京女子大学比较文化研究所所长伊藤虎丸教授主持。

3 月 26 日，第二次“现代化与民族化——亚洲现代化与民族性因素国际研讨会”在东京女子大学比较文化研究所第一号馆三阶第一会议室开幕，伊藤虎丸教授致开幕词。他说：“我们虽生活在不同的传统里，虽接受西方文化的情况不同，但我们同属儒教文化圈的民族，同受西方文化的冲击。这次研讨会的目的就在于促进亚洲（儒教文化圈）知识者之间的‘心灵深处的交流’。研讨会的目标就在通过阐明三国（中、日、韩）之间的不同，发现共通的课题。所谓‘民族化’不单是政治上的，而且是‘文化心理’上的。西方化与民族化的关系十分复杂，有时矛盾，有时互相促进（跟‘启蒙与救亡’一样）。所谓‘现代化’，也有文化心理上的问题。现代（近代）化等于西方化。日本人的（政治、法律、道德）反省还没到达‘文化’层面。反省和反省的相逢处就是沟通‘心灵深处的交流’的道路。”伊藤虎丸教授致辞后，由沟口雄三、平石直昭、池明观（韩国）、张立文、钱理群、陈来、汪晖依次发言。

我提交的论文是《中国近代儒教的演变》，在文中我提出近代儒教细分有两次崩溃，一次失落。1840 年之前，中国人认为自己的文明是最先进的，鸦片战争后，“师夷长技以制夷”，儒教出现了第一次崩溃，张之洞主张“中体西用”，认为变器不变道，孔教不能变，以西学补中学之不足，谭嗣同批判张氏不变的道，即三纲五常。谭嗣同在《仁学》中强调君臣、父子的平等，他用西方天赋人权论与中国传统仁学相结合批判儒教。康有为、谭嗣同等基于对戊戌变法失败的反思，提出了“如何改造中国”的严峻问题，戊戌变法被镇压，改良道路走不通了，孙中山发起辛亥革命，推翻了清王朝。这时，有康有为与章太炎等的“革命与改良”的论战。五四运动是儒教的第二次崩溃。这期间出现了三个文化派别：以胡适为代表的“西化派”；以陈独秀为代表的马克思主义派；以梁漱溟、熊十力等为代表的现代新儒学学派。其实，西化派和马克思主义派在深层文化心理上仍束缚于传统儒教，而现代新儒学则基本上是承续近代“中体西用”的思想。1949年，马克思主义派取得政权，经“文化大革命”批儒，中国于20世纪80年代又一次打开国门，看到了一个新的发展世界，认识到自己又一次落后了，这时便出现了儒家文化的失落。从鸦片战争到现代，传统的“体用”思维方式已不适合时代发展的需要，故而我提出了“和合学”的思想。①

3月27日上午，哲学思想研讨会由沟口雄三教授主持，论题是“近代科学与朱子学——以‘格致’概念为主题”。由佐藤慎一、渡边浩、黑住真发言，我与陈来参加讨论。近代以来，中国以“格致”之学来翻译西方自然科学。我讲朱熹的“格物穷理”的“理”包含五个方面的意蕴：一是形而上之理，总天地万物之理为太极，理是形而上者；二是伦理之理，父子有父子之理，君臣有君臣之理；三是物理之理，如扇子之理、桌子之理，天道运行的规律性；四是科学之理，即宇宙演化之理，如天体运行的左旋右行、日食月食、黄道白道、气候气象、雷电云雨的形成等，“麻麦稻粱，甚时种，甚时收，地之肥、地之硗，厚薄不同，此宜植某物，亦皆有理”②；五是内圣的修养，“明天理，灭人欲”，五常五行，仁包四德。“格物致知”，“盖人心之灵莫不有知，而天下之物莫不有理”③。我们论争很激烈，这是真正的自由探讨，学术研究的深入极需要这种各抒己见的讨论。下午是文学研讨会，论题是“鲁迅的历史中间物意识”。西方的思维是主客二分，中国是主一主。鲁迅接受了叔本华的思想和尼采的思

① 以上发言内容参照了日本一桥大学中国留学生赵京华的记录稿。

② 《朱子语类》卷十八。

③ 《四书章句集注·大学章句》。

想，而没有接受理性主义。池明观、赵景达认为儒家思想有民族主义的背景。

3 月 28 日，我受东京大学文学部中国哲学研究室主任沟口雄三教授之邀，做“新儒家哲学与新儒家的度越”的演讲，核心内容是讲“和合学的建构”。我提出，宋明理学的旧三学（理体学、心体学、气体学）已走到尽头，现代的新三学（新理体学、新心体学、新气体学）就其思维模式、理论品格、放之四海而皆准的真理的定位而言，已丧失了自我批判的精神，其生命智慧已枯萎。现代必须度越先在的哲学理论思维形态而创造出新的哲学理论思维形态，以适应全球化信息革命时代的需要，这样才能体现时代精神。哲学若不与时俱进，就不能成为时代价值的导向。时代赋予我们创新中国哲学理论思维的职责和使命。我基于这种反思，提出和合学的建构，并对和合学的内涵做了阐述。沟口雄三及其他教授和教员提问并进行讨论。

三、京都论和合学

3 月 29 日，我们一行到京都，由坂出祥伸教授接待，晚住ロイヤルホテル（ROYAL HOTEL），这是一个榻榻米旅社，很干净。

3 月 30 日，由岛田虔次教授主持，我在京都大学会馆做“和合学的内涵”的演讲。参加者有 20～30 人，有金谷治、庄司壮一、村上嘉实、三浦国雄、狭间直树、内山俊彦、池田秀三、吾妻重二、青木五郎、小林和彦、武田秀夫等老一辈资深名誉教授和中年才俊教授。我讲完后，讨论热烈，大家对和合学有认同感。

3 月 31 日，在京都参观各寺院，如大觉寺、金阁寺等。禅宗寺院所表现的禅意，其深邃的意蕴令人回味、反思。日本的料理，饭菜的色、香、味，公园的景物布局，都受禅宗的影响。晚住奈良菊水楼，这是一座很有古典意蕴的建筑。

4 月 1 日，参观天理大学、天理图书馆、天理博物馆。进入天理大学，先看录像，介绍天理大学各学院的情况、天理教的起源及其在世界各地的发展状况。由于“天理”这个词较早见于《庄子》及《礼记·乐记》，后北宋程颢融合儒、释、道三教，为理学奠基，他说“吾学虽有所受，天理二字却是自家体贴出来”，从而构建了理学哲学体系，后来朱熹、王守仁等都主张“存天理，去人欲”。天理既是宋明理学的宇宙本体，又是伦理本体。天理教虽同名，但实有别。天理图书馆我是第二次参观，看了很多珍贵古籍，特别是《阳明教言》（上有文徵明画的王阳明像）、《王阳明讲学答问》以及《朱舜水先生逐日功课自实簿》，这些都是真迹，是国宝级的文物，承蒙奈良女子大学教授横山弘先生的帮助，把这些珍宝复印赠我，至今仍感谢不尽。我据《阳明教言》所载，整理出《王阳明与周道通答问书》。① 晚回东京，住后乐宾馆。

4 月 2 日，参观伊豆修善寺，住东府屋旅馆，伊豆半岛山清水秀，可谓“一片丹山翠万重”。我们到火山爆发口去看那奇特景象，有的地方仍有硫黄渗出，与这火山的活动有关，晚上泡温泉，日本有男女同浴温泉的习俗，现已不流行。

4 月 5 日，从东京回北京。这次日本之行是获得日本学界认同的契机，他们提出各种问题与我切磋、对话，使我对和合学有了更深刻的思考和新的体认。会见了许多日本的老朋友，亦结识了许多新学者，特别是中青年学者。这次会议后的演讲访问，获益良多。感谢日本朋友和高筒基金会。

1991 年 5 月 10 日—11 日，参加“炎黄文化与民族精神学术研讨会暨中华炎黄文化研究会成立大会”，肖华任会长。李瑞环出席了此次会议并讲话，他说，炎黄文化博大精深，源远流长，影响深远；他又说，人的能动性表征是自强不息，人与人的和谐是厚德载物。

四、新加坡论和合学的建构

在那“纷纷红紫已成尘，布谷声中夏令新”的时节，我于 1991 年 6 月 18 日—21 日出席了由新加坡国立大学中文系主办的“汉学研究之回顾与前瞻国际会议”。接到会议通知后，我给学校写了申请报告：“兹接到新加坡国立大学中文系主任、‘汉学研究之回顾与前瞻国际会议’组织委员会主席林徐典教授的邀请，该会议定于 1991 年 6 月 18 日—21 日在新加

---

① 载《浙江学刊》，1996（5）。

坡召开。汉学研究是新加坡这个华人占70%的国家的重要课题，交流汉学研究成果和汉学研究如何世界化，以及检讨汉学研究的得失，是需要做出总结的，以把汉学研究推向更高水平。中国大陆为汉学研究做出了巨大贡献，得到了世界汉学界的高度评价，因此参加这次会议对提高我们汉学教学水平和科学研究都是有帮助的。这次会议无'一中一台''两个中国'问题。来回机票和住宿费用均由会议负担。此致，敬礼！哲学系、科研处、外事处。"

参加此次大会的代表有300人，来自亚、美、欧、澳几大洲的44个城市，可谓空前。会议期间我很高兴遇到了9年前一起参加美国夏威夷"国际朱熹学术研讨会"的高明教授等，他年事已高，但还到我所住宿舍来看我，并与我合影，我很感动。新加坡国立大学组织大型国际会议比较有经验，通知有中英两种文本，会议的程序规则及论文的规格等规定很细，这便于遵守和统一体例，不致无序，易于出版。我提交的论文是《宋明理学的度越》，又题名《新儒家哲学与新儒家的度越》，论文中提出"和合学的建构"①，引起了参会者的极大兴趣。期间，由于会议"通告第二号"中说："自第一号通告发出以来，迄今为止，近20个国家或地区专家学者，大约有250人，已经回答表示，决定应邀前来参加会议。这些国家/地区包括：中国、中国台湾、中国香港、日本……"学校外事处认为，应（按亚运会模式）将台湾改为中国台北，于是我给中文系主任、会议主席林徐典教授写信说明了这个问题。会议由林徐典教授致欢迎词，说明会议宗旨是探讨汉学研究的成果及发展前景，促进汉学同道的思想交流。副总理王鼎昌先生致开幕词，他表示新加坡虽以英文为工作和团结各民族的语言，但华文是华人表达内心情感、维系亲友关系、保持社群完整、给华人带来自尊和信心的语言。如果华人不重视和学习自己的语言，最后连自己的文化遗产也丧失掉，那么新加坡的国家意识就会缺乏坚固的基石。会议主题是"汉学研究在欧洲、在中国、在新加坡"。在欧洲可分三期：（1）13世纪，马可波罗来华；（2）16世纪，利玛窦来华，将"四书"翻译为拉丁文，并与徐光启合译《几何原本》；（3）19世纪中叶，理雅各将

① 参见拙著《中国近代新学的展开》，293～304页。

“四书”“五经”翻译为英文，这成为西方人了解中国人生活和思想的根据。苏新鋈教授在《新加坡空前的汉学研究之回顾与前瞻国际会议传扬的学术讯息》一文中按文、史、哲、语言做了全面报道。他说：“和合学具有运动性、平衡性、综合性和相对性特点，旨在度越中国传统哲学形而上学本体论。”① 会议期间，我担任了一场研讨会的主席。

8 月 12 日—14 日，我出席了延边大学朝鲜研究所主办的“朝鲜学国际学术会议”。朝鲜派了 4 位学者参加会议，他们同韩国学者不来往，与中国学者亦很少来往，4 个人集体行动。韩国参加会议的有老朋友崔根德、韩钟万、李箕永等。延边是中国朝鲜族聚居的地方，生活习惯保持朝鲜民族的习俗，如席地而坐、吃辣味的泡菜等。我向大会提交了《中国传统“中和”哲学及其演变》的论文，特别讲朱熹与湖湘学派张栻的“中和”之辩。会议期间参观了长白山天池。天池本都属于中国，据说周总理为照顾朝鲜的民族感情，把天池划一半给朝鲜。我们只能在中国这边看天池。天池实是火山爆发而成的高山湖泊，风景优美，水天一色。站在天池边缘，清风徐来，吹尽暑气，湖水涟漪，凉意袭人，是避暑的胜地。一心为成立朱子学会而奔波的杨青先生特组织了一次会议，在延边大学一个教室叫我讲“朱熹思想的意义”。听讲的学者和学生很多，讲后提问很热烈。

9 月 27 日，我参加北京国子监举办的“纪念孔子诞辰会议”。参加会议的有张岱年、赵光贤、石峻、张申甫、钟肇鹏等教授。会议期间，周桂钿曾问张岱年先生，是否可把他列入当代新儒家？张岱年发生说：“我不是新儒家。”在学者中，有人认为张岱年先生为新气学论者，有人认为他是新唯物论者。我曾在《新儒家哲学与新儒家的度越》一文中，据张岱年先生《事理论》的自述，以张先生为新气学论者，以与现代新理学的代表人物冯友兰先生、新心学的代表人物熊十力先生相并肩。这受到主张张先生为新唯物论者的学者的批评。

① 苏新鋈：《新加坡空前的汉学研究之回顾与前瞻国际会议传扬的学术讯息》，载《国际汉学》，创刊号，1992 年 8 月。

第十四章　现代新儒学的探究

“新儒学”由在国外作为宋明理学的称谓以来，国内也较普遍地使用，为有别于宋明新儒学而称五四以后的儒学为“现代新儒学”。我称宋明理学中的程朱派为理体学（道体学），称陆王派称为心体学，称张载、王夫之的理学为气体学。五四以后接着程朱讲称“新理体学”，接着陆王讲称“新心体学”，接着气体学讲称“新气体学”。

一、安身立命论

安身立命是指人精神和生活的一种寄托，是中华民族精神的重要内涵。1991年10月23日—28日，香港佛教法住学会召开“安身立命国际研讨会”，子题有：中国传统文化（包括儒家、佛教、道家等）之安身立命之方案的了解及其现代意义的探讨；西方传统文化（包括古希腊罗马哲学到近代西方哲学，包括犹太教、基督教、回教等）之安身立命之方案的了解及其对现代人的贡献；印度传统文化（婆罗门教、佛教、耆那教、印度教等）之安身立命之方案的了解及其现代意义的开发；有关现代社会的反思，在民主社会中如何安身立命；有关人生真实需求的反思；在富裕社会中如何善用金钱；现代人的生存保障是什么，社会福利制度的意义何在（安身问题）；人能否掌握自己的命运（立命问题）等。美国天普大学的傅伟勋教授、中国台湾弘一法师研究者陈慧剑先生等宗教研究家参加会议。会议期间，傅伟勋教授谈锋最健，这是他的一贯作风，可见其感情之丰富，他还向法住学会的学员做佛学研究报告。霍韬晦在旭日集团的支持下召开这次会议。到香港参加国际会议的手续比出国的手续更麻烦，由国家教委报港澳台办，最后报香港新华社批准，返回大陆，需要来回折腾。我在会上做“儒家安身立命论”的演讲。赴港前国家教委港澳台办公室陆岩先生向我们介绍情况，并说明应注意的问题。会议最后一天参观旭日集团，旭日集团老板杨钊是广东人，在“文化大革命”期间到香港，到香港时一无所有，旭日集团是靠他自己的勤苦与智慧发展起来的。这是一家做服装出口生意的集团，据介绍他自己最初做裤子，当牛仔裤流行时，香港的缝纫机器扎不进那样厚的布，他设法解决了此难题而获得订货。他在大陆各地设厂，香港负责原料供应、设计、协调、出口等，香港本身并没有工厂，这就利用了大陆低工资劳动力从而获得高利润。旭日集团老板杨钊以佛教为安身立命之所，以佛教的因果报应和般若智慧为企业文化的核心，他在发展后回报社会，资助文化事业。

我时任哲学系中国哲学教研室主任。1991 年 9 月 24 日召开教研室主任会议，传达国家教育委员会布置继续清理各学科资产阶级自由化思想言论，说这是关系争夺接班人的斗争。当时，建设社会主义社会已 70 多年的苏联瓦解，东欧各社会主义国家土崩，随之与资本主义阵营相对的社会主义阵营土崩瓦解，从此冷战时代结束，美国独霸世界。学校要求我们各教研室清理全国中国哲学教材等出版物和讲义中的自由化思想，以供批判之用。当时伦理学教研室整理了一份较详细的资料，供各教研室参考。我觉得我们教研室人手少，整理本学科的自由化思想需花费很多时间，抽不出人手。我在教研室会议上传达了上面的布置，请大家考虑。10 月 7 日—9 日，学校召开博士生导师研讨班，传达学习江泽民在中国共产党成立 70 周年大会上的讲话，讲苏联的和平演变问题以及对我国的影响和冲击，提出要重视意识形态领域的斗争，意识形态领域是和平演变与反和平演变的前沿阵地，要批判资产阶级自由化思潮、抽象人性论、多中心主义、个人主义等。11 月 6 日的教研室主任会议，宣布学校 17 个研究所、39 个教研室学科清理完毕。

二、理能杀人的内外因缘

如果说 1989 年是我出版专著最多的一年，那么 1991 年就是我提出和合学后发表一系列论文的一年。4 月，台北东大图书股份有限公司出版《戴震》，这是由傅伟勋和韦政通主编的《世界哲学家丛书》中的一本。两人在丛书的“总序”说：“中国目前虽处于‘一分为二’的政治局面，但是海峡两岸的每个知识分子都应具有‘文化中国’的共识共认，为了祖国传统思想与文化的继往开来承担一份责任，这也是我们主编《世界哲学家丛书》的一大旨趣。”我在《戴震》的“自序”中深有感触地说：“从历史上看，大凡真正掌握了时代精神的学者，往往不被当时人所认识和理解，特别不被掌握了权力的统治者所理解。”戴震如此，程颐、朱熹在世时亦如此。“曾几何时，‘伪学逆党’‘诋诬圣德’‘惑乱众听’的异端邪说，‘欺君罔世’‘图谋不轨’‘几至大乱’的大逆污行，随着沧桑的逝去，翻身一变，而成为‘圣贤之蕴’‘爱君忧国’‘官方哲学’‘统治思想’。元代，程朱道学成为科举考试的标准……以致‘非朱子之传义不敢言，非朱子之家礼不敢行’。凡有与程朱之学相异者，便成为异端邪说。戴震因为批判程朱，无疑成为‘亘古未有之异端邪说’‘大为学术人心之害’。程朱之学从‘异端邪说’——‘官方哲学’的演变，一旦被钦定为官方哲学，‘亿万世一定之规’，其他思想又成为‘异端邪说’。认识这个变化的道理，对提高人类理论思维水平是有裨益的。”我在“自序”中还分析了戴震提出“理能杀人”的内外因缘等。该书第一章讲戴震的求学与明道、狂者与狷者的品格、痛苦与理解；第二章讲形而上学本体论的批判——天理论；第三章讲世界图式的建构——天道论；第四章讲自然生命的关怀——天性论；第五章讲体情遂欲的理想——人道论；第六章讲火光照物的形式——心知论；第七章讲戴震后继和中西之法归一。该书出版后，引起了一定的反响，特别是“自序”引起的反响较强烈。大凡一种思想被钦定，就必然逐渐丧失其生命智慧而趋于僵死化、教条化，难于与时偕行。

三、中国文化之根的探索

1991 年 9 月，台北学生书局出版《周易帛书今注今译》（上、下册），该书由我在 1984—1985 年中国哲学史教师进修班（硕士课程）上课的讲稿修改而成。1985 年 5 月，我撰写该书的内容简介时说：“湖南马王堆出土的《周易帛书》，言简意赅，晦涩难读，帛书又屡用假借字、异体字，更增其佶屈聱牙。本书先校勘原文，辨谬误，明假借异体、缺损之字，以求真也；次加注释，考证文字，揭示内涵，以明义也；次加今译，翻译准确，雅俗共赏，以求信也；再予总释，纵横比较，贯通全卦，以求通也。”

1991年11月和12月，《周易与儒道墨》和《中国近代新学的展开》承蒙陈慧剑先生的推荐，由台北东大图书股份有限公司出版，谨表谢忱。此两书虽为论文集，但首尾理路的一贯和不同问题的互补构成了两书的整体性。我在《周易与儒道墨》的“自序”中说：“笔者之所以对《周易》孜孜不倦，是因为以她为中国文化思想之‘根’，‘根’之不懂不明，何以明中国文化思想？《周易》经部成书于先秦儒家、道家、墨家等诸家思想体系形成之前。因此，儒家以《周易》为‘六经’之首，道家以《周易》为‘三玄’之一，其他各家也可以把她作为自己的经典。”“由《易经》所开启的儒、道、墨三家，其思想各具特色。《吕氏春秋·不二》概括说：‘老聃贵柔，孔子贵仁，墨翟贵廉。’司马谈《论六家要旨》云：儒家‘序君臣父子之礼，列夫妇长幼之别，不可易也’；墨家‘强本节用，不可废也’；道家‘其术以虚无为本，以因循为用’。两说含义相近。儒家贵仁，注重人与人之间伦理道德关系；道家贵柔，注重人与自然之间的自然无为，天地与我并生，万物与我为一；墨家贵廉（廉为兼之借字），注重人与人，人与社会间的兼爱。三家各有侧重方面，而相济互补，构成了中国古代灿烂的文化思想，而影响整个中国几千年来的文化思想的路向。从总体来说，儒、道、墨三家从各个方面和角度发挥与扩展了《周易》所探讨的人同世界的关系。三家都以人为出发点来探讨这个问题，把人与自然（道家）、人与社会（墨家）、人与人（儒家）之间的关系，即人与世界的关系，看作一体化的整体系统。因此，自然、社会、人我之间的关系，三家都有所涉及但侧重不同。三家都把人与世界的和谐、协调，作为自己所要解决的、追求的终极目标，以使人达到一种完美的理想境界，这又是三家之同。正是基于此，本书探讨了《周易》与儒、道、墨三家思想的联系。”

四、接着宋明理学讲何时了

1991年，我在台北东大图书股份有限公司出版的《中国近代新学的展开》的“自序”中说：“余从事中国哲学的教学和研究三十余载，每授课自先秦而至近代，其间虽有讲断代哲学者，但无有间断。近十几年来，主要给研究生授课。在备课与授课中每有所思或每有所得，间有记下（无记居多）而整理成文，公诸报刊者，150 篇有余。这里所收鸦片战争以后中国近代新学各篇，自 60 年代至今，不谓不久，但就内容而言，还能贯通，自成系统。回首 150 年来中国，列强入侵，国难频起，民族耻辱，人民涂炭。之所以如此者，归根结底，是因为中国落后，落后必然挨打。颟顸者，仍做其天朝帝国之梦；有识者，已觉其大厦即倾之危。就在这'举国醉梦于承平'之时，而'定庵忧之，才然若不可终日，其察微之识，举世莫能及也'。龚自珍已清醒地自觉到那是一个'将萎之华，惨于槁木'的时代，于是他呼喊：'我劝天公重抖擞，不拘一格降人才'，期望着生机盎然的新时代的出现。清政府闭关锁国，但关何尝闭得住？西方文化终于借军事力量和宗教力量，汹涌而来，不可抵挡，在中西文化激烈冲突中，中国如何救亡图强？对西方文化的挑战做出回应，人们设计了各种各样的方案。张之洞等人所倡导的'中学为体，西学为用'，在当时文化论争中产生了很大影响。这种'中体西用'的思维模式，在五四运动之前，曾纵贯为早期改革派、洋务派、维新派和革命派。尽管其表现形式不同，内涵稍异，但在思维模式上都未摆脱'中体西用'的制约。……戊戌变法维新运动的激进派谭嗣同，以'我自横刀向天笑，去留肝胆两昆仑'的气概，呼喊着冲决社会一切网罗的口号，高扬每个人都应有独立人格、尊严和价值，把西方天赋人权论、契约论以及自由、平等、博爱思想与中国传统儒家、墨家、佛教等爱人、慈悲、仁等相结合，建构了'仁学'思想体系，他对三纲五常的批判，对君主专制制度于人性的摧残、奴役和压迫的揭露，可谓 19 世纪末叶中国人权的宣言书。谭嗣同'各国变法无不从流血而成，今日中国未闻有因变法而流血者，此国之所以不昌也。有之，请自嗣同始'的精神，震撼中国大地，惊醒中国士人。四川青年邹容悬谭嗣同像于座前，哀悼'赫赫谭君故，湖湘士气衰。惟冀后来者，继起志勿灰'，而走上革命道路。……由政治革命而及于思想、哲学、宗教的革命。佛教为适应近代社会发展的潮流，太虚法师提倡佛教革命。……本书还收了为纪念五四运动 70 周年所写的论文和纪念唐君毅教授逝世 10 周年国际学术讨论会的论文等。作者出于对中国文化深层的关怀，而提出建构'传统学'的设想，把'传统学'从文化学中分出来，而作为独立的学科来建构。在为冯友兰先生诞辰95周年国际学术研讨会而作的《新儒家哲学与新儒家的度越》中，论述了中国宋明理学中理本论（程朱理学）、心本论（陆王心学）、气本论（张载、王夫之气学），而演变为本世纪20年代至40年代的新理学、新心学、新气学的历程。中国哲学在唐末五代大乱之后，中国传统儒、道文化在吸收外来印度佛教文化的基础上，创建了理学，使中国学术思想产生巨大的转机，影响日本、朝鲜、越南，而成为东方文明的中心。明末清初之际，一批思想家在'天崩地裂'的悲愤中，由总结明亡的教训中，批判程朱和陆王的理学与心学，也是促使中国学术思想发生转机的时机，然而并没创建新的思想、哲学体系。因而明清之际一批思想家的贡献，较之两宋时的思想家、哲学家便大为逊色。其间虽也出现过几次不同思潮，但都因没有什么创新而影响即逝。即使在五四运动以后，要么照着或接着西方的思想、哲学讲，要么照着或接着宋明理学讲，而有新理学、新心学、新气学各派，冯友兰40年代作《新理学》，明确说是'接着宋明以来的理学讲的'。熊十力先生和贺麟先生虽未明言接着陆王心学，而实与陆王心学近，熊先生思想被50年代后港台新儒学发展为新心学，大陆中国哲学40多年来发展了新气学。现距北宋公元960年已一千年，难道还要接着宋明理学中的理学、心学、气学讲？还要接着新理学、新心学、新气学讲？这样接着讲下去，何时到一站？何时能了？这样接着讲下去，有何意义？有何价值？中国在现代西方文化、现代高科技文化的挑战下，能否创新？创什么新？特别是创造出与中国文化实际相结合的新文化，这是中国人的共同事业，也是世界华人的共同事业。笔者提出和合学的建构，虽基于上述思考，但只是抛砖引玉而已。若能引起世人对此的关心和自觉，我也就满足了。但真正创建完善一种新学说的体系，就如宋明理学一样，需要几辈人或几代人的心血和创造。中国人是聪明的，是具有哲学头脑的，也是最有创造力的。因此，是能够达到的。那时她将以自己深邃的、独特的神采，而为世人所瞩目。"

在那"千里黄云白日曛，北风吹雁雪纷纷"之时，学校于1992年2月22日布置检查对苏联和平演变的态度、思想的错误认识，譬如自由化等思想，每个人都要清理思想，防止思想上的和平演变，防止思想上变色。其实，苏联和东欧社会主义的瓦解不仅是思想问题，应该检查由制度、政治、经济各方面错误综合造成的经验和教训。中国哲学教研室的教师每人都做自我清理，我也做了清理，然后大家提意见。我觉得时代是一个竞赛场，谁的思想稍慢，不与时偕行，谁就会落后，落后就会被时代淘汰。

3 月 16 日，我出席了中国社会科学院哲学研究所《哲学研究》编辑部召开的“传统与现代化研讨会”。我先讲中国哲学的核心是和合，再讲和合思维与西方上帝创世思维的区别，又讲中国哲学的宇宙、社会、人生都讲和合，中国从人—人切入，西方从人—神切入，开出了不同的路向。我提出要建立中国哲学学派。中国哲学如果不能建构自己的哲学体系，那么中国哲学就会在世界哲学之林中销声匿迹，就会丧失话语权。

在“清气澄余滓”的日子里，喜迎我的学生也是《中国哲学范畴精粹丛书》的合作者岑贤安、徐荪铭、蔡方鹿、张怀承四人于 5 月 27 日来北京中国人民大学第一招待所，我们一起统稿，这次是统《性》一书的文稿。1985 年以来，我们合作撰写的《道》《理》《气》《心》等，都集体讨论修改，经这样严格的训练，每个人的写作水平均有很大提高，因为讨论修改是对每个人“挑刺”，即挑毛病，这使每位参加修改的人对自己写作的毛病以及毛病产生的原因都有了更清楚的认识。他们四人年轻，在写作中不知道自己的缺陷，如知识的、理论的、表达的、修辞的等毛病，经多次统稿，多次发现，使自己的毛病呈现出来，并自觉地加以改正，所以一次比一次提高，一次比一次好，经此锻炼，四人都成为学科的带头人，结出了丰硕的科研成果。

6 月 22 日—24 日，在京西宾馆举行“首届中国文化观念变革研讨会”，参加会议的有黄楠森、高清海、萧前、庄福龄、陈先达、陈志良和我等。与会绝大部分教授的专业是马克思原理和马哲史。会议围绕以下主题展开：中西当代文化观念比较研究，中国当代文化观念的转向；文化观念变化规律的特殊性；如何评价当代资本主义文化观念；中国当代文化观念的特征；中国价值观念的渊源与沿革；中国伦理观念的渊源与沿革；政治、经济改革与文化观念的关系等。我发言讲文化是人化的文化，人是文化的人。文化观念的变革是同政治观念、经济观念、制度观念的变革联系在一起的，特别在中国的社会环境下，文化观念受政治观念的支配。我认为，文化与观念是两个范畴，对这两个范畴的理解与解释，往往见仁见智，莫衷一是。中国近现代文化观念经历了三次最大的冲击：鸦片战争、五四运动、“文化大革命”。思维模式基本上是“中体西用”“西体中用”。文化价值取向主要有西化派、东方文化派和马列主义派，呈现出多元态势，然后是独尊马列主义文化。

五、哥廷根论人学

德国是一个具有自省的、忏悔的心灵的民族，是一个坚强的、伟大的民族。尽管德国在第二次世界大战中是侵略国，希特勒犯下屠杀600万犹太人的罪行，但其由于不断谢罪和忏悔而获得了世人的谅解与尊重。1992年8月24日—27日，“第十三届退溪学国际学术会议”在德国召开，会议主题是“退溪的人间自然观”，会议由德国哥廷根大学主办，我提交给大会的论文是《李退溪人与自然关系论》。我从北京乘机到美丽的阿姆斯特丹，再转机到哥廷根（每次“退溪学国际学术会议”的旅费、食宿费均由会议举办方提供）。哥廷根地方不大，哥廷根大学遍布全城，历史上出了很多名人，真可谓“城不在大，有贤则名”。会议后，韩国学者由韩国旅行社组织到欧洲旅行。我与浙江省社会科学院的谢宝森研究员由于班机的日期问题，不能在会议后马上离开，故而只得在哥廷根再停留几天，于是我们就在哥廷根游览。哥廷根城市的街不宽，车不多，步行街较多，人行道边零零落落有人在喝啤酒。我们早、中、晚到哥廷根大学食堂用餐，从校本部穿过几条街才可以到达。这里有很多从大陆来的留学生，吃饭时就坐在一起聊天，谈他们在德国生活学习的情况，也碰到中国台湾来的留学生，我看他也就30出头，他说他要拿博士学位，已经8年了，可见在德国拿博士学位还真不容易。23点以后，德国电视不少频道播放的内容按我们的标准说都是黄色的，但德国年轻人的行为举止却很讲礼貌，没有在校园里或公共汽车站上男女学生搂搂抱抱的，比中国大学生还规矩。讲礼貌不仅体现一个人的道德素质，而且是对他人的尊重。在公共场所搂搂抱抱是对他人的不尊重。

会议期间，一位德国学者自我介绍是“卡西尔学会”的会员，于是我与他谈起恩斯特·卡西尔在《人论》中把人定义为“符号的动物”，以取代人为理性动物的问题。我认为，卡西尔“人是符号的动物”的观点把人的感性、个性抽掉了，把人的能动性、创造性、情感性忽视了，剩下的只是冷冰冰的抽象符号，与阿猫、阿狗的符号是一样的。我根据现代高科技带来正负两方面影响以及人类对高科技创新的需要，把人重新定义为“人是会自我创造的动物”（后改为“人是会自我创造的和合存在”）。我们辩论激烈而轻松，这是一种平等的交流和对话，是对他者的尊重。最后，他同意了我的一些看法。当时我举了一个例子：高科技为人类创造了财富，但也空前地消耗了自然资源，譬如石油资源愈来愈少，那么到石油枯竭之时，就必然用其他能源来代替石油，汽车就必须由其他能源来发动，这就需要人的创造；只有不断创造，人类才能继续生活下去。人作为“符号的动物”，如何化解这个冲突？我向他解释，西方从古希腊亚里士多德到卡西尔，中国从先秦到宋明，对人的规定均与时偕行，不断变更，以化解时代的冲突。这次学术交流是有益的，他说我的解释对他有启发，他本说要翻译我的《新人学导论》，但后来失去了联系。

六、走向心学之路

这年我出版了专著《走向心学之路——陆象山思想的足迹》（中华书局 1992 年 4 月版），此书完稿于 1984 年 1 月，修改于 1985 年 11 月。我在 1984 年写的“前言”中说：“我研究陆九渊思想，有一段曲折的过程。1960 年孟秋，教研室分配我着重研究宋元明清哲学，我便想选择一个较有影响、资料较少的哲学家，作为研究的下手处，于是便看中了陆九渊。但当我看完了陆九渊的思想资料和其他一些资料，着手写作时，着实觉得很困难。不仅处处碰到与朱熹哲学的关系问题，而且亦有‘觉其空洞无物，然亦总觉此似若不能尽其实者’之感。因此，我便暂且放下陆九渊，找了朱熹这个硬果给自己啃。其间由于种种原因，这一放竟过去了 20 多年。在《朱熹思想研究》完稿后，便又捡起陆九渊思想来研究，这时我的心踏实了一些，但还有一种新的惶恐的感觉。《走向心学之路——陆象山思想的足迹》可以说是《朱熹思想研究》的姐妹篇。朱陆鹅湖之会后，两人思想分歧愈显，陆九渊便构筑了与朱熹‘道学’相抗衡的‘心学’哲学逻辑结构，在思想界产生了深远的影响。为了掌握当时的思想潮流，了解在时代思潮中朱陆思想体系的异同，对朱陆作了比较研究，从比较中力求恢复陆九渊思想的本来面貌，及其思想的特点、风格、神韵和地位。……在解剖哲学家一系列概念、范畴的含义（规定性）中，揭示了诸多范畴作为一个扭结在整体逻辑结构即网中的各自地位和作用。于是，便发现‘心’这个范畴在陆九渊哲学逻辑结构中居于核心位置，由核心话题‘心’而展开其范畴系统。抓住‘心’这个范畴，就能纲举目张，其哲学的性质，亦可一目了然。然而，确定一个哲学体系的核心范畴，也只有从范畴的联系中以及时代的联系中才能求得。”

我在该书的“后记”中说：“我写完本书初稿后，承蒙中华书局王国轩先生抱病审阅，他不仅逐字逐句地斟酌，指缪纠纰，而且相互探讨，无私地贡献自己的研究心得，这种为他人做嫁衣的无名英雄的工作使人起敬起佩，如果拙著能够呈献在读者面前，是同他的心血分不开的，我希望读者在读拙著时，想到他的辛勤劳动。”编辑勤勤恳恳，费力费心，扶持他人成名成家，而自己却隐在背后，不为人知，默默奉献，他们的工作应该得到全社会的尊重。该书又承蒙方国根先生的惠顾于 2008 年重印，我乘此机会对其进行修订，并改书名为《心学之路——陆九渊思想研究》。

1992 年 6 月 25 日，我在四川德阳参加“儒学及其现代意义国际学术讨论会”。这是我第一次到德阳，德阳孔庙建筑古老，有地方特色，保存也很好，我们参加了祭孔仪式，其仪式与曲阜孔庙祭孔仪式有异，与香港孔教学院的祭孔仪式大异。

这年 9 月，中州古籍出版社出版《帛书周易注译》。我于 1986 年年底将书稿寄给中州古籍出版社，但迟迟不能出版，所以我在 1989 年托时在淡江大学的龚鹏程教授带给学生书局，结果学生书局早一年（1991 年）出版，出版质量比中州古籍好，错字、漏字、标点错误较少。中州古籍出版社出版的《帛书周易注译》的“内容提要”中说：“《易》是历史上最古老的一部卦书。由于历史上思想家和哲学家的重视，争相解说，遂成为贯通儒、道、墨、释、阴阳等诸家学说的经典；从汉代起，《周易》长期传诵于世间，成为士子必读的教材，其影响中国文化之深广，远非群经中任何一经所能比。《帛书周易》的出土，为《易》学研究提供了许多宝贵的新资料。本书注释者从《周易》晦涩难读，《帛书》字多通假，及读者的实际需要出发，对64卦384爻的卦辞和爻辞，均首先校勘原文以辨别正误，次对每一字词细加考证注释，以申明本义；再加今译以串通句意；终加总释以疏通卦者。以其征引古籍之广而论，这是一部博采群说、吸取各家之长的集大成性的著作；以其所据出土新资料及新见解而论，又是《易》学研究史上一座新的里程碑；摆脱各家各派以自己的偏见而进行说教的色彩，以及许多恣意附会、虚妄不实之词，着力于字词本义的考证，还卦辞与爻辞以本来面目，使其朴实而概括力更强，以便更加如实地认识远古社会，则是本书研究方法的最大特色及要达到的最终目的。注译《帛书周易》，具有一定的开拓性，本书在《易》学研究上将占有重要的地位。”这个“内容提要”是责任编辑写的，估量他是考虑到书的销售，1994年改书名为《白话帛书周易》。

我在该书的“自序”中说：“中国古籍为历代思想家、哲学家所重视者，莫过于《周易》，自汉以后，其书冠六经之首，作注者代有名家。”我鉴于《周易》对中国传统文化思想影响之巨大深远，二十余年前，从事中国哲学研究以及教学时，即细读《周易》经、传，意为注释，以图揭示该书思想之原貌。此意已于拙著《周易思想研究》一书的“前言”中加以说明，今撰《帛书周易注译》，以明初衷。约于2003年，承蒙中州古籍出版社卢海山先生来电，要重印拙著，于是我借机加以修订，我在修订版的“序”中说：“拙著《帛书周易注译》撰于1985年，至今已历20余年，其后又有新文献的出土。”这些新文献包括《秦简归藏》、上海博物馆的《竹书周易》、湖北江陵天星观楚简《周易》和安徽阜阳双古堆汝阴侯出土的《周易》，我参照这些新文献进行比较研究修订，并借修订之机改正了原书中的错字、别字等。该书以求真、求义、求信、求通为宗旨，以推进《周易》研究，继承《周易》“自强不息，厚德载物”的精神，弘扬中华传统文化。修订本于2008年由中州古籍出版社出版。

七、从宋明新儒学到现代新儒学

1993年6月24日—7月1日，台北辅仁大学哲学系为与大陆著名大学哲学系开展学术交流，在李震校长的推动下，在哲学系主任黎建球教授的热情操办下，在“清风无力屠得热，落日着翅飞上山”的时节召开“两岸中国哲学研究的回顾与展望研讨会”，这次大陆方面主要是北大哲学系的教授和人大哲学系的教授参与，北大哲学系的参会者有叶朗、杨适、陈来、张文儒等，人大哲学系的参会者有罗国杰、杨宪邦、乔长路、方立天、葛荣晋和我，另外参会者还有吉林大学的陈庆坤、吕绍纲以及南开大学的方克立。我校推罗国杰负责，我们坐火车到深圳，由中国人民大学在深圳的熟人（据说是吴玉章老校长的孙女）安排，在深圳过一夜，那天夜里下了一场大雨，路上积水较深，罗湖桥附近亦积水，只得趟过去。罗湖桥是大陆到香港的唯一通关，“文化大革命”中有人由此偷渡，所以我对此桥印象很深，但想不到此桥竟是又短又旧的桥。由罗湖桥这边出关，由那边入关，因有旅行社来接，较为顺利。港英政府对每个从大陆到台湾的人进行限制，并要个别谈话，问一些问题，诸如为什么到台湾、为什么要经香港、到台湾做什么、停留多长时间等。我们倒很坦然，不让去就回来，据说有谈话不通过的。为了接受过港英政府限制自由通行的谈话，又必须在香港住一天，第二天一早到询问处，一个不大的屋子，里面又有小房，是个别谈话的地方。我们分别进行个别谈话，轮到我谈话时，便问我是什么工作单位的、哪里人、去过台湾没有等。我们对这种谈话很不满。从香港启德机场到台湾台北机场，由辅仁大学安排迎接，并送我们到台北三青团青年活动中心的剑湖过夜，据说这是蒋经国在台湾训练三青团的基地，在台湾很多地方都有这种活动中心，住宿很便宜，亦很简陋，一个房间有四张双层床。翌日，乘火车从台北到花莲，约 4 小时，会场、住宿都在花莲天主教教堂。辅仁大学 1949 年前为天主教教会学校，当时校址在北京西城护国寺附近。1949 年后，所有教会大学或被取消或改名，于是辅仁大学并入北京师范大学，大陆辅仁大学取消，由此，原辅仁大学便在台北恢复，继续由天主教资助办学。校长罗光是台湾地区的大主教，花莲天主教教堂也属其管辖，花莲天主教负责人钱志纯是原辅仁大学哲学系教授、哲学所所长，研究西方笛卡尔哲学，会议期间他送我台湾出版的《我思故我在》一书。他是温州玉环人，在台湾偶遇同乡，十分高兴，倍加亲切。我在大会上宣读的论文是《从宋明新儒学到现代新儒学》。我在文中指出：一种理论，无论多么严密和精致，只要不符合现实或真实，就需要革新或修正；一种观念和制度，只要不符合社会的发展和进步，便需要改造和转换。我就三个问题做了论述：一是宋明新儒学形而上学的混淆，二是现代新儒学的“接着讲”，三是新儒学之新向旧的转化。我分析了宋明新儒学与现代新儒学基本精神、内涵、特征的理论探究，呈现了两者之同：一是文化危机的挽救，二是意义世界的追求，三是终极关怀的寻觅。

会后，我们游览了太鲁阁，里面有奇特的、形状各异的钟乳石，是台湾著名游览胜地，还到台湾最南端的鹅峦鼻参观，游览垦丁公园，垦丁公园的负责人向我们介绍公园的情况。我们沿途住的地方都是原三青团青年活动中心，这些地方住宿很便宜，大部分是通铺和两层床，两层床就需要爬上爬下，在20世纪50年代我在干校学习和中国人民大学读书时就睡这种床铺。台湾学者邬昆如、傅佩荣、项退结和李震等，由于都参观过，所以会后都回台北了。

1993年8月10日—14日，在北京召开“第八届国际中国哲学会”，会议主题是“中国传统哲学的现代意义及未来发展”，会址在北京国务院招待所。作为国际中国哲学会创始人的成中英、唐力权、李绍昆等出席了这次会议，中国台湾也来了不少学者，如邬昆如、傅佩荣、项退结等。我提交给会议的论文是《宋明新儒学与现代新儒学形上学之检讨》。我从四个方面做了检讨：一是形上学道德化与道德形上化，二是形上学绝对与绝对形上学，三是道德形上学与现实的疏离，四是形上学追求的终止。宋明新儒学和现代新儒学虽各有其特点、性格和路向，但上述对现代新儒学的检讨却是共同的缺陷和破绽。随着历史、文化的发展，其哲学形上学的弊端会愈来愈显著。从哲学理论形态上说，先在的哲学理论不断被批判、被代替、被更新，恰如长江后浪推前浪，后来的必然不断度越先在的，而使哲学理论形态日新月异，这是事物发展的趋势，哲学理论形态的发展也不例外。这样，哲学的批判就必须度越宋明新儒学和现代新儒学，而创造出新的哲学理论形态。这个新的哲学理论形态，应该是能化解东亚以至人类当前所面临的种种冲突的学说。这既不是返本，也不是守常，而是创新。“国际中国哲学会”每两年召开一次，轮流在各国各地区举行，并坚持下来，应该说是不容易的，它对推动中国哲学在世界的传播起了重要作用。第一天会上，任继愈教授讲了文化的时差性、融合性和地域性。

在“两岸中国哲学研究的回顾与展望研讨会”和“第八届国际中国哲学会”上，我所提交的两篇文章实际是一篇论文一分为二，后收入《和合与东亚意识——21世纪东亚和合哲学的价值共享》一书的第三章。该文开篇说：“现代新儒家以‘返本开新，守常以应变’的原则立场，仍有返本与开新、守常与应变二分之嫌，以及返本、守常有余，而开新、应变不足之弊，难以担当化解东亚所面临种种冲突的重任。和合学主张中国传统文化整体地转生，以回应和化解东亚所面临的传统与危机。和合是中国传统文化的精髓和首要价值……一种理论，无论它多么严密和精致，只要它不符合现实或真实，就需要革新和修正；一种观念和制度，只要它不符合社会的发展和进步，便需要改造或转换。尽管现实的并不一定是合理的，真实的并不必然是可行的，但现实的、真实的现象后面却有其所以然者的存在。在某种意义上说，揭示所以然者的此在比彼在更有意义。”这就是和合学之所以能度越现代新儒学，而能创造体现时代精神的理论思维形态的原因所在。

1993年10月，秋高气爽，我出席了“中西印文化的融合及发展国际学术研讨会”，李慎之、陈方正、黄心川、朱伯崑、王元化等在大会上做了发言，李慎之发言较长。会议就中西印文化的冲突与融合、全球文化为体与中国文化为用、全球化与文化冲突、世界主义与民族主义、西学东渐与东学西渐、道教对印度的影响等问题展开了充分讨论，大家各抒己见，每个人的思想都得到了充分表达。

第十五章　和合学的再求索

1988年以来，我一直在思考和合学的建构，1989年以后，就有一种写作的冲动，觉得不写是对时代不负责，有辱历史使命。为了抓紧时间，我几乎推掉了国内外一切会议。一个人的生命有长短，但每天24小时无长短。任何人都生活在这24小时中，然每人的生活方式分殊，有以吃喝玩乐耍24小时，有以升官发财度24小时，有以荣华富贵玩24小时，有以勤学苦练过24小时，等等。这虽是人的自由选择，但我要选择对社会有益的事来做，要选择对人类、对个人有意义的事来做，如此，我可以放弃一切，可以付出一切代价。基于对中华民族文明文脉传承的责任，对中华民族传统哲学理论思维形态转生的使命，我大量阅读，吸收上下古今五千年的思想，“海纳百川，有容乃大”，殚思和合学，并从各个视域观照和合学。

一、和合是传统文化的精髓

在1994年“阳春白日风花香”的4月初，我乘机从北京到福冈，参加4月8日—10日的“东亚传统文化国际会议”。这次会议是由冈田武彦教授（1908—2004）筹集资金举行的，每个参加者的往返机票都由会议主办方支付。会议在福冈市市立中央市民会馆举行。7日晚餐后，傅伟勋约我与陈来去吃烧鸡。1982年夏威夷“国际朱熹学术研讨会”后，我几乎每年都能与傅教授见面。他心地坦诚，热情好客，思维敏捷，见解深刻。他曾几次与我讲他的家史：他哥哥是共产党员，惨遭国民党政府杀害，他的慈母艰苦维持家庭，抚养他们兄弟成长，他父亲不大顾家；他还讲到他如何留学美国以及他对马克思主义的体认等，讲得很详细。他在夏威夷

“国际朱熹学术研讨会”期间海峡两岸座谈会上他提出“文化中国”的主张，努力做两岸的沟通工作。他说他是台湾人，但不能把台湾人与大陆人分开。他很不满意将中国一分为二。我非常尊敬他为人率真的品德。他还告诉我们他得癌症之后的近况，并告诉我秦嘉懿教授得了乳腺癌，做了手术。我劝他要注意身体，注意休息。他是非常爱热闹的人，晚上聊天不到凌晨一两点钟不罢休。在香港法住学会召开“安身立命国际研讨会”期间，晚12点还拉我去聊天，所以我劝他一定要注意休息。他又告诉我一个重要的决定：他准备辞掉美国天普大学终身教授教职，回台湾星云法师办的佛光大学任教。他说一个学者用自己的母语写作是最能将思想表达清楚的，西方大哲学家的名著几乎都是用母语写的，确实他用母语写作之后，在台湾出版了很多书。我非常赞同这一点。我问他新婚不久的华珊嘉夫人对他到台湾任教是否有意见，他说已征得夫人的同意。会议期间，他送我由他主编的《当代学人学思历程丛书》中他自著的《学问的生命与生命的学问》一书，这本书记载了他患癌症后的所思所想以及体验，于我有很大的启发。会议期间，我碰见了秦嘉懿教授并慰问她的健康情况，她说她比较注意吃药和休息，看样子情况比傅伟勋教授要好。

4月8日，会议在福冈市市立中央市民会馆开幕，首先是这次会议会长冈田武彦教授致辞，接着福冈市市长桑原敬一致辞，之后是照相。接着做基调演讲的是美国哥伦比亚大学副校长、著名学者狄百瑞教授，他讲“贝原益轩思想及世界的评价”，对贝原益轩思想有系统论述。狄百瑞教授曾在日本学习中国古典著作，会议没有同声翻译，估计有些人听不太懂。下午会议的司会①是著名的源了圆教授，会上井上忠、原敬二郎、木下勤、板坂耀子诸教授讲贝原益轩思想。

9日上午，由冈田武彦教授做基调讲演，主题为“日本文化和简素精神”。10时以后分三个分科会，我参加由柳存仁教授司会的第三分科会，会上余英时讲“现代儒学的回顾和展望”，刘述先讲“毛泽东对中国传统文化的继承的分析”，姜允明讲“从白沙到阳明”，他们都有自己独到的见

---

① 日语中的“司会”一词的意思是主持会议、掌握会场，或主持会议、掌握会场的人，如大会的司仪、主持人。

解，听后收获很大。12 时，我参加由昌彼得司会的第二分科会，初听昌彼得的名字，我以为是外国人，经介绍才知是台湾“故宫博物院”的副院长。分科会上，徐远和讲“元代儒学与中华文化”，戴琏璋讲“无与自然——中国道家思想的省察”。14 时，我参加由张少康司会的第二分科会，会上赵令扬讲“论明宣宗历代臣鉴——书在文化史上的意义”，会永义讲“论说‘五花’爨弄”，昌彼得讲“《论语》版本源流考析”。16 点，我参加由戴琏璋司会的第三分科会，会上郑良树讲“先秦诸子对自然对生态的重视和维卫”，王邦雄讲“儒家人文精神的落实问题”，柳存仁讲“儒家与后现代”。

10 日上午的会在 9:30 开始，我被分配到刘述先司会的第三分科会演讲，会议主题是“和合是中国传统文化的精髓”，会上成中英讲“原性与圆性：论性即理与心即理的分殊和融合问题——兼论心性哲学的发展前景”，蔡仁厚讲“从继往开来看当代新儒家的学术功绩”。我在演讲中说，中国文化的转生，其生命智慧是和合学。我根据中华民族文化对和合的诠释以及现代的需要，将其规定为：和合是指诸多元素（较本原性的要素）相互冲突、融合，与在冲突、融合的动态过程中各元素的成分和合为新事物。和合学是研究在自然、社会、人际、人心、文明中存在的和合现象以及既涵容又度越冲突、融合的学问。这个规定可做这样理解：（1）和合陈述为天地由融突和合而生，即“和实生物”；（2）和合是存有的方式，是其在政治、经济、意识等方面的表现；（3）和合是冲突、融合变异的过程；（4）和合是诸多异质要素、元素在融突中的融合；（5）各元素、要素营养成分和合为新事物；·（6）和合是人的审美精神方式和心灵境界。同时，我还对和合学的规定、和合之体之用做了论述，进而说明为什么和合是中国传统文化的精髓。我演讲后，刘梦溪教授向我提问题，我做了回答，戴琏璋教授认同我的观点。11:30，由我司会第一分科会，会上周桂钿讲“大同思想的理论价值与实践意义”，楼宇烈讲“荀子礼乐论发微”。16 时闭幕式，由会议实行委员会委员长町田三郎主持，台湾大学黄俊杰教授负责出版会议论文集，规定会议论文修改期限。我在会议闭幕式上讲话，因是代表大陆学者讲话，所以我除讲会议的成果丰硕和我们的收获外，亦感谢冈田武彦教授及主办单位热情周到的接待。会议会长冈田武彦致闭幕词。

4 月 11 日，我在福冈女学院短期大学做“中国传统思想与现代”的演讲，演讲由在此校任教、曾做我高级访问学者的难波征男教授安排，演讲大受欢迎。受日本学术界尊敬的、著名的荒木见悟教授（九州大学名誉教授）邀请我们下午到他家做客，荒木夫人亲自做了很好的晚餐招待我们，这是很高的礼遇，我很感动。晚宿荒木教授家。荒木夫人是一位画家，她画了几幅武夷山的画，既有气魄，又能传神，这是她陪同荒木教授到武夷山朱熹研究中心参加朱熹会议时速描的。她在每个房间的显著地方、桌子上都摆着小纸条和铅笔，她解释说，这是为荒木教授有所思、有所得，好随手记下，免得寻纸找笔时忘了灵感或思想闪光。她想得非常周到、仔细，是相夫教子、贤妻良母型的日本知识主妇。为了纪念荒木夫妇的金婚，我画了一幅粗陋的画，作为金婚纪念。荒木教授夫妇年纪那样大，还接待我们在他们家住，我不胜感谢。

二、宋明理学形上学理路

12 日，我访问九州大学图书馆，九州大学中国哲学教研室的藏书调查教研室主任柴田笃教授陪我们看了宋版和明版的书，这些珍贵的书籍是楠本正继教授时购进的。晚住九州大学外国人宿泊所。13 日—14 日，由福冈到长崎，参观长崎港码头，过去中国人来长崎较多，我们参观了朱舜水在长崎的遗址，又去朱舜水学生安东省菴的故乡柳川市参观，并做了一次有关舜水思想的演讲。15 日，我在九州大学文学部做“宋明理学形上学理路的追究”的演讲，由町田三郎教授主持，中国留学生邓红担任翻译，我追述了宋明理学（新儒学）到现代新儒学的局限，说明了为什么提出和合学问题。和合学是宋明理学与现代新儒学的度越，只有对宋明理学的觉解和对现代新儒学的深切体认，才能建构与其相异的理论思维体系；只有面向现实社会和现实生活中的冲突与危机，才能建构体现时代精神的哲学新体系。和合学就是现时代中华民族的新哲学理论思维形态。

4 月 17 日，坐新干线离开福冈到东京，住东京大学国际会馆。沟口雄三教授一直对我非常关心、关照，他主动联系要我住大东文化大学会馆。在东京受李甦平教授的细心关照，她当时在东京大学法学部做高级访问学者，因此得到了她的很多帮助。在东京期间，又参加由沟口雄三教授长期主持的《朱子语类》讲习会。1988 年，我在东京大学时曾几次参加《朱子语类》讲习会，现在沟口教授虽从东京大学退休，但他是东京大学名誉教授，仍坚持做《朱子语类》讲习会。4 月 23 日，由时任东京大学文学部中国哲学研究室主任的池田知久教授主持，我做“和合学概说”的演讲，早稻田大学的助手和博士生也来听课，他们在演讲后提了很多问题，诸如恶的和合问题、佛教因缘和合思想等，我做了较详细的回答。演讲后有 18 人在一张桌上吃饭，还根据每人坐的位置画了一张草图。4 月 28 日，李甦平教授向我讲了她在东京大学学习的情况及收获，并送我到机场，我从成田机场乘全日空 NH905 班机回到北京，由于我带回了李甦平的一些行李，所以她联系她父亲的司机到机场接我，把她的行李拉到香山她父亲家里。她父亲原是北京军区炮兵司令员，享受大军区司令员待遇，她是高干子弟，但她很朴实，也很认真，属女强人类型。

三、韩国儒学的复兴

1994 年 5 月 18 日晚，我请韩国前精神研究院院长、韩国国家学术会会员（相当于中国院士）柳承国教授来我校做“韩国儒学与东亚现代化”的演讲。柳教授虽不会汉语，但汉字写得很好。他讲了现代化就是西化。文化转移随经济而转移，从地中海（古希腊罗马文化）→大西洋（欧洲文明）→美国（第二次世界大战后）→太平洋（“亚洲四小龙”加日本经济）。1879 年法国大革命是争自由，带来了资本主义的发展，资本主义的发展带来了贫富不均，苏联十月革命是争平等，现在面临第三次革命，这次革命争什么？平等与天赋人权相联系，自由、平等是上帝给的，每个人都有自己的独立个性和权利。中国有“天命之谓性”之说，天命的人性是人人一样的、平等的，每个人都不欠缺。后来宋明理学家认为有天命之性、气质之性，于是人性就不平等了。现代化的目标是经济的发展，以经济来衡量现代化，而不是以道德来衡量现代化，这造成了道德的失落。韩国在 1960 年开始大肆发展经济，带来了伦理道德的败坏，可见现代化也需要伦理道德的制约，于是韩国又回到传统，用儒教治世、释教治心、道教治身。天（精神、宗教）、地（经济、资源）、人（法律、仁），三位一体。柳成国精通《周易》和天地人三才之道，他常常津津乐道，三位一体是他的价值理想。我与他多次笔谈《周易》思想。

在“夏木阴阳正可人”的时节，我从北京到韩国汉城参加“第3回栗谷思想国际学术会议”，会议主题是“栗谷思想的国家发展”。1994年6月10日，举行会议开幕式，栗谷学会会长崔根德致开幕词，栗谷学会理事长金振伯为大会长宣读祝词，之后照相。基调演讲是由崔根德做的“栗谷思想和韩国的未来”。然后，由尹丝淳讲“栗谷思想和国防政策”，白完基讲“栗谷之社会思想”，宋锡球讲“栗谷之政治思想”，李洪淳讲“栗谷的哲学思想”。13:00吃中餐。下午的会议13:40开始，由我讲“栗谷之理气观”，所以我匆匆吃完中餐，便到会场准备演讲，我从各个层面分析了栗谷理气观的基本内容、特点和性质。之后，杨祖汉讲“栗谷之修养论”，佐藤仁讲“栗谷之修养论”，崔龙水讲“栗谷之实学思想”，李基东讲“栗谷思想和经济政策”，李文远讲“栗谷之教育思想”。然后，由李楠永教授司会，由李东俊、李东熙、赵南国、陈德圭、崔英辰、黄义东诸教授综合讨论，并提问。诸教授对我的演讲比较满意，评价较好。6月11日从汉城出发，中午到江陵，14时—18时为恳谈会，会见栗谷文物馆的工作人员与其宗族中人。江陵临海，海滩幽美，我们吃海鲜，在海滩照相，心情舒畅。6月12日，参观栗谷出生地乌竹轩。乌竹轩是栗谷诞生居室，韩国风俗是回娘家生育，乌竹轩是栗谷母亲的娘家，屋旁有很多竹子，竹竿是乌的，故名乌竹轩。我曾写过一首诗：“晨出汉城雾朦胧，午至江陵日天中；今日寻访乌竹轩，申师庭教四书通。”申师是栗谷的母亲，从小就教栗谷读“四书”，家教甚严，使栗谷从小就接受严格的义理和道德教育从而成为大学者、大哲学家。之后参观江陵地方文物古迹，晚上观看非常有特色的“端午祭前夜祭”，我们到时已人山人海，人很难通过，不过在会议办事组人员的帮助下，我们终于寻到了很好的观看位置。我们在江的对岸看对面从山上连续往下放火球，形成一条条火龙，在夜晚看来非常壮观，据说古代这时江面有很多游船，文人墨客饮酒作诗，人文精神的气氛像酒一样浓。晚住江陵，据说江陵“端午祭”已申请联合国教科文组织的非物质文化遗产。13日回到汉城，我的韩国博士留学生韩相美要我去见他父亲，并陪我到几个地方参观名胜古迹，17日回北京。

在“清风无力屠得热”的 1994 年 8 月，由韩国东亚日报社与中国人民日报社联合召开“孔子与 21 世纪国际研讨会”。开会之前，《人民日报》副总编召开中方人员座谈会，实际是审查所提交的论文的质量、学术水平及有否敏感的言词等。人民日报社做事总是较慎重的，这是党报长期以来形成的做事作风。我因觉得热，所以只带了衬衫，没带外套。会议在山东曲阜阙里宾舍举行，会议室冷气温度低，我觉得冷，因怕感冒，所以经常出来，以暖和一下身体。我提交的论文是《中韩性理学之互动》，我在论文中说明：一是中韩性理学者均突破传统伦理学说缺乏本体论论证的局限，由无极太极（道、理）形上学本体直接推衍为伦理道德，使形上学本体落实到人间道德上；二是中韩性理学互动，都以恢复元典的本义为宗旨；三是正由于对元典的不同解释和理解，而形成中国性理学的理本论和气本论，亦形成韩国历史上性理学的主理派和主气派。中韩性理学的互动是一种成功的学术交流形式，它使中韩性理学纵深发展，相互启发。会议送每人一个私章，因为所刻私章是“阴文”（刻阴文省工，但刻好也不易），韩国学者又找刻工刻一枚阳文的，以阴阳相配。

1994 年 10 月，出席国际儒学联合会召开的“纪念孔子 2545 诞辰国际学术讨论会”。纪念孔子诞辰的国际学术讨论会逢 5 或 10 均召开一次，世界各国儒学学者以文会友，互相切磋，弘扬儒学。我是国际儒学联合会理事，又研究儒家，故每次均参加会议，发表论文。

由中国社会科学院宗教研究所与中国台湾一道教团体联合主办的“海峡两岸儒道互通学术研讨会”于 1994 年 8 月 16 日—18 日在香山宾馆举行。我提交的论文是《中国传统文化的精髓——和合学》。我认为中华文化是儒道和合的，这是其基本精神。儒象征天、阳、上、男、父、君、正、外——求善；道象征地、阴、下、女、子、臣、反、内——求真。不是内圣开出外王，而是内圣与外王的和合。这篇文章发表在台湾《宗教哲学》1995 年第 1 期上。

1995 年 2 月 21 日—23 日，我出席了韩国在汉城举办的“南冥学国际学术会议”，此会由南冥学研究院在成均馆儒林会馆召开。南冥是曹植的号，正如退溪是李滉的号、栗谷是李珥的号一样，韩国对古代学者都称谓号，而不称名，以示尊敬。中国古人均以号相称，韩国受中国风俗习惯的影响，以号称谓。最亲近的人以乳名相称。直呼其名是不敬的表现，我在小时候，小孩吵架，若直呼其父亲的名字，肯定是要打架的，名字是不准叫的。退溪与南冥同时，两人道德文章，各领风骚；以人品言，退溪浑厚天成，南冥高明刚大；以出处论，退溪早通仕籍，位至贰相，南冥隐居尚志，屡征不起；以学问言，退溪精研力索，天人性命之理，无有余蕴，南冥反躬实践，敬义夹持之功，自有成法，被后人称为“蔚然为百世道学之宗师”。两人倡明道学，共同以扶人纪为己任。我认为，作为南冥思想结构之结晶的 24 图，即是其哲学范畴逻辑结构。南冥《学记类编》便是他通过 24 图来把握圣学道统和宋明性理学精髓的凝练，因此他把《学记类编》作为入道的阶梯，而这种范畴逻辑结构的把握实质是一种再诠释和再创造。这是因为，任何一个民族的理论思维或一个哲学家的思想体系，都是通过一系列哲学范畴来表现的，都是由诸多相互联系、相互作用的哲学范畴间的逻辑顺序或结合方式构成的，并从整体的逻辑结构上确定诸范畴在整个理论思维或思想体系中的作用和地位。这就是说思想史、哲学史作为观念逻辑发展的演变史，在某种意义上说就是范畴逻辑发展史。结构并不是观念或心的杜撰，而是人类长期以来运用的方法，从结构着眼体认、复制和创造新的体系的方法。哲学一直在研究存在的结构，科学研究亦一样，都以认识客体结构为目的。宏观世界和微观世界都揭示了、掌握了越来越多的结构现象，基于对结构的体认和把握，改变其原来的结构方式或重新结合，便能创造新的存在结构。南冥哲学范畴逻辑结构主要采取顺序结构、选择结构和反复结构，体现了其范畴逻辑结构的整体性、有序性、层次性、动态性、稳定性的特点。当时，韩国南冥学研究院院长是金忠烈。金忠烈教授在中国台湾获得博士学位，后在“中国文化大学”任教，回韩国后在高丽大学哲学系任教授，是韩国著名教授。会议期间，我们在一饭店吃饭，他吃得高兴，在店老板的请求下，他为此店写了几个字。他是书法家，在韩国很有名气。他写后要我也写几个字，我也写了。韩国历史上重要思想家都成立研究院，经费来自家族的支持，可见国民对传统文化的重视。这不仅是对先人的纪念，更是对先人思想道德精神的继承，也是其文化认同感、文化凝聚力、文化向心力的强烈表现，这是一个民族坚不可摧的强大动力。通过家族的力量发扬传统文化，是一有效途径。

中韩建交后，韩国首任驻华特命全权大使是黄秉泰，他在汉城国立大学获学士学位，在哈佛大学获硕士学位，在加州大学伯克利分校获博士学位，曾任韩国外国语大学校长，韩国统一民主党副总裁等职。1995 年 1 月，他的博士论文《儒学与现代化——中韩日儒学比较研究》一书中文版由社会科学文献出版社出版。1995 年 3 月 28 日，该书首发式在中国社会科学院哲学研究所举行，事先要我写一篇书评，我撰写了《中韩日现代的文化选择——评〈儒学与现代化〉》一文，并在会上发言。

四、波士顿论和合

“第九届国际中国哲学会”由美国波士顿大学的南乐山教授筹办，会议主题是“世界哲学之中国哲学”，我提交的会议论文是《中国文化的和合精神与 21 世纪》。中国大陆出席这次会议的有汤一介、萧萐父、涂又光、方克立、方立天、陈来和我等，由于来回路费由会议负担，所以我们获批较容易，但北京没有直达波士顿的飞机，必须从纽约等地转机，较为麻烦。我宣读论文后，在会议上引起了很大反响。波士顿大学与哈佛大学、麻省理工学院一样，没有像中国大学校园那样圈地为牢，没有明显的围墙。波士顿大学临街都是学校的建筑，从这些建筑都可以进到学校去听课，这与德国一样。冯禹博士（原我们教研室副教授）在哈佛燕京学社工作，他领我和方立天参观哈佛、麻省理工以及波士顿的名胜。会议在 1995 年 8 月 2 日—8 日举行，学生放假，于是我们住在波士顿大学的学生宿舍，这比较便宜，为会议节省了经费。会议的最后一天，我儿文勇从缅因州博登学院来，博登学院是一所贵族大学，他当年毕业后攻读康奈尔大学医学院、洛克菲勒大学医学院和斯隆凯特林癌症研究中心联合招收的生物学和医学双博士学位。我们俩从波士顿汽车站到博登，冯禹到汽车站来送，我很感谢。冯禹是一个很朴实的人，他开始是因其夫人和孩子而来美的，现留美工作。到博登后，我参观其学校，学校环境很美。我们暂寄宿在文勇好友家，这是一幢别墅式的建筑，有一较大的花园，有很高大的树和花草，空气清新，使人心旷神怡。我做了中国菜与主人共享。在博登，我们参观了缅因州有名的阿克甸（Arcadia）公园，晚文勇的朋友带我们坐小艇游海湾，风不大，但有点冷，蚊子咬人，不久即回住处。缅因州龙虾有名，文勇买了好几斤，在其朋友家做了吃，很有风味。他开着他520美元买来的二手车，先到美加边境尼亚加拉大瀑布，水从美国这面直泻而下，由于落差很大，非常壮观。这里并不是高山，也不是从山谷中奔腾而出的水，在美国这面是平坦的河水，平坦的地面，平坦的河床，没有奇特的山峰，没有连续的小瀑布。只有下到美加交界的谷底，才能感受它的神奇魅力，于是我们下到谷底，坐船从瀑布底下仰观其雄伟、其汹涌，我们买票后发给每人一件雨衣，上船后慢慢驶近瀑布，在水雾中观看瀑布，别有韵味。只见巨龙之水天上来，直泻而下冲破地，巨大的银柱碰到岩石，激起很多水珠、水雾，落到潭里，恰如大珠小珠落银盘。雨衣根本不顶用，因为谷底风大，雨衣的帽和裤腿都因被风吹起而打湿了，不过8月天，天热打湿了反而凉快，因此也不觉得。晚上我们没有住在边境的水牛城，而是向纽约方向开车到预定地方住宿，文勇很有计划，他把日程安排、计算得非常准确，住宿地都是事先联系好的。第二天一整天在高速公路上开车，沿途我们观看了罗斯福旧居，面积较大，记得有从柏林墙拆来的一块墙立在草坪里，引人深思，不同的人有不同的感受，柏林墙的倒塌标志着德国的统一。途中又参观西点军校。长途开车的确很疲劳，中午文勇打盹，要我讲故事，我讲中国哲学史上的各种故事，讲起来真是说不完，以后凡长途开车都讲故事，晚到纽约，住宿在他同学的房子里。同学回国，房子空着，我们就住在这里。在纽约，我们不仅参观了联合国总部可参观的地方，也到纽约大学医学院参观，这里陈列有19世纪的木制救护车。在哥伦比亚大学图书馆，文勇用电脑查看这里馆藏的我写的书。我们还参观了纽约大教堂、中国城等。由于我们主要在100街内活动，比较安全，花时间相对少。花时间最多的是到曼哈顿和看自由女神像。因为看自由女神像要排队等候上船，排队的人真不少，我们好不容易上了船，到了自由女神岛上，上岛后又要排队等候到里面参观。到女神座上了，这里排队的人更多，太阳猛烈地照着，晒得人大汗淋漓，燥热难受，但又不能不按规矩排队。在自由女神岛上体会不到自由，这就是自由与秩序的冲突和紧张。要自由，又不能不要秩序。无秩序，自由就是混乱；无自由，秩序就是专制。两者如何协调，就需要和合思想的指导。参观后我们原路回到岸上，又到曼哈顿股票交易所参观，只见电屏幕不断跳动，人们纹丝不动地仰视，非常专注。翌日准备到费城，在到费城的路上，我们到大西洋赌城参观，据说这里没有拉斯维加斯赌城有名，人相对较少。到费城后，又住在文勇同学处。在费城参观了有裂缝的自由钟、富兰克林故居以及富兰克林起义的屯兵处等。富氏依印刷厂而发财，富兰克林故居旁有其博物馆，我们在其宣布独立战争的大厦前照相。美国独立只有200多年，但文物保护意识较强，文物保存较好，特别是保护名人故居。后又由文勇开车到华盛顿参观国会大厦，经安检进入大厦会议厅及各小会议厅、休息室等，又看国家艺术博物馆，里面的艺术品非常名贵、丰富，使人享受到美的愉悦。在白宫墙外看了一下，里边不能进去参观。在国会图书馆，文勇电脑检索了一下我的著作，这里有十几本我的著作（包括主编的）。在中文室看到了我的著作，如《周易思想研究》《朱熹思想研究》《道》，碰到了我校毕业的学生。国会大厦有各种会议厅，博物馆展品非常丰富，各个国家文物珍品均有收藏，譬如有希腊的珍贵展品、埃及的展品、中国古代房间内的摆设、日本起居室和房间的珍品等。这次美国之行，收获甚丰，在主要地方均照相留念，但主要在东海岸，西海岸的旧金山没有去。

五、文哲所论和合

1995年9月13日—25日，受台湾“中研院”中国文哲研究所筹备处主任戴琏璋教授的邀请，做两次专题演讲：“帛书《易传》的人文精神”“王船山的本体哲学”。这两次演讲都从和合学切入，说明帛书《周易》体现了和合人文精神，王船山哲学本体是和合。我到台湾的手续特别麻烦，先要打报告经系领导批准，后经科研处审查演讲内容，盖章批准后再报外事处，外事处开条子到人事处，领取政审表，填好后交系党总支，上报人事处，经外事处报管外事校长批准，报国家教委，国家教委报国务院台湾事务办公室批准。国务院台湾事务办公室赴台批件是：“国台赴台［1995］815号。北京市公安局：同意张立文同志等1人应台湾中国文哲研究所邀请，自1995年9月12日至1995年9月28日经香港前往台湾地区进行学术访问。”中华人民共和国国家教育委员会关于对张立文教授赴台进行学术访问的批复是：“教外港办［1995］561号。中国人民大学：现将国务院台办关于同意张立文教授赴台进行学术访问的批件（国台赴台［1995］

815号）转去，请即协助其凭国台办批件到北京市公安局办理赴台手续。临行前，请校领导向其认真介绍我对台政策及在台期间注意事项，以妥善应付可能遇到的敏感问题。国家教委港澳台办公室，1995年8月23日。”

台湾方面手续也很麻烦。首先要填写“大陆地区人民进入台湾地区旅行证申请书”，填写的规定就有21项，非常详细。申请书填好后寄给邀请单位，连同邀请单位的担保书报出入境管理局批准，邀请单位再寄给我“台湾地区旅行证副本”。我12日从北京坐飞机到香港，下飞机后赶往香港中华旅行社，领取旅行证的正本及香港到台北的机票，然后又得赶回九龙启德机场。要是由于飞机误点，无法赶上中华旅行社的办公时间，那就惨了。在填写旅行证申请书的同时，“中国文哲所”来函：“兹寄上来台参观访问申请表格一份，请参照申请须知及填写说明详细填写，并备妥有关文件，尽速寄回本处（在海外者请向我驻外机构申请）。关于保证人一项可留空，由本处办理。关于专业造诣资料，请寄教授（副教授）证书、奖状、剪报影本（尽量提供）及著作目录。因为申请需两个月，烦请尽速寄回或申请，以免耽误时效为荷。中国文哲研究所筹备处敬启，1995年3月10日。”这样往返一段时间后，到了赴台的前一天才拿到护照，搞得非常匆忙紧张，据说到台湾的批件往往是这种情况，每次都着急，我倒无所谓，不能去就不去，能去就去。

9月13日到文哲所，台湾“中研院”中国文哲研究所派汽车到机场接我，住“中研院”国际学术会馆。9月14日，进行第一场专题演讲：“帛书《易传》的人文精神”，台湾大学研究《周易》的黄沛荣教授也来出席。我讲了四点：(1) 帛书《易传》的名称，(2) 版本问题，(3) 人文精神，(4) 阴阳和合意义。戴琏璋、黄沛荣两位教授谈了他们的一些看法。戴、黄两人专门写过《易传》的专著。9月15日，与文哲所筹备处同仁座谈。9月16日，访问历史语言研究所、傅斯年图书馆、胡适纪念馆，拜访王叔岷教授。王教授虽年事已高，但他整天在史语所的一个小房间内不倦工作，精神可敬。9月18日，访问台湾大学哲学系和图书馆。

9月19日，参观“故宫博物院”，这是第二次参观。同时参观“藏传佛教法器特展”，说明书说：“西元7世纪，佛教正式传入西藏高原。初期直接亲炙印度、尼泊尔来的高僧讲学与译经，并接受中原的佛学经典，而僧侣修习过程中又必须不断辩难论证，因此蕴含出宏阔深邃的佛学，显密并呈；兼收藏地原有本教的神灵、咒术与仪式，遂形成独树一帜的藏传佛教。由于崇敬喇嘛（上师），故有人称之为‘喇嘛教’。元、明时，因西藏与中原朝廷的密切政教关系，遂亦流传至蒙古和中原。格于佛学观点的不同，藏传佛教分有不同支派。15 世纪后，宗喀巴（1357—1419）所创的格鲁派（黄教）逐渐称首，达赖喇嘛及班禅额尔德尼为其宗教领袖。”还参观了“汉代以前的陶器展”“我国瓷器的发展展”“魏晋至五代陶器展”“华丽图书特展”“张大千画展”等。9 月 20 日，访问“中研院”近代史研究所。9 月 21 日，进行第二场演讲：“王船山的本体哲学”。9 月 22 日，访问“中央图书馆”，由于林庆彰教授与“中央图书馆”工作人员熟悉，我们不仅近看宋版蝴蝶装的书，而且到珍本库房看到了大量古籍，保存很好。9 月 23 日，受政治大学中文系教授董金裕邀请，到政治大学给研究生讲“宋明理学的兴起”。讲后中文系简主任请吃中饭。

六、与台湾生死学之父的对话

我到“中研院”文哲所不久，傅伟勋教授亦到“中研院”文哲所访问一年，我们同住“中研院”国际学术会馆，经常见面。他又说准备辞掉美国天普大学终身教授的教职，到台湾佛光大学任教，这一年是过渡。我见其身体比 1994 年会面时差，劝他注意休息。他说他自己也觉得不如从前，有一次在厕所昏倒。因此，我非常担忧他的身体健康，早餐我们在一起用餐，晚上我到他房间聊天。他聊起来真是针插不进，水泼不进，只能听他海阔天空地、滔滔不绝地说话。他是一个性情中人，一个思维极其敏捷、具有创造力的学者，他知识丰富广博，精通英、日、德多门语言，为学中西会通，儒、释、道三教圆融。这样的学者，在当代华人学者和大陆港、澳、台学者中是少有的。他在患淋巴结癌症以后，在台湾“发动‘死亡学’研究与‘死亡教育’的推广工作，似乎已有初步的成效，引起更多国人的共鸣响应”①。他出版了《死亡的尊严与生命的尊严》一书，而成为台湾“生死学”之父。他说：“我已磨炼自己成为具有强烈生命韧性的斗

① 傅伟勋：《学问的生命与生命的学问》，351 页，台北，正中书局，1994。

士，虽然经历一番与癌症搏斗的生死体验之后，自觉已破生死，既已‘挚爱过这美好的人生’，也随时能够自然安然地‘告别这美好的人生’。”①他有一个庞大的写作计划需要完成，他希望天能假他至少 10 年，最好 20 年。这是学术责任感和使命感，是对中华民族学术发展的担当感。他认为，如果只为自己的学术生存考虑，那么就根本不必如此永不停止地探索新的学问领域，扩充新的学问视野。他说，如果一直只守一个小小的研究部门，可能更方便容易，但是他的“天命”使他走上曲曲折折而辩证开放的学问道路，从西方哲学（史）到儒、释、道三家的“生命的学问”，从哲学到宗教学，甚至到目前的科际整合理论探索，“以今日之我克昨日之我”，可以说是一条“荆棘之路”。但他并不后悔，反而觉得他抉择的这个“天命”并无差错。一个人的命运，有时候连自己也说不清楚。人所走的学术生命道路，个个有其内因和外缘，不能只有学问生命的一个模式、一种道路，多样性、独创性构成了学术的绚丽多姿，繁荣发展。我很赞赏傅伟勋教授在“学问的生命”与“生命的学问”之间奋勉不已的精神，这就是“君子终日乾乾”的精神。我很同意他所说的，如果一直只守一个小小的研究部门，确实方便容易，但就不能拓展研究领域，不能突破旧的、现成的框框，不能有新的创造。然而，学术的发展需要不断创新，只有不断发现新问题、化解新问题，才能有新的创造。非常遗憾的是，我们 1995 年在台北“中研院”中国文哲所的相会竟成为我们的最后一次聚会，我失去了一位在学术上坦诚交流、对话的朋友。老天爷无情，没有假傅伟勋教授 10 年，没有让他将自己所思所想的真知灼见留下来，这是学术界的损失。

1995 年 3 月，台北文津出版社出版我的《朱熹与退溪思想比较研究》。我在该书的“自序”中说：“从 1960 年以来，我连续在报纸杂志上发表了 150 多篇论文，但从未想过结成集子。前几年学术著作出版情况稍好一些，曾有好友向我建议选编出版文集，因我手头要写的东西较多，没有顾得上选编，就放下了。近几年学术著作‘不吃香’，出版又不景气，也便不再想此事了。最近蒙几位好友鼓励，于是鼓起勇气，从数十篇朱子

① 傅伟勋：《学问的生命与生命的学问》，344～345 页。

与退溪的论文中，选编了这本集子……朱子学与朝鲜传统文化思想的融合，就意味着和合地创造，这个创造的成果就是以退溪学、栗谷学等为代表的朝鲜当时整个时代的精华——朝鲜新儒学（性理学）的出现，并影响日本。所以，对朱子学与退溪学进行比较研究是很有意义的。在这方面，我准备还要进行深入的研究。研究的深入，有赖于研究方法的变革。从某种意义上说，一切理论的探讨，归根到底都关联着理论方法的探讨；一切理论的变革，亦往往以方法的变革作为它的先导……中国自先秦以来，有关理论研究方法的变革，大体经历了五个阶段：一是先秦各家，儒、道、墨、名、法、阴阳各有自家的方法，呈现为多元性。二是自汉至清，基本上是经学的方法，又分古文经学与今文经学的方法。古文经学重训诂考证，名物制度。今文经学重发挥义理，微言大义，而展现为汉学与宋学。三是明中叶以后，西学东渐，至五四运动，西方工业文化的重实证的方法影响中国学术理论界，产生了以实证为指导的理论研究方法。四是五四运动以来，西方各种理论学派涌入中国，中国学术思想理论界在接受、吸收西方各学派理论的同时，亦接受、吸收了西方各学派的理论方法，对中国学术思想（包括中国哲学）进行研究，而呈多样性的特征。近 40 年来主要是采取苏联哲学教科书的主客二分的条块方法。五是 80 年代，笔者发扬中国传统‘字义’‘范畴’的方法，又吸收西方现代理论方法，提出具有中国特色的哲学逻辑结构理论方法（参见拙著《中国哲学逻辑结构论——中国文化哲学发微》，中国社会科学出版社 1998 年版），已引起学术界的关注。本书的各篇，都是运用哲学逻辑结构论方法的尝试和案例。”这是我对自己提出的哲学逻辑结构论的运用。

1995 年 8 月，由中国人民大学出版社出版我的《中国哲学范畴发展史（人道篇）》。《人道篇》的“内容提要”中说：“天人之道是中国哲学的主旨，这部《人道篇》是接着《天道篇》讲的。本书全面、系统地探讨了中国哲学范畴产生、形成和发展的文化背景、中间环节、发展道路，揭示了人道范畴的性质、特点及互相联系、转化关系，论述了中国哲学范畴体系的整体结构。本书用力深厚，新见迭出，开中国哲学研究的新风貌。”这是出版社为增加销售量而不得不有此溢美之词。我在该书的“后记”中说：“自 1986 年底《天道篇》完稿后（1988 年出版），即着笔于《人道篇》。然杂事缠身，文债未清，时写时辍，历时六载，于今夏始告成，实乃身不由己。其间时与友好切磋，获益良多；读者问询，勉励鞭策，窃恨未能早日呈书于诸君座前。今将付梓，夙愿已偿，回首往事，含悲缅忆已故编审王颖先生。自余《朱熹思想研究》一书横遭批判，出书面临厄运，王君扶余于患难，亲任《宋明理学研究》和《天道篇》责编。君披星戴月，废寝忘食，为人做嫁衣而呕心沥血，且尤关心《人道篇》，然未待付梓，君已作古，今谨以此书敬献于王君在天之灵。本书承蒙石峻教授以古稀之年，披审全稿，多方指正。亦蒙李甦平教授、张青、张文勇先生帮助。冯禹博士将本书提要、目录译成英文，中国人民大学出版社总编辑李淮春教授一向关心、支持本书的出版，沈小农副编审为本书编辑润色，辛勤劳作，尤付心力，谨此一并致谢。1992 年 7 月于中国人民大学哲学系。”有人建议我再写一本“地道篇”，但我考虑中国哲学的主旨是“究天人之际”，“地道”的哲学范畴在中国哲学范畴发展史中并不具有独特的魅力，故而没有写“地道篇”。请诸君谅解。

第十六章　转生命为智慧

1995 年是我六十“花甲之年”，也是孔子所说的“耳顺之年”，但我自觉自己未能做到“所闻皆通，不思而得”。不过，这年我艰难地写完了自认为是讲自己哲学的著作——《和合学概论——21 世纪文化战略的构想》上下两卷。这是我一生生命历程中对人生深切体验的反省，是我从 1950 年以来参加剿匪、反霸、土改、农业互助组、镇反、农业合作社、“三反”、“五反”、三大改造运动、粮食统购统销、反右派、“大跃进”、“反右倾”、双反交心、三年困难、“四清”运动一直到“文化大革命”，对所有政治运动斗争的反思和体认，是对 21 世纪我国和人类所共同面临的人与自然、人与社会、人与人、人的心灵及不同文明之间冲突与危机的忧患和思考。我虽然在一些运动中受到冲击，但总算挺过来了。连续不断的运动，以及再来一次“文化大革命”的威胁，究竟对中华民族的发展有什么裨益？“以阶级斗争为纲”究竟对中华民族的富强发展有什么好处？对发展中华民族文化思想有什么益处？马上打天下后如何坐天下？传统文化能否继承？照搬外国人的思想是否符合国情？以西方二元对立、非此即彼的思维为指导能否治理好中国？1988 年我在《新人学导论》中提出了“和合型”人格，它是指各层次、各类型人格的综合创造，并非指无差异的相同人格的相加。我试图把《中国哲学逻辑结构论》《传统学引论》《新人学导论》中的思想贯通起来，凝练、提升为中华民族的一种新的理论思维形态；再者，必须对宋明新儒学到现代新儒学的发展进行反思和检讨，即对其对象性理论前提的能否成立以及如何成立进行考察。为什么戴震批判理学家“以理杀人”？颜元认为，岂止理能杀人，心也能杀人！难道气不能杀人？基于对生命的体验和对这些问题的忧虑，经殚精竭虑，我提出了和合学。

一、三大挑战和五大冲突

1990年以来，我在国际会议论文集和报刊上发表了10多篇和合学的文章，并经“终日乾乾”，于1995年完成了《和合学概论——21世纪文化战略的构想》的撰写。我在该书的“自序”中说：“笔者的中国哲学逻辑结构论、传统学、新人学的探索，是度越中国传统哲学的尝试，亦是中国文化人文灵魂、生命智慧和心性情感的延续。近六年多来又进入了和合学的求索，这是因为和合是中国文化人文精神的精髓和首要价值。一种理论，无论它多么严密和精致，只要它不符合现实或真实，就需要革新或修正；一种制度，只要它不符合社会进步和发展，便需要改造或转变。之所以说和合是中国文化人文精神的精髓和首要价值，是因为现代中国文化面临着三方面的挑战：一是人类共同面临的五大冲突（人与自然、人与社会、人与人、人的心灵、不同文明间）的挑战；二是西方文化的挑战；三是现代化的挑战。回应此三大挑战的最佳、最优化的文化选择，便是和合学。融突而和合，对化解人类所共同面临的五大冲突具有巨大的魅力，对回应西方文化的挑战具有强大的生命力，对传统的现代转换具有内驱的动力。人类面临的五大冲突，只有和合学才能合理地、道德地、审美地解决，而且和合学能创造性地解决中西文化的价值和合与传统文化的现代转换，使中国文化以崭新的面貌走向世界。中国传统文化如何向现代转换？近一个世纪来，中国人不仅前仆后继地进行实践，而且提出了种种主张和方案，如‘中体西用’等。这些论说，其实都只是关于如何向现代转换的方法或手段的探讨。这类探讨还可以提出许多方法来，但总未提出一套新的理论或学说架构，譬如‘中体西用’‘西体中用’整合出什么学说来？‘创造性转化’转化出什么来？综合创新之‘新’理论是什么？都还是一个混沌，其深层均蕴含着一个价值观的问题。”

“在中国历史上，宋代思想家面临着唐末五代社会大动乱后现实无序的挑战，外来印度佛教文化不断深入社会下层的挑战，以及本土道教文化的挑战。自唐至宋初中国哲学对儒、释、道三教均采取兼容并蓄的方法和手段，冀希整合三教思想。然而，既没有对当时三大挑战做出成功的回应，亦没有整合创造出新理论、新学说。程颢提出：‘吾学虽有所受，天理二字却是自家体贴出来。’这个‘自家体贴出来’的理，即是儒、释、道三教整合创新之‘新’，使兼容并蓄的方法有了‘安顿处’，开创了一个宋明理学的新时代。兼容并蓄与中体西用、创造性转化、综合创新等名虽异，实作为文化整合的方法、手段则同。中国文化作为现代三大挑战的回应，我以董仲舒‘三年不窥园’的精神，潜心竭虑出了‘和合学’。它既是给一个世纪多以来关于中国传统文化向现代转化的种种方法和手段的探讨的一个落实与安顿，也冀希它在调适、化解现代三大挑战中发挥出巨大的、有效的生命智慧。和合学的和合思维，与西方神创思维异趣。西方文化中有一种被普遍认同和强化了的上帝‘创世纪’说，解释了天地万物的根由问题。上帝作为唯一的、绝对的存有，一直延续到现代。中国文化中没有一种像西方那样被普遍认同的上帝造物说。然而，天地万物从哪里来的？对这样一些问题，中国古代的思想家、哲学家又不能不做出回答。他们以‘观象’、‘观法’、‘观鸟兽之文’的观察方法，‘近取诸身，远取诸物’的取法，由阴阳、男女交合而化出新生儿，而推及天地、乾坤交合，而化育万物。这便是‘天地絪缊，万物化醇。男女构精，万物化生’的‘和实生物’说。它不是上帝造万物，也不是唯一的绝对产生万物，而是诸多差分或异质的要素融突和合而化生。如‘土与金、木、水、火杂以成百物’，杂有和合的意蕴。即使说老子讲‘道生一，一生二，二生三，三生万物’的道，亦非一唯一绝对的存有，而是‘一阴一阳之谓道’，即‘负阴而抱阳，冲气以为和’的道。这种和合思维开出了有异于西方神创思维的独特的思维方式、价值观念、心理结构、审美情趣，以及处理人与自然、人与社会、人与人、人的心灵、不同文明间关系的独特的方式和方法。和合学揭示了天地万物生生的本质和生命力之所在，以及天地万物相互之间关系的融突和合联系。和合学的范畴系统、逻辑结构、关系网络和转换中介，是高度差分的、具有自组织系统的目的性和复杂性的文化系统，这与现代科学技术总体上研究复杂性的发展态势是同态的。”“自序”写于 1995 年 12 月。

我在写于同年同月的“后记”中写了这样一段话：“我修改完此难产、慢产之书，恰逢我‘六十花甲’。在自己人生旅程中走了一个甲子圜道，或称‘轮回’；再走一个‘轮回’，在这个世界上是微乎其微的；再走半个‘轮回’，也是稀之又稀了！我走了一个‘轮回’，这意味着回归到了‘儿’时状态，儒家称‘赤子’，道家叫‘婴儿’的心境。你看那婴儿，哭就哭，叫就叫，笑就笑，不是做给人看，也不是为讨好别人，却有了一份纯朴和天真。这纯朴的天真，就是做自己想做的，做自己喜欢做的，写自己希望写的。既不是为讨人喜欢，又不是为应世媚俗。一切外在的‘迷惑’，已失去昔日的力量和‘光辉’；内在‘赤子之心’、‘婴儿之心’的呼唤比往时更紧迫和强烈，人也多一份洒脱和自由！……1995 年 12 月于北京中国人民大学静园。”

二、理论价值与超前预见

《和合学概论》完稿后，我联系出版社出版，联系的第一家出版社的社长说和合学拿不准，不接受出版。我便联系第二家出版社，它是我学生的夫人（她是一家出版社的编辑）所在的出版社，她同意，但说需要经出版社领导同意，我怕领导又变卦，便把这情况与张岱年先生说了。张先生说：“要么我写封推荐信，可能有作用。”于是，张先生看了我的书稿后，写了封推荐信。信中说：“在此世纪之交，国内外学术界都在思考 21 世纪的文化战略问题。张立文同志经过深思熟虑，写了《和合学概论——21 世纪文化战略的构想》一书，提出了许多创造性意见。该书从文化战略的高度透视中国文化的现代化和如何把中国文化推向世界，使中国文化的人文精神被世界所接受，批判了美国亨廷顿《文明的冲突》一文对儒家文明的无知。儒家文明主张‘和为贵’，中国文化的人文精神讲‘保合太和’。因此，提出了和合学的思想，和合学植根于中国文化的深厚土壤，从《国语》一直到近代，都讲和合。和合是解决人类所共同面临的五大冲突（人与自然的冲突——生态危机，人与社会的冲突——战争、民族种族歧视、贫富不均、黑社会、贩毒、恐怖组织等，人与人的冲突——道德危机，人的心灵的冲突——孤独、苦闷、精神分裂，文明之间的冲突）的文化选择。并提出和生（共生）、和处（共处）、和立（共立）、和达（共达）、和爱（兼爱）五大文化原理，以回应人类所面临的五大冲突。张立文同志对和合观念作了新的解释，提出了和合学的概念范畴，是当前讲 21 世纪文化战略问题的佳作，是对中国传统文化与现代化论争的贡献。该书条分缕析，见解深刻，论证详密，具有重要的理论意义和现实价值，建议从速出版，特此推荐，此致，首都师范大学出版社。张岱年，1995 年 12 月 1 日。”我当时曾考虑把张先生的“推荐信”作为《和合学概论》的“序”，但一转念，该书出版后的命运究竟如何？我想受批评是肯定的，批评的程度（即上纲上线的高度）拿不准，而不敢向张先生提作为“序”的要求，后来果然受到上下的批评和批判。1998 年，上面有人征求张先生对和合学的批判意见，他毫不犹豫地说：“我同意和合学的观点。”于是，他把“推荐信”稍加修改，以《理论价值和超前预见——推荐〈和合学概论——21 世纪文化战略的构想〉》为题，发表在《中国图书评论》1998 年第 6 期上，坚定地表明了他支持和合学的态度。张先生的支持给我极大的鼓舞，更坚定了我的信心。

《和合学概论——21 世纪文化战略的构想》上下两卷于 1996 年 12 月由首都师范大学出版社出版。按出版社的想法，争取评“中国图书奖”。因此，出版社为扩大该书的社会影响于 1997 年 4 月 25 日召开了“《和合学概论》首发式暨和合思想研讨会”。张岱年先生本来要参加这个首发式的，并同楼宇烈教授商讨发言内容，但在我们去接张先生的车到之前，张先生被另一会议的车接走了，张先生还以为是参加“和合思想研讨会”，到会场才知道不是，可见要张先生参加会议的很多，张先生是很辛苦的。不过，张先生热心提携后辈，像我们后辈有所求，他一般都会答应。出版社还通过原在我们哲学系工作、后调中央办公厅工作的傅西路同志，把《和合学概论》分送给中央每一位政治局委员，政协主席李瑞环后来讲和合，所看到的《和合学概论》可能就是这次送的。

三、简素与和合

1994 年参加在福冈由冈田武彦主持的“东亚传统文化国际会议”期间，冈田教授向我提及想与张岱年教授就中国哲学问题做一次世纪之交的对谈，我觉得他的设想非常好，我表示回国后把他的设想告诉张岱年教授，我想张岱年教授一定是很高兴做这样一次对谈的。他表明希望尽快实施，我认为只要冈田武彦教授确定时间，我就可以与中国方面各单位商议协调。

经过中日双方有关单位的协调，终于在 1995 年 12 月 2 日—4 日在北京海淀友谊宾馆一层会议室实现了冈田先生与张先生两位世纪老人的对谈，这是具有特殊意义的千年之交的对话。他们两人都是 20 世纪初出生的人，在他们的人生旅程中，有许多艰难和曲折，有非常丰富的人生体验，有对中国哲学深刻而独到的见解，有对哲学智慧的洞见和对中国哲学发展的美好期待，这种超国界、超世纪的学术对谈具有世界学术的意义。

这次千年之交的世纪对谈，由难波征男教授和我担任司会，连清吉教授和钱明研究员担任翻译，北京大学魏常海、王守常两位教授，中国社会科学院姜广辉研究员（时兼任国际儒学联合会的秘书长）以及陈万青、李风全、小宫厚、酒井博久、手塚纪洋等先生与会。我们能够聆听这两位学识渊博、造诣高深的智者的世纪对谈，都觉得无比荣幸。

冈田先生与张先生从中国哲学研究的动机，即怎样开始研究中国哲学谈起。两人虽所处的国际环境、家庭境遇以及社会氛围有别，但仍有共同之处：（1）都出于家庭的影响，而激起对中国哲学研究的追究；（2）都不断求索社会灾难和学生运动所带来的思想困惑的化解之道；（3）都曾探求西洋哲学，而后回归中国哲学。接着谈中国哲学的特点，他们通过比较东方体认之学与西洋哲学，认为中国哲学世界的世界性意义就在于体认。冈田教授从自己静坐到兀坐，从心学到身学，在一步步体认中悟出了道理，但从现代中国哲学研究来说，需要把体认法与逻辑分析方法融合起来，并对中、西、印哲学研究方法进行比较。

12 月 3 日上午，两位教授虽然在 2 日对谈了一天，但当日精神仍然很好，谈兴甚浓。我本以为两位分别已 87 岁、86 岁高龄的老人，整天对谈下来可能很疲倦，不料两位均不累。学者对自己生命的学问的体认，是希望交流、对话和被人分享的，这种分享便是一种莫大的乐处。这种乐处体现在中国哲学的另一特点——人伦层面。冈田教授从人的内在本性出发，认为人的欲望就是人的本性；张岱年教授认为人伦作为社会规范，起着安定社会的作用。两位教授从内外两方面说明社会的需要，构成相需互补。他们并就人伦在当代社会的意义、在化解道德危机中的作用以及五伦在当代的表现和从西洋拿来的民主主义在日本出现极端个人主义思想的弊端等做了论述。

下午就21世纪的展望进行对谈。冈田教授提出世界国家的理念，他认为首先欧洲会建立国际国家，然后亚洲也有可能建立国际国家，这两种国家理念是有区别的，亚洲应以儒教的思维方式为中心理念而建立国际国家，即共存共生理念。张岱年教授认为，东西文化可以互补，中国的“天人合一”以及“和为贵”的思想可以作为化解人与自然的生态危机和世界各国各民族和平共存的理念。由于下午第二场是与会学者一起对谈，所以我讲了“和合学”关于21世纪文化战略的构想，这个构想是基于对21世纪人类所共同面临的人与自然冲突而带来的生态危机、人与社会冲突所带来的人文危机、人与人冲突而造成的道德危机、人的心灵冲突而造成的精神危机以及文明之间的冲突而出现的价值危机的反思，和合学为化解此五大冲突和危机，而提出和生、和处、和立、和达、和爱五大原理，得到与会学者的认同。难波征男教授说：“主持人张立文先生曾向我谈起‘和合学’，我想这一思想可以使这次对谈具有更深的意义。‘和合学’是致力于探究中国传统思想理论而构造的，张立文先生提出的具有开拓性的学说，也可以说是目前最引起国内外中国思想研究者注目的见解和思想方法之一吧!”

两位前辈世纪之交的对谈，对与会学者是一种莫大的教育和启迪，对人类今后的发展有很大的贡献和价值。难波征男教授说：“这个跨世纪的对谈像一个指导人类今后行动的指南针，沿着这个指南针，21世纪的人类可能会比20世纪生活得更充实、更美好、更幸福。”这次世纪之交、千禧之际的对谈，整理后由难波征男编为《简素与和合》一书，由日本中国书店于1999年5月以中文、日文出版。

“天道变化，各正性命。”两位聪明睿智的对谈者，不仅在生命的体认上有诸多共同点，而且在生死的实现上有近似之处：冈田武彦教授生于1908年11月22日，张岱年教授生于1909年5月23日，两位教授虽生不同年，但却同年仙逝，张岱年教授逝于2004年4月24日，冈田武彦教授逝于2004年10月17日，两位生死都相距约半年，这也是一种缘分吧!

两位教授的仙逝，是中日两国中国哲学界的巨大损失，我们要继承两位教授的遗志，为中国哲学的智能创新、为建构和合世界的理想贡献自己的绵薄之力，为中日学术交流多做一些实事，以慰两位教授在天之灵。

四、肿瘤医院读“智慧说三篇”

1996年10月，我发现便血，医生怀疑我肠道有问题。10月17日，入住北京肿瘤医院外五病区807室24号，外五病区由林本耀主治医师负责。我自觉精神尚好，不能躺在病床上无所事事，于是便读冯契著的“智慧说三篇”，并在病室活动吃饭桌上做笔记，写感想。现抄录几段：“冯先生的‘智慧说三篇’，讲智慧问题，即认识论问题。在此世纪之交，西方哲学自笛卡尔以后向认识论转向，到20世纪的分析哲学（语言哲学）、现象学、诠释学、解构主义已度越了认识传统，向和合学转向。虽然中国的现代新儒家极力在补内圣心性开出新外王的民主、科学的中介知的问题，但这在补漏，按现代哲学的发展，无须在旧的心性之学上修修补补，这种修补已不能适应当前高科技的飞速发展和社会发展，而应该整体的转生。”

“冯先生的忧患意识、危机意识蕴含着对中国前途、人民的幸福的关怀。中国需要理论，需要树立一种价值观。一窝蜂、随风倒都是思维幼稚、不成熟的表现。中国学人现在不是‘买论取官’的时代，而是自己没有论，特别是缺乏中国化的理论思维。现代新儒学可以接着程朱理学讲，我们接着中国文化讲也没有真正讲出名堂来，接着马克思主义讲，也没有把马克思主义的本真讲出来，讲西方哲学也没有与中国现实实际相结合，在与中国文化实际相会通中亦没有讲出新意来。这样讲下去连讲的资格都要失掉。”

“中国近代为什么落后，是中国人缺乏古希腊欧氏几何那样公理化的形式逻辑体系吗？是明清之际未能形成以假设和实验为中心环节的近代实验科学方法吗？这些固然是中国传统文化的不足，但不是之所以落后于西方的主要原因。主因是中国社会政治的腐败，中国元清草原文化对中原文化发展的破坏、扼杀，使方以智质测之学不张。”

“民族文化在外来文化的冲击下，如何保持自己文化的独立发展？如何会通自己的、外来的文化？如何吸收外来文化以及在吸收中转生为新文化？这些都是很复杂的问题，不像丢掉旧鞋去买一双合脚的新鞋那样简单。文化的独立性是民族独立性的标志之一，文化上不独立，民族不可能独立。日本统治朝鲜和中国东北时，就是在小学、中学、大学中废除朝鲜文、汉语教学，都采用日语。凡汉语文化教育机构都去掉，就像印度作为英国殖民地便只得使用英语，尽管宗教上保持了印度教传统，但在政治生活中已退居次要地位，印度独立后才慢慢恢复。民族文化不能脱离世界文化，正像人不能脱离地球一样。民族文化作为世界文化的一部分，既有其独立性，也有相关性，与世界文化相联系而存在。在信息时代，是不可能封闭的。在这种情境下，只有开放民族文化，在开放中得到提升。”

“‘智慧说三篇’从认识论入手来讲客体世界和主体世界，然而现代哲学家所面临的问题和挑战，不仅仅是认识世界和主体，而首要是回应挑战以及如何化解冲突。其中虽有认识论问题，但已度越了认识领域。就此而言，‘智慧说三篇’不可能在社会民众中引起很大反响，就在于它与人们所关注的生存冲突相离太远，人们关心如何在人与自然、人与社会、人与人、人的心灵、不同文明之间的冲突中‘安身立命’，似乎这比‘转识成智’更迫切。‘智慧说三篇’的指导思想是马克思主义的实践唯物主义，用实践唯物主义说中国哲学，以补中国古代哲学中认识论问题之不足。”

住院成为我安心读书的好时机，没有人打扰，也没有冗事烦人，读书既能宁静以致远，也能使心灵得到慰藉。因此，在住院期间，我坚持看书，看完了冯契的《认识世界和认识自己》《逻辑思维的辩证法》《人的自由和真善美》三书以及其他的书。冯契教授将此三书合称为“智慧说三篇”是有道理的，他认为此三书都讲哲学问题，哲学是爱智慧之学，也表明作者爱智慧而做哲学之思。他试图把马克思主义与中国哲学实际结合起来，既求马克思主义的中国化，也求中国哲学的新诠释。

1996 年 10 月 23 日是北京肿瘤医院为我做钡造影后的第一天，做造影前饿了一天，主要是拉的次数太多，造影又做到 12 点，搞得一点儿劲都没有了，即使这样，医生还说我的肠里不干净，需要仔细检查，在肛门注射钡以后，被捆绑在机器上，倒过去翻过来，一会儿头朝上，一会儿头朝下，时间长了很难受。B 超、心电图检查还过得去。10 月 29 日出院。

五、生死边缘的沉思

1997 年 5 月 20 日，我又到北京肿瘤医院住院，在经钡造影、B 超第一系统检查后，确定我是升结肠 Ca，关于这次住院治疗的情况，我在为郑晓江教授所著《寻求人生的真谛——生死问题的探索》而作的“序”中有详细回忆，这篇“序”，《书屋》转载时改题为《生死边缘的沉思》（2002 年第 4 期），后又被收入新世纪散文精品《大地的眼睛》（百花文艺出版社 2003 年版），产生了很好的影响。

是年，韩相美和彭永捷博士毕业，韩相美是韩国留学生，他的博士论文是《张载与徐敬德气思想的比较》，我花了很多时间对这篇论文做了修改，事先我还请陆玉林、李振纲两位博士先修改，仍不行，我又改。彭永捷的博士论文是《朱陆哲学比较研究——朱陆之辩的哲学探索》。1997 年 5 月 23 日，他们论文答辩。韩相美答辩的那一组答辩委会的委员有楼宇烈、李甦平、乔长路、姜日天和我。彭永捷答辩的那一组答辩委会的委员有楼宇烈、方立天、宋志明、李甦平和我。由于医生已确定我为结肠癌中期，言外之意是活不了多久了，但我却看得很开，仍参加两位博士生的论文答辩，以尽我作为导师的责任，也是对学生负责。一个人的肉体生命、体质生命、生理生命是不能度越生命大限的。一个人呱呱坠地，就与死亡相伴，形影相随。然而，一个人的道德生命、价值生命、意义生命、精神生命、哲学生命、宗教生命却可以度越肉体生命的大限而导向无限，这种生命是永恒的、不朽的，古人把“立德、立功、立言”作为“三不朽”的内涵是有道理的。所以，人生在世，应追求无限生命，而不能蔽于有限生命。就人为生命与自然生命比较而言，我倾向于自然生命。人的生是一种责任，死也是一种责任；生是一种意义，死也是一种意义；生是一种利他，死也是一种利他，一体两面。人们对我的乐观精神很佩服。6 月 2 日开刀，去掉升结肠一大截，活检确定为良性脂肪瘤，主治医生黄敬孚说，这种情况在 100 例病人中也难得有 1 例。真可谓大难不死。然而，手术过程是痛苦的过程，即佛教所说的苦谛中病的苦，开刀伤口愈合后，于 6 月 13 日出院。

这年 6 月 16 日—19 日，新加坡国立大学中文系汉学研究中心主办

“儒学与世界文明国际学术会议”。新加坡国立大学中文系主任陈荣照教授向我发送了署名邀请函，并且多次来电邀请我参加，负担我往返机票，但由于我刚出院，需要休息，只得负其盛意，没有去参加，不过我还是尽力提交了论文《东亚意识与和合精神》。

8 月 1 日，我在北京出席了“东亚儒学暨思想文化国际交流会”。这个会议的筹备经过是这样的，“纪念孔子 2545 诞辰国际学术讨论会”后，沟口雄三教授向我提议召开这样一次会议，经费由他向日本方面申请，并说由我来决定会议的时间、地点。后来，沟口雄三教授找了国际儒学联合会的庞朴来负责召开这次会议。沟口的得意门生黑住真、渡边浩都赴会，韩国的高炳翊等也出席了。我在会上讲了“中国文化现状和未来的思考”。我就价值与功能、主义与问题、义理与实证、现实与理论讲了我的看法。会议就中国学是什么、人治与法治、华夏与夷狄、开放与封闭、人为与自然、共相与殊相、世界视野与本国视野、世界化与民族化、内在与外在、全球化与亚洲价值等问题展开了讨论。讨论非常热烈，日本学者渡边浩教授与中国南开大学日本研究所的学者在一些问题的看法上有分歧，这是学术讨论会的正常现象，只有通过不同意见的论争，只有通过不同看法和观点的交流，讨论才能深入。

六、阳明学的和合精神

冈田武彦教授是非常执着和有儒者气象的学者，他既入世，而又儿坐。1994 年福冈会议后，他又筹备了“国际阴阳学京都会议”（议长为冈田武彦教授）。这次会议于 1997 年 8 月 10 日—14 日召开，由将来世代国际财团资助。我的学生难波征男教授为会议准备了一份资料。这份资料就“日本阳明学的受容与展开”进行了论述，并提出了“21 世纪的课题”：（1）阳明的人生观是“致良知”“心即理”“无善无恶心之体”，指的是人的具体才能和用处。在这个资讯丰富的时代，如果能以“致良知”作为一种简洁的判断准则，人性便得以恢复到比较单纯的状态。所谓“众理具而万事出”正是这个道理。（2）基于“满街之人皆圣人”“万物一体之仁”的想法而相信自己并信任他人，由此重新建构新的人伦共同体，度越自私和互相猜疑的相待方式，创造出以“万物一体之仁”为出发点而结合以信赖来维持对待的方式。(3) 各民族、国家以各自的传统文化为基础，一同建立融合并活用东西文化的和合世界。并重新检讨宋明理学家的书院教育，以之为现代书院教育在理论和实践时的重要参考。会议寄给我的“滞在日程表”是：北京→关西国际空港，会场在国立京都大学国际会馆，13日结束，14日回北京。身体需要恢复，因此我没有参加，但我还是给会议提交了论文：《阳明学的和合精神与未来社会》。王阳明 (1472—1529) 是中国明代大思想家、大哲学家。阳明思想是宋明理学中的心学派，影响了日本、朝鲜、越南等国，被称为“阳明学”。王阳明继承陆九渊“心即理”的命题，而成为心学的集大成者。他的思想与程朱道学派、张载气学派异趣，但三者均是中国和合人文精神的体现。就此我在文中提出了以下论点：(1) 阳明思想是儒、释、道三教冲突融合而和合的和合体。阳明出入佛、老，而后反诸儒家六经、孔孟，从而建立了吸纳佛、老而又度越佛、老的理论体系。其吸纳佛教思想大体有五：明觉自然义、无所住义、无善无恶义、万物一体义、破生死义。阳明吸收道教思想主要是对养生、生命和自然的体认，与张伯端一系的南宗内丹派发生联系，在终极追求上是儒、释、道的和合。(2) 良知的本体工夫和合。程朱外在的、形上的、度越的“天理”虽很完善，然无现实主体去承担、去实施，亦是虚空。现实主体的身和行为是由心主宰的，所以天理必须获得心的支撑。阳明的“心即理”救活了“天理”，于是提出良知说：良知是心的本体，有恒照功能；良知是本然，有虚灵明觉品格；良知是天理。这样的“良知”实是天理、道、性、天则、明德的冲突融合而和合。(3) 致良知的贯通。良知是一个绝对的、终极的本体，但致良知的工夫却是生动的。致良知是指至乎良知之极和向其良知之极接近，从而达到知与行的和合。这就是说“致良知”把心与物、动与静、体与用、本体与工夫、上与下等冲突融合，而产生良知新和合体。(4) 致良知与未来社会。现代社会存在人与自然、人与社会、人与人的冲突，同时人的心与身以及各文明之间亦存在冲突。未来人类社会所共同面临的这五大冲突是东西方文化所共同面临的挑战，化解这五大冲突，阳明学所具有的和合人文精神是一最佳的文化选择。阳明“万物与吾一体”、“万物一体之仁”、良知即本体即工夫、“知行合一”等思想，都是宝贵的思想资源，可以作为未来社会化解五大冲突的指导原理。由于我身体未完全恢复，该论文由学者代读。

香港孔教学院和香港中文大学新亚书院为庆祝 1997 年香港回归祖国，联合召开“孔子思想与 21 世纪国际学术研讨会”，我出席了 9 月 25 日—30 日的研讨会，住宿香港中文大学的雅礼宾馆。我在大会发言并主持一场研讨会，我提交的论文是《儒家文化与 21 世纪》。面临 21 世纪的挑战，儒家文化能否做出回应？儒家文化是否具有现代价值？关于这些问题，曾经有论争，提出了各种不同的看法。20 世纪七八十年代，随着东亚经济的腾飞、随着“亚洲四小龙”的出现，中国的经济得到了持续发展。汉字文化圈（儒家文化圈）的成就引起了世人的震惊。然而，经济发展亦带来了环境污染、社会问题凸显、人际关系紧张、心灵焦虑苦闷、文明冲突等问题。这就是说，21 世纪人类将共同面临人与自然、人与社会、人与人、人的心灵、不同文明间的冲突。这五大冲突对世界上每个人、每个国家来说都是共同的，无东西南北之别。它们是 21 世纪人类共同面临的最重大、最严峻的冲突，东西方各国、各团体以及学者都在寻找化解的方法和理念。基于冲突融合而和合的理念而观 21 世纪的五大冲突，我认为儒家的和合理念是一种优化的文化选择，和合是中华民族多元文化所整合的人文精神的精髓。我在论文中提出人们可获得五大文化原理：一是和生原理。《周易·系辞传》讲“天地之大德曰生”“生生之谓易”，人与自然、人与社会、人与人、人的心灵、不同的文明需要共同生存，亦都有生存的权利。二是和处原理。人与自然、人与社会、人与人、人的心灵、不同的文明都处于各种形式的共处中，并在共处中生活活动，人类一旦离开共处即不存在，这种共处就是“和而不同”的和处。三是和立原理。自然等五方面都有自己独立且特殊的存在形式、方式和模式，应依照儒家“己欲立而立人”的立己立人精神来对待这五大冲突。四是和达原理。自然等五方面都应共同发达，即依照儒家“己欲达而达人”的达己达人精神，以求共同发达。五是和爱原理。和生、和处、和立、和达这四个原理都建立在和爱原理的基础上。

26 日—27 日，开大会研讨会。28 日，庆祝孔子圣诞典礼，即举行祭孔仪式，这种仪式虽穿清代的长袍马褂，但是现代的。我认为形式可以多样，内涵却不变，对孔子的敬仰要继承。仪式在孔教学院何郭佩珍中学举行。在中文大学有合一亭揭幕、大成广场揭幕等，晚在汤恩佳家举行大成宴。29 日，往广东三水市，三水是汤恩佳的故里。30 日，参观广东三水市森林公园，由汤恩佳出资建设了三水孔庙、孔圣河和崇圣别墅，我们参加揭幕典礼，然后从广州回北京。

七、朱熹与高峰的比较

韩国庆北庆山大学校总长卞廷焕邀请我于 10 月 14 日参加该校“开校 17 周年纪念国际学术大会”，会议在大邱广域市举行，我撰写了论文《21 世纪的文化与儒教》，但因身体原因而未出席。但我出席了韩国东洋哲学会会长李康洙召开的“第 1 回高峰哲学国际学术会议”，由高峰学术院协办，于 1997 年 11 月 20 日—21 日在韩国汉城世宗文化会馆大礼堂举行，我提交的论文是《论朱子与奇高峰哲学思想的关系》。又承韩国东洋哲学会总务理事、高丽大学哲学系教授李承焕邀请，24 日为高丽大学哲学系及其他系教授与学生做“和合学——21 世纪文化战略的构想”的学术报告。会场满座，没有座位的就站在那里听，气氛热烈，同学们提问，我做了回答，并会见了老朋友尹丝淳教授、金忠烈教授等。

我在《论朱子与奇高峰哲学思想的关系》中说：“朱子和高峰以舍我其谁的社会责任意识与对民族、国家高度忧患的情怀，探讨了社会历史发展的决定因素以及此决定因素应具什么样的品质等问题。高峰 38 岁时（1564 年）任经筵侍讲，共 25 讲，他鉴于己卯士祸和乙巳士祸以来，士气摧折、正论屈而不伸、儒学废而不兴的状况，极力恢复公道，开悟上心，卒申公议。他为侍讲时主张君主要心正、气顺，因为人主一念之心可赞育天地的造化，可正朝廷、正百官、正万民。这是国家纲纪、社会伦理之所系立。于是，高峰提出正人主一念之心，必须做到：（1）亲贤臣，远小人。认为小人当权，残害贤良，致使社会腐败，风俗不正；贤臣正色立朝，使君心时时得成德之教。（2）辨明是非邪正。是的心合乎天理，否定非的心亦合乎天理，以天理之仁的心为正邪之心的标准。（3）修身为本。高峰经筵讲义（《论思录》）真可谓字字泣血，句句金玉。

“高峰哲学精探性、情、理、气之奥，学贯天人，深造自得之功。他对于李恒的太极与阴阳为一物而无道器之分的观点，认为有违周敦颐和朱子的原意，说明《太极图》从最上一圈到最下一圈都蕴含着太极。太极与阴阳不离不杂，李恒强调其不离，认为两者一而不分，恰与陆九渊思想相似。陆九渊曾就此与朱子辩论。高峰认为：(1) 理与气、太极与阴阳是二物；(2) 从不同层面来看，理与气、太极与阴阳有不同的感悟和体悟；(3) 两者虽专言理而气在其中，虽专言气而理在其中；体一而分二、分二而体一。同时，高峰论述了太极与动静的关系，对吴氏认为'太极无动静'观点表明了自己的见解：(1) 从气的方面说，气（阴阳）有动静，根据是太极有动静；(2) 从太极方面说，太极之有动静与天命之流行相互作用；(3) 太极本然之妙，蕴含动静之理。

"高峰由探讨李恒的太极与阴阳为一物，进而驳斥罗钦顺'理气为一物'说，认为罗氏之说实出于禅学，并从道心与人心、性与情、体与用等方面分析罗氏'理气为一物'的逻辑悖论。从理气之辩来看高峰与退溪的'四七理气之辩'，两人观点有异，但能互相接纳。'四七理气之辩，退翁亦屡舍己见而从之。'当时人认为'退溪之学，实承朱子之学，而高峰之学，即退溪之学，则其渊源之纯正，造诣之超卓，可谓俟百世而不惑矣'。学之所同，其大同也，四七理气之异，其少异也。大同是同于朱子之学，少异是异于不同的理解，两人之见，即冲突而又融合。"

这是我写的一份提纲，是报科研处审查的论文内容。其实，每次出国参加国际会议都要报参加会议的论文提纲，这是手续，不可缺少，否则就不好批准。有一次国际学术会议，我所提交的论文提纲是《儒家伦理与现代文明》："儒家伦理与现代文明的关系问题之所以引起世界各国学者的关注，是因为近20年来东亚经济的腾飞，'亚洲四小龙'的出现，特别是中国大陆的改革开放，经济的持续发展，引起了世人的震惊，使之刮目相看。当人们从精神文化因素来解释'东亚工业文明'的模式时，无疑会注意到儒家伦理这个因素在催化中的作用，它有别于马克斯・韦伯所说的资本精神的现代化模式。这些作用表现在这样一些方面：第一，儒家伦理倡导社会责任意识，每个人作为社会的一员，对社会、集体、集团、家族群体都具有责任感。'国家兴亡，匹夫有责。'这种积极入世的集体团结精神（团队主义精神）使人们在创业中奋斗进取，自强不息，在困境中同舟共济，互助互爱。第二，儒家伦理强调'人为贵'的精神，特别强调'人之所以为人’的修养，强调人的价值和意义。第三，儒家伦理强调‘和为贵’的精神。在当前人类共同面临着人与自然、人与社会、人与人、人的心灵、不同文明间的激烈冲突下，和合精神是一种化解此五大冲突的最佳文化选择。第四，儒家伦理强调尊师重教的精神。儒家伦理把师提高到与‘天地君亲’相并列的地位。第五，儒家伦理强调勤俭精神。以勤俭、诚实、信义、礼仪为美德。孔子讲‘克己’，宋明理学家讲‘灭人欲’，都宣扬一种入世苦行的精神。中国儒商很多以勤俭为圭臬而成为大商帮，如徽商。以上五方面，对于建设现代文明有重要的作用。”

八、和合与东亚意识

1997 年 12 月，东方出版社出版了我的《李退溪思想研究》一书。我在该书的“自序”中说：“余与退溪学结缘，虽属偶然，实非偶然……1983 年美国哈佛大学召开‘第六届退溪学国际学术会议’，邀请我参加，我撰写了《朱子与退溪的易学思想比较研究》（由冯禹博士翻译成英文），可以说是《朱熹易学思想辨析》（参加 1982 年美国夏威夷‘国际朱熹学术研讨会’论文）的续篇，但由于中美关系等的客观原因，未被批准参加该次会议。1984 年 9 月我作为中国大陆的唯一代表，参加了在德国汉堡大学召开的‘第七届退溪学国际学术会议’。后承蒙历届国际退溪学会理事长和退溪学研究院院长张忠植、琴震镐、金永生、李家源、李东俊、安炳周、李龙兑等先生的友好帮助，参加了第六届以后的各届‘退溪学国际学术会议’。于是，我便拟定了退溪思想研究计划，从各个角度、层面有计划地撰写论文。这些文章绝大部分都是应‘退溪学国际学术会议’所作的论文，以及李佑成教授和安炳周教授停年纪念的论文，并在退溪学研究院主办的《退溪学报》及其他杂志上发表。这次成书我作了修改和调整，使其更具系统性和整体性。在‘第七届退溪学国际学术会议’上，有学者问我为什么研究退溪学？我的回答是对朱子学在东亚的传播与影响的关注，朱子学之所以在东亚得以传播和发展，是因为与东亚各国的传统思想既冲突又融合，并在融突中适应了各国社会发展的需要。就此而言，朝鲜有朝鲜的朱子学，日本有日本的朱子学，越南有越南的朱子学，已不是中国原有意义的朱子学。我们不能执着中国的朱子学来评价各国朱子学的是非、纯杂，否则就会把朱子学置于静态的、僵死的、不变的层面，窒息了朱子学的生命智慧，而应该把朱子学看作动态的、灵活的、发展的，这才是朱子学生命智慧的表现。退溪的贡献就在于把朱子学与朝鲜传统思想融合起来，并与当时一些学者一起，创造、发展了朝鲜性理学，适应了朝鲜社会的需要，而在李朝扎根和发展。

“有鉴于此，我在撰写《李退溪思想研究》时，既与朱子思想进行了比较，亦与李朝的李珥（李栗谷）思想进行了比较。通过与前者的比较，可以体认朝鲜是怎样和从哪些方面吸收朱子学而与其实际相融合的，并在融合中使朱子学获得新生命；也可以体认朱子学的普遍性和特殊性，即哪些方面在传播中得到了发展？哪些方面在传播中丧失了生命力？通过与后者的比较，可以领悟朝鲜同一时期不同思想家由于价值取向不同而对朱子学做了不同的理解与解释。不同的诠释形成了朱子学的不同学派，可进而体认朱子学的多元性和复杂性……从这个意义上来理解朱子学，朱子学是指依据各国自身的特点，运用各种方法，以获取不同效果的研究朱子学的总称。这样朱子学就是一种开放的（敞开的）、多元的、发展的朱子学。退溪学在其历史发展中是活生生的、充满生命智慧的退溪学。这种生命智慧根源于现实社会的人的交往实践活动，并与现实社会交往活动相适应。……

“世界和东亚学者都在思考东亚经济起飞背后的无形精神力量究竟是什么？在追究经济现代化或事业成功后面的精神文化因素时，提出了为马克斯·韦伯所反对的‘韦伯式’的问题，并开始摆脱以西方价值尺度为尺度、以西方真理为真理、以西方范式为范式的思考方法，开始关注东亚自身传统文化背景和社会现实的实际，以及自身传统文化与经济起飞的关系问题等。这就是说，当人们沿着韦伯的思想寻求东亚经济起飞的原因时，找到了与韦伯思想相悖的儒家伦理，虽然学者在对儒家伦理与东亚经济起飞的联系方式、价值、地位、作用的评价上见仁见智，但这种联系却获得了一些学者的认同，同时也萌发了‘东亚意识’。

“所谓东亚意识，是中国、日本、朝鲜半岛等东亚地区的以儒学为核心的文化意识。这里所说的儒学是指孔、孟、荀的元典儒学，汉唐经学儒学以及宋明新儒学（理学儒学）。就东亚而言，包括朝鲜的性理学（主理派、主气派、折中派、实学派)，日本的朱子学、阳明学和古学派等。儒学对这个地区的社会结构、典章制度、伦理道德、风俗习惯、心理结构、行为模式以及价值观念等都有极其重要的影响，并在这种影响下形成以东亚地区为主的一种意识，它是同建立在该地区经济实力不断增长基础上的东亚人要求改变世界不均衡、不公正、不平等状况相适应的一种意识。

“东亚意识是东亚地区各国人民自我觉醒的意识。它意蕴着主体意识(或曰独立自主意识)、忧患意识、危机意识、经世意识、批判意识和反省意识。面对世纪之交的世界多元文化意识的复杂局面，‘东亚意识’以其固有的特质而显现其社会功能和效应。虽然东亚经济迅速发展，但在发展过程中各层面的制度、规章、结构、观念的调整都跟不上发展的需要，而不断出现失衡的现象。因此，必须时时正视现实政治、经济、文化的冲突，并及时加以协调、平衡，即融突而产生新的和合体，以求适应发展的需要。

“李退溪作为朝鲜朱子学大家，‘东方百世之师’，是东亚传统文化中的瑰宝，是东亚意识的源头之一，在现代研究、弘扬、发展退溪学具有重要的现实意义和理论价值。”

我在该书的“后记”中说：“我开始研究‘退溪学’至现在已有 15 个年头。从 1982 年撰写《朱子与退溪的易学思想比较研究》，到去年撰写安炳周教授停年纪念论文《李退溪的读书法》(《学思、体察和新故》)，对退溪思想做了初步的梳理和解释。适蒙杨通方教授向我约稿，无法推却，便以《李退溪思想研究》应命。本想进行一次较大的修改，但由于近几个月来住院做手术，术后身体需要恢复，不敢过劳；另外，我事先就有一个李退溪思想研究的系统计划，所以，虽每篇文章作为每届‘退溪学国际学术会议’论文，时间间距较长，但仍能前后相应，自成体系；且每次会议后，经学者评论和答问，受到启发，进行了适当的修改，自觉对李退溪思想有所体悟。李退溪思想广大宏博，自知有诸多精微之处未尝论及，只有待自己再做深入研究，亦有待自己学养增进以后，可能会对退溪思想做出新的体验，这是我所希望的。我要感谢国际退溪学会和退溪学研究院，由于其支持和热情帮助，我的退溪思想研究计划才得以坚持和实行；我要感谢在历届‘退溪学国际学术会议’上对我论文提出质疑、批评的学者，他们使我得到了启迪；我还要感谢历届论文的翻译者和会议的工作人员，是他们使我的论文扩大了学术交流面；最后，我要感谢北京大学韩国学交流中心的杨通方教授以及人民出版社的方鸣、方国根及同仁，是他们的努力使《李退溪思想研究》得以出版。”

时隔 15 年，由于方国根先生的提议，准备重印《李退溪思想研究》，我可借机补漏、核对原文，对此我非常感谢人民出版社的领导和方国根先生。我在《李退溪思想世界》的“修订版序”中说：“每当朝鲜朝朱子学大家李退溪出现在我脑际时，我就自然而然地想起 20 世纪 80 年代初与韩国学者交往的那热情、亲切待我的情境，那兴奋、愉快的氛围，那历届‘退溪学国际学术会议’的盛况。它给我打开了一个崭新的学术领域，开阔了朱子学研究的视域，拓展了儒学体认的新境界。正因为如此，我起始研究韩国儒学，也是我研究退溪学的缘起，才有了微薄的、粗浅的本书。若没有历届‘退溪学国际学术会议’参会者们的交流、启发、帮助，就不可能有本书的完成，每一次学术会议的学术对话、论辩、理解，都送来阵阵学术的幽香，沁人心脾，都似频频招手的退溪，向我们走来。

“拙著《李退溪思想研究》（今改为《李退溪思想世界》）以退溪思想为‘话题故事’的中心，逆向反思其古代哲学理论思维的演化理路和特性，以明其继承性和发展性；顺向思议其流变与影响，以谋其预设性和导向性；横向探讨其与同时代学者哲学理论思维的比较和论辩，以阐各自、各家、各派哲学理论思维的特色、性质及其异同。各向度又汇聚为如何理解、诠释中华哲学理论思维，以及如何受容、融突中华哲学理论思维，并在与本土传统文化相融突而和合中使中华哲学理论思维本土化、朝鲜化，从而诞生了独具韩国特色的韩国儒学或韩国朱子学。换言之，韩国化了的儒学或朱子学以她的独立性、殊胜性而挺立于世界儒教之林或朱子学之林。”《李退溪思想世界》由人民出版社 2013 年出版。

第十七章　和合与生命关切

1997年12月16日，应北京大学共青团和学生会邀请为北京大学研究生做“和合学与21世纪”的演讲。主要讲了三点：一是讲和合学的提出：价值观的转型，传统文化向现代转化的手段与方法的落实；人类共同面临的五大冲突的挑战，中国文化如何走向世界；中国文化理论形态转型。二是讲和合学的内涵与体系。三是讲和合学化解冲突挑战的对策。演讲后，同学们提了不少问题，如人类社会的冲突究竟有哪些、人与社会的冲突应如何化解、人类社会是冲突为主要的还是和合为主要的、文明冲突应如何理解等。我均做了解答。

1998年1月8日，参加中国人民大学博士生导师会议，讨论和学习《中国人民大学学生道德规范》《研究生“三助”补助标准》《关于研究生申请奖学金的有关细则》，同时讨论硕士生与博士生论文的写作和答辩，博士生的学科综合考试、开题报告、学位授予等。当时我关注宗教问题，对终极关怀等问题进行了探讨，准备结合自己对生死的体悟撰写《生死学与终极关怀》。

一、己所不欲，勿施于人

1998年寒冷早春的一天，即2月27日，我参加了“从中国伦理传统看普遍伦理国际研究会”，其背景是1993年美国芝加哥世界宗教议会大会起草了《走向全球伦理宣言》。这次会议是100年后对1893年第一次芝加哥宗教议会大会的回应，盛况空前，有全球120个宗教的6 300名代表参加。为什么提出全球伦理？如何获得各宗教的认同？这的确有一定的难度，由于各宗教的信仰、教义、教理、教仪、教团、经典等的差分，要取得共识，需要融突而和合：一是在经济全球化和互联网普及化的形势下，全球伦理次序只靠法律护卫已乏力，需要普遍伦理的支撑；二是只有权利纷争而不讲责任与义务来保障权利，这是有欠缺的。《走向全球伦理宣言》以孔子的“己所不欲，勿施于人”、佛教毗耶婆所说的“你自己不想经受的事，不要对别人做”等为指导思想，提出四条“金规则”：勿杀人，要尊重生命；勿奸淫，要互相谅解、合作，尊重妇女的权益；勿说谎，言行诚实；勿偷盗，行为要正直。这四条“金规则”可谓底线伦理。各宗教均有“己所不欲，勿施于人”的思想，这是各宗教取得共识的思想基础，各宗教思想的差分是造成世界和局部地区不稳定的原因之一，所以各宗教融突和合在当今世界尤显重要。我提交的会议论文是《和合伦理的现代价值》，会议主席认为这篇论文有分量，要我翻译成英文在其杂志上发表，我请向世陵教授译成英文。

由中国艺术研究院主办，中国人民大学中文系协办的“中国文化艺术发展战略学术研讨会”于 4 月 7 日召开，我在发言中认为，文艺在冲突中化生，是对社会动乱的心灵感受；文化艺术是心灵的动静、苦乐、善恶的融突等。崇高与卑污同在，阳春白雪与下里巴人并存。文章既是写给别人看的，也是写给自己心灵看的，是净土还是尘埃，在阳光下就会显相。

北京大学百年校庆，做舆论的造势，召开各种类型的大小会议，想造出一个中国第一、世界著名的一流大学来，这对振兴中华民族很有必要，也说明了我们政府对教育的重视。北大是五四的发祥地，因此以五四为校庆日。我于 5 月 4 日—9 日参加了“汉学国际会议”。江泽民在讲话中提出要建立世界一流大学，这便是教育部“985”工程的由来，以后中国人民大学也提出建立世界著名一流大学的目标，给全国广大师生以莫大的鼓舞。“汉学国际会议”在香山饭店召开，香山饭店由世界著名建筑学家贝聿铭设计，环境宜人。此时恰好《郭店楚墓竹简》由文物出版社出版，学者对《老子·甲》《老子·乙》《老子·丙》《太一生水》及儒家文献非常感兴趣，会下议论热烈。我提交给大会的论文是《我的汉学研究》。会议期间，会见了国内外许多老朋友，以文会友，其乐无穷。

11 日—13 日，去山东济南参加中国孔子基金会“文库”评选会议，在学术著作出版比较困难，出版社以学术著作难以挣钱为由不愿意出版而需要作者补贴的情况下，中国孔子基金会通过评选，补贴出版有学术水平的学术专著。我们教研室向世陵和彭永捷两位老师的博士论文都参评，但开会的时候他们的论文却没有寄到，我叫他们以特快寄来，由于初选时这两篇博士论文未到，所以虽参加复评，却没有被分到我参加的评议组，结果没有评上，很遗憾。论学术水平，均是没有问题的，是完全够学术水准的。

二、新潟论和合价值

中西启子教授（她原是我的高级访问学者）主动与我联系，请我到她服务的新潟大学讲课两个月。新潟大学环境优美，空气清新，我住学校宾馆。其邀请函由“日本国（国立）新潟大学大学院现代社会文化研究科科长佐藤彻郎教授”署名。由于深泽助雄教授是这个学校文学部的部长，所以我就答应了。讲课内容由我自己决定，我便决定讲“和合学概论”，但这个题目太大，我把这门课程定为“中华和合人文精神的现代价值”，给研究生讲课，以适应现代社会文化学科研究生学习的需要，因为这是有学分的课，不能离学科内容太远，听课的有中国留学生和日本学生，集中讲授，共 30 学时。最后一次讲课，我与同学们讨论和合形而上学问题，很多同学提出了自己的见解。李俄宪同学以巴比伦塔为喻，说上帝很害怕人们团结起来建造巴比伦塔，其高要超过上帝，上帝为了重新主宰世界，造成人们的分裂，制造了不同的语言，和合世界是上帝制造不同语言之前的状态吗？一位姓王的女学生认为，自己的认知被别人认同是不可能的，因为每个人都有自己的个性，一个人就是一个主体，认同别人又如何保持自己的个性？与同学们做了很有意义的问答交流，晚饭与同学们一同进餐。又一次会见深泽助雄教授的父亲和母亲，两位老人 10 年不见并不显老，我很佩服他父亲劳动的习惯，这是他身体好的重要原因。我很感谢深泽父母的热情接待。

“1998 年退溪学国际学术会议”（“第十五届退溪学国际学术会议”）在韩国安东市召开，会议主题是“21 世纪的儒学与退溪学”，会址在韩国安东市安东大学。11 月 24 日，从北京到汉城金浦国际机场，会议派人在机场接与会代表，后坐汽车约 4 小时到安东 Park 观光饭店。25 日—26

日，我在安东大学文化会馆参加开幕式和并做大会发言（基调报告），我提交的论文是《退溪人文精神的现代价值》。我在申请办理出国签证时，写了一份论文提纲给学校科研处，由科研处审查。提纲是这样写的："退溪继承南宋朱熹思想，并与朝鲜朝实际相结合，发展了朱熹思想，用朱熹的学说批判在当时思想界占主导地位的佛教思想，认为佛教讲空对现实社会的腐败不能起纠正作用。他运用朱子学讲实理、讲入世的思想，参与现实社会的改革，以此作为他批判佛教的指导思想，并积极倡导改革现实社会的政治主张，在安定李朝社会政治中起了积极的作用。退溪把朱熹的死理诠释为活理，使枯死之理变成生理，使理在回应现实社会改革中具有形而上的本体价值，同时也使理获得了新的生命力。这在 21 世纪，可激发关心现实社会经济、政治改革的人文担当感。退溪注意人格修养，提倡内圣外王的圆融，主体内在道德修养和外在道德律令是互相依因的。这是道德实践的程序和归属的需要。退溪强调人格修养对提高当时人的素质起到的积极作用。在当今道德失落的情境下，重建道德规范、提高人的素质、加强精神文明建设具有重要的现实意义。退溪非常重视教育，他创办陶山书院，亲自讲授，并注重学生知识和人格的培养。退溪言传身教，诲人不倦，培养了一批高素质人才，为治理国家做出了贡献。在 21 世纪的信息时代，知识可转化为第一生产力。因此，教育是振兴科学技术的唯一途径。" 27 日，闭幕典礼后参观陶山书院。陶山书院在 1988 年"第十届退溪学国际学术会议"时参观过，当时未修水库，这次看见陶山书院前有一宽阔的湖，风景优美，如世外桃源。

三、和合与 21 世纪

12 月 14 日—18 日，中华炎黄文化研究会、香港中文大学和香港中华文化促进中心在香港中文大学共同主办"中华文化与 21 世纪国际学术研讨会"，会议筹委会主席是饶宗颐教授。我提交的论文是《中华和合文化与 21 世纪》，论文提纲如下："当我们面对 21 世纪，反省、总结 20 世纪的两次世界大战，两次大革命（十月革命和中国 1949 年革命），以及世纪末的两个阵容、两极对抗格局的瓦解和东亚金融危机爆发这样两次'大地震'，来求索和规划 21 世纪人类的命运和走向时，东西方的政治家、思想家、谋略家都在思考下个世纪人类怎样才能生活得更美好。人与自然、人与社会、人与人、人的心灵、不同文明间及民族与民族、国与国、家与家之间，应以什么新原理、新原则来建构新关系、新秩序、新规范，从而使人人都能安身立命呢？在此世纪交替之际，中华文化面临着西方文化的挑战，现代化的挑战以及人类所共同面临的人与自然（生态危机）、人与社会（社会危机）、人与人（道德危机）、人的心灵（精神危机）、不同文明（文明危机）之间的冲突和挑战。如何化解人类所面临的五大冲突和危机？如何回应西方文化的挑战？怎样实现现代化的转型？笔者经长期的研究，提出了和合学。和合学是中国文化人文精神的精髓和中国文化的生命智慧。和合的'和'，是指和谐、和平、祥和；和合的'合'是指结合、合作、融合。'和合'是指自然、社会、人际、心灵、文明等诸多元素及要素互相冲突和融合，与在冲突和融合的动态过程中各元素、要素和合为新结构方式、新事物、新生命的总和。建立在和合文化基础上的和合学是研究在自然、社会、人际、人自身心灵及不同文明中存在的和合现象，以和合的义理为依归，既涵摄又度越冲突融合的学问。如果要把一个和平发展、合作繁荣的世界和中国带入 21 世纪，和合是较优化的价值取向，并可获得对 21 世纪和生、和处、和立、和达、和爱五大中心价值的共识。" 1984 年我首次到香港中文大学讲学，之后多次到香港，总觉变化不大，除高楼外仍然是高楼，不像北京，日新月异，变得认不出来。在港期间，由于原新华社驻香港办事处的副主任看过我的《和合学概论》，觉得很符合时代精神，想约我谈话，交换看法，我和李宗桂教授一起登门拜访，相谈甚欢。

1998 年，和合学受到批评，有关部门曾召开小型座谈会，虽名曰座谈会，实变成批判会，据说来头很大。首先，对中国传统哲学中的"和"字，他们做先入为主的、错误的理解，认为"和"就是调和、折中、做和事佬、不讲斗争等；其次，他们强调斗争是绝对的，斗争是自然社会最普遍的现象，统一是相对的、有条件的，讲和合是只讲统一、不讲斗争等，并提高到马克思主义高度加以批判。对此，我在《和合学概论——21 世纪文化战略的构想》的"后记"中已有思想准备，反正我已过耳顺之年，也就无所谓了，因此，批判并没有引起我思想的波动或紧张。

这年 12 月，《朱熹评传》由南京大学出版社出版，该书是匡亚明教授主编的《中国思想家评传丛书》中的一本。我在该书的“自序”中说：“我研究朱熹思想 35 年有余，其间有神交的愉悦，有遭害的悲愤，亦有闪光的启迪，有精神的激励。这是我之所以持续不断和朱熹思想结缘的原因所在。由于朱熹思想体现了历史的脉搏、时代的精神，因此，他的思想适应了社会的需要，影响久远。之所以如此，是因为他成功地回应了当时社会各个方面的挑战，并化解了各层面的冲突。这些挑战和冲突表现为：一是价值理想的挑战……二是外来文明的挑战……三是理论形态转型的挑战……宋明理学在回应、化解上述三方面的挑战和冲突中凸显了其生命智慧和活力。西方学者曾将宋明理学称为新儒学（Neo-Confucianism），是有其道理的。跟元典儒学和汉唐经学儒学相对照，宋明理学确有其新的特点、新的精神。宋明理学之所以为新儒学，是指其在外来印度佛教文化哲学与本土道教文化哲学以及价值理想、理论形态转型的挑战下，将元典儒学作为滞留于伦理道德层次的心性之学，从形上学本体论层次给以观照，使传统儒学以心性为核心的伦理道德和价值理想（包括社会理想和人格理想）建构在具有理性力度的形上学本体论思维之上，通过诠释心性与本体、伦理与天道的联结以及人与生存世界、意义世界、可能世界的关系，使儒家道德学说获得形上性和整体性的阐发，传统儒学内部的逻辑结构、价值结构、道德结构等经此调整，获得了新的生命。宋明理学新儒学之新，是通过一系列活动的、有重要文化历史价值的学术精神充分而生动地开显出来的，宋明理学的精神，亦是中华民族精神的整体体现。朱熹思想无疑是这种民族精神的体现，也是当时时代精神的精华。其一，求理精神……其二，主体精神……其三，忧患精神……其四，力行精神……其五，求实精神……其六，道德精神……其七开放精神……朱熹思想作为一种传统文化现象，如何现代化？与现代化的关系应如何解释？笔者认为，所谓传统文化与现代化的关系实质上是文化精神的转生问题，而不是某种文化形态（如儒家的现代化、道家的现代化，或接着宋明理学讲等）或静态的传统文化（生成物）在现代是否有存在价值的问题。文化精神的转生就是与现代社会的接轨，渗透到现代社会生活之中，并为现代社会生活所需要。这便是传统文化精神转生为现代文化精神。”

在该书的“后记”中，我回顾了从1960年中国人民大学毕业留校到哲学系中国哲学史教研室任教期间研究朱熹思想的情况。1981年《朱熹思想研究》出版，1983年在“清除精神污染”运动中被批判，后来还受到种种不实之词的批评。“鉴于上述种种，当匡老提出撰写《中国思想家评传》二百卷的宏伟计划时，我积极支持，并承担了《朱熹评传》的任务，企图对朱熹思想做深入的、各层面的研究。匡老生前对《朱熹评传》多次关怀，我亦很想在匡老在世时交稿。然而，我在撰写《朱熹评传》期间两次住院（北京肿瘤医院），住院期间承蒙蒋广学、洪修平到医院看望，我暗下决心一定要完成该书。尽管他们一再嘱咐我量力而为，却增加了我写好该书的信心。因此，我在手术后坚持写作，终于完成，但还是拖了时间。当我交稿时，匡老已仙逝，谨以此书以表哀悼！在此期间又承蒙潘富恩教授、南京大学中国思想家研究中心诸位教授的关怀、支持和帮助，谨表谢忱。”有关《朱熹思想研究》的“官司”，到此可告一段落，而我的兴趣已转向中国哲学“自己讲”的“和合学”的哲学理论思维体系的建构。

四、东亚哲学与21世纪

1999年是热闹的一年，它是五四运动80周年，新中国成立50周年，“六四”10周年，孔子诞辰2 250周年，不知怎么都凑在一起，历史真有巧合之时。1月1日，在广州罗浮山黄龙观参加“第二届道家文化国际会议”回京。由香港道教协会出资，把黄龙观修复一新，很是气派。据说这是风水宝地，国际会议代表100多人都住食在这里，也不觉得拥挤，宿舍很现代，饮食荤素都有，大家很满意。

1月9日，我与大儿子张健、儿媳步惠英、孙子张景珲到机场接小儿子文勇回国，其未婚妻伍薇也一起回来。他们在北京过得很愉快，因为他们没有拿到美国绿卡，所以是转由加拿大回国，以免美国大使馆签证时为难。24日，文勇及其未婚妻回美国。

1月29日，开始讨论我牵头的“东亚哲学与21世纪”国家社会科学重点课题的写作提纲。重点课题也只有5万元的资助，连出书的补贴都不够，真是可怜。我设计为五本专著，主题分别是：一是“东亚哲学与21世纪导论”（陆玉林）；二是“和合与东亚意识”（张立文）；三是“中国哲学与21世纪”（李振纲）；四是“日本哲学与21世纪”（李甦平和河北大学日本研究所）；五是“韩国哲学与21世纪”（彭永捷、姜日天）。我提出，本课题的指导思想是和合学，按和合学的观点来写，和合学是课题的核心价值观，要从这个意义上来观照中国、日本、韩国的21世纪哲学，要回答21世纪人类所共同面临的人与自然、人与社会、人与人、人的心灵、不同文明间的五大冲突和由此带来的生态危机、社会危机、道德危机、精神危机、价值危机五大危机，要对诸如儒家资本主义、亚洲价值观等问题做出自己独到的解释，要对东亚各国21世纪哲学的发展做出预设性的构想。这些思想得到了大家的认同。最后写成了《东亚的转生》《和合与东亚意识》《和合之境》《和魂新思》《君子国的智慧》，由华东师范大学出版社出版。

写东亚哲学与21世纪问题，就不能不以西方哲学为参照系，不了解西方哲学在21世纪发展的趋势，就不能更深刻地体认东亚哲学在21世纪的发展，讲东亚哲学绕不开西方哲学，反之亦然。21世纪是东西哲学互动、对话的世纪，也是融突和合的世纪。如果做一比较，东方哲学是阴，西方哲学是阳，东方哲学由阴而阳，由黑夜转为白天，是太阳升起的地方，故东方人喜爱日出；西方哲学由阳而阴，由白天转为黑夜，是太阳落下的地方，故西方人喜爱日落。太阳升起的地方出现了人类文明，故文明古国多数在东方，如中国的儒教文明、印度的佛教文明、阿拉伯的伊斯兰文明、希伯来的犹太教文明，后来希伯来文明与古希腊文明融合诞生了基督教文明。儒教文明的价值取向是和合、天人合一、中庸、民为邦本、仁爱、舍生取义、存天理、国家先于个人；印度文明的价值取向是中道、达摩（正法、苦行）、布施、爱、非暴力、禁俗、梵我同一、智行信统一；阿拉伯文明的价值取向是诚实宽恕、尊敬父母、关心邻人、同情弱者、唯有真主安拉、信仰安拉、天使、使者、主持正义和公正；西方文明的价值取向是自由、平等、博爱、经济功利主义、科学技术至上、个人至上等。西方思维非此即彼的对立与基督教文化传统的二元对立有一定的联系，表现为承认基督教会与世俗国家或“上帝国”与“凯撒国”的基本对立，奥古斯丁的《上帝之城》把全部历史视为两种精神相互抗争的过程，其表现就是能贯于各个时代的两种社会——上帝之城与巴比伦城（乱世之城）之间的永恒冲突，这就是人类一切历史都是阶级斗争的历史写照。东亚哲学只能依照东亚实际来讲 21 世纪的哲学，讲东亚自己的哲学，东亚在近代受到了西方哲学的影响，这些影响给东亚哲学的发展提供了新的参照系和刺激素，在融突东西哲学中和合为新哲学。

石峻教授是我们教研室的老教授，他是汤用彤的学生，哲学史家，佛学家。从 1960 年大学毕业被分配到哲学史教研室，我一直得到他的帮助。他晚年由于妻儿到美国，孤独一人，因此心情一直不愉快。尽管我们后辈尽量照顾他，但总代替不了亲情，他于 1999 年 4 月 15 日逝世，享年 84 岁，我起草墓志，并书写墓志铭。他虽著作不多，但知识渊博，诲人不倦，获得了学术界的一致好评和尊敬。逝世后，安葬于西郊公墓。他的逝世，使我失去了一位好老师，中国哲学史界失去了一位精通中西印古今的学者。

5 月 26 日，在中国社会科学院宗教研究所参加评审李申研究员承担的《中国儒教史》课题会议，参加评审的有卓新平、赵敦华、何光沪、周桂钿和我五人，经评审一致通过鉴定，此书于 2000 年由上海人民出版社出版，上、下卷共 80 余万字。李申是任继愈先生的博士生，他阐述任公的儒家是宗教的思想，认为宗教是麻醉人民的鸦片，对儒家进行批判性论述，但也依历史发展钩深儒教的宗教情操与信仰体系、神灵系统、祭祀制度、教义教理的创立等，有自己的独特见解。

6 月 5 日，到湖南师范大学参加麻天祥及其他教授指导的博士论文答辩，参加答辩的博士生及其论文为：关仰湘的《皮锡瑞的生平思想研究》、李根忠的《当代中国人权问题研究》、刘凤健的《民族区域自治理论与实践研究》。6 月 6 日晚，向湖南师范大学法学院本科生、研究生和教师讲和合学。6 月 8 日，到岳麓书院讲宋明理学，岳麓书院院长朱汉民是研究湖湘学派的，是宋明哲学的研究者。我讲了三个问题：一是我宋明理学研究的方法论（逻辑结构论）；二是宋明理学的分派（从理学到现代新儒学，为什么现代新儒学没有度越宋明新儒学，以及这其中的核心话题、解释文本的转换、诠释学问题等）；三是宋明理学今后的研究趋势等。讲后一起讨论，获益匪浅。

五、阿里山看日出

由台湾政治大学承办的“跨世纪的中国哲学：总结与展望国际研讨

会”于1999年7月25日—29日召开，这是“第十一届国际中国哲学会”。我接到会议邀请，然而大陆国台办迟迟未批准赴台申请，这同李登辉愈演愈严重的“两国论”言论有关。为此，会议主席沈清松教授非常着急，大陆学者如不能与会，会议学术报告的日程就会受影响。21日，我们到国台办去等，然后到北京公安局办理去台签证。23日上午，乘飞机到深圳，过罗湖关时人多拥挤，足足等了两个小时，晚住中文大学雅礼宾馆。24日上午，到香港金钟的中华旅行社拿入台证，后乘机到台湾台北机场，会议派人接待我们，住“中研院”国际学术会馆。25日，由曾春海教授陪同我及刘大椿去参观基隆港，基隆原名鸡笼。鸦片战争时由姚莹任道台，总兵达洪阿击沉英舰一艘，俘虏多人，战争中我方有牺牲者，是河南籍人，附近有墓地以志纪念。这里留有旧炮台、城墙、兵营、练兵场，附近有鬼门关等。

7月25日—28日，研讨会在政治大学行政大楼第一、二、五、六会议室举行，我在会上讲“论《郭店楚简》的仁义思想”。28日—29日，研讨会在佛光大学南华管理学院（嘉义）国际会议厅举行，大陆学者住学生宿舍的“西禅7”，为上下铺的10人宿舍，我们住了5个人，即都住下铺。俄罗斯学者嵇辽拉教授与我们住一起，还有唐凯麟、陈来等。嵇辽拉的父亲是中国人，母亲是俄罗斯人，他们当时每月工资仅35美元，生活不富裕。29日，闭幕式由沈清松主持，星云法师（佛光大学创办人）和龚鹏程（南华管理学院院长）两人致辞。星云法师讲：儒教讲三纲五常，佛教讲生灭五戒，佛教有出世思想、入世精神等。

30日，由嘉义出发到阿里山，中午到阿里山青年活动中心。1993年第一次到台湾开会，就住在台北剑湖青年活动中心，后到台南参观垦丁公园、鹅峦鼻（台湾最南端）时也住在青年活动中心，住这些地方基本上不用花什么住宿费，即使有也是最便宜的。下午去游阿里山，途中下雨，有些人就下山了，我和刘述先教授等继续往山上去。我们到了姐妹湖，前大后小，后看到神木，据说有3 000年树龄，但已被雷击，倒在地上。再往上走，看到有2 000年和1 800年树龄的神木，至今仍枝叶茂盛，这种神木实是红桧木。我们一直在森林小道穿行，人说这是森林浴，我们也享受到了这特殊的浴。17点回到汽车站，坐车回住宿处。31日，要到阿里山最高处看日出，由于先天下雨，我们担心看不到日出。会议通知我们 3 点起床，3 点半出发，坐车一路蜿蜒而上，到了有小铁轨的地方，坐小火车到看日出的地方。据说这小火车是日据时代修通的，日本人不是为了看日出，而是为了砍伐阿里山的木材运到日本去，是对中国台湾资源的掠夺。到了阿里山山顶后，导游告诉我们，这里不是最高峰，最高峰是对面的玉山，海拔4 000 米。上山看日出的人很多，我们各自去找看日出的最佳位置，其实好位置已给早到的人占了，我们只得挤在一起。好得天公作美，是一个晴天，大家很高兴，这亦是机缘。这时导游就介绍阿里山的种种神话故事，并推销土特产和药，阿里山是台湾出产乌龙茶的产地。5 点 35 分，太阳一下子跳了出来，金光四射，炫眼得很，一下子眼睛都睁不开了，接着太阳蹦跳一下，接着又蹦跳一下，天空布满神奇的色彩，像一幅精彩的油画，之后阳光慢慢变成红色，一轮红日终于升起，黑天终于过去，一个新的日子诞生了。这样不断往复，不断诞生，无限无穷。我们流连忘返，不知什么时候才能再来看日出，直到导游催我们，我们才步行下山（不坐小火车），下山路很好走，还可看沿途风景，并再经历了一次森林浴。下山之后，坐汽车回青年活动中心吃早餐，然后坐车回台北，仍住“中研院”国际学术会馆。8 月 1 日，坐车到台北桃园机场，改签机票 9:30 乘飞机到香港，下飞机坐机场 A21 路车到红磡火车站，再坐火车到深圳，然后下午 5:30 乘飞机到北京。这次到台湾参加“第十一届国际中国哲学会”，前后花了 12 天时间。在阿里山看到日出，这是幸事。后来嘉义发生地震，阿里山遭到破坏，据说我们看日出的地方也被破坏了。

六、和合精神家园

9 月 1 日开学，我给研究生（博士生、硕士生）讲和合学，张红安、孟晓路等近 30 人听课，这学期我讲的课是“和合形而上学”。这是对和合形而上学的追究，提出“和合起来”的思想，而与本质主义、实体主义有别。我请同学们看亚里士多德的《形而上学》、康德的《任何一种能够作为科学出现的未来形而上学导论》和海德格尔的《形而上学导论》等著作，我既讲授又与同学们讨论，这次讲课也是逼自己把《和合形而上学》这本书写出来。和合学要再深入探讨，就不能不涉及价值理想、终极关切等形而上学问题，因此，和合学必须对此做出回答。同学们讨论的热情很高，我讲自己的构想以及每个观点，同学们有同意的，也有不同意的，还有修正的，都发挥自己的主体能动性，互相补充，互相启发，其乐无穷。在写作这本书中，祁润兴博士写了不少这方面的意见和构想，对我帮助最大。人民出版社出版时改为《和合哲学论》。2002 年 5 月交稿，2004 年 12 月出版。

1999 年 9 月 9 日，文化部、教育部、中国社会科学院联合在人民大会堂举办“纪念孔子诞辰 2 550 年座谈会”，中共中央政治局常委、国务院副总理李岚清出席。中共中央政治局委员、中国社科院院长李铁映讲话，这是 1949 年以后第一次以政府行为举行的孔子纪念会，表明孔子思想学说是一种治国安邦之学、团结稳定之学。这一点是在“六四”以后被体认到的。1987 年中国孔子基金会与新加坡东亚哲学研究所联合举办“国际儒学研讨会”时，原设想在人民大会堂举行闭幕式，结果没有被批准，当时我参加了这个会议的筹备会，对会议的预先计划比较清楚。1989 年“纪念孔子 2 540 诞辰国际学术讨论会”在北京召开，期间江泽民主席接见了与会的部分代表，表明了政府对儒学的支持和重视，已改变以往批孔的观念。政府部门出面来主办这次会议，说明了儒学创始人孔子的学说获得了积极的认同。但一些“理论家”仍然以孔子为封建思想的老祖宗，一切落后保守的总根源，这种“左”的思想自五四运动以来已在一些人的思维中形成定势，很难改变，并仍有一定市场，可见观念转变之难。会议举行开幕式后，有 60 名儿童齐声背诵《论语》，使人感动。

10 月 3 日—6 日，香港孔教学院召开“孔子思想光辉耀寰宇国际学术研讨会”，全部小组讨论在 10 月 4 日进行完毕，这个会议主要是想制造一种气氛，扩大孔教学院的影响。自从汤恩佳担任孔教学院院长以来，由于他的积极活动，召开了多次国际会议，孔教学院的声誉得以提高，并在香港争得香港政府承认孔教为六大宗教之一的地位。我为大会提交的论文是《儒家人文精神的现代价值》。会议期间，我们住在南洋酒店，开会地点在孔教学院何郭佩珍中学。5 日下午，在湾仔伊丽莎白体育馆举行环球祝圣大会，亦是一种祭孔的仪式。晚在中环大会堂 D 座美心酒楼举行大成宴。6 日上午，到湾仔会展金紫荆广场和大坑虎豹别墅，中午在汤恩佳博士府邸用餐，这是很大的房子，依山而筑，有游泳池，汤氏现在每天起码游20分钟。后经深圳回北京。

10月7日上午9时，参加在人民大会堂常务委员会议厅举行的“纪念孔子2 550诞辰国际学术讨论会”，由国际儒联、联合国教科文组织、中国孔子基金会主办，罗干出席并讲话。

我给硕士生、博士生讲和合学中，涉及和合学能否给出一个价值系统，给出一个安身立命之所，换言之，给出一个精神（灵魂）安顿的家园的问题。这需要从人出发，即从“人是会自我创造的和合存在”出发，讲安身立命之道，和合学依据人的智能创造设置了生存之道（世界）、意义之道（世界）、可能之道（世界）。人被抛入这个世界，其出身的贫富贵贱、所属的种族民族、所在的国家地区，都是不能自由选择的，都是被限定的。选择自由是人对自己出身不自由的反抗或否定，是对人生存之道的现实社会的政治、文化、经济、管理等生态环境限定的冲决。人依靠自我的智能创造来建构一个能不断适宜自己生存需要的社会政治、文化、经济、管理环境，使人生存于和平、幸福、快乐的世界中。这可谓“地道”世界。人的意义之道（世界），是因人需要生存得有意义，生存意义的获得就需要付出，是人的心身的付出，付出使人的肉体生命（体质生命）逐渐转化为意义生命（价值生命）。肉体生命在人类的历史长河中倏忽即逝，意义生命却永流不息。意义生命的获得还需要心性修养的提升、道德自律的超拔、尽心知性知天，而达意义生命的和合境界。这可谓“人道”世界。人的可能之道（世界），是因人的生存需要有理想，需要获得精神的慰藉和灵魂的安顿，否则人的灵魂（精神）就会成为游魂野鬼，无处附着。可能世界就是人的灵魂的家园，人的精神在此温馨家园中得到休息放松，抚平安宁，从而使人的生命重新获得生命力，焕发出新生命的创造力，这可谓“天道”世界。

可能之道（天道世界）作为终极理想世界，在这个世界中都是和合的，各宗教之学、哲学之道都是相通的，譬如佛教的西方极乐世界、基督教的天国世界、道教的神仙世界、儒教的大同世界。各宗教、哲学都认为在这个世界中是没有战争、贫穷、偷盗、说谎的，这个世界是和平、幸福、快乐、友爱的，可以这样说，宗教的终极境界就是和合世界。

信仰是一种特殊价值需要，各宗教就是为了满足人的这种需要而设置的，又把人引向各种信仰。经久不衰的大教都能抓住与每个人切身利益相关的问题而进行传教，譬如佛教抓住因果报应问题，认为每个人都有三世、三身之分，即前世、现世、来世，前身（前生）、现身（今生）、来身（来生）。人现世做善事，既可弥补前世的罪孽，也可为来世修福。这就是善有善报，恶有恶报，不是不报，时候未到，时候一到，一切都报。一些人为了有好报应，就去做好事。道教抓住每个人都希望长生不老的普通心理，要人们养生修炼，以达羽化登仙。修炼的过程就是去恶从善的过程，全性保真的过程。基督教认为人的始祖亚当、夏娃偷吃智慧果，违背了上帝的意志，被上帝赶出伊甸园，于是人生来就是有“原罪”的，人的今生就是为了赎罪和忏悔，以求死后能进入天国。各宗教都是利用人的恐惧感（佛国的因果报应论是用人对现世今生的受苦和来世下地狱的恐惧，道教是用人对人生苦短、死亡的恐惧，基督教是用人对再犯罪的恐惧）来设置解脱这种恐惧的终极和乐境界，并由恐惧而唤起人宗教信仰的热情和冲动，以及对和合终极境界的祈求。儒教没有抓住与每个人切身利益相关的普遍问题，因而就没有引起与人切身利益相关的普遍恐惧，就不能激起人们对儒教信仰的热情和冲动。儒家虽然讲通过修身养性，以达圣人境界，但做圣人有什么好处？会带来什么利益？会解脱什么现实痛苦和恐惧？孔子从“畏天命”向“知天命”转化，故而天命作为认知对象而淡化了敬畏意识。因其如此，儒家便没有像先秦道家那样由道学转变为道教，儒家作为一种学说和政治意识形态发挥着治国与协调人际关系、社会秩序的功能，没有转变为制度化的宗教。“命”虽是一种必然性，但这种必然性也因修身养性和道德素质提升而改变，“运”的机遇、机运，自身是可以与时偕行、可以改变的，人可以改运，造运，只要自身的修身养性达到一定的程度，就可以由改运、造运而改命、造命。儒家只有改造命运说，才能唤起与人切身利益相关联的信仰。

和合学能否抓住现代与人切身利益相关的问题，洞悉现代人的心灵中所恐惧的问题，这是和合学的生命所在。当代社会是一病态社会，当下每个人都生活于迷途中，人类亦生活于迷途中。人类在迷途中生活致使人类共同面临着五大冲突和危机，恐怖活动日见于报端，人体炸弹不绝于耳，与人类及每个人切身利益相关的是和合问题，人人都祈求和平、安全、合作、友爱，恐惧战争与恐怖等失和、失爱后的不安全感。人类可以运用政治的、经济的、文化的方法以达到和合，每个人必须加强心性修养，以化解战争、恐怖等的失爱，使人与自然的冲突所导致的生态危机、人与社会的冲突所导致的人文危机、人与人的冲突所导致的道德危机、人的心灵的冲突所导致的精神危机、不同文明之间的冲突所导致的价值危机，通过和生、和处、和立、和达、和爱的协调而达到和合，以化解生命不安全的恐惧。生命的不安全对每一个人来说都存在，如飞机失事、车祸、恐怖、绑架等，死亡者绝大多数是无辜百姓，而这些事件的终极根源是和合的丧失。爱别人才会得到别人的爱，爱人就不会以暴易暴、以怨报怨；在以暴易暴、以怨报怨的生存环境中，在五大冲突和五大危机的情境下，任何人的生命安全都不断受到威胁，得不到保障，因此极需要营造和合的精神家园。培根说："宗教信仰是人类社会的重要支柱之一。如果宗教信仰是平和的，那么这个社会将是幸福的。"① 为了人类的幸福，需要和合学的"五和"，以制止一切不理智的行为。

在一个秋高气爽的时节，我到贵州贵阳参加"中国贵阳 99 阳明文化节"。10 月 14 日，开幕大会在修文县体育馆举行，修文县是阳明龙场悟道的地方。我在开幕大会上代表国内学者致辞，杜维明代表国外学者致辞。龙场驿现有很多摩崖石刻，有罗汝芳在昆明任职时专门到龙场拜谒的题刻，有蒋介石的"知行合一"题词等。在阳明洞有张学良的囚禁处。我们参观了阳明"玩易窝""阳明祠"等文物景观。贵州为使阳明遗址成为旅游胜地，做了大量恢复修缮工作。日本学者冈田武彦等曾多次到此地访问。15 日，我主持大会发言。当天下午由我做演讲，我提出，"张璁'大礼仪'之争"的实质是程朱与陆王之争的表现。张璁和王阳明多次书信往来，他们都主张"礼缘人情"，认为"大礼仪"之争实质是"继统"与"继嗣"之争，朱厚熜是"继统"，而非"继嗣"。16 日，我没有与大家一起去参观黄果树大瀑布，我没去过，很想去，但下午要见我指导的韩国博士生孟济永，事先约好谈博士论文的写作。他这是第四年做博士论文了，

① 培根：《人生论》，何新译，32 页。

论文的题目是“《庄子·内篇》的天地人和合思想”，故乘机赶回北京，以不误所约。晚 20:55 乘飞机到济南，参加中国孔子基金会第三届理事会，由于要选会长，一定要我去，因选会长要有 2/3 以上理事参加选举，搞得我来回奔波，很紧张。在这个会上选韩喜凯为会长，孔繁、朱伯崑、牟钟鉴为副会长。我们住南郊宾馆（原省委招待所）。中国孔子基金会自 1996 年迁回山东后，成为省政府的一个局级单位，编制 20 人，与北京学术界的联系相对不方便了。

第十八章　世纪之交的思考

在世纪和千年之交之际，人们往往热衷于回顾以前，前瞻未来，回顾是为了反思，总结经验教训，知欠缺和不足，纠错误和缺陷，明前进方向；前瞻是为了未来，构想未来设计方案和研究课题，以及轻重缓急研究次序。人们也都为能度过新世纪和遇到千载难逢的新千年而振奋，为新世纪、新千年而构想自己的未来。对人来说，这是千载难逢的机遇，我想既如此，也得有所回应，这是责任之所在。

1999 年 10 月 18 日，参加中国社会科学院哲学研究所召开的“新中国哲学五十年学术研讨会”，李铁映讲话，鼓励学术界不同学派的论争，于光远亦讲话。虽全国知名的老中青哲学工作者都参加了，但谁建立了自己的哲学体系，谁是原创性的哲学家？恐怕真没有，这是值得认真反思的。为什么没有？怎么会没有？

11 月 8 日，山东大学申报“普通高等学校人文社会科学重点研究基地”，刘大钧申报“中国易学与古代哲学研究基地”，把我和汤一介、萧汉民都拉去作为其成员，因此我必须去参加教育部专家的评审会。11 日，教育部专家组有牟钟鉴、吕绍纲、潘富恩、李宗桂等人，大家都是熟人，所以很顺利就通过了。11 月 19 日，到河北大学日本学研究中心对国家社会科学基金“九五”重点课题《东亚哲学与 21 世纪》（项目批准号：96AZX015）进行统稿，上海华东师范大学出版社陈丽菲也来参加我们的统稿会。21 日，参观西陵，其为清代雍正、嘉庆、咸丰等的墓地。宣统溥仪死后迁葬于此，是其后来的夫人李淑贤争取来的。同时参观中山靖王刘胜的墓，中山靖王墓是完全开山石而成的，可见难度之大，花人工之多。

一、和合形而上学

1999 年 12 月 6 日，参加北京社会科学联合会召开的“百年中国哲学座谈会”，我做了“百年中国哲学与未来走向”的发言。我提出了中、西、马如何互动融合才能和合为中国的新哲学等问题。12 月 14 日，参加《东方》杂志座谈会，讨论新千年的东方文化新选择。新千年从哪年算起？是 2000 年还是 2001 年？一般人不管学界如何争论，都以 2000 年为新千年的开始，所以 1999 年 12 月每个人心中都有过千年的情结。我在一个会上说，我们能活过千年是人生的一大幸福，一千年是人所不能活过的，过千年这对现在活着的人来说，的确是一个很难得的机遇，我们应珍惜这个机遇，在新千年活得更好、更幸福、更安全。12 月 29 日，在《中国人民大学学报》编辑部讨论“中国哲学的未来走向”，在世纪之际与千年之交：一是回顾本世纪的哲学发展，一如百年中国哲学等；二是新世纪、新千年中国哲学的发展趋势。这两个问题成为这个时期人们思考、讨论的热点。回顾过去，展望未来，这是人之常情，也是一个学科的理性总结。为这个会议我写了《中国哲学的未来走向》一文。参加这个会议的有北京大学哲学系的张世英、叶朗、张祥龙，人民大学哲学系的陈先达、陈志良、夏甄陶、李秋零、郭湛和我等，王霁是主编。

2000 年的第一天，世界处在欢乐与忧患中。一方面，全国都寻找新千年第一缕曙光在哪里升起，最终确定为浙江临海县石塘镇，中国台湾是在其最南端的鹅峦鼻。于是，很多人到石塘镇看新千年的第一缕曙光，以求好运。我祝贺家人、国人平安进入新千年。另一方面，高科技带来了人们的担忧，“千年虫”电脑病毒吵得沸沸扬扬，为避免“千年虫”病毒感染，全国放假一天，银行全部关门停业，但造成了经济上的损失、生活上的不便。所以，欢乐与忧患是一体两面，正如老子所说：“祸兮福之所倚，福兮祸之所伏。”祸福相依不离，好坏相渗不分。

1 月 8 日是星期六，不用上班，大家可以聚在一起。于是，召开和合学座谈会，出席者主要是我的弟子，有陆玉林、彭永捷、李亚彬、向世陵、方国根、杨庆中，本想请祁润兴来，他在内蒙古大学哲学系很忙没有来，李振纲从保定赶来参加。我们讨论了三大类问题。一是要不要建立和合形而上学？建立什么样的和合形而上学？大家提出的观点很多，简列如下：(a) 愈纯粹愈好，换句话说要虚，虚才能无限，才能建立终极关怀，精神才有归宿的家园；(b) 形而上学需要落实到一个实体上，没有实体就是空，空则人的精神就无所寄托，上帝、理、心、气都是实体；(c) 有实体就会走向权威、独尊，导致排斥他者，而具有非此即彼的排他性，所以在历史上出现了“异端邪说”“离经叛道”“异教徒”等；(d) 和合一词不纯粹，不像天理、气、心那样纯粹；(e) 形而上学、终极关怀、终极存有，康德的思路是“悬置”起来，和合学要不要去解决？20 世纪以来拒斥形而上学，现在要不要建立新的形而上学？(f) 终极的东西不能追问，人不能向上帝提问，犹太是以自己的屈辱证明上帝的伟大；等等。

二是和合学怎样找一个基点？这个基点是什么？要不要找一个基点？即要不要落到什么上？针对这些问题，参会者提出：(a) 拒斥形而上学的奎因最终转向形而上学，这说明形而上学不可回避，现在没能解决形而上学问题；(b) 和合学不是信仰，但需要给人的精神以家园，即安身立命之所，否则和合学的意义就不大；(c) 和合可做名词解——价值论，破除实体论，和合做动词解——方法论，解决功能性问题，西方是实体思维，中国是关系实体，与功能相结合，以价值与功能的融合作为本体。

三是超验存在如何可能？怎样可能？自然世界是和合的，人为世界是不和合的，和合如何可能？现代精神失落，如何找回来？找回什么？海德格尔回到最源头，德里达回到古希腊，成中英本体诠释学和唐力权场有哲学都回到《周易》。达沃斯世界经济论坛提出的口号是“新开端、新思路”。在经济全球化、网络普及化的时代，传统的经济模式、人的生活方式、思维方式、价值观念都必须改变，但如何说得更完善，还需要思考。

这是我对会议发言的综合，一些思想仍然停留在康德追究如何可能的思维框架中，以及自柏拉图以来的追究形而上学的怪圈内，和合学必须度越西方的形而上学思维，回到中国元典，建构中国的新理论思维形态。

二、思想体系的欠缺

1 月 30 日，王阳明第 20 代孙女司华来访，说明要收集王阳明资料事宜，王阳明与张璁为同时代人，我是张璁第 20 代后人，但司华比我年轻。

2月15日，写《和合哲学论》第二章。3月2日，写《和合哲学论》第三章。3月5日，我看了哲学系办的杂志《慧泉》1999年秋季号，登了《中国学人的欠缺——接着王晓华博士说》一文。王氏写过《钱钟书与中国学人的欠缺》① 一文，在文中他认为中国学人“缺乏体系性建构能力”。“有思想而没有思想体系，思想体系是由思想以及对思想的证明构成的，没有思想证明的思想，不是思想体系。中国传统学人做学问的最根本特点是‘评点感悟’，是我注六经、六经注我这种传统学术模式，即‘踩点注经’。思想体系实际是证明体系，中国不擅长分析思维。思想体系是概念体系，是用概念之砖建构的屋，中国传统只有观念而无概念，如孔子的仁是‘随机说话’，因人、因时、因地而异的看法或观念，没有严格界定的概念，禅宗则灵活到‘随便说话’。儒家轻视概念、禅宗反概念思维，这些都是非常中国化的表现。现代新儒家冯友兰、梁漱溟、熊十力、贺麟等的学术理路，没有一个是他们自己创造性地建构出来的，是从西方移植模仿出来的。”这篇文章对我的启发是：今人必须突破传统建构思想体系的欠缺。哲学家没有自己的思想体系，就不能成为哲学家。王晓华由于受西方哲学的影响，以西方哲学的标准来衡量中国哲学，认为中国没有概念，这正是从黑格尔到德里达认为中国没有哲学的重要根据。至于以“思想体系是由思想以及对思想的证明构成的”，这是受西方近代科学主义的影响，科学需要证明，但哲学形上学是不能证明的，这是科学与哲学之别。这篇文章对我很有启发，它提醒我们要着力建构中国人自己的思想体系，换言之要建立中国人自己的哲学，要自己讲自己的哲学，它包括二义：一是中国人讲中国的哲学，中国哲学不是西方哲学的注脚，不是中国哲学的西方讲法；二是自己讲自己的哲学，即哲学家要建构自己的哲学体系，不照着或接着西方哲学讲，而应该自己讲自己的哲学。

3月9日，读陈志良教授在《光明日报》发表的《虚拟：哲学必须面对的课题》一文，这是他在我们一起参加的一次座谈会上的发言。他认为中西传统哲学都是现实性的哲学，都以现实世界作为自己的出发点，虚拟度越现实性，预示哲学的真正革命。虚拟指向不可能的可能，使不可能的

① 载《探索与争鸣》，1997（1）。

可能在人类历史上第一次成为真实。这与和合学的可能世界有关，这就是说，建构可能世界怎样成为一种可能，这种可能是虚拟的可能。在和合学哲学体系中，若可能世界的立、达、爱作为化解原则是功用原则，那么需要研究解决以下这些问题：其一，可能世界的理想境界是否可建构于虚拟基础上；其二，光锥体的和合形而上学体现于光锥体的变易点和奇异点上，它与和合可能世界的关系是否要进一步阐明；其三，此变易点和奇异点是否可被认为是虚拟的，它不是现实的模拟和反映，而是建构现实中的不存在，即建构对现实性来说不可能的东西；其四，和合可能世界是否扩展一下容纳虚拟的可能；其五，虚拟与语言哲学、历史哲学、价值哲学、艺术哲学的关系。

4 月 14 日，台湾政治大学哲学系曾春海教授来访，讲台湾国民党落选、民进党当选之事；讲绝对权力使人绝对腐化，绝对专权使党绝对腐败。4 月 19 日，请台湾清华大学林安梧教授讲“后新儒家哲学的拟构”。牟宗三死后，台湾就面临后牟宗三时代问题，牟氏弟子如何继续走牟氏之路就成为一个问题。

5 月 17 日，我请韩国金忠烈教授来演讲。金忠烈教授 1931 年生，台湾大学哲学研究所博士，中国文化大学讲师、副教授、教授，高丽大学哲学系教授，曾任韩国东洋哲学会会长等，20 世纪 70 年代韩国学生心目中学生运动的领袖。他讲“《中庸》首三句的我见”。《中庸》曰：“天命之谓性，率性之谓道，修道之谓教。”他认为这三句是《中庸》哲学体系的大纲领。他进一步解释：第一句中的天是名词，命是动词，性是名词，天指道，性指德，天与性为实体概念；第二句中的道是名词，指诚之用者；第三句中的修是动词，道是名词，教为名词，即工具和方法。

5 月 20 日，我系西方哲学教授苗力田先生逝世，他主持翻译了《亚里士多德全集》，获国家社科基金项目第一届一等奖，我的《中国哲学范畴发展史（人道篇）》获三等奖。苗先生是无病而终，在“文化大革命”中他曾受冲击。据他家人说，他是晚饭后看电视而逝，他的死比石峻少了很多痛苦，令人羡慕。去年 4 月 15 日石峻去世，虚岁 84 岁，苗力田亦虚岁 84 岁，没过孟子逝年。73、84、95 是年岁的坎，很多人在这个坎上过不去。人生有限，人生就是走向死亡的活动，死亡亦是给新生者让路。

5月21日，受中华孔子学会之邀，为其学术讲座讲第一讲：“《周易》与企业文化”。讲座在北京师范大学英东学术会堂进行，由郭齐家主持，听者约400人。5月22日，哲学系评教授，申请教授的有向世陵、马俊峰、姜日天、李燕、张志伟、王旭晓、欧阳谦、龚群、欧阳志远，申报副教授的有宣方、陈世珍、徐飞、杨武金、李茂森。经三轮投票后，张志伟、王旭晓、马俊峰被评为教授。5月25日，参加中国社科院哲学所东方哲学研究室徐远和教授的韩国博士留学生孙美贞的博士论文答辩会，其博士论文为《吴澄思想研究》，由我主持答辩。

5月31日，我的两个博士生李光福、孟晓路博士论文答辩，前者的论文是《现代精神的追寻——明清之际的价值观》，后者的论文是《王畿思想研究》。答辩委员会成员有楼宇烈、李甦平、周桂钿、宋志明、葛荣晋五人。6月1日，参加宋志明、向世陵指导的硕士生肖名焰、许静的论文答辩。6月14日晚，乘K59次列车于次日早到长春，由吉林大学外事处接到南湖宾馆。南湖宾馆是东亚第一园林宾馆，国家领导人有单独1号、2号等院子。我与徐远和一起来参加“第十六届退溪学国际学术会议”，我做主题发言：“退溪心性观的现代价值”。参会的日本学者有福田殖、柴田笃，韩国学者有安炳周、李楠永及国际退溪学会理事长权宁禹、成均馆馆长崔昌圭等。16日—17日，学术讨论。18日下午，参观伪“满洲国”溥仪的皇宫。我是第一次到长春，想多看看。19日，到吉林大学哲学系向研究生等讲和合学，系主任孙正聿讲话，乌恩溥、刘国梁、李景林等教授都出席了。

6月24日，参加校教务处和人民大学出版社关于素质教育的教材建设问题讨论会，我讲了五个方面的关系问题：通俗性与高雅性、多样性与统一性、普及性与精深性、前沿性与专业性、历史性与逻辑性。处理好这五个方面的关系，教材便是高质量的。

三、伦理学与徽学

7月15日是我系伦理学教研室申请的中国人民大学伦理学与道德建设研究中心基地的评审会，我作为中心成员参加评审会。当天教育部专家组来审查，听取基地汇报，参观基地的电脑、图书、办公用房等硬件设施，罗国杰教授作为伦理学学科的权威，领评审组成员参观，评审顺利通过。

8月14日到安徽大学，我被聘为教育部安徽大学徽学研究中心基地学术委员，上午9时参加这个人文社科重点基地首届学术委员第一次会议，我提了三点意见：(1) 立足全国、放眼世界，写出高质量的徽学研究著作，不只做资料库、档案库；(2) 完善规章制度，中心对学术有一定的规定和规范；(3) 制定管理委员会的章程。15日，“2000年国际徽学研讨会”开幕，上午我做“徽学的界定及其研究方法”的演讲，对争论不休的徽学内涵、特点做了规定，只有明确研究对象的性质、范围，才能更好地开展研究工作。演讲内容后整理成文，以《徽学的界定及其研究方法》发表在2000年9月12日的《光明日报》上。8月17日，从安徽大学坐旅游车经铜陵太平湖到黟县宏村。宏村为古民居，保存有明清风格的建筑，其村很特别的是有水通过每一家门前，当地人说犹如牛肠，生态环境很好，村前是一大湖，湖面如镜，湖中间有桥。我们参观村中汪姓的承志堂，其最具明清徽州建筑特色，之后参观南湖书院。由宏村到黄山，途中参观鲍氏女祠，这是单独立的女祠，是徽州的特色，女祠没有大门，只有小门。之所以有女祠，是因徽商整年在外经商，家庭均靠妇女照顾主持，所以对妇女很重视，是对妇女功绩的肯定。妇女的牌位不能进鲍氏祠堂，便单独建祠堂（在鲍氏宗祠旁边），说明妇女仍处附属地位。方利山先生是黄山师专的副教授，他如数家珍似地向我讲解，使我知道得更详细。18日，参观西递村，清代曹文植有诗曰：“青山云外深，白屋烟中出。双溪左右环，群木高下密。曲径如弯弓，连墙若比栉。自入桃源来，墟落此第一。”又参观歙县府衙，有董其昌题字的大学士牌坊。大学士许维桢，歙县人，历明嘉靖、隆庆、万历三朝，官至礼部尚书。在徽商的宗祠里有为子孙立的族规，如《中丞公宗议八则（条）》，并建“内则”，即女祠，同鲍氏女祠有别。19日，游黄山。早上4点起床，5点开车到南门，在慈光阁坐索道到玉屏站，步行到迎客松，据说这是一棵假的，原树已死。这时下起雨来，我去买雨衣，回来找不到一起来的人，幸好碰到中国社科院历史所的唐先生和河北大学的卢子震，我们三人一起上山。走了一会儿，雨大起来了，他们犹豫是上莲花峰还是下山，问我的意见，我觉得好不容易到了天下名山，不上是一大遗憾，于是决定上山，雨愈下愈大，衣服淋湿，与在台湾阿里山参观 3 000 年神木的情景相似。我们由莲花峰到鳌鱼背，再到黑虎松，据说刘海粟曾九画黑虎松，可见黑虎松的奇特。后到北海，观梦笔生花、笔架山、童子拜观音等名胜。雨里、雾里观山，看不清远处，但就近处看也是一片云雾飘过去，山景露一下脸，一瞬间又被云雾所掩蔽，雨中观黄山，别有一番情趣。时紧下山，很多景点没有看，也来不及看。20 日上午，由方利山先生指引参观戴震纪念馆，我写过一本《戴震》（东大图书股份有限公司 1991 年版）的书，纪念馆已很破败，表糊的楚图南所写的字就已破，我建议应尽早修屋，整理纪念馆图书、文物。徽州出了一批大思想家，二程、朱熹的祖籍就都在这里。因此，近人著新安理学。后又参观算学家程大位的算盘博物馆，很有特色，收藏了历代各种各样的算盘，有“三才算盘”“太乙”“两仪”算盘等，最小是像人指甲一样小的算盘，最大有两米长的算盘，真是大开眼界。现在虽不用算盘，但在中国，几千年来的计算工具就是算盘，它在经济活动中曾起着重要作用。明清时，徽商是中国的大商帮，很多人外出经商，因此就需要计算，故出了程大位这样的算学家，他著有《算法统综》。徽州古民居中，徽商家居堂屋两边的门很多很像一个中间空缺的“商”字（“商”字缺少里面的“八口”）。有人解释说，当官者到他们家或任何人进门便成为一个商字，下面的“口”即人。于是，当官者便在商之下，这反映了徽商对自身社会地位的重视，也反映了对商人社会地位低下的不满，是对自身价值的觉醒，同时也是对抑商政策的抗议。21 日，在黄山乘小飞机回北京，同行的有《中华读书报》的记者、中国社会科学院历史所的研究员等。

22 日，参加由北京大学文博学院召开的“新出土简帛国际学术研讨会”，国际上对此非常关注，尤其对新出土的《郭店楚墓竹简》特别重视。这里有《老子·甲》《老子·乙》《老子·丙》，新发现的《太一生水》及《五行》等儒道著作。上海博物馆从香港重金买回一批竹简，据说亦为楚墓，会上馆长马承源讲“孔子诗论”，但不发稿子，有保密的意思。池田知久教授坐第一排，把马氏引用的原文（投影在白布幕上）都摄影下来。他是日本研究简帛最有成就的学者。

四、海德格尔与伽达默尔

最近见到成中英教授，我们俩自 1982 年认识以来，已有近 20 年的交往。他谈起今年 5 月在德国见到诠释学大师伽达默尔的情况，说伽氏已 100 多岁，身体仍很健康，本约好做 30 分钟的访谈，结果进行了一个半小时，据杨煦生教授说由他担任翻译。伽氏讲他与海德格尔思想的区别：(1) 海氏思想没有摆脱上帝阴影，其“在”的最终追究是上帝，这与他是基督徒分不开。伽氏说自己 3 岁时死了母亲，他没有上帝的情感，他现象学的诠释学重主体情感。(2) 海氏“在”的追究没有度越亚里士多德的范围，伽氏说自己更倾向于柏拉图。换言之，海氏近老子，伽氏近儒，有一种人文的关怀。成中英说与伽氏谈话后很有启发。海氏与伽氏对中国哲学史界很有影响，现在年轻人就用他们的思想方法来研究中国哲学，犹如 20 世纪初的胡适及后来冯友兰用实用主义和实在论研究中国哲学的路子一样。

2000 年 9 月 20 日—22 日，北京大学韩国学研究中心在北京达园宾馆召开“韩国学国际学术研讨会”。21 日上午，我宣读论文《退溪人文精神与现代价值》，并对尹丝淳的论文进行评议。当天下午，我主持研讨会，韩国学者李迎春宣读论文《韩国女理学家思想研究》。我认为中国宋元明时期几乎没有女理学家，也没有一个女学者敢于提出要将成圣人作为自己的人格理想，这是朝鲜朝女性主体性的体现。我没有参加闭幕式，就去了香港。

22 日上午 9:30，在北京乘 CA1307 班机到深圳。深圳过关很慢，花了两个半小时，到红磡火车站已是下午 5 点了。我被接到九龙西贡街中兴宾馆，参加香港孔教学院主办的“孔子思想与中国统一大业国际学术研讨会暨 2 551 孔圣诞环球庆祝大典和孔教学院 70 周年院庆”。9 月 30 日，在伊丽莎白体育馆进行祭孔活动，行三拜九叩之礼，这与台湾祭孔礼仪及曲阜祭孔礼仪不同。24 日，在何郭佩珍中学进行学术讨论。下午由张尚德联系去见南怀瑾先生，他是温州乐清人，是金温铁路的投资人，但没有按他意思去做，他有些不满意。他 80 多岁，精神很好，亦很健谈。25 日上午，由五邑大学我的学生刘兴邦带领，从香港到深圳，从深圳坐公共汽车到江门市五邑大学。这所大学是江门市华侨投资建的，教学楼、学生楼都以投资人的名字命名。26 日开始，我教我的学生蔡方鹿、张怀承、方国根、陈盈盈练和合功，这是我第二次以和合功教人，但只有蔡方鹿坚持下来。27 日，“陈献章国际学术研讨会”开幕，开幕式在“十友楼”召开，即十个人投资建的。我在开幕式上讲了话。会议期间，我准备了《陈献章的学术精神》一文。陈献章是明代的心学者，陈氏弟子湛若水与王阳明同时，他们有往来切磋学术。在会上我讲了以下几个问题：中国思想家有没有自己的思想体系？中国哲学有没有自己的逻辑结构？中国传统哲学如何转生？28 日下午，参观陈白沙纪念馆，该馆保护较好，为江门市的文物保护单位，有御赐“贞节堂”匾额，是吴与弼所书，有李东阳书写的字，有于右任写的“白沙故里”四字。“贞节堂”是纪念其母的，白沙是遗腹子，由母亲培养成人。下午 4 时到“崖山炮台”，有“崖山台”三字，是清办的海防，以防外国侵略，现作为爱国主义教育基地，这是我第一次来参观。这里有“崖山祠”，是纪念南宋政府在被元攻下临安后，慈元皇后带着赵昰和赵昺两位皇子，在陆秀夫、张世杰等支持下继续抗元的英勇事迹。在降元将兵追杀下，慈元皇后从杭州到温州，又从温州到福州，再从福州到新会，最后在崖山安定下来，集十万军民与元决战，最后失败，陆秀夫带赵昺投海自杀，后宫及众多军民亦投海自杀，很是壮烈。最后参观梁启超故居和梁氏读书处“怡堂书屋”，堂前挂有先师孔子像以及“万世师表”的横幅，有 6 张桌子，可坐十几个学生。梁氏聪明，9 岁能仿做千字文。梁氏故居是 3 间，中间为堂屋，左间是父母寝室，右间为梁寝室，两旁有厨房等。江门是文人辈出的地方，可谓地灵人杰。

五、全球意识与东亚意识

2000 年 10 月 6 日—11 日，乘 CA13 到上海，参加华东师范大学古籍所召开的“纪念朱熹诞辰 870 周年逝世 800 周年国际研讨会”。朱杰人是古籍所所长，是朱熹第 25 代孙，是朱氏世界宗亲联合会秘书长，会长是马来西亚的朱昌均。古籍所承担了《朱熹全书》的整理工作，在版本的考订、校勘方面做了详尽的校理。开幕式由杜维明做主题发言，讲道、学、政问题，道是核心价值，学是学术传统，政是政治实践。他提出了精神系统、社会责任系统、社会公共系统问题。

会议空闲时，我在宿舍写参加武夷山朱熹会议开幕式上的发言稿：《度越与创新——20 世纪朱子学研究的回顾与发展》，完全靠记忆。11 日上午，联系去参观上海博物馆从香港买回来的竹简，其副馆长同意，但马承源不同意，结果看了其他一些展室。垄断资料，不利于学术发展。11 日下午，乘火车到福建绍武，到达时已为次日凌晨 4:20，由车接到国贸宾馆，意外碰见林翘翘。12 日上午，紫阳书院奠基揭幕仪式，被邀请安排坐在主席台。12 日下午，“朱子学与 21 世纪国际学术研讨会”开幕，我在开幕式上宣读论文《度越与创新——20 世纪朱子学的回顾与创新》，讲了 20 世纪前 50 年与后 50 年两个阶段的情况。13 日上午，到建阳市考亭书院（新建）对朱熹进行公祭，即逝世 800 年公祭，由建阳市市长致辞。这个公祭是政府行为，而非民间活动，代表了观念的大转变，过去一直以祭祀为“封建迷信”活动，现在则理解为缅怀先贤。后有文艺表演。13 日下午，到朱子墓祭拜，与会的学者都参加祭拜，主祭者为马来西亚、韩国的朱子后裔。14 日上午，小组学术讨论会，韩国金忠烈教授以《中庸》首章前三句的诠释讲朱子学。14 日下午，游九曲，并参观朱熹纪念馆。

10 月 26 日—29 日，在北京参加“经济全球化与中华文化走向国际学术研讨会”，这是由中华炎黄文化研究会、中国人民大学、中国艺术研究院联合主办的，我参加了学术委员会的工作，为此开过几次筹备会。开幕式由费孝通讲话，之后有季羡林、张岱年讲话。在这个会上，大家对全球化体认不一，有的认为经济全球化是必然趋势，有的认为全球化就是资本的全球化，全球化是地狱还是天堂？分歧很大。人们总是以二元对立的思维来思考问题，而不会用和合思维来思考。全球化与地区化、多样化并行不悖，相互促进。全球文化与民族文化、拿来主义与送去主义等均须深入探讨。29 日上午，我和汤恩佳主持大会发言，发言者有乐黛云、王怀宁、邓恩平、周颖南四位，下午闭幕。我为会议提交的论文是《全球意识与东亚意识》。

11 月 7 日—22 日，参加在温州召开的“叶适诞辰 860 周年暨永嘉学派国际研讨会”。由于我数年没有回家看望母亲，借机探亲，于是于 4 日乘 CA1539 航班到温州，由我弟张宪栋来接站。晚陪母亲说话，母亲年近 90，身体看来还好，上下楼梯尽管不方便，但仍然是爬楼梯，这也是一种锻炼。5 日亦陪母亲拉家常。6 日上午到宪玉家，看望他阿妈，已躺在床上不能下楼梯了。下午看望舅舅，舅舅身体欠佳，据说有胃癌，舅舅一直关照我们家，我感恩不尽。晚到会议报到，住温州国际饭店，据说此国际饭店前阶段相当于红灯区，现在经治理纠正了。7 日上午，举行开幕式，有温州市副市长、政协主席、宣传部部长参加，开幕后我宣读论文《论叶適思想的人文精神》，此文是在参加“经济全球化与中华文化走向国际学术研讨会”期间抽空写成的。7 日下午，到温州师范学院做和合学报告。会议期间《温州日报》对我做了访谈，登了《在反省中提高》一文。会议期间，李瑞环在香港讲“和合”，中央广播电台播了，广西社科联主席、社科院前院长范阳高兴地来告诉我。9 日，我主持大会发言，温州市委宣传部部长薛振安主持闭幕式，我做总结发言，我说会议可用四句话概括：气氛热烈，学术自由，各抒己见，度越创新。学术讨论特点有四：古与今、虚与实、点与面、多与一，对这四对关系会议都有深入论述。会议争论了四个问题：(1) 叶適理学与反理学问题，(2) 叶適对道统的不同解释，(3) 道义与功利关系，(4) 资本主义萌芽问题。会议的度越创新有四：新思维、新方法、新视野、新资料。大会总结比较全面，反映很好，9 日下午，游雁荡山，看晚景。我在新中国成立前瓯海中学春游时来过雁荡山，已近 55 年，乃重游也，感触良多。10 日，由永嘉县组织部邀请我游南溪、石桅岩、小三峡，坐竹筏而下。《温州日报》有一长篇报道。

12 月 22 日，参加陈来教授两个韩国博士生的论文答辩会，姜真硕的博士论文是《朱子体用论研究》，池俊镐的博士论文是《黄榦哲学思想研究》，池俊镐的论文资料扎实。

23 日—26 日，参加“东亚‘和’思想与 21 世纪国际学术交流会”。此次会议由中国人民大学伦理学与道德建设研究中心与日本将来世代国际财团的将来世代综合研究所合办。2000 年 8 月 12 日，该综合研究所所长金泰昌来北京找我谈和合学。他说去年（1999 年）冬天与财团理事长矢崎胜彦去瑞士联合国教科文组织总部，联合国确定 2001 年为世界和平对话年，为此教科文组织总部编辑自古以来关于和平理念的思想汇编，但其中没有东亚关于和平理念的思想，他们便想到如何发扬东亚的“和”思想，就想到了我的和合学。于是，金泰昌教授曾找最早介绍和合学思想的我的日本高级进修生难波征男教授及中国留学生张翌，在旅馆里专门读了三天和合学，对和合学有了最粗浅的了解，这次来中国找我，仍是想了解和合学的基本内容，我向他做了论述，解答了他的一些疑问，于是便决定开一次“和合学国际研讨会”，并要我写成 20～30 页的和合学论文，翻译成日文，开完后报联合国教科文组织。参加会议的有韩国宋云沛、日本船曳建夫等多位著名学者，中国有余敦康、陈来、杨国荣、汤一介、杨泽波、姜广辉等。24 日，我主持开幕式，副校长袁卫讲话，第一场由我讲和合学，并进行讨论，日本学者和韩国学者认为“和合学”是很有意义的思想。我说明和合不是终极的，不是儒学的终极原理，终极的追求是和合，儒家的仁是达到和的手段、途径，仁是普遍的道德基础。

我的学术生命和生命学术是在天翻地覆中过来的，这既是国家、民族的天翻地覆，也是个人的天翻地覆。与剿匪中牺牲的同志、反右派斗争中被划为右派的同志比起来，我是幸运的，但与一帆风顺、步步高升的人比起来，又是不幸的；在历次政治运动中，我与斗争的重点对象比起来，还算过得去，但与红三代、根子正的比起来，又是被改造的对象。我记得古罗马斯多葛学派哲学家塞涅卡说：“幸运固然令人羡慕，但战胜逆境则令人敬佩。”在人的一生中，幸运与不幸、顺境与逆境、福与祸总是并存的，所以老子说：“祸兮福之所倚，福兮祸之所伏。”有这样的思想准备，那么无论遇到什么情境，就都能有一颗平常心来对待。平常人要有平常心，特殊人更要有平常心。平常心是凡事以忍，处事以淡，好事让人，怨事以退。这就是说，平常心是修养心、自然心、自足心、寂静心，是洞悉世情、体悟人生智慧的心。有平常心的平常人视钱、权、色如粪土，心如止水，超然物外。固然，幸运令人羡慕，但幸运转化为不幸时，顺境转化为逆境时，战胜不幸，走出逆境，则更令人羡慕，更能体会到幸运的可贵、顺境的难得。人的一生，犹如在波涛汹涌的大海中航行，在浩瀚无际的沙漠中跋涉，只有自强不息、坚韧不拔，才能克服艰难险阻，到达希望的彼岸。幸运、幸福是每个人希望得到的，荣誉、地位是每个人希望拥有的，但要得之、拥之有道；不以道得之、拥之，最终会失之，而且要失得比未得之、未拥之之时更惨。所以，做人要“明明德”，要“止于至善”，要做一个“新民”。

第十九章　新世纪的和合学

人人都以期待的心情迎接千禧之年，但我又有一种心结，为什么不采用中华民族传统纪年，而以西方耶稣诞生年为公元元年。中华上古以干支纪年，从汉武帝到清末 2 000 多年来兼用皇帝的年号纪年，辛亥革命后以民国纪年，都没有采用公历，以公历纪年。这也许是与世界接轨吧！不管如何，人们总以为千禧年是新千年、新世纪的开始，盼望给人们带来福音。

我记得王安石的一首诗："爆竹声中一岁除，春风送暖入屠苏。千门万户曈曈日，总把新桃换旧符。"这种民间过年习俗沿袭至今，没有中断。古时将两块桃木板挂在门旁，以作压邪之用。五代起在桃符上写联语，成为对联，如今过年在门框上贴红对联，表示各种祝福的意思。但当今毕竟与宋代有天壤之别，可赋予一点新的意蕴："锣鼓声中千岁除，东西互暖天地苏。千萌万物朝阳日，总把新命换旧符。"在全球化、信息革命的今天，东西方尽管有诸多差分、冲突，但已成为命运共同体，应互相交流、沟通、融合，共同发展，这样世界从二元对立中苏醒，天地万物在阳光下蓬勃生长，和平、发展、合作、共赢成为历史的"新命"。

一、21 世纪的和合学

2001 年 1 月 10 日下午，哲学系、宗教学系合开"改革发展研讨会"。所谓宗教学系就是哲学系的一个宗教学教研室，会议的主题是哲学系如何改革和发展的问题。对社会上一些人以为学哲学无用、哲学假大空等，以及以高考第一志愿报哲学专业的人越来越少问题进行讨论，其实哲学无用而大有用，追求真、善、美，培养有真才实学、眼光远大、智慧卓越的人才。

我在反思，中国近 50 年来有没有自己的哲学创新？从五四运动到“文化大革命”，彻底与传统文化决裂，并没有促进中国自身哲学体系的建立，建构以中华民族母语讲的哲学理论思维体系。在抗日战争前后，为救亡图存，挺立民族精神，还有接着宋明理学中程朱讲的新理体学、接着陆王讲的新心体学和接着张（载）王（夫之）讲的新气体学。它们之所谓新，是会通中西，以新实在论、新康德哲学、柏格森哲学、怀特海哲学来诠释宋明理学的理、心、气、性话题，而没有提出新的哲学核心话题，其依傍的诠释文本也没有转换，揭示现代新儒家都没有创立自己独立的新哲学理论思维体系。

近 50 年来虽然批判了新理体学的冯友兰哲学，新心体学的熊十力、梁漱溟哲学，但没有传承其中积极的精神，而只奉西方哲学思想为圭臬，即使是中国化了的西方哲学思想，仍然是西方哲学思想，犹如中国化了的佛教仍然是佛教，只有待到儒、释、道三教融突而和合，转生为宋明理学，才能有中华民族自己的哲学理论思维体系。在“文化大革命”后的一段时间内，一些人误解了哲学：一是认为哲学不食人间烟火，是玄之又玄的玄虚之学；二是认为哲学是政治的婢女，是伪之又伪的变戏法之术。对哲学的误解和迷惑，由而产生政治信仰的动摇和失落，造成了邪教生长和其信徒增加的土壤。

中华民族是智慧的民族、思辨的民族，2 000 多年来中华民族哲学家、思想家、宗教家、科学家辈出，代不乏人，而成为文明古国。哲学思想的生命就在于创新，无创新无所谓哲学，无创新无所谓对人类智慧有贡献。创新犹如“下地狱”般的煎熬，才能有所得。冯友兰在逝世前的 1990 年 11 月 2 日对来访的李泽厚等说：“中国哲学将来一定会大放光彩，要注意《周易》哲学。”① 他心里念念不忘的是中国哲学发扬光大，对中国哲学的前景寄予极大的希望，提出要重视中国哲学来源之一的《周易》的研究，为中国哲学教学研究指出了方向。在 12 月 4—5 日召开的“冯友兰哲学思想国际学术研讨会”上，我依据《周易》“乾道变化，各正性命，保合大

① 蔡仲德：《冯友兰先生年谱初编》，784 页，郑州，河南人民出版社，2001。

和，乃利贞”，提出“和合学建构”。

2001 年 1 月 15 日召开《东亚文化研究》编辑委员会会议。会议根据李甦平、彭永捷的建议，在《亚文》（以书代刊）暂停后，继续以《东亚文化研究》刊登东亚政治、文化、哲学等方面研究文章。会议确定学术委员会由柳承国（韩国成均馆大学名誉教授）、沟口雄三（日本大东文化大学教授、东京大学名誉教授）、张立文（中国人民大学教授）、李楠永（韩国汉城大学教授）、李甦平（中国社会科学院研究员）组成。主编是我，副主编是李甦平，编委会成员如下：孟济永、姜日天、方国根（常务）、彭永捷（常务）、韩相美、李亚彬、牛京辉、龚群。《东亚文化研究》第一辑由东方出版社于 2001 年出版。其《卷首语》说：“人类文化正经历着由工业文明向信息文明的转型。由高科技、电脑数字化方式所建构的虚拟世界，不仅冲击着人类传统的生活方式、工作方式、行为方式，而且改变着人类传统的思维方式、价值观念，引起人文社会科学领域的革命。面对这个转型和革命，东西方的政治家、思想家、谋略家都在思考如何应对，应以什么样的新原理、新原则建构世界新关系、新秩序、新规范，使人人都能安身立命……在 21 世纪刚刚起步的时候，东亚学人应自觉地反省：东亚应提出和倡导什么样的理念和设想回应 21 世纪人类和平与发展的大趋势？东亚应以什么样的价值原理和措施化解人类所共同面临的冲突和危机？东亚应以什么样的文化面对全球文化？东亚应以什么样的心态应对 21 世纪？《东亚文化研究》想就这些问题做出自己的回答。她的宗旨是：为推进东亚文化研究，和合东亚传统文化，沟通东亚各国学术，迎接东亚未来挑战……根据和而不同的原则，就共同面临、共同关心的问题进行自由的、平等的、认真的文化交流和对话，为东亚乃至全球的政治、经济、文化的和平和稳定、发展和繁荣做出贡献。我们相信，这种学术交流和合作是符合东亚文化发展需要和趋势的。《东亚文化研究》承续《亚文》。由于种种原因，《亚文》经改组而为《东亚文化研究》，她的宗旨不变，信念不变，她仍然是东亚学人共同的园地。在这个园地里，东亚学者平等地就各种共同关心的问题进行论争，互动互补，共同提高。”遗憾的是，由于出版经费问题，《亚文》暂停出版。

1 月 16 日，《人民政协报》发表我的《和合文化与 21 世纪的展望》

一文，并刊出我写给日本荒木见悟教授的字及《和合学概论——21 世纪文化战略的构想》封面。

2 月 21 日，我主持楼宇烈教授博士生学位论文答辩会，一是韩国的崔福姬（系韩国成均馆馆长崔根德的女儿），她的博士论文是《朱熹与佛教的关系》；二是俞炳光，他的博士论文是《禅宗的经典来源》。答辩委员有陈来、魏常海、王守常等。会上就禅宗的中国化问题进行热烈答辩。晚上辅导我的韩国博士生林洪兑修改论文。

2 月 23 日讲授帛书《周易》，同学们对《周易》感兴趣。民间的所谓“算命先生”往往借《周易》算卦，预测吉凶祸福，有一股《周易》热。我的讲课对象包括博士生、硕士生及教师，日本的三泽三知夫、难波浩之及中岛隆藏的学生、韩国学生与退休学者都来听。讲课后提问也很热烈。

2 月 24 日在国家图书馆行政楼三层会议室参加“宗教与儒教会议”，就儒教是教化之教抑或宗教之教进一步探讨。什么是宗教？现在世界上对宗教有诸多定义界说，有广义的，有狭义的，还有儒学与儒教的边界问题。有人认为儒教是人文型宗教、智慧型宗教，有人认为儒教不是宗教。儒教作为一种成德之学，其基本意旨是挺立道德主体，以成就德性人格。

2 月 25 日参加由国家图书馆主办的“经典文化建设推广理论研讨会”。任继愈馆长主持，南怀瑾发来贺电。讨论幼年启蒙教育、青少年道德教育、中华传统文化教育（选读经典著作，中主西辅）、人文素质教育（包括礼仪教育）、爱国主义教育等。大家表示了对当前独生子女教育，以及中小学应试化、重成绩轻做人教育的担忧。

3 月 1 日上午乘 7 点 20 分的班车到学校讲课。今天是给哲学院博士生讲课，也有其他学院的博士生来听课，课名为“哲学前沿”，我讲“和合学与 21 世纪文化战略的构想”。一是为什么要讲和合学，即和合学的提出。（1）当前人类共同面临五大冲突和危机的挑战，人类成为命运共同体；（2）从历史层面说，从宋明理学的旧三学（理体论、心体论、气体论）到现代新三学（新理体学、新心体学、新气体学），人文语境、依傍文本、核心话题未变，应依时代变化而变化；（3）从现实层面，因多年来西方强势文化的冲击，中国在向西方学习过程中丧失了自我身份和自我话语，照着或接着西方哲学讲，中国哲学成为西方哲学的注脚，以证明西方哲学原理的普遍性；(4) 民族哲学是民族文化精神的灵魂和核心，中国心、民族魂是中华民族的命脉，不能割断和丢弃，否则就要灭族亡国；(5) 科技发展、信息革命时代的冲击，不仅为哲学创新营造了新机遇，而且积极推动新哲学的诞生，以化解时代所面临的种种冲突和危机，哲学要与时偕行；(6) 根据国内外时局的变化需要，国内由以阶级斗争为纲转变为以经济建设为中心，国际上由冷战转变为多重化（多极化）。

二即和合学是什么。(1) 和合概念的演变，其在《国语·郑语》《周易》等典籍以及孔孟荀、老庄等思想家话语中的内涵，梳理和合概念的源流；(2) 和合是中国自古以降的核心理念和首要价值，是民族精神、价值认同、伦理道德、思想信仰；(3) 和合及和合学的现代诠释和新内涵。

三即和合学现代价值。(1) 和合学是中华传统思想文化现代化的安顿之道，可化解古与今的冲突；(2) 和合学是回应和化解人类所共同面临五大冲突和危机的最佳模式的选择；(3) 五大和合学原理的化解之道——和生、和处、和立、和达、和爱的普遍价值。

3 月 2 日给博士生、硕士生讲帛书《周易》第二讲，通过帛书《周易》卦爻辞讲文字、音韵、训诂。以后每星期五上午讲此课。

二、德法融突和合

市场经济凸显了法治与德治的重要性，一些人崇拜“孔方兄”，拜金主义、重利轻义、假冒伪劣现象屡禁不止。3 月 4 日道德科学研究院、伦理学与道德建设中心召开“以德治国理论座谈会”。参加会议的有徐惟诚、程天权、罗国杰、许启贤、冯俊、贺耀敏、龚群、焦国成、王丹彦、杨选、李亚彬与我等。我的发言是：(1) 德法互补互成，相得益彰。德治与法治在中国历史上有丰富的资源，可为借鉴。秦始皇以法治国，以吏为师。秦国经商鞅变法，很快国富兵强，统一六国，建立中央集权的君主专制国家，但在统一后不施仁义，仍然以法治国，激化了社会矛盾，而发生农民暴动，强秦迅速灭亡。汉初思想家陆贾、贾谊在反思强秦速亡的原因时指出，灭亡原因是以“打天下”的方法“坐天下”，因此必须德法兼治。(2) 自律他律，融突和合。人的社会行为受两种力量的支配：一是人的利益驱动力，二是社会利益的调节控制力。前者具有排他性和无节制性，而产生冲突时，就需要加以协调、平衡，不致失序。这里自律的道德控制力和他律的法律控制力都发挥了重要的作用。利益驱动力把人变成“经纪人”（经济动物），唯有德与法兼融，才能使人成为一个合格的、健康的“社会人”。这不仅是社会进步的秩序和机制，而且是两种力的和谐、平衡系统。这样社会就不会失衡、失序、失范、失控。（3）人性善恶，德法互治。中华文化认为，人之初，性本善。西方文化认为，人的始祖亚当和夏娃违背上帝的禁令，偷吃禁果，被上帝逐出伊甸园，这是原罪，世人带着原罪来到人世间，就需要不断忏悔自己，这就蕴含着人性恶的思想。中国儒家认为，人都具有不忍人之心的四德四端，就可以通过自我修身养性，自觉自律地维护社会安定团结、公平正义、和谐幸福的秩序。若人性恶，就不可能依靠其自身的自觉自律，而只有依据外在的他律使其不犯罪，以维护社会的和谐和秩序。孔子讲：“道之以政，齐之以刑，民免而无耻；道之以德，齐之以礼，有耻且格。”单以刑政的法治理国家，百姓可以不犯罪，但没有羞耻心、廉耻心；以道德礼义的德治仁政治理国家，百姓有廉耻心，就不会去犯罪。德法互补，国强民富。（4）德治法治，刚柔相兼。中华文化认为，严刑峻法是刚、健、阳，德为柔、顺、阴。若单方面强调刚性法治，法律猛如虎，人民无法生活；若片面强调柔性德治，宽松而无约束。因此要宽猛相济，刚柔互补，健顺相兼，阴阳互融。此即“霸王道杂之”的意蕴。德法之治能相济、互补、相兼、互融，两者的价值目标是一致的，是为了人与自然、人与社会、人与人之间的和谐，为了心灵的平衡、天地的和合。

4 月 23 日上午，听哈贝马斯在人大逸夫馆大会场讲学，听的人很多，北大、清华的学生也来听。下午参加“《周易》与科学文化国际学术研讨会暨 2001 年度国际易学金玉奖颁奖仪式”。会议是由中国文化研究会和东方国际易学联合会召开的，我为会议提供了《〈周易〉与企业文化》的论文。

4 月 26—27 日召开《黄帝内经》学术讨论会，参加会议的有各方人士，不完全是哲学界的人，并要拍《黄帝内经》的电视剧。《黄帝内经》是我国最早的医学理论著作之一，成书于春秋战国间。我就其价值和意义讲了几点：（1）整体性的思维方法。它从天地一体性、天地人（三才）一体性、五脏六腑一体性来观人。人也是个整体，各脏腑器官五气（风、暑、湿、燥、寒）五志（怒、喜、忧、悲、恐）、阴阳五行都相互联系、相互制约、互济互补，构成一整体结构。（2）结构性的五行生克理论。火木土金水，心肝脾肺肾，相生相克，不仅诠释了事物与人体之间的普遍联系，而且揭示了事物之间的结构关系。就生物化生而言，依五行分为生、长、化、收、藏或生、长、壮、老、死等五个阶段，构成由表及里的治病的医学理论。（3）和谐性的阴阳平衡理论。治病必求于本，此本就是阴阳学说，阴阳亦为“万物之根本也”。以阴阳平衡学说指导医疗实践，阴阳的相倾、乖戾、相对的不平衡、不协调，引起气血不调。协调阴阳气血关系，使“高者抑之，下者举之，化者应之，变者复之”，以达到阴阳五行和谐。（4）变易性的辨证施治理论。人体是生命活动体，其本身处在动静不断的变易之中。《黄帝内经》的阴阳学说和气化理论体现在以信息变化的方法论上，以切脉捕捉脉搏在人体内所负载气的升降出入信息变化，依此来辨证施治，不是把人体各部位、各器官看成是独立个体、无关联单体，而能标本兼治。（5）经验性的实用操作理论。《黄帝内经》是长期医疗诊断实践经验的精华的总结。

4月30日为博士生、硕士生及部分教师讲帛书《周易》的音韵，讲了古声类、古韵类，戴震的“同位”“位同”的区分，章太炎《成均图》的对转、旁转、次对转的问题，以及王力的观点。

4月30日，我的在校博士生、硕士生及已毕业在北京工作的学生按惯例每月聚会一次，讨论和合学及中国哲学前沿问题。会议集中讨论人学——人是什么、人性、人性善恶、价值评价、人权、人道主义等问题，主要由罗安宪博士讲道家老庄人性论的心性问题。以往以为道家不讲心性论，他在这个问题上突破传统的看法，有其独创性。人对人的定义随时代变迁和体认主体认识水平而不断变更，中外哲学家、思想家已做出了说明。会上各抒己见，讨论热烈。

三、东亚哲学与21世纪

2001年初，人民出版社编审方国根征求我的意见，问我能否担任

《中国学术通史》的主编，并说明这是中国新闻出版署的重点课题。但我并不敢马上答应，一是我对中国学术史究竟是什么拿不准。它与中国哲学史、中国思想史有什么区别，以往经常不分，既要写学术史，就需要分清楚，这是一种对学术负责任的态度。我要对学术史的性质、特点、范围、内涵、方法、范式有所体认，才敢答应。二是我当前工作紧张，正在撰写《和合哲学论》，我不愿放下那本书，也不愿做挂名主编。后来方国根主任和陈鹏鸣博士到鄗舍静园 14 楼 40 号，又谈及《中国学术通史》编写的问题，我谈了我的一些看法，陈鹏鸣博士同意我的一些设想和规划，我才答应下来，并根据中国学术发展特点将其分为六个阶段——先秦、秦汉、魏晋南北朝、隋唐、宋元明、清，聘请陆玉林、周桂钿、向世陵、祁润兴、陈其泰、张怀承为各卷的撰写者。为此于 4 月 27 日在中国人民大学哲学系会议室召开编写会议，陈鹏鸣博士讲了人民出版社编写《中国学术通史》的规划和意图。

我讲了中国学术史的定义，讲其定义必须先明白中国哲学史、思想史的定义。中国哲学史是指把人对宇宙、社会、人生之道的道的体贴及其名字体系大化流行地展示出来，并力图把形而上之道和形而下之器统摄到体用一源、理一分殊之中的智慧历程。中国思想史是指人对宇宙、社会、人生的事件、生活、行为的所思所想，以描述和解释的形式，历史地呈现出来的历程。学术在传统意义上是指学说和方法，在现代意义上一般是指人文社会科学领域内诸多知识系统和方法系统，以及自然科学领域中的科学学说和方法论。中国学术史直面已有的哲学家、思想家、学问家、科学家、宗教家、文学家、史学家、经学家等的学说和方法系统，并借其文本和成果，通过考镜源流、分源别派，历史地呈现其学术延续的血脉和趋势。区分三史各自特定的定义和对象的内涵，就不会把思想史写成哲学史，把学术史写成思想史了，尽管三史有交义和互渗现象，但总体上二分明确，不会界限不清。

关于如何写中国学术史，我提出几点要求：(1) 整体性。中国学术是一整体的相对相关的融合，要把每个时期学术的各派各宗尽数地分源别派，而又探赜索隐其殊途同归、百虑一致的品格，体现学术变迁史的整体性、贯通性。(2) 时代性。每个时代的学术思潮都是由每个特定时期的外缘内因促成的，是表现那个时代现实需要或诉求的，是那个时代精神的体现。在每个时代精神的观照下，才能贴近各个时期各宗各派学术的本来面目，及其学者学说的本意。（3）超越性。写或讲中国学术史是人在写或讲，此人既要“入”于要写要讲的对象之中，又要超越于“外”。出入相合，才能发挥两者之长，避免两者之短，而转生为新学术思潮。（4）真实性。凡史学著作都应实事求是，要符合历史真实和史料文本真实，求真是为了求是。研究者、撰写者既要“无我”，不要抱成见、囿见，不带“前识”“前见”，不杂情绪、情感，又要“有我”，不要照搬、照抄，要有自己的独立见解，发前人所未发。“有我”与“无我”结合，构成中国学术史生生不息长河。

“自己讲”和“讲自己”中国学术史的“话题本身”，讲述中国学术史自己对“话题本身”的重新解读。自己讲自己的学术史，立中国学术主体之道，走中国学术自己之路，建构中国学术自己的理论体系和范式，把中国学术推向世界。

每年5月至6月是博士学位论文评审和答辩的日子，今年毕业的我的学生刘宝村和林洪兑（韩国留学生）要请专家评审和答辩。同时收到复旦大学潘富恩教授指导的博士论文两篇，华东师范大学杨国荣教授和陈卫平教授指导的博士论文各一篇，中山大学李宗桂教授指导的博士论文一篇，西北大学刘宝才教授指导的博士论文一篇，武汉大学陶德麟教授指导的博士论文一篇，北京大学陈来教授指导的博士论文一篇，北京师范大学周桂钿教授指导的博士论文一篇，以及我校的五篇，共14篇。每年各地寄来评审的博士论文均有如此之多，都要仔细阅读，写出评审的意见。论文的字数平均18万左右，多者30万，为了对每位博士生负责，我都认真地写出评审意见，即评议书。

按中国人民大学的规定，每年5月至6月为校职称评审会议。由于我为1984年国务院学位委员会特批教授，所以被学校聘为职审委员。5月24日哲学系评职称会议，申报副教授的有陈世珍、徐飞；申报教授的有向世陵、李燕、牛宏宝、姜日天、葛晨虹、张风雷、欧阳谦、聂耀东、陈慕泽。每年名额有限，虽报的多，评上教授的少，故产生不少矛盾。

6月10日为李甦平、何成轩研究员撰写的《东亚与和合——儒释道的一种诠释》一书写序。这篇序的内容基本上是我著的《和合哲学论》第一章第四节《和合学方法的建构》，揭示出：（1）中西哲学方法的诠释；（2）二元对立思维的偏颇；（3）和合方法的比较诠释。我在序中说："像我这样一个从1949年以来历经剿匪、反霸、土改、镇反、'三反'、'五反'、互助组及三大改造运动、粮食统购统销运动、反右运动，一直到'文化大革命'，大大小小所有运动都无缺席的人，感受更深沉痛彻，良知的付出更巨大……一瞬间'阴谋'变'阳谋'、'阳谋'变'阴谋'，革命变'叛徒'、'叛徒'变革命，翻手为云，覆手为雨，梦魇般地紧拴心头，久久不能抹去。"这种阴与阳、反与正的二分法、二元对待关系，在现实运动中危害极大，因此我提出了新的和合方法论，以在理论思维方法论方面发挥正能量。

6月11日参加陈来教授指导的彭国翔博士学位论文答辩，其论文为《王畿哲学思想研究》，同时有方旭东博士学位论文答辩，其论文为《吴澄哲学思想研究》。

6月24日，我申请的国家社会科学基金重大项目（"九五"规划重点课题）"东亚哲学与21世纪"结项，由华东师范大学出版社出版五本书：《东亚的转生》（陆玉林著）、《和合与东亚意识——21世纪东亚和合哲学的价值共享》（张立文著）、《和合之境》（李振纲、方国根著）、《和魂新思——日本哲学与21世纪》（李甦平、张玉柯著）、《君子国智慧——韩国哲学与21世纪》（姜日天、彭永捷、韩相美著）。借新书发布召开"东亚哲学与21世纪学术讨论会"，由中国人民大学哲学系、华东师范大学出版社、中国人民大学中国文化与经济发展研究所共同主办。参加会议的有张岱年（92岁）、汤一介、杨通方、黄心川、余敦康、钱逊、魏常海、方立天、葛荣晋、周桂钿、陈来、郑万耕、胡军、乔清举、阮青等。华东师范大学出版社社长朱杰人主持会议。人民大学党委书记程天权致辞，大家就东亚哲学的特点、性质、作用、价值与西方哲学做了比较。张岱年教授虽年长，但思维清楚，一点也不糊涂，真不简单。

6月30日，中国人民大学哲学系召开本届毕业生毕业典礼，系主任焦国成让我讲话。我借《周易》上的话讲了三点希望：（1）富有之谓大业。张载解释"富有"为"大而无外"，我将其引申为身体的强壮、知识的渊博、精神的充实、情感的愉悦。只有具备这四方面条件，才能成就大事业，即人只要具有君子自强不息、厚德载物的品格，经过炼狱般的煎熬、考验，必会成大业。同学们应该有这样的决心和理想，为人民谋幸福。(2) 日新之谓盛德。张载解释“日新”为“久而无穷也”。日新，日日新，又日新。创新是长期的、不断的、无穷的。只有日新，才能盛德。德者得也，内得于己，外得于人。人不仅要不断提升自己内在道德修养，而且唯有给予人，才能外得于人，得到外人的各种帮助。任何帮助都是互助，现在讲互利共赢。盛德即要有最大的得到，就必须日新，特别在当今全球化时代，科技日新月异，不创新就会落后，落后就不可能有最大的获得。因此，创新是最高的原则。不创新，学术就会枯萎；不创新，企业就会垮台；不创新，科技就会落后；不创新，国家就会衰败。从这个意义上说，“创新是硬道理”。(3) 生生之谓易。张载解：“生生，犹言进进也。”易为变易，朱熹解：“阴生阳，阳生阴，其变无穷。”天地万物，大化流行，变动不居。这就是说，自然是变易的，春生夏长，秋收冬藏；社会是变易的，封建郡县，刚柔仁义；人生是变易的，贫富贵贱，生老病死。适应这个变易，就需要生生进进。生生是指新事物不断诞生，以替代旧事物，革故鼎新、吐故纳新、旧学新知，这便是生生变易法。唯有用此法，历史才不会中断，人类才会繁殖，社会才会发展。同学们记住这三句话，领悟这三句话，今后无论做什么事，都会帮助自己成功立业，创造美好的人生。走向社会就会碰到各种各样的压力，可以用这三句话来回应，变压力为动力，创造自己的人生。

四、和合社会历史哲学

在那“清风无力屠得热，落日着翅飞上山”的夏天，7 月 17 日，阴历辛巳年五月二十七日，我们到避暑胜地北戴河开会，会议名称为“东方社会哲学国际学术研讨会”，由中国社会科学院哲学所与韩国东洋社会思想学会联合举办，住在河南省电力干部休养所。参加会议的有海外教授 38 人，国内 40 人。据加拿大多伦多大学东亚系陈德荣教授说，美国《社会哲学》杂志到 2001 年 6 月 1 日止发表 3 419 篇文章，涉及的面很广，包括社会行为、道德、正义、变迁、暴力、种族、民族、环境、福利、责任、义务、惩罚、性别、女性、女权等。20 世纪 80—90 年代，社会哲学更加趋向于讨论社会生活中的实际问题，涉及各个层面；社会哲学作为哲学的一门分支学科，其研究的范围广泛，是指关于社会的哲学，包括社会科学的哲学、政治哲学及大部分被称为伦理学和法哲学的内容。我把社会哲学与历史哲学结合起来，在会上做“和合社会历史哲学”的发言：(1) 社会哲学之所以趋显，是由于人与社会冲突的加剧，贫富不均、假冒伪劣、战争、恐怖主义、贩毒、绑架、海盗、爆炸等造成社会环境恶化，人民生命财产随时受威胁。社会哲学是社会的形上学，追求安身立命、终极关切；历史哲学是追求历史现象背后的历史必然之理。西方重人与自然的关系，中国重人与人的关系，印度重人与神的关系。西方知识系统讲爱智，中国儒、释、道转爱智为爱人，印度为爱神。中国不依靠上帝的拯救，而以道德理想人格的力量为群体精神纽带，以价值理想的可能世界为终极关切。(2) 在信息革命数字化的时代，物理世界外增加了虚拟世界，也改变了千百年来传统的思维方式。古往今来，从古希腊到近代，人们追求物理世界背后的统一性本体，换言之即追求“一”。中国宋明理学以理为“一”，讲“理一分殊”，以此“一”为自然、社会、人生最高的终极的本体，犹如上帝、理念、绝对观念、太极等，具有一种排他性、独裁性。其实此“一”是一种虚拟观念，是一种社会价值理想。(3) 社会哲学的价值理想，如中国儒家的“大同世界”，是建立在小农经济基础上的社会价值理想世界，把这种社会形态、范式推向世界，并不适合各国的实际。社会是错综复杂、变动不居的，其发展的模式、形态也是多样的，不能也不可能只有一种模式和形态。大同世界的价值理想是农业文明的价值理想，在信息文明时代有信息文明时代的价值理想，和合是当代价值理想的最佳选择。

7 月 21—24 日，由中国社会科学院研究生院主办的第十二届“国际中国哲学大会”在北京召开。国外的成中英、唐力权、李绍昆、沈清松、南乐山等以及中国台湾的李震、项退结、傅佩荣、曾春海等老朋友相见，以文会友，其乐无穷。我的发言是“和合学与 21 世纪”，之后赵吉惠教授提出“和合学与中马的关系”问题，许全兴教授认为“和合强调的是对立面之间的统一，不承认或反对对立面之间的相互转化，不讲新矛盾对旧矛盾的代替，旨在维护现存事物，起着保守的作用”。我对其做了回应：首先，和合不是调和、折中，不是不讲冲突、矛盾，正由于有冲突、矛盾，才讲和合。和合是冲突—融合—和合。其次，“和实生物”“土与金木水火杂，以成百物”，是多元冲突融合而和合成新事物、新生命。再次，和合的主旨是生生，日新而日日新，创新就要敞开胸怀，吸收中外古今思想文化，而保持其持续的生命力。最后，和合学“在途中”，它不是完成式，而是不断发展式。

中国人民大学现有校址只有 900 多亩，已不适应教育发展的需要，再者教职工没有享受国家规定的福利房。为了扩大招生的需要，学校准备把教职工搬出去，在世纪城买了六幢塔楼的房子，供教职工挑选。我原住校内静园 14 楼 40 号，是五层的房，老伴邓金兰每次买菜提东西爬五层楼很费劲，再者住房面积 81 平方米，书多放不下，因此决定搬出去。7 月 30 日是买世纪城二期房的摇号日子。摇号打破以往计划分配的不公平现象。现按市场经济的规则，不管工龄、年龄、职务，一律平等，机会均等，由电脑排号，我排的职工号是 52086，进会场为 21961，挑的号为 55，从 380 人的排号中能挑到 55 号就不错。六幢楼中有 4 幢楼靠马路，43（13）楼 H 座的 153.60 平方米的房子为 08H，开发商不设 4 层，08H 实为 07H，若加上 B2，则为 08H，合七上八下的意思。虽为塔楼，H 号是东南向，但与板楼 3 号楼距离较近，挡住一点阳光，不过比静园住房宽敞多了。

9 月 11 日，世界人民被猛烈爆炸声惊呆了，恐怖分子劫持了两架飞机撞向美国纽约世界贸易中心姐妹楼（号称摩天大楼，110 层，400 多米高），把这两座美国标志性建筑夷为平地，两座大楼内的工作人员两千多人遇难，两架飞机的乘客也全部牺牲。遭劫持的另一架飞机撞向五角大楼，损坏五角大楼的一角，也造成人员伤亡。美国认为是本·拉登领导的恐怖组织所为，世界为反恐怖活动达成共识，美国总统布什对支持本·拉登的阿富汗发动了战争，迅速推翻了奥马尔组织，接着又入侵伊拉克，推翻萨达姆政府，后又发动利比亚战争，推翻卡扎菲政权，把反恐战争推向高潮。但推翻一个政权易，消灭恐怖活动难，建设一个有效政权更难。阿富汗和伊拉克两场战争，使美国陷入经济衰退的境地。后来证实，伊拉克拥有大量杀伤性武器（指弹道导弹和化学武器），完全是美国情报部门编造的，真可谓“欲加之罪，何患无辞”。可是阿富汗、伊拉克人民就遭殃了。

五、日用儒学的展示

在“我言秋日胜春朝”的10月11日离京，乘大韩民国航空公司KE852航班到汉城（现在首尔）仁川机场，后乘车到安东市，参加“纪念退溪诞辰500周年国际学术会议”。12日在安东国学振兴院举行开幕式，由李佑成、安炳周教授及国际退溪学会会长权宁禹、安东市市长、庆尚北道副知事等致辞。我发表了论文《传统与现代之间》。在研讨退溪思想（政治、哲学、文学）期间，13日参观退溪事迹展览，展览内容丰富。退溪重视人和家庭价值的现实主义思想，儒教以家庭和国家为两大主轴引导现实生活。朝鲜时期科举考《经国大典》和《朱子家礼》，便是这一思想的体现。展品有退溪《心经附注》《大学衍义》《周易》；祭礼、丧礼、婚礼、回婚礼、冠笄礼用具；儒教服饰——作为陶冶人性的起点，注重朴质之美。朝鲜朝以儒教为国教，以儒家礼法为国家的根基，服饰也以儒教礼法为基础，却也继承本国传统，制成理想深衣；到英祖、正祖时，服饰具有质朴而优美、素雅却生动、威严而不生硬的特色。在饮食方面，形成整洁而重礼仪的班家饮食，成为高级文化活动。儒士认为好的饮食不是营养丰富的食物，也不注重味觉，好的食物是充满正气的食物，讲求食不过饱、不奢侈，维持不多不少、不偏不倚的中庸之道。儒教饮食观的核心就在于吃饭时不忘正义及礼节。朝鲜朝两班家庭饮食体现了儒士这种崇高精神。

儒教的饮酒文化追求节制和谐的乡饮酒礼。自古以来，在祭天仪式或祖先祭礼时，酒就被当作重要的祭物；在喜庆时，为增加欢乐与促进友好亲情，则依《饮食知味方》等朝鲜烹饪方书配制。两班虽重视美酒，但不过度，以妨伤身和影响人际关系。因此饮酒也很讲礼法，乡饮酒礼教导节制与和谐，是儒士们请德高望重的尊长为主宾，在乡校举办宴会的形式，它不是单纯的宴会，而包含道德教化的意义。礼结束后，一名代表出来宣讲孝道、友爱、和谐、和睦的道德，全体出席者同时签字，在日常生活中加以实践。

儒教建筑是梦想人与自然协调的建筑。宗教性质的佛教建筑，内含许多象征性与抽象性，加以各种装饰因素，追求庄严之美。重视今世的儒教建筑却非常简洁、朴实，体现了儒教追求的理想境界——中庸之道，即平常之道。建筑不过于凸显，也不过分修饰。从宫廷官府、学校建筑到一般的两班宅邸，都直接反映了重视教育及祭祀的儒教观念，因此中间有教育和祭祀的空间，亭子及楼阁则与自然相互结合。在所有建筑物里处处可见的悬板，是积极表现儒教精神的唯一装饰，如“尚德祠”“爱日堂”“湛乐斋”等。悬板不使用丹青，朴素、端雅的儒教建筑本身无法凸显它的象征性，就在悬板中注入许多象征意义，因此居住空间不仅是生存空间，也是围绕儒士一生的精神世界。在儒教的建筑里，从悬板中可以得知屋主追求何种道德世界，又如何管理自己的生活，因此有的悬板上写有家族由来或美的语句，有的则写上人生座右铭或决心。悬板给建筑赋予了重要意义，扮演着屋主与世界沟通的角色。

水墨酝酿出儒雅艺术。朝鲜朝创立后，色彩斑斓的彩色画逐渐趋向简洁单纯的水墨画，华丽的青瓷也渐渐变为朴素的白瓷，人们不再从外貌或色彩追求美的本质，而是更加重视墨水的浓淡中内含的精神价值，从而开辟了新的艺术世界。自然的魅力和协调美反映在文人画上，开辟了以诗、书、画为同一根基的朝鲜独特的艺术世界，这种精神也充分体现在音乐或工艺等领域。随着性理学的扎根，朝鲜时代的艺术世界朝向既追求与自然协调，又强调通过严格的修养的磨炼，达到能以独特眼光诠释自然界的境界。山水画更是向前发展，创造出“真景山水画”这一独特的新领域。在工艺方面也减少了装饰性因素，强调自然美实用性的儒教特征。

这个展览系统、全面展示了“日用儒教”在人们日常生活中各个方面的体现和贯彻，儒教精神思想落实到生活之中，是人们生活中习以为常的规范与原则，是日常生活不可分离的守则与行为。这使我对朝鲜朝精神生活有较深的体认，对退溪思想也有更深的领悟。

13 日晚参观八年一次的“落花会”。我们到了洛东江畔的洛东村，这里已是人山人海，但很有秩序，我们被安排在靠近洛东江、视野较好的地方。“落花会”是朝鲜古代两班消遣的地方，也是比财富和势力的场所。

晚上，整个洛东村熄灯，由江对面的山上即悬崖峭壁上落下火球，据说这火球由硬木炭点燃后顺铁索往下滑。人们在对面看见这不断下落的火球，既壮观又美丽，仿佛进入一个火树银花的童话世界，有的大人与小孩不断地惊叹叫好。现在虽无两班官员在江中的船上饮酒吟诗，但放了很多河灯，灯光点点，荡漾在河面，别有一种意境。最后放现代烟火，亦很壮观。14 日上午 9 时到退溪创办的陶山书院，参加退溪诞生 500 周年祭奠活动。10 时，第九届退溪学国际学术赏（奖）授予杜维明教授。晚 11 时到汉城。15 日返北京。

新加坡儒学会主办“儒学与新世纪的人类社会国际学术会议”，邀请我参加。我们于 10 月 28 日晚 11:40 乘南方航空公司的 CE355 航班，这时机场的人已不多，但出入关手续却办得慢。29 日上午 6 时到新加坡。趁此空隙，我正好替李甦平给女儿李旸带去一些东西。李旸很好，能在这人生地不熟的地方读书，生活自理，学习用功，是有出息的女孩。我已来过新加坡两次，1987 年是来与东亚哲学研究所商谈合作召开儒学会议事，1991 年出席新加坡国立大学中文系举办的儒学与宋明理学学术讨论会，发表《和合学建构》的文章。1997 年又召开儒学学术研讨会，我因住院开刀没有去参加，但提供了《和合与东亚意识》的论文。这篇文章后在《学术月刊》发表，文中我将张岱年哲学定位为新气体学，而与冯友兰的新理体学、熊十力的新心体学鼎足为三。一些人不同意，对我进行批评，他们认为是新唯物论。

30 日上午 9 时举行会议开幕式，由新加坡儒学会会长唐裕致辞，然后由国际儒学联合会常务副会长杨波讲话。儒家之所以发展到今天而被人所尊重、崇敬，虽受各种批判，但其影响力经久不衰，当然与历代统治者的倡导分不开，但主要是由于儒学自身价值的与时偕行。千百年来诠释孔子思想及其《论语》的文章汗牛充栋，究竟有多少在现实社会中有其价值？儒学发展到现在，必须转生。如何转生？戴琏璋教授讲到和合学的现代社会价值。我提供的论文是《儒学的人文精神与现代社会》。我讲了三个问题：（1）儒学的唯变所适的品格。（2）儒学需要转生及其转生的标志，一是核心话题转换，二是依傍经典文本变换，三是人文语境变迁。21 世纪人类共同面临着五大冲突和危机，如何化解这错综复杂的冲突和危机，儒学要做出回应，必须有新观点、新形态。(3) 儒学回应这些冲突和危机的和合学五大中心价值。我讲后反响热烈，林安梧、高柏园、颜炳罡、颜国伟等教授提出一些问题，我对和合学做了进一步的解释。这次会议使更多人了解了和合学的内涵和社会价值。

31 日晚，由联合早报、新加坡儒学会、南洋孔教会、新明日报联合举办“儒学在新世纪的价值”的学术讲座，杜维明讲启蒙精神，认为启蒙是对于理性、民主、自由的期许，他回顾了钱穆的天人合一、熊十力的由佛到儒、梁漱溟的佛教心灵和儒家的外表，说明不同文明可以与儒学相结合，于是有儒学化的佛教徒、基督徒、穆斯林等，而没有伊斯兰化的基督徒；文明应有一个开放的心态，各文明应相互对话，只有对话、和合，世界才能太平，才会实现张载说的“仇必和而解”；张立文的和合学刚好符合了 21 世纪的时代精神，也即新世纪的绝大多数老百姓所祈求的。11 月 3 日凌晨返回北京。

六、新世纪新思路

在“秋无苦雨”“冬无愆阳”的秋冬之交，11 月 15 日（阴历十月初一）乘 T85 次火车到苏州，参加由中国哲学史学会、苏州大学研究生处、苏州大学政治与公共管理系共同主办的“全国 21 世纪中国哲学创新思路学术研讨会”，参加会议的是全国 12 个中国哲学博士点的教授，其意图大家心里都明白。我写了一个发言提纲：“和合学与中国哲学创新”。我发言后，葛荣晋提意见说学院式的创新没有意义，以和合学是学院式的。李申、高瑞泉教授说：哲学是思维智慧，是锻炼思维的学说，并不是一道操作的方法；哲学是无意义的意义，是最大的意义。哲学创新是很艰难的，要经过痛苦的煎熬才有所成。这次开会地点在红楼会议厅，是原来东吴大学的老房子，进行了装修，这就是不忘本，保留原貌，可以看到其发展过程。1949 年后东吴大学迁到台北，仍用东吴大学之名。会后在苏州期间参观了虎丘和寒山寺。寒山寺据传为和合二仙——寒山、拾得禅修之地。

东南大学与南京大学 2002 年办 100 年校庆，从 2001 年开始要举办一系列演讲、讲座，为加强学生人文素质教育，开设人文讲座。我就为此而受邀。在东南大学期间，一直由我们中国哲学教研室石峻教授的博士毕业生董群陪同。下午到栖霞寺参观，该寺建于南朝，有南方敦煌之称，展出众多南朝岩刻佛像，但均被破坏而没有头，对于中华民族文物是不可弥补的损失。11 月 18 日晚，在东南大学长江北校区讲“新世纪新思路——21 世纪文化战略的构想”，讲先秦以来和合学思想的内涵与和合新理念、新形态在新世纪的价值和战略意义。

19 日下午受南京大学哲学系之邀，讲“《周易》与企业管理”。由李书友教授主持，我主要从义理层面讲，亦涉及卜筮问题。晚在东南大学本部讲“和合学与中国哲学的创新”。一是讲新世纪人类所面临的挑战；二是讲和合学是什么；三是讲和合学化解人与自然、人与社会、人际、心灵、文明间的五大冲突，以及由此带来的生态、人文、道德、精神、价值五大危机的五大原理。20 日上午，在东南大学人文学院给教师和博士、硕士研究生讲中国哲学在新世纪如何创新，怎样创新，创什么新。必须参透中国哲学在其发展进程中哲学理论思维形态变化的规律性，换言之，即“游戏规则”。我把它总结为三条：一是核心话题的转换。先秦哲学核心话题是道德之意，两汉是天人之辩，魏晋是有无之辩，隋唐是佛性问题，宋元明清是理气心性之辩。核心话题体现一个时期的时代精神，是那个时代的哲学思潮。现代新儒学接着宋明理学讲，其核心话题没有变。二是哲学依傍的诠释文本变换。先秦为“五经”，两汉是《春秋公羊传》，魏晋是“三玄”（《周易》《老子》《庄子》），隋唐是佛经，宋元明清是“四书”，诠释文本必随核心话题的变换而变换。三是人文语境的变换。当代为全球化、信息革命时代，与以往大不相同，因此中国哲学必须与时偕行。在这三方面必须遵循“游戏规则”来进行创新，和合学的核心话题是和合，诠释文本为《国语》，辅以《管子》《墨子》，故称其为当代哲学理论新形态。在东南大学期间，董群送我《禅宗伦理》一书，樊和平送我《伦理精神》一书，我以《和合与东亚意识》回赠。

20 日下午乘火车从南京西到山东济南，参加由台湾中华易经学会、山东大学易学与中国古代哲学研究中心联合举办的“第三届海峡两岸青年易学研讨会”。自 1997 年以来，两岸分别召开易学青年研讨会，推动了两岸易学研究。我认为参加会议是做好事，是为别人捧场，以提高会议的规格，所以要请一些名人。做好事是多样的，参加会议是对会议主办者的尊重。21 日上午会议开幕，下午分配我评议《从〈朱熹集〉看朱熹解易》的论文。我讲了三点：论文分清了先天之学与后天之学，说明了象数与义理的统一，梳理了《朱文公文集》中的易学思想。论文的不足之处是对朱熹的思想没有全面整体的把握，所以一些地方说得不到位，这个评议主要是鼓励青年易学者好好学习。对这次两岸青年易学研讨会，我的感觉是，台湾方面论文整体上说比较注重学术规范和考证，大陆方面论文分析分量多，各有长处，两岸互补，定能推动两岸易学研究更上一层楼。

教育部于 2000 年启动全国建立 100 个人文社科重点研究基地，我作为安徽大学徽学研究中心学术委员会的委员，徽学研究中心作为重点研究基地的研究课题"徽州村落的研究与开发"在评议中没有过线，所以需要由两家投标者向学术委员会做深入的陈述。安徽师范大学地理系陆林教授和安徽大学社会系王邦虎教授汇报此课题思路，一是从地理视域，一是从历史人类学角度切入。两人都有新的突破，学术委员会经商量决定两家可相互补充，合作完成，以王邦虎为主，吸收陆林参与。这于 12 月 22 日结束，23 日上午我在安徽大学报告厅讲"和合学与 21 世纪中国哲学的创新"，反响热烈，因为这是中国哲学新理论形态，使听讲的人有一种清新感，回答当前一些学者所思考而没有答案的问题。

下午由安徽大学哲学系李方泽教师陪同参观包公祠。包拯是古庐州（今合肥）人，人称包青天，死后谥为包孝肃公，有包孝肃公墓，祠不大。民间戏剧将其描绘为包黑子，脸黑黑的，凸显其庄严，他被誉为古代反腐倡廉的楷模、清官典型代表，历来受人民爱戴和尊敬。按照包公祠所展览的包公石刻像，其脸并不黑，是斯文儒雅的模样，不像戏剧里的样子，另在包公祠和墓之间于 1998 年建了一座清风阁，寓意两袖清风。参观完包公祠，去市中心闹市区（合肥步行街）参观李鸿章的故居，这个家虽有六进，但并不气派。据载李鸿章父本不姓李，是过继给李家的。这个家主要由其弟李翰章管理。李鸿章事迹展比较客观。李府虽供人参观，但李家原有文物已荡然无存，经历次政治运动，有价值的历史文物都已遭厄运，何况李鸿章过去被认为是卖国贼，这是中华民族的悲哀，遭破坏的文物真是不可胜计。过去在二元对立思维指导下，对历史人物的评价要么全盘肯定，要么全盘否定，造成很多弊端，不能实事求是地评价历史人物。历史人物都生活在具体社会环境中，一定社会环境对一个人的社会行为起很重要的作用，对李鸿章也应将其放在当时历史社会中来评价。李府的最后一进有编钟演奏，我们点了一《春江花月夜》曲。张若虚的《春江花月夜》曰："春江潮水连海平，海上明月共潮生。滟滟随波千万里，何处春江无月明。"李白："峨眉山月半轮秋，影入平羌江水流。"杜甫："无边落木萧萧下，不尽长江滚滚来。"苏东坡："哀吾生之须臾，羡长江之无穷。"当今明月当空，前景璀璨。

第二十章　中国哲学的创新

在一个“严冬不肃杀，何以见阳春”的早上（辛巳年十二月十四，即2002年1月26日），由国家图书馆人员接我到旧国家图书馆馆址（北海边上）学术报告厅讲“《周易》与中国文化”。学术报告厅不大，约能坐百人，但来人很多，过道加了长椅，还是坐不下，有的人只得站着听，效果很好。最近民间关注《周易》，主要以《周易》为算卦的书，现在不少人信命运，讲预测，这些书也在民间流行，唤起人们对《周易》的兴趣，其实此风不可长。有幸的是，会后有人自我介绍为尚秉和的孙子尚林，我请他替我向他父亲问好，咨询尚秉和先生遗作整理情况。

一、哲学前沿的思议

2002年2月4日出席“当代中国思想论坛”，研讨“儒家与宗教”问题，要求用现代观点诠释中国传统思想，是使传统文化现代化的一种方法。这个论坛一年四次，没有中心发言，程序公正，每人发言15分钟。有人认为夏商周是天命神学，没有哲学，春秋战国时天命神学人文化。儒学的价值观是尊尊、亲亲、仁义、礼法、神、天、上帝、地等观点，是一种现象的存有，同体制化的宗教不同。神权与君权、天权与王权的紧张，是因为神权与天权是君与王所争夺的对象，其原因是“天命靡常，惟德是辅”，敬德保民才能以德配天。其实流氓也可以当皇帝，这便是以权配天，有时权势比德吃香。儒学有宗教性，儒教崇拜祖宗，崇拜天，于是有天地君亲师的祭祀制度，是对其表示崇尚和敬畏。宗教崇拜与政治形态融合，表现为原始社会后期尧舜的禅让制，夏商周时代的王位世袭制，春秋战国时期的诸侯争霸战争，秦至清的中央集权的皇权专制，民国时期的民权理论。政治制度虽变，但儒教的信仰未变，然在世界现代化的面前，儒教面临困境厄运。

中国人民大学要成立人文学院，3 月 4 日宣布哲学系、文学系、历史系、清史研究所（三系一所）合并为人文学院，以为可以资源共享，统一规划，这样实是削弱哲学系。我提出人民大学作为以人文社会科学为主的大学，应该在原有各系所的基础上发展提高，而不是合并。若合并，可成立哲学宗教学院和文史学院，因为原来人民大学把哲学作为四大理论之一，文史两科为基础学科。当然这个意见没有被采纳。名义上合，而实际上各系所照样，因此在经历一年有余的合后又分为哲学学院、历史学院和文学院，三系一所改为三院，犹如《三国演义》所谓的“合久必分，分久必合”的循环，但三系一所合时并不久，分倒是从建科就开始了。这个从西方学来的分科方法，追溯到了中国传统的经学教学的经、史、子、集分类法，以为以文史哲分科合乎现代科学，但把中华传统经学排拒在外，这似乎不太合理。

4 月 2 日对今年招收的博士生进行口试，在中国哲学史、西方哲学史、中国哲学原著三门课程考试中符合录取标准，特别是外语考试必须及格，才能参加口试，一些人前三门课成绩好，但外语不达标，而被取消口试资格。我总觉得学中国哲学史的外语要求可放宽些，但研究生院不同意，必须达到全校外语统一标准。口试是学生进来抽一题，按照所抽的题进行回答，老师提问，可知道学生实际水平，做假是不可能的，若口试不行，就不能录取，老师要给考生打分。我们教研室比较认真，由于是 4～5 个老师参加口试，所以走后门也难，考生只能凭真才实学。

4 月 4 日上午给 2001 级博士生讲“哲学前沿”课，我的讲题是“和合学与中国哲学创新”，学生有 150 人左右。除讲和合学为什么提出、和合学内涵外，又讲述中国哲学演进历程：先秦时以宇宙生成论为主旨，魏晋以本体论为主旨，隋唐以佛性论为主旨，宋元明清以心性理气论为主旨，展开多元本体的论辩。讲后提问，博士生提很多问题，我一一作答。每一次讲课、提问、回答，都给我以启发，促使我思考新问题。自己尽管研究和合学，但有许多问题想不到、思不及，学生提问便会触及，开阔了我思考问题空间的广度、深度，这便是教学相长，如此学术才能创新。

4 月 12 日下午在人文楼哲学系 520 会议室，对我们中国哲学教研室指导的博士生进行综合考试，有博士生林国标、许宁、李亚彬、周海春、尹志华、刘京菊六人，他们都是 2000 级博士生。综合考试不仅要考一些科目，而且要讲自己博士学位论文的题目，指出以往有关此选题论文著作的优缺、长短，明其短缺，以补其不足。参加综合考试的老师指出其表述不确切、不足、错误的地方，以及那些需补充、完善和重点论证的地方。林国标论文为《清初朱子学》，许宁作《马一浮思想研究》，李亚彬作《中国人性论研究》(后改为《孟荀人性论比较研究》)，周海春作《近代早期改良主义》，尹志华作《北宋老学研究》，刘京菊作《道南学派研究》。

受越南河内国家大学人文社科大学所邀，撰写《中国改革开放的哲学问题》，介绍中国改革开放的哲学思考、马克思主义中国化的问题、当代中国哲学的和合学，以及开放的中国哲学。

中国人民大学决定把文学系、历史系、哲学系、清史研究所合并为人文学院，哲学系作为独立的单位今后将消失，其实招生、教学、科研仍然照常，没有变化，这种合并实为多此一举。哲学系教师觉得大家一起工作几十年，一旦解散，怪舍不得的。于是提议组织一次春游，去承德避暑山庄。5 月 10 日下午 3:30 出发，8 点到承德山庄宾馆，主要参观外八庙。避暑山庄始建于康熙，历雍正、乾隆朝，经 90 多年始成。之所以建避暑山庄，据说有两个原因：一是满人生活在东北严寒之地，入关以后水土不服，易得天花病（传染病），所以热天皇帝要到承德避暑，以免患病，每年从 5 月到秋天约有半年时间，皇帝在承德办公；二是从北京到承德作为八旗兵军事训练、演习的一种形式，这是和平时期不懈兵备的方法。

我在上小学时有热河省，为东北四省之一，后撤热河，其地划归内蒙古、河北、辽宁三省。承德在清代原称热河行宫，因其地有温泉。雍正将其改为承德，意为承康熙之德。传说 1893 年建康熙戎装骑马像于避暑山庄的小猎场（木兰围场），后迁到市中心的火神庙，于是那年承德大旱，说这是火烤康熙所致，后烧香赔罪，才下了雨，这是老百姓迷信思想作祟。这里有丽正门、勤政殿、烟波胜境（烟波楼）、四知书屋（知柔知刚、知微知彰）等古迹。

下午参观普宁寺，为世界文化遗产之一，有喇嘛，属西藏的黄教，宗喀巴（1357—1419）系统。五教有红、白、黄、蓝、黑等教，黄教是不结婚的。女士们去买释迦牟尼像，还去开光等，寺庙以此来收钱。寺里有当时全国最大的释迦牟尼像，高 23 米，是由五种不同木材制成的，共重 100 多吨，寓意慈航普度。出普宁寺到小布达拉宫，是仿西藏布达拉宫而建，开有盲窗、明窗两种。小布达拉宫每一个阶梯都有名堂，第一阶梯是 42 级，第二阶梯是 52 级。小布达拉宫建筑的特点：不是平地而建，而是依山而建，寓意步步升高，给人以雄伟而庄严的感觉。普宁寺和小布达拉宫前有一大二小的石碑，普宁寺的碑记载康熙平定新疆准噶尔叛乱的事，小布达拉宫的碑记载土尔扈特部历经千辛万苦回到清朝的事。普宁寺有一个中间画有铜钱的庙。小布达拉宫有一个很好的天葬台，中国习惯有天、土、水、火、树、崖葬等葬俗。

12 日参观普乐寺，此寺属外八庙之外，是密宗的寺庙，是黄教宗喀巴的庙，供奉宗喀巴。密宗主张男女双修，必须通过双修，才能成佛，所以特别凸显男根的伟大力量。普乐寺是世界文化遗产之一，前部是汉式建筑，后部为藏式建筑，其不同点有：（1）中国汉式寺庙均坐北朝南，此庙为朝西，即朝避暑山庄，外八庙的庙均朝避暑山庄；（2）有两个门，一门朝避暑山庄，一门朝棒槌山（磬锤峰，象征男根），每个庙有 200 名喇嘛，清时由八旗管理；（3）供奉欢喜佛；（4）与外八庙不同，佛像很美，迎客佛笑得很真诚、自然。建筑九脊十龙。

我在普乐寺正门口地摊上买了徐世昌题词的浮雕笔筒。词曰："蕴山仁弟嗜右军书，每日治军书之暇，辄临池染翰，烟云舒卷，直登山阴之堂。提戈上马，写经换鹅，兼擅其长，洵艺林中佳话，盾戟间胜事也。顷以素纸来索，余书为临坡公惠州所书《归去来辞》并跋语，成此长卷以应之。蕴山力追晋唐，而余则不离宋人家法，蕴山得无笑我乎！"款识为"丙辰夏四月水竹村人徐世昌"。阳文印"弢斋"，阴文印"徐世昌印"。徐世昌（1855—1939），字卜五，号菊人，又号弢斋，天津人，光绪进士，清末协助袁世凯创办北洋军，曾任东三省总督、邮传部尚书、内阁协理大臣。1914 年任袁世凯政府国务卿。1918 年段祺瑞的"安福国会"选徐为"大总统"。1922 年第一次直奉战争后，被直系军阀赶下台（吴佩孚以恢复国会和由黎元洪复任总统为名，逼徐辞职）。此处署名"水竹村人"，为

1916年3月袁世凯被迫取消帝制，恢复中华民国时。袁死后，徐世昌退居河南辉县樊家寨水竹村，自称“水竹村人”“退耕老人”。此题词当为此时所为。徐世昌书画俱佳。

二、传统文化现代化

5月20日请俄罗斯科学院远东研究所的费多罗教授讲远东所研究中国哲学的情况。费多罗教授在1954年曾到北京进修，师从梁启雄教授，几十年来一直从事中国哲学研究。俄罗斯科学院远东研究所是俄罗斯研究中国哲学的中心，其哲学所不研究中国哲学。远东所设东亚文明研究中心，主任为A.卢基亚诺夫，副主任为费奥若夫斯基。费多罗介绍他们的研究状况：（1）方法论问题，对《周易》《老子》中的辩证法思想的研究。（2）中国哲学有没有本体论、场有哲学、存在主义等问题，认为把西方哲学加在中国哲学头上不合适，研究涉及道与本体论的关系，“一”的哲学，“一”是很深刻的范畴，“一”具有系统性、整体性、综合性。（3）环境哲学。哲学是文化的传统，西方没有环境哲学的范畴系统，西方不了解中国哲学。汉学家与哲学家相结合，从各自民族文化出发，相互交流、沟通。（4）中国哲学有没有未来。儒家是不是落后的。了解儒教有几层，形而上与形而下儒学应该有很大的前景。在精神危机情况下，儒家的人本主义、理性哲学有很大的前途。（5）中国哲学概念很难翻译，譬如道、仁、礼等，如孔子的道与老子的道不同。（6）对中国哲学研究者的评价，譬如冯友兰不是从中国哲学内在观念来写，而是从西方哲学观点来写中国哲学。熊十力是用唯识论回归《周易》，更深地了解心性和宇宙本体。牟宗三会通中西，是依西方哲学解释中国哲学，这是经院儒学，应从经院儒学中走出来，走向生命儒学、礼乐儒学。牟宗三的哲学是形而上学，其基础是知识论，要超越牟宗三，要恢复中国实践的、入世的、生命的儒学。（7）全球化文化是破坏民族独立的文化。当前许多民族才独立、解放三五十年，以往是殖民地文化，现在要发展自己民族文化，这不是民族主义。费多罗教授的演讲，使我们对俄罗斯研究中国哲学的情况有了进一步的了解。

5月23日出席评职称会，申报副教授的有吴付来、韩东晖、魏德东、聂敏里、张旭5人，申报教授的有聂耀东、姜日天、彭永捷、杨庆中、牛宏宝、欧阳谦、李萍 7 人。

5 月 25 日，我请香港法住学会会长霍韬晦讲生命哲学。1984 年我在香港中文大学新亚书院哲学系讲学时，他在哲学系任讲师，讲授印度佛学、中国佛学等，现在他创办佛教法住学会，事业有很大发展。他讲生命哲学通向社会、生活、生命，生命儒学与知识儒学的结合，内圣与外王，工夫与本体，从历史看中西会通回应西方，促进民族文化的成长。唐君毅、牟宗三于 20 世纪 60、70 年代在这方面做了努力，第三代新儒家讲生活关怀，走向生活，走向现实，解决社会、家庭、政统方面的问题。

6 月 3 日出席中国社会科学院哲学研究所中国哲学研究室蒙培元教授指导的博士生谢寒桐的博士学位论文答辩，我担任答辩委员会主席，答辩委员有李甦平、王中江、卢国龙、姜国柱教授。

6 月 5 日是我指导的博士生罗安宪、王心竹、朴喆洪（韩国留学生）博士论文答辩日。罗、王的答辩委员是周桂钿、李甦平、宋志明、向世陵、李中华教授。下午朴喆洪博士论文答辩委员是郑家栋、郑万耕、胡军、宋志明、向世陵教授。三人顺利通过。

6 月 6 日出席中华书局 90 周年纪念会，会上见到了许嘉璐、季羡林、启功、任继愈、冯其庸等人，下午到香山饭店讨论座谈。这个饭店是贝聿铭设计的，具有中国元素，很有风格，是大师的作品。

6 月 7 日下午参加本教研室叶勤和黄桂霞的硕士论文答辩。6 月 14 日出席北京大学哲学系黄棕源的博士论文答辩，我任答辩委员会主席，答辩委员有蒙培元、张学智、李中华、魏常海教授。6 月 18 日又出席北京大学哲学系聂保平博士论文答辩，我任主席，答辩委员有蒙培元、陈来、张学智、李中华教授。

6 月 26 日晚，哲学系、宗教学系本科、硕士、博士毕业典礼，系主任让我讲话，我引《周易》的“潜龙勿用”到“见龙在田”的过程，就是从知识储备、修养身心到走向社会的过程。朱熹 19 岁中进士，可是戴震 6 次去参加会试，都没有考取。过去考大学有年龄限制，现在取消了。毕业后到了社会要做什么人？有的人是圆的，有的人是方的，有的人是不圆不方的。圆的人周全，各方面都考虑到，能做到圆通、圆满，灵活变通，如徐世昌；方的人刚正不阿，有棱有角，方方正正，如李贽；不圆不方的人刚柔相济，中和位育，如刘基。走向社会，学会做人，立德立功，为中华民族做出贡献。

我答应出席中共中央党校主办的“中国传统文化与社会主义文化建设”研讨会。6月27日21:30乘T81次火车，28日早7:07到大连，有车接到大连市委招待所，实是党校学员宿舍，每个房间临海，空气清新，环境优美。中共中央党校副校长舒伟光出席会议并讲话，主要传达中央十六大前的精神，坚持邓小平理论，开创党的新局面。我们讨论先进文化面向现代化、面向世界、面向未来。此次会议的倡议者中共中央党校资深教授韩树英认为，新中国成立后研究中国哲学如小孩看电影，哪个是好人，哪个是坏人，唯物是好人，唯心是坏人。到了20世纪60年代，开放讨论唯心主义，贺麟就很高兴。其实，聪明的唯心主义比愚蠢的唯物主义更好。中国文化是一个大矿、富矿，值得挖掘。辽宁省委党校副校长佟志武讲话，提到辽宁工作上不去是因为文化问题。辽宁既有殖民地文化，又有计划经济文化。这个文化环境使很多创新最终又回到了原点。领导没有穷则思变的迫切需要。庄福龄的发言包括传统文化的核心是儒家文化，传统如何现代化，现代化必须创新，马克思主义与中国文化的关系。

6月30日，我在会上的发言内容是：哲学是无限的，哲学的无限性就在于每个哲学家都可以对宇宙、社会、人生的理解做出不同的规定，这是因为哲学是主体的体悟；中国传统哲学是否有知的问题，知若为知识，是道德知识，则不是主体对自然客观的认识，这导向科学还是导向伦理；中国主张天人合一，可理解为处理好人与自然的关系，保持人与自然生态和谐，这涉及生态的协调；传统天人合一与当代讲的天人合一有没有异同；关于传统与文化的关系，我阐述我在《传统学引论》中的思想；马克思主义与中国哲学有一致的地方，但不能把两者混同。

6月29日我主持会议，发言者有李鹏程、唐明邦、余敦康、李中华、乔清举、王志楣、雷健坤等，涉及问题较多。7月1日到旅顺参观，崔䜣在唐开元元年到渤海国，这时的渤海国包括东三省和朝鲜的一部分。1908年鸿胪井碑被日本人掠去，置放在日本皇宫内。日本人掠中华文物不可胜计。

三、孔子研究院成立

在“清风无力屠得热，落日着翅飞上山”的7月2日（壬午年五月二十二日），中国人民大学以敢为天下先的精神在高等学校中就首建孔子研究院事进行商议。纪宝成校长讲了他在香港会见孔子后裔孔黛碧女士，为推动孔子思想研究，她愿意出资支持，为此商议在中国人民大学成立孔子研究院。参加会议的有副校长冯俊（兼哲学院院长）、向世陵、宋志明、彭永捷、罗安宪等，为此我们哲学院中国哲学教研室教授进行筹备。9月25日召开孔子研究院工作会议，各分工的教授讲了准备情况和计划，并确定建院宗旨，也即院训是：继承优秀传统文化，弘扬孔子思想精华，提高国民人文素质，建设人类美好未来。中国人民大学孔子研究院立足于高起点、高水准、高规格的发展战略，促进学校人文学科与国内外学术界、文化界、教育界的广泛交流与合作，创办有鲜明特色的专门研究刊物，组织申报、评审并资助孔子、儒家和中国传统文化的研究课题，组织出版孔子、儒家及相关学术领域的高质量著作，举办专门学术会议和系列学术讲座，创建专门孔子研究网站。近期着重在社会中推广中国传统文化知识的讲习活动，力求多层次、多渠道地展开学术研究和学术推广活动，提高国民人文素质。

孔子研究院设理事机构，理事长由中国人民大学校长纪宝成担任，并任孔子研究院名誉院长；学术机构为孔子研究院学术委员会，下设中国儒学研究中心、日本儒学研究中心、韩国儒学研究中心、越南儒学研究中心、欧美儒学研究中心；又设研究交流部、教学培训部、推广部和办公室，由我担任院长兼学术委员会主席，并且起草《中国人民大学孔子研究院〈儒藏〉编纂工程规划》。后经讨论，在2002年10月8日定稿，准备提交顾问和学术委员讨论。2002年11月10日，召开中国人民大学孔子研究院首届顾问、学术委员会，会议由我主持，纪宝成校长讲了中国人民大学成立孔子研究院的宗旨、目的和要求，他说中国人民大学于2001年树立孔子像，这在高等学校是首举，教育部副部长章新胜来讲话，肯定孔子在中国文化史上的地位与贡献。五四运动以来“打倒孔家店”，中国人民大学树孔子像是为了发掘和研究中国优秀传统文化，同时建“百家园”，为凝聚古今之正气、继承中华优秀传统文化、振兴中华文化尽心尽力。接着研究交流部主任彭永捷教授汇报工作情况，教学培训部主任向世陵教授亦做了汇报。罗安宪秘书长对《中国人民大学孔子研究院〈儒藏〉编纂工程规划书》做了说明："两千余年来，儒学对中国古代哲学、政治、经济、文化、教育、科学、技术的发展产生过非常重大而深远的影响，以至形成了中华民族独特的世界观、价值观和思维方式。儒学对中国传统文化的影响，是中国历史上其他任何学派以及其他任何外来思想均无法比拟的。中国古代一直有盛世修典的传统。值此太平盛世，编辑、整理、修订两千余年来儒学之典籍、文献，实为当务之急，也是当今一代学人责无旁贷的历史责任。为此，我们向政府和社会各界呼吁，编纂中华第一部《儒藏》。"《〈儒藏〉编纂工程规划》分讲了必要性的论证、工作设想、人力物力保证、经费预算、经费来源等。我又为《儒藏》编纂做了补充说明：历史上对中国传统文化影响最大的为儒、释、道三家，三家中儒家是中国文化的主干，然道家有《道藏》《续道藏》，佛家有《大藏经》《续藏经》，唯独儒家，千余年来一直没有《儒藏》。鉴于此，明代曹学佺说："尝谓二氏（指佛、道）有藏，吾儒何独无？欲修《儒藏》与鼎立。采撷四库书，因类分辑，十有余年，功未及竣，两京继覆。"① 曹学佺以一人之力，编纂《儒藏》，然时局动乱，未能修成。明虽有《永乐大典》，但其所收包括儒、释、道及法、兵、农、医、杂、小说等家文献，并非对儒家文献做专门整理。曹学佺"因类分辑"，可能是专辑儒家文献；清代的《四库全书》与《永乐大典》一样，并非专辑儒家文献，故有编纂《儒藏》的必要。继曹学佺之后，清人周永言倡编纂《儒藏》。

张岱年先生首讲：编纂《儒藏》是功在当今、利在后世的伟业。今天我们编纂《儒藏》是科学地研究孔子，我们既不尊孔，也不反孔，因为孔子是中华文化的象征，对中华文化的发展做出了很大贡献，当然也有缺点，对利用、厚生讲得少。

任继愈先生讲：中国人民大学成立孔子研究院是大好事，编纂《儒藏》要各方面人才，通过编纂《儒藏》培养青年学者。

---

① 张廷玉等撰：《曹学佺传》，见《明史》卷288，7401页，北京，中华书局，1974。

汤一介教授讲：祝贺人民大学孔子研究院成立，这对儒学的研究和教学将起很大作用。孔子研究院《儒藏》编纂工程规划很好。儒、释、道三家，唯独无《儒藏》，编纂《儒藏》是当代学界责无旁贷的，是历史赋予当代人的使命。要很好地规划一下体制、经费、人力等，不过现代可利用新技术手段来编纂《儒藏》，要比前人有利条件更多。

戴逸教授讲：儒家学术博大精深，孔子思想无所不包。当年的学者都是通才，注释孔子学，注解和考证经典著作。孔子本人留下的著作不多，他述而不作，东西少而作用很大，是世界文化史上的奇迹。孔子经历史打扮，褒贬不一。20 世纪孔子形象变化很大，是当时时代思想的体现，21 世纪也会出现不同的孔子。人民会带着自己的理想塑造孔子。清周永言曾提倡编纂《儒藏》，结果编成了《四库全书》，《四库全书》约八亿字，数百人花十余年时间编成，又抄写七部，为保存中华文化做出了贡献。

罗国杰教授认为：孔子研究院的成立和编纂《儒藏》，一方面体现了中华民族伟大精神的传承，另一方面是继承中华民族盛世修典的传统。研究孔子思想要着眼于发扬民族主体精神，儒家思想作为中华民族文化主干，是中华民族基本价值观的体现，是凝聚中华民族的主要力量，道家凝聚不了中华民族，儒学是民族共同信仰。因此，深入研究儒家思想十分重要，《儒藏》的编纂将为儒家思想研究提供方便。

庞朴研究员讲：首先祝贺中国人民大学孔子研究院成立，他是人民大学的研究生，母校成立孔子研究院，他很高兴。他赞成编纂《儒藏》，儒、释、道三教唯儒教没有《儒藏》说不过去，应把它作为重要工作来做，这是当代学者不可推卸的责任。

会上纪宝成校长向张岱年、任继愈、戴逸、罗国杰、汤一介、庞朴等颁发顾问聘书，另聘许嘉璐、饶宗颐、西原春夫、方立天为顾问，由于他们未出席，另寄聘书，并聘请学术委员 70 人。袁济喜、徐兆仁教授作为学术委员亦出席了这次会议。会后就编纂《儒藏》的必要性、重要意义等问题请郭齐家、王炳照教授等撰写文章，由中国人民大学孔子研究院组织，在《光明日报》2003 年 4 月 1 日一起整版发表，我的文章是《编纂〈儒藏〉，弘扬民族精神》。

2002 年 11 月 30 日，中国人民大学隆重召开“孔子研究院成立庆典暨孔子与当代国际学术研讨会”。会议由副校长冯俊主持，纪宝成校长讲话：“中国人民大学一向重视对孔子和传统文化的继承、弘扬。孔子研究院的成立，是人大又一个弘扬中国传统文化、大力开展人文教育的重要举措。”孔子基金会会长谷牧和张岱年教授为孔子研究院成立揭牌。这是我国高校中开设的第一个孔子研究院。同时启动孔子在线网站（confucian. ruc. edu. cn），接着谷牧发言：他祝贺孔子研究院成立，研究院将为弘扬中华文化做出重要贡献。楚庄发言：中国人民大学成立孔子研究院，将成为孔子和儒家思想研究的重镇。他同意张立文教授的和合学思想，海峡两岸统一靠和合，世界和平靠和合，这应该是国家的政策，21 世纪是和平共处的时代。成中英发言讲儒学发展的五个阶段：先秦的德性儒学（古典、轴心时代），宋明为本体儒学（中古时代），明清之际的实用儒学（现代时期），五四是知识儒学（后现代），当代为理性儒学（后后现代）。牟钟鉴发言：东亚儒学的复兴具有重要意义，一是儒学的自强不息、仁爱贵和、厚德载物的精神；二是儒学具有原创性的智慧，启迪中华民族的创新精神，“苟日新，日日新，又日新”，使中华民族不断发展繁荣。汤恩佳发言：我们所说的儒家有六类，儒学、儒教、儒商、儒官、儒将、儒医，我们都要研究。香港孔教学院主张儒教，要使其成为香港六大宗教之一。

下午钱逊、颜炳罡、李宗桂发言，晚上举办“德业千秋——孔子颂文艺晚会”，冯俊副校长主持，纪宝成校长、马俊杰副书记出席。晚会以民乐合奏庆典序曲开场，节目有京剧《四郎探母》、独舞长绸舞、歌曲《送给妈妈的茉莉花》、古琴独奏、群舞等。气氛祥和热烈，为中国人民大学孔子研究院成立增添喜庆的气息。

2002 年 12 月 1 日上午前半段为分组会，请各位教授发表论文；后半段为闭幕式，并请潘富恩、张锡勤、周立升、刘文英、陈烨发言，我致闭幕词。下午代表们参观孔庙。代表们都对中国人民大学孔子研究院成立表示祝贺，对编纂《儒藏》表示支持和帮助，会议取得非常好的效果。

四、《儒藏》编纂的价值

中国人民大学孔子研究院成立后，国内外媒体做了详细报道，认为这标志着中国学术风气的大变化，而《儒藏》的编纂不仅标志对中华传统文化的重视和对儒学的再评价，也改变着今后学术研究方向，因此引起国内外各方的关注。12 月 3 日台湾新党谢启大访问孔子研究院，冯俊、陈烨、彭永捷、罗安宪、我及学校港澳台办公室的马女士出席，她对中国人民大学成立孔子研究院表示敬佩，并提出合作。冯俊副校长对谢启大访问表示欢迎。我提出三点要求：一是可交换儒学及研究成果资料；二是编纂《儒藏》希望得到台湾方面的帮助和支持，这是两岸中华子孙的责任；三是加强媒体的联系，相互交换学术研究情况。12 月 5 日接受中国国际广播电台采访，出席采访的有冯俊、彭永捷、向世陵、罗安宪和我，采访内容为中国人民大学成立孔子研究院的初衷，孔子思想研究的现代价值、意义，《儒藏》编纂的价值和作用，以及儒学的负面影响等。冯俊、彭永捷等都做了回答和论述。

12 月 9 日，日本《朝日新闻》总局长助理余涛访问孔子研究院。采访的主题是：首先，成立孔子研究院的用意如何？我们的回答是：（1）孔子是伟大的思想家，是中国人文精神的典范，是中华民族精神的精髓和结晶；（2）孔子是儒家思想的代表，既有其形而上层面，又有百姓日用的层面，需要加以总结；（3）孔子思想在华人中有很大的影响，我们研究孔子思想也是为了完成孔学传播史；（4）为了有效地完成《儒藏》编纂工作。其次，孔子在历代地位如何？我们回答：从汉以来，孔子均受封为王，如素王、文宣王等，这就把孔子地位凸显出来。张璁（明嘉靖初年首辅）修改了祀孔典礼，称孔子为至圣先师，而不称王，祀宇称庙不称殿，从祀不称公侯伯等封号，改称先贤。《明世宗实录》卷 119 载："璁遂奏言，孔子祀典自唐宋以来，溷乱至今，未有能正之者。今宜称先圣先师而不称王，祀宇宜称庙而不称殿。"奏中说："臣窃惟先师孔子有功德于天下万世……一洗前代相习之陋，永为百世可遵之典。"五四以后有"打倒孔家店"，以及"文化大革命"中批"孔老二"等的干扰，我们要对孔子做科学的研究，还孔子以本来面貌。再次，儒学对日本的影响如何？我们的回答是：《日本书纪》记载，应神天皇十五年，朝鲜半岛的百济国王派遣阿直岐送两匹良马给应神天皇，太子菟道稚郎子拜其为师，阿直岐推荐王仁。十六年，王仁来日，太子拜其为师，学习中国典籍。成书于公元 712 年的《古事记》记载，王仁带《论语》10 卷，《千字文》1 卷。儒学直接从中国传入日本是7世纪，自日本推古天皇十五年开始，先后三次派遣使者、留学生和学问僧到中国，从儒学传入到平安时代（794—1192）为传播期，镰仓幕府（1185—1333）和室町幕府（1336—1573）时，禅宗盛行，镰仓五山和京都五山的副产品是宋学在日本的传播。日本藏《中庸章句》抄本卷末题“正治二年三月四日”，恰是朱熹逝世那一年。江户时期（1603—1867），宋学摆脱佛教，独立发展，主要是朱子学和阳明学。朱子学代表有藤原惺窝、林罗山、新井白石（属京师朱子学派），安东省庵、贝原益轩（属海西朱子学派），山崎暗斋、三宅尚斋（属海南朱子学派），三宅石庵、中井履轩（属大阪朱子学派），德川光国、藤田东湖（属水户学派）。阳明学由中江藤树开创，其后产生渊冈山、梁川星岩、春日潜庵等人所奉行的具有内省性格的德教派，和以改造世界为己任的事功派，有熊泽蕃山、大盐中斋、吉田松阴等人。儒学为日本所受容，并获得发展和繁荣。最后，儒学对中国现代的影响如何？我们的回答是：培育人民中和的精神生活，传承儒家的伦理道德精髓，增进自强不息、厚德载物的民族精神，复兴礼仪之邦的文明思想行为，走向和而不同的和平之道，实现“万物并育而不相害，道并行而不相悖”的和合世界建设。余涛对我们的回答很满意。

12月11日，日本《朝日新闻》中国局总局长五十川伦义在刘伟奇助手陪同下来访，咨询问题：一是孔子研究院成立的初衷和今后计划，《儒藏》编纂的意义和收不收日本儒者的著作。我们做了详细的介绍，并表示肯定要收日本儒者的著作，这是重要的内容。二是孔子研究在中国的近况。三是孔子思想如何生气勃勃地存在于当今的中国社会。四是怎样看待孔子的影响，与日本的交流状况如何。对上述问题我们都做了详尽的介绍。

以后对孔子研究院和《儒藏》编纂采访不断，可见国内外对孔子儒家思想的关注，这是因为从五四运动以至“文化大革命”，对孔子及儒家思想一直持批判、打倒的态度和立场，现在却在著名的、讲马克思主义的大学成立孔子研究院，编纂《儒藏》，这是一种新信息、新风向，因此引起国内外各方的关注和重视。但令人遗憾的是，提出编纂《儒藏》的中国人民大学孔子研究院，在国内外引起特别关注，但果实成熟之时，却被别人摘去了。

五、中华道德精髓

8月15日，云南电视台要拍《中国道德启示录》电视片，邀请我从道德上说说秦亡的原因、中国传统道德有哪些优秀方面、革命道德。为了帮助其拍好电视片，也为孔子研究院宣扬孔子儒家道德精髓尽绵薄之力，我答应讲上三题，并简单准备了一个提纲：

第一，秦亡的道德原因：（1）秦以法治国、以吏为师。在长期战争后，没有给人民休养生息的机遇，反施严刑峻法，破坏人与人之间道德基础，很快引起人民的反抗，强秦速亡。（2）唯利而不唯仁义。法家认为人与人之间只有利害关系，因为“人莫不自为也”，无利人者。即使亲如父子，“父母之于子也，犹用计算之心以相待也”。君臣之间也是靠利相维系。制造车的人，希望人富贵而来买车；做棺材的人，盼望多死些人，多卖棺材。没有道义、仁慈、慈爱、互助等道德。（3）法家认为儒、道、墨主张“足民”，这对国家不利，人性贪得无厌，只有将民置于贫困之中，人在自为心的驱使下，才会努力耕战，有利于国家，统治者靠得民心、爱民、足民是治理不好国家的，只能养成人的奢侈和怠惰。（4）民贫不可赈济。赈济会助长人的自利本性及好逸恶劳本性，君主通过赈济使民努力耕种是不可能的。从道德上总结秦亡的原因，就是贾谊《过秦论》所说的“举措太众，刑罚太极”“仁义不施”。

第二，中国传统伦理道德的优秀方面有：（1）仁者爱人、博施济众、仁民爱物道德精神；（2）“己所不欲，勿施于人”“己欲立而立人，己欲达而达人”的精神；（3）民贵君轻、“水能载舟，亦能覆舟”、以民为本的精神；（4）“先天下之忧而忧，后天下之乐而乐”、国而忘家、公而忘私的道德境界；（5）仁义礼智、孝悌忠信、廉耻勤俭的道德品质；（6）“富贵不能淫，贫贱不能移，威武不能屈”的大丈夫人格；（7）自强不息、厚德载物的民族精神；（8）尊师重教、“严以律己，宽以待人”的道德品格；（9）天下为公、重义轻利的精神；（10）睦邻友好、和而不同、和平共处的精神。

第三，革命道德可归括为：（1）批评与自我批评精神；（2）热爱和平的和平共处五项原则；(3) 革命的爱国主义精神；(4) 大公无私、廉洁奉公精神；(5) 团结友好、敬老爱幼的精神；(6) 惩恶扬善、实事求是的精神。

8月18日至22日在山东青岛市出席由山东大学主办的“海峡两岸易学与中国哲学研讨会”。我第一次到青岛，因此有新鲜感。《周易》作为“六经”之首，两岸学者对其都很重视，研究者代有闻人。以《周易》促进两岸学术和情感的交流，是很好的方式。一些年轻学者以西方的诠释学、符号学以及统一场论来解释《周易》，给《周易》披上种种外衣。如何直探《周易》真元，是值得反思的。青岛在19世纪末20世纪初被德国强占，是近代中国人的耻辱，是清朝腐败卖国的结果，现代仍在一些地方保存德国式风格建筑。21日参观崂山风景区，离风景区门的不远处，在一巨石上写有“嘉会”两字。景区中有搁云亭、八卦门、阴阳鱼（太极图）等。然后到太清宫，崂山原为道教圣地。本要到佛教的华严寺参观，由于时间太紧没有成行，很是遗憾。中国哲学史工作，对儒、释、道三教的思想都要讲授，参观寺庙不仅增加感性知识，也可了解三教现实情况，这对研究三教是有裨益的。晚去参观青岛啤酒节。19日下午我主持会议，探讨程朱易学思想及其比较。22日上午我发言，主要讲《周易》“保合大和”的和合思想及其“首出庶物，万国咸宁”的价值。

9月16日到20日出席中国曲阜国际孔子文化节举办的“首届华人中华文化经典诵读友谊赛”。这个友谊赛由古今中外文化经典诵读推广活动组委会举办，其组成成员有华夏文化纽带工程组委会、北京四海儿童经典导读教育中心、山东济宁市人民政府，于2002年7月共同发起，经典诵读宗旨是：“读圣贤书，立君子品，做有德人”。其实君子人格在古代也难以实现，现代人如何做一个君子，就需要新的要求内涵和标准，以及具体理念和行为规范等。格言是：“经典一部，胜杂书万卷”。这个格言也有问题，什么是杂书？杂书的标准和界定为何？自然科学书、小说、杂志等是否算杂书？范围不确定，无疑是空的。语录：“与经典同行，与圣贤为友”。如何做到与经典同行，如何与圣贤为友，圣贤的标准，怎样为圣，怎样为贤，这都搞不清楚，如何能做到？提一些大而无当的口号，人们根本做不到。不过推广读经典活动，我认为有其意义：(1) 可提高人的道德素质；（2）可传承中华优秀传统文化；（3）改变中国现有教育单一化现象，打破应试教育模式；（4）增强爱人、爱家、爱国教育。我参加这个活动也为孔子研究院今后开展读经活动吸取经验教训。在友谊赛后的高层研讨会上，我讲了中国人民大学成立孔子研究院的意义，既为弘扬中华优秀传统文化，提高大学生、研究生的道德素质，亦为树立他们的人生价值理想，培育其正确的世界观、人生观、价值观；并讲了和合学是当代中国哲学、文化的理论思维新形态，是时代精神的体现。

9月26日出席“2002年东亚汉学国际研讨会”。就汉学发展演变的历程、汉学是专指学派抑或经学、域外对中国文化的研究称汉学而国人对传统文化的研究称汉学发言：（1）层理论，各地域有各地域研究方法，因此汉学研究也具有层次性；（2）汉学研究于16世纪就出现，传教士的汉学研究，日本的汉学研究水平较高；（3）全球化和中国的崛起带动域外汉学研究。

10月9日出席“文化对话：可能性和界限国际学术研讨会”。中国民间信奉观音菩萨，誉其为送子观音，在印度为马头观音。观音原为观世音，传说在印度为男性。中西文化交流在公元2世纪就开始，源远流长。我主持会议时做了发言，认为文化对话应采取和合学的原理，如“以他平他谓之和”，尊重他者，平等相待，相互信任、理解，要有包容、妥协的精神，才能使文化对话取得成果。其实各个宗教都讲和、讲爱，这是各宗教文化对话的基础。当前各宗教文化之间的冲突有各种原因，没有开展真诚对话与之有关，对话就要承认对方的平等存在，相互同情地理解，才能达到预期结果。会上有学者提出：怎样开展对话？不同你对话又怎么办？如请本·拉登对话，他能同你对话？又有学者提出敌对者之间对话是对话还是冲突，冲突是否对话的另一种方式。就这些问题进行热烈讨论，各抒己见，畅所欲言。

10月18日召开“中国人民大学人文学院成立大会暨面向21世纪中国人文科学研讨会”。纪宝成校长讲话，我代表教师讲话：（1）中国古代文史哲不分家，是和合的。为什么和合？柳宗元讲“文者以明道”，韩愈的女婿李汉讲“文以贯道”，即文以载道的意思。朱熹不同意，认为这样仍是文是文，道是道，把内在的道与外在的文分开，仍以文道为二，他主张文道合一。道是一种终极的人文关怀和价值思想。譬如历史讲史德，史德就是道。朱熹认为读史、修史都要有指导思想、价值标准。如果看史只看人相打，不能总结经验教训，是对道的疏略。修史要符合大经大法，这就是道。哲学家亦在求道，无论是老子的《道德经》，孔子的“朝闻道，夕死可矣”，都以求道为终极价值目标，为终极关切。孔子就是一个百科全书式的人物，中国的哲学史、文学史、史学史及心理学史、教育史都得写他。分文史哲是近代以来学习西方学科分类的结果。(2) 科学精神与人文精神的和合。中国文化中的“文”以人为本位，人以文为自性或本性。中国文化是人文型的文化，有丰富的人文精神的内涵。《易传》讲：“观乎天文以察时变，观乎人文以化成天下。”如果说观乎天文有科学精神的内涵，中国天文学发达，那么人文就具有教化天下的功能和责任。中国的人文精神又往往是指人与自然、人与社会、人际、心灵相关问题，又蕴含科学精神。“文明以止，人文也”，文明与人文融合，文明而有节度，人与自然、人与社会、人际、心灵都要遵循一定秩序而获得和谐。古代科学技术是东西方科学、人文实践的文明结晶。科技与人文相互渗透，相辅相成。欧几里得几何学综合了古埃及的土地测量技术、三角运演方法以及古希腊的思辨的自然哲学。欧氏的几何公理的普遍有效性支撑了西方古典哲学本质研究，当非欧几何出现，否定欧氏公理的绝对性，现象背后的唯一绝对本质发生了动摇，这样每一现象都得寻找自己背后的本质。中国的《九章算术》集先秦丈量、测度、运筹、方程等思想和算法之大成。吴文俊认为，古希腊演绎的逻辑方法虽在一时间占主导，但 21 世纪《九章算术》的机械化数学有超越《几何原本》的逻辑演绎的趋势，电脑、计算机就是以机械化数学占主导，是人文精神的产物。近代科技是近代人文解放运动的产儿，弘扬人文主义才能发挥最大的创新性，才能给科技带来春天般的阳光和雨露。中国近代人文启蒙思潮的流产，以及近代科技在中国的落后，说明两者既冲突又融合的现实。(3) 1＋1 不等于 2，2＋1 不等于 3，而是结构功能的改革，这不是简单算术的加减乘除方式。结构间的相互吸引、凝聚，使整体的性质和功能发生碰撞/回应、反馈/调节，发生交叉性的新陈代谢，与原性质和功能都不同。人文学院能否在结构的变化中产生更大的效能，就要看今后的情况。

六、道德危机的治理

在那“十分秋色重阳近，一味新凉老者宜”的10月23日（壬午年九月十八日），乘CA1401航班到成都，出席由中国哲学史学会、四川社科院、国际教育基金召开的“儒家德治思想与现代社会国际学术研讨会”，由都江堰市人民政府承办，住国堰宾馆408房。24日举行会议开幕式，任继愈教授作为中国哲学史学会的会长，虽没有参加会议，但寄来发言稿，由宋志明教授代读。他对儒家德治思想评价较高，与他在1982年美国夏威夷的东西方研究中心召开的“国际朱熹学术研讨会”上以儒家为宗教，以马克思的“宗教是麻醉人民的鸦片”，对儒家进行批判有别，他认为儒家思想有积极意义和价值。主办方负责人之一蔡方鹿研究员让我做主旨发言。由于时间仓促，我没有写成论文稿，只在笔记本上写了一个提纲，要点如下。道德危机，社会道德失范：（1）道义危机。是非、善恶、美丑混淆，拜金主义，享乐主义，极端个人主义，见利忘义，损公肥私，不守诚信，欺骗凌辱，成为社会严重公害；官商勾结，以权谋私，贪污受贿，腐化堕落，情节严重。(2) 诚信危机。假冒伪劣盛行，腐蚀着各个领域。毒米、毒馒头、假药、毒牛奶；各种假证件竟至在街头巷尾公开叫卖，任何假证件应有尽有，甚至统计、审计、合同、会计、司法鉴定都可造假。(3) 行政危机。官吏腐败，只要有捞钱的机会，不捞白不捞；结党营私，金权交易，抱团贪污。远华集团赖昌星说：“不怕干部搞不倒，就怕干部没爱好。”以干部所好，拉干部下水。（4）价值危机。在市场经济下，一些人价值观发生变化。对坚持原则、照章办事的，就讥笑其为“死脑筋”；对廉洁自律、洁身自好的，就嘲笑其为“傻帽一个”；对不为美色所动的，就讥笑其“身体有毛病”。扭曲的价值观为腐化堕落制造舆论。

要克服这些危机，必须德治与法治双管齐下。法治的真谛在于保障和促进民主。民主作为国家核心价值之一，是一种上层建筑。民主能促进生产力中最活跃的因素——广大人民群众的权利和自由，民主是法治的前提和基础，法治是民主的体现和保障。法治的法律具有威慑力、制裁力，德治具有说服力、劝导力。前者是刑罚的威慑，具有强制性；后者是道德自觉心，激励道德情感，强化道德意志，增强荣辱感。法治是他律，是外在的压力；德治是自律，是内在的自觉。德治与法治都为了维护、规范人的思想和行为，为了社会的安定和发展，但两者方法不同、指导思想不同，法治是用强制手段来约束人的行为，德治是通过道德教化手段来劝导人自觉遵守社会公德。孔子说："道之以政，齐之以刑，民免而无耻；道之以德，齐之以礼，有耻且格。"以政与刑的法治，百姓可暂时不犯罪，但没有羞耻心；以德与礼的德治，百姓有羞耻心，自觉不会犯罪。德治是讲格致诚正，修齐治平，讲从君主到百姓皆以修身为本。自身正，是治国理政的基本条件。"其身正，不令而行；其身不正，虽令不从。""政者，正也。子帅以正，孰敢不正?"这就是德治魅力。

就道德权利与法律权利的范围来说，道德权利范围要大，一切社会效用行为都为道德所规范，譬如友谊和爱情关系属道德调整的范围，不属法律管辖。

道德权利还包括社会公德，是全体公民在社会交往和公共生活中应遵循的行为准则；职业道德，是所有从业人员在职业活动中应遵循的行为准则，涵盖了从业人员与服务对象等关系；家庭美德，是每个公民在家庭生活中应遵循的行为准则，涵盖了夫妻、长幼、邻里关系等。儒家德治作为政治伦理体现为民本—德治—邦宁，即据民本而行德治，由德治达邦宁。民本是德治根据，邦宁是德治目的。

10 月 25 日参观青城山，这是道教发源地。据说张天师在这里修道，有其手植的银杏树，天师洞中有隋代的天师像，好像在国内是最早的。上清宫三字是蒋介石写的，左右有于右任和冯玉祥写的对联，三人的字写在一处很难得。据说蒋、冯都在这里住过。三人写的字体现三人的品质和性格。蒋介石的字瘦整，瘦像其身材和睿智，整是严正，一丝不苟；于右任字狂放，狂者以天地为我屋，涌动着激烈澎湃的气势，不拘于一笔一画，而是随我所之，给人以美的愉悦；冯玉祥写的是隶书，隶书的肃、正、沉、稳体现冯的性格和人品。宫内还有顾颉刚和李浩然的字，如"大道无为""上善若水"等，可见青城山有丰富的文化资源。参观青城山不仅增长对道教的认识，也可提升人性修养。"读万卷书，行万里路"，行万里路与读万卷书一样，都是对人的知识、性格的培养。下午参观世界文化遗产都江堰，这是 2 000 多年前李冰父子所造。岷江是成都的主河流，它灌溉成都平原，过去没有治理，经常泛滥成灾，李冰父子治理水患，变害民为利民。但由于岷江沙多，他们采取深淘滩、低作堰的方法，使岷江到这里分成内江与外江，枯水季节是内江六成，外江四成，多水季节反之，使水得到分流，使水量得到调节。到了深淘滩时，水要被拦起来，由隐道流出，并不由淘滩而断水，到了离堆、宝瓶口。把山截成两块的方法具有创造性，形成宝瓶口。宝瓶口成为调节水量的多少的节点。在参观李冰庙（亦称二王庙）时，据说李冰被封为王，故称。据记载李冰没有儿子，于是在 20 世纪 90 年代变为李冰夫妇庙，而不是父子庙。都江堰有益于人民，成都人民从此不知有旱涝之灾，成都成为天府之国，所以李冰 2 000 多年来深受人们的敬仰。

会议结束后由旅行社组织参观乐山大佛，大佛坐落于岷江、青衣江、大渡河三江会合处的山峰上。据记载，这弥勒佛坐像凿于唐代，历 90 年才完成。佛像雍容大度，气势宏伟，通高 71 米，是世界上最大的石刻佛像。27 日晚到峨眉山下，住邮电宾馆，峨眉是佛教圣地，主峰海拔 3 099 米，气势磅礴，“天上名山秀上秀，峨眉绿水绿中绿”。主峰万佛顶雄奇幽丽，素有天下秀之称。这里有报国寺、万年寺，是皇家寺院，所以韦陀的杖是金身上肩，据说是明神宗的母亲许的愿。

29 日上午离青羊宫饭店，经成渝高速到重庆，由王成儒的同学方全接待，参观重庆解放碑和朝天门。朝天门在长江与嘉陵江的交汇处，是古时迎接钦差接圣旨的地方，故名朝天门。19 点乘长鲲号客轮到宜昌，这座城市的市区因在长江三门峡水库的水位 175 米以下，所以要搬迁。我们上岸后走到丰都鬼城，鬼城在丰都城东北名山上，内有阴阳界、奈何桥（要 3、5、7、9 步过去，男左女右迈步）、鬼门关、三十三重天、十八层地狱，总称“阴曹地府”。依山而建，飞檐斗拱，雕花镂空，阴森恐怖，扬善惩恶，独具特色。一些为非作歹之徒、贪官污吏，看后灵魂也许有所触动。“善有善报，恶有恶报，不是不报，时候未到，时候一到，一切都报”，作恶之人总是会有报应的。下午参观忠县石宝寨，明万历年间建，清康熙至同治年间多次维修扩建。有山门、楼阁、魁星阁、天子殿等。上山楼阁木质穿斗结构，木石相衔，依崖而建，四角三方，是我国现存最高和层数最多的古建筑。魁星阁是仿木结构，三层四角攒尖式，立于山顶，正面远望，与九层楼阁浑然一体，蔚为壮观。山顶天子殿，红墙碧瓦，置身其间，仿佛到了天堂的凌霄殿，为世界八大奇异古建筑之一。我在岸边买了四块石头，一块有二人相对而立，一块鱼头，一块梅花，一块鸭子。从忠县到白帝城，白帝城是刘备托孤的地方。

10 月 31 日参观小三峡。小三峡位于巫山县，先到夔门，进入瞿塘峡，由赤甲山到巫山，才参观小三峡。巫山县城整个在拆迁，断墙残壁。三峡水库劳民伤财，110 万人搬迁，土地城市被淹。瞿塘峡西起奉节，东至巫山大溪镇，全长 8 公里，两岸悬崖陡壁，十分险峻，群峰峥嵘，巍巍雄伟，古人称“西控巴渝收万壑，东连荆楚压群山”，也是重庆的东大门，有“一夫当关，万夫莫开”之称，景色奇特瑰美。巫峡西起大宁河口，东至巴东县官渡口，全长 40 公里。在巫山，长鲲号靠岸，我们沿大宁河而上参观小三峡，有龙门峡、巴雾峡、滴翠峡。大宁河是长江三峡段的大支流，有古津道，是三峡中之峡，全长 50 公里，河宽不超过 20 米，水很急，在“山重水复疑无路”之际，忽有“柳暗花明又一村”之感，自然景色优美绝伦，轮舟荡漾，碧波连天，有世外桃源之感，使人心旷神怡。在滴翠峡最远处，让我们拣石头，我拣了三块，一块像原始人跳舞，一块像鱼，一块像现代人走钢丝。往回走见巫峡十二峰，朝云暮雨，神态飞扬，返回龙门峡后就下雨了。

11 月 1 日上午由我的学生、方国根的同学向培风（他担任湖北电视台新闻部副主任）在宜昌报道三峡大坝合龙的新闻，他带领我们到大坝合龙的工地参观，我们在大坝照了相。这个工地由武警部队负责，20 吨石头往下抛都不行，现在准备用 40 吨石头。但我担心就这次所见山峡混水，若三峡大坝不解决泥沙沉积问题，后果将是很严重的。这不仅要损失巨额资金，还涉及 25 个县的搬迁和 100 多万人的迁徙。这就不是造福人民，而是降祸天下了。这次外出开会参观时间较长，但去了我很想去而没有去过的地方，特别是大坝合龙在即，大坝一合龙，过去很多名城、名风景点及三峡的原貌就都没有了，所以这是三峡原风貌的最后一游。大好河山将逝去，三峡风景记忆中。

七、越南讲和合学

在安东纪念李退溪诞辰 500 周年研讨会上认识越南河内大学阮文红教授，他曾在中国留学，汉语说得流利，我们相谈甚欢。他很想了解中国改革开放后学术界的情况，因此就想邀我到河内大学讲学。11 月 18 日，我乘机到越南河内。我与阮文红教授联系将晚 9 点到河内，他以为是早 9 点，等了一个白天，实在抱歉。19 日上午 8 点，阮文红教授接我到河内大学中国研究中心演讲。在中国研究中心的旁边设有韩国研究中心和泰国研究中心，可见他们对东南亚各国都有所研究。河内大学哲学系成立 26 年，教职工约 40 人，设有 6 个专业：马列主义、历史（东西方哲学史）学、社会主义科学、逻辑学、美学、宗教学（中国哲学与宗教）。中国研究中心的副主任为阮金山教授，他是阮文红教授的学生，留学法国，获博士学位。

我的演讲首先介绍改革开放后中国哲学界的情况，其次讲哲学的创新：(1) 中国哲学创新是时代的需要。全球化、信息革命时代改变在世人类的一切生存方式，哲学必须唯变所适，与时偕行。(2) 人类共同面临人与自然、人与社会、人际、心灵、文明间五大冲突，带来生态、人文、道德、精神、价值五大危机，如何化解此五大冲突和危机，就成为当代哲学需要回答的问题。(3) 中国哲学理论思维形态必须转生，现代新儒学已不适应新时代的诉求。中国哲学转生的“游戏规则”是核心话题的转换，依傍经典的变化，人文语境的转变。唯有依此三条“游戏规则”，中国哲学才能创新。现代新儒学接着宋明理学的理体学和心体学讲，没有建构新哲学体系。(4) 和合学是当代新哲学体系，是化解 21 世纪五大冲突和危机的道，包括和生、和处、和立、和达、和爱五大原理。讲后阮文红、阮金山教授觉得很有启发，应增强哲学自觉意识。

11 月 20 日上午 6 点，在阮金山教授及其女助手等的陪同下参观越南世界文化遗产下龙湾，沿途街道有各色的建筑，像越南人戴的斗笠而稍尖，一般不高，二至三层。下龙湾是海上仙境，海面不很大，但有 1 660 多个小岛屿。我们六人租了一只小船，在小岛中穿梭。小岛各种各样的奇特形象使人产生各种联想，来这里旅游的人很多，各国人都有，小游船在阳光的倒映下，犹如海中的游鱼。下龙湾靠近广西边境，因此中国的游客最多。我有感而发，作了两首诗：

其一

朝起升龙午下龙①，碧海千岛似迎松②。
双鸡连嘴永相爱③，人生悟道在此中。

其二

细雨濛濛下龙行，沧海烟波点点星。
满船高明古今论，玉皇白龙造化成④。

下龙湾海上有众多浮船餐厅，我们中午就在海中餐厅就餐，品尝下龙湾的活鱼，味道鲜美。后又去参观越南黎朝著名儒者阮廌纪念地，有阮廌的像。本要参观几个地方，后因时间已晚，就回河内了。

11月21日上午，应邀在越南河内国家大学人文社科大学东方学系演讲，我演讲的题目是"关于中国传统文化与现代化的关系"，要点为：(1)传统与现代（古与今）的论争。秦始皇咸阳宫的古今之争，封建制与郡县制的论争而导致焚书坑儒的悲剧；五四运动传统儒家与现代民主科学之争，导致"打倒孔家店"；20世纪60年代的古今之争，批判厚古薄今、以古讽今、以古害今等论辩；"文化大革命"，打倒"孔老二"，"横扫一切牛鬼蛇神"；80年代的传统与现代的论辩，如中体西用、创造性转化、综合创新、儒学复兴、全盘西化等。(2)传统与传统学的含义。传统与传统学的异同，传统学与文化学的关系，传统与传统学的定义。(3)传统的未来发展。价值理性与工具理性，感情与理智的调适，全球文化与民族文化（文化霸权主义与文化本土主义，或曰文化民族主义）的协调，传统文化发展的前景，各国、各民族都有自己的传统文化，在现代化境遇下，传统文化与现代文化应"道并行而不相悖"地发展。演讲会由阮文红教授主持，阮文红教授比我大一岁，20世纪50年代留学北京大学历史系，对中国很友好。越南河内国家大学人文社科大学东方学系设有中国、印度、日

① 升龙为河内市古称。

②③④ 依下龙湾小岛形象而予以称谓。

本、泰国、韩国、阿拉伯等专业，比较全。下午参观西湖边镇北寺，是三教合一的寺庙。越南继承三教合一思想，所以没有宗教间的战争。晚上越南河内国家大学人文社科大学校长宴请，其人曾留学苏联。在宴会间，他问中国十六大主要精神是什么，我按自己的体会讲了两点：一是要与时俱进，理论创新；二是改革开放，发展是硬道理，在发展中解决困难。他说学校将派出20人的代表团到中国复旦大学、南京大学、北京语言大学等参观访问，以学习学校管理、课程设计、学分学制等问题。越南曾是法国殖民地，现代受西方影响较深，对中国一直存有戒心。但越南古代受中国文化影响很深，譬如所有的寺庙等古建筑都留有中国汉字的对联、牌匾等，古代著作也用汉字。越南成为法国殖民地后，全采用罗马拼音文字，古代汉字（越南称喃字）被全部废除，造成传统文化的断裂和丧失。现代人看不懂本民族的传统文化，以及文化载体传统文字，这对于越南民族来说是一个很大的问题。近现代以来，朝鲜半岛、日本、越南都有去汉字的问题，都造成现代人读不懂其古代的各种汉字著作，因此传统文化与现代文化的融合、协调是必须重视的问题。但越南对中国的改革开放很关注，其所以关注也是为了越南国家的利益及其发展。

八、致思中国哲学创新

《半月谈》杂志社召开“先进文化与中国传统文化关系”座谈会，于2002年12月12日在新华社举行，邀我参加。我认为“先进文化”是指优秀的、体现时代精神精华与当今社会需要的中西先进文化。现在不讲西方文化中的先进文化，讲讲中国先进文化。其一，对中国文化认识的误区：（1）以中华传统文化是封建的、保守的、落后的、封闭的，全盘否定中华文化有先进的成分；（2）以二元对立的观点看先进文化与中华传统文化，认为两者完全对立，有你无我，有我无你，不可共存；（3）中华五千年文化是沉重的历史包袱，只有毫不犹豫地丢掉这个包袱，才能轻装前进，实现现代化。其二，中华先进文化：（1）民本精神。“民惟邦本，本固邦宁”；“民为贵，社稷次之，君为轻”；“水能载舟，亦能覆舟”。（2）人文精神。天地人三才之道的整体价值观，“体用一源，显微无间”思想，“先天下之忧而忧，后天下之乐而乐”的先忧后乐精神。（3）仁爱精神。泛爱众、兼相爱思想，推己及人及物，仁民爱物的爱护百姓及万物的博大情怀。(4) 和合精神。“保合大和”“和实生物，同则不继”“土与金木水火杂，以成百物”的和合而成天地万物的宇宙观。(5) 道德精神。为人处世要遵循仁义礼智信，孝悌忠廉耻。老吾老以及人之老，幼吾幼以及人之幼。(6) 立达精神。“己欲立而立人，己欲达而达人”“己所不欲，勿施于人”的立人达人崇高人格理想。(7) 贵和精神。“礼之用，和为贵”“万物负阴而抱阳，冲气以为和”“君子和而不同”，以和为最珍贵的价值。(8) 求知精神。“格物致知”；“知之为知之，不知为不知”；“三人行，必有我师”。学问是学而知之，问而知之。“黑发不知勤学早，白首方悔读书迟”；“少年易老学难成，一寸光阴不可轻”。其三，中国人民大学孔子研究院《儒藏》编纂工程的意义和价值。此工程为中华文化走出去提供有益的借鉴。中华文化要为走向社会、走向生活、走向国际而努力。

12 月 13 日乘 ZH960 班机到深圳，被接到中山大学哲学系讲学。讲题为“中国哲学创新的思考”。一是关于中国哲学怎样创新的论争：(1) 中西体用；(2) 创造性转化；(3) 创造性的解释；(4) 抽象继承、具体继承、批判继承，儒学复兴，综合创新，综合什么，创什么新，批判什么，继承什么。首先是理论前提问题、价值观问题，方法论受价值观的支配，价值观不同，对某一文化认识就不同，如五四以后批儒学、批孔子，现在又要继承孔子思想。时代变迁，价值观变化了，对人物思想的评价亦迥异。二是中国哲学怎样创新：(1) 隋唐以来儒、释、道兼容并蓄，犹今所谓的综合，几百年来没有把三教兼容并蓄方法落实下来，到了程颢自家体贴出天理二字，把三教兼容并蓄的文化整合方法落实到天理上，而开创理学的新时代、新学风。当今面临中西马三家如何“兼容并蓄”的文化整合问题，需要落实到新文化、新哲学的体系上，因此我提出了和合学，而不是无休止地论争文化整合的方法问题。(2) 中国哲学历经几千年来的不断创新，探索总结其哲学创新的“游戏规则”，或曰其内在的逻辑规律，从纵向哲学形态的演变和横向的儒、释、道及各哲学体系的比较中，中国哲学创新的规律是核心话题的变化、依傍经典诠释文本的转化、人文语境的变换。中国哲学每个时期的哲学创新都遵照这三个规则，概莫能外。当代哲学创新也应遵循此三条规则。三是如何创新：(1) 创新的实践精神。

当代中国哲学要走向生活，走向社会，走向世界，在实践中吸收、借鉴国内外各优秀文化。(2) 创新的开放精神。唯有开放才能海纳百川，有容乃大。当前中西马平等对话、交流，同情地理解，自由地吸收。(3) 与时偕行精神。哲学不是时代的弃儿，而是时代的引领者和时代精神精华的体现者。唯有与时偕行，才能唯变所适。(4) “下地狱”精神。哲学创新往往会与固有理论思维定势相冲突，为思维惯性所不容忍，若无“下地狱”的理论思维勇气和“上断头台”的胆识，哲学理论思维创新就会中途退缩，不能到达其目标。同学听后思想有震动，加深了对当代中国哲学创新的思考。

12 月 14 日，主持李宗桂、冯达文教授指导的博士生朱人求、任强、周宏展的博士论文答辩。朱人求从文化哲学的视角诠释先秦儒家，任强从中西比较视角论先秦儒学的意义，周宏展从社会学的功能主义视角来研究先秦法家制度化治道。这三篇博士论文都有一定学术价值。

15 日由李宗桂教授安排参观六祖惠能祖堂光孝寺。光孝寺原是汉代南越王赵佗儿子的宅第，东汉时虞翻被贬到这里，在此著书立说，其《周易注》在唐李鼎祚的《周易集解》中有所保存。虞翻死后捐为寺院，成为光孝寺的前身，寺的东西有塔，有很高大的菩提树。后去参观六榕寺，有六棵大榕树，六榕塔共九层，我们登上八层便可观广州全市市容。下午参观西汉南越王墓博物馆，整个墓葬呈一个士字形，墓道东西侧室藏有珠宝、粮食以及嫔妃五人的墓，出土文物有 1 000 多件。博物馆建筑很有特色，有独特气魄和风格。又参观陈氏书院，这是具有中国风格和特色的建筑，内有各种地方色彩的展室，由于时间已晚，我们参观到书院关门。

12 月 16 日，我在中山大学哲学系讲学，上午讲“关于中国哲学创新的思考”。哲学创新必须是中国哲学自己讲，讲自己，而不是照着西方哲学的规定讲中国哲学，把中国哲学变为证明西方中心主义普遍性哲学的婢女，那会使中国哲学丧失自我身份和话语权。中国哲学与西方哲学从源头上就是两条不同的理论思维路向，所以不能按西方哲学来剪裁中国哲学，以致中国哲学成为无灵魂、无精气神的哲学。中国哲学要把“放失”了的精气神追求回来，恢复自己的灵魂，这便是中国复兴之日、创新之机。讲后李宗桂教授做了很高的评价，并回答了同学们提的问题。下午由冯达文教授主持，我讲“和合学与21世纪文化战略的构想”，基本上是该书的内容，不过在讲中国哲学怎样创新时，我讲了中国哲学必须根据实际，自己定义自己，对什么是中国哲学做出界定，而不是按照西方哲学的定义。唯有如此，才能摆脱西方哲学的束缚，走出西方哲学的牢笼，中国哲学才能以自己的面貌登上世界哲学舞台，若按西方哲学讲中国哲学，成为西方哲学的婢女，就连登上世界哲学舞台的资格都没有了。讲后同学反响热烈。这两次演讲都在中山大学学术厅举行，听的人很多。

17日由李宗桂和黎红雷教授陪同参观孙中山纪念馆，这里有国共第一次代表大会会场，原是中山大学礼堂，有孙中山的事迹展。纪念堂是八角的建筑，很漂亮，正门有孙中山先生铜像。后参观广东省博物馆，广东地方历史悠久，有新石器时期文化遗存，明清时期的文物较汉唐时期多，可见汉唐时期这里较落后，是蛮荒之地，譬如韩愈在作《谏佛骨表》后被贬到岭南。下午与李宗桂教授一起到香港浸会大学。

18日出席浸会大学与中华炎黄文化研究会合办的“21世纪中华文化世界论坛——文化自觉与社会发展”会议，在大会发言的有柳存仁、饶宗颐、周策纵。他们都从文化自觉中提到新出土文献带来的压力和知识开拓，地下文献新发现给我们提出重大话题，即过去的（历史的）中国、现代的中国、地下的中国三者的关系。19日下午我提供论文《王夫之经学的新诠释》，但我的发言是“和合是21世纪中华文化的主题”，阐述为什么和合是中华文化的主题，也是21世纪世界文化的主题。这不仅是中华文化的自觉和自信，也是中华文化的新发展。

12月21日，我离开浸会大学与中华炎黄文化研究会合办的会议驻地——吴多泰博士国际中心，参加香港大学中文系成立七十五周年志庆的“明清学术国际会议”。开幕式由徐立之校长致辞，说两年来举办了12次国际会议，后中文系主任单周尧教授致辞。后合照，接着主题演讲在明华综合大楼8楼校务会议厅举行，这是英国人建的会议厅。饶宗颐教授讲“明清之际禅家灯统与画学”，柳存仁教授讲“关于图里琛的《异域录》”，周策纵教授讲“《红楼梦》与紫鹃名称出处考”，三老均超过85岁高龄。

三老讲完已到11:30，接着讨论，一直到13:30结束，草草吃午餐。我讲“王夫之经学的新诠释”。后离开香港大学，与景海峰教授一起回到深圳。在离开港大的汽车上，我讲到张璁，台湾张琏讲她写过关于张璁的论文，认为孟森讲明清史是站在程朱正统立场来贬张璁；张璁作为阳明派的学人，无疑要受到程朱派的攻击；通过议大礼，张璁虽获得很大的声誉，也招来一些人的妒恨。我请她把论文寄来，后她寄来论文，并收入张璁论文集中。

22日参观“世界之窗”，这是由香港中旅集团、华侨城集团开发的，共65个景点，门票为120元人民币，游览的人很多，收入相当可观。景点有法国卢浮宫玻璃金字塔、世界文化浮雕墙等。看后对世界名胜古迹有一初步了解，对于未能游历世界的人来说，对了解世界有一定益处。我们雇了一只皮筏艇，从尼亚加拉瀑布边上下来，有点刺激。不过我与我儿子张文勇曾到美国与加拿大边界的尼亚加拉大瀑布去过，气势完全不同。晚7:30观看跨世纪音乐舞蹈史诗演出。

12月23日给深圳大学的研究生和教师讲和合学，由景海峰副院长主持。他们事先都拿到并看了我的《和合学概论·前言》及蔡方鹿写的和合学报道，因此我讲和合学所提出的一些思考，以及对中西哲学的反思和西方为什么不承认中国有哲学等问题。然后提问研讨，徐铭教授提和合与和谐的差别，按我当时的理解，我认为和合是一个和合起来的过程，是通达形而上的过程，和谐是呈现的一种状态；和合是生生，和谐是已在的模式；和合是宇宙观，和谐是一种秩序；和合是文化战略，和谐是文化社会现象。另一教授提终极关切的生死问题，我认为和合学是一种价值理想，是中国自古以来的一种精神家园。探讨的问题很多，如实然与应然的问题等。

12月24日上午登深圳最高楼（64层），深圳尽收眼底，最上层是旋转的，所以可以看到四面八方。在深圳河的对面就是香港的新界，我见到的全是农田，未经开发。如果新界经开发，两岸灯光一照，犹如上海的浦东与浦西一样亮丽。

我从12月13日离京在广州、深圳、香港连续讲学、出席会议，24日回京。北京16日开始下雪，一连下了五六天，这是北京120年来所没有的。从深圳穿衬衫到北京穿厚羽绒衣，真有天壤之别，天南地北相差之大，可想而知。世界差分是普遍的，无论天地、气候、地区、任务等等，何处不在，何时不在，何物不有，何人不有！这就是世界的多样性，由其多样，世界才是五彩缤纷的。

第二十一章　生命与精神发展

谚云：“一寸光阴一寸金，寸金难买寸光阴。”光阴似箭，无能倒转，人若能倒转时间，可谓神仙。有人把自己的岁数除以 2，80 岁就变成 40 岁，这只是人自我安慰的空想。人不应在乎时间的流逝，而应使每一小时过得有价值。光阴给予人，人也要对得起光阴，不虚度、不糟蹋、不浪费，“千金一刻莫空度，老大无成空自伤”。2002 年过去了，新的一年开始。2003 年 1 月 15 日，纪宝成校长、程天权书记召开“迎春老专家、老教授座谈会”，就学校学科建设和院系工作征求意见，大家提了很多建议，我就学科见识、人才培养、青年教师的教学和科研提升提了建议。学校既要有大楼，更重要的是要有大家、名家，这是学校的名牌，也是建设世界一流大学的必备条件。

一、痛悼慈母仙逝

2003 年 1 月 18 日，我和冯俊、罗安宪、彭永捷以孔子研究院的名义与日本国士馆大学理事长西原春夫教授（早稻田大学前校长）进行座谈，他拿出日本《朝日新闻》关于中国人民大学成立孔子研究院和编纂《儒藏》的报道，说他很激动，也很赞成，并表示在他力所能及范围内帮助孔子研究院开展海外工作和支持《儒藏》的编纂。西原春夫教授与我校法律系的高铭暄教授为同行，即研究刑法。1 月 2 日，高铭暄教授就来电与我联系西原春夫教授访问孔子研究院事，因此我们在学校贵宾室接待了他。他表示为了支持《儒藏》编纂，邀请我们访问日本，一方面讲学，一方面会见日本企业界人士，以便募集编纂《儒藏》资金。对他的这个设想，我们表示衷心感谢。

2003年1月28日，接我弟张宪栋电话，说我寄给母亲的钱已收到，我问母亲身体状况，他说不太好，估计可维持两三个月。母亲一生劳苦，勤勤恳恳，老老实实做人，一辈子没有真正享过福。我们兄弟姐妹五人自小的衣服鞋袜都是母亲亲手缝制，她还要为家里九人做饭洗衣、磨豆浆做豆腐。母亲一生完全奉献给这个家庭。闻母亲身体不好，不禁潸然泪下。

癸未年正月初一（2003年2月1日），按中国的习俗，过年本是快乐的日子，这次却是我大悲的日子。上午9:30接弟宪栋电话，说母亲去世。我马上订飞机票，带张健、张青两家人共八人赶回老家。2月3日发讣告：

先慈张太夫人系永强水作商店退休职工，因年迈于公元2003年2月1日上午9时半仙逝，享年九十晋一。先慈一生忠厚，诚恳待人，养育子女，教育有方，竭尽精力，奉献社会，乡里共赞。届时请亲朋好友莅临执绋，存殁咸感。

孝长子张立文（张宪江）	孝长媳邓金兰
孝次子张宪栋	孝次媳李秀翔
孝长女张秋香	孝长婿周成伟
孝次女张桂兰	
孝小女张眉香	孝小婿丁士巧
孝孙　张　健	孝孙媳步惠英
孝孙　张　青	孝孙媳马秀婷
孝孙　张文勇	孝孙媳伍　薇
孝孙　张小达	
孝孙女张晓华	
孝孙女张　旭	
孝曾孙张景珲	
孝曾孙女张薇妮	

按照中华礼制，丧礼是大礼之一。永嘉场地方习俗以结婚和过世为“红白喜事”。“白喜事”要有吹打班，红喜事已不用。2月4日早7点，吹打班就在堂屋里吹吹打打，一般7人到11人，有笛、鼓、锣、二胡等

基本乐器，乐谱很简单。他们个个西装革履，手戴金戒指。中国的丧礼却穿西装，不中不西。另一班人是由和尚领头的念经超度班，共 15 人，主要念南无阿弥陀佛及地藏王经。据说 1949 年前都由和尚来念，现在 15 人中只有一个和尚是男的，其他都是老太太。吹打班还唱京戏，京戏成为白喜事的伴唱，不知是喜是忧。据说这也是农村的习俗，不知其他地区如何。不过以往有钱人家是真正演大戏。我们儿孙辈的都跪在地上，想起母亲为养育我们含辛茹苦、艰难度日，我又在 15 岁离开家庭，不能尽孝，心里十分难受，不禁泣不成声。

自母亲逝世后，母亲的身体就停在堂屋（树德堂）右边，接受吹打班、念经班及儿孙们跪拜的超度和尽孝。农村现仍然相信风水先生，风水先生定 2 月 5 日（农历癸未年正月初五）出殡，定时为上午 9 点 5 分，宜祭祀、开光、上梁、出行、安葬，忌安床、杀豚、冲兔。所以出殡时属相为兔、猪的要避而不见，这样我与长孙张健、长曾孙张景珲要回避。出殡后，我和宪栋弟披麻戴孝（孝帽是一块麻布，即麻袋裁成四方的一小块，由老人做成一个圆圈，再加四条脊，把麻布系住；披麻，即麻袋改的衣服，穿草鞋）。母亲的身体安放在轿里，前后 4 人抬轿，按习俗前后由西乐的军乐队和民俗的吹打队开道。我和宪栋弟及媳妇在轿左右两边，长、次女婿和长、次女也披麻戴孝，孙与孙媳妇及我姐妹的儿子则穿白褂、戴蓝帽，曾孙、曾孙女戴红帽，衣服随穿。母亲由四代人送行，后面是送殡的亲朋好友 400 人左右，送到三号横街的桥头，我们四代人跪下拜谢送殡的人，送殡的人就回去了。剩下 30 多人由灵车及汽车直接送到火葬场。由 6 号焚尸炉火化，火化后我和火化场的人捡出余骨及灰，放在一个较精致的盒子里，由红绸布包好，由我捧着，送到青山。车直接开到龙岗寺，下车走很狭小的山路，这条山路是临时开出来的，原被很厚的柴草所覆盖。好在天气晴朗，约走 30 分钟到我父母的坟地，这是一块风水宝地，面对笔架山，笔架山左右两道通道，直至瓯江和东海，这是风水先生之言。按照入墓的时辰下午 3 点 8 分，我们按时开棺，放进衣物棉被及骨灰，封棺。这时子女、媳妇、女婿及孙、曾孙辈等都跪拜，放鞭炮，点燃蜡烛和香，并将棺材推进墓穴，军乐队奏乐，水泥工把原墓砌好，约 4 点半下山，所有送的花圈、花篮围放在墓地四周。回家从老屋正门入，同时放鞭炮，燃两堆火，欢迎母亲灵魂回来，并把母亲的遗像放在堂屋（树德堂）正中案桌上，点蜡烛和香，我们参拜。这是葬礼的大致过程，已与古代不同。

2月6日（正月初六）是上坟的日子，我们兄弟两人的子孙及姐妹的子孙等，表弟邵克勤、邵克俭一起清扫坟地的杂草，水泥工封外面的石墙，我们点烛及香，并烧纸钱，清理好后又跪拜。完毕后又去清理我祖父、祖母的坟，此坟在“金鸡翅”上，有腾飞的气象，从地理上看是一很好的地方，前面开阔，三面环山，甚有温馨之感。由于祖父、祖母坟与父母的坟较近，不用费很多的时间走路。清理墓地，照样点燃蜡烛和香跪拜，后又到十六、十七世祖坟清理跪拜，这坟很大，是清光绪五年建的，整个坟已很荒凉。在“文化大革命”中墓地被人开荒种红薯，现在温州不仅不种山地，连山下的好水田都不种了。这一切完成后，已是下午1点半，下山到半山腰的龙岗寺吃素食午餐，由于大家饥饿，所以吃得多。这里有摩崖龙岗二字，故称龙岗寺。尽管在高山，龙岗寺水井离地面只有一米深，水又甘甜，可直接饮用。山上到处流水潺潺，有原始森林的感觉，游人及拜佛人很少到这里。休息到3点左右，到我舅舅的坟，由表弟引路，约走了20分钟山路就到了，我们同样点烛和香，并洒酒于地，表示悼念和祭奠，跪拜。然后下山回家。

晚商量丧后事，一是丧葬亏7 000元，我表示由我负担；二是老屋房产，本应兄弟两人分，我赠送给弟张宪栋；三是桂兰单身，仍住老屋，不搬到弟家住，生活由我姐妹照顾；四是今后修理父母坟地，由兄弟双方负担。

我提出和合学，在国内产生影响，温州和合拉链厂的负责人黄松桂来见我。2月7日上午，外甥周家骏接我到和合拉链厂总部（在温州高新技术开发区），厂长讲了其厂生产的情况，我讲了几点：一是创新开发新技术，增强竞争力；二是人才管理、技术生产管理等方面问题；三是如何建立世界销售网的问题；四是如何利用温州人在世界各国、各地区的无形资产问题。

11点，温州市市长钱兴中请我吃饭。上次在温州开会相叙中，我建议温州要文化强市，整理温州古籍，钱市长抓这项工作，整理一批古籍，并成立专门编委会，成绩很大。钱市长介绍了他任温州市市长十年间对温州市市容的改造、创建信用城市的提出及实现，改变人们对温州为假冒伪劣之乡的印象，以及对温州今后建设的规划和思想。我讲钱市长对温州的贡献，温州人民会记得的。

下午到上河滨（龙湾）拜年，舅舅去年逝世后，我工作忙，不能回来送丧送葬，后到表弟邵克勤、邵克俭家拜访。克勤说：舅舅临终时曾交代要主持兄弟分家事。按习俗，兄弟分家由舅舅主持，舅舅临终时还关心我们兄弟，我衷心感谢，这种恩情深如海。

2月8日由邓金兰大姐的三个儿子带领我们到瑞安垟西，没经过瑞安县城直到垟西，由于昨晚和今早下了一场雨，所以路很难走。我们到了垟西邓金兰的老家，去拜祭邓金兰父母，因上山是小路，搞得满身是泥，到了其父母的坟地，点烛点香，烧纸钱。本来要跪拜的，由于地太湿，所以只站着拜祭。下山虽没有走原路，但我还是摔了一跤，好在没有摔伤。下午张旭打电话来，叫我一定回家一趟，因为我弟同姐夫吵架，要我回去劝说，我只得回去劝说宪栋。我预订飞机票是20点20分起飞，所以匆匆赶到机场，由于大雾，飞机推迟到22点50分起飞，到北京已是9日凌晨1点。从2日到9日，人虽很累，但我们全家平安回到北京，就谢天谢地了。不过这次人到得很齐，在温州照了一张全家福，以后恐怕人就到不了这样齐了。9日晚，我的学生、宁波大学教授方同义来访。

二、人文奥运的和合精神

2月27日主持余敦康研究员指导的韩国留学生权相佑的博士论文答辩，他的博士论文是《朱熹理一分殊思想研究》，虽通过，但因其中一些概念论述不清，需修改。

28日出席人民出版社作者会议，为人民出版社出谋献策，为人民出版再创辉煌、走出出版困境服务。我提了一些意见：政治读物与普通读物结合，学术读物与通俗读物结合，国学读物与中学、大学教材结合。三结合可以缓解出版困境。人民出版社是国家级出版社，应保持其高质量、高水平的信誉。

在全国医务人员的努力下，“非典”得到控制，6月9日人民大学学生返校，北京高校的学生陆续返校。我既评审北京大学哲学系和北京师范大学历史系、教育系的几篇博士论文，又正值我的博士生李亚彬、刘京菊博士论文答辩，以及周海春、尹志华、林国标等博士论文答辩，按博士论文答辩的规定，答辩委员中必须有两人是外校的（五人答辩），今年因“非典”，就不请外校教授为答辩委员，均由本校教授担任。

7 月 2 日，博士生开题报告，有苗润田、陈海江、程志华、祁润兴、王贻社等，他们准备撰写的博士论文有《儒家哲学原理研究》《吕大临哲学思想研究》《明清之际儒学模式转型研究》《〈周易〉义理学研究》《道德理性与政治文明——徐复观对传统文化的现代疏释》。教授们对开题报告都提出很好的意见，希望他们撰写博士论文过程中能根据教授们的意见做修改补充。

7 月 10 日，我为博士生上“哲学前沿”课，本为 4 小时课，为补“非典”期间缺的课，把 4 小时压缩为 2 小时，为的是完成讲课计划。我讲“中国哲学的创新”，一是讲中国哲学为什么要创新：（1）从历史看，中国理论思维创新的逻辑演化的规律是 300～500 年必有一次创新，现从宋明理学的旧三学到现代新儒家的新三学已 900 多年；（2）从现实看，1949 年前学西方，照着西方哲学讲，1949 年以后照着苏联讲，我们是否还要讲下去；（3）中华民族是智慧的民族，要发扬自己民族的哲学灵魂，若一个民族没有自己的哲学灵魂，这个民族就与行尸走肉无异，是没有前途的、不能生存的，因此必须自己讲自己民族的哲学；（4）现代科技飞速发展，中国哲学必须与时偕行，体现时代精神，创新哲学理论思维，这是时代的使命。二是讲中国哲学创新的标志。三是讲和合学创新的使命。

8 月 24—27 日，参加“第六届国家图书奖初评工作会议”，在香山饭店召开。共分成社科组、艺术组、科技组、辞书组、少儿组、古籍组、教育组、文学组、外国文学组、青年读物组，共十组。社科组又分成文史哲组与政经法组，这里的文不是指文学，而是指文化类图书。我被分到文史哲组，组长是邢贲思。社科组初评出 50 本，各分组 25 本。我们文史哲组报评的书是史 57 种，哲 30 种，文 42 种。我与邢贲思、李德顺初评推荐哲学类 8 种，瞿林东、商传、辛德勇推荐史学类 10 种，万俊人、高明光推荐文化类 8 种，共 26 种。由于参与评选的书质量高，初评再三斟酌，有的好书也不能推荐，如《范文澜全集》。一些名人写一章的主编书基本在初评就被否定了。这次评国家图书奖对创新观点比较关注。社科组报评图书共 314 种，推荐 50 种。图书评奖对推进图书的发展包括质量的提高有很大的作用，由于配额的限制，有的好书也只好割爱，也有不该报评的书报上来，所以大家建议省里进行初选再报。

9 月 22 日“魅力北京、文化奥运文化节”，我出席“奥运会徽与人文论坛”，并发表演讲，我讲“奥运会徽与人文精神”，讲奥运会的精神和主旨以及和合精神。我国提出“人文奥运”有很大意义和价值。人文奥运体现了竞争、公平、公正、团结、友谊的原则，它是以体育运动形式呈现的文化现象；它是世界各地区、各国、各民族以及各文明间的平等对话，凸显了不同思维方式、价值观念、宗教信仰、伦理道德、风俗习惯之间的自由交流，使各不同文化在接触、碰撞中相互学习、吸收、发展。人文奥运的跨文化交流可以遵循和合学和生、和处、和立、和达、和爱精神，使人们向更快、更高、更远、更强的目标发起冲刺。23 日，《北京日报》对我演讲做了报道。

三、日本巡回演讲

蓝天万里，白云朵朵，“最是橙黄橘绿时”，我和罗安宪、林美茂、姜日天四人受日本国士馆大学理事长西原春夫教授邀请赴日访问。因为我要做五场公开演讲，所以近日来匆忙准备，但在秋色盎然的日子，写作的效率相对较高。10 月 5 日（癸未年九月初十）乘 CA925 航班从北京到东京成田机场，由渡边和韩鑫在机场迎接。渡边是国士馆大学国际交流中心事务长，他办事很认真，把我们送到兰塔东急宾馆，这是一个高级宾馆，地址在涉谷区樱丘町。晚上国士馆大学理事长西原春夫教授和校长三浦信行先生到宾馆看望我们，并在宾馆二楼招待我们四人。席间谈到《周易》和日本资本主义之父涩泽荣一等，西原春夫教授说，如果演讲中讲到涩泽荣一在中国的影响，深谷市人民一定很高兴。西原春夫教授一直致力于中日友好、东北亚和平事业，这与我讲的和合学很契合，他要协调东北亚的冲突，我说和合学就是一种化解冲突的最佳选择，因此我们谈得很投机、很欢快，这个欢迎宴会成为思想感情的交流会。

10月6日，西原春夫理事长安排我们访问他任理事长的国士馆大学。国士馆大学是1917年由私塾国士馆逐步发展而来的，现国士馆大学有三个校区：世田谷校舍、鹤川校舍、多摩校舍。校训是：诚意、勤劳、见识、气魄。学科设计有：大学院研究科设政治学研究科、经济学研究科、经营学研究科、工学研究科、法学研究科、人文科学研究科等，为修士、博士专攻。学部有：政治学部、体育学部、工学部、法学部、文学部等。我们从9点30分出发，10点到世田谷校舍，也即其校本部。国士馆特地升起中华人民共和国国旗，并设红地毯，教职工列队两行鼓掌欢迎我们一行，这是我们1985年以来多次到日本大学访问和讲学所没有的，国士馆确实以最高的规格接待我们一行，使我非常感动，也使留学日本13年的林美茂教授感动不已。我们下车向他们鞠躬，以表谢意，由西原春夫理事长和三浦信行陪同通过夹道欢迎的队伍，然后到贵宾室。落座后，三浦信行介绍国士馆大学的基本情况，我介绍了中国人民大学设孔子研究院的宗旨以及编纂《儒藏》活动的意义、价值，并说明我为什么热心于编纂《儒藏》。

10月6日上午10点30分演讲会开始，文学部部长阿部昭教授主持，西原春夫理事长致辞，他讲到战后日本道德失落，需要加强道德教育，主张东北亚和平友好，发展文化交流，增进东北亚团结。他特别讲到中国人民大学孔子研究院编纂《儒藏》的意义，这并非中国的事，而是亚洲儒家文化圈的事，要借儒学来复兴道德。西原教授的讲话很有启发性和鼓动性。我演讲“儒家文明在世界文明对话中的地位和价值”，由林美茂先生翻译。我讲了四个问题：一是文明的现代诠释。二是儒家文明孕育了中华民族精神，担当着建构民族主体精神的重任，绵延着民族生命的智能。一言以蔽之，儒家文明以治平为本，以仁为核，以和为贵。三是文明对话的原理，从文明冲突到文明对话是价值观念、思维方式、观照视角的转换。四是文明对话应依照和合学的融突和合论，而不是二元对立的非此即彼论，以尊重、接纳他者的存在为前提。儒家文明在化解世界文明冲突中，以其“己所不欲，勿施于人”的和生、和处、和立、和达、和爱原理发挥着重要的、独特的、整体的作用。实现各文明之间的和平、发展、合作、共赢之道，这是人类在21世纪所必须做出的抉择。我的演讲约一个半小时，听讲者约500人都听得非常认真，秩序很好，真是鸦雀无声，既没有手机响，也没有人走动。西原春夫理事长和三浦信行校长说我的演讲很成功，对大家思想影响很深。

中午由西原理事长宴请，他对和合学思想非常赞同，与我一见如故，他说他的东北亚和平主张与和合学思想有一致之处。我说我找到知音，非常高兴。饭后邀我写字，为国士馆大学题“致广大而尽精微，极高明而道中庸”。为西原春夫题张继《枫桥夜泊》诗，再书“学海无涯”赠国士馆大学。

下午4点在国士馆大学1号馆3层大会议室召开学术座谈会，与会的有西原春夫教授（刑法）、三浦信行教授（政治学）、光野行甫（副学长、教授文学）、内村嘉秀教授（中国文学专业主任、中国哲学）、鹭野正明教授（中国古典文学）、藤田梨那副教授（文学部，研究鲁迅、郭沫若，系郭沫若的外孙女）、藤森馨副教授（中国文学、书志学）、奥山宽夫教授（文学部、东洋史学、中国封建制度史）、荒木美知雄教授（21世纪亚洲学部、宗教史）、藤田忠教授（东洋史、中国古代史）、韩鑫（翻译）。荒木美知雄教授提四个问题：（1）儒教如何看待孩子教育这个问题；（2）世界人口增长，而粮食缺乏；（3）福泽谕吉的“脱亚入欧”论，冈仓在1909年提出亚洲一体化、一个亚洲说；（4）儒教能对人做出什么贡献。我回应了几点：（1）儒教有丰富的道德精髓，如仁义礼智信、温良恭俭让、“己所不欲，勿施于人”、“己欲立而立人，己欲达而达人”等道德箴言，可作为对孩子为人处世的教育的原理。（2）从地缘、人缘、文缘、政缘、种缘上观，“脱亚入欧”只是一种不现实的想象。亚洲包括东北亚、东南亚、中亚、中东等多元世界，亚洲一体化也是一种理想而已。（3）儒教几千年来已做出巨大贡献，形成所谓儒教文化圈，今后还会继续做出贡献。

内村嘉秀教授提问：（1）异文化如何融合，如何对话；（2）张教授说“人是会自我创造的和合存在”，东西方对自我理解不同，西方自我是独立的个体，东方自我往往是没有主体的自我。我的回答是：（1）异文化融合、对话，以至不同宗教之间的对话，是因为人类共同面临人与自然、人与社会、人际、文明之间的冲突，而带来生态、社会、人际、价值的危机，这些冲突和危机人人均不可逃，需要各国、各民族、各文明共同来应对，这便是异文化融合、对话的基础和前提条件，共同利益促成其可能。同时异文化对话要遵循“以他平他谓之和”的原则，对话的他与他者之间是平等的、相互尊重的，才能使对话达成融合。（2）尽管东西方对“自我”的理解有差异，但无论是作为个体的自我还是泛指的自我，都是特指人而言，无人则无所谓自我。

另一教授提问：如何看待台湾孔子研究。我的回答是：（1）在台湾孔子没有经过大陆的“文化大革命”中的批判、打倒，几十年来台湾没有中断对孔子的研究，某些地方研究比较深刻；（2）从学术研究的层面说，两岸正在通过多渠道、多层次、多会议的学术交流、对话研讨，提高孔子研究的质量水平，两岸可以互补。

座谈会后，西原春夫理事长、三浦信行校长认为很圆满，众教授觉得这次学术座谈交流可以增进互相了解，互相启发，是很好的形式。这种形式可自由地畅所欲言，不受任何拘束。

10 月 7 日在国士馆藤田忠和藤森馨教授陪同下，去访问斯文会。斯文会常务理事内山知也博士（筑波大学名誉教授）介绍斯文会情况，汤岛圣堂财团法人、斯文会事务局局长饭田芳久介绍汤岛圣堂情况。汤岛圣堂是德川幕府五代将军纲吉为振兴儒学，于元禄三年（1690）在汤岛这个地方创建的，为上野忍冈林家私邸家庙和家塾，历经 100 年于宽政九年（1797）成为幕府直辖的学校，名“昌平坂学问所”（通称昌平黉）。它是一所学习儒学的学校。明治维新时期，汤岛圣堂和学问所归政府管辖。明治十三年（1880）为东洋学术文化振兴创设“斯文学会”，发展到大正七年（1918），财团法人斯文会举行孔子祭祀、开设公开讲座、发行《斯文》学术杂志等活动。汤岛圣堂在上野忍冈创建时，作为幕府儒臣的林罗山建议在邸内设孔子庙（先圣殿），有杏坛门、大成殿。之所以称“大成殿”，是依《孟子·万章下》：“孔子，圣之时者也。孔子之谓集大成。集大成也者，金声而玉振之也。”大成殿正中为孔子神龛，西配宗圣曾子、亚圣孟子，东配述圣子思、复圣颜子。西配五哲为先贤郓公冉子神主、齐公宰子神主、徐公冉子神主、吴公言子神主、陈公颛孙子神主，东配五哲为先贤费公闵子神主、薛公冉子神主、黎公端木子神主、卫公仲子神主、魏公卜子神主。明末朱舜水到日本时，携三尊孔子像，安东省庵献予大正天皇。大正十二年（1923）9月1日关东大地震，大成殿曾遭破坏，昭和十年（1935），复兴圣堂竣工，举行孔子像镇斋仪式，赐孔子像。作为斯文会的珍贵文物，平时不能看，只有每年4月释奠孔子祭日可见到孔子像。这次特允我们一行观拜。昌平坂学问所的大学头已传10代。

当日又去参拜神田明神。神田明神社宫司是大鸟居信史。我与内山知也教授穿起白色衣服，衣服胸前有一像韩国太极图的符号，有三条阴阳鱼的样式，像水的流动，神田明神社的职员解释为防火的水。到神社前殿脱鞋进入殿内，我与内山知也教授坐在最前，后边是其他人，说明我们俩为主祭者，后由一男子出来唱祭词，并鼓掌两下，出来男女两人拿下刚才前一男子祭拜过的白幡，向我们扫了一下，表示祝福。最后由一穿红夹白衣服的女子，到左边跪拜，并拿出两根树枝给我们俩，我们拿过来转过树枝，使树枝朝向神坛，好让神向我们祝福，然后向右转，去接受神酒，由女祭师斟一点酒，让我们喝掉，出殿，辞别，祭拜完毕。东京的神社很多，说明民间的信仰的多元化，这是作为神道教国家的特征。在东京街头，经常可看到各神社的神幸祭。

西原春夫教授想尽力为编纂《儒藏》筹集经费，于10月7日晚在全日空饭店请财界人士恳谈。出席的有野村吉三郎（全日空株式会社代表）、丰岛格［社团法人世贸中心（东京）会长，小泉总理的连襟］、三好正也（株式会社エフエムジヤパ丫代表，取缔役会长兼社长）、古屋明（伊藤忠商事，中国市场首席研究员）等企业界高级负责人。这是由于西原春夫理事长在日本的威望和地位，故能请到企业界的头面人物。西原春夫理事长首先致辞，说明恳谈会的目的是为资助中国人民大学孔子研究院编纂《儒藏》工程，并说明编纂的价值，编纂《儒藏》不仅包括中国的儒家，也包括日本的儒家和著作，因此编纂不仅是中国的事，也是东亚包括日本的事。我介绍了中国人民大学孔子研究院的宗旨以及编纂《儒藏》的意义与筹集资金等情况，在恳谈中提到日本政府援助方式的改变，即在援助项目中变硬件为软件（文化），另建议将工程放在联合国教科文援助范围内等等。

2003年10月8日，西原春夫理事长夫妇邀请我们一行四人在国立剧场观看“竞伊势物语”歌舞伎四百年纪念演出。这次公演很隆重，能欣赏日本最高级的歌舞伎，实在难得，我估计票价很贵。过去我看过歌舞伎表演的片段，那是 1985 年在筑波大学召开第八届国际退溪学会议的一个晚会上。歌舞伎的内容基本上都是讲忠义的故事。“竞伊势物语”是讲文德天皇死后，两皇子惟乔亲王与惟仁亲王争夺皇位的故事。这是表示忠义的悲剧。我们坐得靠前，所以看得清楚，而且在座位上供应零食。剧场座无虚席，观众秩序非常好，我虽听不懂，但能了解其剧情。

遗憾的是我们没有看完演出，就与西原春夫理事长离开剧场赶赴赤坂王子饭店，这里离国会会址、王宫均较近，是较古老的建筑，也是日本政治会谈活动的重要地方，老建筑只有 6 层，新建筑有 44 层。我们要与日本政界人士恳谈。由于两天前解散国会，重新选举，所以各政界议员等非常忙，要游说群众及各方人士，以取得连任议员资格，即使在这样关键时刻，诸多议员抽出时间与我们恳谈，可见西原春夫理事长在政界的地位与影响力。下午 4 点，小野晋也（众议院议员）与我一见面就说我们两人同日生（4 月 28 日），不过他比我年轻，只有 48 岁，这样我们感情就拉近了。我向他问好，祝愿他参选成功。还有田野濑良太郎（众议院议员）、保利耕辅（众议院议员，自民党前教育大臣，现仍负责自民党教育方面事务）、清水嘉与子（参议院议员）、有马朗人（参议院议员，东京大学前校长），原定森喜朗（前首相）出席，由于另有要事未能出席，却专来电表示歉意。西原春夫理事长讲：(1) 1945 年战败后，日本深受美国文化的影响，对日本传统道德冲击很大，现在日本青少年道德失落，战后日本人民所创造的事业将没有人继承；(2) 儒教在社会生活中可发挥作用，今天应对青少年进行教育。我讲了孔子研究院的成立就是要继承孔子思想，发扬儒家道德精髓。中华民族两次大批孔，一次是秦始皇批孔，制造焚书坑儒，结果二世而国亡。“文化大革命”批倒批臭“孔老二”，结果经济到了破产的边缘，“四人帮”亡。汉代陆贾、贾谊总结强秦速亡的关键原因就是“仁义不施者也”。实行仁政、德政，首先是提升人们的道德水平和素质，以及官德、政德，才能发展经济，人民受益才能长治久安。孔子研究院成立以及编纂《儒藏》（包括日本儒藏），这对日本青少年道德教育是有裨益的。西原理事长与议员们讨论了如何援助《儒藏》的编纂的问题，恳谈会后留影纪念。

10月9日上午10点，由李伟（女）来接我们前往东京希尔顿饭店（新宿）与スコーレ家庭教育振兴协会的永池会长会谈，这次谈话的内容在他们创办的杂志上发表，主要是讲儒教的认识，以解对儒教的误读。下午由我的学生三泽三知夫来接我们到早稻田大学（新宿校区），西原春夫理事长曾任早稻田大学校长。土田健次郎教授在校门口迎接我们，他现在是中国哲学专业的负责人，我们是老熟人、老朋友。没有想到的是楠山春树老教授也来了，沟口雄三教授也来听我演讲，还有小岛毅副教授。我讲"中国哲学的创新与和合学使命"，由永福青地翻译，我讲后他们提了一些问题，我做了回答。讲演后便到一家饭店吃晚饭，82岁的楠山春树教授提前退席，沟口雄三教授说我们吃到底，沟口教授曾向楠山教授讲起我第一次（1991）在日本东京大学讲和合学的情况，他认为现在和合学已成体系了，很同意我的观点，曾向他的学生介绍和合学。饭后由三泽三知夫送我们回兰塔东急宾馆。这次在早稻田大学的演讲，曾贴出很大的海报，因此听演讲的人比较多。

10月10日，原定上午10点会见筑波大学的佐藤贡悦先生，他是筑波大学原副校长高桥进教授的学生。高桥进教授多次访华，主张和推动中日友好。在1985年第八届退溪国际学术会议期间，他拟定了成立国际儒学联合会的草案，这在当时来说适逢其时。在讨论高桥进教授拟订的方案时，台湾师范大学周何教授（台湾考试院委员）认为，成立国际儒学联合会应由中国大陆牵头，我与其他大陆学者如辛冠洁教授等都赞成周何的观点，于是回国后由孔子基金会具体负责筹备成立国际儒学联合会，把世界各国、各地儒学组织聚合起来。其实我与高桥进教授的关系很好，他研究李退溪思想很有成绩，其大著《退溪"敬"的思想》与拙著一起获1987年退溪学国际学术赏（奖），由于当时中韩没有外交关系，没有被批准到韩国领奖，是由高桥进教授代领的。

四、忧患青少年的道德失落

10月10日，出于日本社会对青少年道德失落的忧虑，西原春夫理事长要求我就青少年道德教育问题做一次演讲，这次演讲会场在奥林匹克青少年活动中心，听讲者估计有1 000人。宣传册为“中国人民大学孔子研究院张立文院长一行来日纪念”，演讲“儒教与现代人生之路——今天，儒教还能否启示人生应走之路”。演讲会开始，由主催者西原春夫教授（社团法人青少年育成国民议会会长）介绍会议意义和主讲人的情况。司会为尼田幸雄（御茶水女子大学名誉教授），翻译为林美茂先生。演讲要点为：其一，今天社会的道德危机。(1) 多种经济形态并存的格局，引起各利益主体和价值取向多元化利益冲突，以致物欲横流，见利忘义，污染人的心灵，腐蚀社会伦理道德；(2) 钱财观的膨胀，而导致为富不仁；(3) 伦理价值标准、评价体系的多元化，削弱了伦理道德社会效应的力度；(4) 社会转型、道德转换中缺失道德教育，缺乏强有力的教化制度和切实措施，致使青少年恶性犯罪事件频频发生，成为社会大问题。其二，儒教对现代人生应走之路的启示。儒教以其对人的生存世界、意义世界和可能世界的关切情怀，从成德之教出发，成己成物，仁民爱物，和合人与自然、人与社会、人际、心灵、文明之间关系的学说，并以治平为本，以仁为核，以和为贵，内尽心性，外穷天道，从形而上道德理想圆融现实世界生命智能和百姓日用之学。它是礼乐文明的根据、价值观的是非标准、伦理道德的规范、艺术审美的尺度，由是构成中华民族基本精神价值体系和伦理道德价值体系。具体的启示是：(1) 敬养父母。(2) 克己复礼。涩泽荣一认为“克己”可从两方面来理解：从内心来说，是修身、诚意、正心，约束自身的嗜欲；从外事来说，是履礼、奉公、无私，践行礼义之正，使己与礼、心与事内外一致，克己与复礼双修。(3) 己立立人，己达达人。帮助他者，尊重他者，以“己所不欲，勿施于人”的理念，化育人心情感，培育道德行为，天下才会太平，人民才会安居乐业。(4) 义利和合，义利兼顾，互相协调、制约，使两者有一定张力，以义制利，既有谋利的积极性，又能以私利推致公利。从做人而言，应先义后利，见利思义，甚至舍生取义。(5) 诚信守正。诚信是要做到真实无妄，守正是诚意、正心，保持正道而不邪。儒教强调在各项职业活动中，诚信是第一生命。这些都是儒教启示人生应走之路。

我演讲后，反响热烈，对青少年道德教育及人生应走之路很有启发。他们反映说近年来很少听到这样的演讲，为青少年今后应走之路指出了方向，问题的针对性也很强，对青少年思想有所震动。

然后在台上开始对谈：西原春夫理事长讲“宪法与秩序的关系”，土田健次郎教授讲“适合于21世纪的部分选择准则”，井出元教授（丽泽大学广池千九郎纪念馆副馆长）讲“儒教与现代”，石川忠久教授（二松学舍大学校长，财团法人斯文会理事长）讲“关于儒教的普及方法”。最后由我与姜日天加以总评，我对各教授在对谈所提的问题做了回答。演讲圆满完成。

10月11日上午，西原春夫教授亲自到兰塔东急宾馆，由他们学校的校车送我们到上野车站，我们要到埼玉县的深谷市参观涩泽荣一的故乡。我与西原春夫理事长谈了很多问题，包括当前中日关系、日本小泉首相参拜靖国神社的问题。我提议理事长应利用其在日本的地位和影响力，推动东亚和平运动，可以和合为其理念，得到他的赞同。深谷市政府的人员已在车站迎接我们一行，并介绍深谷车站是按照东京车站的样子建造的，因为建东京车站的砖是涩泽荣一家族办的砖厂生产的，深谷车站也用这种砖。下了车站，迎面就是涩泽荣一的铜像。深谷市以有涩泽荣一为耀。中午由市长招待，两位副市长及深谷各部门负责人参加，双方相互介绍后，市长致辞，我致答辞。并送我们四人礼物，我们送市政府景德镇的窑变瓷器。

然后参观涩泽荣一（1840—1931）的诞生地，他号青渊，生于一户富裕农民之家，5岁时由父亲讲授如《三字经》之类汉籍，后随表兄尾高新五郎学习汉学，读《孝经》、“四书”、《十八史略》、《日本外史》等。他参与明治初期日本社会改革的设计，曾创办约五百家企业，是日本近代工业化运动的组织者和指导者；他操办或参与支持国际友好社会公益事业600多家，是株式会社的创立者；他的《论语》算盘说（或称经济道德一致论）影响深远。

参观涩泽荣一故居（生地“中の家”），有“以和为贵”巨大石碑，我在这里照了相。还有涩泽荣一用楷木造的亭。涩泽荣一家的一切物件、建筑均保护得非常好，没有受一点破坏。下午3点，我在涩泽荣一纪念馆做“《论语》算盘说的价值”的演讲。演讲前由深谷市市长新井家光致辞，西原春夫教授介绍了中国人民大学孔子研究院与我们一行四人的情况，并讲了是他老朋友栗原福雄先生促成这次演讲，原定这次演讲听众为 60 人，结果来 160 人，只得临时准备座位。之所以来了这么多听众，是因为事先做了报道，听众有各界人士。我的演讲内容：(1)《论语》算盘说的精神。把涩泽荣一的《论语》算盘说从时间、内容、性质上与马克斯·韦伯的《新教伦理与资本主义精神》做了比较。《论语》算盘说为日本以至东亚的资本主义产生发展找到了自身的经济伦理和精神力量，为资本主义产生发展独辟路径。(2)《论语》算盘说从实践上说明了儒教伦理并非资本主义的阻力，而是其精神动力。(3) 涩泽荣一的《论语讲义》的宗旨是为了说明儒教道德伦理与资本主义经济的统一。他认为孔子之志在于“经世济民”。要实施博施济众的事功，就不能不讲货殖之道；讲货殖之道，就不能不讲事功，讲功利和人欲，就与追逐利润的资本主义经济相符合，使儒教伦理道德与资本主义经济相契合。(4) 企业家精神。涩泽荣一认为，工商业者精神的安身立命之地就是“止于至善”。若从“私生涯”进入“止于至善”的仁道境界，便是“克己复礼为仁”，克己向内为修身、诚意、正心，向外为履礼、献身、奉公，内外双修，这就是他的《论语》算盘说的精神底线。涩泽荣一的《论语》算盘说在中国有广泛的影响，是儒教经济伦理与资本主义精神相融合的一种典范。

演讲后参观涩泽荣一纪念馆，这是两层建筑，有涩泽荣一生平事迹展，一、二层均有资料室、图书室、研修室等。涩泽荣一青年时代是幕末混乱时期，具有强烈正义感的他，其理想与观念是自觉、自信、勇气；《论语》与算盘的一致说，即道德与经济的一致，促使实业的发展；他热心于社会福祉事业，事业的发展回报社会，设立养育院、医院、学校、日本国籍儿童亲善会等慈善事业。涩泽荣一的事业、思想、人格的魅力，的确是值得日本人民和中国人民尊敬的。

晚上，64 人出席大型宴会，宴会的横幅是“中国人民大学访日团欢迎会”。御席次分 A、B、C、D、E、F、G 共 7 席。首先由市长以深谷市姐妹都市友好协会会长、涩泽青渊纪念财团龙门社深谷支部支部长身份致辞，接着由我致辞，第三位由西原春夫理事长致辞。席间我到各席敬酒，表示谢意和中日友好，特别感谢深谷市市长和各部领袖的热情接待。晚饭后为深谷市政府题词“仁者爱人”，将“和为贵”赠给涩泽荣一纪念馆，并同众多人照相留影。

10月12日，我们一行人从琦玉县深谷市回东京，途中参观足利学校，位于栃木县足利市，这所学校被称为“日本最古老的综合大学”。足利学校的孔子庙是日本最古老的孔子庙，每年11月23日按古代仪式举行祭祀孔子和四配（宗圣曾子、述圣子思、复圣颜子、亚圣孟子）的释奠。孔子庙中央的孔子像是坐像，而非站像，越南文庙的孔子像也是坐像。发给我们每人一张足利学校入学证。我为足利学校题“儒学重镇”四字。使我惊奇的是，足利学校有很多国宝级文物，如宋刻本《文选》60卷21册，宋版《礼记正义》70卷35册，宋版《尚书正义》20卷8册，宋版《周易注疏》13卷13册。重要文化财产宋刻本《周礼》12卷2册，《周易传》（室町写）6卷3册，《周易》（室町写）10卷5册，《古文孝经》（室町写）1卷1册，宋刊本《附释音毛诗注疏》21卷30册，宋刊本《附释音春秋左传注疏》60卷25册，《论语义疏》（室町写）10卷10册，宋版《唐书》109卷22册。其历史悠久，可见一斑。

我们又顺路参观圣天山，这里有三教（儒、释、道）合一的寺庙，现正在修建，庙宇领导热情接待了我们。晚回东京，仍住原宾馆。10月13日，国士馆大学派车接我们一行访问丽泽大学。丽泽一词取自《周易·兑卦·象传》：“丽泽，兑，君子以朋友讲习。”兑（䷹），朱熹注：“两泽相丽，互相滋益，朋友讲习。”大学创始人广池千九郎博士将其精神解释为“丽泽即太阳悬于高空，滋润万物之意”，即像太阳那样光明（智慧）和温热（慈悲），以公正无私的态度抚育万物。其要旨是相邻的沼泽互相滋润，周围草木亦因沼泽之水而生长茂盛。这实在是让人喜悦的事。与此相同，想成才者，在优秀导师门下，与志同道合之友共同切磋琢磨，在完善自己人格的同时，还应努力给周围的人们以良好的影响。我们一下车，广池千九郎纪念馆的副馆长井出元教授迎接我们。

广池千九郎很喜爱儒学，也注重儒学的道德教育，譬如他以汉字写条幅：“孝者百行之本也”。道德科学专攻塾的讲堂一额题“修天爵而人爵从之”，开塾当初食堂额题“大学之道在明明德”。他之一生可谓“终日乾乾”，即使在46岁患大病，身体虚弱，需要恢复，但他坚持工作、写作。使人非常感动的是，他在一件有100多个口袋的衣服上，装上热水，这样的衣服穿在身上，一定会觉得很沉重，但他坚持下来，撰写了诸多不朽的著作。这种坚韧不拔的精神，值得今人学习。广池千九郎纪念馆有很多有价值的藏书，特别是一本《朱子要览》为手抄的孤本。图书馆负责人说，他准备复印给中国人民大学孔子研究院，以便编入《儒藏》。我很感动，亦表示感谢。

10月14日上午，坐东京到丰桥的新干线，以便访问爱知大学，这是林美茂先生的母校，他在这里学习近13年，取得博士学位。他对爱知大学以及导师、同事很有感情。他在妻子、儿子均在这里学习。他推进了爱知大学与中国人民大学的校际关系，两校互派留学生和教师，取得客观的实际效果，与那些空而无果的校际协议不同。爱知大学的校址原是第二次世界大战中的军营，日本无条件投降后，上海东亚同文书院和在台湾的大学教授、讲师、学生回到日本，于是创办了这所大学。大学的校史展览馆介绍同文书院的情况，这里有孙中山题的“天下为公”、蔡元培的题词。爱知是对知识的爱。原军营留下来辟为校史纪念馆，有其意义，不过要作为和平的纪念物，而不是战争纪念物。下午我在爱知大学演讲，还是林美茂翻译，我讲“儒教与和合学”，主要讲儒教基本观念、和合学对21世纪人类所面临的五大冲突的化解，讲后反响很好，当地报纸做较详细报道并登载一张照片。会后提问，我请罗安宪和姜日天教授回答，我最后做补充回答。爱知大学有一些中国来的教授，在这里从事教学工作。

10月15日，爱知大学派一名中国留学生陪同参观名古屋，林美茂教授回家与妻儿团圆。从丰桥坐新干线约1个半小时到名古屋。名古屋城是江户时期德川家康的家。第二次世界大战中遭空袭，部分建筑被毁，战后才修复。由于时间紧，我们只参观了德川幕府旧址，但没有参观德川幕府开府400周年纪念美术展，匆匆坐出租车到车站，在车站便店吃中饭，后坐新干线到东京车站，林美茂已在车站等我们，我们一起出站到东京涩谷区的兰塔东急宾馆，韩先生已在宾馆等候，我们办理了入住手续，稍事休息，由国士馆大学的校长送到今日空饭店，西原春夫理事长、国士馆大学副校长已在等候。西原春夫理事长12日从深谷市回东京路上吩咐编我与他对谈、演讲的一本集子，林美茂教授拟了一个编书的设想（提纲），向西原春夫教授做了汇报，西原春夫教授表示赞同。后举行一次欢送晚宴，西原春夫教授做了热情洋溢的讲话，他认为我的演讲对他们很有帮助，访问取得圆满成功。我对西原春夫理事长和国士馆大学高规格的接待表示衷心感谢，对西原春夫教授为编纂《儒藏》而费心联系政经两界重要人物召开座谈会表示虔诚敬意，对西原春夫理事长始终陪同访问表示无限敬意，对西原春夫理事长为中日和平事业所做贡献表示高度敬佩。我们这次访问为西原春夫理事长和国士馆大学增添了麻烦，但我们收获丰厚，启发很多，学习很多。像西原春夫理事长为青少年道德失落而忧患，中国也遇到同样的情况，特别如今道德沦丧已严重危害着人们日常生活，如假冒伪劣、贪污盗窃、谋财害命、唯利是图等等，加强道德教育是中日两国面临的共同使命，希冀中日两国通过各种方式加强学术交流，互相学习、互相借鉴，为中日友好添砖加瓦。大家都发表了感谢之言，晚宴欢快结束。10 月 16 日，国士馆大学派车送我们到成田机场，我们道别，乘 CA926 班机回北京。

五、儒学与现代社会

在季秋的 10 月 22 日，召开“中国人民大学孔子研究院成立一周年暨儒学与现代社会研讨会”。会议由副校长冯俊主持，校长纪宝成讲话，讲了中国人民大学为什么成立孔子研究院的问题，以及今后的发展。我讲：(1) 孔子研究院成立以来得到各方面的支持和关爱，使孔子研究院得以维持和发展，我们表示衷心感谢。孔子研究院顾问和学术委员会经研究讨论提出编纂《儒藏》倡议，对孔子研究院成立大会和当时参加成立大会的教育部副部长、社科司司长的报道，引起社会关注，促使《儒藏》的编纂和研究成为教育部的重大项目。(2) 孔子研究院按照“继承优秀传统文化，弘扬孔子思想精华，提高国民人文素质，建设人类美好未来”宗旨，在社会和大学生、研究生中开展中国传统文化和儒家道德教育，我已向同学们讲了“儒家文明在世界文明对话中的地位和价值”，我们准备做一系列的演讲。由于“非典”，大型讲座就停下来了，以后我们将请各位教授来演讲。同时在中小学中推行国学教育，如儿童读经等活动，希望大家提携帮助。(3) 准备系统开展儒学研究工作，如创办《儒学评论》《中外儒学比较研究》等。

杜维明教授发言：首先，从比较文化学的角度讲，希腊苏格拉底早于孔子，三代是儒家的系统，如《周易》系统、《尚书》系统，在孔子之前，源远流长，资源丰富，影响深远。其次，儒学与现代社会。(1) 儒学思想到底通过什么传承下来？现代陈独秀、毛泽东、李大钊、鲁迅反孔，现在编纂《儒藏》具有返本开新的意义。(2) 当前经济全球化，很多文化在全球化中被边缘化，但儒学有自己的特色，在全球化中仍有它的作用和价值。(3) 20 世纪 80 年代，“亚洲四小龙”起飞，有人提出“儒家资本主义”。儒学究竟起着什么作用，是心灵作用吗？韩国一千元钞票上印朱子学者李退溪的像，韩国李朝时以朱子学为主导意识形态。(4) 中国大陆儒学思想影响根深蒂固。(5) 生态环境与儒学的关系、基督教与儒教的关系都需要研究。

汤一介教授发言：近来在斯德哥尔摩开会讨论生态问题。中国文化是多元性文化，中国文化具有包容性，譬如和同之辩。我们要走出中西古今之争，融合中西文化。

姜广辉研究员发言：世界有 6 000 多种语言，有很多消失了，小文明也不断消失，科学扮演上帝角色，哲学退出了指导科学领域，传统文明被解构，中国人的价值观丧失了，文化载体没有了。一些人认为中华古史是编出来的，古籍是写出来的，几千年来的经学是封建糟粕，中华文明之魂没有了。

庞朴研究员发言：全球化是一个趋势，要与世界接轨，如何接轨？以科技来说，在全球化中是属于中性的。经济如何接轨？有 WTO 组织。政治上要求全球化就难了，如政治上反全球化。文化上全球化，唯有多元化。文化具有民族性，孔子文化是民族化的文化。孔子研究院应联合各方力量，《儒藏》由各方分工合作，互相协调，共同完成。

万俊人教授发言：《儒藏》编纂可分工合作。文化不能全球化，人应认同自我，自我认同文化观念。我是谁？所有社会关系都是根据性的认同。文化问题与政治相联系，关系民族存亡。

牟钟鉴教授发言：《儒藏》编纂难度很大，不仅要编纂，还要研究，意义重大，应在制度上加以落实。韩国制度性儒学保持很好，如乡校。中国要重新解释儒学，复兴儒学。从世界眼光来看，文明冲突如基督教与伊斯兰教的矛盾、霸权主义与恐怖主义，儒学在其间可扮演调和剂角色。外交上是第三世界的代言人，文化是和而不同，中庸之道。

楼宇烈教授发言：编纂《儒藏》很有必要，但很艰巨。中华文献浩如烟海，首先是鉴定儒家著作，做到精确无疑。儒学与现代社会两者是割不断的，既要研究儒学的本真面貌，又要与现代社会相结合，着重儒学的日用层面。儒学的两次批判，五四着重于理论层面，“文化大革命”深入日常生活中，民间习惯性的家庭伦理、社会礼仪规范都遭破坏，礼仪对人的行为的约束都丧失殆尽，因此恢复礼仪、做礼仪之邦的人很重要，礼仪之邦就是文明之邦。

钱逊教授发言：《儒藏》编纂有现代意义，儒学在现代社会有无发展可能？讲文化多元性，有无一元？在现代社会文化多元发展，应建立多元学派，如和合学学派，各儒学机构、孔子研究院应从这方面努力。（以上诸教授、研究员发言，仅记其大意，如有缺失，请谅）

10月23日出席“心灵环保与人文关怀学术研讨会”，这个会议是由北京大学宗教文化研究所、台湾法鼓人文社会学院联合举办，台湾大学东亚文明研究中心协办。心灵环保是圣严法师提出的，因此他亦出席了这次会议，“中研院”李亦园院士亦出席。心灵环保同和合学的五大原理有契合之处。会议首先由法鼓山社会大学副校长曾济群介绍圣严法师的理念、活动、功业，然后是圣严法师宣读其论文《从东亚思想谈现代人的心灵环保》。接着是讨论，各人发表意见，我结合和合学心灵冲突的精神信仰危机谈了我的看法。圣严法师的心灵环保是人如何取得内心的安定，心不受环境污染，增强对环境的免疫力，内心不要有嫉妒、愤怒、猜忌、自私等。心灵环保要双管齐下：净化人心，少欲知足；净化社会，关怀他人。少欲知足，便会珍惜天然资源，养成惜福的习惯，等于推动环保。关怀他人，便不会因一己之利而造成整个环境的破坏。每个人都应具有三个层面的修养，即保持身体、心理、精神的平衡和平常，通称身、心、灵的健康。这便是其主旨。圣严法师要使“心灵环境”成为建设“人间净土”的基石，提出“心五四运动”：（1）四安：安心、安身、安家、安业。（2）四要：需要、想要、能要、该要。（3）四它：面对它、接受它、处理它、放下它。（4）四感：感化、感动、感恩、感谢。（5）四福：知福、惜福、培福、种福。并提出“心六伦”与儒家五伦（君臣、父子、夫妇、兄弟、朋友）不同，而是指家庭伦理、生活伦理、校园伦理、自然伦理、职场伦理、族群伦理等六种伦理。这是以更大的范围来概括伦理，跳出了两者相对的关系。

六、生命伦理与精神发展

11月5日出席“纪念侯外庐先生百年诞辰暨中国思想史学术研讨会”，这个会议由中国社会科学院历史研究所主办，我演讲的题目是“中国社会哲学史方法论的新探索”。在会上我没有念论文，而是另讲几点：(1) 侯老是中国著名历史学家、思想家，在极艰难的条件下，由他领衔，杜国庠、邱汉生、诸青完成多卷本《中国思想通史》巨著，至今仍是研究思想史必读之书。我们这一辈人都在这部巨著指导下进入思想史、哲学史领域，此书在国内外学术界产生了巨大影响。他与邱汉生、张岂之主编的《宋明理学史》，是最全面论述宋明理学史的大著，我们都可以从其书中吸收学术营养。侯老在20世纪50年代末曾到中国人民大学哲学系讲“中国思想史”，使大家收获匪浅。他作为大学者没有一点架子，为我们大学生讲课，尽管他的话不大好懂，但他和蔼的态度使我们感动不已。(2) 自黑格尔到21世纪德里达，中国哲学史研究方法的反思与中国有没有哲学一直是一个问题，中国古代的确没有哲学这个学科，哲学这个词是从西方翻译过来的，中国最早写《中国哲学史》的谢无量，认为中国古代道术、儒学、佛学即哲学，“古有六艺，后有九流，大抵皆哲学范围所摄”。后有胡适、李石岑、冯友兰、范寿康等的中国哲学的著作，他们对中国哲学的定义各不相同，哲学虽有一定之规，但各人理解、诠释有异，西方解构主义者对以往的一定之规提出了挑战，但仍认为“中国没有哲学，只有思想”。(3) 冯友兰先生提照着讲、接着讲以来，现代新儒学的指导思想或中国哲学参照系是照着西方实验主义、新实在论、新康德主义、柏格森生活哲学、怀特海有机论等讲的；所谓接着讲，是接着宋明新儒学的程朱或陆王讲。接着讲与照着讲不同，有了自己的新解释。但侯外庐教授不同，他把过去哲学史著作中所忽视的气体论哲学家、“异端”思想家挖掘出来，在哲学史中给他们以相当的地位，这是新的创造，开出中国哲学新局面、新气象。(4) 20 世纪 80 年代以来，我们曾提出传统文化现代化的各种方法，如西体中用、创造性转化、综合创新等等，由于价值观的差分，都没有落实下来，这犹如从唐代到宋初提出儒、释、道三教兼容并蓄的方法，也没有落实下来，待到程颢把三教兼容并蓄方法落实到天理上，开创了宋明理学新时代，新哲学、新思想建构了理学新理论思维体系。当前我们面临着中西马文化如何兼容并蓄的新时代、新任务、新职责。(5) 我们当代是全球化、信息革命的时代，自主性创新是时代的呼唤，哲学思想创新落后了，跟不上时代发展的步伐。中国哲学如何创新，不能等待外国人的启示、上帝的启示，要靠中国人自作主宰的智能创造。中国哲学历经先秦、两汉、魏晋、隋唐、宋明五次创新，其间隔大概是 300～500 年之间，现在接着宋明理学讲，已经讲了将近 1 000 年，还能继续讲下去吗？这样就丧失哲学是时代精神精华的品格，必须与时偕行，唯变所适，创新哲学理论思维体系，和合学就是这样的一种尝试。(6) 中国人民大学 2002 年成立孔子研究院，同时提出编纂《儒藏》工程，儒、释、道三教唯有儒无藏，明代曹学佺、清代周永言都提出编纂《儒藏》的主张，但没有完成，现在我们提出编纂《儒藏》，作为孔子研究院一项重要工作，希望得到各方的支持和帮助，我们将联合各兄弟院校及单位来做。在会议上，张岂之做“学习外庐先生，开拓中国思想史研究”的演讲，李学勤做“侯外庐先生与明清之际学术思想研究”的演讲。

11 月 9 日乘 CA1503 班机到南京，董群来接我，他是石峻教授的博士生，是一个能做学问的人，做事认真踏实，他组织这次会议很辛苦。我之所以到南京，是出席东南大学召开的“中国人文教育高层讨论坛首届会议(2003)”。这次会议可谓名家荟萃，老青咸集。人文教育在当今很重要，它能培养人的品德，提升人性，使人体认人之所以为人的道理，是人生的根本问题。做一个有品德、有情操、有思想、有智慧的人，必须通过人文教育。我在大会做了这样的发言。晚上高等教育出版社副总编郑惠坚就有效地引导高校学生阅读优秀文化典籍决定编辑出版一套“中外文化经典大学生读本”征求意见。我提了三点：一是要精，精选。大学生功课重，没有很多时间读，20 本即可，不要面面俱到。二是用，适合教学需要，教材要留有余地，可以作为参考用，要有一个定位。三是读，使学生不仅读，更要记住，要出一些思考题，启发其思考问题。这次会议要到南通继续开，我因有事就赶回北京了。

12月19日出席首都师范大学召开的“中西文化与人的精神发展国际论坛”。我主要讲“人是会自我创造的和合存在”，提出一个问题，若人类都是克隆人，可以由造人的工厂来克隆一样的人，这个世界将是怎样的世界？还有没有人性、道德性、自主性、创造性、判断性、价值性？人岂不成为动物，是听主人指挥的、被动的、无思想的动物？由此看来，科技的发展一方面为人类造福，同时也带来祸害，如老子所说——“祸兮福之所倚，福兮祸之所伏”，祸福是一个事物的两个方面。这就需要建构科技伦理，理清其与生命伦理的关系，从儒家伦理中开出生命伦理。这些问题成为会议探讨的中心，但学者意见分歧，未获一致。我提供的论文是《人的创造与人的精神发展》。

12月21日出席“曾子学术研讨会”。曾子（公元前505—前436），春秋末鲁国南武城（今山东平邑南）人，字子舆，认为忠恕是孔子一以贯之的思想。《史记·仲尼弟子列传》肯定他“能通孝道，故授之业”，以孝著称，《大戴礼记·曾子大孝》“父母全而生之，子全而归之，可谓孝矣；不亏其体，不辱其身，可谓全矣”。主张“慎终追远”“犯而不校”，提出修身养性的重要方法就是“吾日三省吾身”。朱熹在《大学章句》中说：“右经一章，盖孔子之言而曾子述之……其传十章，则曾子之意而门人记之也。”刘宗周认为：“大学之道，一言以蔽之曰：慎独而已矣。《大学》言慎独，《中庸》亦言慎独，慎独之外，别无学也。”朱熹认为《中庸》为孔子之孙子思所作，“莫见乎隐，莫显乎微，故君子慎其独也”。朱熹注：“隐，暗处也；微，细事也。独者，人所不知而己所独知之地也……是以君子既常戒惧，而于此尤加谨焉。”此为慎独精神。

第二十二章　和合学与和平外交

“日月不肯迟，四时相催迫。”人世一日千里，犹如日月不肯慢走，但有四时的催迫。我的劳碌命时刻不允许自己停下脚步。在新的一年开始之际，2004 年 2 月 26 日在逸夫第一会议室召开“人文学院学习贯彻中央 3 号文件座谈会”。所谓 3 号文件，是指 2004 年 1 月 5 日印发的《中共中央关于进一步繁荣发展哲学社会科学的意见》。

一、教给哲学说汉语

在座谈会上，我就哲学社会科学创新做了重点发言：(1) 哲学社会科学创新具有四个同样重要①的意蕴。同样重要的精神是与时俱进，智能创新才能体现四个同样重要的意义和价值，若不能与时俱进，落后于时代的发展，就不能繁荣发展哲学社会科学。(2) 创新是构建中国哲学社会科学理论思维体系的硬道理。国家政治、经济、文化、制度的发展，协调、化解各种问题，要靠发展，要发展就要创新，无创新就无发展，创新具有主体性，这个主体性即指中国，要根据中国实际来发展、来创新，对于外来的只能外为中用、西为中用。(3) 学术创新与政治既有区分又有联系。哲学社会科学的创新不要简单地等同于政治意识形态。各民族有各民族的实际，学术创新应立足于本民族的实际，唯有如此，哲学社会科学的创新才有价值和意义。(4) 创新要有敢于冒险的精神。要有下地狱和盗天火的精

① 四个同样重要是指：哲学社会科学与自然科学同样重要，培养高水平的哲学社会科学家与培养高水平的自然科学家同样重要，提高全民族的哲学社会科学素质与提高全民族的自然科学素质同样重要，任用好哲学社会科学人才并充分发挥他们的作用与任用好自然科学人才并发挥他们的作用同样重要。

神，否则就会在创新前停下脚步，不敢去创新。创新意味着突破旧的规定、原则、原理，是吐故纳新。“繁荣发展哲学社会科学的总体目标是，努力建设面向现代化、面向世界、面向未来，具有中国特色的哲学社会科学”，这是3号文件中所说的，那么什么是中国特色？怎样表现中国特色？它没有现成的答案，就需要创造。创造、创新就有风险，亦可能犯错。譬如对我20世纪80年代末提出的和合学，当时一些人就持批判的态度，是因为不理解，后来才理解。(5)创新要有比较宽松的学术环境。不要一见新观点、新思想，便认为是异端邪说，这样就扼杀了创新。学术上应有兼容并蓄的精神，允许百家争鸣、百花齐放，这样才能繁荣发展哲学社会科学。(6)创新必须站在学术前沿，对世界哲学社会科学前沿问题有准确把握和体认，这样才能登高望远，胸怀全球，思考新问题，提出新观点。(7)创新学术评价机制。学术评价要公正、客观、合理，要鼓励创新，不要一棍打死，或以拿不准、拿不定的方式加以否定。创新才能繁荣发展哲学社会科学，不创新就不能繁荣发展。座谈会其他教授也做了发言，有了“四个同样重要”，我们哲学社会科学工作者觉得有了希望，于是有人提出既有自然科学院士，哲学社会科学也应该有院士，以做到“四个同样重要”。

在人文学院座谈会之前，1月26日，中国人民大学党委组织座谈会，前校长李文海讲创新要以实践来检验；罗国杰讲创新的马克思主义立场、观点、方法，抓住3号文件的机遇，繁荣发展我校的哲学社会科学；陈先达讲这是我们哲学社会科学教师的使命，要以马克思主义为指导，巩固马克思主义的领导地位；党委书记程天权讲要深刻领会3号文件精神，对中国人民大学来说，这是一次重要机遇，可动员教职员工，发挥积极性，打通各学科，明确学科交叉点，要出有震撼力的成果，处理好创新与实践的关系。中国人民大学要依靠人才，爱护人才，保护人才，留住人才，关键是尊重人才。要尊重学科规律，不要搞干弱枝强，主干课要落实好、讲好。马克思主义主导地位不是贴标签，要表现出基本立场，要指导实践。要编写好教材，中国人民大学以前教材影响很大，各高等院校哲学社会科学教材都用人大的，要投入力量，编写出高质量的教材。我在会上也做了发言。

孔子研究院商量与四川大学古籍所合作编纂《儒藏》，所以我与罗安宪教授于3月16日乘CA4110航班到成都双流机场，四川大学古籍所所长舒大刚来接，住四川大学红瓦宾馆204房。17日上午在古籍所会谈。参加会谈的有古籍所前所长曾枣庄和尹波、郭齐教授等，他们介绍了编《儒藏》的设想和经验，其编纂的体例是经、论、史三藏24目。我心里想，这种编纂方法就把一个人的著作打散，而不收诗、碑、墓志铭、跋、序等，其结果是把一个人的著作五马分尸了。我介绍了孔子研究院的情况和编纂《儒藏》体例的设想。由于意见分歧，需要再进一步会谈。下午2点，蔡方鹿教授接我到四川师范大学演讲，我讲“21世纪人类的冲突和化解之道”。人文学院院长吴淑英接待了我们，演讲由科研处处长主持，蔡方鹿教授介绍我的基本情况，吴淑英做总结。3月18日参观望江公园，这里有四层的崇丽阁，是清代的建筑。这个公园主要是纪念唐德宗时的女诗人薛涛，有薛涛墓和纪念馆等。四川是出诗人的地方，如李白、三苏等。下午应邀在四川省社会科学院讲“中国哲学的创新和合学使命”，院领导及研究生都来听。后请他们提问题，研究生们问和合学与辩证唯物主义的关系等。

3月19日，由四川大学的红瓦宾馆到巴金文学院参加“朱子宗祠”讨论会，据说这是四川最早的朱子宗祠。我做主题发言：(1) 朱熹研究的难点；(2) 朱子在朝鲜、日本、越南的影响，如何在一个时期成为其统治思想；(3) 中国文化走向世界，朱子学被外国受容、发展以及成为其主导意识形态的经验可成为今天的借鉴。下午参观客家博物馆，龙泉是客家集中居住之地，有巫氏、陈氏、王氏、郑氏等，主要是明代大迁徙时来的，迁来时打一口井，被称为八卦井。后又去参观“朱子宗祠”，这是一间很破的房子，现有百姓居住，若要修缮必须先让百姓搬出去。我写了一副对联，及朱熹《春日》诗。晚11时回北京。

3月20日出席中国人民大学哲学系、孔子研究院、《中国社会科学》杂志社、《中国人民大学学报》联合主办的“重写中国哲学史与学科范式学术研讨会”，大家对这个会议比较关注，出席的有北京大学的赵敦华、张祥龙，清华大学的葛兆光，复旦大学的俞吾金、张汝伦，北京师范大学的李景林，南开大学的李翔海，深圳大学的景海峰以及本校哲学系教授等。我代表主办单位对各位代表表示欢迎。会议讨论很热烈，3 月 21 日继续讨论，如中国哲学的合法性问题，对德里达 2001 年在上海讲的中国只有思想没有哲学问题以及如何走出中国哲学的危机等问题各抒己见。各种不同意见都有，有认为中国哲学没有合法不合法问题、中国哲学按西方标准不是哲学，有持相反意见的。会后彭永捷教授主编了《论中国哲学学科存在的合法性危机》一书，作为“孔子研究院文库·中国哲学前沿论丛”中的一种，该书出版后影响很大。我发表了《中国哲学的自己讲、讲自己——论走出中国哲学的危机和超越合法性问题》和《中国哲学的“名字”体系——〈朱陆之辩〉序（节选）》。我在文章中提出“以中解中”，而不是“以西解中”，即以西方范式说中国哲学无疑是“汉语胡说”或“汉语西说”。黑格尔曾提出要“教给哲学说德语”，认为“如果哲学一旦学会了说德语，那么那些平庸的思想就永远也难于在语言上貌似深奥了”①。如果我们将这句话中的德语替换成汉语，我想也是非常合适的。在当代让中国哲学说汉语，那些平庸的思想就不会貌似深奥了，哲学在中国便成为中国的哲学。那种属于自己本身的哲学思考应该用母语，伽达默尔说：“一般说来，语言能力只有在自己的母语中才能达到。这就说明，我们是用母语的眼光学会看世界，反过来则可以说，我们语言能力的第一次扩展是在观看周围世界的时候才开始得到表现的。”② 真正说来，只有用母语才能言能达意地表现一个人的哲学思维，这是哲学思维以及以哲学思维为前提的哲学学术研究的源头活水和土壤。因此，“以中解中”“以汉说中”是繁荣发展中国哲学的大道，“以中解中”“以汉说中”并不是不“西为中用”“融西为中”。

二、张璁与大礼议

3 月 27 日与方国根一起坐火车到荆门参加“陆九渊学术讨论会”，这个会议由李凤全博士费心促成。我们 28 日早 7 时到，已迟到一天。会议规定今天参观皇陵，此皇陵是明嘉靖帝朱厚熜亲生父母的陵墓。其墓现为

① 《黑格尔通信百封》，苗力田泽，202 页，上海，上海人民出版社，1981。

② 《真理与方法》下卷，洪汉鼎译，633 页，上海，上海译文出版社，1999。

世界文化遗产。墓地占地很大，很气魄。从棂星门进，有水围绕周围，有大水池，据说池水在大旱天也不干。两边有石兽石像，再经弯曲像龙的路径，通向大殿（已毁），到一殿，据说是碑亭，嘉靖亲撰。再进去又一大水池，便到了其真正大殿，现只修复一殿阁。现在称其为明显陵。

在龙泉公园内的陆夫子祠举行会议开幕式，参观陆夫子祠，这里有陆象山遗物等。后开学术讨论会，我演讲“论陆九渊人学伦理学”。3 月 29 日早，出发到金溪县凭吊象山墓及陆九韶墓，墓为地方文物保护单位，各领导及单位献花圈。后参观象山祠及仰山书院，书院领导让我写字，我写了“天地人等耳”，陆九渊原为“天地人之才等耳”，由于宣纸小，故省。下午乘东方航空回京。

陆九渊学术研讨会没有结束而我匆匆赶回，是因为 3 月 30 日越南汉喃研究院前院长潘文阁教授谈《国际儒藏》越南儒家著作的事。汉喃研究院是越南收藏古籍最全的单位，一批资料据说是 1977 年由法国移交给越南。越南是儒家文化圈的重要国家，在古代是中国的附属国，实行进士考试制度，有大量儒家著作。由于过去不开放，所以很少人研究这些古代儒家典籍，而且越南现行文字完全为罗马式拼音文字，现代学者已看不懂古代喃字的汉字，更不可能整理这些儒家典籍，若要标点校理，唯有中国学者才能承担。潘文阁和越南社会科学院哲学所的阮才书教授对我们编纂《国际儒藏》很感兴趣，于是在参加“儒教与东亚近代会议”后与我们会谈此事。冯俊副校长出席讲话，说明编纂《国际儒藏》的重要意义，请他们支持工作，我介绍了孔子研究院编纂《国际儒藏》工作情况。潘文阁教授讲，越南实行革新开放以来，也要开放文献，共同合作是一个很好的开端，其实他们不开放文献，他们自己做不了，又不许别人来做，对他们没什么好处。说实在我们是帮他们工作，为他们整理古籍。结果我们谈定了合作的意向，于是有访问汉喃研究院、考察其所藏儒家古籍的情况的后续工作。

清华大学职业经理培训中心主办卓越领导培训班，一起去讲课的有张岂之教授，我讲“百年来中国思想的发展”。我尽管发表过有关这方面文章，但主要讲世纪之交、千年之交的回顾和哲学反思。人生在世，能碰上两个之交，实在难得。负责培训的李敏雁女士几次来邀，故于 4 月 14 日乘机到长沙黄花机场，后乘车到湖南大学望江楼宾馆住宿。4 月 15 日在岳麓书院大成殿讲课，我坐在椅子上，各企业家也坐在椅子上听课，环境很好，这是朱熹讲学的地方，是神圣的地方。讲课开始，班长喊起立，我讲：同学们好；同学回应：老师好。然后坐下，不过听课的人很多，有的并没有椅子坐，大概是来旁听的。我首先讲点感想：我认为讲课应该有一个程序，也是一种礼貌，应有集中精神听课的形式。孔子讲克己复礼，要非礼勿视听言动。礼就是人的伦理道德行为规范的总和。“礼之用，和为贵”，以达到和的境界。礼在行为活动上是文明素质的体现。我们讲物质文明、政治文明、制度文明、精神文明，应该加行为文明，使中国恢复礼仪之邦的地位。后讲正题，五四运动时期三次论战：新文化与传统文化，全盘西化与本位文化，科学复兴与东方保守主义。又讲三大论战：科学与人生观论战，社会性质论战，全盘西化与中国本位论战。下午讲“唯物辩证法论战”，张东荪编了本《唯物辩证法论战》的书，此书专收消极方面，即对于唯物辩证法做破坏的批评①，讲唯物辩证法只在傅统先的《辩证法唯物论批判》中列一个书目。此书虽曰论战，实非论战，其编者的思想倾向和价值评价的选择是反辩证法唯物论的。然后讲 1949 年以后 50 年来思想发展和思想批判运动。最后讲和合学。晚上由培训班两个老总请大家在长沙火宫殿吃饭，据说毛泽东在这里吃过。今之火宫殿又名乾元宫，始建于乾隆十二年，道光六年重修，火宫殿有火神庙、财神庙、弥陀阁、普慈阁，民国二十七年遭大火烧毁，民国三十年重修，仅恢复火神庙。余地被小商小贩所占。2001 年重塑祝融火神像，恢复火神庙、古戏台，书法家黄自元于 1826 年题“乾元宫”，何绍基为火宫殿戏台撰楹联：“象以虚成，具几多世态人情，好向虚中求实；味于苦出，看千古忠臣孝子，都从苦里回甘。”横匾为“一曲薰风”。美国前总统布什、肯尼迪之弟爱德华·肯尼迪都曾来品尝。

4 月 16 日受湖南师范大学邀请，向研究生讲“中国哲学的创新与和合学使命”。19 点 30 分向公共管理学院本科生讲“人的发展与意义”。我讲三个问题：(1)“认识你自己”。由苏格拉底、斯芬克斯谜语、基督教创

---

① 参见张东荪编：《唯物辩证法论战·弁言》，作于 1934 年。

世纪的伊甸园等讲到人的第四次解放，即从网络、手机中解放出来。(2) 人的规定，从卡西尔的《人论》讲到我的《新人学导论》，把“人是符号的动物”转换为“人是会自我创造的和合存在”。(3) 人的意义。两天讲了四场，这是近年来的首次。4 月 18 日，岳麓书院院长朱汉民教授来谈举办“东亚儒学与书院研讨会”事，我极力赞成，认为应重视书院教育，可通过会议，广采众见，推进书院教育。

三、西学东渐史的价值

2004 年 4 月 24 日，到首都师范大学出席“20 世纪西学东渐史学术座谈会”，汤一介主编的西学东渐史丛书比较全面系统、清晰明确地反映了 20 世纪西学东渐各种学派在中国的传播和影响。我做了发言：(1) 分析了西学东渐以来发生了哪些碰撞，如中学与西学、西学与西学及问题与主义、社会主义与无政府主义、玄学与科学的三次论战，以及后来的中国社会性质、中国社会史、唯物辩证法论战等。这既是各学派在中国争夺传播市场和领地，也是各学派在中国的定位，以及中国社会对其的选择。如玄学与科学论战，以前总是接着丁文江、胡适等人讲，批评张君劢为“玄学鬼”，其实解决人生观问题单靠科学是不行的。科学是能够验证的，人生观各人各异，是没有统一标准来验证的。但科学到了中国，却产生了不同理解，以至把科学的客观性变成主观的观念。西学东渐从总体上是西方强势文化对东方文化的冲击，西方文化在传播过程中蕴含着武力的因素。但文化传播也不完全靠武力，而有其自己的规律性，如水之润下、火之炎上的自然性，但被传播国是否接受、如何接受，这是问题的关键。(2) 如果说明末清初是被动接受西学，那么百年来是主动接受西学，先进的中国人向西方学习真理，这是一种开放的姿态，促使中国从旧向新转变，由古向今转变。中西古今之争实是新旧之争，反映中国从传统走向现代，从君主专制走向君主立宪，再走向民主。学术则由旧经学走向新学，因此有“哲学在中国与中国的哲学”的问题。中国在接受西学过程中，接受者、理解者、诠释者必然是个性化、时代化、实践化，带有诠释者的潜意识或前识，所以这个接受、理解、诠释必然是中国化的，西学经中国化的“格义”，就发生中国化的转变。(3) 当前做学问必须出入中西马文化，从无我到有我，进入创新。这个创新必须从文化整合的方法层面落实到中国哲学创新层面。这个落实一是必须要入西学、而后才能出西学，只入不出只能是照着西学讲，入而能出才能接着讲，进而自己讲；二是只出不入，不了解西学，不以西学为参照系，中国哲学的创新也不可能，换言之，出亦无根底，无源头活水。出版这套西学东渐史丛书为我们入西学与出西学提供了非常好的参考。当今在中西马的互动、对话、融突中，转生新的中国哲学，这是中国哲学工作者的职责和义务。(4) 既研究西学东渐，也要研究东学西渐。学术在互相交往、交流中，相互吸收、共赢，才能更贴近、正确地认识彼此，才能更好地创新中国哲学。然而我们在学习西学的过程中，往往照搬照抄。譬如哲学以西方哲学为哲学，现在哲学系分 9 个教研室，相互之间隔行如隔山，互不往来，为我们哲学创新制造了障碍，我们应破除这个壁垒，这对于学科创新是有裨益的。

我发言后，惊悉张岱年教授逝世，享年 95 岁。我真不敢相信，春节期间我和罗安宪教授曾代表孔子研究院向他拜年，那时他身体看来很好。本来决定于 5 月召开“张岱年先生 95 岁诞辰暨从教 70 周年纪念学术讨论会”，他却在此前 20 多天突然走了。这种情况哲学界已发生多次：1990 年 12 月召开“冯友兰先生诞辰 95 周年学术讨论会”，结果他在会前两周逝世；贺麟先生于 90 岁诞辰学术研讨会开会前一天逝世。生命真不待人，一个人活到 90～95 岁，就算是高龄了，但却等不了 20 多天，可见人的生命是很脆弱的、不可预料的，想留也留不住。4 月 30 日出席张岱年先生追悼会，追悼会很隆重，江泽民、胡锦涛等送了花圈，晚上中央电视台做了报道。5 月 15 日出席由清华大学、北京师范大学、中国社会科学院哲学所联合举办的“纪念张岱年先生诞辰 95 周年暨中国文化综合创新学术研讨会”。我写了悼念文章。

5 月 18 日下午，请町田三郎教授（九州大学名誉教授）做“日本汉学”的报告，日本汉学水平是较高的。

5 月 24 日乘韩国航空公司 330 航班到汉城（现为首尔），出席“为理想家庭与世界和平的中韩女性指导者研讨会”。会议主题是“家庭伦理再建与青少年人格教育的新典范”。我之所以借机参加这次会议，主要是为与汉城大学、成均馆大学会谈编纂《国际儒藏·韩国编》的事。25 日上午，中国社会科学院哲学所洪军副研究员来接我到汉城大学，图书馆馆长许南进教授带我们参观了图书馆珍宝室，藏品有 1831 年版的亚里士多德集的希腊文版、1500 年版的《圣经》、明代的地图以及宋版的《书经集注》（宋版唯有此一种，据说此书是日本人留下的）。因为汉城大学的前身为日据时代的京城大学，所以这些书都盖有京城大学的图书章，原京城大学的珍宝都被日本人掠走了。我们与许馆长谈了合作编《国际儒藏・韩国编》的工作，他表示衷心支持。后到成均馆大学会见儒教科的崔英辰和吴锡源教授。成均馆大学在日据时代被取消，这是对韩国传统文化的消灭，以便年轻一代认同日本文化，日本军国主义投降后才恢复。成均馆大学大东文化研究院及儒教科致力于儒教的研究，我们中国人民大学孔子研究院为弘扬韩国儒学而编纂《国际儒藏・韩国编》，希望得到他们的支持，崔、吴两教授很热情地支持我们工作，并主动联系大东文化研究院和民族文化推进会的领导与我们会谈，促成《国际儒藏・韩国编》编纂的成功。

会议开幕式由世界和平统一家庭联合会会长郭锭焕致开幕词，辽宁省社科院院长致辞等。26 日韩国浴佛节放假。中午吃自助餐时碰见庆熙大学的河暎爱教授，她是韩中女性交流协会会长，说他们学校的金天一教授要见我。金教授原是辽宁大学的广播影视学院副院长、韩国学系副主任，到韩国已十多年，他从网上看到我的和合学，并对其非常感兴趣，在课堂上多次讲和合学，他知道我来参加会议，因此也来参加会议，与我相见非常高兴。他开车到他的朋友金良灏家（金是语言文化研究所所长，兼出版社社长），他们一致同意翻译《和合学——21 世纪文化战略的构想》，准备分 5 册出版，以使读者阅读方便。金氏的姐姐在正东镇山地建了 4 幢别墅式的房子，他们家族在星期六、日到这里度假，这里原叫盗牛沟，他们建房后改为博士沟，并请著名书法家将博士沟三字刻在大石头上。这几天开会，我曾发言讲和合学，讲中华民族从《尚书・尧典》的“协和万邦”到老子、孔子、墨子都反对战争、主张和平的思想。由崔英辰教授热心联系，我们在 5 月 27 日拜访韩国民族文化推进委员会，会长赵淳亲自接见（赵淳曾任副总理、汉城市市长、国家学术会会员，相当于中国的院士）。我介绍了中国人民大学孔子研究院情况以及编纂《国际儒藏》的进展，希望看到该委员会汇编的《韩国儒学文集集成》这套书。赵淳会长很热情地与我们会谈。

当今家庭已与传统家庭迥异，那种五世同堂、四世同堂的家庭已不存在，家庭趋小，一般成年子女与父母都不住在一起，原因有观念的代沟、生活习惯的差异、子女觉得与父母住在一起不方便、婆媳关系难处理等等。特别是家庭的本质也发生变化，譬如试管婴儿，精子、卵子均不是夫妻两人的，还有代孕妇女，这样一个婴儿就有两个父亲、三个母亲，原来的单一父母情况发生了变化。同性恋婚姻也改变着两性家庭。最令人担忧的是克隆人，它不需要父母，只根据一个人的基因进行复制。这样既不需要家庭，也无父母、兄弟、姐妹、朋友之爱。将来家庭还存在不存在，便成为人类自身所遇到的严峻挑战。化解之道有：强化男女阴阳相反相成关系；增强伦理道德教育，对家庭幸福观的确认，对温馨家庭的体验；反对克隆人违反道德底线。因此进行理想家庭的研讨是有针对性的。

受温州龙湾区的邀请，出席龙湾区首届文化节，龙湾是我的家乡，离乡多年，总想回去看看姐弟等亲朋好友。我主要是为出席张璁思想座谈会。文化节也是旅游节，旅游打文化牌就显得有品位。旅游文化节的主题："研讨张璁文化，品尝灵昆海鲜，采摘龙湾杨梅，游览山海风光"。我于6月10日乘CA1541班机抵温，龙湾文联章文松、张卫中、张宪栋（我弟）来接，住瑶溪山庄。第二天一早由弟陪同去拜祭母亲的坟，坟正在修理，我负担万元。11日下午龙湾文化节开幕，碰见林斤澜，他是北京名作家，温州籍人，虽已82岁，身体却很好。我们一起在主席台上站了半小时，他一点也不觉得累。12日上午，我的姐姐、妹妹及其夫婿来瑶溪山庄会我，我很高兴，家人见面总有说不完的话。浙江出了两个首辅——贾似道和张璁，贾是南宋时的投降派，张是明中叶的改革家、教育家，为明中兴做出一定贡献。12日下午，温州电视台要为文化节做节目，我被邀请讲如何发扬地域文化。我认为温州文化的特质是海洋文化，而不是内陆的黄色文化。由于温州靠海，耕田很少，除下海打鱼外还有贩鱼、卖鱼等工作，很多村都形成了有特色的经营方式，每个小村庄都各有分工，这就造就了南宋叶適等事功学派的经济基础。海洋环境和生活方式以及商业活动养育了温州人吃苦耐劳、敢于冒险、勇于创新的精神。到了明代，社会经济的发展，海上交通的发达，渔业生产的繁荣，培养了像张璁那样敢于革新、创新，敢于冒险，不达目的不罢休的人，这与守旧、墨守成规、不敢创新的观点大不相同。这种精神一直延续到现代，温州人敢于闯世界，国内外无处无温州的商人，又敢为天下先，敢于做前人所未做的事，于是有很多创造出自温州。基于上述，应从多元整体视域来审视中国文化，不能将中国文化视为单一文化，东南沿海文化与内陆中原文化，西北草原文化，西藏、新疆的宗教文化有很大的区别，正视中国文化的多元性、悠久性、延续性、地域性、宗教性，有重要意义。温州要发扬自己地域文化的特色，发展得更快更好。

四、和合学与商道

应长沙晚报报业集团邀请，为“和文化与商道经济论坛”讲和合文化，湖南卫视全程录播一小时，《长沙晚报》特辟两版报道。6 月 26 日乘 HO7135 航班抵长沙。由《长沙晚报》的人来接到湖南佳程酒店的 2202 房。集团老总邬恩波（全国五一劳动奖章获得者，湖南省人大代表，长沙市优秀专家）、副经理、总编辑刘绍佳等设宴，我请张怀承、徐荪铭、朱汉民一起吃饭。27 日早饭后由欧阳晓莲领我去下午我演讲的地方看白沙古井，古井水质很好，市民排队取水。白沙源茶庄就用这古井的水，茶庄主人王总经理，大学毕业，在《湖南日报》当过记者，其丈夫是中国地质大学博士生，一起经营茶庄，王总说木（茶）、水（古井）、火（热火）最亲近，因此茶庄也依此理念设计。她围绕着古井讲了很多传说：原地没有水，老百姓都迁走了，有两人没有走，就在这里不断挖井，结果挖成水井，这挖井人就是白沙，水源不断，多少人取水也不会干；日本人占领长沙时，他们破坏水源，用 1 号井水来洗澡，水源就断了。白沙古井共四眼，真是“惟楚有古井，有灵在白沙”。在这里喝茶，听古琴之雅声，真有“淡泊以明志，宁静以致远”之感。茶庄主楼 2 层，地方虽不大，但曲径通幽，有雅致、清净之感，在这里喝茶确有陶冶性情之功效，使人进入一个和谐的境界。中午会见白沙集团湖南白沙文化传播公司董事长、总经理黄朝晖女士，长沙晚报集团刘绍佳，后由欧阳晓莲陪同去白沙源茶馆做“和文化与商道经济论坛”演讲，为此我准备了一个讲稿，请他们复印发给对话的先生。《长沙晚报》的广告栏在前两天 24 号、25 号已登出，同时刊出我的照片，很多媒体做了报道。演讲主持人是李岳先生，我讲“和合文化与商道”：(1) 和合的现代解释。在21世纪经济全球化背景下，和合文化可以化解人类社会的五大冲突和危机，可以给市场经济中的商道以指导。和合是中华文化的首要价值和人文精神的精髓，也是当前以和平与发展为世界主题的普遍价值和终极追求。和合植根于5 000多年中华文化的深厚土壤，转生为当代21世纪灿烂的鲜花，它不仅给人以清新、厚实的美学享受，也给人类以价值理念。在当前世界性的商业活动中，其交往、交通“游戏规则”要遵守冲突—融合—和合（新生命、新协议、新事物）的原理。(2) 和合对现代社会的意义。经济全球化、世界多样化呼唤和合，世界多样化、多元化才有全球化、和合化，市场经济、信息经济亦多需要和平、合作。哪里有人的活动，哪里就有人的善恶活动的效应，除了有关法律的制约外，还需要一种精神理念的关切，这便是“融突论”的和合学。经济的发展，企业的兴旺不可脱离融突而和合，而只有在融突中求生存、求发展。它们可以遵循“万物并育而不相害”的原则，而求得和生（共生）、和立（共立）、和达（共达）。(3) 和合文化与商道。中国古人把经营商业称为做“生意”，此生意既有“和气生财”、生生不息积累财富之意，也有勃勃生机、兴旺发达、最富生命力之意。经营企业就会产生各种错综复杂的冲突、挑战、矛盾，都必须在融突中和合为新措施、新方案、新决策、新体制。商道即和道，怎样做生意，怎样发财、发展，从家族而言，“家和万事兴”；从国家而言，“国和万事成”。换句话说：“乾道变化，各正性命，保合大和，乃利贞。首出庶物，万国咸宁。”天道不断变化，商情一日万变，如果把握其真正性命、性质，保持大和状态，乃是大吉大利的，就会万物生长，万国各得发达而安宁。这就是说，企业在变化中，处理好各种真实关系，包括企业与自然、社会、人、国家等各方面的关系，保合大和，即协调、和谐、平衡、和合，就能“企业和万事兴”“集团和万事成”。一个企业必须塑造自己的企业文化，企业文化是企业的灵魂，企业总裁的文化意识是企业灵魂的灵魂。企业文化是企业的凝聚力、生命力、创造力的源头活水，是企业品牌、形象、精神的鲜活呈现。企业总裁的文化意识、经济哲学理念，对企业的成败生死具有关键性的作用、决定性的影响。商道是人类对经济活动所相关的各种道的理性把握和选择：君子聚财，取之有道。和道即仁德之道；义利公私和合，“义以生利，利以丰民”。丰民之利即公利，而非私利；守住勤俭道德底线，侈则多欲，“则贪慕富贵，枉道速祸”；应诚实守信，市场经济即诚信经济。总而言之，商道即和道。罗素在《中国问题》中说：“中国至高无上的伦理品质中的一些东西，现代世界极为需要。这些品质中我认为和气是第一位的。”和道若能被全世界采纳，人类肯定会比现在有更多祥和、合作和欢乐。

我讲后，湖南师范大学资深教授唐凯麟、柳思维及凤凰卫视记者等多人提问，我做了详尽的回答，听众很满意。尽管天气闷热，但大家听讲反响更热烈，因为是针对当前企业中所面临问题讲，所以老总们听得很专注，包括白沙集团总经理卢平。最后由长沙市市委宣传部部长谢建辉致谢。27 日《长沙晚报》记者雷云登出对我的采访的报道。28 日安排我参观白沙集团的香烟厂，并与卢平谈中国人民大学和合文化研究所与白沙和文化研究中心合作的事宜，在座谈时对白沙集团的发展提了一些看法和建议。白沙集团和文化研究中心编了一本《和经》（中英文对照），作为集团企业文化的指导思想。企业办得红红火火。下午参观长沙市博物馆，我主要看出土竹简、木简。这些竹简、木简主要是吴国的，记载户口、收租、分配等情况。其字样不像郭店楚简，也不像马王堆帛书，前者是秦统一中国前楚国的字，后者是汉隶，吴国木简是由隶书向楷书过渡的字，带有隶书的痕迹，但已是楷书的字形，从中可见中国字体演变的轨迹，以及汉字从繁到简的变化状况。

8 月 1 日，出席中央社会主义学院中华文化学院举办的“中国和平发展与和而不同的研讨会”。中央社会主义学院常务副院长朱晓明讲科学发展观包括了和的思想。我的发言要点：(1) 国际和平发展的大趋势。当前国际形势是战争与和平、多元与一元、冲突与融合的统一，应遵循和平发展的和合原则。(2) 人类化解 21 世纪所共同面临的五大冲突与危机之道，最佳的选择是和合学的和生、和处、和立、和达、和爱五大原理。(3) 和平发展需要多元经济、文化等的融合，和平要求各方宽容，平等相待，互相尊重。和是阴阳的协调、平衡、创造、创新。(4) 孔子思想以仁为核，以和为贵，“己所不欲，勿施于人”。楚庄先生发言讲：在中国传统文化中，河图洛书、太极八卦都蕴含和合之意，史伯与郑桓公对话中讲“商契能和合五教，以保于百姓者也”，明确讲和合是保养百姓的理念。李道湘教授讲“和平发展”与“和平崛起”的论争，认为讲和平发展较好。

五、郑和与和平外交

受马来西亚孔学研究会和《星洲日报》邀请，我和罗安宪教授于 8 月 7 日乘 CA971 航班到吉隆坡机场，出席第一届“儒学国际学术研讨会”，大会主题是：“忠恕之道促进世界和平”。主办团体：马来西亚孔子研究会；联办单位：马来西亚《星洲日报》、香港孔教学院；协办单位：中国人民大学孔子研究院等。大会名誉会长为孔子 77 代孙孔德成（未出席），永久名誉会长郑福成太平绅士、汤恩佳、孔德懋。大会会长：总会长拿督林金华太平绅士；大会副会长：国际儒学联合会理事长唐裕，中国孔子基金会张树骅秘书长，以及包括我在内的很多人。筹备会主席为刘观胜，副主席为郑志根、陈徽治，秘书长为陈启生、林素珍等。阵容可谓庞大。8 月 8 日上午 9:30 奏马来西亚国歌，林金华致欢迎词，《星洲日报》总主笔罗正文致辞，马来西亚政府人力资源部部长拿督威拉冯镇安博士致开幕词，并由其主持开幕式，即把忠恕两个字贴在幕布上，成为“忠恕之道促进世界和平”。然后让我们出席会议的人在他们已剪好的心形的纸上写上自己的名字，贴在忠恕两字的周围，即所谓的同献爱心，祈求世界和平。8 月 9 日，我发表论文《儒教与现代人生之路——今天，儒教还能否启示人生应走之路》。我演讲后提问题：和合学是什么时候提出的，儒教的宗教性为何，儒教在中国大陆传播状况等。

8 月 10 日《星洲日报》刊登《僧道俗三流合——农历七月诡异又热闹》一文，讲中元节和民间风俗、道德、佛教仪规密不可分的关系。农历七月十五日为中元节（道教称为中元）。中国节令有“三元”之称，正月十五为上元，十月十五为下元。正月十五日为天官赦罪日，七月十五日为地官赦罪日，十月十五日为水官赦罪日。七月十五日中元当天，太上老君和元始天尊聚集天界，聆听九地官的报告与检定人间罪福所归。道教徒都为庆祝其宗祖的集会设坛建醮，献花供果，求福舍罪，超度鬼魂。七月十五日又是佛教的盂兰盆节，起源于佛教经典《佛说盂兰盆经》。这是佛陀弟子目莲尊者为救堕入饿鬼道的母亲，由佛陀启教的一本孝道经典，以孝慈忆念所生父母，以报父母养育之恩。因此，盂兰盆节成为佛教弟子行孝的法门。民间传说，这天阎罗王下令打开鬼门关，俗称鬼节。为讨好众鬼，人们杀鸡宰鸭，焚纸烧金，形成具有神鬼色彩的民间习俗。盂兰盆节旨在行孝祈福，兼施贫苦，超度在地狱的先辈饿鬼。这天祈求大士爷诏令众鬼返阴间，举行送灯敬献、普度祭典。在晚上大放光明的主普灯象征着普照阴阳两界，在普度前夕，在庙前高挂幡灯，通知孤魂前来领受普度，为祈求"鬼王大士爷"的仪式。寺庙也会请道士或戏班中人"跳钟馗"，借钟馗的法刀赶走滞留当地的孤魂。人们在中元节都祭拜祖先，佛教举行功德法会，为孤魂野鬼超度诵经。马来西亚《星洲日报》报道华人的习俗，对华人下一代人知道自己民族的节日甚有好处。《星洲日报》是华人的报纸，用简体汉字，发行千万份。马来西亚华人是大民族，马来人掌握政权，对华人采取压抑政策。由于马来人信仰伊斯兰教，所以清真寺多，有国家清真寺。这里妇女把头发包起来，不让人看见，穿花色的衣服，裙子很长，到脚跟，全部用黑衣包裹、只留两只眼睛的较少。我在街上见到几位，其裙子拖地。据当地导游介绍，马来西亚的原住民有 33 万，居住在原始森林中，政府想把他们迁出来，但他们不习惯，又迁回去了，主要以采集种地为生。据说一个英国人类学家专门研究此民，出版很有价值的专著。《星洲日报》在日据时代停刊，亦遭日本兵的破坏，1957 年复刊，经不断克服困难，成为华人的大报。

8 月 10 日晚，会议组织到孔学研究会会长拿督林金华太平绅士家吃饭，他家在吉隆坡的卫星城，从旅馆（凯煌酒店）出发，1 小时车程到他家。林家是两层的独立别墅，草坪比汤恩佳先生家大，林家先以水果招待，热带水果多，好吃。8 月 11 日会议组织观光，先到马来西亚地标性建筑双子塔看看，后到皇宫参观，皇宫不让进，只能在外边看门口骑马的古代皇宫武士，挂腰刀，另两人手握长枪，站在那里动也不动，我以为是蜡人，走近一看才知是活人，这样仿古代武士打扮，我看站久了才难受呢！然后去参观"尊孔独立中学"，以尊孔命名的中学独此一家，别无分店，中国大陆、台湾均无。华人在国外觉得孔子是可与耶稣、释迦牟尼、穆罕默德相比肩的伟人，这是华人的骄傲和精神寄托，打倒孔子就是中华民族象征、文化的失落和民族自尊心的丧失。在国内大批孔子的情况下，这里仍坚持称“尊孔独立中学”，确值得尊敬。听中学老师介绍情况，据说现年100岁的老华人为办华校，曾三次坐牢，罪名是煽动民族情绪。新纪元学院的柯院长也坐过牢。我在新纪元学院出版社看见郑良树教授的4卷本《马来西亚华文教育发展史》。华人教育史也是华人奋斗史、血泪史。

8月12日是回国的日子，由于我们的飞机是13日凌晨0点50分起飞，所以整天可以游览，我和罗安宪、方国根、肖群忠决定去马六甲。我们在超市以人民币兑换马币，100元人民币换45.3马币。从凯煌酒店坐的士到公共汽车站为每人4马币，买9点到马六甲的汽车票每人8马币，到马六甲后乘的士游“红屋”——荷兰人于1753年建，门票每人5马币，展出马来西亚的古代社会中马来人、华人、印度人的生活起居及习惯，从荷兰到英国殖民者各届总督的人物蜡像。特别使我感兴趣的是郑和下西洋时在马六甲的情况，有汉白玉郑和雕像，高大威武，还有船队的画像和文物展、船队的模型等。在这个小山包的最高处是一个教堂，大概是1753年建的，现只留下残墙断壁，其中有10块荷兰、英国传教士的墓碑。下红屋到马六甲港口看郑和的船，这是一艘木制的模型。门票每人2马币，脱鞋进船，共四层，每层都有一个模拟船员动作的人，说明操作的情况。在外面看此船不大，然到了里面觉得不小。参观船的模型后再参观郑和庙。的士司机说，郑和庙很灵验，很多人来礼拜求保佑，庙里有郑和像和石碑，后回酒店。

8月11日晚为闭幕晚宴，其实是闭幕的一种形式，由马来西亚交通部部长陈广才主持，他简单讲话后便举行授旗典礼，汤恩佳博士的孔教学院为第二届儒学国际学术研讨会的举办方，汤恩佳博士接过授旗。后由郑良树教授做论文总结报告，他对中国人民大学孔子研究院很赞赏。在总结报告的最后，引用我论文的最后一段为结束语。我论文的这段话是：“虽然社会演化，物换星移，但儒教的敬养父母、克己复礼、己立立人、己达达人、义利和合、诚信守正，在现代社会仍然发扬着陶冶青少年的道德情操、思想品质的作用，启示着人生应如何推己及人等的价值。为了21世纪国家的和平发展和幸福，为了全人类的福祉，我们应该光大儒教伦理道德、价值理想中的有益人类安身立命的宝贵思想资源。”郑教授完全认同、赞成这个看法。后大家自由发言，大陆学者推荐我讲，我简单讲儒学的当代价值，并讲 1982 年在美国夏威夷“国际朱熹学术研讨会”和 1984 年德国汉堡“退溪学国际学术会议”期间海峡两岸学者见面的亲切情况，两岸和海外华人都是中华民族子孙，同宗同祖的兄弟是血浓于水的，应当为中华民族的福祉而奋发图强。

在马来西亚这几天的观察，使我感受最深的是各民族的多元文化的融合。在吉隆坡街头，可以看到华人，说华语（国语）的，男人倒是穿流行的 T 恤衫，看不出来民族，但从肤色和长相上可大致看出来是哪个民族的人。据说伊斯兰教是 13 世纪从印度西部临阿拉伯海的古吉拉特传入马来，1445 年马六甲王朝第六代国王穆扎法尔·沙继位后，采用穆斯林君主“苏丹”尊号，立伊斯兰教为国教。1963 年马来宪法规定允许其他宗教存在。华人中穆斯林人数很少，但槟榔屿有中华穆斯林联合会，柔佛有伊斯兰教华人联合会。马来西亚在 2 000 年前就与中国友好往来，在柔佛河发掘出中国秦汉时的陶器残片，彭亨等地出土中国汉代铜鼓。5—6 世纪，丹丹（吉兰丹）以及马来半岛北部的盘盘、狼牙修等国曾多次派使者到中国南朝的宋、梁，在唐宋时就有频繁的贸易活动。明朝和平使者郑和七下西洋，五次驻节满剌加（马六甲），证明中国没有领土野心，没有将其变成自己的殖民地。今马来西亚博物馆大门上端有《马来西亚历史沿革图》，第一幅就是 1409 年郑和船队到达满剌加的盛况。马六甲有三宝山、三宝井和三宝亭，在丁加奴有三宝公庙，槟州有“郑和三宝宫”，在沙捞越州首府古晋则有义文宫三宝庙，都是纪念郑和的。在马来西亚文学名著《马来纪年》中，记载中国公主嫁给马六甲国王的传说，公主名叫汉丽宝，现将此编为舞剧演出，成为中马友好的标志。马来西亚自 15 世纪以来却受英、葡、荷西方殖民者的入侵，被统治 400 多年，尽管郑和到马来早，但却和平交往，与西方殖民主义者有天壤之别，这就证明中国一直坚持和平外交。

10 月 2 日与罗安宪乘 CA123 航班到仁川机场，到汉城出席“世界和平超宗教超国家联合会会议”，发言的有曾任金大中总统时南北和谈顾问的，有印度尼西亚的瓦希德（前总统）等。

10月9日出席“纪念孔子诞辰2 555周年国际学术研讨会暨国际儒学联合会第三届会员大会”。9日早7:30出发到人民大会堂，贾庆林接见与会代表。下午我讲“儒学与网络、生命、环境伦理”。10月10日上午我主持讨论会，韩国李东俊教授讲“李栗谷实学思想”。他认为栗谷是主气派，主张理气妙合、理气不离，讲气与心性情的结合、四端七情问题。日本串田久治教授认为日本儒学主要是江户时期的朱子学和阳明学。第二次世界大战后崇拜欧美的个人主义、利己主义和自由、放纵，造成不平等的情况。

六、体验德川书院秋享

10月13日乘上午8:10的CA129航班到韩国釜山，参加“中日韩退溪国际学术会议”，到釜山机场后孙八洲（釜山退溪研究院副院长）和许捲洙教授接待，许教授曾出席1989年中国人民大学举办的第11届退溪学国际学术会议，所以与我熟悉。下午许教授带我们去参观东莱乡校（东莱是这里的地名，非南宋的吕东莱），乡校有明伦堂、大成殿，为祭祀孔子的地方。明伦堂有乡约及挂有父子有亲、君臣有义、夫妇有别、长幼有序、朋友有信的牌子。此五教为人之为人之教。后到海云台观海，海云是崔致远的号，崔曾在这里住过，故名。14日上午，许捲洙教授领我们去参观梵鱼寺，今天是佛教曹洞宗做法事，一路上善男信女接踵而至，不过女多男少，到了大雄宝殿前，有五个披红袈裟的和尚在做法事，他们按东西南北中的方位，手里拿着锣，上下左右地转着，旁有五个和尚配合着念经。中国是多元宗教的国家，宗教多元发展，相互牵制，就不会出现地下的宗教活动。信仰是人的特殊的需要。人的精神灵魂得不到安顿，没有精神的温馨家园，是一种痛苦，就会成为“游魂野鬼”，没有归宿。信仰或宗教说到底是对一种价值理想世界的敬畏和崇拜。下午出席“第十七回韩日中退溪学研讨会”。首先是退溪研究院和釜山退溪研究院理事长李龙兑先生致辞，然后是日本疋田启佑和海老田辉己教授、我、彭林教授及韩国两位教授演讲，6位教授都围绕礼来探讨。我演讲的题目是“礼仪与韩民族化——论退溪以后礼学的发展”。我主要讲：（1）天经地义民行一体的礼。（2）退溪礼缘仁情的思想。主张礼有因、有革、有常、有变；礼在践履中从俗、从宜、从权，促使礼的韩民族化。其基本点是缘仁情，即缘韩民族的人情而变古礼。（3）栗谷礼尽孝祖诚敬思想。礼以持身明理为要旨，丧制之礼当依朱文公《朱子家礼》，祭礼以尽诚敬之情，居家礼以孝敬为主。（4）礼的韩民族化。金长生和金集父子推动礼的韩民族化进程。（5）礼学派礼学的特点。《朱子家礼》与韩民族在“国制”、俗制等相融突和合，而形成韩民族化的新礼。其创造性、时代性、仁情性共同构成韩国礼学派的特点。我认为在韩国性理学的主理、主气等学派外，应有礼学派。

14 日晚由许捲洙教授带我和彭林教授到德川书院。当时德川书院正进行教学活动，由庆尚大学汉语科三年级学生背诵《大学》和《孟子》及南冥（曹植）的赋，他们背诵后由书院山长评议。这种书院有乡校性质，乡校的校长称典校，是由当地儒林推荐德高望重的人担任，很多为大学退休教授。背诵的学生都穿韩国古代服装，头戴儒巾（据说是明代样式）。活动结束后大家都住在德川书院东西两斋，东斋睡男，西斋睡女，尽管晚上冷，但有电暖席，所以较暖和。德川书院有 300 年历史，春秋两祭是为祭祀南冥，我和彭林教授参与秋享（15 日）。“执事分定。初献官：幼学成焕德；亚献官：幼学李熙俊；终献官：幼学河憐锡；执礼：幼学文承烈；祝：幼学沈星求；谒者：幼学朴春在；赞引：幼学李孝根；奉香：北京人民大学教授张立文；奉炉：北京清华大学教授彭林；奉爵：幼学权清铉；奠爵：幼学成龙燮；司尊：幼学卢云济；赞唱：幼学郑台根；判陈：河仁凤；学生：幼学河大焕、曹镐善、金东俊、郑泰守、柳秉镐。甲申九月初二日。”女人是不能参加这种祭祀的，祭祀按次序进行，严肃庄重，缅怀先贤。德川书院正门是“时静门”，正门上画有太极图，门前有 4 人合抱的银杏树，门的左斜对面有“洗心亭”，金忠烈教授书。亭下为清澈的小溪，风景幽静。“洗心亭”左有南冥曹植先生诗碑。祭祀礼后参观南冥纪念馆，先放南冥先生生平纪录片，后参观其文物展、事迹展。

10 月 15 日访丹城乡校，乡校典校接见我们，乡校依山而建，明伦堂朝北，上挂重修记，都是用汉字写的，且不断句，述重修经过。在明伦堂的三面除挂重修记外，便是春秋祭享的礼仪次序。正朝南是大成殿，有东西两斋。在丹城乡校，我们又进行祭祀，依古礼从东阶上，东阶上摆有洗手爵和洗爵两盆清水，奉爵洗手，进内跪拜三次，后出来洗爵注酒，献到案上，共三爵三献。奉香，洗手，进大成殿文宣王牌位前，开启牌位外的木外套，跪拜三次，把香插入爵内，后再三跪拜。从左门出，再三跪拜。晚住孝山书院，这是一新修的书院，内散发着木香。书院藏书处有不少线装书。后去参观晋州"义妓祠"，建在南江（洛东江的支流）旁。在壬辰抗倭中，义妓论介故意与日本军官跳舞，在江边石头上死死抱住日本军官投江自尽。朝鲜人民为了纪念她，故建义妓祠，祠内有论介的画像。此地现辟为观光胜地，名为"矗石门"，亭内有"岭南第一形胜"的匾额，"晋州庆尚分兵使南德夏立义妓论介之门"碑。晚睡孝山书院。

16 日早晨起来，在孝山书院附近参观，下面马路上立有孝山书院的牌子（石刻），对面为对月楼，写有《对月楼记》，右为复元门，立有"三默斋庆州金公遗迹"碑。碑文称："府君讳商礼，字熙润，号三默斋，庆州金氏桑林先生，李朝二十三年生于铁木里旧第"。后由许捲洙教授开车去晋州望园亭参观，可望玄海滩，是望京山的一部分。下午回庆尚大学的南冥学馆、南冥学研究所。许教授看过我写的《南冥思想的逻辑结构》一文，所以我们谈得很深入。许教授的办公室有一屋子书，插足都难。他叫我写字，我写了"弘道"和张载的"四句教"。我将第四句"为万世开太平"改为"为天下开太平"，这算是对现代的一种祈望。《南冥学馆记》是许教授作的。后到许教授家，家里亦堆满书。我抽《近思录注解丛编》看，丛编将高丽末以来所有关于《近思录》的注解一类书汇编一起，共收录 84 种版本，10 册，宋熹准编，1999 年学民文化社出版。晚饭后到黄义洲家过夜，黄义洲教授夫妇热情接待我们，17 日黄教授开车送我们到釜山机场。这次虽在韩国短短几天，但考察了诸座乡校、书院，韩国民众对礼仪的重视、乡校的祭祀、书院的活动、对古迹的保护，使我感受很深，他们继承古来"礼仪之邦"的传统比中国要好，现在我们没有乡校了，韩国保留至今，在乡间发挥很大的作用。这次会见多位乡校的典校，如坡州文化院的沈星求先生，他原是成均馆典学，坡州文化院副院长、山清文化院的院长郑泰守对"四书"经典非常熟悉，但他们都是 60 岁以上的人，青年人如何继承就是一个大问题，青年人不识汉字，而乡校、书院的春秋两享的执事分定都是用繁体汉字写的。若现有乡校、书院典校过世，如何传承？

10月25日，我与冯俊副校长出席俄罗斯大使馆举行的嵇辽拉教授《四书》俄文版的中国首发式。嵇辽拉教授中文造诣很高。据说他出生在青岛，对中国古典文献有浓厚兴趣，对中国思想的传布有重要贡献。

10月26日，中国人民大学孔子研究院邀请日本国士馆大学理事长、国际著名刑法专家西原春夫教授演讲“儒教与儒学在21世纪的意义——在中国、日本、世界”。我主持演讲。西原春夫教授认为，就以权利自由为中心的西欧价值观与儒教价值观的比较言，日本1951年由美国接管，宪法是和平宪法，放弃战争，主张自由和民主；从儒教的历史地位而言，从明治维新到第二次世界大战后是以儒教为精神支柱，日本在战后追求富足，是权利与自由的确立，但权利与自由的膨胀就会导向犯罪；以日本的亲身经历看中国，权利与自由的理念与中国独特道德观可取得平衡。晚我请西原春夫教授到白家大宅门食府吃饭，服务员一式穿清代服装，此地原是清代太祖努尔哈赤二子礼亲王代善的后代居所，于康熙年间建成，代善为正红旗旗主，为清开国元勋，是被称为清朝“八铁帽子王”之首的礼亲王。康熙在海淀建畅春园，常住园内，京城内文武大臣为上朝方便，在畅春园周围建宅院，这是最先在京西建的王府，花园占地50余亩，古树参天，奇花争艳，一步一景，宛如仙境。大宅门食府在这里独占鳌头。

11月18日出席在中国人民大学举办的“联合国教科文组织哲学节在中国”的研讨会，大会主题是“哲学的伟大意义，中国哲学资源、哲学的发展”。我在大会做“中国哲学的现代价值——当今世界的病态与治疗化解之道”发言，要点为：(1) 儒家哲学的宗教性问题。(2) 当今世界病态的严峻性。当今世界人人都畏惧生病，也畏惧自然、社会、心理、人际、文明生病，其间是互动、互渗、相辅、相成的，因此每个人祈求自己健康，也祈求自然、社会、心理、人际、文明的健康。(3) 世界病态治疗化解之道。“天人合一”观念作为治疗自然病态的良方，包括万物并育而不相害，君子和而不同，中和养心和乐道，“己所不欲，勿施于人”，泛爱众，兼相爱。中华民族是一个智慧的民族，也是一个爱智慧的民族。她的智慧之光照耀中国大地，创造古代文明，与世界文明相辉映。

七、国际儒学论坛

12月3日至5日，由中国人民大学和韩国高等教育财团主办，中国人民大学孔子研究院与亚洲研究中心承办的“国际儒学论坛——儒家思想在世界的传播与发展”，在中国人民大学/北京九华山庄召开。出席贵宾有：全国人大常委会副委员长许嘉璐，中国人民大学党委书记程天权，韩国高等教育财团总裁金在烈，日本国士馆大学理事长西原春夫，民进中央名誉副主席楚庄，孔子后裔孔德懋，上海合作组织秘书处副秘书长扎哈罗夫，瑞典斯德哥尔摩大学罗多弼教授，韩国成均馆大学儒学院前院长李东俊，香港孔教学院院长汤恩佳等。会议代表为来自韩国、日本、俄罗斯、瑞典、巴西、马来西亚、新加坡、越南、柬埔寨、中国大陆及香港、台湾等12个国家和地区的130余名学者，其中海外代表31人，收到论文78篇。许嘉璐副委员长做了长篇演讲，整理后发在《光明日报·国学版》。楚庄讲和合学在“一国两制”指导下对香港、澳门回归和台湾统一具有重要意义，后金在烈、西原春夫、汤恩佳、扎哈罗夫致辞。然后分组宣读论文和研讨。最后我做大会总结：

> 首先，各位领导、女士、教授来参加这次大会，我表示衷心感谢，会议服务有很多不周之处，请各位原谅。我要特别感谢韩国高等教育财团总裁金在烈先生，金先生的母校是高丽大学，我与高丽大学也可说有缘，1982年在美国夏威夷国际朱熹学术研讨会上认识了高丽大学尹丝淳教授，1988年访问高丽大学，1994年受邀在高丽大学讲和合学。在哲学系办公室看见金忠烈教授写的“致广大而尽精微，极高明而道中庸”的条幅，使我感动。这次会议的费用是由韩国高等教育财团资助的。
>
> 我准备讲三点：
>
> 一、这次学术会议的特点。各位教授来自四面八方，中西内外，可谓“群贤毕至，少长咸集”。我们相聚一堂，以文会友，共商儒学。会议的学术水平是高规格的，诸多教授的论文、发言是高水平的，不仅从各方面对儒学做了深刻的论述，而且有发前人所未发的创新观

点；讨论既热烈又愉快，各位教授把自己长期研究的成果带到会议上来，供大家共享共商，大大促进研究的深入；学术讨论是充分自由的、平等的。尽管就某些问题争论得面红耳赤，但都能畅所欲言，相互尊重；频繁的、各种形式的对话，既有中西对话，增进相互交流、了解，使中西学者受益匪浅，又有亚洲中、日、韩、新、马、越等的对话，使大家了解当前世界儒学研究状况，今后研究的重点、方向以及需要深入的问题。各位心怀学术真诚态度，互相学习，互相启迪，互相借鉴，使会议充满浓浓学术氛围。各位教授都赞叹这次会议使他们收获巨大。

二、儒学的现代转化。上下古今五千年，纵横中西十万里，都是我们研讨的内容。我们的论文既涉及儒学发展各个阶段的内外因缘、人文语境，亦深入儒学内在逻辑演变的核心话题、依傍文本。(1) 传统与现代。儒学成为传统文化如何向现代转化、转生。从五四运动到“文化大革命”，儒学成为批判对象，人们认为只有抛弃这个旧包袱，才能现代化，否则就寸步难行。有 20 篇论文探讨了传统与现代化价值问题。罗多弼教授认为，五四与马克斯·韦伯的现代化及儒学思想是对立的。祝家华教授认为，旧内圣开不出新外王、民主等。宋志明教授阐明民族精神培育问题。(2) 差异与融合。各民族、各国、各宗教在各个层面存在差异，但又不离而融合。西原春夫教授认为，日本是天皇体制，中韩原来是王朝体制。天皇为家长，是独具特色的儒教式的国家道义体系、清除战争精神的基础。刘宗贤教授探讨了中日韩现代化的转型问题。(3) 诠释与本真。依西方解释学的观点，由于时空的差距、诠释文本与诠释者之间时空的变化、社会的发展，诠释不能再现文本的本真，但经多方研究，可以贴近其本真。李东俊认为，儒教传入韩国以后，从理论发扬入世精神，形而上的理气与人的性情相结合，使其更加人间化。楚庄先生认为，和的意义并非调和、折中、不讲斗争等，其实和是讲矛盾、讲冲突的，因其有矛盾、冲突，所以讲和，无矛盾、冲突，讲和就无的放矢了，所以要从源头上探讨、诠释思想观念，不要造成误解。(4) 交流与发展。学术的发展离不开互相交流、论争，在交流中发展，在发展中交流。李爱熙教授认为，儒学的朱子学与韩国传统文化的交流、融合使儒学民族化，又深化为李退溪与奇大升的四端七情之辩、金麟厚的诚敬思想等。蔡方鹿教授认为，中日韩文化思想交流具有重大的、深远的意义。罗多弼教授把《论语》翻译成瑞典文，为中瑞文化思想交流做出了贡献。郑成宏教授论述了元朝与高丽的文化交流。李元瑾教授阐述了东南亚儒学的互动，探讨了19世纪90年代、20世纪80年代两次儒学运动，并研究了两次运动中儒学的发展。张敏教授研究了韩国转型期朝鲜朝的经学思想，如栗谷的实心实理思想。(5) 全球化与本土化。全球化必然冲击民族化、本土化，应使全球化与本土化"道并行而不相悖"。全球化的民族化，民族化的全球化，我们反对强势文化吃掉民族文化。周桂钿教授认为，全球化文化不能把本土文化边缘化，民族本土文化也不能封闭自己，搞民族保守主义。蔡德贵教授认为，全球化条件下儒学对西方文化的态度是拿进来、走出去。会议就上述五个问题进行了深入的探讨，取得了很大的收获。

三、共同努力，弘扬儒学。中国人民大学孔子研究院在各兄弟单位支持下，工作有了好的开头。今后的设想是要加强合作。孔子研究院以全球的视野，一方面以东亚儒学为出发点推动儒学的现代转型，另一方面使儒学走向世界，为人类的和平、发展、合作、和处、和爱、共生、共存、共荣做出贡献，这不仅是中国学者的事，也是韩国、日本、越南、新加坡、马来西亚学者乃至世界各国学者的事；要互访交流，共同发展。孔子研究院尽自己所能，开展各方合作交流，学者互访讲学，共同研究项目课题，共同为儒学的繁荣而努力；要推广经典阅读，文献整理；要自由探讨，形式多样。

我的会议总结基本上描述了会议的成绩、特点和内容，参加会议的国内外教授都觉得会议开得很成功。

12月7日，国务院新闻办公室五洲传播中心《中国古代文化圣贤》摄制组来访，要我讲孔子思想、诗的思想、仁与礼的关系，以及教育思想，讲了一个多小时。下午与马来西亚的郑良树教授、黄文斌教授会谈中国人民大学孔子研究院与马来西亚儒学研究合作事，以及民间孔学研究会、南方研究中心合作的事项。

12 月 8—9 日，应福建沙县邀请，我和向世陵教授出席“罗从彦学术思想讨论会”。罗从彦（1072—1135）是道南学派上承二程、杨时，下启李侗、朱熹的重要人物，他尽力以事龟山，“抠衣侍席二十余载”，于是“尽得不传之密”。我们 12 月 8 日到福州机场，沙县来车相接。这是一条在山上建的公路，不是沿山边弯弯曲曲，就是穿越隧道，最长约有三公里。我们紧赶慢赶，到会场仍迟到 10 分钟。这天是沙县小吃文化节，机关、学校放假来庆祝，也可以说是现在各地流行的所谓文化搭台、经济唱戏的一种方式。罗从彦是沙县人，有最近发现的石碑为证，这样就不会有论争了。近来名人吃香，各地以此作为旅游资源，沙县也以罗从彦作为其文化品牌，以增小吃文化节的文化内涵。会议开幕式由县市领导致辞，接着向世陵、杨国荣、林宏星等教授发言，我总结评点。晚上参观罗从彦祠，有其事迹展览，其像是现代人塑的，是否与历史面目相似就难说了。我为会议撰写了《论罗从彦的内圣外王之道》的论文。9 日早 8 点出发到尤溪参观朱熹出生地，尤溪在高山之中，过去文人出去赶考、交流学术要走很多山路，是很辛苦的。但尤溪考中进士的不少。朱熹之父朱松在尤溪当县尉期间，朱熹诞生，古代尤溪称沈溪，朱熹小名沈郎，后改为沈郎。县中心有朱熹像，但广场不大，显得局促。有朱熹纪念馆，有朱熹手植的 800 多年的白樟树，要五人合抱，长得茂盛，弥足珍贵。旁边有“半亩方塘”。朱熹祠有春秋二祭。旁有韦斋祠，即朱熹父亲的祠。一路由三明市文联主席罗辉引领，他是书法家，学米芾的狂草。对罗从彦和朱熹诞生地的考察使我感受到在青山溪水间，魁星尤璀璨！

受台湾大学东亚文明研究中心的“法鼓人文讲座”的邀请，赴台讲学，然国台办的批准文件很迟才收到，因此办理出入境手续很紧张，若早一个星期批准，也不至于搞得人晕头转向。订飞机票又必须拿到国台办批准文件及护照后才能出票，搞得人很紧张，很烦躁。12 月 15 日上午 9 时拿到护照，港龙 991 航班原定 13:35 从北京起飞，由于北京下雪，故误点，就赶不上香港到台湾的 482 航班。我请航空小姐帮助我办理迟到的手续。我下飞机已有一个小姐在等候，我请她帮助办理一切手续，包括去中华旅行社领取正式入台证。因为中华旅行社在 K 大厅，要走很多路，她看我年纪大，既要出境去领，领完后又要入境，出入境都要排队、盖章，这时由港龙到台湾已不行，她就帮我改乘中华航空公司的飞机，她很细心，为人很好，我写感谢信。到台北后，行李在转机时没有上华航，下一航班才到，我只得坐在机场等，这时已找不到原接机的人，好在我有林安梧教授电话，联系林教授后知道了黄俊杰电话，又联系黄沁琇小姐，知道住处，这样我坐出租车到福华会馆，住 816 房。这样折腾到凌晨 1 点。

17 日上午访黄俊杰教授，我感谢他的邀请以及台大东亚文明研究中心与人大孔子研究院合作事，孔子研究院的《国际儒藏》主要包括日韩的儒家著作的整理，与东亚文明研究中心的课题对接。下午黄沁琇小姐来接，直接到东亚文明研究中心，主任为李弘祺教授，副主任为黄俊杰。15:30 开始演讲，由甘怀真教授主持，我讲“韩国儒学的特点”。听讲者有台大的研究生和本科生及教师，约 200 人，演讲效果很好。12 月 24 日，我在台大东亚文明研究中心又有一演讲，据说曾校长要来主持，我讲“中国哲学的创新与和合学使命”，台大哲学系的郭文夫教授、林义正教授带了一些教师与学生来听，教师、学生听得很认真，讲到 17:30，两个小时的课没有一个人中途出去上洗手间或退席。讲后郭、林两位教授都赞扬我讲得好，并同意我的和合学，又交换了著作。期间孔子研究院聘黄俊杰教授为学术委员，商定合作召开“东亚儒学研究的新视野、新方法会议”。又与陈鼓应教授商讨战国楚竹书《周易》问题，空时我在宿舍校对补充我著《帛书周易注释》一书。

第二十三章　礼学、国学与祀孔

“白雪却嫌春色晚，故穿庭树作飞花。”雪作为迎春的使者，等不及春天的到来，穿过庭树而至，巧作飞花。2005 年 1 月 6 日突然下起雪来，给人以“雪消门外千山绿，风卷烟雾竹更青”之感。谚语说“人生七十古来稀”，我也到了“稀”的年纪。华岁芳意花更发，只待春风处处开，这是我的胸臆和期待。

一、栗谷礼学的本义

人民大学人事处来电，要我去做教育部评审政府特殊津贴专家。1 月 17 日去北京师范大学京师大厦报到，参加全国享受政府特殊津贴专家的评审。教育部张兰春司长讲了选拔的条件：(1) 职业道德，一票否决；(2) 职业能力；(3) 向教学一线倾斜；(4) 向西部、东北部倾斜；(5) 百千万人才工程不限额。评审分自然科学为 1、2 组，哲学社会科学为 1 组，共评出 101 人。哲学社会科学组评审专家有张岂之（清华）、郑保卫（人大）、我（人大）、陈光中（政法）、林毅夫（北大）、赵纯均（清华）、王浦劬（北大），共 7 人。特殊津贴专家一次性津贴 2 万元。

2 月 5 日，中国人民大学处级干部学习班要我讲和合学。我讲四个问题：(1) 为什么提出和合学；(2) 人类 21 世纪所共同面临的冲突和危机；(3) 从宋明理学到现代新儒学，新时代对新理论思维的需要；(4) 从传统到现代文化整合方法的落实。

韩国栗谷学会邀我参加栗谷思想国际会议。2 月 24 日上午下大雪，我以为飞机要停飞，但我仍乘出租车到机场，车到中途天气转晴，雪后骄阳特别灿烂。天色难测，犹如世事。到汉城（首尔）仁川机场，我的学生李洪兑来接，住高丽亚娜饭店的1504房，这是一个三人住的大房间，供旅游夫妇带一个孩子住的。17点《朝鲜日报》记者来访，记者提了两个问题：中国大陆学术界的近况和栗谷思想的现代价值。我介绍了中国大陆学术界对儒、释、道的重新评价和举办各种研讨会的盛况。对栗谷思想的现代价值讲了八点：（1）实践的工具功效性。（2）忧患意识：对倭的忧患，对士祸继续发生的忧患。（3）对修己的期望。（4）对正家的要求。（5）对为政的期待。指出必须克服当时的时弊旧习，以免危害国家。（6）价值理性与工具理性的融合。（7）形而上与形而下之礼的论述，形而上无声无臭之妙，形而下日用百姓饮食服饰的合理合节。（8）知行兼备的一贯性。记者拍了不少照片。晚餐见到参加会议的美国波士顿大学的南乐山教授（原宗教系主任）及美国乔治梅森大学的卢永灿教授。两位教授见到我后非常高兴。南乐山教授回忆起他曾带着四位学者走访中国大陆各高校，从上海、南京到西北，在座谈中都谈到和合学，最后访问我校座谈时才知道“和合学的老祖宗是人民大学张立文”。卢教授参加过退溪学国际学术会议，我们见过面。

2月25日，朱七星教授和新星出版社的吴社长来访，商谈出版文集事，后转由韩国学术信息出版社出版中文版《张立文文集》（38辑）。13点报到，13:30召开“第1回栗谷学国际学术会议”。“开会式”即开幕式，由李东俊教授作为栗谷研究所所长致纪念词。李相禹（翰林大学校长）致辞，尹大原（翰林大学理事长）致辞。会议主题是“摆脱混乱，重建秩序”，然后是发表大会论文。南乐山论文题为《儒教价值观的当代意义》；我发表论文题是《作为生活规范的礼的本义和功能——论栗谷礼的本义与功效》；第三位是卢永灿，论文为《当代的社会价值与栗谷的思维方式》；最后是韩国国家学术会会员（相当于我国的院士）柳承国，论文是《栗谷哲学的应答：价值观的转移与大同世界的创造》。四位教授的论文各有特点，但都对儒学有很深的研究。柳承国与李东俊教授是亲戚，李东俊教授是世宗大王第四个儿子的嫡传，李父李正浩是研究《训民正音》与《周易》关系的著名学者，李家是易学世家。

翰林大学栗谷研究所是首次在韩国大学创建的研究所。当前世界普遍经受着混乱和矛盾，2005年是韩国自1945年从日本取得“乙酉解放”后又一个乙酉年。李东俊说："我国一直把爱护生命与和平的人道主义精神和讲礼仪的礼让风俗保存下来，栗谷是真正兼备崇高学问和透彻的现实意识的伟大导师和读书人之一。当今世界是东西交流和古今融合来共同开辟新天地的时代。"李相禹校长认为，从 19 世纪末开始 100 年来是韩民族所经历的最黯淡的历史，因受无知的支配，国家丧失，学问脉络中断，用半个世纪重新找回国家，复兴被中断的学问命脉和文化传统。栗谷把自然秩序的精髓之理和社会现实成员均追求体系化的共同愿望联系起来，他的"理气心性论"为"和平秩序论"创建了理论根据。理事长尹大原认为，真正意义上的世界化并不是指某个个体支配着全体，而是带有内涵的每个个体都在闪烁着生命之光，同时又指在互相学习和尊重个性的基础上达到协调的世界。在这个意义上，以人道与和平为主线的东方思想和我们的文化传统应得到新的复活，不管它是儒、道、佛、耶当中的哪个。近代或前近代的性理学派或实学派应该调整好时代和地区的偏重关系，探索出集理气性和现实性于一身的真理，并应用到这个时代。

南乐山教授是基督教学者，但他又喜爱儒学，是波士顿儒学的代表人物。他认为儒教的价值已超出传统儒学文化圈。"美好生活"是通过开发和参与跨文化礼仪去认识不同的文化本身以及其文化所标榜的美好生活的内涵，实践礼仪当然不是生活的全部内容，儒教强调的是应该通过表现和启发仁的方式去实践礼仪。所谓美好生活包括：(1) 安乐生活的理想；(2) 自由的民主主义理想；(3) 宗教的理想。仁的四个特点为明明德、亲民、止于至善、创意性。朱熹把仁解释为万物长成和繁荣。

2 月 26 日，天气晴朗，万里无云，空气清新，爽人肺腑。一早，李东俊教授亲自开车，去参拜朝鲜王朝第四位大王世宗陵墓。世宗是李东俊教授的祖先。李朝是继高丽后建的王朝，太祖李成桂是高丽朝的三军都总制使，势力很大。拥李派得势，废高丽王。李成桂派韩尚质赴南京，以箕子旧号"朝鲜"和李成桂出生地"和宁"二名，请明太祖朱元璋定夺，朱以朝鲜名甚美且古，遂以朝鲜为国名。并从开城迁都汉阳，即今之汉城(现改为首尔)。我认为汉城既是符号，也是品牌，放弃李成桂定的汉城之名，实无必要，有违传统。首尔的"尔"字是一个虚词，以虚词做地名不合适。之所以迁都，是因李成桂觉得开城风水不好。晚餐由柳承国教授和柳宅馨教授请。柳宅馨教授支持《亚文》二期出版，我们孔子研究院非常感谢。

2 月 27 日在李东俊教授陪同下，由其子和池俊镐先生开车去江陵参观栗谷出生地乌竹轩及栗谷墓地，墓地在京畿道，这是其家族墓地。我们向江陵方向开，到利川时积雪很厚，山上更甚，高速公路休息站广场上雪堆有两人高，但空气非常清新，看到雪山风景格外美丽，真想“扫将新雪及时烹”，以品茶香。汽车一直向山上驶去，虽高处不胜寒，但其他山峰都在我们的脚下。到京畿道的坡山市的紫云书院，这里有栗谷墓地，其父母申师任堂墓地，即“灵魂尚存之地”。紫云书院是为纪念栗谷的学问和品德而设。光海君七年由地方儒林所建立，高宗五年因大院君的书院撤销令被封，1970 年重新开放。这里有李珥的灵位祠堂、讲堂、东斋、书斋，展示栗谷和其母遗物的栗谷纪念馆，书院前有栗谷教员研修院，书院东侧有栗谷和申师任堂墓地的墓所，因此紫云书院为栗谷圣地。“紫云书院庙庭碑”为京畿道有形文化财第 77 号。碑文有宋时烈诗，书院内左侧有李珥先生神道碑。按朝鲜当时风俗，他在外婆家出生，生长在坡州栗谷里，故其号为栗谷，我和李东俊教授拜谒了栗谷碑，进行三跪拜，左侧为金长生的牌位，右侧为朴世采的牌位，我们都做了跪拜，以表敬意。栗谷的实践精神使我既敬佩又感动，因此我在研究撰写李退溪论文时，往往将其与栗谷做比较。为参加“第 3 回栗谷国际会议”，曾作《栗谷理气观》论文。那时曾参观乌竹轩和江陵海边风景。

2 月 28 日会见翰林大学校长李相禹和副校长等人，并相谈合作。后参观校图书馆和博物馆。然后开车到李东俊教授任所长的泰东古典研究所，研究所由任昌淳先生创办，学生的吃住均由研究所供给，三年学习像军训，要背“四书”和“三经”（《易》《诗》《书》），已有 300 多人毕业，均成为学者教授，在韩国地位很高。泰东古典研究所沿山而建，均为古代式平房，有一座五层楼房住男女学生，设备完善。所前有小溪，溪水潺潺，清澈见底。后回汉城。

3 月 1 日，在住地教育会馆早餐时恰逢韩国金刚大学总长金裕赫教授，我们也是老朋友，相见很高兴。上午李东俊来送行，送我其父亲所著书及其女儿李善庆的博士论文《李元龟易学思想研究》，韩元震的《朱子言论同异考》和《击蒙要诀》以及栗谷手书复印稿。李教授很热情，我也不知如何报答。乘机回国，9 天访韩，收获良多，通过实地考察栗谷的生平事迹，感其精神之伟大、学问之深邃、实践之坚强、德操之崇高，我心中树起了丰碑。

二、郭再祐大义抗倭精神

河北大学李振纲教授要求我演讲一次和合学，我不想全面讲和合学，只讲“对和合学的致思”。2005 年 4 月 8 日，我讲八个思考：（1）20 世纪 90 年代以后世界格局的变化，从两个阵营的冷战状态转变为经济、科技、人才的竞争。在社会主义阵营瓦解的同时，资本主义阵营也出现了分化，和平与发展成为世界主题。（2）国内“文化大革命”后，从以阶级斗争为纲转变为以发展经济为中心。这个战略性转变促进了观念的转变。发展经济需要具备哪些国内外条件？国内需要安定、稳定，安定需要和谐、和合，国外也需要一个相对和平的环境。阶级斗争是破坏，说是“不破不立”，但以往只有破而没有立，立需要和平、安定、和合。（3）在全球化和信息革命的情况下，地球成为一个村。人们的视野从一个国家、民族、地域到全球，要从全人类的福祉来思考、观察问题，而 21 世纪人类所共同面临的五大冲突和危机引起了有智慧、有眼光的政治家、学者的关注。做出我们的回应，在世界前沿问题上有中国的声音，这是中国学人的责任，也是中华文化走向世界的最好的途径。和合学将成为化解五大冲突和危机的有力武器和最佳选择。（4）面对国际、国内格局的变化，面对西方文化、科技的挑战，中国需要现代化，否则百多年来落后挨打的滋味还要继承品尝。思想观念、哲学理论不能照着西方讲，照搬照抄西方的，不适合中国的实际，要自己讲、讲自己，要自己定义自己，要创新。现代新儒学接着宋明理学讲，也与时代发展不相适应。（5）走出西方学术规范、西方哲学之谓哲学的陷阱，中国学术、哲学要自我创新，就需要认真、谨慎研究中国的实际，体贴其创新的规律，即所谓的“游戏规则”。中国学术创新的“游戏规则”是：核心话题的转换，人文语境的转移，诠释文本的改变。（6）20 世纪 80 年代，国内就传统文化现代化的问题展开大讨论，提出各种各样文化整合的方法。如综合创新，以什么来综合，创什么新，批判什么，继承什么，其背后都一只无形的手，这就是价值观。拿孔子来说，以前“打倒孔家店”，批倒批臭“孔老二”，现在认为孔子思想有优秀的方面，这就是随时代的变化，价值观亦随之变化，对孔子思想认识就有天壤之别。(7) 西学东渐。我们向西方学习，我们的哲学话语体系几乎都是西方的，把中国自己的哲学丢了，我们连自己姓中还是姓西都搞不清楚了。我们的一些学生知道自己中国文化比西方文化还少。我们究竟是培养洋人，还是培养中国人？我们要创新中国文化，就要懂得中国传统文化。中华之所以为四大文明古国之一，就是因为中华文明与其他三大文明不一样，若我们都与他们一样，我们还有什么地位？所以要自己讲自己的文明，自己创造自己的哲学，这就是和合学的意愿。(8) 和合学是我生命的体认。我这一辈子从阶级斗争中成长起来，从 1950 年参加土改、剿匪、反霸、三大改造运动到“文化大革命”，对阶级斗争深有体会，当前要走和平发展之路，不能走“文化大革命”那种经济到了崩溃边缘之路，这就是和合—和谐发展之路。河北大学党委左书记赞扬我的演讲解决了他的思想问题，对他启发很大，要我将其写出来，在《河北大学学报》发表。

4 月 14 日，我给博士生讲“哲学前沿”课，讲“中国哲学的自己讲、讲自己”。(1) 为什么要讲自己？自己讲的由来是对照着讲、接着讲、比着讲。(2) 怎样自己讲？必须把握中国哲学在历史上转生的“游戏规则”；必须自己定义自己，不能将西方哲学定义套在中国哲学头上，否则中国哲学就成为西方哲学的婢女。(3) 自己讲，讲什么？建构当代中国哲学新的理论思维形态，这便是和合学。

受韩国岭南大学师范大学汉文教育课洪瑀钦教授邀请出席“郭再祐国际会议”。4 月 19 下午乘机到仁川机场，然后到大邱机场，洪教授在大邱接机。这是“第三回壬乱义兵国际会议”，会议主题是“朝鲜义兵将忘忧堂郭再祐先生的护国精神”。会场在庆尚南道忠翼祠管理事务所，所长郭键滐。郭再祐 (1552—1617)，人称红衣将军，号忘忧堂，谥号忠翼公。1592 年夏天日本借口进攻中国，假道朝鲜，实是侵略朝鲜，在朝鲜无准备的情况下，使朝鲜在很短的时间内陷入领土被占领的状态。据说当时朝鲜宣祖相信日本进攻中国为真，亦不告知中国，到朝鲜京城陷落，才知自己上当。侵略战争持续 7 年，朝鲜社会凋敝，人口大量牺牲，严重破坏生产。郭再祐说："我国经乱之后，军民死亡十无二三。"又说："今日之人民，十不存二三于盛时；今日之财务，百不存五六于盛时。"人民陷于水深火热之中。郭再祐于1592年4月22日旬日内率家童千余人，首起兵于宜宁。他开库任取，尽散家资，募勇士健丁，奋起抗倭。日本发动此侵略战争，是在丰臣秀吉结束封建割据后。日本侵略邻国的野心一直未断，至今仍不反省侵略战争罪行，这是日本的悲哀。

会议由宜宁县县长致辞。大会学术报告：洪瑀钦教授讲"郭再祐护国精神的现代价值"，我讲"郭再祐春秋大义精神"，日本名古屋外国语大学讲师贯井正之讲"郭再祐抗倭的经历"（壬辰倭乱与忘忧堂郭再祐先生的应对），庆尚大学杜在海讲"郭再祐变革一生的再认识"。报告会结束后参观郭再祐的忠翼祠。朴正熙总统为忠翼祠批了很大块的地。大邱的三位总统朴正熙、李承晚、卢泰愚在祠里都有题词。这里有忠义阁，有18位义兵将领的纪念塔，叫义兵塔。义兵塔有18个白色环，象征着郭再祐将军和17位将领，不仅纪念和缅怀郭再祐将军，还缅怀他的将领和义兵，如果他们在天之灵得知，一定会感慨高兴的。他们是义兵将郭再祐、领将尹铎、都总朴思齐、收兵将吴沄、收兵将李云长、先锋将裴孟伸、先锋讲沈大承、督后将郑演、突击将权鸾、典军许彦深、治兵姜彦龙、军器许子大、讥察沈纪一、伏兵安起宗、军官曹士男、军官朱梦龙等。在纪念馆展品中有中国明代皇帝赠的瓷器等，还有郭再祐鼎岩津战胜倭将安国寺的画等。

下午洪瑀钦教授亲自驾车载我参观伽倻山海印寺，这是韩国最有名的寺院，之所以有名，是因为高丽时有几千人在这里雕刻了世界上有名的佛经，共雕刻4 800多版，1 000多部佛经，世称"高丽藏"。这些雕版很珍贵。我以为一定保藏得很好，因为这是韩国的国宝，也是世界文化遗产。可是却保藏在很简陋的木屋中，奇怪的是这木屋的木板墙壁四面透风，木栅的空隙我的拳头都能伸进去。但洪教授介绍说，即使有这样的空隙，鸟都不会飞进去，亦没有鼠害和蜘蛛结网。这是佛的保佑，还是虫鸟对佛经的尊崇，真不得而知。此"高丽藏"曾被烧毁过，李朝时补刻。据说韩国为保存此国宝，曾修一现代化的恒温湿的现代馆，却保存不好，后又搬回海印寺简陋的木屋，这是一奇！海印寺有"九光殿"，我问这里的和尚为什么叫九光殿，他也解释不清楚，最后一殿是阿弥陀佛的手印，属密宗手印。

洪瑀钦教授说，这次天地人都优待我，一是海印寺管理很严，车要停在很远的地方，上山要走路，可是今天不知何故没有人管，我们就直接开车上来，省了很多时间；二是海印寺朝拜者、旅游者很多，今天却特别清静，几乎没有外来的游人及朝拜者；三是我19日晚到宜宁有雨，且雨不小，天气预报今天有雨，却晴朗异常，空气清新，非常宜人。我说这是我们有缘有福。晚校对我发言稿（打字稿）的错别字。21日上午参观岭南大学，占地很大，校园很美丽，各个学院都有自己独立的大楼。洪教授任职师范大学汉文教育科，在学院中看到他写的“大学之道，在明明德，在亲民，在止于至善”及韩愈的“传道授业解惑”等字，写得很好。他是台湾潘重规先生的弟子，在他家我看到潘先生给他写的字。他说他藏有于右任及其他书法家的字。他要我写字，我也请他给我写字。我匆匆凑了四句：“首举义兵宜宁郡，抗倭大胜鼎岩津。红衣将军郭再祐，春秋大义万世兴。”

4月24日，北京大学哲学系在英杰交流中心召开纪念张岱年教授逝世一周年会议，我出席讲张先生学术特点：（1）时代性。从20世纪初到21世纪初，世界和中国形势大变，张先生可贵之处在能与时俱进。（2）参与性。他关心现实问题，研究现实问题，在传统与现代化的问题上提出了综合创新的思想。（3）崇高性，道德与文章的一致性。他关心提携青年学者成长。（4）国际性。1995年张岱年与冈田武彦两位世纪老人就中国哲学的性质、特点及如何化解人类共同面临的冲突和危机进行对话，后就其对话内容出版了中日文版的《简素与和合》一书。（5）原则性。尽管20世纪中国与国际社会风云变幻，政治运动天翻地覆，然他忠于学术，以学术为生命。会议发言人对张先生人格、道德都给予高度评价。

4月29日由中国人民大学哲学院与孔子研究院举办“和合学与和谐社会建构学术研讨会暨张立文教授从教45周年70华诞座谈会”。副校长冯俊致辞，牟钟鉴、周桂钿、焦国成等诸多教授发言，王国轩编审赠诗等。

三、《国际儒藏·越南编》

为中国人民大学孔子研究院编纂《国际儒藏》的《越南编》，我们与老熟人汉喃研究院前任院长潘文阁教授联系，访问越南汉喃研究院。5月22日，我、何成轩、彭永捷、干春松四人乘南方航空公司CE371航班到越南河内，汉喃研究院办公室主任接机，住湖畔酒店，这是台湾老板经营的。23日越南时间10点（北京时间9点）到“研究院汉喃”，是倒着念的。接见我们的是院长郑学农教授，以及潘文阁教授、副院长、翻译。我讲了我们访问的目的，他们介绍了汉喃研究院情况及修订汉籍提要，可与我们编纂《国际儒藏》对接。中午我们请阮才书教授（越南社会科学院研究员）及黄文欢吃饭。下午到汉喃研究院看古籍，由于停电不能进书库看书，我们就在他们的阅览室看王小盾、陈义等人主编的《越南汉喃文献目录提要》，他们按《四库全书》的体例，分经、史、子、集。经部主要是“五经四书”、《小学》、《孝经》，共147种，子部儒学68种，共215种。我们与潘文阁教授会谈，说明整理越南儒学经典的重要性，要使世界学界了解越南传统文化，只有把文本整理出来，才能提供给世人研究，这是为越南子孙后代造福的事。双方经互相交流，达成五条共识，并请彭永捷教授起草。潘文阁要求第二天就给他看，以便他与郑院长商量。

24日上午到汉喃研究院，把草拟协定书交予潘文阁教授，并参观其图书馆。据介绍，这些图书（古籍是法国收藏的，当时在“东亚图书馆”）到1979年仍由法国人管理，此后才移交给越南汉喃研究院。我看了几部古籍，如《春秋管见》，是手写本，这在版本上是很重要的。手抄本在国内的国家图书馆也是不能看的。由于时间关系，我没有将经部翻看一遍。然后我们去参观文庙，就是越南的孔庙，同国子监在一起。门口有下马石，里面有进士碑，我看第82碑上刻有三甲进士，赐进士及第3名，二甲进士出身，三甲赐同进士。我看见很多中小学生抚摸进士碑的赑屃头和碑身，据说这是为了考得好成绩，然后去拜谒孔子像，很多男女、中小学生双手合十、上香跪拜孔子，并口里念念有词，祈祷着心愿，既是对孔子的敬畏，也是祈求孔子的保佑。这里的孔子像，有人说像越南人。在孔子像前有很多西方男女，他们也很虔诚地朝拜孔子。我想对世界十大名人的敬仰就是对一种文明的尊重。文化是一种符号，我小时候有敬字的传统，写的字不能掉在地上或用脚踩。孔子是中国的符号，所以对孔子的尊敬不仅是对中国的、东方的尊敬，也是对世界文明的尊敬。孔子殿后有一殿供奉朱文安像。最后我们与文庙的负责人会谈，她说每年参观的人有50万～60万，是河内参观人数最多的景点，并搜集研究儒学的资料，我们表示孔子研究院与他们合作的愿望。文庙是越南儒教的文化象征，而且也是河内的文化遗迹，《大越史记全书》记载："庚戌年，李朝圣宗皇帝神武二年（1070）八月秋建文庙，立孔子、周公及四配塑像，画七十二贤肖像，四季供祭，并让皇太子前来学习。"1076年，李朝仁宗皇帝在文庙旁建国子监，以供各级官吏、贵族子弟和全国优秀学生前来学习。国子监可谓是越南第一所大学，它存世700多年，为国家培养了成千上万人才，其中有历史学家吴士连、数学家梁世荣、博物学家黎贵敦、政治外交学家吴时任等。文庙、国子监留下很多珍贵文物，如进士碑，自1484年建的82块进士碑形态各异，记录着82届科举考试，1 306名进士的姓名与籍贯，目的在于鼓励学习和表示对贤才的重视。最早一科考中33名，进士碑铭说："贤材国家之元气，元气盛则国势强以隆，元气馁则国势弱以污，是以圣帝明王莫不以育材取士、培植元气为先务也。"

25日上午阮文红教授来访，我很高兴。昨天与阮金生教授联系，没有联系上，我讲这次来越南的目的是整理越南儒典，并请他们帮助。下午与汉喃研究院郑学农院长签订协议，他们提出经费问题由中国人民大学孔子研究院解决，并由彭永捷教授做了修订，双方一致同意编纂整理出版越南儒典，该协议对双方有效。

26日上午我被邀做"儒学在世界发展和未来"的演讲，由汉喃研究院丁文明研究员做翻译。阮文红教授带了河内国家大学人文社科大学的学生来听。并签署《和合与东亚意识》的翻译授权书。我演讲的要点：其一，儒学在世界发展状况。（1）以儒学为宗教的有日本、韩国、新加坡、马来西亚、印度尼西亚以及中国香港地区等，是比较纯粹的宗教，有教主——孔子，经典——《论语》，教仪——祭祀仪式，教团——韩国成均馆、日本斯文会、新加坡及马来西亚孔教学会、香港孔教学院等。（2）寻求精神性慰藉，强调内在超越，如美国波士顿儒学，其代表人物南乐山，哈佛大学的杜维明致力于儒学与各宗教的对话。（3）将儒学作为学说研究，寻求其伦理价值的，如日本涩泽荣一的《论语》与算盘，欧洲的瑞典斯德哥尔摩大学、德国莱比锡大学的儒学研究中心、俄罗斯孔子学基金会，及各国开办的孔子学院。（4）中国蓬勃展开对儒学的研究，建立各种研究机构和学会，如国际儒学联合会、中国孔子基金会等，中国人民大学孔子研究院是大学建立最早的研究儒学及孔子思想的机构。台湾以“鹅湖”为中心，是牟宗三弟子的新儒学研究重镇。

其二，儒学所具有的普遍价值。（1）马克斯·韦伯在《新教伦理与资本主义精神》中认为，在成功事业背后有一种精神力量的支撑。东亚经济起飞，“亚洲四小龙”的出现，有人就从儒学伦理出发加以诠释，儒学受到世人的关注。尽管在1997年出现亚洲金融危机，有人认为是儒家资本主义的破产，但事实上东亚经济发展仍然是世界经济发展的火车头，特别是中国经济的发展对世界的影响越来越大。（2）亨廷顿的文明冲突论是冷战思维和西方中心主义的继续，是美国单边主义、霸权主义的政治理论，其后果是以暴易暴、以怨报怨的二元对立的你死我活的斗争。其结果是恐怖没有根绝，相反却越演越烈。在这种情况下，儒学的“己所不欲，勿施于人”“己欲立而立人，己欲达而达人”的思想被普遍认同，这就是说平等对待别人，尊重他者，使世界人民认识儒家人本的价值观，具有重大的意义。（3）1988年诺贝尔奖金获得者认为，21世纪世界人类应从孔子那里寻求智慧。孔子的智慧是重视价值理性，西方重工具理性。他们认为重工具理性促进了科学的发展以及民主政治，东方重价值理性而趋向保守，死守教条。工具理性的发展、异化与对人的控制，使人的主体性、人格的尊严都有丧失的可能，使西方学者认识到东西方互补的重要性。（4）儒学当代新理论思维——和合学形态对21世纪人类共同面临的冲突和危机具有重要价值，促进和平、发展、合作、共赢的落实。

其三，儒学的未来发展。（1）儒学与时俱进，儒学自身必须发生革命性的转生，以适应21世纪发展的需要。（2）深刻体认、把握国内外形势的发展，从儒学中发掘对应的资源，以化解21世纪人类所遭遇的种种冲突和危机。（3）发扬儒学伦理道德精髓，提升人类道德素质，促进人民安居乐业，世界和平繁荣。

我演讲后，汉喃研究院图书馆馆长周雪兰提问儒教与儒学的区别问题。阮文红教授问越南民族文化对儒学的影响、越南儒学的特点等。

四、设计国学院教学规划

5 月 29 日出席“中国人民大学振兴国学教育座谈会”，冯俊副校长主持，纪宝成校长发言，说明中国人民大学办国学院的理由及必要性，国学是人类文明的思想库，是引领时代新风的重要资源。中国人民大学 2002 年成立孔子研究院，提出编纂《儒藏》。为传承文明，振兴国学，成立中国人民大学国学院、国学研究院，开展孔子文化月活动。接着任继愈、张岂之、汤一介、詹福瑞等教授发言，提了很多很好的建议，我为会议讲了“国学的新视野和新诠释”。

6 月 7 日接受国际广播电台采访国学问题，梁建平先生为主任记者，另一人是英语记者。我讲了国学是中华民族优秀传统 5 000 年来文明的总汇，是塑造中华民族伦理道德、价值观念、思维方式、风俗习惯、礼仪制度的精神支柱，是中华民族的体和魄、根和本，是文明古国的文化载体。中国人民大学开办国学院适应时代需要，是振兴中华民族的事业。最后讲到国学院学生的出路，我说，各哲学社会科学、文化艺术、出版新闻单位均需要国学专业学生，需求面很宽，而这方面人才缺乏，就业没有问题。

6 月 17 日出席在香山饭店召开的中国人民大学国学教学培养方案论证会。出席会议的有北京各大学文史哲试验班教学的老师，以便总结其经验教训，制订切实可行的方案。我讲了我的看法：要办成真正国学院，就需要把课程设计好，这决定国学院的性质、内涵、特点及其教学研究对象，而与文史哲有所区别，若是文史哲的杂拌，那就没有意义了，所以国学院要有自己独特的内涵和对象；确定国学的定义才能设计好教学培养方案，处理好传统文化与现代化、国学与西学、专与博、教与学等的关系问题。参加会议的人充分各抒己见，最后形成一个既具特殊性又具前沿性的方案，教务处负责人也表示满意。

6 月 20 日下午，我向纪宝成校长讲了国学教学培养方案的情况。(1) 国学课程名称要有自己的特点，不能是文史哲三系课程的重复，否则国学院就没有必要成立。国学不是为打通文史哲，而是有自己的独立课程体系，是国学自身性质、特点的体现，形成一独特学科，将来专家审查国学专业时会取得认同，否则就会被否定。国学院开办后，否定了我们原精心制定的独特的课程体系，结果被审查专家否定，这是后话。(2) 人事安排。不采取划拨式，国学院不是收容所，必须高起点，先要少而精，慢慢物色优秀人才；可以公开招聘，现在独此一家，可网罗全国名人和青年中的佼佼者。若教育部通过将国学纳入学科体系，全国国学机构就会像雨后春笋般发展起来，创办国学院和研究机构，所以要有计划地抓紧引进人才；要编写新讲义，编出凸显国学特点的教材。(3) 中国人民大学国学院要立足于亚洲，面向世界。国学不仅是中国的学问，日、韩、越的国学与中国的不可分，其古代的学说是学中国的，也分经、史、子、集，诠释中国古代经典，如“四书五经”。要使国学院成为世界各国研究汉学的中心或基地，要有与西学竞争意识。现在世界创办很多孔子学院，其学生可以到国学院进一步深造。我们的学生不光是国内的，也面向世界。要创办刊物，如《国学论坛》等。

7 月 12 日，台湾新党主席郁慕明先生到中国人民大学演讲，经校方研究，准备赠送具有中国人民大学特色的东西，于是由艺术学院徐悲鸿儿子徐庆平教授画寒山、拾得和合二圣像；我由于在 20 世纪 80 年代末提出和合学，便由我题和合二字，表示两岸同为中华子孙，亲如一家。

8 月 4—6 日出席由中国孔子基金会举办的“儒家中和思想与世界和平国际学术研讨会”。任继愈教授讲儒家思想 2 000 年不衰的原因是儒家思想不断地得到新的诠释，使其得以发展，得以不衰。李瑞智发言：儒道没有单一信仰，尊重自然，发展出自律和整体主义；中国文明与重教育相联系；西方对中国儒家文明了解很少。我也在大会做了发言：(1) 中华民族自古以来就是追求以和为贵的民族，太和、中和、保和故宫三大殿凸显了和的价值。因此，中国自古以来就是爱好和平的国家，我们没有侵占国外一寸土地，而只有被别人所侵占。然而，现在却听到叫嚣“中国威胁”论，实是以他们的强势来威胁、遏制中国的和平崛起。(2) 中和的本义是《中庸》：“中也者，天下之大本也；和也者，天下之达道也。致中和，天地位焉，万物育焉。”大本是天下之理皆由此出的道体，即天下的根本、事物存在之理的依据；达道是“天下古今之所由”的道路，即必由之道。

推致中和的道体与道用，便能达位天地、育万物的境界。换言之，中和是形而上的终极根据。中和的位育，是《国语·郑语》史伯所说“和实生物”的开出，是指“先王以土与金木水火杂，以成百物”，是多元元素融突和合而生，非上帝创世，排斥唯一性、独裁性，而能海纳百川，和谐相处，因此，中国虽存在多元宗教，但没有发生宗教战争，中西理论思维的差分由此而起。(3) 中和的基本理念是和合，“商契能和合五教，以保于百姓者也”。五教是指父义、母慈、兄友、弟恭、子孝。在天地和人事之间创造一种和合生意，营造一种和谐社会秩序和道德规范，使百姓皆得保养。(4) 中和是讲“中节”，无过不反，不偏不倚。人类面临着五大冲突和危机，国与国、民族与民族、文明与文明间的冲突都应以和合学和处的和而不同的原则来化解，以中和原理来达到和平、发展、合作、共赢的目标。

8 月 6 日出席“亚洲主义建筑与文化国际论坛议程会议”。我的发言题是“世界文化潮流与亚洲复兴中的亚洲价值观”，要点如下：

其一，世界潮流。(1) 回归传统文化。传统文化是一个国家民族的精神，每个民族传统文化都有其存在的合理性。在现代西方强势文化冲击下，民族文化出现了危机感，全球文化与民族文化的冲突加剧，民族文化的全球化，全球文化的民族化，文化整合、融合亦在进行。文化多样化是对文化历史的尊重，是对他者文化的肯定，世界文化不能单一化，不能一花独放。(2) 提倡文化对话。在世界文化多元化情境下，搞文化一元化是行不通的。文化的一元化无异于文化的毁灭。建筑按民族的特点也应多元化。正由其多元化，所以要互相对话、交流。对话、交流既是互相吸收、融合，又是互相谅解、友好。(3) 人类 21 世纪所共同面临的五大冲突和危机，各种文化主体都试图予以化解，和合学是其化解的有效方法和指导原则。

其二，亚洲复兴中的亚洲价值观。(1) 指导建筑的关键是其文化理念，价值观是文化理念的核心，是建筑文化发展的动力源，也是其规范性和禁止性功能的体现。价值观构成人选择活动的依据和行动的指南。(2) 亚洲是多民族、多宗教的地区，各民族、宗教都有其价值观，是很复杂的。“亚洲价值观”主要指受儒教影响的东亚、南亚的一些国家，或者说是“亚洲传统性与现代性的视界融合中所发展出来的价值态度与原则”。（3）李光耀先生曾认为亚洲倡集权主义，西方讲个人主义。亚洲价值观是社会、国家比个人重要，国家之本在于家庭，国家尊重个人，和谐比冲突更有利于社会秩序，宗教间应和平共处。这种社会公群优先的价值态度不能用来作为压制别人人权的借口，它靠民主制度和尊重个人实现人权保护。（4）价值观的价值理想与实际存在方面的冲突，主流意识形态或官方及其思想家倡导的价值观与实际存在、在日常生活中起作用的价值观的差异。国内20世纪50年代以来强调集体主义价值原则，但在90年代初为集体而牺牲个体利益者越来越少。从价值源上看，西方归于人格神上帝，中国归于人是天地之秀气。孔子说仁是价值核心，其他价值围绕仁而展开。中国传统文化具有深厚底蕴，能做到洋为中用。现在学习西方建筑，丢掉了我们自己的建筑风格、神韵，成为西方建筑翻版，我们大城市建筑千篇一律，没有自己的特色，应好好研究。

9月13—17日，决定出席“2005中国贵阳（修文）第三届国际阳明文化节暨学术研讨会——纪念王阳明先生龙场悟道497周年”。修文是阳明被贬（流放）的地方，他在龙场驿站，生活十分艰苦，那里瘴气弥漫，生活环境恶劣。我在1999年曾参加第一届国际阳明文化节，这次是乘海南航空HU7189航班到贵阳，后到修文县的珍珠岛度假村，我住度假村的1号楼202房。这是一套小别墅，共五幢，均临湖而建，临窗可观湖光山色，空气清新，风景幽美，使人心旷神怡，是休假的好去处。14日上午到阳明洞祭祀王阳明，此地立有青铜阳明像，下有冈田武彦教授写的文字，说明阳明生平及其思想的世界价值。这次日本福冈来了疋田启佑、海老田辉已、难波征男教授及国际基督教大学的古藤友子教授。会议宣布我主祭，奉香、奉酒。我点燃香三鞠躬后，把香插在香炉里，另接过酒洒在地上，祈告天地和阳明保佑天下太平、五谷丰登，阳明在天之灵保佑修文地区平安。然后我与汤恩佳一起参观阳明文化主题公园碑林揭幕式的剪彩。会议开幕式由本市市长致辞、杜维明发言和巴西友好组织发言等。下午我与王晓昕主持高端论坛第一场。成中英讲“阳明哲学与社会和谐化的建立”：良知由个人化转向社会化，从个人伦理本体化转向社会伦理理智化。杜维明发言讲：一是主观唯心主义，智的直觉人文精神，客观主义与自然关系；二是浪漫的人文精神，博大深沉的文化，仁者以天地万物为一体精神；三是和的对话与同的不同，晏婴论和同。第二场由我和高柏园讲。我没有讲我所提供的论文《良知与致良知》，而讲21世纪人类所面临的五大冲突和危机，王阳明思想中所提供的化解之道：(1) 天地万物与我一体之心，化解人与自然生态的冲突和危机；(2) 希望这个社会人人都是圣人，社会就会安定团结，化解人与社会的冲突和危机；(3) 存天理，灭人欲，提升道德品质，化解人与人关系的冲突；(4) 阳明的灵跟心可治疗心理、心灵疾病，化解精神危机；(5) 阳明仁爱思想可化解文明之间的冲突和价值危机。

15日，我与汤恩佳、方国根到贵州大学成立的中国文化书院，院长张新民接待我们。参观后要我们写字，我写了《中庸》的“致广大而尽精微，极高明而道中庸”，汤恩佳写了“仁者爱人”。这里已挂有冈田武彦写的“崇物”两字。后我们一起座谈，副校长李建军和人文学院院长陶渝苏等来见。下午行走500米去花溪公园，花溪公园很有特色，好山好水，配以喀斯特地貌，天工造化。穿过公园回贵大，2:30我给贵大学生讲“中国哲学的创新”。讲后同学提问题：哲学的“一”、本质与和合学的建构的关系、中西印哲学如何融合到和合学中来等。演讲毕，贵大赠送我与方国根各一件紫袍玉带石笔筒。这种石产于贵州自然保护区梵净山之麓。梵净山为弥勒佛古道场。亿万年来集日月山川之精华，才造就此石中珍品。

16日，我与方国根等7人去参观黄果树大瀑布和天星桥风景区。黄果树大瀑布高77.8米，宽105米，非常壮观，它与美国、加拿大交界的尼亚加拉大瀑布相比各有特色。黄果树大瀑布在青山绿水之间，四周喀斯特地貌相映成趣，不像尼亚加拉大瀑布上面就是一条平面的河，无青山。黄果树大瀑布不能爬上去，有一种神秘感，最特别处是瀑布的后面有水帘洞，我们从瀑布后面走过去，有一种很特殊的感觉，这是世界任何大瀑布所没有的景象，天工造化，匪夷所思。后去参观天星桥景区和龙宫，我们在天星桥山间穿行，山间都有清澈的水。这里要走“数生步”，每一步打上数字，从1到365，这就是说我们走完一年的时间，再往前上山下水，有一线天、狮子守关等景点，真是目不暇接。山形奇特，风景如画，每到一处，均是一幅完美山水画，走了一天，人也有点累，但很值得一行。

五、全球祀孔子活动

出席由香港孔教学院主办的“第二届儒学国际学术会议”，会议主题为“儒教、儒学、儒商对人类的贡献”。9月22日开幕式，由香港孔教学院院长汤恩佳致辞，第一届儒学国际学术会议主席、马来西亚的林金华致辞，国务院宗教局副局长蒋坚永致辞。后分组讨论，我宣读《发现儒学论》论文。9月23日我做大会总结发言：

“秋日胜春朝”，刘禹锡对秋天寄予深情，他一改诗坛以秋天为“山山寒色”的凄凉景象，而呈现出欣欣向荣的气息。这正如陈亮所说，春花虽茂，何如秋实。这次儒学国际大会，既像春天的热烈，又像秋天的丰收，会议共收到论文125篇。

（一）大会特点：中西内外，欢聚一堂，一国三地，四方对话，共商儒学。会议讨论是热烈愉快的、畅所欲言的、自由平等的、互相尊重的、丰富多彩的、多层次对话的（中西、宗教、企业家、学者间相互对话），由频繁对话把会议互相交流推向高潮。

（二）问题探讨：上下古今五千年，纵横中西十万里，融摄体用为一体，和合本末究未来，以这四句话来概括。(1) 古与今。传统文化如何转化为现代文化，即化古为今，是整体转换，而不是一个观点一个观点的转换，探讨儒学与和谐社会的关系。(2) 中与外。中国和平崛起，中西、中日、中韩、中马对话，中国如何加强自己的影响力。(3) 本与受。中华传统文化传播到朝鲜、日本、越南及欧洲，在传播所在国的受容的程度、水平、特点等。(4) 商与道。如何处理义与利关系，商业道德与市场经济等关系的探索，儒商现代价值与地位。(5) 学与教。儒学、儒教的教是教化之教，抑或宗教之教？宗教信仰，精神家园，儒教与佛、道、耶、伊斯兰教的关系。(6) 全球化与多元化。民族本土文化与全球文化的关系。

（三）儒学未来：深化儒学内涵，开发儒学资源，化解社会冲突，建构和合世界。(1) 儒学推广。儒学文化整理，包括国际儒学，如朝鲜、日本、越南、西方的儒家著作，以及对文本的研究。(2) 推进儿童读经。马来西亚孔子学会秘书长陈启生说，推广儿童读经收到很好的效果。要求孩子与父母一起读《三字经》《大学》《中庸》等，孩子虽不懂，但对为人处世、孝敬父母、尊敬师长有初步的了解，这也影响父母，本来父母经常吵架，读后知道要给孩子以模范作用，从而不吵架了。有一个小学校，让孩子读《千字文》，要求孝敬父母，替父母洗一次脚，使儿童受教育，父母也被感动得流泪，抱着孩子哭起来，很感动人。(3) 各方支持儒学的发展，各尽其力，力其所力；各尽所能，能其所能。(4) 加强在西方乃至世界各地传播儒学。

24 日孔教学院举办“孔历 2556 年孔圣诞环球庆祝大会，孔教学院 75 周年院庆，全港中学儒学名言书法大赛颁奖礼”。由香港立法会主席范徐丽泰太平绅士主祭，在伊丽莎白体育馆举行。25 日晚在汤恩佳府邸吃饭，每次会议均如此。我与方国根、罗安宪等离开香港丽悦酒店，由罗湖过关到深圳，深圳市宣传部副部长吴忠派人来接，住深圳市招待所（即迎宾馆），晚吴忠副部长和方真教授来访，下午参观深圳植物园和弘法寺。植物园有很多热带、温带植物，包括人造沙漠植物园，空气清新，与香港空气相比有天壤之别。我本想查弘法寺资料，因为全部新建，气势宏伟，地势很好，得风水之美。第 2 天参观“明斯克航空母舰”，这是苏联第二代航母，苏联解体后，无财力维持，就提前退役，卖给韩国，苏韩把关键部件和电子零件全部取走，剩下一个空壳，中国以废铁价格买来，作为旅游的景点。下午参观大棚所城，这是一处古建筑，包括明代抗倭的城墙和古民居，这比我家乡龙湾的永昌堡差远了，但抗倭战功显赫，建于明洪武二十七年。后乘机回京。

9 月 27 日，中央电视台叶小林高级记者来电，28 日孔子诞辰举行全球祭孔活动，要我在中央电视台讲全球祭孔情况。我 6 点 15 分到中央电视台东门，简单化妆后，与骆承烈教授一起到直播室。我们没有按原设置的话题讲。中央电视台直播山东曲阜的公祭、浙江衢州公祭，并播放香港孔教学院、台北、云南建水、甘肃武威、美国旧金山、韩国汉城的公祭活动。我们是插在公祭活动中间就一些问题进行讲解。衢州是学祭，上海文庙是现行祭，台北仿明祭，曲阜亦由清祭改明祭，各地祭孔子形式有异，但内容相同。祭孔的重头戏是念祭文，曲阜由国际儒学联合会会长叶选平主祭，浙江衢州由政协主席颂祭文，75 代孔子裔孙孔祥楷主祭。古代公祭有皇帝参加。祭孔典礼始于孔子卒后第 2 年，鲁哀公十七年（公元前 478），将孔子故宅辟为庙堂而行祭祀，历代为国之大典。东晋太宁三年（325）诏孔子嫡裔奉圣亭侯孔嶷四时祭孔，在孔庙祭祀，称为丁祭祀孔。以太牢奉祠，要整牛、羊、猪三牲礼，还配以蔬、果、谷、面等供品。明清以来祭孔有六项议程，既不许外面百姓入庙，也不许府内女眷参观。1914 年 9 月 25 日，袁世凯发布祭孔告令，规定 9 月 28 日中央地方一律举行祀孔典礼。“大成”见于《孟子·万章下》：“孔子之谓集大成。集大成也者，金声而玉振之也。”汉平帝元始元年追谥孔子为褒成宣尼公。《淮南子·主术训》：“专行教道，以成素王。”《论衡·定贤》：“孔子不王，素王之业在于《春秋》。”魏太和十六年改谥宣尼曰文圣尼父，北周大象二年为邹国公。隋文帝开皇初为先师尼父；唐玄宗开元二十七年为文宣王；宋真宗大中祥符元年、五年改为至圣文宣王；元大德十一年为大成至圣文宣王；明嘉靖九年依张璁建议改为至圣先师；清康熙题孔庙大成殿为万世师表。全球祭孔活动影响很大，对弘扬中华传统文化、增强对中华传统文化的认识十分有益。

9 月 11 日向清华卓越领导班讲课，题为“开启心灵智慧的和合学”，讲稿要点如下：

其一，走入迷途。依孟子说，心之官则思，心灵是能思维的器官，古人都认为心可以出思想、出计谋、出观念、出哲学，心可以为人唯善，博施济众，为国家人民谋利，为人类造福祉，也可以出坏主意、坏心思，可以使坏图财害命、杀人越货等，这是心灵之迷。我们每个人都生活在迷途之中，譬如说，我们一生来就面对死，就与死相伴终生，形影相随。但我们每个人都不知道什么时候会死，也不知道怎样死法，洪水淹死，飞机失事而死，地震震死，火烧死，还是患艾滋病、癌症等而死，是好死还是赖死、恶死，我们不知道，是一个谜，所以人生道路就是一种迷途。整个人类处在迷途之中，废气排放造成空气污染，温室效应，冰山融化，水温变暖，台风频发，造成新奥尔良州的洪水泛滥，在美国的高科技国家尚且不能控制，所以人征服自然、人定胜天，这都是迷途中的自我安慰。人类征服自然、破坏自然，是人类自掘坟墓，是埋葬自己的行为，这是迷惑。

其二，自掘坟墓。人类自我迷惑，从而造成人与自然、人与社会、人际、心灵、文明间的五大冲突，带来生态、人文、道德、精神、价值五大危机，而使其处在病态之中。中国糖尿病患者 3 000 万，亚健康人数急剧增加，为什么？人不自觉，因为人类像迷途中的羔羊，找不到出路。开启心灵的智慧，走出迷途，不是靠算命，不是靠求神拜佛，不是靠祈求上帝保佑，而是靠人类自己，靠自己的智慧和创造，人是会自我创造的和合存在。和合学终极目的是化解人的迷惑，以达没有杀人、欺骗、偷盗、奸淫的世界，这是一个天和人和、天乐人乐的天人和乐的世界。这个世界即佛教的西方极乐世界、基督教的天国、伊斯兰教的天堂、道教的神仙世界和儒教的大同世界。

其三，应对理念。如何化解迷惑，走出迷途？要从和合学的和生、和处、和立、和达、和爱做起，才能逐渐走出迷途，如此每个人要依据自己的实际，设计自己的路途。首先要做到心善，以善良之心对待自然、社会、他人和他文明。人人都有一颗不忍人之心，就能具有四德四端，就能消除自然的污染、社会的垃圾、人际的欺骗、心灵的失衡、文明的争斗。

10 月 11 日重阳节，我们孔子研究院召开国学专家座谈会，会后在冯哲新开的素食店用餐。在座谈会上杨宪邦教授仍然坚持批儒，认为提倡儒学是会导致亡国的。10 月 18 日出席孔子研究举办的“孔子文化月”活动，闭幕会上，我讲尊师重道问题。今年“孔子文化月”主题为“明礼诚信，修身立德”，旨在通过讨论古老而恒久的“诚信”话题，返本开新，彰显礼、信等中国传统道德在当今社会的意义和价值，充分发掘诚信的教育在构建和谐社会中的功用及重要性。并召开“明礼诚信与和谐社会”专题论坛，“儒家思想与现代社会”专题论坛，“孔子文化与中国企业改革”专题论坛，以及“经典与我”征文颁奖典礼，举行“礼乐文化之夜”文艺演出等，内容丰富精彩，寓礼乐教育于文艺。

10 月 23 日与日本将来世代研究所金泰昌教授讨论和合学与公共哲学的关系问题。他是 2000 年东亚和哲学思想研讨会的发起者，当时中日韩三国著名学者曾在中国人民大学汇贤楼会议室进行探讨，特别就和、同、斗三个概念的异同进行了论辩。同的概念“以水济水”，即“同而不和”，导致结党营私，不能使人与他者之间和谐相处，具有排他性、独裁性，从而又导致争与斗。与我不同者就争就斗，甚至同一宗教内部也势不两立，你死我活地斗。和主张“和而不同”，多元存在，多元融合，人与他者之间平等、和谐相处，不采取你死我活的方式来解决冲突。和是形而上万物从哪里来的根据，是道德的最高追求，是形而下人与人、国与国、民族与民族和平相处。日韩所说的平和即和平。同说明一种状态的共同性，是一种静的状态，如被同化，在和的条件下被同化；如“世界大同”，此大同是和的大同，而不是斗的大同，即使有冲突，也由于和的化解而大同。东亚要确立自己的概念，现在是“西语中说”或“胡语日说”，没有自己的话语，就无对话的话语权，就丧失与西方对话中的主体性。最后讨论公共哲学的内涵和合学。

六、化解自由与冲突的道体

10 月 25 日，我与方国根编审乘 CA704 航班到成都，参加由蔡方鹿教授主持的“朱熹思想与现代社会国际学术研讨会”，由四川师范大学主办。我们住川师大新松苑。川师大提出“励精图治，开拓创新”为其目标，“为把我校建设成为以教育为主要特色的国内知名教学研究型大学而奋斗”。26 日大会开幕，由周介铭校长致辞，国际教育基金总裁石峻昊（黄明珠代）和任继愈（宋志明代）致辞，我第一个在大会发言，题目是“道体：自由与冲突的化解”。此题是有感而发，1981 年我出版了 50 万字的《朱熹思想研究》，1983 年“清除精神污染运动”时遭批判，后又有人借题攻击，学术观点不同是学术发展的必要条件，应该有一定的自由发表学术观点的氛围，而不应该上纲上线，还进行人身攻击。所谓自由是指人与自然、人与社会、人际、心灵、文明之间的互动中，人自身需要的一种不受干扰和压制的生存生活的状态，以及社会所应有和所能提供的可能的文化环境。在传统文化中，有自然人性化的自由思想，免除任何外在自然束缚和社会压制的观念，如孔子“当仁不让于师”，亚里士多德“吾爱吾师，吾更爱真理”。意识形态化的自由主义，即把自由预设成一种系统的政治架构和价值观念而追求、践行，是近代西方的一种产物。中国传统文化与自由主义并不是一个层面上的问题，既不能构成同一维度上的对立，也不能完全卯榫对接。自由主义者都犯了一个类似的错误，即把自己的对立面假想为传统文化，严复把密尔的《论自由》翻译为《群己权界论》。

中国近代自由主义可分为四阶段，有四个代表：(1) 持自由主义理念的严复；(2) 为自由主义而不懈陈辞的胡适；(3) 直接与西方自由主义对接的殷海光；(4) 接续中国近现代自由主义传统的李慎之。中国自由主义把儒家文化作为对立面，说其是专制保守的文化（政治儒学）。其实儒家本质上并不与自由主义思想相矛盾，中国没有自由主义传统，不等于儒道文化中没有自由的精神，"孔门宗旨在于求仁"（罗汝芳），"人之立己处人，两端而已"（王船山）。人首先要修己、克己、行己、洁己、恭己、为仁由己。仁的本根是忠恕之道。朱熹解恕为"推己之谓"，叶適解为"恕以及人"。个人理想志向的实现，只能建立在人们共同欲求之上。殷海光决然否定传统文化，然他在生命垂危时在病榻上反思："许多人拿近代西方自由思想去衡量古代的中国而后施以抨击，胡适和我以前就犯了这种错误。""我现在悟到中国文化自孔子以来不尚机变之巧的伟大价值。""中国的传统和西方的自由主义要如何沟通，这个问题很值得我们深思。"反思要有一个前提和根本立足点，那就是中国化的自由主义、儒道化的自由主义，不但要立足于本土传统思想文化资源，而且要切合现代中国人的生命生存生活的需要和表达。他们之所以颠覆传统，与其说传统与自由在本质上有着内在的冲突，毋宁说传统与自由没有在他们内心之中得到恰当的调和与有机统一。严复主张"以自由为体，以民主为用"，然而其在初始就对自由抱有警惕和怀疑。他认为"中国理道与西法自由最相似者，曰恕，曰絜矩"，对自由与恕道不敢做"遽分其优绌"的价值判断。

传统在路上，在生生不息，那种认为传统只是"博物馆里的展品"（列文森）的看法，实质上是传统与现代非此即彼的你死我活的二元对立的观念作祟。当新文化运动（五四）蓬勃兴起之时，黄远庸、胡适、蒋梦麟等人就将其规定为中国的文艺复兴运动。欧洲文艺复兴主要是古代文明的再生，即寻求以古希腊思想取代中世纪思想，并结合现实而对传统进行阐释，赋予新的意义。新文化运动则力图将一种西方的现代文明横向移植到古老中国来，同时伴随着对中国古老文明的批判，引导中国人走向激烈反传统之路，其冲突的化解便是和合学的任务及职责。（这篇演讲稿，未整理核对发表。）

26 日晚我在川师大“人文讲座”讲“我要学会做人”，在学术厅，座无虚席，由川师大副校长和政教学院院长吴敏英教授主持。如何学会做人？马丁·路德·金讲“我有一个梦想”，德里达讲“我要学会生活”，但首先要学会做人，提升自己的道德修养，堂堂正正做人，清清白白做人。大学是塑造人灵魂的基地，一个健康的、纯洁的、高尚的灵魂，在今后遇到任何错综复杂的局面，冲突和挑战，艰难和曲折，都能正确地面对，梦想就能实现，生活就会幸福。27 日，黄德昌教授约了几位企业家一起参观成都附近的古村落，这个古村落原是成都去川北的商品集散地，建有广东、江西、川北会馆，也是客家聚居区，每个会馆都展出客家发展情况，朱德、郭沫若、洪秀全等都是客家人。同时会馆也是人们休闲场所，在会馆中见缝插针地摆满麻将桌，每张桌都有人在打麻将，有老年人、中年人，也有年轻人，成都真是一个休闲城市。晚上到西南民族大学做“中国哲学创新的和合学”的演讲，据大学领导介绍，这是全国 56 个民族各族学生均有的唯一的大学。我讲了为什么提出和合学、和合学的内涵，以及回应化解五大冲突和危机的五大原理，听讲人有本科生、研究生和老师，会场座无虚席，反响热烈。

28 日上午会议安排参观广汉三星堆博物馆，这里是蜀王的都城，出土文物非常丰富，且别具一格。有青铜器、石器等，特别是 5 米高的青铜神树，工艺水平很高。之所以讲这些青铜器独特，就是在中原的出土文物中所未见。其工艺之精美也可名列前茅。有人主张从这些青铜器形制看可能受波斯文化的影响，我不同意这种看法，我认为可能与多民族的客家文化的影响相关。蜀王建国相当于中原商代，可见中华文明是多元的、遍地开花的，不是单一的，是多元妙合而凝成的和合文明。下午参观德阳孔庙，它是全国三大孔庙之一，即曲阜、北京孔庙之外，就数德阳孔庙，几百年来能保持完整就很了不起。孔庙前保存有百官下轿下马石，石刻亦较精细，整个孔庙具有川蜀特色。汉以后，以儒治国理政，因此孔子成为中华民族的圣人，受历代人民的尊崇。

29 日会议结束，会议委托旅行社带领自愿参观九寨沟和黄龙寺。每人 980 元，因为机会难得，所以我与方国根都参加。早 7:00 上车，途经都江堰、汶川县、松潘县，这里有红军长征的纪念碑，红军长征有 16 个月在四川境内，翻雪山，过草地，经大渡河等，基本上在阿坝州内，我们坐旅游汽车沿岷江而上，山路弯弯曲曲，一边是山，一边是悬崖，若天气不好，就会发生塌方，这段路比温州到金华汽车路更险要。司机要有经验才能安全驾驶。近傍晚我们到了藏族黑教的川主寺，梁导游要我们去参拜川主寺，说藏民三件宝：唐卡（是文成公主与松赞干布成婚时带到西藏的），酥油灯，转法轮。交了参观门票，有喇嘛介绍五尊佛——普贤、弥勒、释迦、观音、文殊，然后可见活佛，他在楼上，在上楼前对佛要虔诚，听活佛的话。我们排队上楼，3 人一组，但因房内很黑，看不清活佛的面貌，旁边一个喇嘛说要我们去点酥油灯，下楼一问，小的三盏酥油灯要 90 元，我和蒙培元、潘立勇觉得有点宰人，所以就没去点，没有上楼的在楼下要捐功德钱。尽管买了门票，里边到处要钱。宗教本以普度众生为宗旨，这样一来很难唤起对神的敬畏和信仰。又沿公路经茂县，这里是羌族聚居区，羌族在茂县人口中占多数，根据我国少数民族人口生育政策，可以生四个小孩，一生女便可停生，女性为主要劳动力，与汉族男主外、女主内相反，男的在家带小孩，做养猪等家务事，女的下田劳动、养家，所以女的地位高，在家女的做主，男的要听女的。女的当家，羌族女的能干。不能叫羌族女的小姐，她们认为小姐是好吃懒做的女子，称其为小姐是对她们的不尊重，是侮辱。汉族重生男，羌族重生女，这就是民情。茂县的羌族主要聚居在黑虎羌寨，因我们在这里休息，听羌族女主人说的。到松潘县就是藏族聚居区，羌族就不住在那里了。藏族有黑、白、黄、青、蓝五支，这里藏民大多信仰黑教，与宗喀巴的黄教有别，但都称喇嘛教。藏民屋前挂有各种颜色的幡，幡上有藏文的经文。汽车到松潘县时，在公路上可以看见近处的雪山，接近九寨沟要过海拔 3 600～4 000 米高山，导游吩咐大家不要睡觉，睡着可能就醒不过来了，这里有红军长征纪念碑，邓小平题的字。梁导游又介绍这里有水晶产品，我们经不起诱惑而买了两条项链，其实是假货。晚 11 点到达九寨沟县。这里成为世界著名旅游胜地后发展很快，有旅馆 120 多家，经整顿剩 80 多家，我们住的九寨沟宾馆为三星级，由于长时间坐车，我觉得很累，很快就睡了。

30 日上午 6:30 起床，7:00 出发到九寨沟，一个女乘客忘了拿照相机要回旅馆，45 人等她一人就等了 30 分钟，我倒不着急，一些年轻人就埋怨了。九寨沟门票 280 元。九寨沟之名是由于这沟内原有九个藏族村寨，辟为旅游胜地后，政府计划将村民迁出去，据说联合国教科文组织不同意，现仍有 1 000 多村民住在沟内，他们均比较富裕，家里的小孩多到成都上中小学。一进九寨沟就见很多经幡，藏人称葛达，即插在门口的旌旗，据说是吐蕃时代的军户在门前插军旗以示荣耀，由军旗而演变为经幡。这里藏民信仰本教。2 世纪本教传到阿坝地区，与本地区巫教相结合，6 世纪本教盛行，7 世纪藏传佛教与本教冲突，现阿坝有 60 座本教寺庙。“龙达”是原始本教自然祭祀神灵的产物，有纸作和布作两种，上印图案和经文。九寨沟古称羊峒、翠海，景区的第一寨为荷叶寨，一条碧绿的河流在右侧沟谷间奔涌，这是翡翠河。这里有盆景滩，海拔 2 140 米，钙化滩流，芦苇海芦苇丛生，水色碧绿，引来队队鹭鸶，双双野鸭，欢鸣戏水，旁若无人，生机盎然。色嫫女神像在对面岩壁上出现，低眉颔首，温情脉脉。黑角桥，小桥遍插经幡，甲五神山，寨民称其为圣坛，祈求驱邪免灾，还有回音壁等景点。然后进入树正寨，这里有双龙海（海拔 2 178 米），水澄澈见底，透过幽深晶莹的湖水，可清晰地看到海底两条钙化的堤埂，它们就像两条龙，随着水波的荡漾在游动。火花海水面湛蓝，波平如镜，像一块晶莹剔透的翡翠，湖面波光粼粼，如同千万朵火花在水中跳动不止。瀑布宽 50 余米，高 8 米，又名报恩瀑。卧龙海（海拔 2 215 米），平均水深 22 米，面积 6.1 万平方米，是蓝色湖泊的典型代表，湖面水波不兴，宁静祥和，像一块光滑平整、晶莹剔透的蓝宝石，醉人心田。树正寨群海连绵数里，上下高差 100 米，由 19 个大小不同的海子呈梯田状群集而成，大大小小的海子之间长满柳、杨、松、杉乔木，群海子之间，一道长长栈桥跨浅滩而过，栈桥边有一座充满藏族风情的磨坊，旁有转经房，转经筒在激流冲击下旋转不休，虔诚的藏民来此拜神念经。树正的瀑布多浑圆状，甚具特色，在这里藏式家庭餐饮中心可品尝到奶香四溢的酥油茶，以及甘甜醉人的青稞酒。老虎海深邃宁静，其得名有三说：一是树正瀑布水声如虎啸；二是秋季湖岸上层林尽染，姹紫嫣红的林木倒映湖中，斑驳陆离，犹如老虎身上斑斓的花纹；三是老虎曾到此喝水。我们到此旅游线成 V 形的路口，先走右面的旅游线，这里有珍珠滩瀑布、珍珠滩、五花海，海里有五种颜色，如蓝、绿蓝、黄、墨蓝、淡红等，使人耳目一新。还有熊猫海瀑布、熊猫海、箭竹海，这里有箭竹，1983年箭竹开花死亡，熊猫就迁徙了。据说箭竹60年开花一次，这在竹科中亦很特别，但熊猫爱吃箭竹，吃完箭竹，就到熊猫海喝水，中间要走一段路，等于食后散步。我们再往前走是天鹅海，这里有天鹅在觅食。再往前走是芳草海，这是美丽之海，可绕海走一圈，再往前是原始森林，我们没有去，坐汽车直接下到V形的交汇处，即诺日朗服务中心，再坐汽车游左面景点，有则查洼寨，雪峰皑皑，神秘莫测。这里是世界高寒喀斯特地貌景观，亘古不变的冰川奇观，则查洼长18公里，层峦叠嶂，山势挺拔，眺望远方，皑皑雪峰，尽收眼底，艳阳之下冰川U字谷使人目眩。往上为下季节海，随季节而变颜色。五彩池是五种颜色的池，五色鲜明，非常壮观。再往上是长海，为最大的海，下面各海的水都来自长海，有暗河与下面各海相通，长海海拔3 040米，终年积雪。最后我们下到诺日朗瀑布，这是世界上最长的瀑布，其长150米，瀑布落差大，非常壮美，一泻而下，如千军万马，发出雷鸣般声响。

九寨沟的水，真是怎样赞美都无过，过去有人说“黄山归来不看山”，也可说九寨归来不看水。九寨沟的千变万化，我想世界上也很难有其二。总之沿途仍为走马观花，没有细细品味，遗憾的是没有去扎如寨——有香火鼎盛的扎如寺，是本教的寺庙。藏家的田园风光，古朴的茶马古道，有其独特的、神秘的、厚重的边缘文化，导游说扎如寺一炷香钱为180元，怕我们受宰就不去了。晚在九寨沟喜来登大酒店看民族歌舞团演出，导游收每人180元参观券，我们到时有90元叫卖的票，歌舞虽具有藏族风格，但都很粗陋单调，既没有名演员，也不精彩，很多人觉得不值180元。

31日参观黄龙寺，海拔4 000多米，空气稀薄。经过川主寺，在路上我们买了氧气瓶，50元一瓶，我又买了抗高原缺氧的药，亦50元10粒。黄龙是喀斯特地貌，这不是一个个溶洞，而是裸在地面，整个地面是喀斯特状，上面流水，一块一块呈梯田状，层层叠叠，沿山而上，我们是走在大面积流水的喀斯特上面，不过上面铺了木板，水很凉，是融化的雪水。我觉得越往上走越吃力，便在中途吸氧，在高海拔走路，觉得脚无力，有的人出现高原反应，头昏，全身不舒服，所以就坐滑竿，我在方国根编审大力帮助下，终于到了雪山脚下的黄龙寺。在这里我体会到红军长征过雪山的艰难困苦，他们既吃不饱，又没有什么氧气瓶和药，就是凭革命的精神和意志而过雪山，据说在高海拔缺氧的环境下，你坐下休息一睡就睡过去了，要坚持走。在黄龙寺往下看，池水五彩缤纷，变幻莫测，面对雪山，联想翩翩，我们绕黄龙寺一周，就下山了。下山已近 3 点，超过导游规定的半小时，我又吃了粒药，下山虽比上山轻松些，但到了半山腰就下起鹅毛大雪，雪不断下又不断融化，雪水往下流入岷江，这是岷江的源头，使我真正体悟到源头活水的意义，若非不断下雪，不断融化，岷江就会枯，没有生机。下午 4:30 开车，由于山路崎岖，一边是悬崖，一边是高山，很是险要，由黄龙景区又回到川主寺吃完饭，后又经松潘县，没有去牟尼沟风景区，因为这时天已黑，夜里开车更危险。经叠溪松坪沟景区，到茂县过夜，住鑫兴酒店，食堂有很多人在用餐，坐不下，我们只得先住下，尽管肚子已很饿了，去吃饭时已是晚 11 点了。

11 月 1 日从茂县出发，在茂县地摊我花 100 元买了一个竹刻人物笔筒和两个景泰蓝小茶壶，导游引我们到牦牛肉制品购物点，90 元 1 斤，有人买了又后悔，我在外面地摊买了一个水晶球，是假货，我当时见里面有杂质，以为是真的。后又去羌族姑娘那里品茶，其实是让我们买茶叶，我又在地摊买了两把藏刀。下午 4 点回到川师大新松苑。11 月 2 日回到北京。这次四川会议使我有机会参观了九寨沟和黄龙寺名胜。

七、葡萄牙讲和合学

11 月 24 日孔子研究院主办“儒学制度化的基础及其可能性会议”。我讲了几年来自己思考的问题：

一是活与死。我们把儒学学死了，讲死了，写死了。儒学作为研究对象、诠释对象，把它看成已死了的古董或博物馆的展品，而不是温故知新，作为“周虽旧邦，其命维新”的创新对象。儒学是具有活的生命的儒学，既不是不食人间烟火的儒学，也不是玄之又玄的道德形而上学式的儒学。“老树著花无丑枝”，儒学既不是落后保守的顽固不化派，也不是丑恶的吃人礼教。儒学在 2 000 多年发展进程中，虽有时跟不上时代的飞速发展，但从总体上说，从轴心期儒学到董仲舒儒学、魏晋儒学，再到宋明新儒学和现代新儒学，是不断的创新。儒学的唯变所适、不断创新而适应社会发展的需要，激发了活的生命力。活的儒学，这是儒学的本质和儒学的性命。创新儒学，让儒学活起来，是当今研究中华传统文化学者的责无旁贷的责任和使命。

二是开与关。儒学之所以能创新，是活的，就因为它是开放的体系，儒学将自己十字打开，开门接受古今中外各种优秀传统，在既冲突又融合中取长补短，消化和合，发展自己中华文化思想。儒学要走出学院，走出少数学者圈子，要走向大众，走向现实，走向社会，走向世界，在实践中检验、总结、提升儒学生命力、创新力，不断从现实社会生活中吸取营养和丰富自己。假如关门，闭关自守，不仅自己限制自己，别人也会封锁你，儒学就成为孤家寡人，失去了与不同文明思想的交流，譬如唯讲“家法”“师法”的注经的方法，不仅过时，而且保守，不接受随时代发展，康有为在近代采取今文经学的方法，就是试图突破古文经学方法，其《大同书》《新学伪经考》等，就是想开辟新方法。关门会严重阻碍学术的发展，儒学也不例外。开放才有出路，才会发展。

三是通与塞。《周易》讲“穷则变，变则通，通则久”。通是交通、会通、沟通。现在有句流行语：要想富，先筑路。路修好了，交通、沟通就方便了。就是说要改变穷的困境，就会想到变通、改革、不断改革，改革才能不断地、持久地发展。谭嗣同著《仁学》，他鉴于近代中国落后挨打，西方列强不断侵略，中国丧权辱国，变通儒学仁学，在《仁学界说》中提出四通：中外通，上下通，男女内外通，人我通。仁以通为第一义，可见他痛感不通的危害。当下儒学要会通释、道、墨、名、法各家，会通中西马各家各派，才能有新的发展。学术（包括儒学）与人的身体一样，若不通就会发生脑血栓、肠阻塞、肠套叠等疾病，儒学不通也会造成弊病、疾病，而使自己停滞、墨守成规，以致走向衰微。

这三方面的问题值得我们反思，要促成儒学唯变所适地发展，必须走活、开、通的道路，而不能重复死、关、塞，否则儒学的命运将是可悲的。最后我做会议总结。

12 月 7 日参加中国与葡萄牙“语言与文化多样性会议”，温家宝总理与葡萄牙总理参加会议开幕式，并讲话。教育部依据总理办公室意见来组织这个会议，认为这是第一次，因此很重视。由教育部指定参加会议人员，除我与另一教授外，均为北京和上海高校的一、二把手。教育部要求我们在 7 日 16:30 到教育部 201 室开会，事先通知把行李带到教育部统一托运。章新胜副部长讲话，讲这次是和温总理一起参加的会议，要很好地准备发言内容，讲注意事项，各人汇报了发言要点。遗憾的是，我就不能出席我们孔子研究院召开的 12 月 9 日至 11 日的“国际儒学论坛·2005——儒学与亚洲人文精神会议”，不过我提供了《论道：先秦儒家人文价值》一文。章新胜副部长还讲了这次会议的重要性，回顾了葡萄牙是 15 世纪的强国，曾对澳门实行殖民统治，1999 年澳门回归中国。从葡萄牙第一任国王讲到在世界掠夺殖民地等，使我对葡萄牙的国情、风土人情有了进一步了解。12 月 8 日 11:55 到贵宾室集合，我 10:40 从家出发，打出租车 40 分钟到贵宾室，下午 1 点钟乘 CA933 航班，经 11 小时到巴黎机场，在巴黎机场候机，转乘法航到葡萄牙首都里斯本。在巴黎机场候机时，我们众人都没有发觉，到快要登机整理行李才发现被偷，好在没有什么重要的东西，可见巴黎机场小偷的猖狂。中国驻法国大使馆文化参赞到机场迎接章新胜副部长，他又去与机场方面交涉，也没有把偷去的包找回来。我们一行到里斯本已是凌晨 5 点，然后到一间青田人开的中国餐馆吃汤面，觉得味道鲜美，三餐在飞机上吃冷食，对肠胃不好的人来说，不太适应，因此章新胜副部长吃汤面很高兴。9 日休息一天，我昨天一整天没有睡觉，虽坐的是公务舱，但也没有睡着，其他同志坐经济舱，更无法睡觉。中国驻葡萄牙大使馆的教育参赞安排我们参观世博园，这里只留下原建筑的房子，这建筑的风格保持了古朴自然面貌，是尊重自然美的体现，有一种返璞归真的价值。大使馆给我们一部车，我们在市里转了一圈，看了商业广场，因为圣诞节来临，所以广场里有一棵据说是葡萄牙最大的圣诞树，并参观了蓬巴尔侯爵的广场，有蓬巴尔侯爵的塑像，当我们气喘吁吁爬到城堡时，刚过 18 点几分钟，我们就被拒在门外，不让参观了。不过站在这里，可以俯视里斯本全城的风景。

12 月 10 日“中葡语言教育双向合作及文化多样性研讨会”开幕，会议由葡萄牙科技与高等教育部部长加戈、中国教育部副部长章新胜共同主持，接着由葡萄牙总理洛佩斯致辞。他说如果不通过文化交流，就不能进行经验交流，经济交往只有通过语言文化交流才能进行，也只有通过大学的交流才能深入，这样的投资是着眼于未来发展，不一定马上见效。中葡都有悠久的文明历史，不希望未来几代是近视的，文化合作与交流对我们两国都有好处。葡国有一个方案，50 名大学毕业生到中国进修，从 50 名开始，以后扩大，从 500 名到 5 000 名。双方通过语言交流，扩展思维。通过文化合作，既与全球战略方案密切联系，又是葡萄牙的传统，让我们在互相了解文明历史的基础上，相互学习。

温家宝总理致辞：对葡萄牙人民的过去、现在和未来，参观展览我表示敬佩，各国、各民族文化是多样的，但可以通过文化语言的交流加强互相了解，这是促进文化、经贸交流的强大动力。更为重要的，文化是我们人民友谊的基础，语言文化是交融的有力工具，它的意义是深远的。很高兴与中葡各位专家见面，认真加强中葡语言文化交流，这是文明传承的载体。每个民族都有其独特的文化，在与世界各民族文化交往中，语言文化是平等的、共同发展的。中葡语言文化交流有长久的历史，200 年前中葡与葡中词典出版，今天汉葡广泛使用的语言，各领域的发展，都与语言文化交流开展有关。我们共同努力，做到以下几点：(1) 推进各部门加强交流，互相学习，有益经济共同发展。(2) 支持孔子学院、葡语中心工作，鼓励师资努力做好工作，做出成绩。(3) 充分运用现代技术，依托网络，进行远程教育，提高教育质量。(4) 加强语言文化主体教育，举办中葡语言与文化周活动。50 名葡方大学生可到上海学习。中葡关系友好，具有良好发展机遇，共同努力，代代相传，做出贡献。(5) 为了认识整个世界而强迫学习语言，我们对此不觉得奇怪。被动与主动都可理解，在语言被运用中构成语言文化的交流。(6) 语言与世界化的统一性。(7) 世界化有一定的演变过程，葡国起先锋作用，两国人民之间多接触，在历史发展中不断延续下去，利益分享，并加强其他方面的联系，国与国之间加强互相联系、访问，加强合作，为两国人民福祉多做贡献。

两国学者对两国总理讲话报以热烈的鼓掌，并为里斯本大学孔子学院成立揭牌。接着我做中方主旨发言，讲题是“语言的多样性和融突的和合学”。和合学以及语言是跨入文明的门槛。在当今世界面临五大冲突和危机的情况下，语言和合学是共同应对冲突和危机的最佳选择，和合学的和生、和处、和立、和达、和爱原理，是语言文化不断消亡，人与自然、人与社会、人际、心灵、文明之间五大冲突及由此带来生态、社会、道德、精神、价值危机的有效化解之道。我讲后，反响很好，葡方一些学者说，我们以往关注生态危机较多，而关注社会、道德、精神、文明价值危机较少，社会人文危机等已不断凸显，应予充分关注，认为我讲得全面、系统。接着里斯本大学校长 Jose Barata Motora 教授认为语言对各哲学艺术的作用是非常明显的，讲哲学交流对世界的作用等。北京大学陆俭明教授介绍世界范围内汉语教学经验及研究成果，语言文化与科技的联系。卡蒙司学会主席 Simonetta Luz Afomsu 女士介绍葡文在欧洲交流的情况。卡蒙司学院成立于 20 世纪 20 年代，现已推向世界。语言作为交流的桥梁，“人类会讲话对人来说是非常有用的”。现在文化交流变得国际化，世界对葡语的要求越来越迫切。然后中国与葡萄牙双方教授每人发言 5 分钟，有教育部国际合作与交流司副司长姜峰、北京外国语大学校长郝平教授、北京传媒大学校长刘继南教授、上海外国语大学校长戴炜栋教授、天津外国语学院院长修刚教授、北京语言大学校长崔希亮教授等发言。葡方介绍葡萄牙汉语教学情况及加强中葡合作的建议。里斯本科技大学校长、葡萄牙大学校长委员会主席 Jose Lopes da Silva、米尼奥大学校长 Antonio Guimaraes Rodrigues、阿威罗大学校长 Hele Nazare、波尔图大学文学院院长 Mania de Lnrdes Corraia Femandes、波尔图理工学院院长 Luis Soares 等发言。然后中国汉语办公室副主任马箭飞介绍在世界开办孔子学院和孔子讲堂的情况。最后葡萄牙科技与高教部部长加戈做总结，讲开办孔子学院的师资、图书、经济、学位、学历，以及建立政府联系机制等。

12 月 11 日访问里斯本科技大学社会及政治科学系，政治科学系负责葡萄牙在亚洲（中国、日本、韩国、印度尼西亚、马来西亚、菲律宾、泰国）文化政策的执行，在北京传媒大学、上海外国语大学、成都国际医学中心、广州大学、厦门大学、澳门大学、香港大学推行葡语教学，是葡中条约所规定的。我们 9:40 到里斯本科技大学，社会及政治科学系主任致辞，欢迎我们到访，章新胜副部长介绍中方教授，介绍我为和合学创立者；强调加强中葡合作，促进共同发展，说明学术交流是学术创新的最有效的方法。里斯本科技大学设有东方学院，主编《葡中关系史料汇编》，其中有介绍对中国研究的情况，另主编《大西洋国》杂志，萨安东（Antonio oe Sapanha）2002—2005年10月曾出任葡萄牙澳门助理总领事，曾同时出任东方葡萄牙学会主席（从属于葡萄牙外交部）。我们交流双方研究情况，很是融洽，只供给一些水，没有水果等，很节俭，我们应向其学习。

12日访问里斯本大学文学院，里斯本大学校长致欢迎词，文学院院长Awaro Pina讲话，希望与中国大学合作，互相出版翻译文学著作。文学院葡萄牙语言与文化系主任Toáo Malaca Castolru讲话，他说文化的多样性就需要语言的交流。现在世界文明对话，就需要互相了解，了解就需要进行语言交流，这就是说要对话，对话就需要承认他者的存在，人与他者之间是平等的，应互相尊重。里斯本大学70％是女教授（有女校长联合会议）。

12月13日9:30起飞回京。

第二十四章　心灵智慧的和合学

谚云："人生七十古来稀。"随着社会的进步，人云："人生七十小弟弟。"人的寿命亦长了。古人说死生有命，富贵在天，这个命就冲破了命定论，变成人定论。2006年，算来我已迈过了"古稀"之年，今后的人生能否过得更有价值和意义？既要反思，又要计划。

韩国首都原名汉城，现按韩国发音改为首尔，我总觉得不妥，汉城这是从古延续至今的地名，地名说到底是标志、符号，为了"去中国化"而改为首尔，尔犹北京的"儿"，是尾语，不是名词，首尔两字拼在一起不太贴切。这一改什么都得改，原汉城大学改为首尔大学。原要出版我文集的吴炯奎社长要改其出版社为首尔出版社，其新星出版社名号仍保留。2003年我在汉城时，吴炯奎社长由朱七星教授陪同来见我，要出我的全集，但我考虑很难收齐，所以考虑还是出文集较妥。几年来我将以往发表的文章收拢来，分专题编为几册，从1月4日始，连续写了《韩国儒学研究·自序》《国学新诠释·自序》《"自己讲"、"讲自己"·自序》《宋明学术略论》《儒学与人性》《传统与现代》等，并撰各书的内容简介，很费时间。

一、和合学与公共哲学

2006年1月14日，原定今天与日本将来世代集团的矢崎胜彦、金泰昌先生座谈和合学问题，但因北京雾大，飞机降不下来，又飞回东京，推迟到16日在世纪金源大酒店对话。金泰昌教授为了这次对话专门找了我的高级访问学者难波征男教授，他们在一间酒店内讨论了三天，以搞清和合学的内容等，因此是有准备而来，难波征男教授也来参加对谈，金泰昌之所以对和合学感兴趣，是想要搞清和合学与公共哲学的关系，和合学能否成为公共哲学的理论基础。我讲了和合学是中华民族理论思维的首要价值及其主要内涵。然后对话进入和合学如何达到和解冲突和危机的讨论，换言之，中日韩是不同的：中国仁→和，以仁为核心，仁者爱人，克己复礼为仁，为仁之方；克己——四勿，忠恕之道；复礼——礼之用，和为贵。韩国义→和，生我所欲也，义亦我所欲也，两者不可得兼，舍生取义。取义才是达到和的途径，义是最高的，正义是最重要的。日本礼→和，是否合礼，礼是按一定规矩实行的礼节。中日韩通过仁、义、礼达到和解的方法，或由下而上，或由上而下，两者融合。从理论思维上看中日韩价值理想世界：中国为“理”为“天”——可能世界——制度世界（柏拉图的制度为理想世界，或和合幸福世界）；韩国人为“人”为“气”——意义世界（公共世界，动态、行动世界）；日本为“地”为“物”——生存世界（生活世界）。从各种关系上看：个人——中，关系——和，他者——合，同志、同事间的和为私共，异者之间的和为公共。“以他平他谓之和”，平是他与他的平，为公共，承认他者的存在，尊重他者存在，淡化了唯一性、独裁性，而承认多元性、他者性。矢崎胜彦理事长对我 W 形的领带感兴趣，我当场将领带送给他，他想据此设计领带。此次会议中方参加对谈的有我、罗安宪、林美茂教授。双方谈得热烈、融洽，取得相互理解和认同。

1 月 25 日英国广播公司来访，因为是对中国人民大学孔子研究院的采访，我和冯俊副校长一起接待，记者问了几个问题：一是儒家思想主要内容是什么。我答：以治平为本，以仁为核，以和为贵。二是中国社会是不是儒家社会。我答：当前人类社会是一个病态的社会，环境污染，生态病态；社会动乱，恐怖猖獗，人文病态；人际疏离，道德失落，伦理病态；心灵焦虑，精神病态。这些病态在中国社会中也不同程度地存在，这需要以儒家思想和中国传统文化思想来化解，如“万物并育而不相害”的理念，和而不同的理念，“己所不欲，勿施于人”的理念，中和位育的理念，泛爱众、兼相爱的理念。三是如何注意修身。我答：中国自古以来就认为“自天子以至于庶人，壹是皆以修身为本”。从胎教到儿童读经，中学、大学道德教育的德育课，道德修养课等，能提升国民道德修养。中午由冯俊副校长（孔子研究院常务副院长）请用餐。

2 月 10 日《光明日报·国学版》编辑梁枢先生来访，谈和合学问题，有王心竹博士参加。我认为可以从三个维度来观察和合学：纵向历史维度，以历史资治之鉴，知利弊得失、兴衰存亡之道；横向现实维度，以人与自然、人与社会、人际、心灵、文明间对话，政、经、文、道德、宗教互动，可获协调、平衡、公平、公正地实施；合向融突和合维度，以明化解未来融突和合的方案和趋势。人与天地自然和合，和生原理；人与社会和合，和处原理。古希腊在梭伦改革后，国家公民的权利与义务按人的土地财产多寡来确定，旧的血缘亲族关系集团及氏族制度被破坏，人与人的亲族温情变成法律契约。中国以礼乐形式确立和加强了血缘亲族关系、家国同构，个人与社会地位依社会而确立和处。《尚书·尧典》："协和万邦，黎民于变时雍。"《尚书》："自作不和，尔惟和哉！尔室不睦，尔惟和哉！"以德和民。人与人和合，和立原理。西方人在取得个体自由发展机缘同时，必然与社会、他人发生冲突，中国讲仁者爱人，人皆有不忍人之心，以他平他谓之和，追求人与人之间公正、平等、均衡。心灵和合，和达原理。晏婴认为食用和羹"以平其心"，听和声（音乐）"以平其心，心平，德和"。心理平衡，精神愉悦，政治平和，人无争心，知足常乐，养心，求放心，乐以忘忧。明理诚信，修身立德，勤俭自强，敬业奉献。

在"严冬不肃杀，何以见阳春"的冬尽春来时节，我受温州市龙湾中学之邀参加龙湾中学校舍落成典礼。2 月 17 日乘 CA1539 班机赴温，住温州王朝大饭店。同时被邀的有龙湾籍的金振民院士（武汉地质大学），张淑仪院士（南京大学），并被聘为名誉校长。温州市四套领导班子都来参加，可见其重视。18 日上午开幕式，下午我对全校师生做"传承中华文脉，振兴民族精神——以温州龙湾为例"的演讲：龙湾是"见龙在田"的地方，山清水秀，人杰地灵。龙湾文化资源深厚的沃土，必然培养出国家栋梁之才、科学精英、人文名家。演讲要点如下：首先，文化各邦。龙湾尽管是全国 2 000 个县中的一个，却是文化名乡，贤哲辈出，相映生辉，大化流行，生生不息。有南宋状元赵建大，明朝首辅张璁。侍讲王瓒，他向皇帝讲"举直错诸枉"，列举"宦官宫妾"之非，暗讽刘瑾，后为礼部侍郎。抗倭英雄王沛、王德，教育专家王绍志、张肇麟、王国松，艺术家姜立纲、邵度，科学家张肇骞、张淑仪、孙大业，文学家王季思，名将项飞黄、邱清华、范德金等，在各条战线上为中华民族做出了重要贡献。

其次，传承文脉。我们缅怀前贤的时候，应该继承他们的优良传统，“继往圣之绝学”，扬民族之精神，传中华之文脉。龙湾文化精神包含：(1) 坚韧不拔，不达目的决不罢休的精神。张璁7次参加进士考试，在名落孙山的压力下，他不气馁，不灰心丧志。他立定志向，勇往直前，锐意进取，终于第8次47岁时考中进士。(2) 不怕杀头，敢为天下先的精神。正德十六年，武宗死。武宗是一个荒淫无耻、玩耍无度的皇帝，宦官刘瑾和客氏专权，政治腐败，王瓒不畏强暴，暗讽刘瑾而被贬。张璁“大礼议”，刑部尚书赵鉴列张璁罪状上报皇帝，并阴谋“上亦云是者，即扑杀之”。可是张璁并不因扑杀威胁而退缩，放弃自己的主张，他根据自己对“三礼”的研究，首先上疏《正典礼疏》《大礼或问》，做了回答，而立于不败之地。(3) 保家卫国，不怕牺牲的爱国主义精神。嘉靖三十一年，浙江沿海倭寇猖獗，杀人放火，抢劫财物，人民陷于水深火热之中。在日本南北朝战争中，南朝失败，武士沦为海盗，为害江、浙、闽、鲁、粤沿海各地，明将戚继光平倭，张璁的外甥王沛在倭寇侵扰龙湾之时，号召人民起来抗倭；王德献出全部家产，进行抗倭，不拿政府分文。嘉靖三十七年，王沛已73岁高龄，仍亲临前线指挥抗倭，终因寡不敌众，壮烈牺牲。(4) 持身特廉，疾恶如仇的正义精神。张璁入阁后，他治理官吏贪赃枉法、刻剥人民，疾恶如仇。他认为严革贪风必须从内阁做起。他严于律己，杜绝贪风，澄清吏治，严内阁禁约。(5) 排除万难，厉行改革的革新精神。张璁入阁以后，坚决清理庄田还给业主；撤除镇守太监，治宦官专政、凌辱官吏、蹂躏人民；严分厂、卫与司法机关的职权，限制了厂、卫的权力；特称孔子为“至圣先师”。这些改革的实行虽触犯了既得利益者，遭到百般阻挠攻击，但张璁排除万难，坚决实施，利国利民。(6) 严家风，勤耕读，尊师重道的精神。王叔果（其父王澈，舅祖张璁）致仕后，设义塾，训群子弟。

龙湾文化精神的这些特色，造就了龙湾深厚文化底蕴，使龙湾英才辈出，光照日月。文化是龙湾发展的根，是龙湾事业繁荣发达的精神支撑，龙湾精神潜移默化地影响着龙湾人的价值观念、思维方法、行为方式，从待人接物到应事处事，我们都得益于龙湾精神的启迪和培育。

最后，时代价值。龙湾精神是龙湾取之不竭、用之不尽的精神财富，运用好龙湾精神要处理好几种关系——生与死、开与关、通与塞、古与今、官与德、义与利等，唯有如此，才能建设一个繁荣、幸福的龙湾。希望同学们以做龙湾人为光荣，继承弘扬龙湾精神，学好本领，为人民服务。

2月19日上午受永强中学校长的邀请，向全校师生讲“我的学术生命与生命的学术”。讲自己学习工作的经历，我初中毕业（1950年）后参加泰顺县土改运动，在土改中与农民“三同”，后自己努力学习，考上中国人民大学，开始走上学术道路，在学术教学与研究中独立思考，提出中国哲学逻辑结构论、传统学引论、新人学导论、和合学概论等创新的观点，而引起国内外学术界的关注。鼓励学生好好学习，树立自己的人生价值理想；尊师重道，学会如何做人，提升道德情操。10点半由我弟张宪栋陪同到张氏二派宗祠，并写“张氏二派宗祠”六字。后到我出生的老屋，看望妹妹张桂兰，我请她好好保养身体，我姐张秋香、妹妹张眉香均在场。午饭后由张卫中陪同去青田石门洞参观张璁碑题。张璁每次赴北京考进士都要经过这里，所以有碑题。石门洞是刘基读书之地，在飞瀑旁有一块大石，可躺在上面看书，相传刘基在此得赠天书，故上知天文，下知地理，帮助朱元璋打天下，被誉为国师。青田县作协主席李青葆、刘基后人来解说，石门洞石壁上都是名人题字，如郭沫若题诗，李青葆要我题字，我没有准备，临时凑了几句：“飞瀑天上来，文成传万代。郁离今何在，石门洞里开。”

二、和合心灵智慧

学校为重视中国传统文化的教育，举办“中国传统文化系列讲座”，要我讲第一讲，我讲的题目是“开启心灵智慧的和合学”。首先，中西对心灵的解释。古人把心灵与灵魂看成混一的，是可以离开人身而存在的，俗语讲灵魂出窍，所以有形神之辩。这可以由梦得到验证。弗洛伊德著《梦的解析》，他认为是原被压抑的冲动和愿望进入意识的结果。列维-布留尔在《原始思维》中认为，“梦对未来的预见，是与灵魂的交往”。中国早在甲骨文中就有梦的记载："庚辰卜，贞多鬼梦。"殷人尚鬼，是对先公先王的崇拜和敬畏。相传黄帝《占梦经》有 11 卷。《帝王世纪》记载：黄帝梦大风吹天下之尘垢皆去，又梦人执千钧之弩，驱羊万群。黄帝释："风为号令，执政者也。垢去土，后在也。天下岂有姓风名后者哉？夫千钧之弩，异力者也。驱羊数万群，能牧民为善者，天下岂有姓力名牧者哉？"依二占求之，得风后于海隅，登以为相；得力牧于大泽，进以为将。这种对梦的分析，是一种对身心、形神分离所产生的心灵世界的理性归纳，蕴含着哲学理论思维的萌芽。在中国古代从庄子、王充到范缜的形质神用，人死神飞天、形入地，以及薪火之喻，都给神不灭论留下余地。佛教的因果报应论认为人死神存，神成为善恶报应的承担者。

其次，心灵智慧，是指内在于人的思维、理智、意识、审美、心理、情感、意志、理想、信仰、价值、情操等精神活动状态和过程的结合体，如解蔽的认知活动，喜怒哀乐的情绪活动，丰富的情感活动，愉悦的审美活动，修身养性的道德活动，净化心灵的心理活动，寻求人生意义的价值活动，宗教信仰活动，直觉想象的潜意识活动，本能的无意识活动等。心灵世界的空虚和孤独，个人的焦虑、烦恼、痛苦，如何和合调适？要以自我意识为核心，诚意正心，纯洁自我意识，实现天和地和人和、天乐地乐人乐、天地人和乐的境界，就需要如庄子所主张的心斋坐忘。心斋一言以蔽之曰虚，这是高度修养境界的空灵明觉，心虚而空明；堕肢体，超脱生理欲望和物质过度要求，不被物欲所诱所伤；黜聪明，聪明智慧容易陷入是非论争之中，朝三暮四，"名实未亏，喜怒为用"。不如以清净心境去观照彼此是非，这才是智慧在真正开发。不动心，人心被富贵利禄所诱，心何以宁静？不动心是对正义的把握。求放心，把失去的良心、善心找回来，心灵和乐；乐道，孔颜乐道精神，是对人生生命意义的理解，是对人生理想境界的追求，"古之人与民偕乐，故能乐也"，与民同乐才是真乐。

最后，开启心灵之道。要实现人文精神（仁爱）、科学精神（理智）、艺术精神（自由）的和合，化解心灵世界的单调化、平面化、庸俗化，营造多维、奇异、立体的精神家园。开启人类追求心灵智慧之美，什么生死、美丑、真善都是自由的，其本身不包括价值的评价，譬如中国俗语说"丑美"，丑并非不美。罗丹的《老妓》，这连妇女都不敢看，却"丑得如此精美”。当杜尚将尿壶命名为《喷泉》，这究竟是丑抑或美？开启心灵智慧的和合学，可以用意大利诗人尼科洛·托马泽奥《诗歌》来体现：“不是灿烂的形象，或者蕴藏的思想；不是韵律的和谐，或者爱的创造。思想、韵律、形象，孕育爱情的微风，在和合中诞生了，诗篇、鲜花、世界。”心灵的一切苦闷、焦虑、烦恼在新的诗篇、鲜花、爱情中升华了，结出了智慧的和乐之果。

受广东宣传部和省社科联的邀请，为“岭南大讲堂”做一次演讲。2月25日与方国根编审一起乘CA1327班机到广州，《学术研究》编辑部主任叶金宝接机。晚住亚洲大酒店有套间的2504房。26日星期天在中山书馆的中山礼堂开讲，我的讲题是“和合价值观与当代文化建设”，听讲者都是看报纸和网上通知而来，没有特别组织，但听讲的各方人士很多，礼堂都坐满了，有的人只得站着听。大家听得很认真，没有接电话的。我原准备讲四个题目，但只讲了和合学的五大价值和当代文化建设两题，原准备的为什么提出和合学与和合学是中华民族的精髓两题由于时间的限制没有讲，上两题讲了两个多小时。主持会议的李恒瑞（社科联主席）事先已向我说明要留20分钟由大家提问题与回答问题，提问不断，勉强按时散会，很多人不走，仍提问题，热情很高，可见群众对学术的关心，提问题中可看出对一种新理论、新观点的巨大兴趣。下午参观光孝寺，这是六祖慧能受五祖弘忍衣钵后到了岭南，看见幡动，问是风动还是幡动。慧能回答是心动。六祖就在这里住下来，后来才公开身份，成为六祖弘扬佛法的地方。这里有六祖堂等。光孝寺三字是赵朴初题的，全国很多寺院的名都是他的题字。六祖塔和铁塔是唐代的遗物，很珍贵。这里香火很旺。又去参观华林寺，是发现舍利子的寺院，据说是释迦牟尼的舍利子，共七颗，呈不同颜色。这里有五百罗汉堂等。香火也很旺。

27日到肇庆鼎湖山，有叶金宝、方真、方国根、林有能、王中生（肇庆社科联主席）等一起参观庆云寺，这里有四颗舍利子，据说是释迦牟尼的。下午参观七星名砚工艺厂，厂名为沈鹏题字。我们看了世界吉尼斯纪录之最“龙皇巨砚”。端砚产于肇庆（古称端州），闻世于唐初，距今已有1 300多年历史。宋代列为贡品，深得文人墨客的喜爱，历代诗人均有吟歌。端砚以其幼嫩、纯净、细腻、滋润、坚实、严密著称。石料又独具鱼脑冻、蕉叶白、冰纹、青花、玫瑰紫、火捺、金银线、石眼等，得天独厚。名坑有老坑、坑仔岩、麻子坑、宋坑、梅花坑、绿端等。其性储水不耗，发墨快，不损毫，呵气可研墨，隆冬不冻为特色。我们参观了展厅，中间最前是老坑的名砚，后为坑仔岩、麻子坑、宋坑的作品。精品展厅为观赏产品，雕刻工艺精湛，叶金宝主任送一块坑仔岩的端砚，雕刻顺其自然，将象牙眼刻为马的眼睛，恰到好处，妙趣横生。下午到肇庆学院演讲，这是这次到肇庆的主要任务。我的讲题是“弘扬和合精神，振兴中华文化”。我讲了三点：为什么提出和合学，为什么和合是中华民族的精髓，和合学的五大原理。晚餐时，李恒瑞从广州赶来，我非常感谢他对我的关照。28 日到七星岩，原是农田，陶铸任广东省委书记时开挖成湖，每岩在湖中突起，有点像桂林的山，也有点像越南的下龙湾，人在其中犹如在仙境。有诸多摩崖石刻，最早为唐开元年间，另有宋元明清人的题诗，这里有洞，可以划船，成为旅游胜地。后到新兴六祖慧能出生地，现改为“六祖镇”，六祖圆寂在国恩寺，但金身不在这里。六祖圆寂后南华寺、光孝寺、国恩寺三寺争金身，后商定以点香后烟往哪个方向吹，就为那寺，结果往北为南华寺供奉。慧能在国恩寺一年，这里有“六祖堂”，壁上画有六祖出家图。据说六祖三岁丧父，其父在涿县当官，后遭贬到岭南的肇庆六祖镇，有一天一个算命先生到村里，由于穿破衣，像乞丐，谁都不留他，慧能留他。第二天这个人问慧能母亲：是要几代官宦，还是万世留名？其母鉴于丈夫的遭贬，对做官看淡了，所以就选择了后者，结果慧能万世留名。这只是传说，是编出来的故事。这里有六祖父母的墓。后乘海南航空回京，并辞别广东的同人好友。

3 月 10 日上午到北京孔庙出席“孔子展览专家论证会”。孔子展览的对象是外国人，要在国外孔子学院展出。看后感觉很好，能展示孔子思想，对孔子学院学生来说，是一种形象教育。我提出指导思想应是弘扬中华民族文化，振兴中华民族精神，提高人民道德素质，加强民族自信心和凝聚力。我提议，孔子思想部分应补充加强，要让孔子学院的学生了解孔子伟大思想与当今对孔子思想的继承和发扬。

在国学热的过程，中国人民大学成立了国学院，这是全国首举。3 月 12 日晚负责校友工作的彭和平同志来电，要我参加上海校友会举办的

“国学与和谐论坛”会议。我说有其他安排去不了，他说通知任务他要完成，要我参加明天的会议，了解一下情况。3 月 13 日在明德楼 1409 号房间开会，陈雨露副校长讲了上海校友会举办这个论坛的情况，并同复旦大学对话，纪宝成校长与复旦大学书记致辞，我向陈雨露副校长讲了我有其他安排，他说我要做主题发言，不好不去，我只得去参加。3 月 17 日下午乘 MV563 航班到上海浦东机场，上海校友会很隆重地接待我们，晚餐见到海南校友会会长、哲学系毕业生钟文峰，福建校友会的郭海鹰秘书长，陕西校友会的张彦峰副会长，以及证大资产投资公司证券负责人左兴平，重阳资产管理公司周强强，银河基金管理有限公司的李国旺等。晚住上海证大资产投资公司的丽笙酒店 1615 房。18 日上午参观证大资产投资公司的九间堂，这是以中国古典与现代相结合的别墅式建筑，环境幽美。下午在丽笙酒店二楼会议厅举行会议，横幅为“南北论坛——国学与和谐社会建设”。发言程序是：上海证大投资集团董事长、证大研究所所长戴志康讲话，纪宝成校长讲“从建设和谐社会看国学现实意义”，复旦大学人文学院院长、上海史学会会长姜义华讲“国学近代以来的重构及其在当代社会建设中的角色地位”，中国人民大学和合研究所所长张立文讲“中国和合思想与现代价值”，复旦大学复旦学院副院长王德峰讲“依中国文化精神建设当代国学”，中国人民大学历史学院副院长黄兴涛讲“国学的由来与中国人的现代意识”，复旦大学儒学研究中心副主任徐洪兴讲“儒学传统资源的现代意义”，中国人民大学哲学院副院长彭永捷讲“国学复兴与学术创新”，人大詹杭伦、复旦大学林尚立等继续发言，最后复旦副校长总结发言。双方对国学有更深入的认识。

我的主题发言为“中国和合思想与现代价值”，中国现代化的过程是向西方学习的过程，在这个过程中把中华民族传统文化作为落后的、保守的东西，以为丢掉传统，才能在现代化过程中轻装前进。丢到现在，我们一些人连我是谁都认识不清了，连我是谁都需要重新发现了。我们一些人从里到外都照着西方去做，以西方的真理为真理，西方的规范为规范，西方的价值标准为标准，西方的学科分类为分类，没有自己的真理、规范、标准、分类，自己的学术、哲学都成为不合理的东西。从而造成对自己文化的疏离感，相反对西方文化产生崇拜感。譬如说我们参加国际会议，往往通知我们要穿“正装”，我总要问什么是“正装”，回答是“西装”。所谓“正装”，应为正统的服装，或者称之为“国服”，其他服装都不是“正装”。孙中山先生尽管在西方社会生活多年，辛亥革命后，他设计了“中山装”，是对中国传统服饰的继承和创新。印度成西方殖民地200多年，总理出国仍穿印度自己的服饰。中国50多年来从列宁装到西装，就没有自己的服装。中华民族5 000多年来有自己光辉灿烂的服饰文化。服饰文化是一个民族、国家的标志、符号，即通俗说“招牌”。它是一个民族气质、特色、神韵、精神的表现，它给人们以国家的认同感、民族的认同感、文化的认同感。中国的服装设计师设计不出中国自己的国服，只学西方，跟着西方潮流走，是因这些人缺乏对中华民族传统服饰的学习研究，而且与没有国学底蕴分不开。中华民族服饰曾在世界上具有特殊重要地位，并影响东南亚各国，现在被我们丢掉了，却穿上了西装。今天上海校友会送我们唐装，穿上它心里就踏实些。学术思想、哲学也一样，我们不能照猫画虎式地照着西方讲，也不能承人衣钵地接着西方讲，我曾在20世纪80年代末提出智能创造地“自己讲、讲自己”。如何“自己讲、讲自己”：（1）不能停留在当前传统与现代化文化整合的方法讨论上，而应该认准时代精神的需求和趋势，把文化整合的方法落实到实在的层面，犹如程颢把儒、释、道三教文化整合的兼容并蓄方法落实到“天理”上，而开创了理学新的理论思维的新局面。当代我依据人类所共同面临的五大冲突和危机，提出了化解此五大冲突和危机的和合学，体现了时代精神和世界发展的需要。（2）在全球化和信息革命的时代，世界是一个命运共同体，建构新的中国哲学和学术创新必须有“为天地立心”的情怀和“为生民立命”的使命感，从全球、全人类的需要出发，发掘中华民族特别丰富的文化思想资源，提出化解之道，建构理论思维体系，唯变所适。和合学提出了三个世界的构想，即人的生存世界、意义世界和可能世界，五大化解人类所面临的五大冲突和危机的原理，即和生、和处、和立、和达、和爱，为世界、为人类谋福祉。（3）和合学的“自己讲、讲自己”，不是守旧的、保守的，而是创新的、开放的，是积极吸收外来一切优秀文化，当前是在中西马文化互动、对话中，融突和合为一种新文化，即和合文化。我的发言受到了与会者的赞同。

19 日上午证大资产投资公司组织我们参观上海博物馆中日书法珍品展，参观人很多，从三楼排队到一楼，证大的职员替大家排队，我们先去参观其他展馆，为什么有那么多人参观，主要是看王羲之的《丧乱帖》(唐代摹本)。看了中日书法珍品展，甚感痛心，中华民族的珍贵文物都被日本掠去，他们究竟是如何得到的，值得深思。

三、中国驻日使馆讲中华文化

在“春风贺喜无言语，排比花枝满杏园”的日子里，我们受日本北陆大学理事长北元喜朗的邀请，参加北陆大学孔子学院成立大会。3 月 28 日中国人民大学才把报批的资料报到教育部，再报日本大使馆签证，显然就来不及了。林美茂教授把这个情况告知了北陆大学，北陆大学催日本大使馆抓紧签证，才得在 3 月 31 日批下来，这是最快的速度了。这次我同彭永捷教授、林美茂教授同去。4 月 3 日乘 CA159 班机到名古屋机场，天气预报地面温度为 12 摄氏度，比北京低。乘车 4 个小时到金泽市，住今日空饭店。在到金泽的途中，山地的积雪未化，路边很多树被积雪压断，倒在路边，可见下雪之大。到金泽市已 7 点，理事长让我们不穿正装（西装）就去吃饭，这是以前所没有的。我们在饭店最高层（19 层）用餐。吃的菜是理事长特别安排的，一些菜是他自己做的。第一道为开胃菜，后有特色的烤鱼、小龙虾、牛排等。特别使我感动的是，北陆大学理事长北元喜朗穿上厨师的白衣服，戴上白色长帽，亲自为我们做菜，顿感十分亲切，我头次见到日本大学理事长这样平易近人，也是中国大学校长所没有的，我想在这样大学理事长领导下的大学教授、员工、学生一定生活、学习很愉快。4 月 4 日乘车出席北陆大学开学典礼，典礼是日本式的，在开学典礼上要点每个新生的名，并由一个学生向校方宣誓，每个系都由一个学生代表宣誓，这就等于承认并接受这个学生入学，对学生来说，必须遵守学校的规定，履行自己的义务和责任，这也是双方的承诺。下午是北元喜朗致辞，作为合作单位的北京语言大学崔希亮教授致辞，以后通过网络传来汉办副主任马箭飞贺词，北京语言大学副校长贺词，然后由各校送礼物，主要是图书，我们孔子研究院也送了我写的“和为贵”及历次国际儒学论坛的论文集和其他书籍。在孔子学院成立大会后，日本大使馆教育参赞陈志平先生对我说，我讲不懂国学就不是一个合格的领导，不懂国学就不是一个合格的企业家，也可以说不懂国学就不是一个合格的外交家。并说王毅大使请我 8 日到驻日大使馆讲国学。他领我和彭永捷、林美茂去见王毅大使，并合影留念。4 日下午与王毅大使演讲，他用日语演讲，讲题是“中国的经济问题”，中国开放是世界上有目共睹的，中国是亚洲最大的进口市场，使日本库存减少，增加利润。中国实行善邻、安邻、惠邻政策。我认为作为大使应该是英才，才能应对复杂局面和形势。王毅大使演讲后，由我演讲，我讲“儒家文明的基本内涵”，主要讲儒家文明的三句真言，即以治平为本、以仁为核、以和为贵，并以实际的事例加以发挥，使在座听讲者能理解，林美茂翻译。我演讲后到能登ロィヤルホラル宾馆住宿，可以在室内洗温泉澡。4 月 5 日上午参观严门，严门是源义经避难的地方。在美国玛格丽特的《菊与刀》的著作中讲到，弁庆（浪人）在寺庙里与路过的每个武士战斗，并杀掉每个武士，夺取其刀，以卖刀来维持生活，后来他遇到了源义经，成为他的武士，有一次源义经在他的氏族与其他氏族的斗争中失败，他领着一批武士逃难，在路上被对方发现，弁庆打了源义经一巴掌，这在当时看来是绝对不可思议的，这样对方就放过了他们。到了安全的地方，弁庆就请求源义经杀了他，因为这犯了名分的大忌，是僭越名分的非法的行为，源义经鉴于当时不得已的情况，就赦免了他。结果这里成为日本人自杀的地方。4 月 5 日下午，北陆大学的 1 000 多新生和我们都到了石川县加贺市山中温泉的河鹿ロィヤルホラル，北陆大学的新生要在这里进行 4 天的培训，首先听我讲“儒家在世界文明对话中的价值”，我演讲较长，由 5 人轮流翻译，因为除林美茂外，中国派了四个教师到北陆大学孔子学院当教师，所以他们也参加翻译，但他们对我引用的古文（如孔子说的话）不熟，由林美茂教授加以说明。演讲后，日本对我采访，请我对北陆大学孔子学院说一句期望的话，我讲“保合大和”，并加以解释。后参观了“兼六园”，它是加贺藩 5 代藩主前田纲纪在 1676 年（延宝四年）建的，以宏大、幽邃、人力、苍古、水泉、眺望六胜兼备故名，取自中国李格非的《洛阳名园记》。6 日上午从加贺火车站出发，到大阪，坐车站附近免费公共汽车到 RIHGA Royal Hotel，住 8910 房。美茂去订到东京的新干线车票及东京住房，当美茂回来时，告诉我们西原春夫理事长已到大阪，我们三人去见西原春夫理事长，我一方面向他致歉，去年国际儒学论坛没有亲自去迎接他，另一方面向他介绍彭永捷教授的情况，以后由他们来接班。

4 月 7 日上午到矢崎胜彦的京都论坛事务所，由于京都论坛已是一个符号，基于其他原因，迁到大阪，房间的设计像一艘军舰，有水、海浪等，这大概是矢崎胜彦的爱好，他根据我送给他的领带，设计 W/A 形的 7 条领带，一星期每天一条。参加论坛的有西原春夫理事长、矢崎胜彦先生、金泰昌教授、山本量彦教授、彭永捷教授、林美茂教授、蔡龙日教授、金凤珍讲师，矢崎胜彦致欢迎词，金泰昌说明会议的情况。会议是按照每个人对我的认识以及对和的看法展开的。首先西原春夫理事长讲与我认识的过程，从 2002 年看到《朝日新闻》有关中国人民大学孔子研究院成立的报道及亲自访问孔子研究院开始，后来出席孔子研究院举办的“国际儒学论坛”，发表演讲、致辞，后又邀请我们一行人访问日本，由我做了五场演讲。接着是和平事业事务局局长山本量彦讲，我们虽然是第一次见面，但早已听西原春夫教授介绍了。西原春夫教授提了一个问题，如何对恶魔的人进行改造，山本量彦先生提问如何实现和合学。接着矢崎胜彦先生讲在 2000 年召开中日韩“和”的会议，在人民大学汇贤楼讨论和的问题情况。金凤珍是从书本上知道我的，带来《气》的韩文译本。后由金泰昌教授讲对和合学的研读、讨论，以及对和合学思想的理解，可见外国人对和合学的重视。后由彭永捷和林美茂教授讲对和合学的理解。最后我回答各人的问题。我阐述了和合学体系的八个方面：形上和合与和合自然科学，道德和合与和合伦理学，人文和合与和合人类学，工具合理与和合技术科学，形下和合与和合经济学，艺术和合与和合美学，社会和合与和合管理学，目标和合与和合决策学，最后如何通达和合之道，基本上回答了各人的问题。会后坐车到京都，晚住京都的ホラルフジタ京都旅店，晚餐到一个高级的、一般人不敢问津的日本和食店——竹茂楼去就餐，这里环境优美，从餐厅看出去是一片竹林。一道一道菜上，共有 10 多道，不过每道菜也只有一点点，但做得非常美观，每道都是一件艺术品，这就是所谓的美食，不仅料精、味美、形美，食后就像晏婴所说的“以平其心，心平，德和”。就餐的是矢崎胜彦、金泰昌、蔡龙日、彭永捷、林美茂和我六人，事务所小姐没有参加。在中国，办事的小姐地位不仅不低于客人，客人往往要听从她的安排。在日本，作为服务人员，不参加宴会，这是一种秩序，也蕴含一种等级观念，不像中国这套礼仪在1949年被打破，人人平等，“文化大革命”彻底摧毁之，作为封建主义被打倒了。日本是一个社会秩序比较稳定的国家，战后传统思想并没有受到批判，虽说是一个民主国家，但竞选掌握在几个主要政党手里，能当选首相的都是有背景的官僚、政客，甚至是世袭的，一般工人、农民要进入政治圈当议员是不可能的，他们也不代表老百姓的利益和愿望。宴会上金泰昌讲到日本是礼体和用，中国是仁体和用，韩国是义体和用，主张以和为体，仁、义、礼为用。我认为即体即用，仁、义、礼、和应是体用一源、显微无间的关系，这样中日韩可以取得会通和共识。晚到京都住ホラルフジタ京都旅店。

4月8日上午，彭永捷教授由于第一次到日本，所以想在京都参观名胜古迹，在工作小组陪同下，本想参观岚山周恩来总理的诗碑和金阁寺、银阁寺、大觉寺，结果只参观总理诗碑和大觉寺。因当天是星期六，是京都樱花盛开的日子，游人很多，路上塞车，没有时间去金阁寺、银阁寺。中午12点矢崎胜彦送来看京すどり的歌舞票，内容是“花游夕都四季”，共7场，中午吃汤面，后坐新干线到东京。

中国驻日大使馆李东翔公使和教育官员来接，后到中国驻日大使馆，王毅大使接见我们三位，王毅还介绍了在接见室的一件由日本归还中国的魏晋时佛头像，说是大使馆最珍贵的文物。晚8点我开始演讲“中华文化的价值与创新”：其一，文化输出与文化引进的现代价值。（1）经济发展与民族精神。马克斯·韦伯在《新教伦理与资本主义精神》中认为，每一事业成功的背后都有精神作为其支柱，他在《中国的宗教：儒教与道教》中又认为中国文化不能引出资本主义，这点与日本资本主义之父的涩泽荣一《论语》与算盘的认识迥异。从儒教伦理与资本主义的发展的关系中，可以得知中国明代资本主义的萌芽，市民阶层的扩大，要求个性自由、冲破禁欲主义的思潮发展，市民意识的觉醒，不同政见的传播，都为资本主义思想的发展创造了基础。《金瓶梅》与《十日谈》或《俊友》比较，其思想接近，将涩泽荣一的《青渊百话》《论语讲义》与马克斯·韦伯的《新教伦理与资本主义精神》比较，也可以得知中国资本主义可以从资本主义萌芽发展壮大，并有其精神支柱。(2) 文化主体与文化客体。文化主体是指中华民族五千年来的文化传承，五四运动以来，中华文化主体被边缘化，被作为落后的文化遭到最激烈的批判，但中华文化是中华民族的根与魂，是民族的主心骨。没有根的民族是会枯萎的，没有魂的民族是会灭亡的，没有主心骨的民族就只能听人家摆布或当傀儡，要挺立民族文化主体，才能在世界舞台上有一席之地。对文化客体，我们既开放吸收，又客为主用，外为中用，以自己民族文化主体为主体，而使文化客体中国化。(3) 文化软实力与经济、军事硬实力，两者相辅相成，唯有军事、经济发展强大了，世界才会刮目相看，才能扫除"东亚病夫"的偏见。尽管会出现什么"中国威胁"论以及种种误解，但在军事后盾、经济基础的支撑下，文化软实力才会发挥其效用，而具有强大的吸引力。(4) 文化输出与文化吸收，两者是互补互济的，是并行不悖的，唯有吸收中华古今优秀文化，才能发展自身文化，才能在世界文化中有立足之地，文化保守是没有出路的，是会被世界所遗弃的。文化输出，输出什么？不是输出不中不西之学，而是输出中华民族灿烂光辉的文化，依据和平、发展、合作的世界潮流，输出和合之学，这是能被世界人民接受的学说。其二，人类当前共同面临五大冲突和危机，和合学是化解此五大冲突和危机之道，和合学即和平、合作之学。和合为和实生物，生生之谓易，为生生之义，多元融突之义，互补双赢之义，以他平他谓之和之义，和而不同之义。

四、化"洋魂西语"为"中魂汉语"

5 月 1 日受太原市文物局的邀请，我、邓金兰，方国根一家四人，罗安宪一家人，下午乘火车到太原，由于是五一黄金周，我们坐的是加班慢车，在车上 11 个小时，2 日早到太原，直接到晋祠宾馆，这是一座花园式的宾馆，原为省委招待所，接待中央领导有 1、2、3 号院，里面有山、水、亭、阁等，环境很幽静，又与晋祠相连，我住套间 1218 房。山西太原古称晋阳，其西南 25 公里为悬瓮山，晋水的源头。晋祠地处自然山水与人文景观相结合风景区，山环水绕，古木参天，有 100 余座殿、堂、阁、亭、台、桥，是中国古代园林建筑的绝顶处。其年代久远，比苏州园林历史悠久，又风格不同，是中国南朝至唐宋建筑的遗存，与苏州园林小巧玲珑不同，而是大气恢宏，再是唐宋雕塑的艺术作品，南方亦难以看到。晋祠初名唐叔虞祠，是纪念晋国开国诸侯唐叔虞而建，唐叔虞姬姓，名虞，字子于，乃周武王子，成王之弟。晋祠之地，古称唐国，叔虞在位期间把古唐国治理得国泰民安，叔虞之子燮继承父位后，因境内有晋水流淌，故将国号改唐为晋，便有晋国的历史。后人为纪念叔虞而建祠，后改为晋王祠，简称晋祠。最早的记载见北魏郦道元的《水经注》："沼西际山枕水，有唐叔虞祠，水侧有凉堂，结飞梁于水上。"其历史有 1 500 多年了，后经历代的扩建，成今山水相映，祭儒、佛、道及民间诸神的古祠。晋祠保存有历史碑碣 425 通，少数为唐宋的，多数为金元明清的。"贞观宝翰"亭中陈列稀世国宝——唐太宗李世民御制御书的《晋祠之铭并序》碑，右边为原镌原作，左边为清乾隆年间晋祠人杨堉依照旧拓摹刻的复制品。铭与序的内容：(1) 提出建国兴邦必须亲信贵族，以作辅弼，"分圭锡社"，把握军政；(2) 赞扬唐叔虞功德，承文继武，经仁纬义；(3) 揭露隋炀帝的残暴，神人共怒，四海腾波，李渊顺天应民；(4) 唐天命所归，人心所向，结尾祝"万代千龄，芳猷永嗣"，千秋永固。圣母殿是唐叔虞母亲邑姜的殿堂，大殿庄严古朴，气势宏伟，蔚为壮观，是宋代建筑典范，内保存 43 尊彩绘泥塑，殿内无柱。据圣母座后墨书题记考知，这组雕塑完成于元祐二年之前。圣母邑姜头戴凤冠，霞帔珠缨，仪态雍容，凝神端坐。42 尊侍从对称分列两侧，除龛内两尊小像为明代补塑外，其余均为宋代原物。有宦官 5 尊，男服女官 4 尊，侍女 33 尊，其艺术风格已摆脱南北朝以来宗教和神的束缚，深入人的精神世界和性格的刻画，写实传神，反映北宋宫廷生活。塑像如真人大小，比例精确，姿态自然。侍从根据北宋宫廷六尚制（尚官、尚仪、尚服、尚食、尚寝、尚功）塑造，各有专职、身份、性格、服饰、发型及所持器物，可分辨出在宫中职位，有奉饮食、侍起居、奉文印翰墨、洒扫梳妆、奏乐歌舞等，年龄或长或小，身段或丰满或苗条，脸庞或幽怨或天真，个个性格鲜明，表情自然。大殿里虽庄严肃穆，但难以抑制内心的情感，有活泼顽皮，有沉稳老练，有心事重重，有凄楚悲愤，其内心世界被刻画得淋漓尽致，入木三分，富有活力。

次日参观天龙山，这里有北朝和隋唐石刻佛像，最高佛像有三层楼高度，很多佛像的头部都被凿去，据说是日本人偷取的，破坏文物是日本在侵华期间犯下的滔天罪行。1979 年我们在参观五台山时，僧人告诉我们，五台山文物曾经遭日本抢劫，损失不可估量。龙山与天龙山相连，龙山石窟是道教的石窟，在全国少有，故这里成为全国重点文物保护单位，石窟比天龙山少，由于其稀有，所以成为重点，有童子寺遗址，姑姑洞遗址。北齐高僧宏礼受文宣帝敕命，建童子寺，雕巨型石佛，高达 170 尺，寺前有北宋燃灯塔，平面呈六角形，塔身半空，造型古朴，是我国乃至亚洲最古老的燃灯塔，据说晚上点灯，整个太原都能看见。姑姑洞石窟，原为比丘尼礼佛之所，北齐时为童子寺别院，石窟造像精致，装饰富丽。石门寺石窟开凿于隋唐之际，窟内藻井、飞天古风犹存。龙山石窟是我国现存仅有规模最大、题材最丰富的道教石窟，共三层九窟，雕像 65 尊，衣饰庄重，刀法洗练，窟顶及壁面有龙、凤、鹤等图案，形象生动，壁间的元代题记清晰，为研究道教史提供资料。在童子寺拾一片瓦，我写“见龙在田，唐宗宋祖”，赵宝琴先生刻。

5 日参观榆次老城和常家庄园，常家经营茶，很成功，常家庄园面积很大，建筑古朴，其家训为“学而优则贾”，建于明万历天启年间。榆次老城有珍贵历史遗存，老城战国即存，今城自隋始，“文化大革命”遭严重破坏，城墙全部被拆，护城河被填平。榆次县署，五堂六进，26 个院落，有巡捕院、主簿院、钱税院。县衙有清代赵慎畛撰楹联：“为政不在多言，须息息从省身克己而出；当官务存大体，思事事皆民生国计所关”。仪门两旁阴面有：“好学近知，力行近仁，知耻近勇；在官惟明，莅事惟平，立身惟清”。县衙仪门到大堂之间，有“戒石坊”：“尔俸尔禄，民膏民脂；下民易虐，上天难欺”。康熙四十二年七月到榆次，题“剧暑悲难渡，清秋喜却回”。有西配殿，即月老庙，供奉月下老人与和合二仙。楹联是“判前身注定事，成天下好姻缘”。月老庙楹联是：“善报恶报，迟报速报，终须有报；天知地知，你知我知，何谓不知”。“善恶报施，莫道竟无前世事；名利争竞，须知总有下场时”。“兴学崇贤，理智教化；隆礼制典，仁义规绳”为县衙礼房联。大隆商号楹联：“温良恭俭让，让中能取利；仁义礼智信，信内可求财”。万利恒商号联：“协力同心贸易中不失仁和，公出正入权衡上犹带仁风”。恒兴德商号联：“有恒有兴有德仁和礼运，无次无假无欺信征义方”。榆次文庙我们不能不参观。这次太原之行，太原文物局与孔子研究院达成合作事项。

5月30日我的博士生王甬、夏丽志博士论文答辩，答辩委员有向世陵、李中华、李景林、郭沂、干春松，旁听有张秋升、朱璐、李会富等。6月1日出席姜日天教授的博士生曲兰英博士论文答辩。5月31日出席哲学院“十五”211工程建设项目“哲学理论创新与当代中国社会发展”验收报告会议。

6月5日在北京国子监出席“国学现代化与建设和谐社会国际论坛”。这是一个预备会，也是造势会，正式会议将于8月24—27日在四川德阳召开。

受复旦大学研究生院邀请出席“第二届中国韩国博士生论坛”会议。我于6月6日与李甦平一起到复旦大学。这个会议主要讨论东北亚问题，如靖国神社、中日关系、日本对华政策、竹岛、中韩关系、中朝关系、六方会谈等，涉及政治、经济、社会、道德等。我做主旨演讲：“韩国儒学的特点”。我首先把韩国儒学放在中日韩的融突和合的视野来观照，从中国的仰观天文，俯察地理，近取诸身，远取诸物，以类万物之情的“观法”“取法”来体察韩国儒学。我从纵观、横观、合观来看韩国儒学的特点，如士林派的生活、政治、社会环境，意义世界的人生价值的追求，可能世界的价值理想的追寻。我特别强调李滉、李珥的强烈的忧患意识。士林盛而和则国治，士林激而争则国乱，士林败而亡则国家亡。李珥把希望寄托在士林派身上。李滉则认为，士林的兴亡关系国家命脉，为国家命脉所依，不能“国脉断”，断则国亡。这次参加的除博士生外，有对中韩日研究的专家学者，我与他们交换意见，受很多启发。

6月14日接见日本筑紫野市正行寺寺务所理事筱原孝顺一行，包括正行寺李退溪先生学会月野顺二等4人。他们要求我在9月23日到正行寺“敬信学林”讲儒学。筱原孝顺4月给我来信中讲到他正随我高级访问学者难波征男教授学习朝鲜李退溪的《自省录》。在信中讲到日本佛教的历史，圣德太子实现了佛儒一如的在家佛道，太子以和为贵的精神以“笃敬三宝”为依据，树立了国策，并制定了真俗二谛的教义，净土真宗（正行寺）的宗祖——亲鸾圣人继承了圣德太子的真精神，依据如来的本愿，力行实现了往生净土的佛道，并且以念佛为本的真谛门和人伦五常的俗谛门将一流的信行代代相传下来。由于一种缘分，自古以来以儒学、佛教为代表的许多文化都是从朝鲜传到日本，而现在又与韩国的望月寺产生了法缘。望月寺的住持性法三藏是李退溪先生第15代直系传人，遵照住持的强烈愿望，在正行寺的春日山大悲院院内建立李退溪的彰显碑。去年6月在春日山大悲院举办了“第18回韩日中退溪学国际会议”。

6月22日，受邀给清华卓越领导班授课，讲“《周易》与儒、释、道三句真言”，把每一家的核心内涵概括为三句话，以便于初学国学的人了解《周易》和儒、释、道的基本思想，也便于记忆。第一，《周易》。《周易》是中华民族上古生命智慧的结晶，蕴含着中华民族精神和价值理想。(1) 生生之谓易。包括两层含义，富有之谓大业，日新之谓盛德。(2) 保合大和。乾道变化，各正性命，保合大和，乃利贞。首出庶物，万国咸宁。(3) 穷理尽性以至于命。第二，儒家。(1) 治平为本。格物、致知、诚意、正心、修身、齐家、治国、平天下。(2) 以仁为核。“己所不欲，勿施于人”，“夫仁者，己欲立而立人，己欲达而达人”。博施于民而能济众。(3) 以和为贵。和在“五经”中是重要思想，《国语·郑语》讲“和实生物，同则不继，以他平他谓之和”。第三，道家。(1) 无为而治。“我无为而民自化，我好静而民自正，我无事而民自富。”无为而无不为。(2) 有无相生。(3) 道法自然。“人法地，地法天，天法道，道法自然。”第四，禅宗。(1) 识心见性。一切众生皆有佛性，万法尽是自性。(2) 无念为宗，无相为体，无住为本。无念者，无念而不念。(3) 顿悟成佛。学员听后认为帮助很大。

中国人民大学哲学院与台湾辅仁大学哲学系在中国人民大学北戴河招待所召开第十届哲学论坛，这个论坛始于1993年，是由辅仁大学前任校长李震神父与中国人民大学副校长冯俊商定的。24日上午开幕式由彭永捷（哲学院副院长）主持，冯俊致辞，辅仁大学哲学系主任潘小惠和人文学院院长陈福滨致辞。李震教授的论文为《由多玛斯之人格看中国社会的发展》：(1) 多玛斯人格论的形而上基础；(2) 多氏人格论的精神和特色；(3) 完整人格的养成与中国社会的发展。我由于事先不知道这次会议的主题为“哲学的中国语境”，故没有准备。6月24日早5点到7点准备发言稿《中国语境下的中国哲学形式》。中国哲学的自己讲、讲自己的语境在照着讲、接着讲下提出。在当前中西马的融突和合中，不是对着讲，而是比着讲、参着讲、化着讲，化“洋魂西语”为“中魂汉语”：首先，要恢复中国哲学语境，讲中国哲学自己的形式。我们要改变“洋魂西语”对“中魂汉语”的遮蔽，重新发现“中魂汉语”，重新建设中国哲学的形式。中国哲学是中国的哲学，必须有中魂（包括哲学精神、价值、方法），汉语（汉语是中国哲学表现的载体、工具、方式）。我在这里不是胡言乱语，而是正言正语，要搞清楚“中魂汉语”是什么。这是因为中国为道屡迁、唯变所适，而其所适是在化解当时时代冲突危机中一种反思和体认，一种觉解。这里我借用佛教的“佛者觉者”的觉，觉也是一种觉悟、一种智慧。当前人类所共同面临的五大冲突与危机，对此的体悟、觉悟，并化体悟、觉悟为智慧，便是建构中国哲学现代形式的方便法门，也是中国哲学走向世界、被世界哲学界所认同的有效途径。中国哲学在学“洋魂西语”的过程中，以洋魂取代中魂，以西语代替汉语，以西规排斥中规，以西理否定中理，搞得中国哲学只能“洋魂西说”，“中魂中说”被边缘化，以至被遮蔽，逐渐使中国哲学丧失了自己的主体性、话语权，沦为“洋魂西说”的注脚，削足适履地照着“洋魂西说”，说明“洋魂西说”是放之四海皆准的真理，在“洋魂西说”的情况下，中国哲学丧失了其合理性、合法性、主体性，所以中国哲学要自己讲、讲自己，如果中国中魂没有了，中华民族的哲学也就丧失了其本来的性质、精神、价值及其本来的面目，没有中国灵魂的中国哲学，就不是中国哲学了。

其次，中国哲学语境下如何定中国哲学的形式。依据哲学的中魂，探究中国哲学的形而上与形而下、道与器、价值观念、精神家园、终极关切，及其哲学致思的途径、路向、特点、性质，界定中国哲学的哲学，即中国哲学之所谓中国哲学。胡适与冯友兰都曾说过，哲学的定义从来是不一定的，各人依其哲学观对哲学做出了不同的规定，因此，中国哲学也可依自己 5 000 年来的发展实际来加以规定，而不必依西方所谓哲学来规定中国哲学。我根据中国哲学的实际，规定为，中国哲学是指人对宇宙、社会、人生之道的道的体贴和名字体系。在当代语境下，建构中国哲学形式，需要探索、掌握 5 000 年来中国哲学的“游戏规则”。换言之，中国哲学在其大化流行中，是如何唯变所适的，我概括为三条：(1) 核心话题的转变：先秦道德之意，两汉天人之辩，魏晋有无之辩，隋唐佛性之争，宋元明清理气心性，当代为和合学；（2）诠释文本的转换：先秦“五经”，两汉《春秋公羊传》，魏晋三玄（《周易》《老子》《庄子》），隋唐佛经，宋元明清“四书”，当代《国语》；（3）人文语境的变化：随着时代所需化解的冲突和危机的变化，理论思维、哲学形式、时代精神随之而异，哲学形式的民族塑造亦异。

最后，中国语境下中国哲学形式。其一，在当代中华民族人文语境变化的状态下，依据三条“游戏规则”，在《中国哲学范畴发展史》（天道篇）和（人道篇）的梳理、体贴中，在《国语·郑语》、《左传·昭公二十年》史伯与郑桓公、晏婴与齐景公的对话中发现了“和合”，和合回答了天地万物从哪里来，“和实生物，同则不继”问题，而与西方上帝造万物异。和如何化生万物，“以他平他谓之和”，所谓他与他，是指“土与金木水火杂，以成百物”，即五行相异、相对而平等，不是你优我劣，你强我弱，一方吃掉、打倒一方。“天地䌷缊，万物化醇，男女构精，万物化生”。天地、男女（阴阳冲突）→䌷缊、构精（融合）→万物化醇、化生（新生事物、新生儿的诞生）。其二，和合学的三个世界：生存世界、意义世界、可能世界。可能世界相当于各宗教的终极世界，它是一个价值理想的精神家园，无论是基督教的天国、伊斯兰教的天堂、佛教的西方极乐世界、道教的神仙世界、儒教的大同世界，其底线的伦理是没有杀人，没有偷盗，没有说谎，没有奸淫，是各美其美、美人之美、天和人和、天乐人乐的天地人共和乐的世界。其三，化解当前人类所共同面临的五大冲突和危机，需要和合学的和生（共生）、和处（共处）、和立（共立）、和达（共同发达）、和爱五大原理。大爱无疆，这是各大宗教所共同倡导的原则：基督教讲博爱，佛教讲慈悲、普度众生，儒教讲泛爱众，都以爱对人的关怀，以其无限的悲愿为人类谋福祉。

6 月 30 日出席教育部 2006 年度政府特殊津贴专家推荐人评审会，借北京师范大学的英东学术会堂进行，记得去年我亦参加这个评审会，2005 年之前没有评审会，直接由学校推荐，教育部批准。2005 年开始有评审会，以示公正，这是一种进步，这种评审也免不了有一定的主观性。28 日校人事处曾打电话给我，说教育部给我校 7 个名额，多报 2 人，共上报

9人。可我看教育部所给评审专家的名单（社科组）中只有5人，去掉我校名额4人。可见教育部在审查时已去掉一些上报的人，这是初审。评审标准是查师德，一票否决；注重业绩能力（近5年成绩）；一线倾斜（向西北、东北倾斜）。评出后向人事部推荐。自然科学分3组，一组推荐113人，二组推荐77人，三组推荐86人。人文社会科学组共推荐104人。人文社会科学组评审专家有顾明远（北京师范大学）、王牧（中国政法大学）、王广谦（中央财政大学）、蒋绍愚（北京大学）、陈国华（北京外国语大学）、李学勤（清华大学）、齐二石（天津大学）、张立文（中国人民大学）、薛永年（中央美院），共9人。

7月7日出席由中国思想政治工作研究会秘书处和中宣部思想工作研究所召开的“建设和谐文化”课题专家座谈会。讨论建设和谐文化的重大意义；和谐文化的基本内涵，基本特征；如何建设和谐文化；建设和谐文化应把握哪些重要问题。因我最早提出和合学，而且在国内外有较大的影响，所以要我来参加这个会议，其他都是研究马列主义的学者。

7月8日出席中国人民大学哲学院2006年学科建设工作会议，冯俊副校长兼院长做工作总结报告，会后告诉我已讨论通过中国人民大学要成立国学研究院，任我当院长。我提出若要我当院长，一是要有人员，二是要给经费，三是要有办公地方，成为一个实体，不要是一个四无的空的研究院，否则定不能开展工作。

7月12日接中国人民大学党史系同班同学雷殿福、梁柱通知，1956级同学明天到北京，同班同学50年来第一次聚会，十分难得。50年来变化很大，我们当年20岁左右，现在都已是70岁的人了，有的已去世，有的疾病缠身已来不了北京了。人生在世，恐怕只有一个50年了，所以大家都很珍惜这次会面的机会，大家都觉得别时容易再见难。7月14日在北京大学英杰学术活动中心第四会议室召开座谈会，谈别后50年来的情况。参加座谈会的有我、章赓圣、许庆昌、雷殿福、罗占远、梁柱、金凯、朱国安、刘友权、夏东华、崔元福、黄秀容、黄乃管、谢开绪、吴汉城、吴芝育、林丽英，当时我们六班共30多人，除安静（新疆）、魏稚龙（贵州）、梁志育（广西）逝世外，其他同学由于各种原因已来不了北京。我在金源世纪购物中心的“金源肥牛城”宴请，章赓圣、刘友权、吴汉城、吴芝育、崔元福都带夫人一起来，唯有女同学都没有带她们的丈夫来聚会。我订了广东、广西、云南三个相连的包间，共 27 人。另我赞助 2 000 元，作为同学参观门票之用。

五、和谐社会与宗教

8 月 7 日出席澳门“建构和谐社会——探讨宗教的作用”研讨会。6 日我和罗安宪教授到机场，碰见蔡德贵教授，他是研究巴哈伊教的学者。一起办理出关手续，今天人空前多，过关时排很长的队，北京到澳门只有一班飞机，因此出关很慢。这个会议是由澳门巴哈伊教与内地宗教局联合主办的。到机场接我们的是巴哈伊教澳门总会的江绍发主席，他说这里每个旅店都设有赌场，可见赌博之盛。晚住澳门旅游学院宾馆，说这里没有赌场。7 日会议开幕式，国家宗教事务局宗教研究中心主任张训谋和巴哈伊亚洲洲际顾问委员罗兰做主题发言，下午为建构和谐社会讨论会。

8 月 8 日，我出席建构和谐社会的教育模式组讨论，7 日下午曾就建构和谐家庭进行温馨的探讨。中国遇到新的课题，涉及儿童（小皇帝）、中学、大学教育问题。现在的小皇帝自私、不尊敬老人、挑食，而中国古代易子而教，朱熹将儿子送到吕祖谦那里受教；中学的应试教育忽视素质教育；大学只进不出，不注重发挥学生的创造性。教育模式有金字塔型，平顶型，地基型。在讨论中我提出了一个问题，巴哈伊教承认上帝是最高的神灵，作为万物的创造者能否转化为被创造者，中国思想认为是能转化的，巴哈伊教认为是不可能转化的，上帝是超越的，是超越于一切之上的，上帝永远是主，人是奴仆，两者是服从与被服从的关系，超越者永远是超越者，创造者永远不能转化为被创造者。宋代陆九渊说：“宇宙便是吾心，吾心即是宇宙。”宇宙假定为创造者，为形而上的本体、天、上帝，吾心便是吾心，吾心即是宇宙，吾心成为创造者，宇宙便转化为吾心的被创造者。中国思维方法不是非此即彼，而是即本体即工夫，换言之即上帝即非上帝，中国儒教的缺陷就是超越性层面的模糊，需要补救，以适应现代信仰的需要。8 月 9 日上午由旅行社组织参观澳门世界文化遗产，澳门最有名的是“大三巴牌坊”，原是天主之母教堂（圣保禄教堂），附属于圣保禄学院，1835 年一次大火将学院及教堂烧毁，仅剩下教堂正面壁、地基及教堂前石阶，这便是闻名于世界的圣保禄遗址，是中西合璧的，这在天主教教堂中为独一无二的。从下而上共五层，最上是鹰，二层是耶稣，三层是圣母，四层是四个大主教，其旁有很小的哪吒庙，建于1888年，改建于1901年。其上是东望洋炮台（包括圣母雪地殿、圣堂及灯塔），炮台建于1622年，位于澳门半岛最高峰东望洋山之巅，俯瞰整个半岛，炮台上建有小教堂及灯塔。灯塔建于1864年，是中国海岸第一座灯塔。教堂建于1622年，为圣母雪地殿，拱顶及墙身绘有彩色壁画，中西融合。大炮建于1617年，至1626年建成，名为圣母保禄炮台，为澳门防御中心，为不规则的四边形。从大三巴牌坊沿石阶而下，就到了玫瑰堂，由多明我会建造于1587年，初用木板搭建，华人称其为“板樟庙”，供奉玫瑰圣母，故称玫瑰堂，有巴洛克建筑风格的祭坛，很典雅精微，旁有“圣物宝库”，藏300多件澳门天主堂文物。这里向右转弯，两侧建筑为19世纪和20世纪初建，具有南欧风格（即葡萄牙风格），我在葡萄牙就见到了碎石地面。左侧为仁慈堂，建于1569年，由澳门首任主教贾尼路创立，负责慈善救济工作，办中国第一间西式医院——白马行医院，并设有育婴堂、麻风院、老人院、孤儿院等，大楼建于18世纪中叶，具有新古典主义风格。这里民政总署大楼沿山而建，成于1784年，前身为市政厅，有南欧风格，一楼图书馆于1929年启用，以葡萄牙的玛弗拉修道院的图书馆为蓝本，家具有古典气息，专收17世纪至20世纪50年代古籍。明末清初，天主教以澳门为基地，从事远东地区的传教活动，开展文化互动交流，办西式学校、医院、外文报纸等。另澳门妈祖崇拜表现澳与闽、粤沿海居民的信仰，是向国外传播妈祖信仰的地方，酝酿了温情、淳朴、包容的社区气息。后到电视塔参观，先到61层，可系着带在外走一圈，相当刺激、惊险，后到68层吃自助餐。后参观路氹历史馆，巴哈伊教澳门总团主席江绍发说，这里是介绍葡萄牙人生活状况的。澳门的参观使我既感受到中西文化融合的魅力、中华民族文化的包容性，也体验到宗教的强大的力量、教士的人格生命力。

四川大学为庆祝成立百年，召开“宋文化国际会议”，邀请我出席，我乘CA1407航班到成都，住望江宾馆宏达园的386室，这原是西南军区的招待所，有林彪住过的芙蓉宫。16日在四川大学望江校区文化活动中心音乐厅，由高校古委会主任安平秋主持，宣布“宋代文化国际学术研讨会暨《宋全文》首发式”。由我致辞，我归结两句话：“致广大尽精微综罗宋文，极高明道中庸探赜理学”。由此而展开说明《宋全文》一广、二大、三精、四高、五中的五个特点。《宋全文》的出版将对宋文化的研究起推动作用。晚上四川大学为庆祝成立 110 周年，举行大型活动，我于19:30在研究生院演讲“和合学与和谐文化建设”。讲后同学们提了许多问题，如不和谐与和谐关系、三农问题、城乡差距、贫富差距与社会和谐关系、和合学的未来前途等问题，最后由蔡方鹿和舒大刚两教授评议。

《宋全文》的五大特点的“广”是指跑遍全国各大图书馆，查阅上万种图书资料，包括孤本、珍本、碑帖，地下出土的石刻、碑文，收录全部宋代单篇散文、骈文、诗词以外的韵文、诏文；“大”是指收文 20 万篇，作者约万人，全书 360 册，1 亿字，是《全唐文》的 10 倍，成为最齐全宋文渊海、中国最大的断代全文总集；“精”是指每位宋文作者撰有小传，并注明所据资料，除注正式出处外，并注明观于何书，有的达数十处，可见其精微；“高”是指起点高、视野高，能对中华民族文化发展最高峰的宋代做高水平、高质量的搜集，为研究理学形而上之道提供丰富的资料；“中”是指中庸，宋明理学把《礼记》中两篇《大学》《中庸》归入“四书”，找到了所依傍的文本，使隋唐以来儒、释、道三教兼容并蓄的文化整合方针落到实处，开启了理学的新时代。18 日出席闭幕式。

为出席“纪念白鹿洞书院建院 1 030 年暨全国书院与理学传播学术研讨会”，8 月 19 日与方国根一起乘 CA1511 航班到南昌机场，乘车到白鹿洞书院，这个会议是由江西社科院、江西师范大学、江西教育学院联合举办，晚上见到参加会议的汤恩佳、唐亦男、王煌、李才栋等。8 月 20 日开幕式，我代表中国人民大学孔子研究院和国学研究院致辞：白鹿洞书院是当时四大书院之首，是弘扬儒学真精神的基地，是中华民族培养栋梁之才的学校。在今天发扬书院精神具有非常重要的意义，是冲击应试功利教育的重要力量，是造就德才兼备人才的基地。朱熹所恢复的白鹿洞书院所体现的“书院真精神”是：（1）海纳百川的开放性。朱熹与陆九渊鹅湖之会后，其为学之方，陆氏视朱熹为支离事业，自己为易简工夫，“支离事业竟浮沉”，而“易简工夫终久大”。两人分歧已显。陆九渊 43 岁访南康军，朱熹请陆氏在白鹿洞书院讲“君子喻于义，小人喻于利”一章，听后“熹当与诸生共守，以无忘陆先生之训”。再三云：“熹在此，不曾说到这里，负愧何言!”“乃复请先生书其说，先生书讲义，寻以讲义刻于石。”说来痛快，至有流涕者，元晦深感动。对书院教育并不坚守一派思想，而能以致广大的胸怀，海纳百川，有容乃大，吸收不同思想，而扩展自己学说。(2) 行之有效的制度性。《白鹿洞书院学规（揭示)》对办书院教育的宗旨、人格培养、道德修养、为人处世做了规定：“五教之目，为父子有亲，君臣有义，夫妇有礼，长幼有序，朋友有信；为学之序，为学问思辨笃行；修身之要：言忠信，行笃敬，惩忿窒欲，迁善改过；处事之要：正其义不谋其利，明其道不计其功；待物之要：己所不欲，勿施于人，行有不得，反求诸己。”这就为书院的制度化建设迈出了重要一步，后来朝鲜亦大办书院，李退溪《陶山书院学规》《伊山书院院规》等，都遵照朱熹《白鹿洞书院学规》。(3) 立学教人的针对性。知识与人格、应试与道德融合起来，避免为知识、为应试而不讲人格、道德，这在当时是一个严重的问题。朱熹在《学校贡举私议》中指出：“所谓太学者，但为声利之场，而掌其教事者，不过取其善为科举之文，而尝得售于场屋者耳。”“师生相视，漠然如行路之人，间相与言，亦未尝开之以德行道艺之实。”朱熹立学教人，把教人放在第一位，教书教人。现在学术腐败，教授抄袭、学生作弊等现象必须纠正。(4) 忠信笃敬的践履性。内圣的修养与外王的笃行相融合，认为道德文章、道艺技能都为一理，所以道德修养与践履不分，学规中处事接物都是践履的指导原则。

21 日会议安排参观，一为到庐山，二是参观鹅湖书院，我们选择上庐山，先看仙人洞，看得仔细，后到含鄱口，因有雾，看不到鄱阳湖。中饭后参观美庐及中共中央第八届会议旧址。下午参观白鹿洞书院，这里古迹遗存丰富。据传唐代李渤在此隐居。南唐升元中，建白鹿洞国学。朱熹知南康军时，恢复白鹿洞书院，等于重建。其中有白鹿石像。

8 月 22 日为大会报告时间，上午我做“书院的现代价值”演讲。我《杂思录》第四卷记的演讲提纲是：其一，宋代书院教育的发展。(1) 修文偃武政策的实施。宋代不杀知识分子，知识分子敢于发表不同意见，敢于创建思想体系，敢于创建书院，按照自己思想讲学授课，书院便成为自由发挥自己思想的基地，交流切磋思想学问的阵地，建构哲学思想体系的平台。（2）尊师重道学风的确立。宋代一扫五代以来师道委顿之风，韩愈曾感叹："师道之不传也久矣，欲人之无惑也难矣。""呜呼！师道之不可复可知矣。"儒教师道的衰微与唐代儒学的衰颓有关，使以师为耻，对学术发展不利。柳宗元《师友箴》说："今之世，为人师者众笑之，举世不师。故道益离。"这里师非指文字章句之师，而指传道、授业、解惑之师。（3）印刷技术的发展，为书院教学提供了教材的方便。这些都为书院发展提供了政治的、思想的、物质的基础。

其二，书院对教育的意义。（1）宋代讲究"做相须读书人"，中国社会政治、思想、意识、价值观念均发生了变化，为科举的公平与公正，打破上品无寒门、下品无士族的状况，提供了有利条件。赵匡胤不仅以文臣代替武将，而且重视科举，选拔人才，为照顾边远地区，将科举录取名额做了分配，书院学生也可以参加科举考试，促进书院发展。（2）科举讲究德才兼备，书院注重道德与才能、知识与德行的培养，培养的目标是进德修业，成德成圣，不仅开拓了书院教育的空间，也使书院教育获得了上下大众的信赖和热爱。（3）理学家频繁的教育活动、学术交流、对话、讲授活动，促进了书院发展。朱熹兴白鹿洞书院，各地恢复、创办书院之风吹遍宋代大地，即使是穷乡僻壤，也由当地官员、乡绅创办书院，发扬耕读传家传统。（4）学统四气，学派林立。宋明思想家、理学家或当政、或致仕，都要办书院，书院成为其建构思想理论体系的理想基地，以及培养学派继承人和传播其学派的最佳阵地。在此思想自由与书院自办的环境中，两者互补促进，相得益彰，思想随书院而形成学派，书院随思想而不断发展，造就中国哲学思想的高峰，或称其为"造极"期。

其三，书院的学术贡献。（1）书院确立了新教育宗旨。唐为科学而教而学，以应试教育为主，忽视道德素质教育的弊端得到纠正。（2）教学内容的改革。为理学发展营造教学环境，从刘敞《七经小传》到王安石《三经新义》的经学变古运动中，疑经改经，对儒学经典提出新诠释，以义理之学替代训诂之学，经典诠释学的创新标志着新学风、新学术思想的诞生。朱熹制定了一整套完整的理学教学方案，确立"四书"为义理根据，体用大略，"五经"为补。（3）教育制度与学规制定。《白鹿洞书院学规》

全面、系统地为教育制度的创新做出了贡献。

大会演讲后，庐山东林寺住持大安法师派车来接我和方国根。大安俗名魏嘉，听过我的课（为85级伦理学硕士），毕业后分配到中国对外经贸大学任教，被评为教授。自1994—2001年在中国佛学院讲净土经论，现为江西庐山东林寺代住持，主编《净土》，出版著作《净宗法语大观》《道德谷响集》《中国人的人格》等，发表论文百余篇。他说当时怀疑自己得了肺癌，住院的种种体悟使他对生死问题有了新的体验，而产生皈依净土的念头。他的这种情况与我十分相似，1997年我被误诊为肠癌，并切除了升结肠。他后来拜传印法师为师，而成净土宗祖庭东林寺住持。由于有得癌症的经历，我们谈得很相契，有恨相见之晚的感觉。我们谈生死、死到哪里去的终极关切问题，又谈宗教的自我定义，和合学有关问题，儒、释、道及中外古今无所不谈，从亚里士多德和古希腊逻各斯以及近现代理性主义、实体主义到中国孔老庄等思想。纵论宇宙天地、社会人生等，谈得甚欢。后参观其博物馆，有不少唐代文物，康有为在此发现一块柳公权写的碑，这里是慧远住持之地，文化底蕴深厚，不远西林寺是慧远之弟慧永修行之地，现为比丘尼寺院。慧远住持，往来文人墨客甚多，如白居易等。大安法师陪我们参观其夏令营和演习净土宗僧众的宿舍，有很多严格的管理制度，东林寺有100多僧人，每人每月150元，大安亦150元，一律平等。《净土》执行主编是北京科技大学毕业的硕士，亦一直陪我们参观。大雄宝殿是赵朴初题字，傍晚辞别大安法师，23日上午乘MV5187航班回京。

六、传统文化与生态文明

为纪念《公民道德建设实施纲要》颁布五周年，中央电视台教育组要我讲两个问题：一是以人为本在公民道德中的体现，二是中华民族传统美德与公民道德的联系。同时由中共中央宣传部宣教局主办，新华网、人民网、中国军网、光明网、央视国际网、中青网、新浪网、搜狐网共同承办，要我出席座谈，主题是“公民道德与和谐文化”。出席座谈的有中宣部宣教局副局长董俊山、中国文联副主席仲呈祥、北京东城区北新街道工委书记吕德成等。重点座谈内容：中国传统和合思想和实践；建设和谐文化的重要性；发展和谐文化对公民道德建设的新要求；如何结合各行业实际加强公民道德建设，促进和谐文化发展。我 9 月 5 日到东四环金台路人民日报社。需要回答的问题是：(1) 新浪论坛网友“游戏发烧友”：“张老师，我是一名在读研究生，是学哲学的，曾了解您在 20 世纪 80 年代开始了和合论研究，不知当时您关注这个问题的动因是什么？有什么探索和发现？”(2) 人民网网友“铁杆粉丝”：“张老师讲讲中国传统文化里的和谐思想吧！我们现在提出和谐文化中还能看到多少传统思想的影子？”(3) 人民网网友“可爱的猫”：“张教授在葡萄牙讲过和谐文化，可称得上是权威学者，请张教授从学术上讲解一下良好的公民道德对现实和谐文化有什么作用？社会实现文化和谐后是一种什么状态？”(4) 你对网上丑恶现象如欺诈、对骂、人身攻击怎么看？我对上述问题一一做了回答。由于时间关系，第四题来不及回答。这种座谈会切合实际问题，也是一些人所关注的问题，能起到有效的作用。

9 月 16 日受邀出席“产业发展与环境保护——绿色中国第十一届论坛”会议，在香山金源商旅中心酒店召开。先由环保局副局长潘岳讲“绿色中国与生态文明”，相当于致辞。接着由我讲“中国传统文化与生态文明”，要点如下：

第一，生态病痛、人类迷途。尽管当前科技飞速发展，人的知识水平不断提高，但人仍处在迷途之中，而不能自拔，现代人与自然冲突的严重性和生态危机的不断加剧就是其表征。自然资源的有限性，人类消费欲望的无限性，地球生态系统的脆弱性，社会文化系统需要的无穷性，生活享受的高耗性，造成人与自然冲突的持续性。虽然在治理生态环境中付出了高代价，但生态环境仍然日渐恶化，使自然陷入病态之中，连带地引起社会、人际、心灵病态，其扩大将会毁灭人类。为挽救人类的毁灭，必须自觉建立对自然敬畏的意识。佛教设计因果报应说，人民恐惧下地狱的恶报，而产生对佛的敬畏；人们大都怕死，而祈求长生不老，对道教产生敬畏；基督教抓住人们的犯罪心理，使人对上帝产生敬畏。当前人们最怕病态，而应对天（自然）产生敬畏，如果对天不敬畏，天的报复就会越来越加强。

第二，化解病痛，天人合一。我在《中国哲学范畴发展史（天道篇）》

中认为天有五义。苍苍者之天（有自然意思），主宰之天，天理之天，这是朱熹概括天的含义。西周“以德配天”，王权天授，天命不易，必须敬畏天，为有意志之天。中国古代天的自然性与神灵性（主宰性）是融合的。随着周公的“王权神授”的权威性和“惟德是辅”的公正性的紧张，人民对社会的不公正的不满便转移到天的身上，由天来承担社会人世不公平的责任，便出现怒天、骂天的现象。子产说：“天道远，人道迩，非所及也。”天人出现相分的情况。孔子既承认天的冥冥主宰性、权威性，又说要敬畏天。孔子说：“君子有三畏：畏天命，畏大人，畏圣人之言。小人不知天命而不畏也，狎大人，侮圣人之言。”（《论语·季氏》）“巍巍乎！唯天为大”（《论语·泰伯》），“获罪于天，无所祷也”（《论语·八佾》）。子夏说：“死生有命，富贵在天。”（《论语·颜渊》）另外，孔子又将天做自然而然的解释：“天何言哉！四时行焉，百物生焉，天何言哉！”（《论语·阳货》）并认为天是可知的，“五十而知天命”。这就是对天的敬畏，是一种理性的敬畏。由敬畏而主张“仁民爱物”，爱万物，爱自然。孟子发挥孔子思想，从心性上知天、事奉天，建立事奉、敬畏天的自觉性，化解人对天的不满，恢复对天的敬畏性。

战国时期各国为争功利、争霸，对天的敬畏被边缘化了，天的主宰性淡化，自然性被强化，荀子《天论》中天作为自然现象被突出起来，认为推崇天而思慕它，不如把天作为物畜养而控制它；顺从天而赞美它，不如掌握其变化而利用它。自然没有意志，天不会恩赐给人什么。所谓“知天”，就是各方面治理得好，而取得和谐，不伤人物，使天对人的行为、社会政治的约束力减弱，这对于社会凝聚力也是一种损害。秦速亡后，汉代大一统政权建立，为加强大一统国家的凝聚力，就需要恢复对天的敬畏，凭借天的权威来巩固、稳定社会秩序和人心，重新建立对天的敬畏，于是董仲舒建构了“天人感应”哲学思想，认为天人之间存在亲缘关系。同时“天人感应”也是对王权的制约，天可以降灾异来监督、控制、谴告王（皇帝）的道德、行为，形成从上（王）到下（百姓）对天的敬畏。

汉末社会动乱，魏晋南北朝国家分裂，政权频繁更迭，社会充满杀气，生命朝不保夕，天的维系功能被遮蔽，加上佛道二教的渐次兴盛，在梁武帝时，天的权威沦为非正道的地位，佛为正道，天从至高至尊地位跌落下来，嵇康、阮籍的非《周礼》意蕴着对天命的否定。隋唐时，佛盛儒衰，人民对天的恐惧和敬畏被佛教的因果报应、六道轮回所代替，对天的自然性维护被佛教涅槃妙道所取代。韩愈为恢复天的权威，认为“得失固有天命，不在趋时”（《上考功崔虞部书》），“斯道未丧，天命不欺”（同上），“贤不肖，存乎己；贵与贱、祸与福，存乎天”（《与卫中行书》）。强调天的功能与作用，以与佛教相抗，提升儒教天命的权威，“积善积恶，殃庆自各以其类至。何有去圣人之道，舍先王之法，而从夷狄之教，以求福利也”（《与孟尚书书》），以恢复对天的敬畏来削弱人们对佛的崇拜。韩愈在恢复天命的权威时，也加深了人对自然之间关系的体认。唐末五代，社会动乱，天的权威、对自然的敬畏又面临被削弱，在人欲横流的情况下，人们不敬畏天，违反天道、天意的事层出不穷。宋明理学家继承韩愈思想，重新树立天的权威，塑造对天的敬畏，把“君权神授”转化为“天理君权”。天理是对天的理性化的转换，但保留天的主宰性。天理代天，因此其理有天的必然性一面，又具有自然性的一面，就是要树立对天理的敬畏，“存天理，灭人欲”。当前，自然生态严重恶化，自然灾害不断，人在自然面前显得十分渺小，一次自然灾害，人死物坏，人要尊重自然，敬畏自然，与自然和谐相处，“万物并育而不相害”。

第三，民胞物与、天人和爱。（1）治疗天地自然病态应熟悉、体认天地自然对象的本性，如“知和风”、水性，了解民情；要顺其自然，尊重天地自然规则，如因时顺气，因地疏导，因伦施教，万物高下，各得其所，并育不害，和乐生长，创造和合生意。（2）以他平他谓之和，天人之间的和合生意。把参与和合生意各种元素以及人与人、人与物之间，都看做平等关系，天人相生相和，而不是相害相悖，自然万物和乐生长发育。（3）树立天地自然是生命体的观念。荀子说：“水火有气而无生，草木有生而无知，禽兽有知而无义，人有气、有生、有知亦且有义。”人对水火、草木、禽兽应该建立一种道德的审美的关系，人与自然共处于宇宙之间，应该共生、共处、共立、共达。（4）天地万物与吾一体观念的确立。天地自然与人之间并不彼此对立，并非不是我征服你就是你征服我的关系。人类必须消除人类中心主义，树立共同体的观念。（5）天人和爱。张载说：“乾称父，坤称母，予兹藐焉，乃混然中处。故天地之塞，吾其体；天地之帅，吾其性。民吾同胞，物吾与也。”百姓与我都是同胞兄弟，万物与我都是同伴。天地自然是生养人的父母，对待父母，不仅要赡养，而且要敬，敬重父母，尊重自然，要爱父母，爱护自然，这是中华民族传统生态文明的思想资源，应发扬传统生态文明，为当前服务。

我演讲后，房宁、余谋昌、洪盛、叶小虎等演讲，可以看到中华民族有最丰富的生态文明的智慧。

9 月 20 日《上海文化报》记者来电，说我在前年、去年都建议把教师节改为 9 月 28 日孔子诞辰，为什么要改，要我简要谈一谈。我说：(1) 中华民族每一个节日都有其深厚的文化内涵，以孔子诞辰为标志的教师节，是人们对教师，或曰对人类灵魂的工程师的尊重。中国古代太学、国子监都祭祀孔子，现在韩国的成均馆也每年春秋祭祀孔子，孔子作为至圣先师、万世师表，已成为千百年来教师的代表。(2) 我国在世界各国开办了很多孔子学院和孔子讲堂，这些学院的教师节是按我们现行的 9 月 10 日还是按孔子诞辰，这给自己留下了尴尬。以孔子诞辰为教师节，就自然统一起来了，所以要改。(3) 孔子作为万世师表，有两大创新性改革，一是西周以来，学在官府，没有私人办学，孔子是中国历史上第一个私人办学的教师，这是教育制度大突破，并创造一套新的教育内涵、制度、方法，因材施教，培养人才。二是有教无类，打破受教育的等级限制，人人有受教育的权利。以孔诞日为教师节，亦是对教师创造性的一种鼓励。(4) 孔子思想影响亚洲乃至世界，自古以来在韩国、日本、越南等国就有孔庙、书院，祭祀孔子，现港澳台都以孔诞日为教师节，教师节改为孔诞日，有利于中华民族的凝聚力、向心力提升，有利于民族的团结，也有利于中华民族文化的弘扬和振兴。

20 日下午乘 MV5112 航班到上海，出席“第二届世界中国学论坛——中国与世界：和谐、和平”会议。由上海市社会科学院主办。会场设在上海展览中心大堂。世界文、史、哲、经、社的一些学者都参加，故有以文会友的意义。主题发言者为郑必坚，讲中国道路问题。中国和平、和谐、合作、开放发展，文明复兴，永不称霸，己所不欲，勿施于人。我参加大会，讲和合学问题，和合即和平、合作、和谐。同组的上海复旦大学的朱维铮教授虽是近 70 岁的人，但说起话来仍很激昂，刚性十足，批起人来也不讲客气，真有点青年人的气象，这样有个性的人是很可爱的。就一般人说来，年轻时血气方刚，初生牛犊不怕虎，但到 70 岁便从心所欲，不逾矩。朱维铮倒有从心所欲的意味。他说：今天上午大会演讲他听不下去，觉得很气愤。有人一直讲斗争，批孔子，一变而讲孔子好，讲和、讲和谐，变得太快，给人不诚实的印象，还引上海竹简的话来讲和。张芝联教授是我与朱维铮发言组的主持人。

9 月 23 日，韩国文化广播公司策划 4 集专题片：《心灵的诸多习性·儒教》。由导演韩昌禄亲自来，我们就中国人民大学孔子研究院各项活动做了介绍，特别就孔子文化月的修身立德、明礼诚信对心灵塑造的意义做了说明。该公司另一设计组要拍电视剧。这组提问题比较多，如儒教与马克思主义的关系，中国人民大学为什么成立孔子研究院，研究院今后发展方向为何。我顺便讲了要编纂《国际儒藏》的工作，其中包括韩国儒藏的编纂的情况。

七、南孔论古今中西象理之辩

德国阿登纳基金会与国际儒学联合会联合召开“孔子儒学与中国现代社会国际会议”，邀我出席。9 月 25 日开幕式，阿登纳基金会驻北京项目执行人容敏德先生致辞。国际儒联刘忠德、杨波等致辞。儒学对现代社会定起某种作用。我认为儒学尽管对现代社会会起某种作用，但对政治要有一定的超越性，不要使儒学作为一种政治意识形态，若如此，必然陷入历史的圈套，特别不要成为政治的工具，否则就失去儒学的本真，重履历史上起起落落的命运。儒学（儒教）作为一种价值取向、伦理道德、行为规范、礼仪文明、风俗习惯，起引导作用。现代社会公共领域是政府的职能范围，道德、思想教化领域是宗教或教化机构的功能范围，两者是分开的，这样才能显示儒学的独立性，才具有独立的学格。社会包括政、经、文、制度、道德、宗教、风俗等内涵，政治只是社会科学中的一个方面，儒学（儒教）是超越政治一种学说，应赋予儒学一定独立的品格和地位。把儒学放在历史世界来观察，儒学要走向现代生活，既恢复孔子本来面目，回归古代社会，又走出古今之辩的旧思维模式，使儒学与现代社会相融合；超越中西之辩，而不是拒斥西学，也不是在西学强势文化的冲击下，以儒学去与西学相颉颃，而是包容西方，吸收西学，这是儒学改革、发展的途径；超越象理之辩。假如将儒学作为一种政治意识形态，历史的教训是儒学的僵化，丧失生命力。我们今天讲孔子精神（儒学精神），或称之为“孔子学”，就是对孔子及其思想进行新的诠释，发挥其新的作用，使其唯变所适。

9 月 27 日出席“2006 衢州儒学国际论坛”会议。26 日下午中国联航从南苑机场起飞，这里原是军用机场，现军民两用，直接到衢州机场。27 日本为报到日。由于我第一次到衢州，第一次到南孔，会议安排到龙游参观石窟。我以为石窟是高山上凿的，如龙门石窟、大同石窟。这里石窟是七个像北斗星布局的大井，自名为世界第九大奇迹。奇就奇在究竟有什么用，有取石料说，有越国屯兵说，有屯粮说，又与越国勾践联系起来，众说纷纭，莫衷一是。井洞 25 米深，3、2、1 洞开放，成为一个谜。石窟位于龙游县城北三公里处的凤凰山麓，是一处气象恢弘、瑰丽壮观的古代地下建筑群，年限不迟于西汉，在土丘上似有规律地分布大小 36 个洞窟，每个洞窟从矩形洞口开始垂直向下延伸，顶部呈倒斗形。洞窟内均匀科学地分布了 3～4 根巨大的鱼尾形石柱，与洞顶浑然一体，更让人叹为观止的是洞壁、洞顶和石柱上都均匀地留下古人装饰图。龙游石窟规模宏大，气势磅礴，走进石窟，宛若时光倒流，犹如进入时空隧道。现存一个石窟还留有一个道家八仙的石刻图案：白虎和朱雀。石窟除其作用之谜外，单纯从采石而言亦存在八谜：（1）如何采光。洞口狭小，石窟内光线暗淡，壁上无熏烟痕迹，开凿者何以照明？（2）北斗七星。已发现的 7 个石窟的平面布局竟呈北斗七星状，是故意设计，还是纯属巧合？（3）半米壁距。石窟间紧邻，却不相通，而洞与洞之间最短壁距仅半米，开凿者怎么在地下做出如何精确的测量？（4）矩形水池。已开发的 5 个石窟在底部靠近中心的部位均有一个矩形的水池，何用？（5）鱼去何方。石窟曾作为寺院放生池，养有大鱼，村民钓鱼，水抽干后，鱼不知何去。（6）洞壁石刻，鸟、虎、鱼的石雕图案。（7）不见于史料。如此浩大工程，遍寻当地县志及史料，竟无记载。（8）石料去处。石窟开采的石料量至少在 80 万立方米，大量石料用到何处，直到现在无一个合理的解答。不过存在这么多谜，也好引人来猜谜，来旅游。

又参观南孔庙，北宋亡，赵构南迁，孔端友率族人负孔庙传家珍宝“楷木圣像”，扈跸南渡。据说孔子逝世后，弟子为谢师恩在墓前结庐服丧三年，子贡独多守三年。此间子贡采孔林楷木，为老师和师母亓宫氏精心雕像，后人称“楷木圣像”。楷木像存思鲁阁，新中国成立后曲阜借南孔楷木像，据说归还南孔时是仿制品。又去参观烂柯山，其原名为信安山，最高处海拔 176.9 米。古人说山不在高，有仙则名。相传 1 600 年前，晋代樵夫王质入山伐薪，遇仙对弈，他在旁观看，两仙童提醒他要回家，发现斧柯朽烂，故改为烂柯山。山是仙霞岭余脉。主峰有“天生石梁”，横空飞架，如巨龙飞渡，似大鹏垂翼，气势磅礴，雄伟壮观，东西横亘，南北中空，是世界丹霞地貌景观之最。数十位帝王名人慕名而来。“山中方一日，世上已千年”等千余篇传说，使烂柯山草木石景蕴含诗意，被誉为“天下无双胜境，江南第一仙山”。此地是中国围棋发源地，烂柯为围棋的别名，历代棋界高手莫不以“烂柯布局”为追求。围棋圈内的陈祖德、聂卫平、马晓春等均来此接受洗礼。

9 月 28 日上午出席南孔家庙为纪念孔子诞辰 2 557 周年进行的祭祀典礼。祭礼第一奏乐敬香，献五谷（男女十人各一半，不合古礼）；祭礼第二向孔子行鞠躬礼（而不是跪拜礼，不合古礼）；第三向孔子敬献花篮；第四为孔子第 48 世嫡长孙衍圣公孔氏南宗始祖孔端友像揭幕；第五主祭人衢州市人民政府常务副市长郑金平先生，陪祭人孔子第 75 代嫡长孙孔祥楷先生进位；第六颂祭词《祭孔子文》；第七主祭人、陪祭人复位。虽不合古礼，但恢复祭孔就是进步，特别是地方政府主祭，祭孔就成为合法的了，这在“文化大革命”中就是反革命活动。下午出席 2006 年中国衢州国际儒学论坛开幕式，宣读中共浙江省委书记习近平贺信，衢州市委、市政府领导人致辞，中国人民大学党委副书记王新清致辞，中共浙江省委副书记、组委会主任夏宝龙讲话等，后为主题发言。晚在衢州学院操场举办孔子文化节大型文艺晚会。

9 月 29 日，论坛闭幕式，大会发言，由浙江省委宣传部副部长沈立江主持，我为论坛做评点和总结。我讲了几个问题：这次论坛是高水平、高质量的论坛，国内外儒学者可谓群贤毕至，老青咸集，中西学者，切磋琢磨，获益匪浅，弘扬儒学，成为共识。会议对古今、中西、象理，及儒学与政、经、文、教育、伦理、自然科学等关系，做了较深入的探讨：(1) 超越古今之辩。我们要从物理时间概念中超越出来，从义理时间的观念来思考问题，可以缩短时间差距给诠释带来的困囿。古不是复古，不是回归古代的生产制度，我们是发现古代思想资源，开出为现代所需要的东西，取儒学的精神，在古与今、传统与现代的冲突融合中和合成新的儒学。新儒学的形态是什么？和合学是这样一种探索和试验。(2) 超越中外之辩。从义理空间视野来看全球化，我们把近代以来的中西之辩推展为中外之辩。中外不是单向的西学东渐，而是互动，东学西渐。任何有生命力的学说都具有一定的普遍性，这种普遍性的理念就会逐渐被世界所认同。譬如 1993 年芝加哥世界宗教议会大会所通过的《全球伦理宣言》的“金规则”，便是以孔子的“己所不欲，勿施于人”为指导。中外文化从古以来就是互动的，如韩、日、越等国的儒教文化圈的形成。若以中华文明与埃及、古希腊、印度文明相比较，唯有中华文明没有中断，五千年延续至今。三大古国“有古无今”，美国是“无古有今”，中华是“亘古亘今”。李约瑟认为，中国人的哲学思维的特征与自然观特征可以用“有机体”一语来表示，他说从古代到朱熹，以完整的形式构成有机体理论，传播到欧洲，给莱布尼茨哲学带来很大的影响，直到怀特海的有机体哲学。(3) 超越象理之辩。从价值理性与工具理性，“形而上者谓之道，形而下者谓之器”，在两者的融突中达到和合境界。从形而上哲学之道到形而下的政、经、文之器物，即从理到象，其间儒学经历创新与变革。儒学具有包容性、动态性以及与时偕行、唯变所适的特点和性质，纵观历史，任何一次儒学的变革都体现了时代精神。所谓时代精神，简言之，就是对当时时代所面临的主要冲突与危机提出切实的化解之道，如董仲舒提出“天人感应”，体现了时代精神。现代儒学的变革创新必须体认时代所面临的主要冲突和危机，提出化解之道，这便是时代精神的体现。

这次论坛所提供的论文和各位学者的发言均涉及这些问题，提出有启发性、创造性的新观点、新思想，使大会取得成功。沈立江说我点评与总结水平很高，把录音整理出来收在会议论文集中。9 月 30 日为会议最后一天，与会学者纷纷离开，由于我们是 19:50 中国联合航空公司 KN2280 航班回京，白天无事，会议安排我们去参观江山的江郎山，其奇特的地方在于它三峰峻立，远看像三兄弟，有车直抵峰下，步行上山，先参观“开元禅寺”，巨大的蜡灯可点一年，再往上三兄弟峰的中间是一线天，山体为丹霞石质，1.6 亿年地壳运动造成，岩体中包含有鹅卵石以及其他物体，一线天有 250 多米，攀登到一线天中间，我坐在石上，可见一弧形、半圆形，形状很逼真，往上爬山，体力不够，只得下山。人们把三兄弟峰说成大哥从农，二哥从武，三弟从文，形态各异。此处是戴笠、毛人凤的家乡，有“三毛一戴”之称。戴笠的故居有水牢、密道等，新中国成立后是乡政府驻地，所以没有被破坏，现辟为参观的地方。

八、《周易》八卦与和合学

受“第四届海峡两岸中华传统文化与现代化研讨会”邀请，到甘肃天水参加会议。10 月 5 日乘机到兰州，后乘车到天水。天水有 2 000 多年历史，汉武帝元鼎三年设天水郡而得名。传说这里是伏羲活动之地，气候特殊，多雨潮湿，与兰州大不同，所以自古以来出美女。住天水宾馆，晚有文艺晚会，演有关伏羲、女娲的歌舞。10 月 6 日上午开幕式，全国人大常委会副委员长许嘉璐致辞，甘肃省委书记致辞，政协副主席张怀西及甘肃省领导都在听讲。领导致辞，我做主旨发言：“《周易》八卦与和合哲学”。在伏羲作八卦的地方讲《周易》，既高兴又惶恐。《周易》讲“乾道变化，各正性命，保合大和，乃利贞。首出庶物，万国咸宁”，亦有和合思想的含义。可以说在这里讲和合，是天时、地利、人和。尽管给我半个小时发言时间，但也只能讲重点，而不能展开。我讲后，台湾谢启大发言。下午大会发言，有大陆与台湾学者相继错开讲，这样比较公平，多数学者赞同和合思想，特别从两岸来看，要和合，所以魏常海教授发言特别说到这一点，“和合”也是这次会议的主题，两岸统一是和合的形式，而不是武力形式。10 月 7 日分 4 个小组讨论，每人发言规定 4 分钟。下午 4 组汇报讨论情况，最后许嘉璐副委员长做总结：（1）伏羲文化是文化符号，是史、文、美、神、社会、民俗等学的和合，是中华文化的起始；（2）《周易》卦爻辞、太极图是先民们对一种形象的体认；（3）伏羲是人不是神；（4）伏羲文化的定位是儒学的源头；（5）中华文明有世界意义。10 月 8 日，为使两岸学者对中华先祖伏羲有感性认识，出席伏羲祭祀典礼，由许嘉璐和张怀西主祭，两岸学者陪祭。后参观南郭寺，又去看李广墓。李广墓在天水秦州区城南石马坪，有衣冠冢。蒋中正题“汉将军李广之墓”，字体工整。墓门有榜书砖刻“飞将佳城”。清人贾宇清撰写的砖刻对联：“虎卧沙场，射石昔曾传没羽；鹤归华表，树碑今再赋招魂”。王昌龄有诗：“秦时明月汉时关，万里长征人未还。但使龙城飞将在，不教胡马度阴山。”李白《塞下曲》：“烽火动沙漠，连照甘泉云。汉皇按剑起，还召李将军。兵气天上合，鼓声陇底闻。横行负勇气，一战静妖氛。”下午参观麦积山，又名麦积崖，因山形如农家积麦之状而得名，位于秦岭山脉西段北麓，周围群峰环抱，麦积一秀崛起，海拔 1 742 米，区内松竹丛生，山峦叠翠，古称“秦地林泉之冠”。石窟始创十六国后秦，后著名禅僧玄高、昙弘在此讲学，“聚集僧人三百”，北魏、西魏、北周三朝，大兴崖阁，造像万千。隋、唐、五代、宋、元、明、清都曾不断开凿或重修。历史上虽多次遭地震、火灾，仍保存窟龛 194 个。泥塑、石刻 7 000 余件，壁画千余平方米。北朝崖阁 8 座，素有“东方雕塑陈列馆”之称。麦积山石窟开凿在悬崖绝壁上，洞窟“密如蜂房”，栈道“凌空穿云”，其惊险陡峻为世界罕见，由于多雨潮湿，壁画大多脱落，而泥塑基本完好，有的泥质如新，坚如烧陶，可见古代制泥技术之高超。在艺术造型上、特点上，生动优美，石雕技艺精湛，壁画古朴典雅，不论是北朝的“秀骨清像”，还是隋唐的“丰满圆润”，都栩栩如生，温婉可亲，极富生活气息，与中原文化一脉相承。这种形神兼备的技法，体现了中华古代雕塑、绘画独特艺术风格，与山西晋祠宋代泥塑宫女像有相似之处。其后又参观仙人崖景区，有仙人崖、石莲谷、净土寺、罗汉沟四个景区，建于北朝时期，是儒、释、道三教共尊的圣地，现有宋元明清各类塑像 197 尊，壁画 83 平方米，明清建殿宇 27 座，自然风景优美，崖秀洞奇，每当月明树静之时，南崖下烧灯阁闪烁，与林间点点荧光相呼应，如神仙打着灯笼来往穿行，有仙人送灯之称，为秦州八景之一，还有十八罗汉朝观音、净土松涛、仙人湖光等景致。

南郭寺始建于佛教盛行的南北朝时期，中东西三院排列，构成古典园林风格，苍松翠槐，葱茏成荫，殿宇禅院交相辉映。隋唐以来，中院老柏，铁干铜枝，奇伟诡怪，树龄据说在 2 500 年以上，以南山古柏为秦州八景之一，有所谓的“一株余老树，千古壮秦州”之称；东院清泉，甘洌醇香，旱盈潦缩，享有灵湫之誉；西院隋塔虽倒，塔基尚存，时在唐乾元二年，杜甫登临览胜，有“山头南郭寺，水号北流泉。老树空庭得，清渠一邑传”句。10 月 9 日参观卦台山，是羲皇作八卦的地方，又称伏羲画卦台。他画八卦、分姓氏、制嫁娶、充庖厨、教民渔猎的古遗址，在天水麦积山西北，海拔 1 363 米，相对高度 170 米，形如龙头直插渭河之中，对岸西北有龙马洞、渭河中流分姓石景点。卦台山地理则是渭河由西环山经三阳川纳葫芦河东去，视野开阔，遥望星空，北斗星绕北极星，周天南转，北极星如同天枢；鸟瞰三阳川，渭河将全川一分为二，一副天然太极图呈现眼前，环顾四周，卦台山如同天枢，南北两山若揖若拜，群峰环抱，暗含八卦的八个卦象与卦体。三阳川俨然一幅太极八卦图；渭河与葫芦河若天上银河摆布其间，正应古人“在天成象，在地成形”之说，联有“太极显象无双地，伏羲画卦第一山”。易学界称为“天心山”。史载伏羲人首蛇身，称为龙祖。我学《周易》，对其有感性的体验，对此很有所觉解。

10 月 14 日由哲学院召开纪念石峻教授诞辰 90 周年学术研讨会。石峻教授的同事、学生都来与会，赞扬石峻的学术造诣、人格人品、提携后辈等事迹。他是中国人民大学哲学系中国哲学第一代掌门人，对人大中国哲学的发展做出了贡献。

10 月 15 日由中国人民大学主办、孔子研究院承办的第三届“孔子文化月”活动在北京开幕，主题为“明德贵和，读经新民”。大学之道，在于明德；大学之教，旨在明德。明德修身应是大学教育的重要内容，应该以回归经典为入门阶梯。读经能提升社会公众的道德情操，革新公众的精神面貌。数百名专家与社会各界人士欢聚一堂。

我的《和合学概论——21 世纪文化战略的构想》自 1996 年首都师范大学出版社出版以来，在国内外产生了广泛的影响。自从提出建设和谐社会、和谐世界以来，人民大学出版社社长贺耀敏教授要重印再版，我也乘机做了一些修正，主要是修改印错的字。

九、儒学与和平幸福

11 月 2 日受泰国皇太后大学的邀请，出席皇太后大学孔子学院开学揭幕仪式，我与罗安宪教授乘泰国 TG615 航班，夜 22 点到曼谷，徐佩珍女士来接机，住“天下第一酒店”，这酒店名字气魄很大，设备却很差，连洗澡热水都没有。3 日从曼谷乘机到清莱皇太后大学。皇太后大学环境非常幽美，这里原属金三角地带，是种植鸦片的地方，气候适宜，皇太后为改造种植鸦片的状况做了很多工作，并取得成效。为纪念皇太后而成立皇太后大学，大学坐落在群山环抱之间，我住在 H4—3101，是独立的别墅式的房屋，一进来是上层，有客厅、电视、沙发、餐桌、厨房、洗手间等，有很大的阳台，楼下是两个寝室，一是主卧，双人床，一为单人床的次卧，洗澡间等，光线很充足，因为是依山坡而建，所以两层均有阳光。早晨薄雾缭绕，太阳出来，雾消云散，空气非常清新，我与罗安宪教授各住一幢别墅。若能在此养老，真是很理想的地方。

11 月 4 日上午 10:30 在皇太后大学会议大厅（C4 大厦）召开皇太后大学孔子学院揭幕典礼，合作单位是厦门大学，皇太后大学校长万才博士致欢迎词，中国驻泰国大使张九恒致辞，厦门大学副校长张颖致贺词，中国驻泰国大使馆教育官员庞利一秘书宣读中国国家汉办贺信，然后他们四人为孔子学院揭幕（鼓乐、鸣炮、舞狮），张九恒、张颖和中国人民大学孔子研究院罗安宪教授向孔子学院赠送礼物。下午为报告会，名为“儒家思想研讨会”，主题是“儒学乐观稳定思想迈向未来”。既成立孔子学院，首先应对儒家孔子思想有所了解，若对儒家思想都模糊不清，所谓孔子学院就是虚名了，所以前驻泰国大使傅学章先生专门到我家一次，邀请我去泰国讲儒学，故我有此行。我演讲的题是“以儒学思想构建和平幸福生活”，罗安宪讲“以儒学警示青年”，厦门大学刘泽亮讲“感悟生命、燮和人伦”。最后由中国前驻泰国大使傅先生总结演讲。皇太后大学孔子学院是一处花园式建筑。11 月 5 日皇太后大学孔子学院安排参观泰国名胜，觉悟泰国文化。先参观一处古寺庙，现只有残垣断壁，修了一个供奉释迦牟尼的地方，四面透风，像南方的凉棚。出古寺就到了金三角这个世界闻名的地方，这是洛水与湄公河交汇处，东边是老挝，西边是缅甸，三国相连，过去是三不管的地方，主要种植罂粟（为一年生草本植物，花红色、粉色、白色，果实球形。果实未成熟时划破表皮，流出汁液，制取鸦片），这里就成为生产销售鸦片毒品重镇，全球超过半数的海洛因来自金三角。

1988年泰国皇太后开始在泰国最北地方实行计划，目的在重造森林和恢复泰国境内的人民生活，要求不要种植罂粟，宣传毒品害人的历史，群起抗毒，并建立鸦片烟馆，即鸦片博物馆，属黄金三角公园的一部分。我们在参观时，知道了很多吸鸦片的历史。古埃及人吸鸦片是为治病，到中国明代亦为治病用药。古代希腊、罗马、埃及在医学上、宗教上都有使用罂粟的记载，说明鸦片在医学上有长远的历史。罂粟花五颜六色，非常鲜艳，其中只有一种罂粟可做鸦片。我们买门票进馆，是一条长137米的黑暗的地道，是从山的这边迎宾楼到山另一边大楼，地道里展出鸦片演化的历史，以及吸毒后各种丑态和痛苦，有世界名人吸鸦片的危害等。亚洲输出茶叶、丝绸、彩陶、香料等到英国，给英国带来贸易逆差。英国为扩大鸦片贸易，反对中国禁烟运动，发动鸦片战争，中国经济遭受严重破坏，吸鸦片成瘾者身心遭殃，清王朝走向消亡。这里展出“虎门销烟”及火烧圆明园，并展出过去吸鸦片所使用的烟枪、烟盒、枕头等难得一见的烟具，以及用烟盒铸成的佛像等，观后使人感慨、叹息。鸦片害民害国，然今天仍有人吸食鸦片等毒品，这个博物馆对人有教育意义，特别应使青少年远离毒品。后看三国交界地方的形势，这里西方旅游者很多，英国人看了鸦片博物馆，应对发动鸦片战争感到忏悔、可耻。中餐在云南人在清盛开的中餐馆，说是地道中国菜，其实已变味，大概是为了适应当地人的口味。后又去参观一个寺庙，看来金三角寺庙不少，寺庙有在菩提树下涅槃的释迦牟尼像，据说菩提树不生虫子。后到老街，这里有一个与缅甸交界的门，过去就到了缅甸，来往人也很多，这里卖的是中国商品，首饰很多，兜售缅甸玉。泰历12月15日是水灯节，放水灯把来年的晦气、凶灾像流水一样流走，换来好运气，同时是泰国国王的生日，到处挂国王的像，泰国人对国王非常尊敬。水灯节有各村寨彩车比赛。最后到清莱步行街买东西，女士们有买东西的嗜好。11月6日到曼谷，参观白庙，白庙是全部以白色装饰的寺庙，是泰国的佛教建筑，有龙凤、大象等，供奉释迦牟尼佛，先经过一狭长的奈何桥，传说中是阴阳两界的分界处，若作孽就会掉在奈何桥下，永远不得超生，所以塑了很多求救的手伸出水面，震撼着游客们。过了奈何桥就到了彼岸世界，可直通成佛的道路，这些都是依据净土思想来塑造的，与禅宗不承认彼岸世界有别，禅宗讲佛与彼岸世界就在我心中，吾心即佛，佛不外求，讲觉悟，只要有“善知识”者的指导，就可顿悟成佛。白庙是一个艺术家用自己的钱建造的。11 月 7 日参观皇宫，主要看宫内寺庙，建筑很豪华，整个建筑呈黄金色，黄色衣服为泰国人星期一穿的衣服，星期一是国王出生的日子，穿黄色表示对国王的崇敬，星期二穿水红色，星期三是绿色，星期天是红色，每天以一种颜色作为其象征。我贴近黄金色的寺庙看个究竟，原是黄色玻璃（小方块玻璃镶起来）建，远看非常好看，四周走廊是关于佛教释迦牟尼等诞生的各种传说画，有人专门讲解，这里大殿不称“大雄宝殿”，大雄是指释迦牟尼，这里是三身佛（翠玉雕的），据说国王每个季节给三身换穿衣服，夏天衣服少些，秋天露右肩，冬天全身穿黄色衣服。泰国是佛教国家，善男信女很多。今年是国王登基 60 年纪念，街上的杆上有国旗和黄旗（庆祝国王登基 60 年），到处有国王的像。皇宫最大特点是进门有四大天王、佛像等，一些地方有关公、张飞的塑像，也有八仙的像，体现了三教合一。下午我在曼谷联合国会议中心演讲，入会场都经过安检，联合国会议中心前有各国的国旗，会议中心尽管较大，但座无虚席。我讲“儒家思想与和平幸福”，演讲效果很好。这是我到曼谷的主要任务。晚饭后，看人妖表演，西方人去看的很多，票价为 1 000 泰铢，表演内容表现善与恶冲突，后获幸福，也表演现代第三者以至第四者插足的事，后和解，重归于好，表演强有力，吸引青年人，既能猎奇又热闹，人妖表演后邀请每人与其照相，我没有去凑热闹。人妖是泰国特有的变性人，都是由男人变性的，我未问这些男人年纪大了不能演人妖了，做什么。

11 月 10 日出席由中华炎黄文化研究组织与台湾辅仁大学、东吴大学、南华大学共同举办的“21 世纪中华文化论坛第四次会议——中华文化与当代价值研究会”。我与中华炎黄文化研究会同人一起乘国泰航班到香港，排队出关，到二楼中华旅行社换取台湾地区出入境许可证，再托运行李，到登机口，手续很麻烦，折腾人。到台北后，在度假饭店晚餐时，辅仁大学校长黎建球教授致欢迎词，后到佛光山的金光明寺住宿，因南华大学属佛光山星云大师所管理的大学。这次会议针对性很强，陈水扁搞“台独”，要加强台湾的所谓本土性，即“台独”性，会议蕴含反“台独”的意义。11 日研讨会开幕式，由辅仁大学前校长李震主持，校长黎建球做主题演讲，后分组报告论文和讨论，我被分到第二组，我第一个发表论文《儒家文明在世界文明对话中的地位和价值》（这篇论文已发表），第二个发表论文的是李震前校长，题为《在中国文化中有没有全球化的或普遍及永恒性的道德和价值》。他从天主教立场出发，认为天主教有永恒的真理。上午会议结束照相，把我安排在黎建球旁边中间位置，这是出乎我意料的，大陆一般把领导安排在中间显著位置，把学者放在次要位置，台湾做法体现了一种对学术的重视，我们是作为一般学者参加会议的。学术会议不像政府会议，学术会议应以学者为主，否则怎么称学术会议。11 月 13 日我们住金光明寺，这里是和尚与比丘尼同在一个寺庙，他们做早课，我也去参加，念了一遍又一遍《华严经·净行品》，这是我和合学所吸收的佛教和合思想的文本之一。上午参观国父纪念馆，建筑外形像一顶皇帝的帽子，屋顶是黄色的。在介绍孙中山生平中有原配夫人卢氏，生二女一子，子为孙科，二女嫁人，展出孙中山信件与题词，有与宋庆龄结婚的契约书，及赠宋庆龄题字，这是我过去没见过的。后参观台北“故宫”，这是第三次了，第一次是 1993 年，当时秦孝仪馆长接见我们，送我们每人一张国画复制品，这次见“故宫”前正面盖了四幢高楼，破坏了风水和景观，标志着台湾的衰微，出现了李登辉和陈水扁等“台独”“去中国化”。后参观台北市容，登台北最高建筑 101 层观景台，当我们登上 85 层时，即可俯视整个台北市，此台坐落在中山纪念堂对面，压住了中山堂，故国民党不兴，这种说法只是一种人的观点。后住佛光山的福山寺。11 月 14 日从福山寺出发参观日月潭，这里是邵族居住的地方，邵族过去是母系社会，女人有支配财产权，男人无继承权，男人入赘女家，是多夫一妻制。现在有所改变。日月潭是天然淡水湖，形态如日与月，曾改名为明潭，邵族不同意，又改回来。湖里有一块邵族的祖灵地，在地震中曾沉没，后又浮起来，游人不可登上。后到南华大学世界中国哲学研究中心继续开研讨会，由南华大学校长陈淼胜主持研讨会，曲润海讲“中华戏曲的保护与创新”，杨曾文、刘梦溪等也发表论文。晚会后南华大学教务长慧开法师约我座谈生死问题及傅伟勋教授的事，他送我生死学论文集，晚住台中，欧崇敬教授约我们喝茶。11 月 15 日到阿里山，相传 250 年前邹（曹）族酋长叫“阿巴里”，他勇敢善猎，至今之阿里山打猎，常常满载而归。族人为纪念他，将此山名为阿里山，阿里山神木（红桧）树龄长久。山有五奇：日出、云海、晚霞、森林、登山火车；五木：红桧、扁柏、铁杉、台湾杉、华山松。每年 3 月中旬—4 月中旬为樱花季，游人赏花。由于没有观日出的安排，再加雾很大，即使去看也看不到日出。记得 1998 年国际中国哲学会时来观日出，要先住阿里山上，3 点起床出发，5 点到观日出点，5 点 30 分日出，但由于地震，原来的观日出点已被震塌了。不过还是经过了享受森林浴的地方，看到了树龄 2 000 年和 1 800 年的红桧木，经过姐妹湖和道教的受镇宫，供奉北极玄天上帝，据说每年农历三月蝴蝶会来贴在玄天上帝身上。晚住星云大师创立的佛光山，我们住云居楼，在每个房间里摆放有《星云日记》，封底载："日记是生活的痕迹，是成长的写照、经验的记载，也是一个人生命的历史。大部分日记是私密的，或深植内心深处，或随着岁月泛黄。"佛光山是临济宗道场，星云大师的《金刚经讲话》序中说慧能由于闻《金刚经》中"应无所住，而生其心"，而顿开茅塞。16 日参观佛光山建筑及星云大师一生经历展，初创时只有一间茅屋，发展到现在是非常宏大的现代化而又保持寺院风格的建筑群，参拜大雄宝殿，参观佛光山文化事业，《佛光大藏经》错误率是 30 万分之一，这在出版史上是高水平的。参观佛光山艺术馆，展出各种艺术品，包括佛、道、耶、伊教邮票，可见其多教圆融的思想，但无儒教，很遗憾。后参观高雄市容，这里在选举参议员，蓝绿两党竞争激烈，经海底隧道到对岸。高雄是台湾重工业中心，原名为打狗，日据时代改为高雄市，是台湾最大的海港，我们去参观古炮台，黑旗军曾在此打败法国侵略者，立了大功，晚到西子湾看日落，西子湾在中山大学旁，面海依山，风景优美，是观光的好地方，看高雄炮台要爬山，我们几个老人累了，就在山下天凤宫等候，刘志琴研究员出于好玩，鼓动大家抽签，她抽得 43 号，其他人都去抽，最后他们也要我去抽，我便依阴阳卦方法抽得头签（签王），再用阴阳卦方法抽，仍为头签，签曰："签头百事良，添油大吉昌，万般皆如意，富贵福寿长。"

11 月 17 日，昨天杨曾文研究员提议大家参加"过堂"活动，以体验宗教生活，这是制度化宗教所需要的，有点像"文化大革命"中每餐吃饭要先背诵《毛主席语录》，这里只有早餐过堂，中晚没有，佛教教人做善事，然“文化大革命”不做善事，把人斗得像鬼，把天斗得像魅魍，把地斗得千疮百孔，经济崩毁，人民食不果腹，功臣被打倒、斗死。做善做恶，终得报应。6:30参加佛光山“过堂”，一楼斋堂是佛光山全山僧众三餐用餐地方。佛门称“过堂”，是指用餐时，不论饭菜好吃与否，都不起贪心、嗔心，就如进斋堂走一遭，而无所执着、执取。“过堂”是佛门五堂功课之一，有一定规矩，持碗要如“龙含珠”，这样捧碗是一个吉祥的姿态，筷子如“凤点头”。饭前三称念，饭时五观想。在佛门斋堂内不可以说话，只有两张半嘴：一张是和尚开示佛法（今天讲饭食的不易，有很多吃不饱的穷人），一张是“纠察”讲规矩，半张嘴则是添饭菜的“行堂”，其他人不得说话。“过堂”的仪式是用餐前先唱“供养咒”，其意在于将饭菜先供养诸佛菩萨，希望全世界的人三餐温饱，远离饥饿。用餐时，心存感恩心、惜福心、惭愧心、精进心、不拣择心。用餐完毕，必须再唱“结斋偈”，将功德回归给一切施主，祈愿施主阖家平安，心想事成。这是对布施者的祝愿，是激起宗教感情的一个环节。任何宗教都有教化作用，儒教也不例外，儒家必须改变命定论，不要把“死生有命”论封死，把命运还给每个人，尊重人的自我选择。死了到哪里去，佛、道、耶都开放给大众，只要修炼自身，就可到终极关切的理想世界。儒教命定论把生前死后都已规定好了，剥夺了人掌握自己命运的权利，既使人失去了自我奋斗的希望，也唤不起大众皈依儒教、信仰儒教的宗教感情。这样敬畏、崇拜儒教还有什么意义？故必须改变。

台湾佛光山是1967年由星云大师秉持“以文化弘扬佛法，以教育培养人才，以慈善福利社会，以共修净化人心”的理念与宗旨创建的。从此理念与宗旨而观，这是人间佛教的路径，把佛教推向世俗化、社会化，实现建设“人间净土”的理想。

11月18日，举行我的《和合学概论——21世纪文化战略的构想》中国人民大学出版社修订版首发仪式，名曰“和合与和谐社会建设暨《和合学概论》出版座谈会”，在逸夫楼召开，冯俊副校长、张国祚（国家社科基金课题项目办主任）、张文彬（国家文物局局长）、牟钟鉴、胡军、李甦平、张学智、吴潜涛、方国根、向世陵、郑水泉、魏义霞等教授一致赞扬和合学思想，人大出版社社长贺耀敏教授做总结。

十、国学与和合学

清华大学深圳分校蔡德麟老师几次邀请我到分校讲学，蔡曾任深圳大学校长，退下来后任清华深圳研究院文理学部主任，与我同岁。11 月 25 日赴深圳，26 日向其经理培训班讲“和合智慧和中国文化的创新”。之所以要我讲和合学，是因为蔡也是搞哲学的，他早知我的和合学思想。从上午 9 点到下午 5 点，共讲 6 个半小时，一天讲下来不觉太累，这是对我 71 岁人的考验。学员听后非常满意，蔡德麟教授对和合学做了很高的评价，说和合学体系创造是对当代哲学的贡献，并念了张岱年先生的评语。他很有感触地说，1949 年以后，老一辈哲学家冯友兰、金岳霖、贺麟放弃自己的体系，经历风波，改革开放后，应在哲学体系建构上做出贡献，使中国哲学走向世界。我讲后同学提了很多问题，我一一作答。27 日受景海峰教授邀请到深圳大学人文学院与哲学系教授、学生座谈，我讲“中国语境的中国哲学形式”，由我的博士后董世峰据录音整理，发表在《深圳大学学报》上。晚上给深圳大学研究生院学生讲“化解 21 世纪人类冲突与危机的和合学”。

由中国人民大学和韩国高等教育财团主办，中国人民大学孔子研究院承办的“国际儒学论坛·2006”大会在 12 月 21 日开幕，大会主题是“儒家思想与跨文化交流”。与会嘉宾有全国人大常委会副委员长许嘉璐，教育部副部长章新胜，中国人民大学党委书记程天权，国家汉办副主任赵国成，韩国高等教育财团总裁金在烈，亚洲和平贡献中心理事长西原春夫，日本驻华大使馆井出敬二，香港孔教学院院长汤恩佳，越南汉喃研究院院长郑克孟，中国孔子基金会副理事长张树骅，国际儒学联合会副理事长赵毅武等。许嘉璐副委员长做主旨演讲：（1）500 年来对儒家经典的重视。要研究儒家思想复原问题，乾嘉诸老的汉学注意器，不太注意道，要摆脱乾嘉诸老。（2）五四是一座丰碑，引进西学，但学术界弥漫欧洲中心论。（3）中国传统包含自然科学，如乐律不是从西方来的（李约瑟这样说）。中医治病的贡献，英、美、德对中医解释不了。要打破迷信，进行创造。（4）跨文化交流，给世界一个参照。西方讲天启论，儒家讲天理；西方哲学讲性恶和原罪论，中国讲性善；西方讲二元对立，非此即彼，中国讲和合，和而不同。我们要向西方学习，吸收其优秀思想。(5) 儒家在原始阶段是综合的。今天我们按西方办学方法，越分越细，西医即如此，中学是多学科综合，现在的人国学底子太差，高中课本文言文少，应增加。许副委员长思维敏捷、有智慧，讲话无稿子，一口气说来，内容深刻，其他各位嘉宾在开幕式或致辞，或演讲，我在开幕式上致欢迎词，很简短。这次会议代表有来自韩国、日本、新加坡、马来西亚、越南、美国、巴西以及中国大陆、香港、台湾等国家和地区 160 名学者，下午分组讨论。3 日上午、下午亦为分组讨论，后为闭幕式，大会发言有我、西原春夫（日本）、李东俊（韩国）三人，罗安宪做大会总结。闭幕式由冯俊副校长和金在烈总裁讲话。晚我与越南汉喃研究院院长郑克孟谈编纂《国际儒藏·越南编》事项。

12 月 11 日俄罗斯电视台访问孔子研究院，这原是苏联最高电视台，相当于我国中央电视台。明年是俄罗斯的中国年，今年是中国的俄罗斯年，他们到山东曲阜拍了三孔的片子，并要向俄罗斯民众介绍《大学》《中庸》思想情况，所以要来拍孔子研究院，他们很高兴地拍了一些镜头，并进行了座谈。

12 月 12 日教育部本科教学检查组来学校检查，学校哲学院及其他各院为此做了充分准备，包括各种资料、报表、软件、硬件、教与学、论文、科研等，学校通知我参加座谈。我在会上除表示欢迎检查外，提了两条意见：(1) 不能以理工科学校的量化办法来衡量、检查文科，特别是哲学。要求教师每年在核心期刊发表两篇论文，这不妥，文章是一辈子学问、心血的结晶，是一辈致思、资料的积累和会通，不是一时脑子一动就写出来的。由此而造成一些人的浮躁情绪，再由于学术道德的失落，演变成抄袭事件。特别是博士生在学习期间要在核心期刊上发表两篇论文，为了发表论文，要付版面费，增加了博士生的负担，穷学生更交不起。(2) 要有宽松的学术环境，过去说我们是哲学工作者，哲学创新是领导人的事，与我们搞哲学的人无关，我们也不敢创新，怕被打成“修正主义”者，若没有宽松的学术环境，创新很难，大家不敢想，哲学没有创新，就会走向衰落，这会被我们的子孙后代所指摘。学术创新就要允许人犯错误，包括理论的错误。参加座谈的教授也同意我的意见。

受厦门大学人文学院邀请，出席厦门大学1925年由校长林文庆和林语堂、沈兼士创办的厦门大学国学研究院复办会议。厦大国学研究院是继北京大学国学门和清华大学国学研究院后在南方建立的国学重镇，曾荟萃鲁迅、顾颉刚、张星烺等著名学者，在中国南部树国学研究一帜。于当前中华民族振兴之际，复办国学研究院，定于2006年12月22日召开复办典礼，我于12月21日乘南方航空公司CZ377班机赴厦门。朱崇实校长致辞后，我作为国学专家代表发言，我讲“国学的度越和建构”。我讲后杜维明觉得很好，教育部社科司司长袁振国对我说：“我想说的话你都替我说了。”下午在图书馆楼多功能厅由我、郭齐勇、成中英演讲。我的演讲题是“国学与和合学”：为什么提出和合学，和合学的资源——国学，和合学的五大原理、中华民族的话语化解21世纪人类所共同面临的五大冲突和危机。厦大国学研究院挂牌在“人类博物馆”，我被邀参与揭牌仪式。“人类博物馆”是徐悲鸿题的字。12月23日何乃川、朱家仁和我商量三校联合申报成立中华朱子学会的具体运作事项，为此事十几年间已商量多次。这次商议以中国人民大学、复旦大学、厦门大学联合，申报成功概率可能要大些。

我讲“国学与和合学”，和合学是体现当代时代精神和价值理论的思维形态，也是当代新儒学的新形态，它既是儒学的传承，也是一种新创造，犹如宋明理学，既是新儒学，又是新创造。其名不一定标儒学，两汉经学、魏晋玄学、宋明理学都各有其称谓，以至和合学，但都是绍承儒学的道统。为什么国学成为热门话题？中国当代社会稳定，改革开放，经济蓬勃发展，建设和谐社会。和合是中华民族核心价值之一；中华民族伟大复兴，需要振兴民族文化，弘扬中华民族精神；和平、合作是中华文化的首要价值，21世纪人类共同面临五大冲突和危机，需要从中华文化宝库中开发化解的资源，从中获得智慧；消除一些人和国家以小人之心度君子之腹，制造“中国威胁”论，就需要让世界人民正确了解中华民族的过去，也可以知道现在与预见未来。(1)如何复兴国学，见仁见智：有国学的决裂派，认为国学是封建落后的文化，应该废除，彻底决裂，才能走向现代化；有守旧派，认为国学应成为主导文化，国学一切都好，没有糟粕；有创新派，认为国学应与时俱进，唯变所适，创造新国学。(2)如何建构新国学？在现代全球化、信息革命的时代，国学在思想内涵上、价值观念诠释上、伦理道德需要上、思维方式的变通上、风俗习惯的适应上，都面临创新的使命。这就需要创新国学。国学若以旧面貌、旧形态出现，既不能与时代需要相适应，也不能发展，而必会走向灭亡。创新国学是时代赋予吾人的职责，国学的形而上结构是其大本达道。现代新国学必须确立自己的形而上学，这是国学的理论支撑，若无此，国学就成为建立在沙滩上的国学，千层之台就会崩溃。现代新国学不能恢复天人感应论、天理论、道统论、报应论、无为论等，而是追求体现 21 世纪精神的，能化解人类共同面临的冲突和危机的，天和地和人和、天乐地乐人乐的天地人和乐的和合世界。这便是现代新国学。

第二十五章　和合学与领导艺术

中国人民大学接受山东省委、省政府委托，参与中华文化标志城的建设工作，学校领导很重视这个工作，于是学校在2007年1月10日召开参与人员的座谈会，由冯慧玲副校长主持，我作为首席专家，还有彭永捷、罗安宪、张法、黄朴民、康晓光、杨煦生、孙家洲等，交代了承担中华文化标志城的创意设计工作。

一、中华文化标志城的创意方案

1月11日上午9:30开会。会议由济宁市委副书记赵树国主持，陈民副市长汇报工作，谈了济宁市综合情况和中华文化标志城的筹备情况，并播放中华文化标志城的专题片，从2000年发起，2004年由许嘉璐副委员长代表12位部级领导、资深专家向党中央和胡锦涛总书记递了《关于在山东济宁市建设中华文化标志城，以增强中华民族文化凝聚力的建设报告》。3月22日胡锦涛批示："弘扬中华民族优秀文化是一件具有深远历史意义的大事。有关工程建设要着眼长远，统筹规划，量力而行，精心实施。"又说："中华文化标志城这件事很重要，一定要把握好，搞好规划设计，一定要把这件事办好。"济宁市委书记孙守刚还讲，李瑞环曾说中华文化标志城要像麦加，许嘉璐说要像耶路撒冷，即建成一个圣城，是人们的精神家园、灵魂所归之根。冯慧玲和我也讲了自己的看法。下午考察，经专家论证，中华文化标志城的建设地确定在九龙山区，东为孔子诞生地尼山，西为孟子诞生地凫村，北为黄帝、少昊帝诞生地寿丘，南为墨子故里，具有重大文化象征意义。我们到了九龙山，见有九个山头，其形似龙，故名。龙头有明太祖第十子的墓，是一块难得的风水宝地。后考察孟府、孟庙、邹城博物馆。晚全体人员讨论如何做，要不要接受这个任务。1月12日到曲阜参观三孔、颜子庙、周公庙、少昊陵等。我认为若要我校负担中华文化标志城创意设计，必须搞清楚中华文化标志城主题思想、核心内涵、创意目标，于是在下午与赵树国、陈民座谈。赵讲了六年来的情况，也讲了他的难处：有人主张像公园，大杂烩，什么都有；有人主张突出主题；有人主张综合。陈民讲了他体会领导的意图是建设中华民族精神家园、灵魂归宿地、中华子孙朝拜之区。济宁市市长张振川讲了希望人民大学能设计好创意。晚人民大学参与中华文化标志城课题人员开会，进一步明确思想以及分工，由康晓光、杨煦生、张法负责起草，我讲了总体创意思想：一是指导理念，二是创意宗旨，三是创意构想，四是创意方案。主殿三皇五帝庙。三皇：伏羲、燧人、神农，亦称天、地、人三皇；五帝：黄帝、颛顼、帝喾、唐尧、虞舜。又建八卦亭，太极宫，圣贤祠（周公元圣、孔子至圣、孟子亚圣、颜子复圣、曾子宗圣、子思述圣、鲁班巧圣、柳下惠和圣），合一寺（儒、佛、道、耶、伊斯兰教等），五行宫，天文馆，科技馆，民族生活馆，学园（多元学派），和合宫。整体结构成天圆地方图，天圆为太极，十亭、祠、宫、馆为十翼。我的创意构想需大家讨论、修改。1月13日考察汶上梁山，不赴梁山是遗憾，到了梁山更遗憾，这里环境完全不像《水浒传》中所描写的样子，无水，就失去了梁山的险要，据说是黄河改道所致。最高处为聚义厅，下有黑风口。舒同题“水泊梁山”“浩气撼山岳”“浩然雄风”，赵朴初有赞燕青的诗，都已为摩崖石刻。汶上宝相寺有宋代的铁塔，在塔的地窖出土佛骨，据说这是四块佛骨之一（另在印度、斯里兰卡、尼泊尔）。下午参观济宁博物馆、东大寺、太白楼，李白在此留居23年。戴庄教堂建堂较早，又参观黄家街基督教堂，2001年为市级文物保护单位，建于1925年，为古堡式建筑，上有钟楼，下有地下室，顶层是六角形圆顶钟亭。又参观清真寺（东大寺），坐落于济宁回族聚居区，是鲁西南伊斯兰教活动中心，1992年为省级文保单位，始建于明宣德年间，建筑伟大宏丽，为全国清真寺之最，坐西朝东，主体建筑石坊大门，大殿，望月楼，后门牌楼，左右为南北讲堂。大殿以40根朱红通天木柱和12根石柱支撑，雕龙石柱及雕花抱鼓石，在全国清真寺中堪称一绝。大门有“天堂咫尺”匾额，大殿匾额为

"认主独一"。存有明代手抄本《古兰经》。考察庙宇、寺院，是要在文化标志城中有所体现。后经中华文化标志城课题组成员多次讨论，形成初步创意方案，经修改，最终完成创意报告。

2008年4月16日，中华文化标志城专家咨询委员会第一次工作会议在北京东方花园饭店召开，播放中华文化标志城创意规划征集宣传片，山东省委宣传部部长、标志城建设委员会副主任李群致辞，规划建设办公室主任徐向红汇报工作情况，济宁市委书记孙守刚做关于选址区文物保护、生态建设汇报。通过《中华文化标志城专家咨询委员会章程》，咨询委员会副主任周干峙讲话，副主任邢贲思讲话，副主任王修智讲话。专家发言，我作为被邀专家，讲了创意的构想。最后许嘉璐做总结。他讲建标志城能满足人们精神的需要、认祖归宗的需要、文化大繁荣的需要；如何成为标志，以物化东西让人感到民族精神、哲学理念、物质与精神的互补；要做到慎、敬，决策要慎，要敬业；标志是符号，经典工程流传百世，长期建设，滚动式发展，政府引导，世界社会参与。在这次会议上，山东省委宣传部部长李群在致辞中说明，党中央领导重视并多次批示山东省中华文化标志城规划建设办公室的《关于中华文化标志城有关情况汇报》，中共济宁市委、市政府的《关于中华文化标志城选址区工作情况的汇报》，以及《中华文化标志城专家咨询委员会章程》。

2007年1月2日，我与杨庆中赴河北大学，与哲学院中国哲学教研室教授、博士商议整理标点日本"四书"古籍工作，并请老教授商聚德负责。我的博士生李振纲教授现为图书馆古籍部主任，亦请河北大学中文系古籍整理所的教授一起参与。我在会上讲了《国际儒藏》的情况、整理韩国儒藏的经验以及整理标点的体例。商聚德老师与我同龄，做事认真，为人忠厚，我很放心。

2月7日中央电视台拍中原文化的片子，要我讲中原文化，我本不愿意接受采访，但推不掉，讲孔子的出生、出游。孔子父亲叔梁纥与其母颜征所谓"野合"，在当时并不违礼。2月14日下午中央电视台《大河之南》摄制组编导周亚菲来拍，要我讲《周易》和孔子入太庙，"每事问"，问什么。我据《史记·孔子世家》和《礼记·曾子问》中记载做了回答。但花了我一下午时间。

3月10日在国家图书馆“文津读书沙龙”主讲“和合学——21世纪文化战略的构想”的报告，这是国家图书馆为公众举办的公益性的文化活动，由国家图书馆文化教育培训部主办。我讲：首先，为什么提出和合学。（1）国内格局的变化。原来以阶级斗争为纲支撑的革命理论已不适合改革开放以经济建设为中心的局面，为支撑以经济建设为中心而提出和合学，即和平、合作的理论。（2）国际格局的变化。从冷战转变为后冷战，美国一超而霸，仍以冷战思维来寻找战略对象。（3）“文化大革命”以后，放眼世界“亚洲四小龙”起飞，深感落后，落后挨打的教训冲击传统文化。（4）中华文化自己讲、讲自己的话语权问题，中华文化是中华民族的根与本、体与魄。（5）人类共同面临五大冲突与危机的化解，以什么理论思维来化解？和合学是当代化解之道。其次，和合价值观。和合学的定义，价值的生生性、多元性、贵和性、变通性。最后，和合学化解冲突和危机的五大原理。

日本从“五山”开始，佛与儒并行不悖，今受日本正行寺邀请，赴福冈正行寺。日本人办事认真仔细，据“张立文院长一行来寺御日程”的安排，我与林美茂、宋志明于3月20日乘CA953航班，经大连到福冈，从大连出关，因我们是坐公务舱，出关就不需要左一圈右一圈排长队。难波征男夫妇来接机，同来的有正行寺的藤原等。正行寺是净土宗，中央供奉释迦牟尼，左供圣德太子，他是日本十七条宪法制订者，第一条以和为贵，右供使正行寺繁荣的大行法师。住职竹原亲自在门前迎接，他原是日本最大石油公司老板的儿子，为找清净接任住职，其夫人亦在寺，与一般工作人员一样为我们服务，没有阔太太的架子。座谈一小时，互相介绍情况，后到大丸别庄住宿，天皇到福冈就住在这里，据说我住天皇住过的房间。虽是一间，里面有套间，浴池是木头做的，是原木，没有油漆，难波教授说有一种香气。这是一座庭院式的别墅，幽静、舒适、空间大。小桥流水，亭台木屋，别有趣味，令人心旷神怡。我们在温泉洗澡，这里有大小几个温泉澡池，住宿的人很少，洗澡的就只有我们几个人。晚饭时正行寺正副住职宴请，很丰盛，其实宴请亦是座谈，他们问我为什么提出和合学。我讲：（1）生命的体贴，从1950年15岁参加土改到“文化大革命”，是从不断斗争中走过来的，以阶级斗争为纲的结果不仅伤了很多人的感情，也使中国落后了，道德失落了，传统文化被抛弃了，人心散了。所以要提出和合学，和谐、和平、和睦才能大家合作、团结，才能进行经济建设。(2) 和合是中华民族传统文化的精髓，圣德太子十七条讲和为贵，我的祖先张璁也讲和，并且提出应称孔子为至圣先师，因为孔子是万民之师，也是天子之师，不应由皇帝封为文宣王，这是不尊敬师的地位。(3) 21世纪人类所面临五大冲突和危机，需要和合学的五大原理来化解，并讲了佛教因缘和合的思想。这次交谈很好，也很融洽，增进了互相信任的情感。

3月21日上午在春日山春季彼岸会听雅乐。古代雅乐是祭祀的音乐，是非常严肃的，是现世人对祖先的思念之情、感恩之情的流露。春日堂供奉观世音，春日祭是由信徒8人念经。开始向观世音菩萨念正信偈，是讲从释迦牟尼到中国亲鸾法师的过程。舞乐第一是蝴蝶舞，蝴蝶翅一开一合，表达蝴蝶的活动形态，表演节奏很慢，代表日本民族精神，若就此而言，日本民族应该是和平、宁静的，为什么又盛行武士道精神，好侵略?此舞据说是由宫内厅老师来教，日本舞乐是不变的，一般大众音乐是变的。桃李花舞为唐玄宗时的乐典，为三月三日曲水宴上演奏的舞。这就是说日本保存了中国古代的一些乐典，而中国丧失了。此舞要在5月北京现代音乐节上表演，也要到人民大学表演，我非常欢迎。日本作为汉文化圈的国家，能保存如此优良传统的东西，并且是中国本土失传，日本却保留下来，十分难得。表演是艺术，艺术是人心灵的体现，艺术若失去了心灵的体贴，那只是技，而非道；艺术进入道的境界，才是真艺术。日本人把最普通的、百姓日用的事提升为道的境界，如茶道、花道。道是一种精神理性，和合道要进入道的境界，才是一种永垂不朽的学问、学说。古人说“文以载道”是有道理的。文章是生命的体验、心血的结晶，心灵深处有激情的喷发、对人类生命的关怀，文章才是有生命的，这才叫立言，若为名利，文以丧道。体悟正行寺雅乐，可领悟传统与现代融合。

21日下午，我做“儒学与《论语》”的演讲，讲稿已由难波征男教授翻译成日文，并发给听讲的人，像一本书。正行寺由竹原住职念经，大家念经，我开始演讲前由难波教授做介绍，我讲，难波译，我讲后由疋田启佑教授点评，最后由竹原住职讲自己的感受，他讲着讲着流泪了，他说他非常感动。听众席地而坐，女听众是跪着的，一个下午这样跪着，也不好受，这是日本女性长期锻炼的结果。会后受竹原住职的请求，我写了“南无阿弥陀佛”“极乐世界”“和合常乐”。3 月 22 日上午我教“和合功”(和合健身十二式)，又参观太宰府，太宰府的天满宫供奉的菅原道真公被日本誉为“学问之神”，或天神。天满宫有 1 100 年历史，是祈求金榜题名的圣地，所以考学的学生都来此祈求保佑，能考上理想的学校，每年多达 700 万人来此参拜、祈福。此外这里春天的梅花、夏天的菖蒲花、秋天的红叶很是美丽，环境幽静，太宰府和天满宫保存很好。下午受九州大学邀请，给九州大学研究生讲课，我讲的题是“中国哲学与和合学”，因为有日文翻译稿，并复印发给大家，所以我直接用中文讲，其中有很多听众是懂中文的。町田三郎教授、福田殖教授、疋田启佑教授、难波征男教授、柴田笃教授都来听，并参与座谈，我回答学生们提的问题。3 月 23 日上午参观大贺家墓地，因正行寺地产是大贺家赠送的，正行寺信众死后都埋在一起，不过这是正行寺净土宗的公墓，周围是历代住职的墓石，同时也有大贺家墓。后参观大贺家的清酒厂。回正行寺后又邀我写字，又写了“南无阿弥陀佛”及张继的《枫桥夜泊》诗。这几天的访问参观使我了解日本现代化过程，虽提出“脱亚入欧”，但并没像中国五四运动那样激烈地批判传统，日本现代化说明传统并非现代化的绊脚石、现代化的包袱，唯有批判、打倒传统才能现代化。这里有一个价值观的问题，思维方式问题。如果以西方二元对立的思想来看传统与现代化，就要与传统文化彻底决裂，即使如此，中国仍没有进入现代化。日本民族一脚踩在形而上层面，一脚踏在形而下层面，两者圆融。

二、国学与和合世界

“世界汉学大会”要由我校主办和承办，2 月 14 日学校召开筹备会议，纪宝成校长介绍了会议情况，各副校长与各部门负责人参加，纪校长亦要我参加并发言。这个会议原为文学院举办，后汉办看准，便成为国家汉办与中国人民大学举办。我要提供论文。3 月 26 日开幕，学校派车来接。国务委员陈至立致开幕词，纪宝成校长又致开幕词，法国驻中国大使苏和致辞，教育部周济部长为“中国人民大学汉语国际推广研究所”和

"中国人民大学汉学研究中心"揭牌，主席台上第一排有各领导、外国学者，我校有戴逸；我与其他国外学者、国内学者为第二排。第一场大会发言的是施寒微和戴逸，第二场是罗多弼、庞朴和方立天，第三场是弥维礼、我、成中英。我报告的题目是"21世纪人类共同面临冲突的和合学化解之道"。会议期间，我与罗多弼教授有较多的交谈，《空中生活》2007年8月号刊登我与罗多弼教授交谈的照片，并对罗多弼教授有专题报道。他生于1947年，恰少我1轮，即12岁，生肖为猪，与我同，真是凑巧。

2007年4月6日，中国人民大学宣传部部长郑水泉告诉我，中国教育电视台要来采访我，我不愿意接受，他说主要讲和合学，于是我就答应了。4月18日中国教育电视台《教育与人生》编导杨敏女士带摄影组来访，我讲了和合学提出的时代背景、内涵、价值等。主持人提问，我答，这种形式能对听众不明白的问题进行深入浅出的回答，听众好接受，也能扩大和合学宣传力度和影响。同时她还采访了我的博士生朱璐、李会富、段海宝、韩进军，听他们对和合学的理解与反映。这个采访于4月24日晚播出。

冯俊副校长兼哲学院院长邀请金泰昌教授来院演讲公共哲学，可是冯俊不在校，林美茂叫我去致欢迎词，我不可推却。我先简单介绍金泰昌教授是学识渊博、思维敏捷、有强烈问题意识的学者。在当前经济全球化、网络普及化的情况下，信息革命的时代把地球变成一个村，于是公共哲学被突出出来。当今人类遇到共同的冲突和危机，就需要有一种理念来化解。这样公共哲学便具有时代价值，公共哲学的核心与内在支撑是和合学。金泰昌教授先让听众提问题，然后讲他对公共哲学的思考，在讲演中回答问题，这种演讲方式能引起听众的兴趣，演讲的价值就是取得听众认同，才能影响听众。他认为公共意识的公是中和、和合，这样好理解；并认为民可分为天民、市民、公民、人民、国民，市民是有独立意志的，就此而言，和合学是市民哲学，和谐是意识形态，两者要分开，回答了公共哲学与和合学的关系问题及和合与和谐的区别问题。

我院欧阳谦教授是贵阳人，贵阳一批官员都是他的同学，他请我到贵州讲学，我与他一起到贵阳。5月16日乘南航HV7189航班，参加贵州和谐建设会议。飞机原定12:25登机，结果误点，浪费了3个小时，人就在这样无所事事中虚度了，人之一生所浪费的时间约占整个生命的1/3，一些人浪费在各种应酬中，一些人浪费在酒席上，一些人浪费在灯红酒绿之中，人生的生命就这样逝去了，什么事也没有做成。17日上午讲“化解人类冲突，建构和谐世界”，听课的均为贵州省府的公务员，参观贵阳市内“阳明祠”，有阳明像及阳明手迹碑刻。下午飞机按时起飞回京，以节省时间。18日在学校讨论中华文化标志城创意的草稿，这个草稿又经几次修改讨论，我觉得比较成功了。

5月19日与陈雨露副校长、校友会负责人彭和平一起到深圳参加深圳校友会举办的“文化论坛”会议，我讲“化解人类危机，建设和合世界”，陈雨露副校长介绍学校教学、科研、建设情况，为学校校庆70周年筹款。20日上午虽下大雨，我仍到深圳图书城演讲和合学，这是深圳第三届文博会的活动项目。在文博会总会下有“国学与和谐社会”分场，我应邀在这个会议上讲国学。因在图书城举办，是开放式的，大家都可以来听，我觉得这很好。晚由深圳宝安国际机场回北京。

5月28日参加向世陵带的博士生王雷松、刘玉敏博士论文答辩，下午接见日本正行寺紫筑乐演奏团一行人，由竹原住职带队，细川夫人（前内阁总理大臣夫人）参与，我在会议室对他们到中国人民大学表示欢迎，并给在正行寺写的字盖章。紫筑乐演奏团在孔子像前演奏了中国唐代的乐典。演奏仪式由彭永捷主持，张志伟院长讲话，我讲话，最后竹原讲话。这次演出很难得，使同学们欣赏到中国本土失传的唐代乐典，今后会更重视中华传统文化的弘扬。我写的“南无阿弥陀佛”已裱好悬挂在正行寺佛厅里，并送我照片。我送给他们《朱熹评传》及《“自己讲”、“讲自己”》两书。下午参加陈力祥博士论文答辩。29日我的博士李方泽、李长泰两人博士论文答辩，答辩委员会主席为蒙培元教授。

7月15日，中国人民大学哲学院在北京八达岭华风温泉大城堡酒店召开2007年度学科建设工作会议。人大副校长兼哲学院院长冯俊做年度工作报告，一是学科建设情况：本科教学评估活动、重点学科评审、师资队伍建设等；二是2007—2008学年工作布置：通识教育改革、教材编写出版、专著的出版、翻译系列、院文化建设等。但令人吃惊的是，这次会议把中国哲学教研室建制划归国学院，引起了全院特别是中国哲学教研室老师的激烈争论，哲学院大部分老师表示不赞同，哲学院的主要学科之一是中国哲学，哲学院没有了中国哲学还是哲学院吗？诸多教授提出这样的问题。中国哲学教研室的老师也不同意到国学院去，但学校把中国哲学教研室老师的工资发放拨到了国学院，这就是说，不去也得去，你们已属于国学院了，有点强迫性。17 日下午参观有小三峡之称的龙庆峡，两岸高山重叠，水清山秀，气候宜人。18 日上午回校，我心里却想不太通学校为什么这样做，若需要我们到国学院讲课完全可以，也不至于把建制移到国学院。但不去也得去，只好去国学院。8 月 28 日，通知我参加纪宝成召开的会议，到校参加会议的有纪校长、彭永捷、张志伟、向世陵，国学院有孙家洲、徐飞，副校长袁卫、冯俊。纪校长说明把中国哲学教研室划归国学院的原因，国学院若没有中国哲学，没有孔子研究院，就是怪怪的了，我们是第一家国学院，主体课程的安排不能没有中国哲学的经学、子学，为整个学科考虑，把中国哲学划归国学院，并宣布彭永捷教授既为哲学院副院长，亦为国学院副院长。

三、和合文化与领导艺术

受“纪念傅山先生诞辰 400 周年学术研讨会”的邀请，于 7 月 29 日赴太原，7 月 30 日开幕，申维辰书记等领导致开幕词。我代表学者在开幕式上讲话，会议主持人对我做了介绍。我的讲话是：

> 尊敬的大会主席，尊敬的申维辰书记，尊敬的各位女士、教授、朋友，上午好！首先我做两点说明：一是我绝对不是什么国学大师，我只是大学里的普通教员，我再次恳求大家千万不要这样称我，我实在不敢当，也名不符实，这是我心里的话；二是我也没有资格代表国内外学者讲话，我只能表示我个人的心愿。但有一点大家是认同的，即感谢大会组织者邀请我们参加这次盛会，感谢大会主办单位热情的接待和关照，感谢大会给我们珍贵的礼品，同时预祝大会完满成功。
>
> 雨后太原空气清新，凉爽宜人，使我摆脱了北京闷热难耐的煎熬，使人心旷神怡。这是托傅山之福。傅山学富五车，时有“学海”之称，诸如经学、先秦诸子、佛经道藏、诗文、音韵、训诂、史学、

书法、绘画、医学医术，样样造诣精深，实为罕见。他是通才、全才，有独特的生命智慧、卓越的智能创造和非凡的人格魅力。傅山的学术独树一格，我们可称其为“傅山学”，其根据是：

（一）在明清变革的天崩地裂之际，人们在反思、检讨明之所以灭亡的时候，提出了各种主张。当时思想家们忧心忡忡、撕心裂肺地思考中华民族的危机。黄宗羲作《明夷待访录》，直斥专制君主为天下人之贼，在激烈批判社会弊端的同时，充满了对未来社会的期望；顾炎武以“国家兴亡，匹夫有责”的历史责任和使命意识，颠沛流亡，奔走呼号，试图反清复明，其《日知录》开乾嘉汉学之端；王夫之继张载“为天地立心，为生民立命，为往圣继绝学，为万世开太平”的精神，集宋明理学中气学之大成；朱舜水以反清复明之志，东渡日本，南赴越南，在反清无望后留居日本，传播中华传统文化，其墓在东京大学内；傅山以其“异端辞不得”的精神，冲破“书生故纸万重围”的桎梏，直刺当时主导意识形态。他们五人各具特色，可谓“五星奎聚”，大放异彩，南北呼应，相得益彰。故称其为“傅山学”，以与黄、顾、朱、王之学相应。

（二）傅山以其独特的学术思想，宽阔的学术胸怀，而海纳百川，有容乃大。他融突而和合各家思想，创建傅山学。他的泰初有无的形而上学的追求，度越理先气后论；他批判奴人、奴儒、瞎儒，挺立主体精神，重估中华文化主体自我价值；他爱众的大爱精神，主张无分差等、男女平等；他高扬诸子的子学思想，冲破经学教条；他的反常之论，法本无法的思想，冲破诗词古法的革新精神，都发前人所未发。这是傅山学的精髓，也是傅山学之所以为傅山学的根据所在。

（三）傅山在社会已病入膏肓，各种冲突危机不可收拾、救药之时，积极投身于“救时救世”的社会实践，为救国救民，他反暴政，为山西提学佥事袁继咸被阉党张孙振所诬事，率学生百余到北京请愿；他反对迁都，以安定人心，主张富民、宽徭、缓征、撤各地税监等，体现了爱国爱民精神，形成他卓越的既追求形而上理念，又关怀形而下百姓日用的圆融无碍的思想体系。后又秘密参加反清活动，被捕坐牢，绝粒九日。他的人格、气度、节操、道德，是可歌的、度越前人的，称其学为傅山学当之无愧。

由于我昨天晚上才得知要在开幕式上讲话，所以有很多不妥之处，请大家不吝指正，最后我再次祝大会成功。

我第一次提出傅山学概念，得到与会学者的赞同，也引起申维辰书记的重视，并指示考虑傅山学问题。山西电视台、山西卫视、太原电视台以及山西各报采访，谈傅山思想、人文精神等。30日下午我发表论文《傅山的人文精神》，后收入论文集。7月31日上午接受山西广播电视台吉仙红（制片人）的采访。下午应山西省委常委、太原市委书记申维辰（他原为山西省委宣传部部长，对文化很重视）的邀请，向山西与太原市各级领导干部讲“中华和合文化对领导艺术的启示”。我讲“仕而优则学，学而优则仕”。仕而学则明，学是加油站，人之一生要不断加油、充电，才有动力；人要不断补充营养，才能健康成长。尤其领导干部（仕）要学，为仕打好扎实的根底，就能鹏程万里。要点如下：

首先，和合理论概述：五大冲突和危机的五大化解原理。

其次，和合理论的现实应用：（1）硬实力与软实力。山西不能靠资源吃饭，这是短期的，资源会枯竭，要转变观念，在文化软实力方面寻找资源。山西本身文化资源十分丰富，加以开发是永久的，大有前途和作为。（2）经济发展与民族精神。经济发展离不开民族精神，如马克斯·韦伯的《新教伦理与资本主义精神》，涩泽荣一的《论语》与算盘。晋商与耕读精神、开放精神、诚信精神，创造了山西的辉煌。（3）文化主体与文化客体。五四以后，中华民族文化主体被边缘化，在所谓先进分子学西方的过程中，彻底与中华传统文化决裂，一切唯西方文化马首是瞻。外来文化是客体，中华主体文化的民族的根和魂是绝对不能丢的。（4）文化输出与文化吸收。东学西渐与西学东渐，文化是双向交流的，吸收以我为主，西为中用。

最后，对领导艺术的几点思考。（1）决策的出发点：首先，战略决策。宏观长远打算，要有世界全球的眼光，关怀人类的胸怀，吸纳世界各民族优秀文化和科技。其次，战术决策。具体决策原则为遵守天地人三才之道，“立天之道曰阴与阳，立地之道曰柔与刚，立人之道曰仁与义”。做到符合天时、地利、人和。最后，阴阳五行决策。要运用好阴阳平衡、阴阳动静、阴阳互补、阴阳互渗，如一国两制。五行相生相克，经济宏观调控，微观辩证，中观信息。(2) 整体人格与个体人格的塑造。西方文化个体至上，中国是群体优先。要树立《大学》三纲要、八条目的原则，塑造“明明德”人格，做新时代的新人，而止于至善。(3) 领导艺术思维的建构。单一思维与多元思维，单一思维导向封闭保守，多元思维导向开放改革。对立思维（或曰冷战思维）与和合思维，对立思维导向独断霸权，和合思维导向和平合作。专同思维与双赢思维，专同思维是以水济水，听不得不同意见，堵死了创新方案、方法的产生；双赢思维博采众议，吸纳各方精到的方案、方法，事半功倍。死亡思维与生生思维，生生之谓易，新思想、新方案、新构建的不断产生，这便是日新之谓盛德。守旧思维与创新思维，“祖宗之法不可变”，或“天不变，道亦不变”，守旧可以不动脑子，稳当不出错，但不能适应不断发展的社会形势的需要，成为阻碍进步、创新的障碍物；为道屡迁，唯有不断创新，才能唯变所适，而不会被淘汰。

据主持我报告的人说，这次来听课的干部有 1 000 人左右，大家均注意聆听，没有人接手机等，反响很好，干部受益匪浅，对提高领导水平很有帮助。这次来太原激发我去思考很多问题，将和合学与领导艺术相结合，这是和合学现实应用的一个层面，和合学要为大众所接收，必须大众化、通俗化，否则只能限于书院范围。8 月 1 日上午与会代表参观山西博物馆，我留下来与太原文化局局长李钢、晋祠博物馆馆长赵宝琴商量成立傅山研究所、晋祠书院的事，以落实申维辰书记的话。下午参观傅山书画展，傅山死前写的四条屏是精品、神品。李钢局长送我《傅山书法集》(8 册)，很珍贵。

8 月 3 日到 5 日修改中华文化标志城创意的稿子，作为首席专家，我不得不多付出脑力劳动。早已收到由山东大学、临沂人民政府主办，山东大学儒学研究院中心、苍山人民政府承办的“儒学全球论坛（2007 临沂·苍山）——荀子思想的当代价值国际学术研讨会”的邀请函，我本不想参加，于是没有准备论文，但庞朴教授专信邀我，我就不能不去了，只得赶写论文。在出席傅山学术讨论会时看过傅山的《荀子评注》和《荀子校改》两书，并有些想法，于是我撰写了一篇《诠释与索隐——傅山评荀子》，这是从另一个角度看荀子。8 月 5 日，我到南苑机场，在候机室碰到杜维明、成中英等学者，共同乘 KN2269 航班到临沂。8 月 6 日开幕式，主席台的地方官员大亮相，临沂市委副书记、市长致欢迎词，山东大学副校长致开幕词，美国史学会会长史景迁致辞。16:30 开始大会发言，杜维明讲“荀学当代价值的几点思考”，我讲写的论文，李瑞全讲“荀子哲学之价值规范”，牟钟鉴讲“荀子宗教观的当代价值”，成中英讲“荀子对孟子五行说的批评与思孟荀的本体整合”。下午分组发表论文和讨论，以文会友，会见很多老朋友。7 日上午安排参观苍山县卞庄镇代村、兰陵镇荀子墓，举行荀子墓拜谒仪式，下午参观书圣碑塔、王羲之故居、银雀山汉墓竹简博物馆，我买了一本《孙膑兵法》。《沂蒙晚报》2007 年 8 月 7 日刊出我在儒学全球论坛研讨会期间答记者采访的谈话。

四、香港回归十年讲儒学

井冈山干部学院邀我讲课，陈胜华教授很能拉人讲课，原来他第一次来电，我说去不了，但他不放，一定要我去讲一次，原定 8 月 15 日讲课，后因纪宝成校长要我 15 日参加武夷山国学研讨会，只得改为 12 日讲课。从北京到井冈山没有直达飞机，只能从长沙转机，而且不是每天都有班机。我只得 10 日乘国航 CA1805 到长沙，由长沙到井冈山。12 日没有回北京的飞机，又只得 13 日回京。中国教育电视台通知 13 日 13:05 播出对我采访的讲话，我也不能听了。到井冈山后，抽空修改给《人民论坛》的《和谐文化建设与传统文化》的稿子。12 日上午 8:30 讲课，题为“化解人类冲突，建设和谐世界”，我讲了三个问题：一是和谐、和合是中华传统文化的思维方式；二是和谐、和合理论的现实应用；三是建构和谐世界的五大理念，我概括和谐世界为民主的国际秩序、自由的普遍化、人权的共享化、冲突的大爱化。这期听讲学员是各地司局级干部，素质较高。据干部学院的负责人告诉我，学员要给每个讲课老师打分，给我打的是 A^{+}，是最好的，并建议请名师来讲课。我的讲课由学院录音整理，在《井冈山干部学院学报》发表。期间参观井冈山博物馆。1972 年中国人民大学“五七”干校解散的时候，由于“五七”干校就在江西余江县刘家站，便组织上井冈山，发扬井冈山精神教育，当时来过茨坪，不过现在大变样了，建了新房、学院，有像样的街道。

8月14日下午，国学院总支书记徐飞告诉我“武夷山海峡两岸国学研讨会”的主题是“国学研究的当代价值”，确定我做主题发言，有30分钟的演讲，要我报一个题目。我就说讲“国学的当代价值”。16日在武夷山庄大王阁召开“2007·武夷山国学研讨会”。我的主题演讲是：一个不知道自己民族学术文化的学者，不是一个合格的学者，一个不知道自己民族学术文化的领导，不是一个合格的领导，换言之，一个合格的学者、领导一定要熟悉自己国家、民族的传统文化，才会按自己国家、民族特点办事，更好地化西成中，转外为中。其实我自己没有真正懂得国学。当前国学已成为热门话题，但国学是什么？国学与西学、马学的关系，国学与文史哲的区别与联系，国学教学的课程体系，国学现代化、世界化等问题，人见人殊，并没有取得一致的看法，这种争鸣的现象是好事。国学不是书斋之学，不是不食人间烟火之学，而是致用、生命之学。人在路漫漫兮上下求索中，思考各历史时期自然、社会、人生以及国家、民族命运，寻求社会冲突、危机化解之原理，这就是道。学国学可以提升对中华文化的认识，了解、理解中国的过去，就可以理解中国的现在与未来。中华文化的核心价值和道德是和为贵，即贵和尚和。具体论述如下：其一，和合、和谐世界具有启蒙世界的意义。(1) 国无论大小、强弱、贫富，都尊重其主权和国格，维护其平等参与国际事务的权利，以理服人而不以力，把民主推向国际化；(2) 坚持推行人道主义与博学精神，不以种族、宗教、意识形态、社会制度为标签，取双重标准，以大写人的眼光、人的方式去处理国际争端，互利共赢，不损害其他国家、民族利益，与霸权主义、武力主义、单边主义分道扬镳；(3) 在国际关系中自主地选择社会制度，自由发展贸易，自由追求幸福，恪守国际法。

其二，弘扬国学，振兴民族精神。国学是中华文化之根，根深才能叶茂，根深才能枝壮，无根则亡。国学是中华魂，是民族精神的载体，它塑造了中华民族的伦理道德、价值观念、社会理想、思维方式、审美情趣，它是中华文化的源头活水。一切外来文化只能嫁接在这个根上，依这个文化之根而生长、发展。国学是中华民族之魂，无魂的民族是不会成长的，是不能成为独立的民族的，魂丧则民族丧，魂亡则国亡，即使外在肉体还在，也是一具行尸走肉而已，魂指导中华民族的方向、道路，以及价值观念、伦理道德、行为方式、生活方式的选择。

其三，提升民族自信、自尊、自立、自主精神，加强民族凝聚力、向心力、亲和力。国学中蕴含此“四自三力”的丰厚而深刻的资源，是对中华民族生命存在的尊严、价值、意义、理想的致远的理解和确切的把握，是对中华民族终极关切、精神家园的执着追求。此“四自三力”指向中华民族的价值取向、为人处世、行为选择、审美导向、思想意识，指导着人的行止、喜怒、态度、礼仪，并把中华民族引向逢凶化吉、否极泰来的康庄大道。体认中华民族国学，增强中华民族“四自三力”，就不会忘了老祖宗，忘了自己的身份，忘了我是谁，就不会出现“月亮也是西方的圆”的崇洋媚外的悲哀，才能建构中华民族的共同精神家园，使魂有所归。

其四，培育中华文化之根本意识，增强核心道德理念。中华文化是民族之根本，本立则道生。彻底与中华文化决裂，是挖掉民族之根，大树无根则枯萎，大厦无根基就倒毁，国家无根则不立，民族无根便灭亡。根是民族生长、发展、繁荣之基。根深则枝茂，根壮则叶繁，根立则道行，道并行而不相悖。道以其伦理精神的价值合理性化解自然的生态危机、社会的伦理错位、道德的沦丧冲突、人生的道路迷惘。国学可提供使自然生态优化、社会安定有序、道德高尚有礼、人生理想明确的资源，以建构和合世界。

16 日中午应龚鹏程之约与詹海云一起去参观一个企业家兴建的止止庵、《易经》楼，是他用自己的钱修建的，据说这里是风水宝地，左青龙、右白虎，前有屏风，是天下第一宝地。晚上观看“三菱戈蓝之夜——国学专场艺术晚会”，由中国人民大学学生艺术团演出，地点在武夷学院体育馆。主办方是东南汽车工业有限公司，是海峡两岸合资汽车企业，2004 年日本三菱汽车加盟，合作生产中级轿车——三菱蓝瑟（LANCER）、三菱戈蓝（GALANT），故称“三菱戈蓝之夜”，这也是一种宣传企业品牌的方式。9 月 17 日我与冯俊等参观闽越王墓地。根据王城遗址，确定为闽越王墓地，出土生活用具、武器等，陶器纹饰仿青铜器。另参观大红袍茶叶生产基地，据说因一个状元参观后给茶树披上大红袍而得名，我们看了据说被披红袍的几棵茶树，但现在一条峡谷里的茶叶都称大红袍。这条峡谷有特别处，峡谷的两边岩石都是整块直上直下的。

受“世界儒学大会发起国际会议”邀请，会议由文化部与山东省政府主办，与会学者路费由会议负担。9 月 26 日下午乘航班到济南，再坐汽车到曲阜。以发起为题，有开端、起头之意，以后就为“世界儒学大会”。27 日开幕，主席台第一排是官员，第二排是学者，我坐在第二排。我主持讨论《世界儒学大会发起国际会议宣言》和《章程》。大家对《宣言》和《章程》基本赞成、通过，亦提了一些修改意见，韩国学者赵骏河、梁承武教授认为，既名为世界儒学大会，就应在世界各地召开，不能只限在曲阜。此后每年都在曲阜召开“世界儒学大会”。

9 月 28 日为孔子诞辰，中国人民大学孔子研究院照例举办“孔子文化月”活动。今年的主题为“弘扬乐教，广博易良”。《礼记·经解》篇：“广博易良，乐教也。”中华民族有悠久的乐教传统，应去继承开发，弘扬乐教精华，发挥教化功能，以增长知识，陶冶情感，促进身心和谐。举办国乐启蒙讲座，我讲“和合漫谈”，乐教的宗旨和标的就是“和”。梁涛讲“《乐记》中的乐教思想”，中国音乐学院修海林教授讲“传统乐教的回归”等。气氛热烈激昂。

香港举办回归十周年纪念，由香港孔教学院、《大公报》、山东省人民政府新闻办、济宁市政府主办，一定要我参加，我请向世陵陪同我参加。10 月 4 日上午作为香港回归十周年庆典重头戏的“孔子文化的当代意义研讨会”开幕，由山东省委宣传部部长李群、孔教学院汤恩佳等致辞。开幕式后由我、彭林、成中英、骆承烈主讲。我讲“儒家文明在世界文明对话中的价值”。下午是专家研讨会。晚孔府盛宴首度亮相香江。香港《大公报》做报道，认为这是寓礼教于饮食的一种体现，它穿越时空的隧道，回到孔子生活的时代，去追味孔子时代的文化精髓。孔府盛宴是集视、听、味、嗅为一体的文化精神大餐。在悠扬的古琴演奏声中，年轻美丽的“春秋仙女”以轻盈舞姿降在凡间，摆在宴席上的红枣、花生、桂圆、莲子四味干果有吉祥，生意、家庭红火，团团圆圆等寓意。孔府盛宴菜十四道、点心四款、面食四款，融合孔府寿宴、喜宴、家宴三大菜系精华而成。第一道菜是由两只鸡的鸡头在刻有福字的西瓜中伸出，为“一卵孵双凤”，可看但味并不鲜美，有云：“膳食孔府宴，胜过活八仙。”八佾舞开局，展现了孔子文化的博大和仁爱。“墨海书香”将人带入私塾课堂，“战马奔腾”把古代战争和教育相结合的射御画面呈现于观众面前。一曲《二泉映月》描绘了一个失明人坎坷凄凉的一生，时而如泣如诉，时而慷慨悲歌，心灵为之震撼。学府的剪纸寓意“杏坛师道，学而不厌”。盛宴上一曲一舞、一汤一菜、一羹一筷，使人们追溯两千年孔圣文化。然而在孔子的时代，绝无如此丰盛的饭菜，都是孔府后人所制造的，作为衍圣公便有条件享受此等生活，与贫苦百姓有天壤之别，这亦有违孔子博施于民的泛爱众的精神。10 日上午有空，下午回京。《大公报》副总经理送我们，顺便到香港浅水湾参观，在浅水湾碰到叶向真，很难得，她曾到我家送净空法师编的书。

10 月 15 日国学院召开纪念重阳节会议，实际是讨论国学学位申报会议，国学若没有正式学位，说明国家教育部没有承认国学是独立的学科，不能授予学生国学学士、硕士、博士学位，而只能授予文史哲的学士、硕士、博士学位。中国人民大学国学院成立后，就一直为争取学位而多次召开会议，讨论这个问题，申报亦不止一次了。会议邀请了李学勤、傅璇琮、我、彭永捷、袁济喜等参加，大家觉得必须向中央领导打报告，提了一些好的意见，起草报告吸收了大家的意见。

10 月 24 日应邀出席“第三届世界著名中学校长论坛暨美国麻州大学孔子学院学术研讨会”。在钓鱼台第五楼召开，做主题发言的有美国麻州大学常务副校长、美国麻州大学孔子学院美方理事长，题目是“孔子思想对现代教育的影响”。接着我演讲“孔子教育思想对人类的贡献”，由朱璐翻译成英文，但只译要点，没有全文翻译。这是我第一次参加这样的会议，参加并做主题演讲是学校的决定，不能不演讲，不过发扬孔子教育思想也是我作为孔子研究院院长应该尽的职责。

五、越南哲学所讲和合学

11 月 1 日是中国人民大学 70 周年校庆日，到校校友约 5 000 人，主会场在世纪馆，各院组织分会场听实况，哲学院邀请的有陈先达、方立天和我，在主会场。会议由程天权书记主持，纪宝成校长致欢迎词，康奈尔大学校长、北京大学校长、越南前书记处书记致辞，几位校友谈在中国人民大学的感想体会，如郝建秀、毛远新、吴玉章的孙女等。

11 月 7 日，曼彻斯特大学的副校长和孔子学院院长刘宏先生访问中国人民大学孔子研究院，我们介绍了孔子研究院的“孔子文化月”和“国际儒学论坛”的情况以及研究活动，并向他们赠送出版的书籍。

11 月 8 日应邀出席“越南汉喃研究院儒学研讨会”，这是汉喃研究院与哈佛大学燕京学社联合主办的。我们从广州出关，到河内已 23 点。河内时间比北京晚 1 个小时，恰好与韩国、日本比北京早 1 小时相反。11 月 9 日上午会场在越南社会科学院会议室。与会的有法、美、俄罗斯及新加坡与台湾地区的教授，上午我在大会发言，演讲题目是“结构与诠释”，由于较长，只能讲主要观点。过去国内对越南儒学家思想研究不多，像我和向世陵的《黎敌的易学思想》是中国首次研究越南儒学家的论文。10 日分组发言，上午由各国教授和何成轩、向世陵发言，下午在分组会上由汉喃研究院院长郑克孟及前院长潘文阁教授发言，最后杜维明教授发言，讲道、学、政关系，这是以前发表过的文章，曾演讲过，这也不怪他。他前一天在日本参加联合国教科文组织的会议，昨晚到河内，但没有签证，不让入关，经几番交涉，才允许他落地签证，赶来会场，真是难为他了。但作为资助会议的主办方，他这个燕京学社的社长不得不来，不过已来了一个副社长。11 月 11 日，会议结束，与会人纷纷离去，我要在越南河内国家大学人文社科大学向师生演讲，在汉喃研究院谈越南儒藏的问题，故留下。上午由严翠恒女士引领我们参观还剑湖里的玉山祠。只见还剑湖的湖边站了很多人，我很好奇，就问严女士，她说这些人都是为看千年龟而来的，谁看见就有好运气。河内还有西湖，但没有杭州西湖的深厚文化底蕴。下午到西湖镇国古寺，但已关门，只在外面看了看，也不怎么雄伟。12 日上午在越南河内国家大学人文社科大学向师生演讲，讲题是“化解人类冲突的和合学”，师生是第一次听和合学，他们很感兴趣。我特别指出在当前全球化、信息革命的新时代，应该有新思想、新观点、新理论、新思维，才能与新时代、新变化相适应，因此他们有启发，并提了一些问题，我做了解答。下去到汉喃研究院与郑克孟院长、潘文阁教授谈越南儒藏资料问题。向世陵是越南儒藏的具体负责人，他在整理儒藏的过程中发现一些问题，如资料错乱、短缺，合作整理无统一体例等，商讨补齐、协调等，达成一致意见。11月13日上午，我们去参观胡志明故居，这原是法国的总督府，胡志明住在吊脚楼上，由于在维修，不开放，另一套住房是朝南三间房，有办公室、餐厅、会客室、卧室，房边是他用过的两部汽车，生活比较简朴。吊脚楼边有一水池，池里养有金鱼，胡闲时在这里钓鱼。这里都是法式建筑，很多地方不准参观，有趣的是有孔雀正在开屏，对其照相时，就会做一点姿态。胡志明尸体永久保存，供人瞻仰，巴亭广场很大。河内古迹不多，但我们参观的一些庙寺基本上是三教合一的。10日晚会议结束的那天在文庙用餐，膳后听越南古老的演唱，有人民艺术家的表演，其中有一种像马头琴的乐器，演奏者是优秀艺术家，一位76岁的老太太唱《琵琶行》："浔阳江头夜送客……"有四个女演员轮流唱古代诗、词、赋等，并用两根筷子样子的棍子打击一根横木，发出清脆的声音，一个老年女演员击鼓，一下一下地击，不连续，只在紧要处击一下。潘文阁教授坐在我边上，并解释给我听，我听不懂越语。

11月13日，应越南社会科学院哲学研究所的邀请讲学。我的老熟人阮才书教授的儿子阮才东来接我们三人，他在汽车上对我说："你在越南名气很大。"我当时不解，我来越南仅三次，即使几次演讲，听的人也只限于大学学生和研究人员、学者。他说我的书在越南有很多翻译本。我才知道原因。为证实，我们到越南社会科学院哲学所后，他从图书馆拿来1998年出版的《道》《理》越文译本，1999年出版的《心》，2000年出版的《气》，2001年出版的《性》，2003年出版的《天》，以及我的《周易思想研究》等著作的翻译本。越南河内国家大学人文社科大学中国学研究中心副主任严翠恒博士要翻译我的《和合学概论——21世纪文化战略的构想》一书。我说：《和合哲学论》篇幅较少，也可以翻译此书。她说可考虑，不过以后没有联系，不知翻译情况。我在哲学研究所讲"和合学与中国哲学的创新"，因为听讲者都是研究人员及研究生，所以他们提了很多问题：(1) 和合与和谐的关系；(2) 每个民族、哲学家都肯定自己的哲学、自己的路向，如何继承他民族的文化遗产；(3) 过去革命是为处理冲突，十月革命是否有错误，有没有价值；（4）如何创新哲学，哪些创新有贡献；（5）如何应用和合学五大原理，如何能达到目标；（6）如何认识、确定每个时代的和谐话题；（7）当今中国哲学创新的社会基础；（8）和合与宽容的关系。从提的问题来看，他们对和合学感兴趣并认同，也有所了解，这是好事。

11 月 23 日上午在木樨地国宏大厦 C 座中国广播网 303 室开讲，并录制。讲题是“和谐文化建设”：

其一，什么是和谐与和谐文化。和谐是指人与自然、世界、社会、他人间的多样性差分、冲突的协调、平衡、融合，是不同事物之间冲突融合而和合的模式和状态。和谐文化是指中华民族一以贯之的核心价值理念、核心精神理念和道德情操，是人与自然、人与社会、人与他人、心灵、文明间互相协调、和合的与时俱进的文化理念、文化实践的总和。

其二，和谐文化的核心内涵。和谐、和合文化是中华民族人文精神的基本理念和首要价值，是中华民族精神的体现，也是中华传统文化思想的精粹和生命智慧，是中国心、民族魂的体现。其主要内涵：（1）宇宙观。天地万物从哪里来的？中华民族认为“和实生物，同则不继”。“先王以土与金木水火杂，以成百物”，天地万物是由不同的、多元异质的东西冲突融合而成，这多元异质东西是“以他平他谓之和”，是平等的、公平的、互尊的。（2）价值观。中华民族上下五千年，始终以“和为贵”为价值目标和价值评价体系。（3）人生观。人活着为什么？“天地之性，人为贵”，人之所以贵，是阴阳的和气和五行的秀气和合而成。人的价值和意义应该是立德、立功、立言，这样才能做到三不朽。（4）道德观。中华民族一直以仁义礼智信五常作为人生的思想行为的道德原则。大力弘扬爱国主义、集体主义，以增强诚信观念，加强社会、职业、家庭、个人的公德、道德、美德、品德建设。（5）国际观。“和也者，天下之达道也。”

其三，和谐文化的特点。（1）融突性。世界是多样的，国家制度、价值观念、思维方式、行为规范、社会风气都不一样，甚至矛盾冲突，但可相反相成，即以“己所不欲，勿施于人”“和而不同”为指导，互相融合、协调、交流、合作。（2）有序性。社会、时代在“为道屡迁”之中，如何唯变所适？变虽冲破旧秩序，但“各正性命”，建立起协调有序性。(3) 日新性。“日新之谓盛德。”不断地创新，和谐、和合文化在日新、日日新中生生不息。(4) 笃行性。和谐、和合文化具有实践的笃行特点。

这个广播演讲经修改、补充，曾在《光明日报·理论版》刊出，题为《弘扬中华文化，建设共有精神家园》。同时答应接受中宣部政研所的采访，讲和谐文化问题。

六、台湾各大学讲和合学

2007 年 12 月 1 日，一年一度的“国际儒学论坛·2007——儒家文化与经济发展”在中国人民大学召开。开幕式上中国人民大学校长纪宝成致辞，韩国高等教育财团总裁金在烈，亚洲和平贡献中心理事长、日本早稻田大学原校长西原春夫，日本法人代表协会会长、日本资生堂原社长弦间明，上海合作组织秘书处副秘书长扎哈罗夫，香港孔教学院院长汤恩佳及我致辞，来自各国及中国大陆、香港、台湾地区学者 140 多人参加会议，就儒家文化与经济发展进行了深入讨论，破除了儒家思想阻碍经济发展的说法。我以《儒教伦理与和合经济发展》论文在大会发表。

受台湾元智大学中国语文学系系主任詹海云教授的邀请，我赴台主讲和合学。詹海云教授特将其定名为“中国哲学逻辑结构与和合学学习营研讨会”。所谓学习营是学习会，而与讨论会有别。我们乘国泰航空公司的飞机到香港，办理入台手续，由香港到台湾要几经周折，真是麻烦。到台湾后，詹海云教授亲自来机场接机。

2007 年 12 月 14 日上午，元智大学彭宗平校长与我们会见，他讲了元智大学发展经程，由于他的努力，元智大学成为台湾 12 所顶级大学之一。他本人专业是材料科学。我们送给大学一个景德镇出品蓝花瓶。然后我讲“中国哲学的创新与和合学的使命”，由“中研院”文哲所林庆彰研究员主持。下午围绕我上午的演讲进行讨论，各人发表意见，我解答。蔡方鹿教授做和合学理解的演讲。我还讲到中国传统哲学思想从先秦、两汉、魏晋、隋唐、宋明，其核心话题的转变大概是 300 年到 500 年间，现代新儒家接着宋明理学意见讲了近 900 年，究竟讲到什么时候算一站。当前面临全球化、信息革命时代，与现代新儒学家熊十力、冯友兰、马一浮为救亡图存时的情况完全不同，也同牟宗三、唐君毅时代不同，在此新时代，中国哲学思想应该创新，以体现时代精神，学者们都同意我的意见。12 月 15 日我做“中国哲学方法论的建构——关于中国哲学范畴的逻辑结构”演讲。我把我的《中国哲学逻辑结构论》以及和合范畴诠释学以简要的内容做了深入的剖析，依据中国哲学思想的实际，提出中国哲学思想研究的新方法，而与以往研究中国哲学思想的方法相区别，也与西方的方法不同。讲后学者热烈讨论，并提出诸多问题，我又做了阐述。下午继续讨论《中国哲学逻辑结构论》。彭永捷教授做“中国哲学合法性”问题的演讲，使台湾学者对大陆哲学界最近中国有没有哲学问题的争论有所了解。“中研院”文哲所所长钟彩钧对哲学方法论、知识论做了论述。林庆彰研究员也讲了他的看法。

12 月 16 日是星期天，詹海云教授没有安排会议，而陪同我们去参观蒋介石与蒋经国的陵寝。台湾现任总统是民进党的陈水扁，他搞“台独”“去中国化”，所以两蒋也遭殃，把全台湾的蒋介石的塑像统统迁移到这里，在慈湖的两蒋陵寝旁边。慈湖环山，风景很好，据说有点像浙江奉化溪口镇蒋介石的老家，所以在这里建居所。上午 10 点有看守陵寝卫兵的交接表演，观看的人很多，原来陈水扁宣布 2008 年 1 月份关闭两蒋陵寝，将其迁葬到国军公墓，后改为在 12 月 24 日关闭，将“去中国化”与“去蒋化”联系在一起，我们恰好能看到其表演。后参观蒋介石和宋美龄住所，这里展出蒋、宋的衣服，日常用具，以及接见外国人照片等，看来蒋、宋的生活比较简朴，没有什么特殊之处。我看展出的侍卫日志，每天蒋、宋什么时候起床，什么时候散步，同谁散步，来什么客人，都有详细记录，无一点隐私。房子不大，不豪华。慈湖两字是蒋自己写的，字体端正大方。中午到南港“中研院”，下午参观“故宫”博物馆，这是第四次了，再次看到翠玉白菜，但我对书籍展有兴趣，展出宋元明清的各种版本，如宋版的《晦庵先生文集》，以及其他珍贵版本。晚住“中研院”，林庆彰研究员是有心人，要我们谈学人情况（即自己研究情况）。

17 日上午在“中研院”文哲所座谈，由所长钟彩钧主持，林庆彰、李明辉等与会，他们提了很多问题，我们 6 人分别做了回答，谈得很融洽。他们对编《国际儒藏》感兴趣，我们介绍了编纂韩国儒藏的情况、进度。下午到辅仁大学，校长黎建球教授亲自陪同接见。在哲学系座谈，谈中国哲学如何创新以及和合学等。参观辅仁大学校史展，包括辅仁大学在大陆、台湾两地办学情况。傅玲玲热情讲解，流露出自豪。12 月 18 日到台湾师范大学汉学研究中心访问，我要给师生讲“中国哲学的自己讲、讲自己”，由于出租车放错了我们，延迟了时间，害得听我演讲的师生白等了半个小时。我表示抱歉。听课的有美国威斯康星大学东亚语言文学系荣休教授，他们就《国语》是不是“经”进行了讨论，对和合学的现实效用等谈了看法。台师大周何、戴琏璋、傅伟光等是我老友，已退休，戴到“中研院”文哲所，因此这里老朋友就少了。下午到台北大学讲学，由于台湾大学简称台大，为相区别，突出台北地方性，故称台北大学，与校长侯崇文及文学院院长会见。我在中国语文学系讲“中国哲学创新与和合学”，系主任赖贤宗主持，他是台大和慕尼黑大学的博士，通儒、释、道，并用西方哲学思维来讲儒、释、道。然后提问题，我回答。这次在台湾各大学讲学，元智大学的学习营活动全仗詹海云教授之力，各校的讲学、座谈也都由詹海云教授事先联系安排，并一直陪同我们 6 人，特虔诚感谢。

2007 年 12 月 27 日出席中国人民大学新学期第二次学科建设会议，由袁卫副校长主持，制定很多表以同其他学校比较，不比不知道，一比不得了，要迎头赶上。纪宝成校长做报告，回顾学科建设的成就，要让中国人民大学建设成为人文社会科学为主的世界一流大学。学科建设关系人大的前途和命运，要建成主干的文科、精干的理科，以学科建设提升中国人民大学的地位。

第二十六章　儒、释、道三教对话

2008 年第一天 1 月 1 日，阳光灿烂，预示今年是光明的、快乐的、幸福的一年。年轻时新的一年开始，有很多想法、计划，现在虽年纪大了，但事情并没有减少，反而更多，要读的书多，要写的多。虽尽量减少，也比年轻时多。

一、和谐文化建设

2008 年 1 月 6 日受宁夏回族自治区中心学习组的邀请，我带我的博士生陈慧琪乘东航 MV2122 抵银川，住悦海宾馆。银川有川的感觉，这里有很多湿地，并非如我想象是干旱之地。下午参观西夏王陵，据说包含元昊的陵，被外国称为东方金字塔，是国务院公布的重点文物保护单位。1988 年进行挖掘清理，出土较完整的石雕人像，碑座 3 件，有双乳，不知是什么意思。俄国学者在黑水河掠夺了西夏文的文献，我国要根据俄国掠夺去的文献来研究西夏。

2008 年 1 月 7 日上午在悦海宾馆会议中心向宁夏回族自治区中心学习组做“和谐文化与建设共有精神家园”的演讲，自治区书记以及四套领导班子的领导多参加了。演讲由自治区常委宣传部部长杨春光主持。我演讲后，自治区书记赞扬我的演讲，并谈他对和谐文化与建设共有精神家园的体会，我才知道他是山东人，杨春光部长也感到很有启发。下午在银川市行政中心礼堂向市领导及干部做“和谐文化建设”的演讲：什么是和谐文化，和谐文化的内涵，和谐文化的特点。演讲后提了一些问题，如和谐与和合的关系等。听讲者反响很好，认为对和谐文化建设有进一步认识。1 月 8 日上午参观宁夏回族博物馆，由社科院郭正礼副院长和白超女士陪同。博物馆很大，门楼仿印度泰姬陵的建筑，很有清真寺的风格，上部是圆顶，象征蒙古包的帐篷，其中详细介绍了伊斯兰教的诞生、穆罕默德的创教以及世界各地伊斯兰教的发展现状，教徒每年要到麦加朝圣。其中有五个馆，展出日用品、起居，以及伊斯兰教的中国化过程，并展出历史上回族对中华文化、政治、军事等的贡献，对我了解伊斯兰教很有帮助。下午在宁夏军区招待所礼堂给宁夏宣传文化系统领导讲课。题目改为“弘扬和合文化，建设共有精神家园”。我从龢—咊—和字变化讲起，讲和合文化与和谐的联系、和合文化的内涵、人类 21 世纪共同面临的五大冲突和危机以及和合学的五大化解之道等，讲后反应热烈，提问题也很热情。晚与杨春光等一起用餐，他们请我吃羊头，主要吃羊脑髓，蛋白质含量高。杨春光部长认为，在宁夏的三场大型演讲在干部中普及了和谐文化与建设共有精神家园的教育，对宁夏干部提高认识很有帮助。

1 月 9 日上午到贺兰山参观岩画，它是先民们的生活活动的现实记录，有的岩画线条很明显，大概有两种刻法：一是以线条勾勒出动物、人、崇拜物的形象，这种岩画较多；二是凹刻，在岩石上挖物的形象而成。在进岩画区的入口，路旁就摆着很多单体岩画，即一块块石头上的岩画，这是山体被破坏成为碎石，可见历史破坏之严重，据说这些单体岩画有的是从百姓的羊圈、墙基上搜集来的。由于没有保护措施，自然风化也很严重，如不加强保护，以后就会消失殆尽。岩画主要有太阳崇拜像，这在世界岩画中是唯一表示太阳光辉的一幅，是当时先民们崇拜的对象。还有大量羊、马、鹿以及人的形象，男性都把生殖器刻得很大，说明存在生殖崇拜，女性生殖器暴露较少，可见以男性为主，这与在恶劣环境条件下，主要靠男性获取生存食物及保卫生命财产相关，可能已向父系社会过渡。岩画反映畜牧文化的现象，与中原地方及南方的农耕文化区别显著。参观贺兰山岩画后，又参观张贤亮利用两个古城堡创办的影视城，在这里拍过《红高粱》《大话西游》《牧马人》等电影。电影《新龙门客栈》是利用明代古堡拍的，但在地震后完全震坏，现在只保留一段残堡，我们看去都是土墙。根据风水先生说法，在离此地 200 米的地方建一个城堡，构成“太极图”形，就可无灾。现清代城堡保存较好，瓮城虽被破坏，但从民间收集清城砖重建。在影视城内展示“文化大革命”的情况，批斗“走资本主义道路的当权派”以及吃忆苦饭的照片、实物等，展出很多明清时代的家具和大车、马车等，也是张贤亮自己及家庭情况的展示。张贤亮由于出版了《男人的一半是女人》等文学作品，而成为宁夏文联主席。这次宁夏演讲，宁夏领导热情关照，我很感谢。杨春光部长曾征求我的意见，宁夏文化是否提“着力打造以回族文化为主体的多元文化”。我认为可改为“着力打造以回族文化为主的多元文化”，去掉“体”字，不应突出一个民族的独立性，而应增强中华民族大家庭的意识。宁夏文化可以突出两山文化：一是六盘山革命文化，二是贺兰山远古文化。张贤亮影视城凸显中华民族保卫边疆的爱国主义精神、维护祖国统一的战斗精神。这是我对宁夏文化的浅见。

1 月 11 日出席“中国人民大学岗位聘用委员会会议”。有纪宝成、程天权、冯俊、冯慧玲、戴逸、刘大椿、吴易风、郭洪林、我等，讨论名单以及条件，二级教授聘 68 人，三级教授 117 人。经评议，通过人事处所提供的名单。

受“韩国国际儒教文化论坛”会议的邀请，出席由成均馆大学崔英辰教授操办的大会，会议主题是“儒教研究的动向以及对东亚儒教认识的分析”。分析各国儒教研究的动向并找出共同关心领域，以此来展望未来研究的方向；分析目前东亚各国儒教与社会热点问题的关联性，以此探讨东亚社会对儒教的认识，在此基础上决定论坛运营战略和研究方向。这是会议所设定的目标。我于 1 月 20 日乘 CA123 航班到仁川机场，住成均馆大学宾馆 512 房，这房间是可以做饭的，是为访问学者及会议学者住宿准备的。我在会议做“儒教的宗教性问题”的报告，尹丝淳做“四端七情之辩和河洛人性物性之辩”报告，日本东京大学东亚思想文化研究室（原中国哲学研究室）的川原秀成教授认为全球的经济化使人们只注重金钱，而对人文不注重，经济冲击了人文科学，特别是哲学。对“亚洲四小龙”的经济起飞，自由市场经济理论已不能解释，应从传统文化中找答案，这就是“儒教资本主义论”。韩国学者认为，韩国现今社会儒教为非主流，基督教为主流。儒教既是经济发展的动因，也是经济危机的主犯；既非民主性的政治伦理，又可以与民主、正义等现代民主主义并存不悖，它可以弥补自由民主主义的弊端。

韩国早就吸收儒教思想，后通过持续100年以上的四端七情之辩和河洛之争，创造了韩国“自生的儒教论”。20世纪70年代中期到90年代后期，韩国在政治学、社会学领域正式开展了“儒教资本主义论”和“儒教民主主义论”的讨论。但在1997年东亚金融危机以后，以儒教传统为核心的“亚洲价值观”被认为是经济危机的主犯，为此又展开对“亚洲价值观”的论争。双方观点针锋相对，一方认为只有孔子死去，国家才能存活，另一方则认为孔子在，国家在，孔子亡，国家亡。这也使人们认识到对儒教需要深入研究，这次会议就是在韩国这种背景下召开的，因此是必要的、及时的。

1月22日成均馆大学邀我演讲，要我讲“和合学与和谐社会”，听众主要是教师与研究生，他们都能听懂一点汉语，认识汉字，所以我一面讲，一面在黑板上写汉字，这样我既讲得连贯，又很自然，犹如在中国学校讲课。要点为：（1）和合学提出的社会文化环境。国际格局、中国国内形势的变化，社会发展、科技进步的需求的变化，全球化和信息革命带来狭隘地域、国家生活方式的变化，呼唤一种新伦理思维的诞生，以体现新时代的新精神。（2）和合学的内涵。和是形声字，和平、和睦、和谐；合是会意字，合作、结合、融合等。和在“五经”中有诸多论述，和合最早见于《国语·郑语》，又见于《管子》《墨子》等。《周易》讲“保合大和”“天地絪缊，万物化醇，男女构精，万物化生”。不同事物冲突—融合—和合为新事物、新生儿。和合学不是建构一个本质主义的实体，不是建构一个“以理杀人”的本体，而是和合起来，它永远在途中。（3）和合学是化解21世纪人类所共同面临五大冲突和危机的最佳选择，和合学的三个世界和五大原理唤起儒学新的生命智慧，开出新局面。（4）和合学是当代中国理论思维的新形态，是唯变所适的宇宙观、价值观、人生观、道德观、国际观。柳承国教授（相当于中国的院士）已85岁高龄，在我演讲时他也边听边记，把我写在黑板上的字都记下来了。

1月22日中午，李东俊教授请我与罗安宪、邢丽萄在教育会馆吃饭，李夫人、女儿李善庆、外孙都在等我们，其大外孙的名字的最后一个字是元，第二个外孙为亨，即按《周易·乾卦》“元亨利贞”起名。然后到他们家做客，我考虑不周，到他家做客应该带礼物，可是却白手到他家，心里过意不去。李东俊是世宗大王19代裔孙，其父李正浩是对《训民正音》做出正确诠释的第一人，他用《周易》原理来解释，是正解。《训民正音》是世宗大王创制的，李东俊父亲做解释亦是应尽的职责。柳承国是李东俊的老师，柳夫人与李夫人又是姐妹。柳承国继承李正浩的学统，研究《周易》。柳承国说李正浩有灵性，猜到了"三八线"。这灵性来自世宗大王，世宗大王是2月17日（阴历）逝世，李正浩2月17日生，柳承国也是2月17日生，所以柳承国说自己有一半灵性。我与柳承国教授进行笔谈，他汉字写得既工整又漂亮。古代是神中心时代，近代是物中心时代，柳承国教授认为时代已不同，哲学思想也应随之而变。

2月25日，出席中国人民大学跨学科研究院机构负责人会议及正式聘任仪式。纪宝成校长讲话，认为这是重要措施，也是一项探索，以促使多出科研成果，提高中国人民大学的声誉。

2月28日出席"2008—2012年高校哲学社会科学繁荣计划征求意见座谈会"，在明德楼13层第2会议室召开。教育部社会科学司领导来座谈，我校各院院长以及有关学校的处长参加。我在会上讲了四个问题：(1) 建构中国学。我们讲的哲学社会科学，其名词就是从西方来的，学科分类也是按西方的分类，没有我们自己的学科分类。知己知彼，不知己如何知彼，即使知彼，也不能为我所用，所以必须加强这方面的学科培育。(2) 建设共有精神家园问题。这是一个灵魂安顿问题，是理想信仰问题，是人的特殊价值需要。信仰在失落，不少青年人就没有人生追求目标和理想，要加强这方面教育。(3) 弘扬中华文化，重新认识发现中华文化内涵、精神。(4) 中华文化走出去问题。从明以来西学东渐，同时东学西渐，中华文化经典被翻译成多国文字，影响西方文化，今天中华文化走向世界、影响世界，也应是哲学社会科学繁荣的重要方面。

二、儒、释、道三教对话史

哲学院中国哲学教研室自2月以来，就为第三批哲学社会科学重点教材编写项目申报做准备，3月2日在教育部召开答辩会，参加竞标的有我校、武汉大学和吉林大学，共三家。答辩委员有冯俊、庄福龄、陈先达

(人民大学),赵敦华(北京大学),姚介厚(社科院哲学所)等。答辩陈述时间为20分钟。我做汇报:首先,总体思路。(1)自觉坚持以马克思主义、毛泽东思想、邓小平理论、“三个代表”重要思想为指导,深入贯彻科学发展观;(2)学习十七大精神,弘扬中华文化,以建设中华共有精神家园为基础;(3)以中国哲学实际对象为出发点,吸收国内外优秀思想为参照,建构真正的中国哲学;(4)以历史与逻辑相结合的方法,梳理中国哲学的发展。其次,基本结构。(1)宏观的导论,阐述中国有无哲学,哲学发展轨迹,主要问题、方法、哲学精神,体现民族性以及整体中国哲学面貌;(2)中观的引言概括每篇理论思维特点、核心话题、社会冲突,体现时代精神及哲学逻辑结构;(3)微观的个案分析,共分四篇45章;(4)中国哲学发展体现了科学发展观,贯彻了历史与逻辑的统一;(5)哲学导论、哲学发展史、哲学文献阅读三结合,互相发明,一体贯通。再次,主要内容与特点。(1)内容:绪论,原创篇(先秦百家之学),按司马谈的《论六家要指》,道、儒、墨、名、阴阳、法;发展篇(汉唐三教哲学),西汉经学,魏晋玄学,隋唐佛学;高峰篇(宋元明清理学),程朱理学,陆王心学,张(载)王(夫之)气学,湖湘性学;会通篇(近现代会通之学),西方传入进化学、人学,中学新进展,会通中西,谋求发展,现代学科意识的自觉,包括三大思潮、现代新儒学、实证哲学、马克思主义等。(2)特点:其一,立足于现代,立足于创新,创新是建设中国哲学的生命。理论体系的创新打破以往以朝代分篇的框架,按照中国哲学自身发展的内在逻辑分篇,体现中国哲学理论思维发展的历程;理论观点的创新,探索中国哲学内在发展逻辑四篇之间的关系,追究中国哲学理论思维转变的原因及其规律——核心话题的转变、诠释文本的转换、人文语境的变化;资料创新,运用帛书、出土楚简对老子、思孟思想做出新评价;体例创新,引言附主要文献,史论结合。其二,依据马克思主义中国化要求及当前人类所面临冲突与危机,凸显中国哲学化解之道,论述建设和谐社会、和谐世界的需要和落实到中国哲学。其三,中国哲学是中华文化的核心,弘扬中华文化,建设中华民族共有精神家园,论述核心价值观和核心精神理念。其四,展现中国哲学精神,刚健有力、自强不息的奋斗精神,求同存异、厚德载物的和谐精神,居安思危、先天下之忧而忧的忧患精神，重视笃行、疾恶虚妄的实事求是精神，反对异化、疏远鬼神的以人为本精神，不苟名利、慨然向道的乐道精神，反求诸己、内圣外王的超越精神，全面反映中华哲学的精神面貌。最后，课题组的优势。(1) 老中青三结合，人员配备合理，主要成员均为博士，10 人各有专长专攻；(2) 具有长期教学经验和高水平科研成果，2002 年以来发表论文 200 多篇，专著及主编著作 40 余部。以上四方面构成一系统，凸显了本教材的优点和创新。我的汇报配合电脑的投影。答辩委员很满意，据说答辩委员对我们打分最高，但最后给了武汉大学，其中的情况不得而知。

3 月 6 日出席“中国传统文化若干问题研究中期报告会”，探讨社会主义、马克思主义与中国传统文化的结合点，东西方文明在近现代的结合点，资本主义精神与中国传统文化的结合点，三民主义与马克思主义、社会主义的结合点。我讲的要点是：西学中源说是对西学的一种不满和抗衡；和平、和谐以营造新国际环境；西方斗争哲学对现代社会的影响；第二次世界大战中生命财产的灾难应引以为鉴，但现在仍搞冷战思维、霸权主义、单边主义；爱是各宗教所倡导的，基督教倡博爱，但第一次世界大战、第二次世界大战杀了那么多人，显然是严重违反基督教教义的犯罪行为。中国讲泛爱众，兼相爱，讲普遍的人类之爱。

3 月 9 日，纪宝成校长与山东省中华文化标志城规划建设委员会副主任、省委宣传部部长李群谈我校对中华文化标志城创意方案的贡献，以及不平等的、不对称的待遇等问题，并对其他方案中“文化副都”的提法提出批评。李群做了解释。

3 月 17 日下午给清华大学卓越领导班讲“国学略论——《易》、儒、道、释三句真言”，学员反映受益匪浅。

3 月 19 日，中国人民大学孔子研究院请越南汉喃研究院院长郑克孟、前院长潘文阁等来商讨，研究《国际儒藏·越南编》的整理出版等事宜，参加商量的有向世陵、郑州大学越南研究所的于向东所长、社科院哲学所东方哲学研究室的何成轩研究员，研究补齐资料的短缺、著作的作者介绍、著作内容简介等内容以及整理的经费问题等，均取得一致意见，并签订了合同。3 月 20 日召开《国际儒藏·越南编》整理的细则问题会议，我请中华书局的王国轩先生来讲古籍整理体例、版本源流、异文的校释，若没有其他版本，如孤本，其引文则以引文的原著来校，也可理校，即以上下文来校，因为汉喃研究院的研究人员也参加整理，孔子研究院博士生也参加，所以把整理古籍的知识、体例讲清楚，工作起来心里有数。21日孔子研究院与越南汉喃研究院签署补充《国际儒藏·越南编》协议，共13条，并将合同延期到2015年。但由于政治形势的变化，这个协议基本没有执行（越南汉喃研究院方面）。

3月24日接受《大地》杂志记者的采访，谈中华文化标志城的问题，之所以成为一个问题，是因为在政协与人大开会期间发布了中华文化标志城的建设方案，引起两会人士的关注，坚决反对者108人签名上书，问题集中在300亿费用（预算）以及“文化副都”提法，原62名院士签名者中，个别表示自己不知底细，如工程院院士何镜堂说：“时间太长了，我记不太清楚了，可能是口头答应的吧。”北京大学景观设计学研究院一位教授说：“本人从来没有，也不会接受任何人、任何形式的聘请；本人从来没有，也绝不会担任这种劳民伤财工程的顾问或咨询委员。”并要求操办人员对他可能造成的名誉损失负责，等等。我在《大地》杂志记者的采访中，实事求是地表示，我们参加中华文化标志城的创意方案，是从弘扬中华文化，增强中华文化的凝聚力、向心力、亲和力出发，使中华文化成为全世界华人的精神家园，是有现实价值和意义的。一些人对中华文化标志城的整体创意不清楚而产生误会。当然，“文化副都”只是个别方案的提法，这是不恰当的、不妥的。做一个人，做一件事，要讲诚信。

4月1日《中国经济评论》杂志社高级记者杨志荣与我联系参加首都青年编辑记者协会的“中国城市未来发展模式研讨会”。主题是历史文化因素对城市发展究竟有多重要，如何放眼长远培植城市竞争力，中国需要什么样的城市发展观。我从文化的角度讲了文化积淀是城市的灵魂，也是城市的品牌；城市发展有继承性，应发挥城市文化的功能，这是城市未来发展的核心内涵，城市的发展是继承和创新，以适应新时代的新发展。

4月2日，我给哲学院本科学生讲课，教育部曾规定教授要给本科学生上课，如何讲呢？我请学生提问题，学生们提了很多问题：(1)“存天理、灭人欲”对人生的意义；(2)中国儒学发展是否为政治服务，哲学是否依附政治；(3)宋代为什么文化繁荣、军事衰弱；(4)中国的天人关系问题；（5）和合学与儒、道、墨关系；（6）老庄哲学的意义；（7）对立统一与冲突融合；（8）不是东风压倒西风，就是西风压倒东风，东西能否互动，土洋结合问题；（9）清末严复中西体用问题；（10）现代新儒学问题。哲学院本科学生对中国哲学有所思考，因此一下子提了那么多问题，我特别高兴，并一一做了回答，在回答中同学有疑问，仍可随时提出，师生互补、互动、互相启发。

受“澳门首届文明对话暨论坛”的邀请，4 月 18 日乘澳门航空 NX007 航班到澳门。这个会议是由叶圣陶研究会、中华宗教文化交流协会、中华炎黄文化研究会、中华文化交流协会（澳门）联合举办，澳门大学协办，澳门基金会赞助。会议主题虽为中华文化与和谐社会，但重点为儒、释、道对话。因此参加会议人员有学者、道士、和尚。4 月 19 日在澳门大学礼堂开幕，何厚铧讲话，致欢迎词，许嘉璐讲话。后在台上开始儒、释、道三教对话，许嘉璐副委员长主持。我看对话内容，基本上是各说各的，没有形成真正对话，就 21 世纪共同的问题提出化解之道，可见对话应该是对话者兼通儒、释、道，而不是各知各的，知己知彼才能通过对话，互动互补，解决社会以至世界的冲突与危机。下午分组讨论，我围绕三教对话对中国历代社会稳定和谐发展的作用、三教对话的历史规律和经验、三教对话对中华文明建设的现实价值及对世界其他文明的参考价值而展开。我的发言提纲围绕儒、释、道三教对话的历史。（1）汉代三教对话的特点：三教都面临自身的转型、初建和传播，而无明显冲突；三教均在探索各自的改变以适应社会需要，互相启发、吸收，但也产生了冲突与排斥。汉代独尊儒术，罢黜百家；汉初黄老无为，前身为先秦的方士和巫师、神仙家长生不死的方术；佛教初传。此时三教对话的主要问题是社会伦理、社会经济和老子化胡（华夷）之争。（2）汉代为初建输入期，魏晋南北朝三教对话为消化融合期。儒学独尊地位被雅尚老庄的玄学所替代；佛教摆脱方术而与玄学相结合，南朝时佛教由从属转为独立，并取代玄学成为国教；道教士族化。其特点是三教先后完善自身思想体系，出现僧侣与地方世俗地主冲突，政治上批判佛教，产生毁佛事件。道教与儒教联合反佛；理论上以形神之辩为中心，展开生死、报应、华夷之辨的对话；三教在对话中也出现互相吸收融合之机。对话必然出现互相取长补短、三教归一的趋向。道教以儒教礼法改造原始道教，仿佛教戒律及教理，如五戒十善等。(3) 隋唐时三教对话为深入期。特点是三教兼容并蓄，反映僧侣、皇族、庶族集团的冲突；三教互争统治思想地位；寺院经济高度发展，佛教成强势文化，儒道二教处于弱势；三教归一融合成为三教内部要求。三教对话更为深入，既论辩，又融合。三教“相资为美”，说出了三教融合的价值和意义。我之发言回应了会议的主题，得到与会学者的好评。如何相资，古人有言儒教治国、道教治身、佛教治心，三教各有所治，但治不同。

三、寒山、拾得和合二圣

4月25日受邀出席《三字经》修订本首发式，在人民大会堂重庆厅召开，《三字经》是宋鄞县（现属宁波市鄞州区）的王应麟所著，1990年秋，被联合国教科文组织选入《世界儿童道德丛书》，在国际广为推介，成为全人类共同的文化遗产，历史上曾编有《节编三字经》《广三字经》《演三字经》等。《三字经》修订本首发式是由《光明日报》、人民教育出版社、中共宁波市鄞州区委共同举办。《光明日报》4月26日报道，许嘉璐参与，《三字经》编委会主任傅璇琮、人民教育出版社总编辑等讲话，我与汤一介讲话。我讲了三点：(1)《三字经》的出版是大好事，在当前青少年精神食粮缺乏的时候，《三字经》的出版给青少年送来及时的道德精神食粮，也给中国人、全球华人送去了精神食粮，对提升道德、尊师重道有重要作用。(2) 在全球化浪潮中，各民族文化应在世界文化舞台上占有一席之地，而不致在全球化中被边缘化、被淹没。但全球化加速，也加速了民族文化的认同和民族文化的复兴。中华民族有五千年的文明，且没有中断，而得天独厚。原儒家文化圈（或称汉字文化圈）国家，近现代以来，日本、韩国、越南对汉字进行改革，现代一些学者、青年人已看不懂他们国家古代的文献。在当前民族文化自觉复兴的时代，他们在国家经济起飞后寻求经济发展背后的精神支撑的时候，不能不回顾传统文化，但他们已看不懂了，不认得了，这是一个遗憾。我们的文字千年来没有变，很多中国人抵制了五四时要把中国文字改成拼音文字的叫喊，这对我们今天弘扬传统文化是有利的。《三字经》的出版，在青年中推动中华传统文化的弘扬，是好事。(3) 中华文化是中华民族精神的载体。在国外的一些国际会议上，西方人往往会提出中国作为一个无神的国家，为什么不分裂，中国作为一个多民族、多宗教国家，为什么能维持统一，他们觉得难以理解。他们依据西方的情况，认为宗教是民族凝聚力、向心力、亲和力的所在，宗教的共同信仰维护了一个民族的不分裂和文化的延续。中华民族不分裂、文字不断的根源，在于中华文化具有灿烂、悠久的生命力，具有统一的文字，这是中华民族精神的根和魂，是中华民族凝聚力、向心力、亲和力的生命力所在，是中华民族海纳百川、唯变所适的生生不息的动力。我的讲话得到认同。

接着鄞州举办第二届王应麟读书节，邀我讲学，我 5 月 8 日与邓金兰到宁波。5 月 9 日第二届王应麟读书节开幕，在鄞州区委大楼，大楼建筑气派豪华，读书节在赠书活动中开始。“书香之恋，快乐之约”，活动在火炬接力中进行，表示中华文化薪火相传，后继有人。接着背诵《三字经》，这是一种掀起读书热潮的形式。接着我讲“国学略论——《易》、儒、道、释的基本内涵”，并引用《三字经》的话来阐明《易》、儒、道、释的思想内涵，这样与王应麟读书节相结合，也进一步深入诠释了《三字经》的思想。这是一个开门演讲，普通市民、企业家来听，我见鄞州有不少制衣厂，所以我提出希望设计出有中华传统风格的新的国服。这次到鄞州承蒙梁枢热情照顾，我们非常感谢。9 日下午参观普陀山，由于下雨，所以要等到舟山群岛的汽车，乘渡海轮船到普陀山，这是我第一次到普陀山，可以说经风雨飘摇才到的，也算不易，人生在世，道路本来艰难曲折，只有经艰难困苦的体验，才觉人生的可贵。后住“息来山庄”，以息来禅院得名，说是四星级宾馆。10 日早 6:30 起身出发，走很近的路就是普陀山主寺——普济寺，前是莲花池。“文化大革命”中普济寺的佛像都遭破坏，特别是五百罗汉。此五百罗汉原是南洋进贡的楠木造，非常珍贵。雍正七年对普陀的“赞语”在“文化大革命”中被人们用毛泽东的语录盖起来，才没有被砸，据说杭州灵隐寺也曾如此以保护文物。普济寺有 800 年的樟树，为现在舟山市的市树。现代释迦牟尼像和五百罗汉多是新塑的。但游人很多，路上只能匆匆而过。我想若是黄金周，游人更多。有很多人虔诚地跪拜。后到海边，看远方海中有佛身，这只是形象而已。海边风大，很凉爽，不下雨，也不热，真是有缘。下午返回鄞州，鄞州区文联派车把我和梁枢送到天台县，住赤城宾馆。

我们受邀出席“寒山子暨和合文化国际学术研讨会”，5 月 11 日研讨会开幕，领导在主席台第一排，由他们致辞。开幕后是文艺表演，一群小学生表演书剑（剑气书画）、《和》器乐合奏等，颇有特色。大会安排我第一个发言，但我让给杨曾文，他讲佛教的和思想，我讲“弘扬和合文化，建设共有精神家园”。此会使我感触最深的是寒山诗对美国青年的巨大影响。美国学者赤松教授不仅翻译“寒山诗”，而且讲了为什么影响巨大。他说：寒山诗在美国流行，因为在美国垮掉的一代、嬉皮士所追求的就是寒山诗所体现的个性彻底解放与对社会抱批判的态度，以及对人生讽刺的立场。寒山诗的嬉笑怒骂、不受束缚的个性解放，深得他们的共鸣，所以很快被他们所接受。同时寒山诗的直白、无拘束、自由抒发精神世界的表述方式，也是西方诗人模仿、改写寒山诗的主要形式。随着时间的推移，寒山诗愈来愈被人们所接受。5 月 12 日早晨起来登赤城山、紫云洞，所谓赤城是由红色砂砾石构成的丹霞地貌，有 18 个天然洞穴，是佛道双栖圣地，亦是天台山的标志。我们到了济公东院和济公院，济公院的济公像基本上是按游本昌所演《济公》电视剧形象塑的，历史上的济公究竟是什么样，已不可考。济公为禅宗高僧，佯狂济世，民间尊为活佛。上午接受浙江卫视采访，讲寒山、拾得和合二圣，以及“和合学”。下午闭幕。5 月 13 日参观国清寺，是寒山、拾得出家的地方，也是天台宗的发祥地。国清寺是日本、韩国天台宗的祖庭，全国重点文物保护单位，至今有 1 400年历史，万峰拥抱，双涧回澜，古木参天，环境清幽，是静修之地。有重 13 吨的明代释迦牟尼青铜塑像，清代汉白玉石狮，生机盎然，有千年古“隋梅”，18 尊栩栩如生的元代楠木罗汉雕像，王羲之的独笔“鹅”字碑，隋代古塔。一行大师的《大衍历》是为唐玄宗编的。多年后，一行大师在测出子午线的长度后在国清寺圆寂了，他的衣冠冢在七佛塔后。天台宗的创始人智者大师隐居得道之地便在这里。天湖景区拥有龙游曲涧、蛟龙飞瀑等，有乾隆御碑，长三角区有最大的摩崖石刻弥勒佛、最灵验的神殿、东坡佛字。12 日晚张新鹰教授让我去国清寺喝茶，国清寺监寺允观接待，先喝大红袍，后喝华顶云雾绿茶，清香扑鼻，精纯无比，一面喝茶，一面聊天，茶室前有桂花树，清静幽妙。后受允观之邀到其书画室，楼宇烈写“一念三千”，杨曾文写“三谛圆融”，我写“诸法实相”，允观写“止观”。大家签字，楼宇烈即兴写记。

四、访50年前工作过的泰顺

5月14日到京西宾馆报到，参加“2008年度国家社科基金项目评审会议”。上午听刘云山部长报告，要点为：对社会发展规律的认识，推进马克思主义研究，核心价值观的建设以及如何重视意识形态问题，建设共有精神家园，推动社会科学创新，马克思主义与中华文化结合，以创新理论体系作为战略重点，认清西方媒体的虚伪性，要有忧患意识，忧在眼前，患在脚下，等等。下午讨论报告。哲学组20个人，分成五个评审组：马克思主义组为陈先达、陶德麟、叶汝贤等，申报入围57项，拟立项23项；科哲逻辑组有张家龙、曾国屏、颜泽贤、陈筠泉，入围51项，拟立项20项；中哲西哲组有冯俊、赵敦华、邵汉明、韩震与我，入围57项，拟立项24项；伦理学组有万俊人、李建华、樊和平、曹锡仁等，入围62项，拟立项26项；美学与其他组有孙正聿、滕守尧、江怡、奚洁人，入围52项，拟立项21项。共计入围279项，拟立项114项。5月15日看入围项目，看后与邵汉明教授交换看入围项目，最后两人同意拟定立项项目。5月16日中西哲集中汇报拟定项目的每项情况，通过拟定项目。5月17日哲学组20位评审教授投票，通过后，各组对拟定立项的项目填写评审意见。国家社科基金项目的评审是严格的，各评审教授的评审是公正的。

5月27日我们请元智大学中国语文学系詹海云主任在国学院演讲，其学术演讲的题为“中国人的快乐观”。他博引古今中外哲学家、思想家的快乐观、幸福观，如孔子之乐、颜渊之乐、曾点之乐，斯宾诺莎、罗素论幸福。快乐是幸福的表现，不快乐如何幸福，因此快乐与幸福是孪生兄弟。快乐有各种情况，有悲壮的快乐、胜利的快乐、劫后余生的快乐、大难不死的快乐。大难不死，必有后福，同幸福相联系。詹海云从词汇学、词源学、文字学等方面，从快乐的相似词、相反词入手，譬如乐与音乐有关；重和，各种声音的调和；重节，有节奏；重序，有次第，时间久，余音绕梁，三日不去等特点。詹海云教授演讲后，我讲助人为乐，会自得其乐；知足常乐，欲多无乐；中和为乐，不偏不倚；孔颜之乐，乐在求道之乐，“己所不欲，勿施于人”之乐。

6月7日出席汤一介、庞朴指导的博士论文答辩委员会，周锋利和甘祥满博士答辩。周写方以智的《东西均》，甘写中国诠释学。答辩委员提问题，方以智如何会通三教，皇侃的《论语义疏》是不是中国的诠释学，中国诠释学有没有成为一种学说，是不是独立的学说，中国古有的“我注六经”“六经注我”是不是中国的诠释学，西方诠释学的一分为二，知识向度与意义向度等。

6月14日出席博士生开题报告，共10人，分两组，我们组有殷鸣放、巴文泽、贺更粹、刘永清、王春林5人。5人博士论文题为《张东荪文化架构论研究》《唐君毅文化意识论》《〈礼记〉教化思想研究》《在情与礼之间——论明清之际礼学转向》《蔡沈〈书集传〉校注和研究》，对各人的博士论文提了意见，对他们写好博士论文很有帮助。

6月25日我指导的博士生段海宝开题报告，他作《司马光思想研究》。陈慧祺作《泰州学派研究》，由于无泰州学派中的个案研究，开题报告没有通过，后重新开题。

6月28日出席中国人民大学哲学院2008年度学科建设工作会议，在密云县建国假日旅店召开（旅店是北京自来水集团所属）。上午院长冯俊做工作报告，既总结一学年来的工作情况，又讲了以后的设想。他是副校长兼哲学院院长，这是他最后一次做学年工作报告，据说要到上海浦东干部学院当常务副院长。

7月18日中国人民大学培训学院培训部主任请我为“中国国学大讲堂”开课，我不好拒绝。有发改委的副司长以及人才中心主任、培训学院院长来致辞，我也致辞。然后我讲“国学略论——《易》、儒、道、释三句真言”。

前接人民政协浙江省委员会办公厅邀请函，要总结交流人民政协工作经验，研究探讨人民政协文化建设，不断创新政协工作，努力推进人民政协事业发展，请我做和谐文化方面专题辅导。前一个星期，即7月14日，浙江省政协研究室副主任李火林来家请我，他是我系博士毕业生。这个会议在温州召开，这样我可顺便看望兄弟姐妹，特别我妹妹眉香得病住院，需要看望，另张璁研究会成立时，请我回乡，没有回，这次也可以去看看，尽亲情、人情。我们的社会是讲情的社会。7 月 22 日会议开幕，浙江省人民政协主席周国富致辞，说明会议宗旨、目标、意义。接着对我做简单介绍，我开始讲“弘扬和合文化，建设民族共有精神家园”。我讲了一个半小时，普遍反映很好。下午到温州中医院看望眉香，她一直住院治疗癌症，这可能是最后一次见面了。又在我弟弟张宪栋的陪同下去青山祭老祖宗及祖父母、父母的坟。回来赶上晚餐，浙江省省长吕祖善、政协主席周国富、温州市委书记在座，我在周国富旁，每桌 10 人，共 19 桌，200 人左右。饭后到茶庄喝茶，吕祖善请我讲《周易》，我讲了《周易》的基本内容、功用。又要我讲算卦，我讲了算卦的方法，由于没有蓍草，只好用火柴代替，演算了一遍。

7 月 23 日，李火林主任知道我 1950 年曾在泰顺县土改、工作，他问我要不要去看看，这我就求之不得了，从我 1956 年考上中国人民大学后，就没有去过泰顺，真想去看看我工作过的老地方、老同事。李火林主任陪同我一起去泰顺，过去泰顺不通汽车，现在通汽车，这是我们参加土改试点的地方，在这里发动群众剿匪、反霸等，住在最穷的雇农家里，生活非常艰苦，吃红薯丝当饭。我们跨过泗溪廊桥，姐桥为溪东桥，明隆庆四年建于泗水东溪上，清乾隆十年、道光七年重修，桥长 41.7 米，宽 4.86 米，高 10.35 米，桥屋 15 间，中央三间是宫殿式主楼，飞檐翘角，桥上塑造鳌鱼双吐水，并塑有唐僧取经及梅、兰、竹、菊等诸多图画，形态各异，栩栩如生。桥头翼角飞挑，有吞云吐雾之势。溪东桥处是风水宝地。妹桥为北涧桥，桥建北溪上，与溪东桥相对，建于清康熙十三年，经 6 次重建，桥长 51.87 米，宽 5.39 米，高 11.22 米，桥屋 20 间，桥柱 81 根，由陈汝周建，全部不用一钉，表现中华民族高超的工艺。后到我参加土改的第三个地方，大安区（现为三魁区）三魁乡的三魁村，这个村分上下两个自然村，我在这里参加土改，土改后进互助组，在这里与贫下中农同吃、同住、同劳动，参与剿匪，有一次我们在祠堂开大会，土匪头子吴宗论就藏在祠堂天花板上。我在这里时间较长，一直到调至温州干校镇反学习。又到我担任过粮食管理所副所长（无所长）的仕阳区，50 多年过去了，面貌与以往不一样了，成为一个热闹的市镇了。最后到罗阳镇，这是我第二个参加土改的地方，也是我在文化馆、粮食局工作的地方。我在粮食局工作的地方是一祠堂，现在找不到这祠堂，也打听不到原工作的同志，人事已非。县政府所在地也变了，成了公检法机关所在地，房子重盖，只有原县政府前面的小万罗山还在。在罗阳镇南边有一座廊桥，原觉得很有气魄，现在周围盖了楼房，廊桥显得低矮，而且很脏，连省重点保护文物的碑石也被人推倒了，据当地人说，这里成为乞丐集中地。旧时情景只有在梦里回忆了，但半个世纪以来回想之地，终于回来看看，完成了自己的愿望。这次回泰顺，要感谢李火林主任的安排，我弟张宪栋同行。

7 月 24 日参观温州市江心屿，这里有英国驻温领事馆，英国人真会找好地方，这里风景好，又避开温州市区的嘈杂，东西有两塔以及诸多历史名人的题词等。下午参观雁荡山，到时正赶上有走钢丝表演，据说这种表演已有 100 多年历史。在两山之间有一钢丝相连，人在上面走过，有 250 多米高，270 米长，非常惊险，无高超技术是不可能做这种危险性表演的，据说 1953 年表演摔死了一人，以后就停演了，改革开放后恢复。《徐霞客游记》无记载，我想他那时还没有这种表演。中午到小龙湫，一身汗水，同时到合掌峰拜谒观音庙，合掌峰如两手掌合拢，但中间有一山缝，就在此缝里建造观音庙，庙拾级而上，共有九层，40×7 阶石级，又象征 4＋7＝11，寓意一心一意信佛，我们不断往上攀登，里面很凉爽，终于到最后一层，拜谒观音菩萨。晚饭后就夜游灵峰，观看夜景，这是游雁荡的主要景观之一。我见岩石呈一个个球状，据说这是火山爆发喷出的岩浆在流动中形成气泡，岩浆凝聚成岩石后，气泡凝固成球状，中间是空的。十三届世界地质大会确定其科学价值，现在就保护起来，不让人砸了。这些怪石形成各种逼真的人与物的形象，有像青年人在谈恋爱的，有像黄昏恋的，还有各种动物的形象，栩栩如生，若真若虚，引人入胜。看了雁荡山的夜景，什么城市的夜景就不在话下了。25 日游大龙湫，“天下第一瀑”五个大篆体字是同治年间人写的，所以徐霞客游大龙湫时没有记载。大龙湫落差 270 米，不是大珠小珠落玉盘，而如徐霞客所说犹如雷鸣喷雪，变幻出种种奇妙的形象和景色。从雁荡山回温，我又访问了母校瓯海中学，副校长徐志标接待了我们，并送我在瓯海中学入学注册照片，这是我小时候唯一的照片了，过去住乡下，哪里有照相的，因此很珍贵，上面编有我入学的学号和名字。看了照片，感叹人生易老，时光如箭，真是人生苦短，譬如朝露，从照片的稚气到现在的两鬓白发，人到晚年，回想一生，愧对先贤、祖宗，没有做出什么成绩。

8月5日，我与姜日天以及华夏出版社高文柱社长、郭书记到开封河南大学研究《国际儒藏·韩国编》的情况，《韩国编》由各教授校点后，华夏出版社编辑在审稿时觉得有错误之处，需要审核，为保证质量，与纪校长商量后，同意进一步审核，华夏出版社把这个任务交给了编辑贾宏宝。贾为河南大学毕业生，所以联系其母校，调人助其审核，达成协议，由于华夏出版社领导均参与，这便是有效的协议，不过以后不断要增加审核费，超出了原定协议。这个协议从5日到7日会谈了数次。抽空看了开封府（包公祠、包公办公的地方），这是新修的。宋代铁塔是原物，还有天波府、相国寺、古城墙、大梁门。皇宫是新建的，有宣德殿、宣和殿、拂云阁、九龙桥等，这是“新古董”。不过开封城市不大，湖泊很大，若很好地利用，是好地方。

8月18日上午纪宝成校长兼国学院院长召开会议，会议主题是要进一步办好国学院，所以学校各职能部门也来了。一是讲6年制本科、硕士连读；二是讲西域研究所是中央批的，要搞好；三是要进人才；四是中国哲学教研室回到哲学院，谈任务已完成。这倒是我求之不得的，纪校长问我留下不留下，我说回哲学院。这样，中国哲学教研室终于回到哲学院。

五、朝鲜之行的感想

受吉林省社会科学院副院长、《社会科学战线》主编邵汉明研究员的邀请，我与方国根主任出席“吉林社会科学院建院50周年、《社会科学战线》创刊30周年纪念大会”，我代表学者发言。9月15日乘机到长春。晚邵汉明主编和王卓副主编来看我们时，告诉我发言从15分钟减到4分钟，因为要求发言的很多，这样我只得在16日早起重写发言稿。我的发言要点是：首先热烈祝贺吉林省社会科学院成立50周年和《社会科学战线》创刊30周年。50年是社会科学院艰苦创业的50年，是创国内外一流社科院的50年。吉林社科院的各位研究人员以其生命智慧和智能创造换来了今天的辉煌，其丰硕成果为东北人文领域的鳌头，而获得国内外的赞誉，成为东北乃至全国的学术重镇。《社会科学战线》以其创新、前沿、厚重、质量，在国内外产生很大影响。编辑们“劳而不伐，有功而不德，厚之至也”。有劳绩而不自夸，有功德而不自恃。30年来，编辑部同人为人做嫁衣而呕心沥血，甘当无名英雄而孜孜不倦。“九层之台，起于累土；千里之行，始于足下。”任何学术大家都起于小家，任何学术名人都始于无名，由小家而大家，无名而有名，都借助于各学术杂志编辑的无私帮助，没有他们伸出援助之手，几乎是不可能的，即使是今天网络的信息革命时代，真正的学术成就、观点的发明、理论的创新，也只能通过学术杂志来传播。所以杂志是学术创新的阵地，编辑是学术人才的伯乐，是培育学术大家的母亲，这是我心里的话，也是我切身的体验。我国有了这样一批无私奉献的学术“志愿者”编辑们，怎不令人至敬至佩，至诚至谢。祝吉林社会科学院在建设国内外一流社科院中创造更大的辉煌，祝《社会科学战线》更上一层楼。

我发言后反响很好，由于各地杂志的主编都应邀参加纪念会，我特别讲了编辑们的劳绩，说出了他们的心声，因此各地主编都很感动，而主动与我联系。下午参观伪满皇宫，这里原是一个盐站改建的，由于太差，日本人又用花岗岩盖了一座新房子，比较坚固，下层是舞厅，由于溥仪不喜欢跳舞，基本没有用，二楼是溥仪的卧室和洗澡间，右边是婉容的卧室、化妆间，另有会客室、钢琴室等。有一个蜡像室，表现日本驻“满洲国”最高司令与溥仪谈日本投降之事，溥仪恐惧得脚发抖的表情。下午是各杂志主编会，讨论杂志今后的发展。

吉林社科院在邀请信上已明确告诉可到朝鲜参观，所以我们带上个人护照，吉林社科院统一办理签证。17日上午到辽宁沈阳，因为只有北京和沈阳有到平壤的飞机。下午乘JS156航班，这是朝鲜方面的飞机，是一架苏联老式的旧飞机，在中国早已被淘汰，噪音很大。平壤有一个很小的机场，行李转盘只有一个，好在来人很少。下飞机后由大巴接到入境处，人要站在露天，若下雨就要淋雨了。入关看得很仔细，行李检查、安检都很严格。由平壤旅行社接待，晚餐在灵隆阁饭店，吃得还可以，中间有饭店服务员表演唱歌、舞蹈。晚安排去看“阿里郎表演”，可谓我们运气好。表演在五一大体育场，这个体育场可容纳15万人，据说是亚洲第一，晚上参加表演的有7万人，观众8万人，真是好大喜功。集体舞整齐划一，犹如我们奥林匹克运动会的开幕式。表演者有小学生、中学生、军人、职工等，各种造型，变化万千，衣服花色鲜艳灿烂。表演分三部分，每部分有5～7个节目，背景变化无穷，不断变幻的背景犹如一幅幅精彩的图画，由人变换手中的画板构成。我想几万人的表演能达到这样整齐划一，其排练一定要花费很多时间，这是劳民伤财之事，但平壤会干。表演突出金日成主体思想和丰功伟绩，有浓烈的个人崇拜气味，朝鲜人民缺失了独立思考的余地和空间。晚住羊角岛酒店，此岛是大同江中的一个岛屿，与外界不通，朝鲜人不能住在这里，专接待外国人。这酒店有43层，我住1104房，我们20多人都住在这一层。有一教授在早上散步到渡口时，被保卫的人员阻止了，所以单独行动，不由旅行社人员带领，是出不去的。一个女导游、一个保安员、一个摄影者，共三人带我们这20多人。据介绍，阿里郎传说是一个爱情故事，男女相爱，有人破坏而产生误解，男的不理睬女方，女方忠于爱情，由于误解而自杀。

9月18日参观妙香山“国际友谊展览馆”，展出各国领导送给金日成及朝鲜的礼品，银、铜、象牙等材料制品以及陶、瓷、丝等制品，是想说明他们朋友遍天下，其实很孤立，这是为欺骗朝鲜人民而已，并突出金日成、金正日的个人崇拜。我们参观时有很多军人、小学生来参观，说是教育，以便从小种下“我们的伟大领袖，我们的父亲金日成”的个人崇拜思想。我本以为去妙香山参观名胜古迹，哪知是参观这个展览馆。金正日的展览馆小一点，展出的主要是名贵现代家具。这两个展览馆大门是铜制，每门重4吨。下午参观平壤的主体思想塔，在大同江旁，塔很高，塔身有朝文主体两字，入口处有各国传播主体思想的祝辞，以说明主体思想已传播到世界各地。所谓主体思想，就是金日成和金正日的思想，没有别的思想，全朝鲜人都只有一个脑袋的思想，其他人都得服从主体思想，做主体思想的拥护者。主体思想塔周围是一个很大的“金日成广场”，朝鲜的重要政治活动、庆祝大会、群众集会、阅兵式都在这里进行。在主体思想塔后有两座象征旗帜的建筑物，上有四个大字“团结一心”。一心就是团结在金日成一个心、一个思想周围。然后参观少年宫，又看少年表演节目，主题是表达对金日成领袖的崇拜之情。在酒店晚餐后到酒店地下，参观澳门老板开的赌场，有老虎机等。9 月 19 日到开城，开城是高丽王朝建都的地方，本应有古迹，但现全无，这里是朝鲜停战谈判的地方，也是划定“三八线”的地方。我们参观“板门店朝鲜停战谈判会场”“《朝鲜停战协定》签署会场”“南北军事分界线——三八线”。我们到这里参观很不容易，经四道关卡，由军事人员引领。在《朝鲜停战协定》签署会场，我坐在签署椅子上照了一张相。后参观“高丽博物馆”，展出高丽王朝文物和资料。下午参观“祖国解放战争胜利纪念馆”和“金日成故居”。金之祖父母住此地。当时都是草屋，但从两排屋宇来看，不是贫困户，周边环境很好，周围没有一间民房，前有一口水井。9 月 20 日上午抓紧参观金日成铜像，是全国最高的，加底座共 24.5 米，可以在此照相，但不能学铜像姿态，连姿态也只能独此一家，规定要送鲜花，我们集体买了一束花，排队鞠一躬，导游说不这样不行。为什么？她说金日成逝世时人民鞠三躬，现在鞠一躬，表示金日成仍活着，把金日成当神来对待。在金日成大铜像两旁有很多塑像。后参观“中朝友谊塔”，是中国人民志愿军纪念碑，其底层摆放在朝鲜牺牲的志愿军将官士兵名册。回顾这一参战，值得好好地思考总结。我们送鲜花，鞠躬。最后参观“万寿台大纪念碑”，由工人的铁锤、农民的镰刀、知识分子的笔构成。朝鲜实行愚民政策，思想控制得很厉害。我们进朝鲜不准带手机、电脑等。下午回国。从平壤到机场的路上，很多人拿铁锹在挖壕沟，一个单位分一个地方，在几公里的路上均有很多人在挖，说是为了备战，其实这种壕沟在现代战争中没什么用，真令人费解，不过是为了战争教育。在平壤，我在商店买了两个砚台，像松花石，石质不好，朝鲜也没有好砚台。乘 LS155 航班回沈阳，再乘 CA1655 航班到北京。这是我第一次到朝鲜。朝鲜的封闭、守旧、愚民、控制、个人崇拜都到了登峰造极的地步，经济落后却不发展经济，我问街头卖小礼物的售货员，他们说物品都属公有，基本无私人经济，人民吃饭都成问题，饿肚子却搞强军，发展核武器，不顾人民死活却升级朝鲜半岛紧张局势。朝鲜只有2 000 多万人口，军人就有 120 万，养活不容易，所以农村只有老人、小孩，青年人当兵、工作，没有人真心搞农业生产，所以粮食不够吃。这样如何统治长久？

六、日本东亚汉学会议

9月28日中国人民大学孔子研究院举办“孔子文化月”活动，主题是“2008——立足本义，和而不同”。经典著作因其具有不断的阐发性而成经典。经典有其本义，又随时而有新意，儒家经典由孔子《论语》而始，经其弟子传播，后世学者的注疏，更有西人诠释。我们抛弃学派争论，贴近儒学。2008年之经典教育讲座——“孔子要义”，由宋志明、罗安宪、向世陵、黄朴民以及美国夏威夷大学安乐哲等五教授主持，要点有：孔子的两个转向、三个要点、一个蓝图，孔子和其弟子，《论语》释义，儒学与兵学异同及西方人心目中的孔子。我在开始时讲了三句话：一是朝鲜半岛、日本、越南受中国文化影响，都成立各自不同的国学院；二是上述各国受中华三教合一思想的熏陶，也出现三教合一的情况，如日本正行寺是佛教净土宗的寺庙，请我讲儒学，立朝鲜朝儒学者李退溪的像，我开讲前由小学生背诵《论语》；三是儒学已成显学，在世界各国开办孔子学院，若我们自己大学生不懂儒学就说不过去了。

10月5日出席“中国人民大学复校三十周年座谈会”，在世纪馆北大厅。程天权书记主持，纪宝成校长汇报工作。中央政治局委员刘延东听取汇报，纪校长谈：中国人民大学以主干文科、精干理科为发展方向，现有师生四万人，科学定位为人文世界第一流，质量第一。接着戴逸讲国学学位问题，刘大椿讲人文社会科学的一级教授问题、院士制度，国内外院士都包括人文社会科学（指1949年之前）。最后刘延东讲话，肯定人民大学复校以来的成绩，人文社会科学与自然科学为车之两轮、鸟之两翼，人文社会科学关系价值体系的构建等。

10月26日出席中国人民大学国学院成立三周年纪念会，参加会议的有欧阳中石、李学勤、张岂之等，讨论国学学位问题，并申报国学学位，使其早日成为现实。10月29日在人民大学徐悲鸿艺术学院艺术班授课。

11月13日受日本“冈田武彦教授纪念会”的邀请，去上海与李凤全会合，一起到日本福冈，14日九州大学的名誉教授町田三郎以及福田殖、海老田辉已、疋田启佑教授到机场迎接，并打着“热烈欢迎张立文先生御一行”的标语。其实我心里很过意不去，因为町田教授、福田教授年纪比我大。后去大分县的路上，专程去拜祭冈田武彦教授墓，我在墓前三鞠躬，表示对他虔诚研究阳明学、弘扬阳明学的尊敬之情，以及对他强化中日学术交流的钦佩。冈田教授的大儿子也与我们一起祭奠。后去冈田教授纪念馆，纪念馆规模较大，是一企业家出钱出地建造的，展出其藏书、遗物及他写的字，并建有仁义礼智信五个写作间，是供学者研究写作的房间，设备很好，桌子是高脚的，不是坐在地上，这符合我们写作的习惯，日本到现在仍学我国汉代席地而坐的方式，我国早已不席地而坐写作了。晚住赤松旅馆，可洗温泉澡，但晚上睡得不好。回想 1982 年参加在美国夏威夷召开的“国际朱熹学术研讨会”，许多人都仙逝了，会议主席陈荣捷教授，日本参加会议的冈田武彦、岛田虔次、山井湧、友枝龙太郎教授，台湾的罗光、高明教授，大陆的冯友兰、邱汉生、邓艾民教授亦过世了。除冈田教授，其他教授去世后都没有纪念馆。这大概是由于冈田教授弟子们的努力及冈田儒学精神的感召魅力。

11 月 15 日到大分县县立艺术文化短期大学，邓红教授在此任教，他已是学部长，有一定地位。下午“2008 东亚汉学国际会议”开幕。致辞者有邓红、台湾淡江大学副校长高柏园和我等。开幕后我做“陆王心学的特点”的主题演讲。我讲了六个特点：(1) 强烈的忧患精神；(2) 度越的创新精神；(3) 不断的求真精神；(4) 自作主宰精神；(5) 日新其德精神；(6) 终极关切精神。此六点亦是陆王心学的特点。后分两场做学术报告和讨论。会议主要围绕宋明心学展开，但“东亚汉学”是一大课题，一次研讨会很难有所突破。然东亚汉学如何回应时代冲突的课题是应该着力研究的。16 日上午继续宣读论文，高柏园教授讲“理一分殊”。这次会议上，我们中国哲学教研室原副教授邢东风十多年前到日本爱媛大学教书，现已是教授。他在“2008 东亚汉学国际会议”上宣读《无际禅师再考——明代前期佛教探源之一》的论文。下午乘大分到大阪的海轮，并在海轮过夜。17 日早到大阪，出席大阪府议会のしすり的副议长座谈，副议长为铃木。大阪与上海为姐妹城市，同上海有较多的交往。由大阪到奈良，参拜鉴真和尚的寺院、鉴真像和墓。鉴真是中日友谊史上的伟大人物，他到日本传法，影响很大。大阪有很多名胜古迹，如四天王寺、通天阁等。又到东京参观金阁寺，在夕阳映照下，金光闪闪，十分壮观，令人感叹不已。我虽参观金阁寺多次，但每次均有不同的感受。晚到琵琶湖畔的丸善村住宿，这是一个很美的农村。11 月 18 日拜谒日本阳明学始祖中江藤树纪念馆及墓，纪念馆中展示中江藤树遗物：穿过的衣服，用过的物品，手稿，著作，以及其他的书和他写的字。有学规，仿朱熹《白鹿洞书院学规》。樱美林大学设有孔子讲堂。日本人称中江藤树为“近江圣人”。他死时才 49 岁，死得早了。下午赶到富士山，时间不允许上山，山海拔 3 800 多米，天公作美，我们在山脚下看富士山非常清楚，山顶白雪皑皑。日本人说看见富士山的全景会给人带来好运，我托其吉言。从富士山坐新干线到东京，约 4 个小时。回想起我 1985 年第一次到东京，出席安居香山和山井湧教授在本乡会馆召开的“出土文物会议”，我做“《周易》帛书·易之义”的演讲，吾妻重二教授翻译。“逝者如斯日日新，两鬓染白无可休。今日回想易之义，梦里会见两老友。”

出席人民大会堂海南厅“《行知中国》首发式”。前几天梁枢发来信息和来电，这是由《光明日报》和 21 世纪出版社联合举行的。海外对中国有诸多误解，或“东亚病夫”，或落后、愚昧（义和团），或东方神秘主义，或种种“中国威胁”论，等等。加上西方媒体的误导、歪曲、污蔑，海外对真实中国并不了解。为展示真实中国的人与人、国与国、民族与民族之间文化交流的基础，《行知中国》通过情景剧形式，表现一个家庭接待一位外国留学生在中国生活的情景，体现一个中国家庭三代人的生活以及对留学生的无微不至的关爱，体现中国人的道德、人格、品行以及交友之道。11 月 26 日我做了发言，要点为：（1）深入了解中国人生活，加强情感交流。（2）了解中国文化，知古知今。语言是文化载体，文化蕴含着中华民族的价值观、宇宙观、人生观。知道中华民族古代文明，就可以知道中国的现在和未来。（3）加深理解，开展交流。中国人交友之道是“贫贱之交不可忘，珠玉满堂不足贵”，而摒弃那种“世人结交须黄金，黄金不多交不深”的唯财的拜金主义的交友之道。对话应该是“以他平他谓之和”的相互平等。（4）开展形式多样性交流。

七、悲喜中方显大爱精神

中国人民大学与韩国高等教育财团主办，中国人民大学孔子研究院承办的一年一度“国际儒学论坛·2008——儒家仁爱思想的现代价值”，于11月28日至30日在中国人民大学召开。全国人大常委会原副委员长许嘉璐，韩国高等教育财团总裁金在烈，亚洲和平贡献中心理事长、日本早稻田大学原校长西原春夫，香港孔教学院院长汤恩佳，中国浦东干部学院常务副院长冯俊等致辞。在他们开幕式致辞后，我说：今年中国发生了两次重大事件，一是喜，二是悲，喜的是中国举办奥运会，使中国人的百年梦想变成现实，开幕式演出了中国四大发明，凸显了和的精神；悲的是四川汶川大地震中人民生命财产遭受严重破坏和损失，但凸显了大爱精神，大爱无疆，不分贵贱、贫富、国家、民族，各国各地的救援队、志愿者以自己最可贵的生命谱写了赞歌，在新时代以新理念展现了伟大的儒家仁者爱人的精神，改写了儒家基于血缘亲情的尊尊贵贵，凸显了人际无私的仁爱、国际的大爱。和与爱的和爱是中华民族的核心理念，是五千年来的核心话题，正因其是中华民族的精神，即中华心、民族魂的体现。五千年来中国尽管有分有合，但保持长期不分裂的国家统一格局，其背后的理念就是和爱精神。人类只有讲和爱，才能获得和平、发展、合作，任何动乱、战争都使人民遭殃，任何宗教起源从根底上说都是对动乱、贫穷、战争的不满，而要给人带来和平、安定、幸福生活的期盼，所以任何真正的宗教都讲爱，爱是人类生命的原动力。

11月30日我在闭幕式致辞：感谢各国各地学者对“国际儒学论坛”的支持和高水平论文的卓越探索。今后儒学的命运如何？儒学发展方向在哪里？我们对儒学发展应做些什么？儒学在建设中华民族共有精神家园中地位、作用是什么？我们现在的儒学研究是否与时代相适应？是否适应人类发展的需要？儒学是地域性的还是世界性的？如何走向世界？如何与不同宗教（如基督教、伊斯兰教、道教、佛教）对话？当前儒学研究的人文语境已同现代新儒家不同，现在是网络化的信息革命时代。中华民族在日本军国主义侵略下，现代新儒家忧国忧民，为救亡图存，为抗衡日本文化、军事、政治、经济侵略而发扬宋明理学思想。儒学每一时期的发展，都是在化解时代冲突中，适应时代需要而体现了时代精神。宋明理学是为化解儒、释、道三教冲突而把兼容并蓄三教落实到天理上，当前是把中西马落实到和合上，以体现和平、发展、合作、共赢的时代精神。感谢各国各地学者不辞劳苦参加会议，感谢大会工作人员、各媒体记者的辛劳。

受邀参加苏州寒山寺“第二届寒山寺文化论坛”。12 月 27 日晚从北京站乘车，第二天到苏州，下大雨。29 日开幕，我在大会做主题演讲：寒山寺有深远而丰厚的文化底蕴，1 500 年来构成融突儒、释、道文化为一体的寒山文化，核心价值是和合文化。以寒山、拾得为象征的和合文化，已成为韩、日、欧美年轻人所倾倒、所学习的文化。寒山诗最早传入日本是经由北宋僧人。宋元时寒山诗传入朝鲜。美国有一股“寒山狂”、寒山诗热。20 世纪 50 年代随日本铃木大拙对禅宗的介绍及日本画家寒山、拾得画像传到美国，在 50、60 年代掀起寒山诗热。寒山、拾得走向世界，和合二圣文化也随之走向世界。接着我讲和合学。讲稿据录音整理发表在论文集里。12 月 30 日参加寒山寺大钟、大碑揭幕仪式，大钟是当前世界最大的钟，已批准为吉尼斯世界纪录，刻有《般若波罗蜜多心经》。大碑亦批准为吉尼斯世界纪录，正面刻有张继《枫桥夜泊》诗：“月落乌啼霜满天，江枫渔火对愁眠。姑苏城外寒山寺，半夜钟声到客船。”大钟、大碑即据此诗而来。此诗题写者是清俞樾。下午闭幕式，我到苏州高教区的中国人民大学国际学院参观，已盖了一排房子，后到太湖三岛游，喝碧螺春，很好。12 月 31 日参观苏州高科技区，这是与新加坡共建的，纪念性的标志是一不规则的“孔方兄”，即一个“圆融”的碑，寓意圆融无碍，建在苏州名湖独墅湖，世界 500 强中有 100 强入驻。后参观重元寺，据说是苏州政府花六亿元建造的，寺院建筑宏伟，“观音阁”特大，大雄宝殿很有气魄，有钟楼、鼓楼，文殊、普贤在左右两殿，花这么多钱建这样大的寺庙，究竟是干什么？下午参加苏州政府元旦招待会，有外国旅行团参加听钟声活动。后到寒山寺，有各种文艺演出活动，人特多，像北京庙会。晚 11 点 45 分开始敲钟，据说是寒山寺住持秋爽敲 108 下，恰好 12 点，后回旅店。2009 年 1 月 1 日上午抓紧参观拙政园、虎丘。尽管是冬天，天冷，但南方树青，腊梅开放，确显傲骨精神。下午吴江市和合文化研究会邀请我们游同里镇，看江南水乡的风貌及古民居，后与研究协会人员座谈，要我写字，我写“和为贵，合则兴”六字，后乘车回京。

第二十七章　人生的迷悟与生死

2009 年 1 月 17 日，是一年的开始，王安石有一首《元旦》诗，指的是阴历春节，而非现在的元旦，现代按耶稣诞生日来算，是所谓公历。我们改用公历，而抛弃中国传统纪年，有点数典忘祖。今天中国人民大学哲学院在大兴北京外国语大学出版社的国际会议中心召开科学建设会议，院长报告一学年来工作情况，布置下学年工作。我认为哲学之哲为智慧、睿智、智能，学是学说、理论、原理。它可以由每个哲学家来范式，由此而言，哲学是提升智慧的学问，理论思维的提高、人生意义的体认、宇宙自然的认识与社会、人生密切相关。

一、受聘为一级教授

2009 年 2 月 19 日，我与冯俊副校长等接见西班牙《大众日报》记者，作为访问孔子研究院的西方记者，他们主要关心中国从批判儒学到重视儒学的转变，其原因何在。我们从国际、国内形势的变化，改革开放、振兴中华以及继承传统文化、弘扬中华文化等方面做了全面的回应，以使西方了解中华文化精神，这对其认识中华民族当今和未来发展有启发作用。

2 月 26 日出席上海世博会“生命·阳光馆”专家座谈会，残联副主席谈了残疾人阳光馆设计的构想，供我们讨论。我认为阳光馆应凸显自强不息精神，如左丘明失明而作《国语》，司马迁受宫刑写《史记》；凸显政府及各界人士对残疾人的关爱，残疾人对社会的关爱，自立自尊精神，珍惜生命，立己立人，保障人权精神。

3 月 19 日在明德主楼 13 层会议室出席“专业一级岗位调研座谈会”。

人力资源与社会保障部事业单位人事管理司司长尚春博，副司长王瑞，岗位管理处处长梁江，岗位管理处调研员兼副处长（正处级）高云，教育部人事司综合处副处长孟庆瑜，岗位管理处主任科员许航宇来校调研。我校出席的有李文海、林岗、陈先达、郭洪林、我、方立天、吴易风。尚春博讲了建设和谐社会需要学科间、自然科学与人文社会科学间的和谐，然尚存评价体系缺项、重理轻文、学校排名次以院士多少为标示等。要有硬条件，公平、公正，主要看道德与学术水平、影响力。讨论了数量的确定、比例、评选办法，人民大学可先模拟，产生好办法。后达成四点：(1) 坚持标准，统一方针（口径），公正公平，宁缺毋滥；(2) 积极试点，总结经验，逐渐推进，重点突出；(3) 领导放手，确定比例，高校为主，评定备案；(4) 考究学术，振兴中华，排除干扰，以利发展。这四点文字是我概括的。

3 月 26 日给博士生讲“哲学前沿”课，这是为全院博士生讲，约 60 人，加上其他学院的博士生，人数较多。我讲“中国哲学的自己讲、讲自己”，根据中国哲学的实际讲中国自己的哲学。其一，自己讲、讲自己的由来。(1) 照着讲。(2) 接着讲。梁漱溟在重庆办勉仁书院，马一浮办复性书院，接着宋明心学或气学讲。1949—1976 年照着苏联讲唯心、唯物。(3) 自己讲、讲自己。中国哲学发现自己，找回自我，回答我是谁。其二，中国怎样自己讲、讲自己。(1) 发现中国哲学理论思维的三条“游戏规则”。(2) 中国哲学自我定义。我认为哲学是指人对宇宙、社会、人生之道的道的体贴和名字体系。其三，中国哲学自己讲、讲自己，讲什么？讲和合学。

4 月 2 日接受《邯郸学院学报》记者、编辑来访，谈如何能站在哲学前沿，如何发现问题、追踪问题，以及把握哲学前沿。我讲的要点为：(1) 人文关怀。一个对历史、现实和未来具有高度责任感和使命感的人应该时刻站在人类文化发展进程中，在历史和现实联结点上，既扬弃地继承传统，又度越地推向新高峰，把历史与现实推向理想的未来。(2) 话题意识。要善于发现现实社会的冲突、关系人类命运和未来发展的主要问题，要体认时代精神、时代核心话题，要反思过去、现在的人与自然、社会、人生的关系，要善于度越中外古今而创新。(3) 人类视野。以往是以地域文化，独立创造，各善其善。现在是全球化、信息革命时代，地域文化问题转变为全球文化问题，所以要有全球视野、人类意识，胸怀天下。（4）自我创造。哲学要走向生活，面向社会，感受世界。自己讲、讲自己，讲中国自己的哲学，要发现中国哲学自我，自我创新。（5）理论创新。和合思维，而非二元对立思维。

4 月 29 日出席北京市领导到中国人民大学调研座谈会。纪宝成校长汇报中国人民大学发展变化情况和服务北京市人文社会科学建设情况，建设人民满意、世界一流大学的进程，高举发展、创新、和谐的旗帜，科学定位。按照人民、人文、人本办学理念，大师、大气、大楼办学思路，在真情、真想、真干的行动中实现一流大学建设。学校有 22 个学院，13 个跨院系研究机构，学士专业 63 个，第二学位专业 8 个，硕士学位点 157 个，博士学位点 103 个，一级学科授权点 14 个，博士后流动站 15 个；学校有 8 个国家重点一级学科，33 个重点二级学科，在人文社会科学领域居全国第一，另有北京市一级重点学科 2 个，二级重点学科 2 个。纪校长汇报后，李卫红副部长讲话：一是北京市的大力支持；二是总结所以取得成绩和快速发展之路，科教兴国，是在北京领导同志重视下取得的；三是北京市检查工作是一很好的机遇。刘淇书记讲话，中国人民大学为国家做出了贡献，还讲干部的输送，智慧团的作用，奥运会成功举办，人文奥运理念取得成果。人文北京提出有更广阔的空间，从中等发达城市到发达城市。人文北京坚持发展依靠人民，以人为本。文化道德素质健康提升，文化事业、产业发展。最后人大党委书记程天权讲，要为人文北京行动计划做贡献。

5 月 11 日出席“国子监北京文明市民学校国学大讲堂”，主题为“弘扬中华文明，建设人文北京”。我讲“要弘扬中华文明”：（1）礼仪文明。中国是礼仪之邦。孔子讲克己复礼为仁，不学礼，无以立。礼是立身之本。如何做到有礼，孔子说：非礼勿视听言动。这从受的方面说，不看淫乱、暴力的影视片，不听淫秽的音乐、谣言、污蔑的话，不讲不利于民族、国家、集体、他人的话，不做不利于民族、国家、集体、他人的事。从自己方面说，不鄙视、蔑视、轻视他民族、国家、他人；尊重他者，平等对待，不居高临下；听别人的话要专心、虚心，不要心不在焉，看手机；讲话要认真负责，说到要做到；做到正视、正听、正言、正动。主编、(2) 科技文明。中国的四大发明为西方发现新大陆、航海业发达、《圣经》的传播，为西方资本主义发展做出了贡献。(3) 制度文明。中国是世界上最早实行文官制度的国家，隋唐以来实行科举考试制度，保证各级官员的素质，包括政治、文化、道德等方面的素质。(4) 教育文明。中华民族是重视教育的国家。孔子第一个私人办学，打破等级制，有教无类，广收弟子，这是世界的首创。学而不厌，诲人不倦。(5) 政治文明。西周敬德保民，以德配天，而发展出仁政德治。仁政："己所不欲，勿施于人"；"仁者，己欲立而立人，己欲达而达人"。仁民爱物，大同世界，"大学之道，在明明德，在新民，在止于至善"。这是政治文明的保证。

5 月 17 日出席"2009 年度国家社科基金项目评审工作会议"。由于一些学校把有无国家社科基金项目作为评审职称的条件，所以各校各人对此非常重视，这样不可避免出现一些不正常现象。上午听刘云山报告，明确任务，国际局势不稳定、不安全因素明显增加，各种思想文化交融、交锋日益频繁，非马克思主义思想滋长；要继续深化马克思主义研究，走科学发展的道路。注意 60 年、30 年问题研究，中国特色的道路研究，政治方面要正确，要严格标准。下午哲学组与宗教组一起讨论刘云山报告。一些教授对评审机制、制度方向提出建议意见。根据匿名评审的规定，通过率为 20%，结果一些中国哲学方面有成就的教授在匿名评审中落选了，也有一些匿名评审专家对自己熟悉的、本地区的、本校的予以照顾等现象发生。据统计，今年申报国家社会科学基金项目的 22 个学科共 22 547 项，经过匿名评审，有 3 600 多项课题入围，评审专家将按照科学、民主、公平、公正的要求评审出 1 750 项。哲学学科马克思主义哲学申报 65 项，科技哲学 34 项，中国哲学 33 项，外国哲学 26 项，逻辑学 7 项，伦理学 54 项，美学 19 项，哲学与其他（文化）22 项，八个二级学科共申报 1 459 项，比去年多 260 项，入围 260 项，约占 17.8%，专家立项评审拟通过 122 项。从 1 459 项到 122 项，确实是千里挑一了。在 122 项中，重点 4 项，一般 68 项，青年 50 项。

2009 年 5 月 20 日下午在逸夫第二会议室举行"中国人民大学首批一级教授聘任仪式暨首批荣誉一级教授称号授予仪式"大会。会议由学校党委书记程天权主持，纪宝成校长报告了首批一级教授与荣誉一级教授申报情况。中国人民大学聘书："兹聘请张立文教授担任中国人民大学一级教授工作，聘任时间与聘期按学校规定执行。中国人民大学 2009 年 3 月，聘字第 2009006 号。"在现行职称系列中，唯有科学院、工程院院士为一级，社会科学因为没有院士，只能是二级，自然科学家没有评上院士的，也只有二级。为变通起见，一些高等学校就聘人文社会科学有突出贡献和影响的教授为"资深教授"，中国社会科学院为学部委员。我校便直接聘为一级教授，意思与"资深教授"一样，作为试点。不过这种一级教授仍然是所谓"地方粮票"。

5 月 21 日，我指导的博士论文答辩。答辩委员会由白奚、张学智、向世陵、方国根、我五人组成，顺利通过答辩。接着几日参加其他教授指导的博士生论文答辩会。

6 月 17 日出席中国人民大学博士生导师会议。研究生院报告学校研究生招生、培养、写作研究、答辩等情况，宗旨是要完善研究生培养机制，提高培养质量。中国人民大学要培养一流的博士生。对博士生论文的选题、质量、发表进行讨论，对论文抄袭行为的教育、处分等进行了研究。

二、人生的迷与悟、生与死

受少林寺国学课堂邀请，到少林寺讲学，这主要是由于与王国强的近 20 年的交往，这次国学课堂是他组织并邀请各位学者，因此我在段海宝博士陪同下 19 日乘车到郑州，再坐汽车到少林寺，住农村旅店。20 日讲课，我的讲题是"和合学的现代价值——人生的迷与悟"。上午主要讲迷，下午主要讲悟。人生最大、最美的迷就是生与死，如何生，怎样生，健康地生，还是病态地生，生在哪里，贫人家、富人家，农村、城市，中国、外国，自己不能选择，也不知道，都是一个很大的迷。譬如同是一棵桃树上的桃花，一阵风吹来，有的桃花落在茵席上，有的落在粪坑里，这就是迷。人生不能在迷中生活，即使生在穷人家，经过自己自觉的艰苦努力，奋斗不息，也能成为有地位的人、有学问的人，中外古今农村贫困家庭的孩子成为科学家、作家的大有人在。为什么，这就是一种悟，悟就是一种自我发现、自我觉醒、自我提升、自我奋斗。命运掌握在自己手里，实现人生价值是靠自己的觉醒。从迷中回头，即回头是岸，即身即悟即佛。后见少林寺住持永信，我建议少林寺不能以武术闻名世界，应以文化、佛法闻名世界，一方面整理少林寺档案，编辑出版，另一方面弘扬佛法，扩大影响。21 日下午 4 点的飞机，所以上午早起在少林寺严问和尚的陪同下，参观嵩阳书院，它是中国四大书院之一，另为白鹿洞书院、岳麓书院、应天书院。嵩阳书院在登封市北、嵩山南麓太室山，少林寺在嵩山的少室山。嵩阳书院之所以有名，因程颢、程颐、司马光、范仲淹等都曾在此讲学授徒。有黄庭坚碑卖，拓片要 1 600 元，我还价 800 元，没买上。因为这里有日本人参观，出价很高，但我不知是真拓还是仿拓，譬如一些商店说郑板桥的“难得糊涂”是真拓，其实都是假的，我就曾买过。后参观中岳庙、天中阁，是道教的寺观，面积比少林寺大。崇圣门因封中岳神为中天崇圣大帝而得名，峻极殿为中央大殿，殿中供奉崇圣帝君。最后参观观星台，在阳城。周公祠，明嘉靖七年建。1944 年日本帝国主义侵略中国，曾攻打这里，现在观星台仍可见累累弹痕。观星台是古人计时用的，以阳光照射下的影子测时，据说很准确。从低阶到观星台上有 60 个台阶，可能与阳光的照射有关。我们一步步登上观星台，被古人的智慧所折服。

6 月 29 日出席哲学院评教授、副教授会议。先由各申请职称的人述职，汇报自己教学工作量，发表的论文、专著，学界的评价，得奖否，今后科研的方向及现从事的研究。申报教授的人述职后，与会教授投票，票数多者可能评上。但由于哲学院教师本多，而给哲学院新增教授名额少，所以竞争激烈，评上较难。

2009 年 7 月 11 日，我十分悲痛，亦意料不到，中国哲学和宗教学学术泰斗任继愈教授凌晨 4 点作古，中国东方学、印度学学术泰斗季羡林教授仙逝。两棵哲学界大树突然倒下。这却应了中国古人在结拜兄弟时，誓言不求同年同月同日生，但求同年同月同日死。任继愈生于 1916 年，季羡林生于 1911 年，这是运气，也是福气，在去彼岸的路上同行。12 日晚蔡萍先生打电话告知我关于悼念任公（我们学界的尊称）的活动安排，因任公是国家图书馆的馆长，所以国家图书馆设吊唁大厅，供大家吊唁，进正门有任继愈生平、工作的图片展览，有各单位和个人的花圈200多，我签名进吊唁大厅，在任公像前三鞠躬。我思念先生虽去，精神不朽：(1) 提携后学，关爱年青学者的无私精神。1980年我的《朱熹思想研究》写成后，他仔细审读手稿（50多万字），提出宝贵意见，并赐序，鼓励后学。(2) 君子终日乾乾精神。他勤勤恳恳，在社会工作、科研工作十分繁忙的情况下，在高龄、衰弱身体支撑下，仍然到国家图书馆办公。他曾对我说，即使这样，他一年要写20万字的学术著作。(3) 精益求精的精神。他以君子的品德鞠躬尽瘁地做好每一件事，奉献自我。(4) 创新精神。他主张儒教是宗教，尽管有很多人不同意，他坚持自己主张，并获得一些学者的赞同，在儒教、佛教、道教研究方面都有创见。(5) 弘扬中华文化的爱国主义精神。他主持完成多部重要典籍，为中华文化的繁荣、发展做出杰出贡献。(6) 利他精神。他在主持大型书籍的编写过程中，指导、帮助青年学者成长，为他人、后人做铺路石、垫脚石。17日中国人民大学哲学院组织去八宝山向任公遗体告别。作为肉体的任公已去了，作为精神的任公永远留在人们的记忆中，人们还要不断读他的书，体会他的思想观点，从中吸收营养。季羡林先生是我们中国人民大学孔子研究院的学术顾问，对我们帮助很大，《国际儒藏》在他关怀下完成《韩国编》，我曾带《国际儒藏·韩国编》到301医院高干病房看望他，我看他精神仍很好，不想却逝世。我为此曾写了一篇较长的悼念文章，寄给中国文化书院，也是中国文化书院的约稿。季羡林先生也是中国文化书院的发起人之一，我是中国文化书院的导师。季羡林爱念陶渊明诗："纵浪大化中，不喜亦不惧。应尽便须尽，无复独多虑。"7月17日人民出版社召开追思季羡林、任继愈先生会议。与会者有我、周桂钿、张光麟、刘建、王树英等。后三位是季老的学生和助手，回忆他的事迹、为人、处世、研究、思想、精神等，后来人应以他们为楷模，学习他们的精神和为人道德。

7月31日，与中国人民大学出版社社长贺耀敏教授到华夏出版社与其社长高文柱谈《国际儒藏·韩国编》出版问题。纪宝成校长认为，中国人民大学自己学校的成果，人民大学出版社应参与，两出版社合作出版。

三、儒、释、道的生态理念

《中国社会科学报》记者采访生态危机与文化理念关系。中国传统中儒、释、道对建设生态文化有意义，在日益严重的生态危机后面潜藏着文化危机。和合学已就人与自然、人与社会、人际、心灵、文明之间的冲突和危机，以及儒、释、道的化解之道做了详尽的论述。西方《圣经·创世记》中，上帝所造的水、空气、草木、禽兽都是供人使用的。人使用、支配它们是应该的、合理合法的，是符合上帝意志的，蕴含着人类中心主义思想。中华民族文化却与西方文化大异。儒家主张：（1）天为父，地为母，天地自然是人的父母，民胞物与，天地万物与吾一体。（2）和实生物，天地万物是多元相异事物融突和合产生的。（3）致中和，天地位焉，万物育焉。中是天下大本，和是天下达道。（4）韩愈主张控制人口生产，人是危害自然天地的物体。道家主张：（1）道法自然。人法地，地法天，天法道，道法自然。人顺天地自然而自然。（2）三生万物，万物负阴而抱阳，冲气以为和。佛教主张：（1）因缘和合。因为主因，缘为辅因。（2）圆融无碍。四法界强调事物相即相容，一切事物互相联系，损害其一就会影响其他。（3）平等。众生平等，一切众生都有佛性。（4）慈悲普度众生。中华传统文化是化解生态危机的最佳理念。

2009年9月9日给博士生讲理论文献研修课，我讲第一讲“中国哲学研究方法”：（1）中国古典文献是古代思想家、哲学家思考自然、社会、人生安身立命思维智慧的结晶，既有理论的，又有经验的总结。如何安身立命，身安在哪里，命立在哪里，怎样安与立，都是思考的对象。张载“四句教”——“为天地立心，为生民立命，为往圣继绝学，为万世开太平”，建立了新的安身立命的精神价值导向，为人类安身立命，为世界开太平、造福祉。当前物欲横流，人人应反思形而上层面的精神价值方向的选择。（2）如何研读古典文献。对古文献的和合解释学，见我写的《中国哲学逻辑结构论》。研读文献要把死文献读活，这就需要怀疑精神，即随时随地问一个为什么。具有问题意识，独立思考的精神，死文献便可激起你沉积思想的火花，焕发你思想智慧的创新，对古典文献有再诠释和新发现。（3）度越意识，要立足于智能创新。陆九渊认为要先立大本。换言之就是要有自己的哲学思想观点，这是大本，大本立而后去观物、观世界、观人类，它所呈现在你面前的物、世界、人类已不是自然而然的物、世界、人类，而是人化了的物、世界、人类。人只有度越自然、自我，才能走向终极境界。

9月18日受《人民日报·人民论坛》记者杜凤娇采访，问题是60年文化与今后文化的发展，意即回顾和展望。60年文化有辉煌的发展，也有巨大的破坏，它是在有干扰、有低落、有破坏、有发展这样不平衡的模式中发展的，应好好总结经验教训，以利今后30年的发展。此文已在《人民论坛》发表。

9月23日出席“孔子诞辰2 560周年国际学术大会暨国际儒学联合会会员大会”。会议进行顺利，我在会上宣读论文，论文收在会议论文集中。

10月10日出席“《公共哲学译丛》首发式暨学术座谈会”。林美茂教授参与翻译。由人民出版社与中国孔子研究院联合举办。日文版是由东京大学出版会出版，翻译版是由人民出版社出版。在全球化、信息革命的时代，人民度越自我和地域，以全球视野来观察世界，重新发现世界，重新发现自我与全球是一个公共世界；自我是与他者共有的自我，在某种意义上说，现今世界构不成真正的公共世界，公共性产生的过程也只能建立在和合原则基础上，公共性并不否定差异和冲突，这就是公共性的和合学原则。

10月12日出席“国学教育制度化建设与国学学位设置”专题座谈会，参加会议的有校内外学者，座谈主题是为争取批准国学学位，说明国学学位的意义、方针、政策等，以形成统一认识，向中央打报告。教育部同志担心一旦批准国学学位，全国高等院校就会一哄而上，有条件的上，没有条件也会上，不好掌握，学生毕业后就业出路也在考虑之列。

10月17日出席在世纪馆召开的年度开学典礼和毕业典礼。开学典礼由校董总政文工团的作曲家，亦是中国人民大学校歌的作曲者讲话，做了一次鼓舞新生的演讲，毕业典礼是校董凤凰卫视的阮次山讲话，主要讲报恩问题，很动人。同时我注意到显示屏上不断出现标语：国民表率，社会栋梁，明德博学，求是笃行，立学为民，治学报国，忠诚勤勉，朴实友爱。这些也可以说是校训的内容和为学目的。

10月21日《中国社会科学报》记者陈静来访，访谈的中心是学术与人生。学术是人的心路历程的生命智慧的体认，是对中西古今象理的反思和思议，反思需要尽中西古今之学，当前具体讲就是中西马之学，三学融突和合，才能有所度越和创新。

四、和合管理学与青年精神

10月24日出席由哲学院管理哲学教研室承办的“管理哲学研讨会”，并要我在开幕式后做主题发言，讲“和合管理学”：其一，和合管理学的根据和原理。和合管理学是指人理顺、协调、管控人与自然、人与社会、人际、心灵、文明间的冲突、融合而和合管理的总和，建构中国自己的管理学原理、原则、方法和技能。和合是中华民族传统文化的精髓，曾支撑了几千年来中华文明的持续繁荣和发展，由此形成和合管理的一些基本内涵和原理、原则。其二，中华和合管理的内涵和方式。中华和合管理方式是差异化的多元管理，而不是单一化。如道家无为而治，取法自然；儒家仁义中庸，崇尚德性；法家立法严刑，施术用势；兵家奇正变幻，贵在权变；农家因地制宜，不违农时；墨家兼爱交利，善立表率；名家擅长剖析；纵横家连横合纵，唯利是从。三教九流，诸子百家，处心积虑，无非牧民之道、驾驭之术，皆自以为是管理原理的真理。虽各家管理内涵、方式有异，但都为达到和合目的。其三，《周易》管理原理与模式。《周易》把对世界的认知和主体自身的价值愿望相结合，以人为核心，由人而推致天、地、人整体的和谐，并确立了整体管理思维原理和模式，提出变易过程论、错综关系论、结构整体论管理模式。天、地、人三道是在变易过程中生存发展：（1）天道：太极—两仪—四象—八卦是以阴阳为核心的变易；（2）地道：天地—万物—男女—夫妇是以刚柔为核心的自然的变易过程；（3）人道：夫妇—父子—君臣—上下，是以仁义为内涵而展开的人类史变易发展过程，是为变易过程论、错综关系论。《周易》涉及事物的内外、左右、上下、前后关系，各社会组织、企业单位、集团个人都要在关系中定位、发展，并在关系中获得自己的本质、品格。结构整体论：卦体多元复杂，企业管理犹如一个卦，动一爻全卦皆变。其四，和合管理学原理。基本范畴有：和与合，差分与融合，开放与封闭，弹性与动力原理。

其五，和合管理学与企业文化精神。（1）融突和合精神。天人合一，理事无碍，天人合德，知行合一，经权相合，情景圆融，以及管理主体与对象，管理道德与行为，管理理性与感性，管理方式与人性。（2）整体与个体相依相存精神。（3）无为与无不为的互补互济精神。（4）日新与生生精神等。

10月28日出席“国家社科基金重大项目申报评审委员会”，中华和谐文化建设重大项目由中山大学与南京大学申报答辩，两校各有其强势和特点，后由我们评审委员充分讨论两校申报的综合势力的情况，经投票，中山大学胜出。

10月30日出席“世界汉学大会——跨文化交流”。教育部副部长郝平致辞，接着校长纪宝成、汉办主任许琳致辞，有50多位国外汉学家与会，并有多位国外孔子学院院长与会，会议期间安排孔子学院院长圆桌会议。会议送第一届世界汉学大会收录的《世界汉学》杂志，收有我《化解21世纪人类所共同面临的危机和冲突的和合学》一文。

受重庆信息技术职业学院邀请，我与罗安宪教授等人下午到重庆万州，10月31日出席“重庆信息技术职业学院建校20周年庆典暨儒家文化与青年精神国际学术研讨会”。大会在金龙校区隆重举行，校长徐九庆博士亲自到北京请我，并要我担任儒学研究会会长。徐九庆是民革党员，全国政协常委。大会由徐九庆校长致欢迎词，报告办学20年来的全面情况，成绩丰硕，毕业生就业率不仅达100%，而且很好。首先由民革中央副主席何丕洁致辞，赞扬徐校长和重庆信息技术职业学院的成就。然后我做主题演讲“新时代的青年精神”。所谓新时代青年精神，是对民族生命存在和民族尊严、价值、意义的理解和把握，以及对民族价值理想、终极关切的执着追求，它是一个民族在长期共同生活和社会实践中形成的核心文化思想和精神。青年精神是最具有生命力的，青年是民族的未来和薪火传承者。青年应具有：（1）君子自强不息精神。青年人如此，才能三十而立，才能成就事业。（2）坚韧不拔，奋发图强精神。古人在危难之中，不怕艰难险阻，发奋写作，留下千古不朽之作。（3）敢于担当重任的精神。青年人要敢于担当重任，这是现代青年的使命和职责，唯有如此才能取得事业成功。（4）积少成多，以成江河的精神。（5）大爱无疆的精神。泛爱众，兼相爱，仁民爱物。爱是生命的动力，克服困难的毅力，百折不挠的耐力，威武不能屈的勇力。(6) 日新之谓盛德的创新精神。此六大精神，是当前青年人学习、创业须具备的，也是事业成功的必备条件。

五、中国哲学的再发现

11 月 1 日受山东师范大学副校长、齐鲁文化研究中心主任邀请和韩国栗谷学会理事长邀请，从万州重庆信息技术职业学院到重庆乘机到济南。王志民教授既是齐鲁文化研究中心主任，又为山东省政协副主席，他请我在齐鲁文化研究中心讲“和合学的现代价值”。11 月 2 日上午开讲，由于讲现代价值，所以我结合现代国内外的实际，从环境污染的责任，社会动乱、恐怖、假冒伪劣等现象，讲到人际道德失落的危害，以凸显和合学和生、和处、和立、和达、和爱五大原理化解人类冲突和危机的现代价值。我讲后王志民教授总结了四点：是结合现实的最高水平的演讲；用全球视野的眼光来看待中华文化；中华文化只有能化解人类共同面临的问题，才能为世界所认同而走向世界；报告对大家怎样做学问有很大启发，要把为现代社会服务的思想贯穿到研究之中。2005 年毕业的我的博士生吴圣正到这里任教，并要到肯尼亚孔子学院去教中国文化。

11 月 3 日出席“栗谷国际学术会”，亦在山东师范大学国际会议中心举行，我与李东俊为大会做主题发言。我报告的题是“理学的社会思想”，要点为：其一，宋代所面临的社会冲突和危机。积贫的冲突：宋初“杯酒释兵权”，军官们拥有大量免税免役的土地，国家财政困难。积弱的冲突：将不识兵，兵不识将，无战斗力，西夏、金不断侵扰。价值理想冲突：唐以来，佛强儒弱，中华道统被边缘化。其二，社会改革思想。(1) 从训诂向义理的转变。汉唐以来“疏不破注”，宋始疑经改经，掀起思想解放运动。“五经”的神圣性、不变性被打破，以适应社会发展的需要。(2) 庆历改革。范仲淹、欧阳修的改革，接着王安石变法，以化解积贫积弱的危机。其三，重建伦理道德。倡导仁义礼智信五常，严格忠孝廉耻规范与等级关系，使伦理无序向有序转变。其四，重建价值理想、精神家园。从人皆有佛性向人皆可以为尧舜的圣人转变。其五，发展经济。事功学派出现，从重本抑末、重农抑商向士农工商一视同仁、农商并重转变，以增加国家财政收入。在山东师范大学期间，一直受王志民主任的关照，甚谢。3日下午，我的博士毕业生张瑞涛与中国石油大学宣传部的周鹏先生来济南接我到中国石油大学（黄岛）。山红红校长在蓝海大酒店会见我们。她是很能干的校长。

11月4日上午向中国石油大学老师和学生讲"《周易》与儒道三句真言"。原估计上午学生上课，不会有很多学生来听，安排在一个较大的教室，料想不到师生来听的人很多，过道站满了也容纳不下，只好换到逸夫会议中心的大报告厅，据说这是中国石油大学空前的事，我也讲得很起劲。讲课也很奇怪，听众多、秩序好，讲课人的情绪也很高，相反，讲课也就没有劲，讲者与听者也互相影响。下午讲"和合学的现代价值"，与在山东师范大学齐鲁文化研究中心讲的内容基本相同。师生听课的热情很高，我也讲得高兴。可见现在理工科高校的学生、老师对人文科学越来越重视，对中华文化的兴趣也越来越高，这对提升理工科师生的人文素质大有帮助，以前那种认为中华传统文化都是糟粕的思想得到了纠正。这两次演讲后，我都请师生提问题，从提问题来看，水平是高的，我一一回答。两场演讲后，虽有点累，但为了节约时间，立即动身到青岛科技大学，青岛科技大学"和文化研究院"的徐诚曾几次请我访问，因此乘这次到黄岛之便，到徐诚教授负责的"和文化研究院"。11月5日在青岛科技大学做"和合学的现代价值"的演讲，讲题虽同，但所讲内容每次都有变化，轻重点、突出点均有所差别，也视听众对象的差分而有区别。6日离青岛科技大学"和文化研究院"，乘机到杭州。

受浙江社会科学院邀请，出席"纪念王阳明逝世480周年国际学术研讨会"。11月7日开幕，照例是浙江社会科学院院长致辞，后由我发言，我主要讲朱熹与阳明思想的分别，阳明在"大礼议"中的态度及与张璁的关系。8日回京。在杭期间受我的博士后邓新文的照顾。这次从10月30日离京到重庆信息技术职业学院、山东师范大学、中国石油大学、青岛科技大学最后到杭州，马不停蹄地参加会议和演讲，我都不敢游玩，就怕误了、浪费了时间，而不能完成国家社会科学基金重点课题"中国哲学思潮发展史"。因此到一地讲完课，亦不休息，就赶往另一个会议，我想年纪大了，以后不能这样紧张地赶场了。

11 月 29 日出席“第十一届东亚汉学国际会议”，由北京外国语大学哲学社会科学学院主办，我做主题发言，题为“发现自我——中国哲学文化的再发现”。东亚既是一个地理概念，也是一个文化概念。在全球化、信息革命的时代，世界强势文化的优势地位更加加强，话语权几乎是处于垄断地位，弱势文化没有自己的话语权，而被遮蔽。发言要点：(1) 解构与建构。中国近现代以来的三次解构和建构。(2) 场域与视野。在百年来的中国哲学中，有人主张中国哲学的现代化应该重新经过西方二元对立、主客对立哲学的洗礼，才能进入现代哲学，与西方哲学接轨。西方价值观、学科分类已渗透到各个学科，哲学系的二级学科几乎都以西方的范式为范式、规定为规定来分科，自己文化的堤坝完全坍塌。以西解中应转变为以中解中，用中国思维方法研究中国，依中国的实际场域来照视中国哲学，创造中国新哲学。(3) 迷失与自觉。哲学在迷途中迷失，在迷失中自觉。在世道人心、天理良知丧失的“文化大革命”中，中华民族五千年来辉煌的文化被横扫，灿烂的文明被斩断，重要的文本被焚烧，珍贵的文物被破坏，鲜活的文风被扼杀，这是迷失之因；又遭当时政治体制的干扰、意识形态的封杀、极左思潮的摧残，这是迷失之缘。两者因缘结合，吞噬了半个世纪以来中国哲学体系创新的自觉。和合学的创立是“文化大革命”后哲学自觉的标志。(4) 中学与西学。中学应摆脱西方的牢笼，而获得自我，建构中国自觉的哲学。

12 月 5 日由中国人民大学和韩国高等教育财团主办，中国人民大学孔子研究院承办的“国际儒学论坛·2009——儒家的安身立命之道”开幕。出席嘉宾有中央政策研究室原主任、中央文献研究室主任，国际儒学联合会常务副会长滕文生，教育部副部长郝平，韩国高等教育财团总裁金在烈，亚洲和平贡献中心理事长、日本早稻田大学原校长西原春夫，中国人民大学校长纪宝成、副校长陈雨露，以及包括我在内的韩国、中国、日本、美国、加拿大、澳大利亚、巴西、新加坡等国学者 150 人与会讨论研究。陈雨露副校长主持开幕式，其他嘉宾致辞，最后我表示对各位领导及各国、各地学者的支持和帮助的感谢。儒学源于中华民族，但它是东亚的，也是世界的。当前是儒学走向世界的最好时机，我们应刻苦研究，推进儒学的发展和世界的繁荣。儒学的智慧不是离开现实人生、社会、自然的时空场域及其存在中所面临的错综复杂的冲突与危机，而是投身其中，积极寻求化解之道，提出体现时代精神的理论思维的理念、方法，这才是儒学的新创造，儒学以其新的理论思维形态推动新发展。儒家安身立命之道，古人说“穷理尽性以至于命”。人要与天地、日月、四时、鬼神合其德、明、序、吉凶，人的生命的发育、成长、归宿离不开此四个方面，这是人的精神家园所在。后分组展开热烈的讨论和宣读论文。

12 月 23 日出席哲学院教师大会，报告一年工作情况和取得成就，以及今后学科建设工作的安排等。

第二十八章　学术与人生

不知不觉之中，21 世纪头 10 年将要过去，真是日月如梭，但逝者如斯，时间不能倒转，流过去的水已经流去，此水已不是彼水，人的生命流过去了，消费掉了，亦不会倒转回来。人就在此流水中淹没了，但这是就肉体生命而言，人比水有智慧，能自觉寻找延续价值生命的事功和方法，因此有立德、立功、立言的三不朽之训，能实践其中一项，就是人的一生没有白活，我要抓紧完成国家社科基金重点课题“中国哲学思潮发展史”。2010 年 1 月 2 日，李凤金博士陪同下野康德来我家，去年我访问日本曾在他家住过，相谈甚契，他向我要字，我送他“和合”两字，他说要裱好挂在门口。

一、以他平他谓之和

2010 年 1 月 4 日《光明日报·国学版》登载了《张立文文集》（38 辑）出版消息，简要介绍了 38 辑的主要内容。《文集》是由韩国新星出版社吴炯奎社长策划，韩国学术信息出版社 2009 年出版，是中文版的精装本。

1 月 11 日老同学滕世宗与温州刘老板来家谈与中国人民大学孔子研究院合作开办国学班事，以提高企业家的思想道德水平。

1 月 14 日中央组织部、教育部司领导来校向我们征求校领导换届事，涉及纪宝成校长的去留问题。副职可外派，也可以本校提拔。

1 月 16 日中央电视台来谈《孔子》电视剧中的一些问题，譬如孔子是否会武功，孔子见南子事。我据《论语·雍也》及《史记·孔子世家》的记载说明此事，但这在历史上有争议。

2月11日出席北京春节团拜会，是北京市四套班子的邀请。北京市委书记致辞。后看文艺演出，包括北京歌剧舞剧团的红绸舞、《沙家浜》、郭德纲的相声等。

3月2日新华社《天下先》栏目要我讲和合的意思和多党合作制的问题。对和合的定义及和实生物的宇宙观、和为贵的价值观、天地之性人为贵的人生观、以他平他的道德观、协和万邦的国际观做了回应，对多党合作也做了说明。事先联系的是王岱，来家采访的是于跃记者。

3月10日参加博士生（二年级）综合考试，不很理想，有的博士生连中国哲学必读文章和书都没有看完，因此回答不好，没有通过。综合考试也要严格把握，这对博士生有帮助，马虎过关，对其写博士论文也不利。

3月18日出席杜维明教授首次小型研讨会，研讨“心学的特质与发展”。杜维明是我的老朋友，从1980年他到北京访问以来，已有20年。以往我们多次在国内外会议见面，这次不一样，他从哈佛大学回到北京大学，北京大学为他成立了“北京大学高等人文研究院”，今天是他就任以来首次组织研讨会，亦是首次宣布研究院成立及学术活动。杜维明教授讲了高等人文研究院设想及今后的计划。后我就心学发言，我首先讲王阳明的“四句教”——“无善无恶心之体，有善有恶意之动，知善知恶是良知，为善去恶是格物”。我认为这四句的次序应依据其思维逻辑加以调整。第一句应是有善有恶意之动，为生存世界，第二、三句应是为善去恶是格物与知善知恶是良知，是意义世界，第四句应是无善无恶心之体，为可能世界，与王阳明“太虚”境界相圆融。

3月19日与今年报考我的博士生的同学见面，其中有徐仪明、蔡方鹿、王心竹教授的硕士生，我请每个考生做自我介绍，为什么考我的博士，读过哪些书（国内外），发表过什么文章或出版过什么书等。

4月1日给博士生讲“哲学前沿”课，我讲“中国哲学的自己讲、讲自己”。博士生听得很认真，反响很好，秩序也很好，没有人玩手机。洪军与陈海红也来听课。

4月16日中央组织部、教育部领导来中国人民大学，听取校领导换届会议。学校一级、二级教授与学校处级干部与会，我也出席这个会议，首先中组部、教育部领导讲校领导的条件与校领导到期换届。纪宝成校长述职，然后对纪宝成校长打分投票。会上发了一个名册，一级教授 14 人，二级教授约 90 人。会后又找我们个别谈话，看来很慎重，这次会议对纪宝成校长的去留有重要作用。纪宝成是 2000 年上任。

4 月 27 日，孔子研究院为我 75 岁寿诞和从教 50 周年举行会议，中国哲学专业的硕士、博士生都参加，已毕业的博士生也有赶回来的，如安徽大学的李方泽博士。75 岁已是古稀之年了。孔子讲七十从心所欲，而不逾矩。从心所欲并非放任，而是有道德、有天理地从心所欲，若以从心所欲为我想做什么就做什么，肆无忌惮，任意妄为，那显然是不行的。对我来说，应以教书育人，勤勤恳恳，诲人不倦。其实我真正的生日是 1935 年阴历二月初七，因我 11 岁离家，15 岁参加土改工作，我记不清楚确切的生日，在填表时根据模糊的记忆写了 4 月 28 日，现在身份证上是 4 月 28 日。

5 月 6 日受北京师范大学的邀请，讲"《易》、儒、道、禅三句真言"，400 人大教室坐满师生，后提问题很积极，我一一作答。1973 中国人民大学解散，哲学系整体到北师大，1978 年中国人民大学复校，哲学系才回人民大学，说来此次演讲也是对母校的回报。

5 月 10 日参加我的两位博士生翁俊山和王颢论文答辩，翁的博士论文为《和合天下——先秦儒家天下观》，王的博士论文为《中华和合思想研究》。答辩委员有魏常海、李甦平、龚群、方国根与我。答辩委员予以很好评价。午餐后去 304 医院看望陈海红博士。

5 月 12 日接尼山世界文明论坛组委会通知，于 17 日出席"世界文明对话日座谈会"。世界文明对话日设于 2002 年，2001 年 11 月联合国教科文组织通过了《世界文化多样性宣言》，为强调文化多样性对社会繁荣、可持续发展和国际和平共处的潜在作用，联合国大会于 2002 年 12 月通过了决议，宣布每年 5 月 21 日为"世界文化多样性促进对话和发展日"，简称"世界文化发展日"或"世界文化对话日"。为提升中国国际话语权和文化影响力，在全国人大常委会原副委员长、尼山论坛组委会主席许嘉璐主持下，以尼山命名，举办世界文明论坛，开展世界文明对话。17 日座谈会在北京举行，许嘉璐主持。座谈会的召开标志着"尼山论坛"系列活动拉开序幕，我发言的题目为“以他平他谓之和”，发言稿翻译成英文，中英文文本以《世界文明对话日——来自中国的声音》由五洲传播出版社于2010年8月出版。我发言的中文摘要为：“世界文明对话应确立这样一些原则：以‘己所不欲，勿施于人’为世界文明对话的指导之道（原则），以‘以他平他谓之和’为世界文明对话的‘游戏规则’，以和平、合作的和合为世界文化对话的价值目标。”

我视力不好，学校身体检查时，说我眼睛有黄斑病变，可导致失明，因此我到北京大学第三医院眼科中心检查。5月18日我拿住院通知单去找冯学峰大夫，她是一个中年大夫，副教授。她直接给住院部打电话问床位，因此于20日便通知我住院。当时我只拿了医疗证，没有拿“医疗照顾人员就医凭证”，由于没有带此证，要预先交住院费15 000元，若带此证只要交1 000元。出院时若无自费的项目，便可退还。我住1病房5床，检查为黄斑前膜脱落，需要削掉再接起来，在眼科中这是一个大手术，同时做白内障手术。2003年王薇大夫要我做白内障手术，但我要住院时发生“非典”，故没有做成。

2010年5月24日早10点，由冯学峰副教授做黄斑前膜手术。这是我第二次上手术台，第一次在北京肿瘤医院，说我得升结肠癌，把整个升结肠切除了，结果是良性的。这次，我一点也不紧张，因为这不致命，最多是废一只眼睛。冯学峰副教授进来主刀，在左眼角注射一针，然后注射麻醉剂，但我脑子非常清楚，冯大夫做手术的动作与玻璃体被切除的声音也听得见。后来我就尽量不注意她手术的动作，而想我的和合学与世界文明对话文章的内容，右手在手术台上默写我想的问题，手术约进行了3个小时，当我被推出手术室时已是下午1点多了，罗安宪、张瑞涛二人在病房，张健、张青在楼下一层等，以便有紧急情况通知他们，但眼科手术死亡率较低，除非有糖尿病、高血压、心脏病患者发生并发症。手术后不太痛，感觉很好，但要趴两周，即白天、晚上都要俯卧，不能仰、侧卧，这就难受了，我本没有俯卧的习惯，所以整晚睡不着，只好背书和数数。又一想人生在世，本来就在苦海红尘中，受苦受难是本该有的。过去说“受得苦中苦，方为人上人”，今天我是“受得苦中苦，方为有眼明”。佛教有五蕴的苦，有苦才有乐，不吃得苦，不能真正体会乐。许多学生来看我，问候我，这就是乐，人之一生有人关心你，就是一种幸福和快乐。

术后四天就出院了，不过回家仍然俯卧，这时眼睛看不见，邓金兰去欧洲旅游，家里没有人照顾。步惠英请她大姐来照顾我。6 月 3 日和 6 月 17 日两次去复查，虽术后已三周，但仍模糊不清，我怕不能恢复，眼中总有一个东西在恍恍惚惚，睁开眼睛就难受。这就需要忍了，不亲自尝一尝苦的滋味，怎知道什么是苦呢？不知道看不见的黑暗，怎知道光明的幸福呢？人之一生，什么苦都经过，什么乐都尝过，这样的一生才是有意义的、有底蕴的、有价值的。我手术后的一个月，6 月 24 日，眼里仍有东西晃动，字晃，人也晃，视线不能集中，不能停留在一点上，因此看不清字，也不能写字，这就是大痛苦，但也将换来看清字、能写作的快乐，而不至于瞎。

二、尼山世界文明论坛

中国人民大学国学院为引起国学院领导对经学的重视，发起“经学：知识与价值论坛”，请我出席会议并发言，表示支持。我眼疾未完全恢复，需休养，没有写成稿子。我口头讲，由于他们没有录音设备，而没有成文字稿。据我笔记本所载，要点为：经学是指中华民族传统文化中对经典的研究与诠释的学问。在先秦时期，“六经”并不归属哪一家，后来儒道各以其著作为经典，仅以儒家著作为经其实不妥，以儒家“六经”为经典是汉以后的事。在先秦，《论语》《孟子》《老子》《庄子》《墨子》都是平等的，无轻重尊卑之分。隋唐时实行科举考试，儒家经典作为科举考试的科目，儒家“六经”“九经”“十三经”特别受到重视，举子不背熟儒家经典就难考中了。经学的价值：（1）经学是中华文化的源头活水，是中华民族的生命智慧和智能创造的体现。中华哲学理论思维的每一次新的飞跃和创新都是一次轴心期潜力的苏醒和回顾，为其提供了精神的动力。秦汉是中国社会体制、意识形态、价值观念大变革的时代，也是指导思想的理论基础和体现时代精神的核心话题重新洗牌、选择的时期。汉武帝为化解地方诸侯王与中央王朝矛盾、匈奴侵犯、政治思想上的“百家殊方，指意不同”等三大冲突，满足其大一统和长治久安的政治需要，以开放的方式，请诸方士及贤良文学之士通过对策的程序，提出建议或方案，最终确定以

《春秋公羊传》作为其意识形态的理论基础。之所以选择《春秋公羊传》，是因为其大一统的国家观、通三统的改革论、张三世的历史观和夷夏变易论，既化解了汉武帝所面临社会的三大冲突，又为其改制提供了理论依据。《春秋公羊传》作为经学重新获得新生命，为汉代长治久安提供了精神动力。以后魏晋的“三玄”，宋明理学的“四书”，以及当今的《国语》，都使经学重新焕发了生命智慧，又是一次轴心期潜力的苏醒和回归，即复兴。每一次经典文本的重新选择和诠释，都是哲学思想的一次智能创造。(2) 中华民族精神的塑造。民族精神是对民族生命存在和民族尊严、价值、意义的理解与把握，以及对民族的价值理想、终极关切的执着追求，是一个民族在长期共同生活和社会实践中形成的文化思想、精神灵魂，它是民族的脊梁、主心骨，民族之根之魂。自强不息、厚德载物、勤劳勇敢、艰苦奋斗、仁民爱物、先忧后乐、“立己立人，达己达人”、中和位育、经世致用、“己所不欲，勿施于人”、天地万物与吾一体、团结御侮、革故鼎新的民族精神，焕发出海纳百川、有容乃大的爱好和平的精神，是中华民族气质、心理、品格、神韵的体现，指导着中国人的行为方式、价值取向和未来导向。(3) 中华民族安身立命精神家园的建构。中华民族是一个多民族、多宗教的国家，儒、释、道、耶、伊等在一个大家庭中，结成了生命共同体。中华民族有统一的文字语言，共同认同的经典。中华文化经典中所蕴含的、所建构的价值理想世界，如“大同世界”，成为中华民族共同的精神家园。(4) 提升中华民族道德精髓的需要。中华民族经典中所讲所行的仁义礼智信、温良恭俭让、恭宽信敏惠、孝敬廉耻、文行忠信、“满招损，谦受益”，是中华民族的伦理道德底线。当前应确定几个人伦关系，据不同人伦关系制订具体道德规范，以利遵守实行。(5) 打造和谐社会、和谐世界的价值理想资源。上述五点说明经学是活的、有生命的，而不是死的、保守的、落后的、该抛弃的，应加以重新创造。经学的生命在于创造，价值在于创新。

2010 年 9 月 9 日，胡锦涛主席到中国人民大学及附属中学庆祝教师节，他对附中和中国人民大学寄予很大的期望。各大报纸刊登消息：“胡锦涛在考察中国人民大学及附属中学和接见全国教书育人楷模时强调，全面提高教书育人水平，推动教育事业科学发展，代表党中央、国务院向广大教师和教育工作者致以节日问候。”在接见我校教师代表，与学校各院处负责人合影后说：中国人民大学是我们党创办的第一所新型大学，60年来中国人民大学始终秉持立学为民、治学报国的宗旨，培育了一大批优秀人才，取得了一系列重大的科研成果，为党和国家事业做出了重要贡献，希望你们发扬光荣传统，不断改革创新，突出办学特色，提高办学质量，培养更多创新型人才，创造更多人文社会科学成果，努力把中国人民大学建成人民满意、世界一流的高等学府，更好地为国家现代化服务。胡锦涛主席并到人民大学世纪馆接见全国教书育人楷模和教育系统抗震救灾先进集体、个人代表。

受“尼山世界文明论坛”邀请，9月25日到曲阜，住圣都国际会议中心。26日上午出发到尼山，参加尼山世界文明论坛碑揭幕仪式后，尼山世界文明论坛开幕，吴建民主持，印尼前总统（女）致辞，匈牙利前总理致辞。后为许嘉璐副委员长与基督教代表对话。通过论坛，各文明之间的对抗转变为对话，是世界各文明间最佳选择，人与人只有互相交往才能生存和发展。下午分组讨论：（1）“儒耶文明与现代精神。”意大利的傅马利教授讲“儒家与一神论的启示：尊重、对话、合作”。赵启正讲从儒耶两家的宽容精神变迁看当代中国的文艺复兴。（2）“责任与信用：儒家与基督教的基本价值。”南乐山讲社会制度、责任和信用。谢大卫讲善与善的生活，孔子与基督。安靖如讲批判性的儒学与社会工作。（3）“包容多样性：文明共存与会通。”麦泰伦讲文明发展与和谐世界的创建，科学与宗教的角色。（4）“和谐与正义：儒家与基督教的基本价值。”伊恩·托伦斯讲现代与后现代基督教传统中的美和真理。（5）“和而不同：儒家价值及其世界意义。”（6）“会通与融合：历史与现实中的儒耶关系。”梅尔·斯图加特讲古代中国、希伯来以及基督教的一神论。最后，学术全会总结：“耶儒对话与世界未来：和而不同与人类和睦”。霍普金斯讲儒家文明与基督教文明，和平、富足与和谐。成中英讲从世界宗教到儒家精神性：终极本源性、内在创造性、整体现实目的性。白诗朗讲全球和谐、和而不同。我讲和平合作是文明对话的价值目标。高柏园讲儒家思想与普遍伦理。尼山世界文明论坛闭幕，我宣读《尼山世界文明论坛宣言》。27日出席第三届世界儒学大会开幕式，我提供的论文是《儒学的创新》。

10月3日给中国人民大学徐悲鸿艺术学院书法班讲“孔子思想的基本内涵及现代价值”。学员均是各地来的书法家，在课堂展出他们的书法作品，有各种字体的作品，有一定的水平。他们经过培训、交流，对文化素养和书法的体悟会更深刻一些。书法与传统文化的功底有一定的关联。

三、中韩性理学精神

受韩国“河西金麟厚学术研究会”柳承国教授的邀请，出席“河西金麟厚先生诞辰500周年纪念暨国际学术会议——河西金麟厚先生的道学思想及现代意义”。10月7日为国庆长假最后一天，路上不堵车，从家40分钟到机场，乘CA125航班到仁川国际机场，赵楠楠等来接机。有美国、日本等学者出席，日本佐藤贡悦教授的老师是高桥进教授，不想高桥进教授今年1月去世，享年83岁，今年沟口雄三教授亦仙逝，我一下子失去了两位日本好友，甚是悲痛。会议由柳承国教授做主题发言，主要讲金麟厚思想的现代性。接着我讲“河西金麟厚的性理学特色”。赵楠楠也提供了论文，在国际会议发表，我很高兴。最后集体讨论。柳承国教授认为对金麟厚思想的现代性，会议说得不充分。于是我就此做了三点补充：(1)当前人类面临人与自然的冲突，产生生态危机，金麟厚天人合一的思想可给化解人类所面临的生态危机提供启迪。(2)人与人的冲突造成当前道德危机，金麟厚的高风亮节、崇高的道德是当代人学习的楷模。(3)人与社会的冲突造成人文、社会危机，金麟厚的社会治理、性理、伦理思想为化解人文、社会冲突提供诸多宝贵的资源，应深入研究并加以发扬。最后梁承武教授向我提了一个问题：金麟厚的务实笃行精神。我对其做了回应。这就涉及知与行的关系问题。宋明理学中程颐和朱熹主张知先行后，如走路先知道路线，而后到达目的地，但也主张知轻行重。王守仁主张知行合一。金麟厚并不反对知，而是反对空谈、作骈文、不务实际而流于空虚，所以他主张务实，他的知行观类似陈亮的知行并行。另，程朱认为孝和礼是自然具有的，王守仁也认为作为儿子自然知道孝顺父母，这是就道德先验而言。10月9日，我有很多事，所以没有在首尔停留，乘CA138航班回京。在首尔遇台湾东海大学蔡家和教授，他最近主持《鹅湖》杂志工作，向我约稿，我把张瑞涛、张永路、陈欣雨带的稿子给了他，请他帮助在《鹅湖》或其他杂志发表，他真在《鹅湖》发表了张瑞涛的文章。这次会议主席是柳承国教授，他是韩国国家学术会会员（相当于我国院士），尽管已 86 岁，但精神很好，脑子清楚，说话很有条理，声音洪亮，很能吸引人，我们从 1985 年相识交往以来，已 15 年。但不想这是最后一次见面。

10 月 13 日被邀参加 2010 年度国家出版基金项目评审会，首先要学习、熟悉评审条例细则，要求按照条例细则公正、公平评审。我被分配到文化组，由我初评 17 项，均由各地出版社报来。我觉得很有必要出书，因此我初评不同意的较少。

受“鹤山书院创建 800 周年国际论坛暨宋明理学与东方哲学国际研讨会”邀请，与向世陵、方国根一起乘机到成都双流机场，后乘汽车到蒲江县，大会于 11 月 2 日开幕，当地领导致辞后，我做主旨发言，题目是“鹤山思想的真精神”。我讲了会通精神、度越精神、务实精神、重教精神、和合精神。蔡方鹿教授作为会议负责人，由其学生根据我发言录音整理成文发表。我主旨发言后，休息时要我写字，由于是蔡方鹿教授要我写，我写了“鹤山书院”和“了翁故里，绿色蒲江，成都花园”等，汤恩佳也写了字。蒲江是魏了翁诞生地，也是其归老地，并创建鹤山书院。了翁故里历史悠久，古镇老屋、古楼鳞次栉比，房屋飞檐翘角，具有典型明清川西特色。临溪河穿镇而过，十二棵千年古榕树矗立河畔，秀丽多姿。文峰塔影，互相辉映，塔周围是古典戏剧雕塑，巧夺天工。塔身下有一大炉灶，烧写过字的纸，曰“惜字宫”。我小时念私塾时，老师也不允许把写过字的纸丢在地上，要放在“敬字篓”里，意味着对文字的敬畏，对文化的爱护和尊重。这里有一条老街和 700 米的小巷，青石板的路，斗拱式土木结构房屋，古色古香，古风古貌。这便是魏了翁故里西来镇的特色。魏了翁墓碑联：“龙真山水秀，脉正子孙贤。”又“祖训忠和孝，家传读与耕”。

11 月 12 日出席“万和宫杯中华二十四孝评选颁奖典礼”，经严格评选，从全国（包括台湾地区）评选出新二十四孝的道德楷模，事迹感人。颁奖后，我发表了感言，此感言编入二十四孝书。

四、我的学术与人生

由苏州寒山寺、中国人民大学孔子研究院、苏州科技学院全球发展研究院联合举办的“第四届寒山寺文化论坛——国际和合文化大会”在苏州召开。会议主题是“和合人间，和谐世界”。我邀韩国李东俊教授、日本难波征男教授出席，李东俊教授的论文是《韩国精神史与和合思想的方法论省察》，难波征男教授讲日本的和合思想。11 月 12 日我们乘车，13 日晨至苏州，虽然坐车没有睡觉，但 13 日大会开幕，我不仅要致辞，还要做主旨发言。大会开幕由苏州市宣传部领导等致辞，我发言的主题为“和合是世界文明对话的最佳选择”。世界文明对话是新思想、新宗教的催生者，尽管各文明之间有矛盾冲突，但“以他平他谓之和”，互相平等地尊重差异，多样包容，互相融合融突而和合成新理论思维体系。之所以说和合是世界文明对话的最佳选择，是因为和合本身逻辑地具有：(1) 差分精神。和合尊重差分，唯有差分，才能和合。(2) 平等精神。各文明主体之间是平等的、公正的，要尊重他者。(3) 包容精神。要有大海的胸怀，包容百川的差分、矛盾、冲突，包容就要尊重、爱护、关心、谅解他者的差分、冲突，包容才能合作、合力，共渡艰难险阻，以达和平、幸福境界。(4) 人道主义精神。“己所不欲，勿施于人。”(5) 生生精神。生生之谓易，唯变所适。我的发言录音整理稿刊登在论文集中。

受温州首届“龙湾时代文化研讨会”的邀请，与陆玉林、方国根、张瑞涛等参加我家乡的明代文化研讨会，我于 11 月 20 日乘机到温州机场。21 日我们一起去温州图书馆，赠送我由韩国学术信息出版社出版的《张立文文集》(38 辑，中文版)。赠书仪式后，我做“学术与人生”的演讲：温州是生我养我的家乡，是炼我成我的故里，我喝家乡的水长大，吸故里的空气成长，家乡给我起步的平台，给我成长的跳板，给我智慧的启迪，也给了我远大的理想以及实现理想的坚韧不拔的品格。我要感谢家乡父老对我的帮助和教育。其一，学术历程：1960—1966 年为起步阶段。夯实功底，精读原著，多见多闻，有得而写。1966—1976 年为停滞阶段。“文化大革命”运动，政治学习，改造思想，干校劳动。但没有放弃《周易》、朱熹研究。1977—1988 年为学术开拓阶段。拓展视野，开放思想，反思方法，有所创新。1982—2004 年为创立阶段。梳理范畴，发现创新“游戏规则”，化解人类危机，创立当代哲学理论思维的和合学。其二，学术研究态度和方法。态度：实事求是，客观公平，消除偏见，同情理解。方法：立足中华，心怀全球，求实求真，力争创新。其三，体贴人生。(1) 平常人，平常心。平常是洞悉世情，体悟人生智慧，超然物外；平常心要淡泊名利，处事以淡，凡事以静，好事让人，怨事以退，以定平常心，抛弃野心、私心，不被物欲所迷，不被钱色所惑，不被权力所诱，堂堂正正做人。(2) 读书乐，心情乐。读书乐，书中自有幸福在，书中自有财富在，书中自有和合在，书中自有快乐在。(3) 想得开，放得下。乐而得，自得自在。凡事要看得开，人事纷争看得淡，思想批判想得开，焦虑情绪排得开，个人利益放得下，名誉地位放得下，一切事情都放下，不斤斤计较，不钻牛角尖，不执着，不为外物牵累。宰相肚里能撑船，船到桥头自会直。不自找麻烦，自寻痛苦，以致毁掉自己，如是身外即乐土。(4) 有梦想，有精神。梦想、理想是人前进的目标，实践的动力。无动力机器不转，人无动力，思想就停滞，智慧就窒息，生命就停摆。人要有点精神，无精神就会死气沉沉，奄奄一息，有精神就能遇艰难而克之，冤枉挫折而排之，凌辱怨恨而化之，灾祸凶恶而消之。无梦想、无精神就会遇困难而退缩，遇挫折而消沉，遇冤屈而自尽，遇灾祸而倒下。要实现理想，振奋精神，以达目标。(5) 人为贵，贵创造。天生我材必有用，人之所以贵，贵在是五行之秀气、阴阳之精华。人之所以贵，贵在能创造，是会自我创造的和合存在。人创造人生，创造社会，创造财富，创造政、经、文、法、思想、道德，唯有创造才有价值，才有未来，才能生生不息。

五、《国际儒藏·韩国编》首发

受韩国成均馆大学邀请，出席“2010 儒学思想国际学术会议——儒学复兴与现代社会”。11 月 24 日乘机从北京到首尔仁川机场。25 日上午乘车到成均馆大成殿，参加祭祀孔子（文庙）活动，后由成均馆大学总长徐正燉在校长办公室接待我们几位（国际儒联副会长滕文生、成中英等）。会议是由成均馆大学与国际儒学联合会主办。上午 9:40 开幕式，成均馆大学总长徐正燉、文化体育部长官柳仁村、国际儒联副会长滕文生、成均馆馆长崔根德4人致辞。10:40开始基调发言：第一个是安炳周讲“儒学复兴与东亚细亚的未来”，第二个是我讲“儒学思想在当代的生命与创造——一种新儒学的思议”，第三个是成中英讲“当代儒学发展、整合与复兴”。中午由徐正燉宴请与会代表，共10桌，徐正燉、滕文生、我、成中英、汤恩佳为H座，放在中央位置，成均馆的这种安排是有讲究的，有文化依据。古代出兵作战和大官巡行，最前是先锋，元帅居中，中央是核心，是统帅。饭后徐正燉约主桌人座谈，徐总长讲了成均馆大学的历史、基本情况和今后的发展远景。座谈时，汤恩佳提出儒教问题，引起不同看法。我认为徐总长约我们座谈是礼仪性的，并不该讨论学术问题，我有制止讨论之意，因下午要参加分组讨论会。最后徐总长送在座每人一份制作精美的礼物。会议组织参观李退溪的陶山书院，我就没有去，而于26日乘CA138航班回京，以便写作《中国哲学思潮发展史》。

12月4日由中国人民大学和韩国高等教育财团主办，中国人民大学孔子研究院承办的“国际儒学论坛·2010——儒家思想与社会治理”开幕，出席贵宾有教育部副部长郝平，韩国高等教育财团总裁金在烈，亚洲和平贡献中心理事长、日本早稻田大学原校长西原春夫，香港孔教学院院长汤恩佳，中国人民大学校长纪宝成、副校长袁卫，华夏出版社社长高文柱等，来自韩国、日本、美国、加拿大、巴西、澳大利亚、新加坡等国内外140余名学者参加会议，收到论文73篇。在开幕式上，举行由中国人民大学主编，华夏出版社、中国人民大学出版社共同出版的《国际儒藏·韩国编》首发式，并赠送韩国高等教育财团一套14册。开幕时，郝平副部长、纪宝成校长、金在烈总裁、西原春夫先生、汤恩佳博士致辞。在袁卫副校长赠送《国际儒藏·韩国编》后，高文柱、贺耀敏致辞，我亦致辞。首先我感谢学校领导、出版社领导的支持和编辑严格审核以及参与整理校点各位教授学者。《国际儒藏》的出版可加强文化交流互通与借鉴吸收，互相促进、共同繁荣，也帮助韩国人更容易地了解、理解其本国传统文化，增强民族自信心。《国际儒藏·韩国编》扩大儒学的视域，只有了解儒学在韩、日、越等国的传播和发展，及其如何与本土文化相受容、融合，对儒学才有全面的体认；韩国儒学的特点是其儒家经典研究的深刻性、精微性、逻辑性，通过《韩国编》儒藏的编纂，为儒学发展做出新诠释。通过编纂《国际儒藏》，我们体认到：（1）儒学不仅是中国之学，而且已成为世界之学，“己所不欲，勿施于人”成为《全球伦理宣言》等文献的指导思想和原则；（2）儒学不仅是汉学之学，而且已成为各国所认同的普遍之学，因为已有各种语言的翻译本；（3）儒学不是空虚之学，而是百姓日用之学，渗透在人们日常生活之中，以及国家的政、经、文、伦理道德、典章制度之中；（4）儒学不是保守之学，而是开放之学，它吸收各家之学，海纳百川，不断繁荣发展；（5）儒学不是祖宗之法不可变之学，而是不断与时偕行、唯变所适之学。在分组讨论会上我讲“和合学新之所新”。

12 月 5 日下午闭幕式，我代表承办单位在大会总结后致辞，要点为：（1）儒学的社会治理涉及儒学与政、经、文、制度等方面的关系，以及社会伦理道德、价值观点、风俗习惯等如何在儒学理念的指导下，使人民安居乐业。（2）儒学社会治理生命在于创新，儒学如何化解社会所面临的冲突，以体现时代精神，适应时代需要。（3）儒学价值评价的标准。近代以来，儒学的价值评价随时代而变，其时代性、空间性、主观性都会影响评价的相对标准。如何寻求普遍的儒学价值，是今后需要研究的。（4）儒学今后如何发展，其能否制度化、儒教化、世界化，亦需要研究。我想在国内外学者专家的努力下，一定会获得丰硕的成果。

12 月 18 日，美国亚利桑那州立大学历史学系教授田浩来访，我们 1982 年在美国夏威夷认识，后他又来北京访问，由于他研究朱熹，所以有共同语言，这次他送我在博士论文基础上增订的《朱熹的思维世界》，有其博士指导导师余英时教授的序。

12 月 27 日出席“人文宗教高端论坛”开幕式，在北京饭店 C 座金色大厅举行。有领导出席，开幕式隆重，可形成影响力。

第二十九章　哲学创新的心路历程

在2011年1月1日，我想2010年瞬间逝去，回首瞻望，很多工作没有完成，2005年批准的国家社会科学基金重大项目“中国哲学思潮发展史”，按规定应完成，但没有完成，要抓紧，要推掉一切会议和冗事。另按计划致思写作《和合生生论》和《和合道体论》，是属于和合生存世界与和合可能世界的论说，以便与已完成的《中国哲学逻辑结构论》《传统学引论》《新人学导论》《和合哲学论》的四论，构成一系列的六论，即六爻，亦如冯友兰的“贞元六书”，不过这是新六论，是中国哲学当代的理论思维新形态，体现21世纪时代精神的精华。

一、王道与霸道之辩

1月17日乘CA1471航班由北京到桂林，出席“第九届两岸关系研讨会”。晚由广西壮族自治区党委和政府举行欢迎宴会，主桌有许嘉璐、王毅、刘兆玄等，我在第二桌。会上见到老朋友如周凤五、高柏园、王邦雄、林安梧、袁宝新、郑卜五、曾祥铎、吕正惠等。18日上午研讨会开幕，王毅副外长讲话：中华文化是民族的根基，根基牢则国家和，保合大和，首出庶物，万国咸宁。和谐是主流价值，和谐和合思想经历史考验，成为当代核心思潮。历史上和合思想与王道思想是相融合的。保合大和是王道，和为贵是王道。19世纪以来先是英国称霸，20世纪美国称霸，而有第一次、第二次世界大战。中华民族是王道政治，包容、友爱，为人类谋福祉。许嘉璐致辞，从历史上阐述王道与霸道。刘兆玄致辞。晚上国台办举办宴会，王毅讲话，他讲到这个两岸会议为什么在广西开，中国甲午战争失败，台湾割让给日本。当时台湾最后一任巡抚是广西人，刘福通的黑旗军亦多是广西人，广西与台湾有重要关系，所以在广西开两岸会议有其历史意义。晚宴后，两岸学者以及国内各省市的台湾研究会、台湾协会的研究员诸多人与会座谈，许嘉璐与刘兆玄都讲王道与霸道问题，引起讨论。我说王霸之辩在历史上有朱熹与陈亮的论辩，一言以蔽之，王道是“己所不欲，勿施于人”，霸道是“己所不欲，要施于人”。

2011 年 1 月 19 日上午，大会第一阶段是三个分组汇报讨论情况，第二阶段是大会发言。我在发言中阐论张载“四句教”体现了崇高的王道精神和功能：（1）为天地立心。天以人心为心，有人心才有天心，天反馈为天命之谓性；天地万物本吾一体之仁，人与天地融为一体，民胞物与，宇宙是吾心，吾心是宇宙。天地的心与我的心是合一的。天地本无心，人以吾心去体认天心，才显现天心的价值与效用；天为父，地为母，万物皆备于我，人的命运与天地的命运联系在一起，为命运共同体，人征服天地自然，就是征服、损害自己。（2）为生民立命。天地之性，人为贵。人是天地的精英，是可贵的。这是对人的价值的体认。人类应为人的安居乐业服务，营造精神家园。（3）为往圣继绝学。道术将为天下裂，但没有断，虽两岸都遭遇挫折，道统仍在。中华传统文化是民族之根之魂。尽管儒学可分为道学儒学、政治儒学、宗教儒学、意识形态儒学、日用儒学，当前为和合儒学，但理一分殊，都为儒学的传承创新。（4）为万世开太平。这开出的即是王道世界，而非霸道世界，即和平、发展、合作的世界，而非霸权的战争、动乱、对抗的世界，是天地人和乐的世界。

3 月 3 日出席“中国社会科学院科研成果发布会暨《东方哲学史》出版座谈会”。我讲：（1）《东方哲学史》是补白之作，当前还没有一部全面、系统的《东方哲学史》，该书的出版为东方哲学的研究提供了铺路石，提升了对东方哲学的认识。（2）哲学是文化的核心，《东方哲学史》深刻阐述了东方哲学的性质、特点、精神及其时代语境、价值观念、核心话题等。特别值得指出的是，东方地域广阔、社会环境复杂、政治制度多样、宗教信仰多元、风俗习惯差异、文字语言错综，该书都做了细致的论述，相互取长补短，若对自己东方哲学两眼黑，对西方哲学一知半解，就不可能很有效益地开展对话。该书的出版为东西哲学的比较研究做出了重要贡献。（3）该书的出版说明撰写者合作著述完成重大项目的成功，也表现了撰写者的艰苦奋进的精神，值得大家学习。

4月3日受“厦门大学庆祝建校90周年庆典暨国学高峰论坛”的邀请，乘CA977航班到厦大。4日国学高峰论坛研讨国学的现代意义。指定要我发言，我讲：自从国学热以来，有三个问题存在较大的争论，即国学定义、定性、内涵。国学究竟是什么，国学应包括哪些学科和门类，国学与西学、马学的关系，国学与文史哲的关系，国学的现代化与世界化，国学教学与课程设计等，都有待研究探讨。国学应是中华民族共同之学，也是全世界华人之学，不是封闭之学，而是开放之学，不是保守之学，而是发展之学，不是对抗西学之学，而是“以他平他谓之和”之学。近代以来，国学从中学到国粹、国故、国学，此三名称清季民初混用。20世纪中华民族面对西方列强政、经、文、军乃至思想的侵略，新的知识分子在“国家兴亡，匹夫有责”的指引下，关切思议古今中西问题。“讲求国学或梳理出国粹的目的正在于因应中西之间的学战”，“在中西之间已是包括从商战、兵站到学战的全面竞争之时，寻求全民族认同的象征便成为当时的需要”。当前应以全球的新视野、和合的新思维、变通的新观念、生生的新价值、现代的新方法来观照国学，建构新国学。下午在厦门筼筜书院讲国学与人文精神，李敖主持，我讲国学的人文精神。来听讲的人很多。讲后书院请我担任学术顾问，其实是顾而不问。

5月12日，我指导的韩进军与张瑞涛博士论文答辩，韩进军的博士论文为《董仲舒王道论研究》，张瑞涛的博士论文为《刘蕺山〈人谱〉的哲学思想》，均顺利通过。

5月22日出席由张国祚主持的软实力座谈会，要我负责讲中国传统文化与软实力。张国祚提出三高要求，高质量、高水平、高屋建瓴，继承创新。

6月8日出席中共中央党校召开的“中国传统文化与中华文明起源研讨会”，韩树英教授主持，他已90岁，但精神很好。他认为“人是历史的编造者，也是文化的、历史的传承者”。《神圣家族》中有类似的话。

7月1日出席“世界文明对话会议”。我讲：（1）文化自觉是民族自觉的精神力量，是民族的觉醒，是自我身份的认同，是民族精神的自我认同，是民族文化发展的动力；（2）中华文明是中华传统文化基础上的创新，中华传统文化是民族的心和魂，是中华民族发展强大的内在动力，是创造中华文化辉煌的内在条件，是中华民族凝聚力、向心力、亲和力的来源，是中华民族共有的精神家园；（3）中华文明具有普遍性，“和也者，天下之达道也”。和是天下最普遍的道理和原则，是世界文明对话的目标和宗旨。

二、美国探亲之行

我与夫人到美国探亲，办理美国签证，准备签证材料很费时，手续也很多。7 月 28 日为签证面谈时间，并按照签证说明书的 10 条规定做了准备，美国大使馆签证处有很多人排队等候，门口有保安人员，给他看相关材料，放人进去，一切无关物品都不能带进去，按照指示路线，在收件窗口递交相关材料，然后排队到指定窗口按十指的指纹，然后在窗口与签证官面谈，递交我们俩人的 DS—160 确认表及护照，问我们到美国干什么，我说探亲与旅游，他看了张文勇的邀请信、美国公民护照复印件、工资收入及交纳的税等证明，又问我去过美国没有，我说去过，给他看 1995 年公务普通护照的美国签证，他去核对，又问我退休没有，我说没有，给他看中国人民大学聘任一级教授的复印件。我们从 6 月份开始准备申请，缴纳签证费 983 元人民币，经 1 个月才换来签证。

8 月 4 日《人民政协报》记者王小宁来访。约 10 年前她曾到我住的人民大学静园 14 楼 40 号采访过我，这次见面，我觉得她一点没有变，她也觉得我没有变，其实我变多了。采访主要讲我在韩国学术信息出版社出版的《张立文文集》（38 辑）的内容、和合学的前景、中国哲学的走势等。8 月 15 日《人民政协报·学术家园》刊出王小宁的采访稿。《光明日报·国学版》刊出《天人不许离而为二——张载四句教的价值理想世界》，是我在“第九届两岸关系研讨会”上的发言稿。王小宁采访稿题为《人因和合而灵昭不昧》。

9 月 1 日出席“人民出版社建社 90 周年纪念大会”，李长春、刘云山、刘延东接见，出席会议的有 700 余人，可谓空前。人民出版社是在中共第一次代表大会后，由李达筹建于 1921 年 9 月，当时就以人民出版社命名。为纪念大会，人民出版社出版了大事记、社史、文集等。李长春与大家合影，后讲话，大意是出版社文化事业、核心价值、培养人才、文化推广等。后由出版社领导和刘云山讲话。

2011 年 9 月 2 日，在秋高气爽之际，“最是橙黄橘绿时”。北京温度在 32℃，天热，心情更热，我与夫人乘美大陆 CO88 航班赴美探亲，经 12 小时飞行，到新泽西国际机场，我儿张文勇来接机，晚宿儿家，儿媳伍薇热情问候。他们两人现住纽约市郊，三室二卫，是一公寓楼，一月租金 2 500 元，他们把纽约市中心的房子出租为 3 000 元，另住纽约市要缴市税，这里可免。我想是伍薇有经济头脑。9 月 3 日去中国超市，有各地的商品，包括港、台、大陆的，这个超市主要卖食品譬如玉米等，不贵，这使我了解了美国大众的生活，看来在美国生活并不困难，只要有工作，生活过得自在。9 月 4 日星期天，张文勇有空陪我去纽约中国城，这里商店的招牌是中国字，到了这里就好像到了中国，中国话是通行无阻的，有一种亲切感。游人很多，真有点摩肩接踵的现象。张文勇在洛克菲勒大学获生物学博士学位，是洛克菲勒大学、康奈尔大学、美国癌症研究中心三个单位联合培养的博士生。1990 年由中国人民大学附属中学保送到北京大学。1991 年下军队锻炼，1992 年通过托福考试，赴美国缅因州读书，成绩优秀，1995 年被上述三单位录取为联合培养的博士生。获生物学博士学位后，又在康奈尔大学医学院读医学博士学位，终于在 2004 年获医学博士学位，成为双博士学位获得者。我们又去看康奈尔大学医学院宿舍和在康奈尔大学当住院医的宿舍，在美国成为一名医生真不容易，要付出非常艰苦的奋斗。文勇在美国读大学和博士，全部靠奖学金，当时我们夫妇二人工资加起来不过一百多元人民币，若负担一年学费约 36 000 美元，简直比登天还难。

在纽约中国城，我和文勇进了一间书店，书店虽小，但关于中国情况的书，中国历届领导人的传记、逸事的书不少，民间出的报纸是免费赠送的。历史是铁面无私的，历史像大浪淘沙，淘尽一切虚伪而显露真相，最终要大白于天下。历史是公正的，阳光是灿烂的，一时被乌云所遮蔽，一阵清风吹来，乌云散去，更显阳光的明媚。在中国城，最使我惊讶的是有一间“和合饭店”，我在前面拍照留念，和合从国内而走向国外，并走向民间。到世贸中心，10 年前“9・11”恐怖事件，以飞机撞击世贸大楼，大楼倒塌，死伤惨重，令人切齿，罪恶滔天，因此有美国全世界范围的反恐战争。尽管击毙恐怖组织头目本·拉登，但恐怖活动仍不断，且越反恐越恐怖，其原因复杂。此事件改变了世界形势，这是一种无形的非常规战争。9月5日、6日下雨，我们没有出去，文勇、伍薇上班。我在思考中西文化的差异，也在寻找事件的原因，除政、经、文、宗教的原因，我们换一种思维，从人来说，人生在世，自己走路、自己设计、自己画自己，有圆的、方的、带角的、带刺的。除圆的外，其他的都可能与他者发生矛盾冲突。从文化的视角来看，中华文化的标志是太极图，西方文化的标志是十字架，以这两种文化做比较，十字架文化上下左右都是角，因此产生种种矛盾冲突，这告诫人们不要陷入矛盾冲突的陷阱，但西方又以斗争文化来解决矛盾冲突，使矛盾冲突更加激化、尖锐。太极图文化是圆的，没有角和刺，因此错综复杂的矛盾冲突能用“以他平他谓之和”来化解，即“仇必和而解”。

9月9日下午拜访狄百瑞教授，他原为哥伦比亚大学的副校长，管科研，1981年到杭州参加“宋明理学讨论会”，1982年在美国夏威夷参加“国际朱熹学术研讨会”，我们多次会面，并曾请他在中国人民大学演讲，已有30年的交情。约好14:15会面，我们先到东亚图书馆，将我的《和合哲学论》和《传统学七讲》赠予图书馆，接收图书的是中文部主任王志成先生。在图书馆前，学生们摆了很多摊子，介绍自己系的专业等。我见狄百瑞没有什么变化，但他说已92岁了。我送给他三本书——《和合学概论——21世纪文化战略的构想》《和合哲学论》《传统学七讲》，他亦送我一本他最近出版的书。我看他年纪已大，不好多费他的时间，约交谈学术动态及我书的内容40分钟，就告别。由于是9月11日的前几日，怕有恐怖活动，所以要检查车辆。可见“9·11”恐怖事件在美国政府、人民心中留下极大的影响。

9月10日参观西点军校，西点军校是著名的军校，培养出诸多将军等高级军官，美国军事部门有诸多官员毕业于这里，中国的少数军官也毕业于这里。这里有各个时期的武器展览室，有轰炸日本广岛、长崎的原子弹模型，以及从古至今的刀、剑、手枪、长枪、炮、军旗和官兵训练照片等。9月11日是恐怖事件10周年纪念日，美国加强了检查和巡逻，一片恐怖来临的景象，我们也就在家不出去了。我想“不经一番寒彻骨，怎得梅花扑鼻香”。经此事件，才真正体验到和平的珍贵。9 月 12 日为中秋节，我们很久没有与文勇、伍薇一起过这团圆的节日了，所以特别高兴，中午去吃了一顿团圆饭。

9 月 13 日文勇带我们去大都会艺术博物馆，这是美国最大的艺术博物馆之一。中国藏品很多很精，从周到清均有藏品，包括历朝的佛像，唐三彩，明清时的绘画，如八大山人、徐渭的，方以智、曹学佺、黄道周的字等等，来不及细看。希腊罗马馆有上古出土文物，雕塑作品。非洲馆也有一些古代展品，古非洲人的生活状况比较粗糙简陋。西方艺术品有凡·高的画，色彩鲜明，如《农鞋》，有罗丹和现代派的雕塑作品。日本馆有日本的特色，绘画色彩艳丽，但内涵单纯，其他展品也不很突出。朝鲜馆瓷器展品多，有其特色，多为精心之作。我站在现代派画前，有老师在向学生讲课，分析画的方方面面，讲后学生讨论，我觉得这种教学方法很好，形象教育与理论教育相结合，给学生以深刻影响，大都会艺术博物馆确实是一个很好的学习的地方。由于展馆太多，我们不能细微地看，只能走马观花。若到纽约，是不能不看这里的，其独特魅力和风采可与法国卢浮宫等比拟。

9 月 14 日我们访问普林斯顿大学，这是一所古老的大学，其古老的建筑均为石结构，有罗马式建筑，一座演出厅很古典，前门墙壁有基督教的雕像，基督教堂可容纳很多人，学生在草地上游玩。这里是一个大学城，大学是没有围墙的，到处可进可出。这与中国不一样。又参观普林斯顿大学的艺术馆，艺术馆很大，藏品很丰富。中国馆有石器、青铜器、明清字画，有《金刚经》的写本（是用金粉写的），有诸多高质量鼻烟壶、唐三彩等。有古希腊罗马的藏品，基督教时代的各种形态的油画，以及日本、印度、非洲藏品，有莫奈的油画、古代《圣经》的手写本、古代地图等。我们需要学习这点，艺术馆、博物馆是一个大学文化的标志、文化精神的体现。“文化大革命”把中国仅存的古物、古迹破坏掉，这是对中华民族犯罪的行为，可叹的是，这却是一些有知识的大、中学生干的犯罪的行为，这是民族的悲哀。

9 月 17 日下午到洛杉矶，谐音为落山鸡，这有两读法：一是落，山鸡；二是落山，鸡。这与台湾的基隆有相似之处，基隆谐音鸡笼。名字是一个符号，而无所谓贬低的意思。洛杉矶是美国西海岸重要城市，以前华人到美国先到西海岸。下飞机后，文勇租汽车到旅社。18 日驱车 40 分钟到佛光山西来寺。路上不堵车，美国车路有分别，若车内坐两人以上，就可以在快车道行使，一个人不能在快车道行使，中国也可以学，避免了堵车。佛光山是台湾星云法师创办，现在发展到各大洲。西来寺寓意“佛法西来”，让佛陀的慈云法雨能垂布西方世界，润泽众生，这是其建寺宗旨。佛光山以“以文化弘扬佛法，以教育培养人才，以慈善福利社会，以共修净化人心”为指导思想，于欧美弘扬人间佛法，在西方建立人间净土。

参观西来寺后，便驱车到加州大学洛杉矶分校，这是历史悠久的名校，参观了洛杉矶艺术馆，有印第安人的文物、非洲图腾文物等，很珍贵。这是好莱坞所在地，我们走上日落大道，很有感触。人生在世，显赫一时，总要落下。19 日参观西来大学，是佛光山西来寺创办的大学，这里原是基督教学校，校址被西来大学所买，于 1991 年建立。在参观中碰见吴校长夫人，她说今年招 6 名大陆学生，聘请兼职教授，宗教系招博士生。出西来大学，去参观有奇花异草的亨廷顿公园，这里有各地、各国的植物，我们沿着长满各种各样仙人掌的路走，各种怪异的仙人掌大的像大树，小的像鸡蛋，开各种颜色的花，后又见到各种名竹。后参观亨廷顿博物馆，有 15 世纪挂毯，各种油画，主要是贵妇像，有培根和洛克著作的手写本。中午餐后参观洛杉矶中国城，看了黎明书店中的各种书，又经过日落大道，并到好莱坞大街，在两旁的街上有明星的手印，以便留名。

9 月 20 日参观有名的盖提艺术中心，其中有 W、E、F、N、S 等五个馆，每个馆都有其特色，如 W 馆藏有名的油画，如凡·高的画，S 馆有水彩画，N 馆是各种名贵的家具，贵族客厅的摆设，房间金碧辉煌，E 馆是雕塑，等等。我们是坐缆车到艺术馆的，这里是最高的山头，可俯视整个洛杉矶城，私人博物馆或艺术馆都不收门票。

21 日从洛杉矶乘机 2 小时到旧金山，租车到中国城，这里是山城，可见华人到旧金山后，只能住在市郊的山上，汽车一会儿往上爬，一会儿往下冲，上上下下接连不断，即一个小山头连一个小山头，有的坡度很大，有的地方往下冲得有点吓人。我们转了几间商店，金龙店二楼是文房四宝店，有几块端砚不错，但很贵，要 900 美元，这里在异国异文化的包围中，仍保持中华民族文明特色，就此而言，中华民族的文化在生生不息中永不灭，在什么地方都生长开花结果，有坚强的生命力。这里有各地方方言，但多讲普通话，就像到了中国的一个城市。后参观旧金山的金门大桥，由于风大雾大，看不太清楚。最后到旧金山大道的一处花园，有很大的花房可参观，在绿茵的草地上有很多青年人在日光浴，也有街头演唱队在演唱。

22 日在旧金山，先顺便参观一个葡萄酒企业，这里一马平川，平地上、山坡上都为葡萄园，一排排葡萄架很整齐，可免费品尝五种葡萄酒，我们要了一种得奖的葡萄酒，参观了酒窖和葡萄园。出来后便到加州大学伯克利分校，标志性建筑是钟楼，每小时报时，全校都可听见。参观东亚图书馆，我们没时间，只看了一层的藏书，有中日韩的年鉴，统计资料及字典等各类工具书。建筑古老、朴素、典雅，为罗马式建筑，大柱子、墙壁有雕塑。

我们这次探亲旅游成果丰硕，大增见识，参观各名校，获益匪浅，其名校的博物馆、图书馆是我国绝大多数大学不能比拟的，我们以往不知道，不注意收藏，不过改革开放以后比较注意了，特别是有的大学收藏出土的帛书、竹书，这是美国大多数博物馆、图书馆所没有的，这可说是我们的特色和长处。23 日 11 点起飞，14 日到北京。

三、陕西讲哲学创新

受西安电子科技大学 80 周年校庆和陕西师范大学的邀请赴西安讲学，9 月 25 日乘 CA1209 航班到咸阳国际机场，这与我 20 多年前在此乘机到北京大不一样。陕西师范大学刘学智、林乐昌教授来接，住师大专家招待所。休息一会儿，西安电子科技大学来接，晚 7:00 向大学师生讲“和合学的现代价值”。我讲了和合二圣的故事与和合宇宙观、价值观、人生观、道德观、国际观，以及 21 世纪人类五大冲突和化解的五大原理，听众有 400 多人，反响很好。26 日由陕西师大刘学智教授安排，参观法门寺和楼观台。法门寺的口号是“千载佛家圣地，万世人文经典”。20 多年前我与台湾陈惠剑先生来参加佛教国际学术会议时大不相同，那次曾下地宫拜谒佛骨舍利，参观各种的出土文物，这次看到的是复制品。建筑既现代又夸张，违反传统佛教的寺院建筑风格、精神和宗旨，取消了大雄宝殿，完全成为商业旅游的场所，据说花了 32 个亿。我们会见法门寺原址的监寺和尚，我谈了我的看法，他很同意。后去参观道教祖庭楼观台，据说是老子撰《道德经》的地方，在大修，这里负责人是道教协会会长任法融。晚罗安宪教授在西安电子科技大学讲庄子。

9 月 27 日白天参观大雁塔、碑林和大兴善寺。大雁塔在大慈恩寺中，是中国最古老的塔之一。我们登上七层塔的最高层，四周观望，全西安尽收眼底，它耸立于西安南部。唐代三藏法师玄奘历尽千难万险，从印度取经回长安后，将雄伟的大雁塔作为藏经的处所，在此寺中翻译佛经。

27 日晚在陕西师范大学新校舍图书馆报告厅做“中国哲学的创新和合学使命”的报告，中国哲学专业的师生包括研究生来听，我讲得比在西安电子科技大学要专业一些，报告厅坐得满满的，获得很高的评价。

28 日虽下雨，但为对佛教有感性的了解，对《中国哲学思潮发展史》中的佛教章的写作有更深的理解，故去礼拜玄奘法师翻译佛经的地方“兴教寺”，此三字是康有为题的。

28 日晚在西藏民族学院做“和合学与现代价值”的报告，我结合宗教文明及各个宗教都讲爱，说明宗教是和平的，热爱人类、普度众生的。其终极关切虽不同，但为人类设计了美好的、幸福的、快乐的精神家园。

29 日参观“秦始皇墓兵马俑”，参观人很多，已与我 20 年前所见大不相同，当时是露天的，现在盖了大棚，游人中有很多为外国人。据说秦始皇墓很大，现开发的只是冰山一角，为 1、2、3 号坑三个展馆。在 2 号坑的兵马俑陈列馆中，我体会到了“趾高气扬”成语的意思，一般将官、军官所穿鞋的前面是跷起的，表明其脚趾是跷起的，士兵是不跷的。将军级的头发也分两边跷起。军中有严密组织，等级鲜明。据说兵马俑虽千万，但各不相同，这是一次伟大的创造，是古代艺术宝库、雕塑作品的杰作。古代帝王穷奢极欲的死后享受，却成就了留给后世的伟大艺术品和卓越创造。这次陕西之行做了三次学术演讲，传播了和合学中国优秀文化和中国哲学的核心思想，感受最深的是中华民族文化的灿烂和卓越的智慧、伟大的创造力，体认到陕西文化的魅力，感悟到五座佛教和道教祖庭的辉煌，中国作为世界文明古国是当之无愧的，其绵延不断的文明是世界独一无二的。

10月4日，我负担的国家社会科学基金重大项目著作成果《中国哲学思潮发展史》全部打印稿四册由我的博士生张永路送来，这是由多位博士生帮我校对手稿而完成的，连同各种报告的文字材料上报，以便结项。这个项目按规定应在2008年结项，我已拖了三年。我2005年之所以申请这个项目，是基于和合学应为当代中国哲学的理论思维形态，是当代中国和世界时代精神的体现，亦是中华文化的精髓和时代价值，中国哲学进入和合学时代。这还需要时代的检验和证明，不过作为和合学的创立者必须有信心。

四、心路历程与修身处世

10月6日，哲学院要我就“哲学与人生”向硕士生、博士生做一次演讲，帮助学生提高对如何做人、做什么样的人的认识，指导如何做学问、做研究。我想了想，就以“我的哲学研究的心路历程”为题，主要通过我的“四论”来讲。信息公布，其他院的也来听，结果大教室过道、后面都站满听众。演讲要点为：(1) 怀疑精神。这是转客体为主体、转对象为自我的一种自觉精神。“学贵知疑，小疑有小进，大疑有大进，疑者觉悟之机也。”有怀疑才会重新审察固有定论、结论、原理，否则只能墨守成规，照着讲，而不能自己讲。我怀疑以唯心唯物来研究中国哲学的方法，为打破此方法而有《中国哲学逻辑结构论》之作，现在被大家所认同。(2) 批判精神。哲学的本质是批判的，批判不是你死我活，打倒谁，也不是两军对战，批判是互动、交流、对话、探讨、思议的一种方式。我的《新人学导论》就是与恩斯特·卡西尔《人论》的对话，批判其“人是符号的动物”的规定，把人重新规定为“人是会自我创造的和合存在”。(3) 反思精神。哲学史是对反思的反思，是对思想、观念反思的反思。反思是对人类精神反向而思，反向而思是对理论思维的内在逻辑的追究，是对内在思维逻辑发展规律的探索，换言之，是对其“游戏规则”的探赜。这样我发现了中国哲学发展变化、转生的三条“游戏规则”，或曰规律性。(4) 追究精神。哲学是刨根问底的学问，这就是“问渠那得清如许，为有源头活水来”的探源学问。这个源头不是古希腊哲学以来追究世界背后那个统一性的本体，和合学源头是流动的活水，永远在流动中，这就是和合学在途中。(5) 创新精神。苟日新、日日新，这是中国哲学生命所在。今天不是熊十力和马一浮的时代，现代新儒家所面对的是中华民族救亡图存的问题，是中国地域性的思议，当前是全球化、信息革命时代，要反思全球、全人类的冲突和危机，提出化解之道，这是《和合学概论——21 世纪文化战略的构想》的使命。此五方面，希望文、史、哲、经、法的硕士、博士加以思考，设计自己的学习方法、人生道路。

10 月 10 日，《人民论坛》记者杜凤娇要我谈谈“如何继续推动中国文化大繁荣大发展”。我认为中国文化大繁荣大发展的源头活水是人民大众，所以要沉下去，沉到人民大众中去，感受其生活，聆听其心声，同时吃透中国文化及其精神。从宏观方面说，要上下结合，雅俗结合，中外结合，古今结合。从微观方面说，要体认、处理好几种关系：无名而有名，有名而无名；无利而有利，有利而无利；无形而有形，有形而无形；无我而有我，有我而无我。《人民论坛》已发表。

11 月 4 日，《光明日报·国学版》主编梁枢先生通知召开“名人故里战略研究会”，首先是《光明日报》副总编讲话，认为名人故里是文化宝库等。然后由老子故里、墨子故里、孟子故里、朱熹故里等地领导汇报名人故里的建设、保护、开发、宣传的情况。我对孟子故里情况加以评论，肯定其成绩以及对如何更好地建设提几点建议。

2011 年 11 月 30 日，新任校长陈雨露来拜访，要谈学科建设问题，校办副主任陈朴同来。我讲了几点：(1) 要重点建设有特色的重点学科，如经济学、金融学、哲学、法学、新闻学，这原是中国人民大学重点学科，成为有世界影响力的品牌，不要把精力放在铺摊子上，削弱人大的特色；(2) 引进人才要慎重，要考察实际能力和科学潜力，以及教学责任心；(3) 奖励科学研究，引导其为教学服务，使科研与教学质量相结合，同时建立公平评审机制；(4) 支持孔子研究院工作；(5) 发挥老教授的余热，请他们献计献策。陈雨露表示要很好落实。

中国人民大学孔子研究院举办的“孔子文化月·2011——博学审问，慎思明辨”，除举办讲座外，由罗安宪教授、林美茂教授率领硕博研究生做实地学习考察。12 月 3 日、4 日举办一年一度的“国际儒学论坛·2011——儒家的修身处世之道”。由中国人民大学和韩国高等教育财团主办，孔子研究院承办，参加会议的国内外儒学名家和学者共 130 余人，收到学术论文 87 篇。开幕式由西原春夫教授、金在烈总裁致辞，我做主题发言：修身处世之道有三个维度——个人的修身、国家的修身、民族的修身。换言之，以个人、国家、民族为主体的修身，修身的目的和宗旨是齐家、治国、平天下。如何修身?《大学》说：“欲修其身者，先正其心；欲正其心者，先诚其意；欲诚其意者，先致其知。致知在格物。”个人、国家、民族的修身无一例外。以往的帝国主义、军国主义国家到处侵略弱小民族，其国心、民族心就不正、意不诚，掠夺、杀戮殖民地财富和人民，贩卖黑奴、华工。这就是无良知的价值观的指导。要把道德良知内化为道德善意，外化为道德行为实践，为人民谋福祉，谋天下太平之世。孔子在回答君子的品德问题时说：“修己以敬”“修己以安人”“修己以安百姓”。对待工作、为人处世要恭敬、严肃认真，要使一般人和老百姓都能安居乐业。

当代人身在异化，国家在转化，民族在变化，如何修身、修国、修民族?（1）个人的修身。古人认为“修身见于世，穷则独善其身，达则兼济天下”。作为个人来说，无论在穷困中，还是发达时，都应该为善，不应为恶，人往往在私欲的驱动下，穷则干犯法的事，达则为富不仁。特别是现代人异化为商品，在人才市场，人作为商品被聘家相中，为争取抬高商品价格，便造假，如假学历等。学校本是一片净土、良知的殿堂，也被私欲所污染，一些地方教授成为“老板”，学生成为打工仔，以至违反学术规范，争名争利争权。修身是为了造就理想人格，实现完美人生价值，在进行自我磨炼、改造的过程中，就需要自觉、自信、自尊、自律、自主、自悟，如是才能够实现修身。（2）国家的修身。国家的修身目标是为民，“民惟邦本”，水能载舟，亦能覆舟，民固邦宁，君轻民贵。所以要爱民、亲民、尊民、安民、富民。国家为政，孔子讲：“政者，正也。”办事要公正、正义、公平。上不正则下亦不正，即所谓上梁不正下梁歪。政府办事公正，才能取信于民。对民讲诚信，这是为政者、治国者必须具备的。《论语》记载：子贡问政，孔子说“足食，足兵，民信之矣”。如果不得已要去掉两项，孔子讲去兵、去食，但信不能去，“民无信不立”，这是治国理政的根基。(3) 民族的修身。有个人和国家的修身，中华民族自然身修，在“自天子以至于庶人，壹是皆以修身为本”的情境下，中华民族以礼义廉耻为国之四维，以忠孝仁义礼智信敬为道德规范，以温良恭谨让和为待人接物原则，因此中华民族被誉为礼仪之邦。修身是个人、国家、民族立身之本，强身之方。

12 月 4 日，国际儒学论坛闭幕式，最后我有一简单的致辞：儒家的修身处世之道与当今现实社会息息相关，是治疗现实人心之病、社会之病、国家之病、民族之病的道，今后还要继续探讨。儒学是与时偕行、唯变所适的，是随时代发展而不断适应社会需要的学说。因此它是开放的。孔子述而不作，就是一种开放的心态和开放的学风，他整理“五经”，吸收“五经”的精华，而取得伟大的成就。他入太庙，每事问，并问礼于老子，可见其开放包容的胸怀。先秦百家争鸣，互相交流、论辩、吸收，启迪了先秦各家各派的建立和理论的创新，造就先秦各领域学术的辉煌，成为世界“轴心期”思想典范之一。秦始皇统一六国，秦汉建立了中央集权的统一国家，为适应新时代的新需要，董仲舒融突和合先秦各家思想，建立了“天人感应”的新儒家思想，而适应大一统国家的需要。但在罢黜百家的情况下，儒学走向谶纬化，成为陈陈相因的经学，而丧失了创新的能力和生命力，外来佛教文化成为强势文化，儒学弱化。宋明理学继承道统，融突和合儒、释、道三教，而重新焕发儒学的生命，再造儒学的辉煌，使中华民族文化学术思想达到高峰。当今面临如何融突而和合中西马文化哲学，把传统与现代化的各种文化整合的方法落实到和合学上的问题，和合学成为当今化解人类所面临五大冲突与危机的学说，体现世界和平、发展、合作的时代精神。

第三十章　时代呼唤大思想家

京城满目春华，不是风雨相兼。2012 年 3 月 12 日，受中央电视台《文明之旅》栏目之约，我讲中华民族的文明。2 月 29 日由白杉和林康楠来联系，说是讲“儒、道、禅三句真言”，后又改为讲“《周易》的智慧”。在八一电影制片厂的摄影地方拍摄，主持人为刘芳菲。听众有众多人，包括韩国人、《老外看点》的主持人法国人朱力安等。

一、《周易》大智慧

《周易》是一部有大智慧的、神奇的书，它是由神妙外衣裹着的百科全书式的经典，被世人认为是与《圣经》《古兰经》《吠陀经》并列的世界四大经典之一。秦始皇焚书坑儒时，认为《周易》是卜筮之书，不在焚书之列；汉武帝独尊儒学，又把它奉为“六经”之首；后又成为科举考试的经典。不仅儒家尊奉它，道家尊奉它，佛家也为它做诠释，为各家所尊崇。可见《周易》是一部有卓越智慧的书。它是生命智慧的终极家园，智能创造的价值根据，人文价值的灵魂所在，民族精神的源头活水。它在大化流行中生生不息，塑造着中华民族的价值观念、理论思维、伦理道德、思维方式、审美情趣，而影响世界。从 17 世纪以来，西方学者从宗教理念解释《周易》，认为与《圣经》相似，莱布尼茨以其印证二进制，黑格尔认为其包含着中国人的智慧。我从三个层面来讲：

（一）人文主义大智慧。(1)《周易》开启了人文与文明的联系。观察天时的时势变化，而与时俱进；人文的风气习尚、道德价值虽各有异，但可取长补短。霍布斯说：文明是告别“人人相互为敌”的状态。刚柔和谐，教化天下。人文与文明是天下普遍价值，人文与文明相辅相成，无人文精神就没有文明的行为，文明是人文的一种内涵和存在形式，是化成天下的普遍价值。人文精神是指对人的生命存在以及人的尊严、价值、意义的理解和把握，是指对人的价值理想或终极关切的执着追求的综合。（2）生生之谓易的精神。中国文化重生命，自然生命、人的生命、国家民族生命。“天地之大德曰生”，变化日新才能生生。（3）保合大和精神。“乾道变化，各正性命，保合大和，乃利贞。首出庶物，万国咸宁。”大和是万物赖以生长、国家民族安定太平的基石。“和实生物，同则不继”，如土与金木水火的杂合，而成百物，天地万物不是由单一的、一元的本体产生的，而是多元融突和合而生。（4）忧患精神。

（二）思维大智慧。思维是指人类的一种反思精神活动，它是在概念基础上进行分析综合、判断推理的体认过程。（1）太极思维。太极为两条阴阳鱼相对相关，互渗互补，阴中有阳，阳中有阴，既差分又融合，既不杂又不离，体现神妙的辩证思想。（2）变通思维。“穷则变，变则通，通则久。”改变穷困，必须开通，即开放，开放才能持续发展。只有差分、矛盾事物不断交流、交感，而不堵塞、保守、封闭，才能通而生生不息。（3）道器思维。“形而上者谓之道，形而下者谓之器。”道是概念、道理、原理。冯友兰说，造飞机先有造飞机的原理，为形而上者；造出飞机，这是器物、物件，为形而下者。道是飞机所以是飞机，是其本质，是与其他事物相区别的所以然；构成飞机的各种各样的材料是器物，是形而上的具体体现。（4）穷理尽性而至于命思维。事物都存有理，一物有一物的理，一书有一书的理，对世界错综复杂的理要穷尽，这样才能体认其性质、本性，然后才能掌握事物的规律性、必然性。

（三）精神大智慧。精神是指人的感觉、知觉、记忆、情感、思想、思维活动、心理状态的表现。（1）自强不息、厚德载物的智慧。自强不息是君子终日乾乾、勤勤恳恳、奋斗拼搏、坚韧勇敢，创造了中华文明古国。厚德载物，中华民族具有博大的胸怀，海纳百川的超凡气度，大海一样的雍容大度，创造了中华民族以和为贵的统一国家。（2）为道屡迁、唯变所适的智慧。社会是不断发展、变迁的，不是固定不变的，犹如阴阳流行于卦的六爻之间，不要死守条条框框、“祖宗之法不可变”、“天不变，道亦不变”的教条，要依据社会发展变化，而适应这种变化。（3）终日乾乾、与时偕行的智慧。唯有整日勤奋，才能与时俱进。(4) 相对相关、相反相成的智慧。相对相反，即差分、矛盾、冲突，相关相成，即互补、互济、互成，体现中华文化的辩证思维，并不是相对就一方打倒一方，相反就誓不两立、二元对立。使天地相对相反两方协调而和谐，相关相成，取长补短。这就是合作共赢，而不是冷战思维。我讲后听众提了很多问题，我一一作答。陈欣雨、李犇说听众反响很好。

二、哲学是一个动词

2012 年 3 月 16 日，与今年报考我博士生的同学见面，每年都安排指导师生见面会，以了解报考生的学历、学术情况，也使师生有亲切感。5 月 6 日受国际儒学联合会和国家图书馆的邀请，在国家图书馆报告厅做“儒学与人生”的演讲，听众很多。我讲人生有三个维度：生命、生活、命运。生命是人存在的形式，命运是人存在的状态，生活是维持生命的前提条件。生命有肉体的、道德的、功业的、价值的、政治的、经济的、文化的、学术的等，如何实现生命这个大问题？演讲要点：(1) 生命：生命存在的状态，生命存在的追究，人究竟是什么，生死问题。(2) 命运：命是一种必然性，死生有命，人必然要死；运是一种时运，具有偶然性。命是天命，规律的命，畏命知命。运是指人的生命在创造与赖以存在的情境互动中，所构成的生存状态和生命历程的智慧。这便是机运、机遇。(3) 生活：人哭着来，裸体来，哭着去，双手空空去。有物质的、经济的、政治的、学术的生活等。我的博士生石双华来听，后整理成文，已在杂志发表。

2012 年 5 月 21 日出席教育部“哲学社会科学研究重大课题攻关项目答辩评审会”。关于文化实力作用问题发言，要点为：(1) 对中国传统优秀文化的弘扬，对中国社会的进步、民族性格的塑造、民族凝聚力的提升，对中华文化的繁荣、丰富产生深远影响。(2) 有助于丰富和发展中华文化，赋予时代气息。坚持与时俱进，推陈出新。(3) 增强文化建设，形成中华气派、风格，在全球化时代挺立于世界文化的潮头。(4) 有助于建设社会主义核心价值观。(5) 有助于建构一种科学、有效的优秀文化传承体系。

参加我的博士生张永路、朱璐博士论文答辩会，答辩委员有周桂钿、彭永捷、方国根、陆玉林和我。顺利通过答辩。张永路到天津社会科学院哲学所工作，朱璐到上海财经大学工作。

7月3日出席“专业技术一级岗位调研座谈会”，在北京师范大学主楼A座414室。我校通知我与吴易风教授参加，有北京师范大学校长，清华大学、北京政法大学等负责人或教授参与。目前除院士为一级专业技术岗位外，自然科学、人文社会科学都以二级为最高，这样限制了自然科学和人文社会科学学者积极性的发挥。会议讨论了一级岗位的标准、教授的年限、博导的年限、研究学术成果的评价标准、人文社科院士等问题。

9月11日中国哲学教研室会议，讨论《中国哲学通史新编》五卷本，由人民出版社出版，所以人民出版社哲学编辑室主任方国根参加会议。讨论问题：(1)体现中国哲学的发展线索，可分原创期（先秦）、发展期（汉唐）、造极期（宋元明清）、会通期（近现代）；(2)体例按问题学派，不按人头；(3)资料等。

受安徽大学邀请，与方国根编审一起乘机于9月19日到合肥，20日在安徽大学演讲“和合学的现代价值”，要点为：(1)什么是和合学。和合学是一种哲学形态。我认为哲学是一个动词，是去爱、去求智慧或真知，是思想与思想反思的思想。所以金岳霖把哲学说成是观念的游戏。冯友兰将其解释为就是把概念摆来摆去。概念来源于自然、社会、人生、生活，哲学应走向它的源头，重饮活水。哲学要从哲学神殿中走出来，要从天上落到地上。和合学是人与自然、人与社会、人与他人、心灵、文明间冲突融合与在冲突融合的动态中和合成新生命、新事物的学问。和合学永远在途中，它不是僵死的本体，它把每一个阶段看作继续征途中的一个驿站，它永远在途中求索、攀登。(2)和合学的现实关注。首先追求一个美好的生存世界，其次追求人生意义的实现，最后追求和合可能世界，这是一个终极世界、信仰世界。信仰是人特殊价值的需要，和合可能世界不是为了死，而是为了活，为活指出方向、道路，是一种希望、一种继续生的希望。宗教的基础说到底是一种恋生情感的直觉，是生命运动无终止性与生命和合体的冲突的结果，是在强烈的生存愿望与不利生存环境的冲突中所刺激出来的心理状态。个体生命在大自然、大社会中显得脆弱，面对严峻环境产生孤独、绝望、痛苦感，生命热情受到强制挤压，就要另辟蹊径喷射出来，而后皈依宗教。(3) 和合学化解人类所共同面临五大冲突和危机的五大原理。

21 日离安徽大学到安庆师范大学，李方泽（我的博士毕业生）一直陪同，校长朱士群来接。下午在安庆师范大学新校区讲"《周易》的大智慧"，听讲的师生很多。晚看黄梅戏，在黄梅戏会馆，看后我甚不满意，向朱士群校长讲了四点改进意见：(1) 黄梅戏是戏，要有故事性，有情节，不是站在台上一动不动地唱，一点戏剧性也没有；(2) 布景应依戏的情节而有变化，而不是死的、不变的，不体现戏的特定环境的布景是没有价值的；(3) 剧本应不断创新，反映现实生活，不能全是老一套；(4) 音乐单调，不能表现戏的内容及人的喜怒哀乐的心情。

22 日到九华山，23 日到绩溪，参观龙川，24 日从绩溪县出发去上庄胡适故居参观。24 日下午由黄山国际机场回京。

三、全球文明与正义

由宋庆龄基金会常务副主任陈红军领头，出席"文明对话——世界公众论坛"会议。10 月 3 日下午 5 点左右抵罗德岛，行程 13 小时，好在给我买的是公务舱，可以休息，但其他学者都乘经济舱，他们不能休息，疲倦不堪。这时阳光明媚，我们住在 Aldemar 度假酒店，我住 811 房间，面临爱琴海。风景优美，空气清新，海水湛蓝，清澈见底，游鱼嬉戏，自由自在。"文明对话——世界公众论坛"是独立的国际性非政府非营利性组织，从 2003 年起，每年秋天在希腊罗德岛举行年会，论坛旨在联合国际社会各种力量共同捍卫人类的精神和文化价值，倡导各种文明之间建设性对话，应对新挑战，解决全球性问题和实现当今社会的结构性变革，创建有效的民主条件，实现各民族的和谐共处。论坛总部设在莫斯科，欧洲总部在奥地利维也纳。

10 月 4 日开幕式在骑士团首领宫殿举行，论坛主题为"社会政治变革：对话的机遇或挑战"。其实发言者并不都围绕此主题，除国外学者发言外，凤凰卫视老总亦有发言，宋庆龄基金会秘书长发言。下午讨论主题为"全球和平与正义"。我的发言为"全球和平的和合学"，我讲话反响特别好，伊朗教授赞我为伟大的男子。中间休息时，诸多教授围着我提问题，问什么是和合学等，我一一作答，他们表示赞同我的意见，听到了中国的声音，非洲教授热情同我握手，印度学者要我去讲学，由于有朱璐做很好的翻译，所以能比较准确地表达我的看法。同时我穿唐装在大会演讲，也代表中华民族的民族特色。

10 月 5 日没有我们的发言，所以就去参观开幕式的骑士团首领宫殿。王宫、老城及雄伟的城墙被联合国教科文组织定为世界文化遗产。在参观王宫、老城后，乘车去参观奥林匹斯山的神庙遗址，游人很多，大多是西方人。爬上奥林匹斯山，尽管天热出汗，但我们兴致很高，过去只在书本上见到的神庙，现在就在眼前，高大的石柱和石梁雕刻精美，震撼人心，表现了古人的卓越智慧，但已不多见，令人遗憾，我们不断拍照留念。不过山上树木稀少，无处遮阳。

10 月 6 日上午听会，下午下海游泳，宋庆龄基金会这次来参会学者、记者共 18 人，差不多都下海游泳了，站在岸边，天水相接，一望无际，海水清澈见底，无论是大鱼、小鱼都能看得清清楚楚，我被海水吸引，亦下去游泳，由于我很长时间没有游泳，不敢游远，只是近岸而游，海水浮力很大，很省力。7 日早餐后接受电视台采访，朱璐翻译，我讲当前人类共同面临五大冲突和危机，需要全人类共同应对，一个国家已不能化解。世界文明对话可以取得共识，是共同应对、互相交流的很好形式。但需要按照“以他平他谓之和”的原则，应对的各国、各民族互相平等、尊重，如此我讲了化解冲突危机的和生、和处、和立、和达、和爱五大原理。电视台提了一些问题，我又做了回答，他们很满意。15:00 为闭幕大会，有伊朗代表发言，认为国际命运不应掌握在强权国家手里；有欧洲代表发言，主张世界应和平，美国不经联合国而侵略伊拉克是没有合法性的。晚上鸡尾酒会，在游泳池旁，布置得非常漂亮，灯光、鲜花很有浪漫气息，露天舞台演出、少年合唱队的演出博得大家的掌声，有人情不自禁地起舞。这个文明对话会议虽已开了十届，就我参与这届而论，各学者发言基本上是揭示社会冲突的形式和现象，既没有触及问题的本质，也没有追根究底地问造成冲突的原因，及原因的性质、根源，提出化解的理念、方法、原则以及具体措施，这样不能解决问题，因此我在会议的发言中婉转地表示这个看法，并提出化解冲突、危机的五大原理，得到众多学者的赞同和重视。

古希腊是哲学思想、艺术美学的人类文明发源地之一，这里有伟大的思想家、哲学家，学习西方哲学首先就学希腊哲学，过去只是从书本上知道希腊，这次亲身经历希腊，感受就不一样，苏格拉底受审地遗迹、柏拉图学院、希腊的风土人情、雅典街道商店都引起心灵的激荡体验，其人文语境产生了苏格拉底、柏拉图、亚里士多德“三圣”，他们为西方哲学奠基，为文艺复兴诸人所尊奉。10 月 9 日回京。

四、我们能培养出大思想家吗

在李勇强和朱璐博士促使下，受腾讯网的邀请，在腾讯《微讲堂》系统讲和合学，与腾讯记者商议后，准备讲十二讲，在 9 月 21 日商定了十二讲的内容。10 月 16 日在腾讯《微讲堂》摄影室经简单化妆，便开讲。第一讲和第二讲为“和合是什么”。每讲 2 小时，上午讲一讲，下午讲一讲。10 月 25 日第三讲“和合与婚姻家庭”，第四讲“和合与心灵”。10 月 30 日第五讲“和合与生态”，第六讲“和合与道德”。11 月 22 日第七讲“和合与人生”，第八讲“和合与养生”。12 月 15 日第九讲“和合与和实力”，第十讲“和合与国际关系”。2013 年 1 月 13 日第十一讲“和合与文化创新”，第十二讲“和合与企业文化”。为讲好课，我自己需要把讲课的内容记住，由于年龄大了，记忆力已不如年轻时，所以要充分准备，好在由博士生帮助搜集一些资料，以便按腾讯网的要求讲得通俗，用事例、故事来说清道理，这与我给研究生讲课不一样，不能太专业化，才能使一般听众听懂、有兴趣听。腾讯的记者、摄影的同人也很辛苦。他们把我每讲的文字打出来，请我校对。

中国人民大学和汉办联合召开的“第三届世界汉学大会”，于 2012 年 11 月 3 日在中国人民大学开幕。教育部副部长郝平致辞：汉学可突破国家界限，要研究汉学与当今世界。中国人民大学校长陈雨露致辞：新汉学的文明对话应进一步发展。许琳（汉办主任）致辞。许嘉璐做主题演讲：“汉学的三个面向和新秩序”。21 世纪科技发展背景下，如何对待中华文化的儒、释、道思想？如何应对科技的发展？要面向未来，要有师承。世界对话中不同信仰是世界常态格局，儒家缺最高信仰，其他宗教都有神的信仰。我认为宗教信仰问题是一个至关重要的问题。宗教影响世界历史进程，影响世界文化发展的倾向、民族精神和价值趋向，宗教精神塑造人的道德情操、人格以及人的行为方式。由于宗教信仰不同而造成战争和冲突，教派斗争往往取极端手段，造成生命财产的巨大损失和毁灭，而参与凶杀的人往往认为是对神的忠诚，为神而战，名之为“圣战”。杀死对方的人认为是对邪恶的惩罚，而不认为是罪恶的行为。宗教问题是亟待化解的问题。

12 月 2—3 日，由中国人民大学、韩国高等教育财团主办，中国人民大学孔子研究院、中国人民大学亚洲研究中心承办，中国人民大学书报资料中心协办的“国际儒学论坛·2012——儒学与生态文明”召开，除各领导与韩国高等教育财团代表、日本西原春夫等致辞外，我代表孔子研究院对国内外学者的支持和帮助表示感谢。感谢韩国高等教育财团以高瞻远瞩的眼光，对传统文化的尊重，资助国际儒学论坛的召开，使儒学思想精华在世界得到传播。特别感谢西原春夫教授以 86 岁高龄，不辞辛劳，从 2003 年以来，出席历届“国际儒学论坛”，并做精彩的演讲。他的老骥伏枥、壮心不已的心态和精神是值得我们学习的。感谢各位与会学者、教授撰写高质量的论文，认真参加讨论，提升会议质量，深入讨论了儒学思想。感谢各媒体记者、杂志编辑，他们以极大热情和细心编辑报道会议情况。希望今后仍然得到大家的支持和帮助。在 3 日闭幕式上，我讲信息革命时代的问题。

12 月 8 日参加“潘富恩教授 80 大寿暨宋明理学现代化研讨会”，我第一个祝寿，首先我讲我们是三同学者，同乡、同学、同行，这是知己、知音、知业，十分难得。接着我讲潘教授为人为学的两个字：第一，为人为诚。诚实、诚意、诚善。古人说：“厚者不毁人以自益也，仁者不危人以要名。”这体现了潘教授的高尚道德和人格魅力，与其相反的是为自己的名利毁人前途，危人以罪名。第二，为学为真。真心、真思、真讲，并做了具体说明。复旦大学为其 80 大寿出版一本精美的纪念文集，我的祝寿文被收入此文集中，是由情感写的。9 日星期天，10 日上午在朱璐所任教的上海财经大学人文学院讲“《周易》的智慧”，我送学校《和合学概论——21世纪文化战略的构想》一书，人文学院院长主持我的演讲，中央电视台上海站来拍摄。反响非常好，因我结合现实讲《周易》智慧，深入浅出，师生能听懂。下午在复旦大学哲学系讲“中国哲学的创新与和合学”，讲后师生提问题，我做回答。

11日在上海交通大学人文学院讲演，题目是“我们能培养出大思想家吗”，《探索与争鸣》的编辑叶祝弟录音，与朱璐据录音整理成文，在《探索与争鸣》发表。此文既是提出问题，也是对时代的鞭策，当今学者不要忘了自己的历史使命和职责。中华民族是智慧的民族，中华子孙是智能创造的子孙，一定能诞生体现时代精神的大思想家。古人讲500年必有圣人出，不出现圣人，出现一个思想家也算不辜负时代。历史偏爱思想家，思想家留住历史的真相；思想偏爱历史学家，历史学家留住思想的资源。

12月30日，段海宝博士陪同《晋阳学刊》的编辑路强来访，我讲了“晋学”定位问题以及如何研究晋学，要在其他地方学说及整个中国学说中定位自己。山西文化底蕴深厚，有晋商文化（票号）、宗教文化（五台山）、寺庙文化（晋祠）、历史文化、文物文化（地上文物超过陕西）、家族文化等，要有高屋建瓴的智慧，对晋文化做全面性、系统性、深入性的总结。

第三十一章　到另一个星球生活

2013 年新的一年开始，要有新气象、新文风、新思维、新观点、新方法，这是一种要求，实践起来是艰难的，需要有决心、信心。1 月 27 日出席国际儒学联合会学术务虚会，在长安俱乐部召开。国际儒学联合会常务副会长滕文生主持，他讲了毛泽东、邓小平、陈云、江泽民、习近平等人读书的经历，说明要传承历史文化，坚持发扬光大，不能丢了中华民族这个魂，失去这个根本等。出席会议的有汝信、李学勤、楼宇烈、钱逊、牟钟鉴和我等。大家都发言，讲了自己的意见。我讲：(1) 中国人民大学孔子研究院工作，《国际儒藏》的编纂，中国文化走向世界的见证；(2) 儒学现代化，儒学必须在解决世界现实的冲突和危机中有话语权；(3) 儒学要以开放包容的姿态、互相平等尊重的态度与基督教、伊斯兰教、佛教开展对话，促进合作发展。

一、东西方生态文明对话

3 月 25 日，中国人民大学农业与农村发展学院院长来请我给农业学习班讲课，我被他的热情感动，讲“《周易》的大智慧”，以提升农业干部和科技人员的传统文化水平。他们以往接触中华传统文化较少，在大学时有些人并不重视，加强这方面教育很有必要，而且他们学中华传统文化的热情很高。

4 月 22 日，中国宋庆龄基金会商量准备与中国人民大学孔子研究院长期合作事，我与彭永捷、罗安宪教授参与商议。宋庆龄基金会作为非政府组织，其任务就是公共外交、国际友好、维护世界和平，在学术方面可以依托中国人民大学孔子研究院，并具体商讨了各方面问题。

5 月 8 日出席哲学院教授、副教授评议会议，申请者向全哲学院教授述职，有教学工作量、科研成果、获奖情况、国家社会科学基金项目和教育部科研项目等。申请教授的有林美茂、曹刚等五人，投票结果为林美茂与曹刚均 11 票。现在评教授竞争激烈，因为要评教授的人多，而名额只有 1 个，有 4 人评不上。这样年年积累下来，评上就更难了。

5 月 22 日出席由教育部社科中心主办，中国人民大学承办的“文化传承创新与高校哲学社会科学繁荣发展”会议。我讲：(1) 高校的传承问题。办学目的、目标、培养什么样人的问题，要有明确的规定。古代大学与小学教育是有区别的。朱熹《白鹿洞书院学规》明确各方面具体规定，韩国《陶山书院学规》都依照《白鹿洞书院学规》。(2) 文化创新。高校应有自己文化精神，各高校可根据自己实际提出。高校文化精神就是一种文化品牌和文化创新。在当今全球化、信息革命时代，文化创新应与时代精神相适应，要以和平、发展、合作、共赢为指导。文化创新需要有包容的环境，允许失败或错误。(3) 传承与创新的统一关系，没有传承就没有创新，没有创新也不可能有真正的传承，创新是在传承的基础上的创新，高校是文化传承创新的载体。

受“生态文明贵阳国际论坛”2013 年年会和贵阳孔学堂邀请，7 月 19 日乘 CA4162 班机到贵阳。会议主题是“建设生态文明：绿色变革与转型——绿色产业、绿色城镇和绿色消费引领持续发展”。这是从地方性上升到国家级生态文明会议。孔学堂作为一个分会场，探讨“儒家与生态文明”。19:30—22:00 在贵阳国际生态会议中心 2 楼黄果树厅参加“东西方智慧与生态文明高峰会”。中外各四位学者对话。我讲了“中国生态文明的智慧”：中国自古以来就关注生态问题，如提出天人合一、仁民爱物、民胞物与、中和位育、天地万物本吾一体，敬畏自然、尊重自然等，体现中华民族保护生态的卓越智慧和艰苦努力。西方这几个人都讲到人类对自然生态的破坏所造成的危害，较少说到西方生态智慧，这与西方以征服自然为指导思想有关。

7 月 20 日“生态文明贵阳国际论坛”开幕，章新胜主持，讲了生态文明的重要性，中共中央政治局常委张高丽宣读习近平主席给会议发来的贺信，贺信讲了生态文明的重要意义和治理措施。下午出席孔学堂的儒家生态文明对话会。纪宝成主持，杜维明与我做主题演讲，杜教授讲儒教与耶教、伊斯兰教对话对生态文明的启发。我讲和合生态智慧：（1）21 世纪人类共同面临生态冲突与危机。（2）化解生态危机的理念。（3）和合生态智慧。7 月 21 日闭幕式，汇报各分组情况，大会总结。晚在孔学堂用餐，孔学堂依山而建，仿中国古建筑，古色古香。

二、和实力：中国自己的话语

“孔德成先生逝世五周年纪念大会暨儒学的理论与应用国际学术研讨会”2013 年 10 月在台北召开。由中华大成至圣先师孔子协会、“中研院”文哲研究所、台湾大学共同举办。该研讨会宗旨是追思孔德成先生并期能结合有志之士，积极发扬儒学，促进世界和谐进步。我答应参加大会，但由于办理赴台手续的麻烦，而未能参加，很是遗憾，我提供的论文是《理学对四书的选择和价值》，并收入纪念论文集。

我 2012 年在《学术前沿》上发表“和实力”文章，并在凤凰卫视讲和实力，引起教育部的关注。《中国教育报》理论部编辑、记者黄金鲁克来访。7 月 28 日他来舍下，事先他寄来一份采访提纲：（1）您一直致力于在国内外传播和普及和合文化，如今您又提出和实力这个概念，那么，和实力的提出是基于一种什么样的考虑？（2）20 世纪 90 年代，哈佛大学教授约瑟夫·奈首创软实力的概念，从此启动了软实力研究与应用的潮流。您提出的和实力与软实力有什么区别？和实力能否取代软实力？（3）和实力概念的解读包括哪些方面？您认为其中哪一个方面是我们最欠缺和最需要补课的？（4）结合中华民族的传统和现实，并从人类发展的高度，和实力的影响力在哪里？（5）和实力是否能走出国门，并在世界上成为一种中国话语？这种话语能否让中国走出一条与西方不同的道路，最终能推动整个人类进步？（6）和实力如何促进中国的和谐社会建设？如何推动中国梦实现？（7）要建构和实力，我们应做什么？我按照采访提纲做了回答。黄金鲁克先生根据我回答的录音和我笔记本的准备资料，整理成《和实力：我们中国自己的话语》，《中国教育报》于 2013 年 10 月 25 日发表。

8 月 16 日，《人民论坛》杜凤娇编辑约我讲“和”字，我从各层面做了全面系统诠释。

9 月 16 日，中国人民大学孔子研究院召开修改教师节为孔诞日的研讨会，这是依据日前国务院法制办公布《教育法律一揽子修订草案（征求意见稿）》，觉得改教师节日期有希望而进行讨论的。大会从各个角度论证了教师节改为孔诞日的必要性和重要性。大家指出，当前孔子走向世界，在各国创办孔子学院，但我们自己却与一些地方不同，不把教师节定为孔诞日，不与世界接轨，不承认孔子是至圣先师，既然孔子为至圣先师，便应该以孔诞日为教师节，赋予教师节以深厚的文化内涵，亦具有纪念孔子的意义，使全社会尊师重道，也使世界各国孔子学院的学员得到教育。

9 月 18 日，我给博士生讲“和实力”，指出我们把约瑟夫·奈的软实力概念拿过来，不分青红皂白，就一片认同声，写了很多文章，但约瑟夫·奈今年 4 月 19 日在美国“外交政策”网站上发表文章《俄罗斯与中国不懂软实力》，这是照着人家讲的结果，也是一种没有理论自信的表现。中华民族是智慧的民族，是善思的民族，是日新、日日新的善于创新的民族。我们青年人应该有文化自信、理论自信、方法自信，提出体现时代精神的、唯变所适的新理念、新观点、新方法，这是你们的历史使命。

受“礼乐文明与城市化学术研讨会”的邀请，在肖永奎博士生陪同下，乘机到上海。会议宗旨是在实现中国梦与推进城市化背景下，继承弘扬中华礼乐文明的优秀遗产，努力发掘其现代价值，为当代道德建设提出重要理论依据与实施方案，以提升市民素质，创建文明城市，建设中华民族精神家园。9 月 28 日研讨会在嘉定开幕。我讲“礼乐文明与美丽心灵”。《文汇报》2013 年 10 月 17 日以《致乐以治心，化解心灵冲突》为题发表。

中国人民大学孔子研究院为我 80 岁而设讲座，名“立文讲座”，由我讲第一讲，讲题为“礼乐文化，心灵和合”，10 月 17 日的 2121 大教室，座无虚席。讲后有诸多学生踊跃提问，有要求与我合影的、签名的。其实我不是名人，然学生要求，不能拒绝。

三、“东南三贤”的张栻

“张栻思想与现代社会国际论坛——纪念张栻诞辰 880 周年”邀请我

出席，10 月 19 日会议开幕式，有我的致辞：（1）作为思想家，他与朱熹、吕祖谦并称“东南三贤”，是集湖湘学之大成者，为宋明理学做出了重要贡献。（2）作为理学家，他试图融突和合北宋以来理学各派学说，以开放包容心态、自由论学精神，与朱熹、吕祖谦、陆九渊、杨万里交友论学，答问切磋。他继湖湘学的“心与理一”“道与性一”的思想路线，试图将周敦颐以来道学各派理论思维核心范畴太极、理、性、心加以融突和合，而开出新内涵、新思维，在南宋哲学思想中具有重要地位。（3）作为道德家，他从小受家庭“仁义忠孝之家”的影响，以崇高道德情操、悲天悯人的情怀，以忠孝教人，躬身实践，为世之楷模。他的自觉的道德修养、自律的道德行为是值得今人学习的。他在物欲面前知止、知足、知觉，而能抗拒一切利诱，有出污泥而不染的精神。（4）作为政治家，他勤政而爱民，礼义而知耻，廉洁而不贪。他以民生为本，减轻农民赋税，发展生产，有其现实价值。（5）作为教育家，他创办城南书院，追求自由讲学，弘扬中华传统文化，讲求经世致用、实事求是的理念。

20 日大会闭幕。下午到广汉四川师范大学校区，与会代表参加张栻像的揭幕仪式，塑像为汉白玉，有 2 米多高。我与陈来、成中英和四川师范大学党委书记揭像。其上题词为“伟大的爱国主义思想家、教育家，湖湘学和蜀学代表人物南轩夫子张栻”。此字是我写的。

四、人到另一个星球如何生活

接到通知，拙著《中国哲学思潮发展史》通过评审，全国哲学社会科学规划办公室 2013 年 9 月 10 日评审意见：“张立文同志，您申报的成果《中国哲学思潮发展史》已通过专家评审，入选 2013 年度《国家哲学社会科学成果文库》。专家认为，该成果对先秦至现代两千多年的中国哲学思潮史做了系统的考察、梳理和论述，作者对哲学与哲学思潮做了新的界定，以核心话题、诠释文本、人文语境的转换作为中国哲学创新的三大规则，梳理出各个时期中国哲学思潮的主题，比较清晰地勾勒出中国哲学思潮发展的整体脉络，以一个新的角度揭示了中国哲学的性质和特点。该成果是我国第一部有关中国哲学思潮发展史方面的学术著作，对于拓展中国哲学的研究领域、推动中国哲学的现代转化和理论建构都有重要学术价值及理论意义。”同时又提出修改意见。

我根据专家提的修改意见向全国哲学社会科学规划办公室写了报告：“感谢评审专家提出的修改意见，现修改如下：（1）对理学、道学、理体学、心体学、气体学问题，依据拙著《宋明理学研究》作解；（2）对五个时期概括，改为先秦原创期，秦汉奠基期，魏晋南北朝发展期，隋唐深化期，宋元明清造极期，以明中国哲学思潮发展脉络；（3）史伯与屈原时间颠倒做了改正；（4）《和合学》一章删去，补为《中国哲学的创新》。”该书经方国根编审、段海宝副编审反复、认真、仔细、精心核对编辑，于2014年由人民出版社出版。从2005年批准立项，到现在已8年了，该书上下两卷，190万余字，主要是50年教学和研究成果的总结。

由中国人民大学和韩国高等教育财团主办，中国人民大学孔子研究院承办召开“国际儒学论坛·2013——儒家思想与理想之政”。会议于2013年12月1日开幕，各领导和各国代表致辞后，就进入发言，我为会议提供《集权与分权》论文。12月2日，我在闭幕式有一个发言“人类到另一个星球应如何生活——和合理想之境”：当今地球作为人类生活的星球，已遭人类破坏，空气污染，雾霾满天，人们已不能自由呼吸。它超越国界，在全球化、信息革命的时代，这已不是一个国家、地域的问题，是全球、全人类的问题。地球已成为不宜居的星球，将来人类要到另一个星球去生活，人类应建构什么样的世界，如何建设宜居星球，这是这一代学者应做出回应的问题。因此我想到了柏拉图的《理想国》，康有为的《大同书》。柏拉图曾讨论公正与不正，“和合学政治”也应该讨论公正、公平、正义等问题，这是现代社会所关切而未解决的问题，贫富、强弱、大小等国与国之间的冲突以及人与人之间的冲突由此而生，中国出现仇富仇官现象，这是社会动乱的原因之一。未来人类在另一个星球生活，不是以征服的模式来管理，政府形式往往出现为自己阶级、集团利益服务的问题，取消政府、国家结构，建立人民管理共同体机构，这需要一个真、善、美融合一体的人民支持的管理机制。人类绝不能把地球的丑恶带到另一个星球上，如何建立新世界、新人类，需要发挥人类卓越的智慧来设计、来创造，一个全新的天和地和人和、天乐地乐人乐的和乐世界一定能实现。

受《光明日报·国学版》之邀，12月18日座谈习近平8月19日在全国宣传工作会议上的四个讲清楚："要讲清楚每个国家和民族的历史传统、文化积淀、基本国情不同，其发展道路必有着自己的特色；讲清楚中华文化积淀着中华民族最深沉的精神追求，是中华民族生生不息、发展壮大的丰厚滋养；讲清楚中华优秀传统文化是中华民族的突出优势，是我们最深厚的文化软实力；讲清楚中国特色社会主义植根于中华文化沃土上，反映中国人民意愿，适应中国和时代发展进步要求，有着深厚历史渊源和广泛现实基础。"参加座谈会的有张岂之、余敦康、牟钟鉴、王志民和我。我讲了几点：(1) 中国文化是中华民族的根和魂，是命根、灵魂，根深才能叶茂，魂灵才能生生不息，它是民族复兴的基础和出发点。中华文化孕育了四大发明。(2) 中华文化是中华民族共同的精神家园。希拉里说中国是一个没有宗教信仰的国家，其实中国是一个多宗教、多民族国家，中华文化中的慎终追远、落叶归根、神道设教是中华民族的精神家园。(3) 中华民族文化是为道屡迁、唯变所适的与时俱进的文化。(4) 中华文化是开放包容的文化，它不断融突国内各优秀文化，亦不断学习吸收外来文化，以丰富发展繁荣自己。(5) 中华文化是和合文化，是和平、发展、合作、共赢的文化。(6) 中华文化是追求高尚道德、注重人格培养、讲求崇高情操的文化。(7) 苟日新、日日新，中华文化是倡导创新的文化。(8) 中华文化最深层的追求是道的文化，孔颜之乐就在于乐道。孔子说："朝闻道，夕死可矣。"中华文化指引了中华民族发展道路，而具有中国特色。

第三十二章　儒学的再发现

教育部通过我校科研处通知我出席中央电视台举办的 2014 年元宵节晚会，2014 年 2 月 13 日在第一演播室，大概能容纳 800～1 000 人，我坐第二排，有桌子并摆花，第三排后就没有桌子，只有座位了。其实今年元宵节与西方情人节为同一天。演出场面很大，在投影上有和合二仙的像，表示喜庆、人间之爱，给人以温馨、温暖、关爱，那是一种“以他平他谓之和”的泛爱众而亲仁的爱。

一、中华文化的传承

3 月 17 日新华社来采访，我讲“传统文化的传承和核心价值观的建设”问题：其一，为什么要传承中华文化。中华文化是中华民族的血脉，是中华民族魂之所在，是中华民族共同的精神家园。(1) 中华优秀传统文化是核心价值观的立足点。文化传统、文化积淀、历史传统、伦理道德、哲学思维培育了各不相同的价值观。这是一个民族价值观的根本所在。大树要有大根来支撑，根深才能叶茂。中华民族五千年文明是核心价值观的根本所在，丢掉这个根本，这个民族也会逐渐根断叶枯而死。(2) 中华优秀传统文化是中华民族立足于世界民族之林的根基。四大文明古国中，唯中华文明绵延下来没有中断，而不断发展壮大。中国尽管有许多磨难，经历火的煎熬，但凤凰涅槃，生生不息，这是文化的力量。中国虽是多民族、多宗教国家，但不灭亡、不分裂，其命脉、其根基就在于文化的魅力，它的凝聚性、向心性是世界文明古国中罕有的。亡国必先亡文化，文化亡，国家亡。今天讲爱国主义，就是要爱中华文化，只有爱中国文化，才会保持认同自己的民族，有爱国心，有落叶归根的心。这就是所说的大力弘扬以爱国主义为核心的民族精神。(3) 中华优秀传统文化是中华民族独特的精神标识。中华民族讲“己所不欲，勿施于人”的博大情怀；讲“己欲立而立人，己欲达而达人”的共立共富共发达的无私助人精神；讲“泛爱众”“兼相爱”的仁爱精神；讲“和为贵”“君子和而不同”的和平、和谐、和合精神；讲“民为贵，社稷次之，君为轻”的“民惟邦本”的人文主义精神；讲修身养性、涵养须用敬的精神；讲选贤与能的尚贤精神；讲“协和万邦”的和平外交精神；讲天人合一的保护生态的环保精神。这些都是中华民族独特的精神标识，是世界上独一无二的，是中华民族之所以生生不息的源头活水。(4) 中华民族文化是民族最深层的精神追求。如求道精神，孔子讲“朝闻道，夕死可矣”。会通精神，“穷则变，变则通，通则久”的会通、感通、交通精神，通过交流、对话而互相理解。此均蕴含在中华文化宝库之中。(5) 中华民族优秀传统文化是弘扬民族传统美德、开辟未来的资源。这五方面说明中华优秀传统文化是中华民族灵魂所在、根基所在、精髓所在，是中华民族的命脉，中华民族子孙不能割断此命脉，否则就亡。

其二，传承什么传统优秀文化。(1) 讲仁爱；(2) 重民本；(3) 守诚信；(4) 崇正义；(5) 尚和合；(6) 求大同。

其三，如何传承中华优秀传统文化。(1) 要融入社会生活，让人民在实践中感知它、领悟它，通过典型事和人的宣传、教育，深入人心。(2) 要加强教育引导，通过多渠道、多形式、多方法内化为人的自觉的精神追求。从娃娃抓起，进课堂、进头脑，大、中学校应将中华优秀传统文化作为必修课，使学生以作为中华子孙而自豪，增强中华民族的凝聚力、向心力、亲和力。(3) 健全各行业的规章制度，完善市民公约，健全各阶层的道德行为准则，使其自觉遵守执行，使中华民族成为现代的礼仪之邦。(4) 加强中华传统节日的文化教育，现代革命、抗战节日的教育，使人人懂礼貌、讲文明、爱民族、爱国家。

4 月 10 日给社会科学院哲学所以及一些艺术家讲“和合学与中华文化的传承”课。(1) 中华文化传承面临新的信息革命的时代，这是现代新儒家所没有碰到的社会现实环境，要创新中国哲学，必须度越现代新儒家，不能照着西方讲，也不要接着宋明理学讲，要重新讲，讲出当代精神的精华。(2)中国哲学如何创新。要抓住时代脉搏,延续中华文化命脉。(3)和合学是当代中国哲学的理论思维形态。

二、明湖高端对话

受“第三届尼山世界文明论坛”的邀请,5月20日乘车到济南山东大学。21日论坛开幕,论坛主题是“不同信仰下的人类共同伦理”。虽然世界各国学者都认识到人类面临危机,各人的分析基本相同,但对如何化解危机,没有提出有效对策和化解的理念。我认为现在不能停留在发现问题和危机上,而在于提出化解或治理的措施。

5月22日出席“明湖高端对话”。这次明湖高端对话的主题为“儒家伦理与巴哈伊伦理”。我讲了提供给会议的论文《恐惧与价值——宗教缘起于价值理念》的内容简介,主要就巴哈伊教与儒教的思想做比较。

5月22日晚,出席“从尼山到陶山——中韩学者对话会”。我很有感情地讲了自从1982年美国“国际朱熹学术研讨会”认识韩国学者以来,一直受退溪学研究院理事长李东俊、李龙兑先生的帮助和支持,以至有机会出席历次国际退溪学术会议,受益匪浅,使我对韩国的儒学思想的博大精深有了一些认识。韩国的儒学、朱子学大家辈出,光耀韩国,其四端七情之论、人物之性之论,把朱子学在韩国推向高峰。韩国儒学的人间性、逻辑结构性是现实性与逻辑性的结合,开出新思想、新思维、新观念。这次对话很融洽。5月23日大会闭幕。

5月17日,我的博士生陈欣雨、石双华博士论文答辩。两人顺利通过。

6月6日,人民出版社、中国人民大学孔子研究院联合召开“《中国哲学思潮发展史》首发式暨专家座谈”。该书是我近8年心血结晶,在被收入《国家哲学社会科学成果文库》后,忙坏了方国根编审和段海宝副编审,他们按编辑规范修改、校对,终于出版,他们为人做嫁衣,做无名英雄,这种精神值得发扬、学习。出席会议的有人民出版社的副总编辑陈亚明,中国人民大学副校长杨慧林。由哲学院院长姚新中主持。陈亚明副总编讲为出好该书,编辑们加班加点、按时出版的辛苦。杨慧林副校长讲他博士入学口试时,是我主持口试,并问言意之辨的情形,对该书190万字表示敬佩。余敦康研究员说：冯友兰不能自己讲，张立文提出自己讲、讲自己，有新气象，推陈出新。牟钟鉴说：该书完全按中国哲学实际定义哲学，探究出中国哲学思潮发展三条规律性的原则，有启发性，是研究中国哲学的新发现。周桂钿说：哲学家与哲学史家不同，张岱年说好的哲学史家一定是哲学家，哲学家才能是好的哲学史家；张立文是哲学家，也是好的哲学史家。宋志明说：该书走出以西代中，以苏联代中国，推陈出新，打破以人头为主的论述方式。没有思潮就没有哲学，五个思潮是历史与逻辑的统一。张学智说：该书把哲学眼光、思想与哲学历史实际结合，提出新见解，贯彻和合学。韩星说：和合学理论是自己讲、讲自己，回到中国，创新三规则、五个思潮的分析等，该书具有创新性、完美性。接着以上教授还有诸多发言。“清心若镜凌江月，廉政如莲醒世风。”《光明日报》6 月 7 日由李亚彬报道了首发式的盛况。

三、传统文人的人格理想

中国人民大学徐悲鸿艺术学院副院长郑晓华要我向书法家培训班讲“传统文人的人格理想”。6 月 8 日开班，学校党委常务副书记张建明讲话，中国书协的领导人讲话后，我做学术报告，要点为：(1) 学莫贵于能疑，能疑必生于能思。陈献章说：“小疑有小进，大疑有大进。”我们从疑开始，什么是传统，什么是文人，什么是人格，什么是理想，这是四疑。(2) 春风来不远，只在屋东头。人格理想是能实现的，离人不远。(3) 文人如何实现自己的人格理想。“近水知鱼性，近山识鸟音”，实现人格理想的两种途径有经验性的，有理想性的。人格的建立与完成不仅有赖于道德信念的确立与自觉，亦有赖于个体精神之活泼悦适。

受“新世纪中国哲学转型——《汤一介集》新书发布会暨学术座谈会”邀请，6 月 19 日在北京大学召开。我见汤一介教授身体已非常虚弱，是坐着轮椅来的。《汤一介集》是由中国人民大学出版社出版，因此出版社也要我参加。首先由领导发言，汤一介本人讲他对哲学的思考。然后汤一介要我发言。我祝汤先生身体健康，当前中国哲学界老人越来越少，汤先生要有信心长寿，也祝汤先生夫人乐黛云长寿。汤先生对中国哲学的传承做出了贡献，编纂中华《儒藏》其贡献尤大。他是一个“不敢自称哲学家”的中国哲学家。我读了《汤一介集》10卷本，很受感动，可用三个字来概括：(1) 新。他以世界的情怀、全球意识观乎天文以察时变。他提出新轴心时代概念，发展中西马学说，摆脱学术定于一尊观念，对中国哲学做出创新性的探索和诠释，提出中国诠释学的思想。并且建立中国文化书院，具有远见卓识，推动传统文化现代化，掀起文化热。(2) 通。中外会通，通过孔、老、庄与黑格尔、康德、谢林思想的比较，彰显中国哲学的特色，从中西哲学之争向会通中西古今之学转变；儒、释、道三教会通，对三教都有论著和研究，并会通内超越与外超越。(3) 爱。爱国，从小就心怀救国之志；爱家，《深夜一盏灯》读后使人感动；爱友，帮助朋友、青年成长；爱学，从青少年时起就爱学习，喜欢思考人生问题、哲学问题。他的精神是值得我们学习的。

四、21世纪人文价值论坛

鉴于西方有达沃斯论坛，中国有夏季达沃斯论坛，韩国想从人文价值方面举办一个论坛，于是金光亿教授与李龙兑理事长邀我参加，我要求段海宝博士陪同我出席，并取得同意。2014年7月2日乘CA129航班从北京到釜山机场，同机有许嘉璐、凤凰卫视老总、我与陈来坐公务舱。从釜山到安东。晚餐在宾馆二楼，除各国来的学者外，意外地会见金泰昌教授。我赠送韩国国学振兴院《李退溪思想世界》和《中国哲学思潮发展史》(上下卷)。由于这是非正式宴会，所以比较自由。7月3日“21世纪人文价值论坛”开幕，先出席安东乡校祭祀典礼，这次祭祀是按礼来做的，许嘉璐等穿上韩国祭祀的礼服，为祭祀官，应三跪九拜。后吃祭祀饭。

7月3日下午正式开幕，第一阶段由朴槿惠总统代表致辞，因朴总统要在首尔会见习近平主席。前总理、安东市市长及议员致辞，认为这是对中国尼山论坛和达沃斯论坛的补充，具有重要地位。第二阶段是主旨发言，金光亿和许嘉璐发言。金讲儒家的人文价值，许讲从尼山到陶山，人文价值与文明对话，安东与尼山、山东应同为弘扬儒家人文精神而携手共进。第三阶段是我的发言，讲“儒家伦理与廉政”，因廉政是世界各国普遍的问题，关于廉政，儒家有丰富的、深厚的资源。我发言后被记者约谈儒教在中国大陆发展状况，以及对儒教不同的看法和理解。我认为儒教是有充足的宗教情操和感情的，儒教的神道设教、落叶归根等都含有宗教性。尽管没有制度化，但儒教是人文性的、精神性的宗教，人们信仰儒教，以满足精神食粮的需要，化解精神方面的冲突。儒教在中国与韩国不同，韩国有乡校，由成均馆管理，正式承认儒教是宗教。韩国儒教注重人间世，深入百姓日用之中。乡校、文庙祭祀活动正常，中国祭祀在全国来说并非常态化。

7 月 4 日出席安东大学会场讨论会。发言者有金观涛及其夫人刘青峰。金讲从古典儒学到宋明理学，黄玉顺讲生活儒学。当前儒学的称呼很多，如民主儒学等等。我认为问题在实现儒学的现代转型，要实现儒学转型，必须遵照我确定的三条“游戏规则”，否则不可能成功转型。下午第一阶段讨论儒家资本主义问题，这是 1995 年提出的，我认为首先要分清楚什么是儒家资本主义，不能以为经济发展就是儒家资本主义。资本主义与儒教不能做简单比较，亦可能“亚洲四小龙”经济起飞是家族主义促成的。第二阶段讨论儒教与女性问题。据韩国学者说，安东是韩国精神首都，退溪出生在安东，这是韩国的曲阜。

7 月 6 日参观李退溪创办的陶山书院，这是退溪致仕后从事教学的地方。《陶山书院学规》是根据朱熹《白鹿洞书院学规》制订的，但更具体，如平时不准离开书院、女人不准入内，使学员更安心学习，如此培养了一批知识精英，为李朝输送了一批清廉守信的官员。1988 年我参加第十届退溪学国际学术会议及出席汉城奥运会时拜谒过陶山书院，并在李东俊理事长的引领下，植下一棵树，这是我在 1987 年获退溪学国际学术赏的缘故，植树以作纪念。我第二次来陶山书院和参观退溪故居时，在故居前退溪中拣了一块石头，侧看像人形。这是第三次了，但周围有很大的变化，来拜谒的人很多。

五、一带一路文化圆桌会议

中国宋庆龄基金会为弘扬宋庆龄精神，高举和平旗帜，立足民间身份，参与公共外交和人文交流，落实丝绸之路经济带的倡议，与兰州大学共同举办“一带一路文化圆桌会议”。会议主题是：“一带一路建设中的文化交流与区域合作”。于 8 月 23 日报到，8 月 24 日开幕。出席会议的有俄罗斯、哈萨克斯坦、乌兹别克斯坦、印度等国学者。接着主旨发言，我讲“和实力和中国梦”。下午是文化交流分会场，有乌兹别克斯坦学者讲丝绸之路上中国与乌兹别克斯坦的合作等发言和讨论。8 月 25 日继续分组发言讨论。下午参观甘肃省博物馆，其镇馆之宝是马踏飞燕，马的一只脚踩在燕子上，三只脚腾空，作飞翔之状，古人对力学有研究，不然就站不住，马张嘴在怒吼。参观后赶回参加会议闭幕式，在兰州大学逸夫科学馆，由三个分会场汇报发言讨论情况及问题。晚上宋庆龄基金会秘书长李宁先生邀请国外学者及我、彭永捷、朱璐和基金会人员参加宴会。恰好今天是德国席勒研究院研究员温嘉的生日，宴会准备了蛋糕，表示祝贺，我送她《和合哲学论》，她表示感谢。21:30 坐火车从兰州到嘉峪关。

中国长城东起山海关，西到嘉峪关，嘉峪关比山海关雄伟，它在祁连山与黑山之间，是一个天然的难攻易守的雄关，关的各种设施很完备，瓮城对敌人的威胁很大，四周有敌楼，可瞭望关外的敌情，关的东西有两楼，可供守关将士避雨休息。城门有车道，由于古代通车，有车轮压出的凹形车道遗迹。嘉峪关是古人的杰作，是中华民族智慧的体现，是劳动人民卓越的创造。我在嘉峪关古玩店买了清代青玉笔筒，温嘉也想买，结果我把青玉笔筒送给了她。她很感谢。下午参观魏晋砖壁画墓，我没有去。但斐华为我买了一本《地下画廊——魏晋墓群》。8 月 27 日早从嘉峪关到敦煌，这是我长期以来想去的地方，高速公路沿途全是沙漠，称戈壁沙漠，只要有水，就是一大片良田。据敦煌研究院的马老师说，院内科研人员与职工约 1 000 人，是一个大研究院，但专心做研究的人并不多，12 点到敦煌市，从敦煌市乘车去参观世界文化遗产莫高窟。莫高窟有东方艺术明珠之称，俗称千佛洞，其标志性的建筑是九层佛阁，其尖顶显露于岩壁之上，高低错落有致。我们 19 点乘车到“鸣沙月牙泉”，这几个字是赵朴初写的，字一放大就显得弱小而无力。月牙泉四周是较高的沙丘，中有绿水，像月牙，故名，不为流沙吞没，始终碧波荡漾，清澈见底，久雨不溢，久旱不涸。泉内产铁背鱼、七星草，据说人食之可长寿，故当地人称月牙泉为药泉。8 月 28 日回京，回忆起敦煌整天蓝天白云，空气清新，没有雾霾，别有一种引人入胜的乐趣。谚曰：一方水土养一方人。那里人朴实正直，粗豪好客。

10 月 2 日韩国电视台来访，采访内容是：（1）中国人民大学孔子研究院是什么样的机构？（2）现在儒教研究情况如何？（3）现在孔子思想中哪些方面最受人关注？（4）为什么中国对孔子和儒教如此关注？（5）韩国儒教思想和中国儒教思想的共同点与差异为何？（6）今后国学在中国将会产生什么影响？我一一做了回答。

六、习近平主席讲儒学

国际儒学联合会为纪念孔子诞辰 2 565 周年，召开“国际学术研讨会暨国际儒学联合会第五届会员大会”，10 月 23 日报到。24 日上午在人民大会堂金色大厅听习近平主席在大会开幕式上讲话，国家主席、军委主席、总书记在儒学大会上讲话是破天荒的，讲话全面弘扬中华优秀传统文化，肯定儒学思想是中华优秀传统文化的部分，充分肯定孔子儒家思想的历史地位和时代价值。习主席认为孔子创立的儒家学说以及在此基础上发展起来的儒家思想，对中华文明产生了深刻影响，是中国传统文化的重要组成部分，儒家思想同中华民族形成与发展过程中所产生的其他思想一道，记载了中华民族自古以来在建设家园的奋斗中开展的精神活动、进行的理论思维、创造的文化成果，反映了中华民族的精神追求，是中华民族生生不息、发展壮大的重要滋养。对于儒家思想的全面肯定，是中华文化自觉、自信、自尊的表现。习主席特别提到不忘历史才能开辟未来，善于继承才能善于创新，优秀传统文化是一个国家、一个民族传承和发展的根本，如果丢掉了，就割断了精神命脉。在继承中发展，在发展中继承，这就纠正了传统与现代不相容、继承与创新相对立的错误思维。下午我与杜维明在大会上发言，我发言的主题为“集权与分权——由朱熹集权与分权推致”，将当今世界的集权与分权分为五类型做出分析，引起与会者的兴趣。后集中照相。晚上由国际儒联与《光明日报》召开各国学者座谈学习习近平报告会，我讲：（1）中华民族自古以来爱好和平，这不是权宜之计，自古没有占领海外殖民地，郑和下西洋带去的是和平，是“己所不欲，勿施于人”。（2）对儒家思想的内涵、性质、特点、影响、作用做了全面论述，把中华优秀传统文化概括为 15 点，很准确。（3）对传统与现代、继承与创新、历史与未来关系做了明确的论述，纠正了以往种种错误的二元对立的思维方式。(4) 为马克思主义中国化与中华民族优秀传统相结合指出了方向。我们的发言于 10 月 15 日被各报报道。25 日国际儒联工作报告，原会长叶选平退下来，选滕文生为会长，会议分组发言，报告论文。26 日我没有去曲阜参加祭孔活动，尽管今年祭孔文是我写的，各报已做报道。

10 月 17 日中共北京市委组织部、北京市委党校举办“中国传统文化与官德修养”培训班，请我讲课，由于去得早，所以陈欣雨博士与培训班的负责人引我先参观“利玛窦和外国教士墓地”。上午 9 点，开始讲培训班的第一课“《周易》智慧与中国精神世界”，要点为：(1) 人文智慧的中国精神。文明与人文精神，保合大和精神，生生不息精神。(2) 思维方式智慧的中国精神。太极思维，变通思维，理、性、命思维。(3) 中华民族智慧的中国精神。自强不息，厚德载物精神；与时偕行精神；忧患精神。对《周易》做了基本梳理。

受“戴震诞辰 290 周年纪念暨戴震学术研讨会”邀请，2014 年 10 月 18 日与方国根编审赴黄山市。会议由黄山学院主办，具体负责人是潘定武先生。在领导们致辞后，我第一个做主题发言：“戴震的精神世界”。潘定武先生按我发言录音整理，发表在《黄山学院学报》上。

七、正义与和合

在“秋天万里净，气爽格外明”之时，于 2014 年 10 月 28 日由中国人民大学哲学院、孔子研究院召开“张立文教授执教 55 周年暨和合学与中国哲学创新学术研讨会”。邀请函是这样写的：“张立文教授生于 1935 年，1956 年考入中国人民大学历史系，1960 年毕业留校，分配到哲学系中国哲学教研室至今。1984 年由国务院学位委员会特批为教授，2009 年被评为中国人民大学首批一级教授。现任中国人民大学哲学院教授，中国人民大学孔子研究院院长、国学研究院院长。50 多年来，张先生教书育人，著书立说，德风惠及国内外，亲自教授学生数以千计，直接指导培养博士生、硕士生 50 多人，他们中很多人现已成为学术界及各行各业中坚力量。张先生教书育人之外，也是一位勤奋而多产的作家，现已出版学术著作 28 部，学术论文近 600 篇，主编各类学术著作 40 多种。在宋明理学、易学、东亚哲学、中国哲学研究范式等领域的研究成果尤其引人注目。20 世纪 80 年代末张先生提出并建构和合学，21 世纪初又提出自己讲、讲自己，走中国哲学自觉发展之路。虽已年届八旬，但张先生勤奋好学，一直保持着旺盛的学术生命力……张先生特别叮咛，不接受礼品……”会议经长期准备，由彭永捷和罗安宪教授主编了《张立文学派》和《和合之思——张立文教授八十华诞纪念文集》两书。我在大会致答谢词：“首先感天地父母天人和合之恩，次感老师传道授业之恩，次感妻子、兄弟、姐妹家和万事兴之恩，次感朋友、学生诚明相和之恩，次感各报刊、出版社编辑、记者无私奉献和美之恩。”

11 月 22 日由中国人民大学与韩国高等教育财团主办，孔子研究院承办的“国际儒学论坛·2014——儒家视域中的正义与和合”在中国人民大学开幕，中国人民大学陈雨露校长、韩国高等教育财团朴仁国总长致辞，国内外学者约 300 人与会，我做主题发言“正义与和合”，后以中英文在杂志发表。下午分组报告论文和讨论。“国际儒学论坛”已连续举办十一届，在国际、国内已有很大的影响，尽管与会学者的旅费均由自己负担，但学者仍踊跃参与，每次涉及的主题都是儒学中的重要课题，亦是需要解决的问题，如正义问题、和合问题，均是当前全球性的政治哲学问题。世界唯有正义、和合，才能安定、太平。当前由于不正义、不和合，人民不能安居乐业，而发生难民潮，冲击欧洲以至世界，我分析利益集团、金融集团与权力集团造成世界不正义、不公平的原因，这是追根溯源的探究。然而新世界属于开拓者和创造者，中国哲学当代形态的和合学，不是黄昏到来时才起飞的密纳发的猫头鹰，而是迎着朝阳起舞的高卢雄鸡，“为万世开太平”的新时代即将到来，它首先在中国这文明古国的大地上引吭高歌，把自己美妙而幸福的声音播向宇宙。

12 月 16 日贵州孔学堂隋唐馆请我校撰写对联，姚新中院长接受由哲学院来撰写，他找了几个人撰写了一联“尧舜孔孟万世道统，韩柳李杜百代宗风”。报学校后觉得不够有气魄。姚新中院长要我撰“三教（家）兼容道贯古今，五经并蓄德侔天地”，三教可为三家。另撰“炎黄荡荡，乾坤相资，寰宇澄清；华夏煌煌，阴阳互济，神州祥明”。横批“斯文在兹”“高山景行”可任选。我觉得前联较切合隋唐馆。

第三十三章 中西印文明智慧

谚云："日月如梭，光阴似箭。"梭是织布牵引纬线的工具，比喻时间过得快，当今的梭乃是超音速飞机，比梭快得何止千万倍；箭乃是火箭导弹，飞箭怎能比拟。人之一生不过一瞬间，"光阴似箭催人老"，不知不觉已到了我实足 80 岁年纪，这 80 年是在风风雨雨、曲曲折折中走过来的，好在自知无能，不求闻达，总算平安过来，到了 2015 年。不过我以此为起点，还有一点老骥伏枥、壮心不已的意气，可以做一点随心所欲、不逾矩的事。我 16 岁便经地狱般煎熬，重见光明，又历烈火般锻炼，浴火再生。故此世事看开了，心平了，气和了，上善若水，看空一切，这是我的真情。

一、不学礼，无以立

2015 年 3 月 14 日，在中国人民大学孔子研究院副院长彭永捷的推动下，孔子研究院礼学研究中心成立大会召开，在会议通知和介绍中，附了我的《礼学与心灵和合》的文章。我在成立大会有一发言：中国自古以来便被誉为礼仪之邦，中华文化的特色是礼乐文明，中国作为多元一体的国家，之所以长期以来维持一体而不分裂、不灭亡，是礼乐文化的有序性、稳定性、和合性及凝聚力、向心力、亲和力的贡献。礼是天下、国家的三本，孔子说"不学礼，无以立"。不学礼、不知礼，人就不能立足社会，安居乐业，安身立命。礼既是人安身之本，亦是社会安定、和谐的标志。然在当前，礼与人的日常生活严重分离。自从五四以来"礼教杀人"、吃人等批判后，礼成为吃人的恶魔。特别在"文化大革命"中，礼的恶名深入人心，礼仪之邦的声誉荡然无存，社会动乱，礼的行为规范、道德言行破坏无遗。因此当前应恢复礼。礼是四德、五常之一，亦是国之四维之首。礼在今天却成为一些人的稀缺品，他们离礼仪行为、文明礼貌越来越远，如出国旅游乱吐痰、在一些文物上乱刻乱画、打架闹事等，有损中国人的形象。礼不单是形而下的礼仪，而且是形而上之道，是人道的至极、终极的道。此道具有形而上性，亦具有道德性。礼本乎情，是各社会等级、国家、民族之间关系的和合剂，孔子说“礼之用，和为贵”，以和为最珍贵，之所以珍贵，是人与人之间具有亲情、爱情、人情，由此推致而和，和是情爱的基石。若无情爱，礼便是僵死的、无生命力的东西。有情，礼才具有生命力，是活的礼，才能被大众所接受，而渗透到日常百姓的生活活动之中。

2015 年 3 月 15 日出席“周桂钿《秦汉哲学》首发式”。周桂钿教授研究秦汉思想成绩显著，我在会上说读其书有启发。我讲：(1) 坚持不懈的精神。做中国哲学研究，坚持钻研经典原著，必有不同于别人的体认。(2) 精益求精的精神。对董仲舒思想三次定性，第一次认为与王充相对为唯心主义；第二次认为董仲舒的形式是唯心主义的，内容是唯物主义的，写成《董学探微》一书，思想旧，仍未脱离唯心唯物两个对子的思路；第三次定性董仲舒为求善的政治哲学。观点的改变是认识的提升、思想的进步、学术的完善。(3) 致广大的精神。由于王充与董仲舒都讲天人关系，对古代天文学有研究，又过渡到医学，回到传统科学，于是要研究中国古代天文学，著成《天地奥秘的探索历程》一书，并纠正了前人的一些看法，如浑天说，风的级别西方分 12 级、中国古代分 10 级等。周桂钿教授的精神值得我们学习。

受曲阜市文物局的邀请，为孔庙杏坛开讲讲儒学，4 月 18 日下午我在孔庙杏坛讲学，题为“儒学是中华民族发展壮大的重要滋养”。阐明孔子打不倒、儒学批不臭的原因，说明内因与外缘，最后讲和合儒学，各个历史时期儒学的发展壮大，复兴繁荣，名称虽异，如汉董仲舒以“天人感应”发展儒学，宋明以理学繁荣儒学，名不同，实为儒学，和合学实即儒学。

二、气候和合学

接《人民日报·人民论坛》刘瑞一电，要采访和实力问题，并发来一份采访提纲："《人民论坛》想做一期中国和实力的特别策划，想就和实力的几个问题请教，尤其是和实力的内涵界定，希望能谈得深入仔细。(1) 何为和实力，它是内涵是什么？(希望深入谈) (2) 和实力有何特征？(3) 和实力的战略意义是什么？(4) 中国现阶段的和实力呈现怎样的走势？有何缺板？应如何打造？"2015 年 5 月 9 日，刘瑞一先生来访谈。我就刘瑞一先生的采访提纲一一做了详细的论述。《人民论坛》2015 年第 7 期以《和实力的深刻意蕴与独特价值——专访著名哲学家、中国人民大学一级教授张立文》为题发表。

受"和合人间研讨会"的邀请，我与罗安宪教授、刘增光讲师赴浙江天台出席会议。2015 年 5 月 15 日乘机到杭州，坐车到天台。16 日会议开幕，领导致辞后，合影，后主题发言，我讲"和合的时代价值"。下午下雨，出席天台山和合人间博物馆揭幕仪式。博物馆收藏有关和合的画、瓷器、木雕、剪纸等，已初具规模，其中有我的书及照片。19 日出席小组讨论会，我讲和实力。

2015 年 6 月 4 日，中国人民大学常务副书记张建明教授来访，征求我的意见。我讲了加强人文社会科学建设和力量的整合，以发挥更大作用；培养中青年学者，让其更快、更好成长；表扬奖励在教学科研有成就的学者，树立榜样；对学生人生观、世界观的教育要加强；加强媒体的宣传报道，提升学校的知名度；学校要加强对孔子研究院的支持力度，人员、经费、房子问题长期得不到解决。

6 月 24—25 日，由宋庆龄基金会主办，中国人民大学孔子研究院承办的"气候变化国际圆桌会议"在五洲大酒店召开。为开好这个会议，曾在 5 月 12 日召开筹备会。提出《宋庆龄基金会关于举办气候变化圆桌会议的方案》，方案说："当前气候变化已经成为人类社会面临的最大挑战之一，全球不断增暖的态势导致地球生态系统发生一系列深刻变化，进而影响到经济、社会、政治各方面，制约人类和平发展，气候变化问题已得到各国政府与公众的极大关注。中国宋庆龄基金会秉持宋庆龄缔造和平、追求人类普遍和谐合作的精神，始终遵循和平、统一、未来三项宗旨，积极致力于推动人类和平进步事业。基于对和平发展与气候问题的关注，发挥具有联合国经济社会理事会特别咨商地位的优势，在 2015 年巴黎气候变化框架公约缔约方会议之前，中国宋庆龄基金会拟联合国内外关注环境及气候变化领域的知名智库或研究机构，举办小规模、高规格的国际圆桌会议，促进中外相关领域的权威人士和专家学者探讨应对气候变化问题的理念和实践，分享交流全球气候治理智慧，并在此过程中探索总结如何通过民间渠道，建构非官方平等对话机制，在应对气候变化问题时更好地发挥作用。主旨：和平发展与气候变化，理论与实践。议题：气候变化的科学认识，气候变化的历史责任，气候变化的公平正义。实践行动：低碳生活。主办方：中国宋庆龄基金会；合作方：耶鲁大学全球正义研究中心，国家气候变化专家委员会，中国人民大学孔子研究院，中国政法大学。”6月 24 日，会议开幕式在五洲大酒店荔江厅举行，我第一个做主旨发言，论文是《气候和合学》（此文已在《探索与争鸣》发表）。这个圆桌会议人数不多，但集中了著名学者，因此水准很高，深入交流各自看法，彭永捷教授对气候变化的规则提出了意见。我叫张薇妮参加会议，熟悉国际会议程序，认识国外学者，增长知识。气候变化对人的生存权影响最大，玛雅文明、楼兰文明就是其证明，现在应关注空气污染、疾病加剧、粮食短缺、饥民难民增加等。

6 月 25 日出席“中国人民大学哲学院 2015 年学位授予仪式会议”。6 月 26 日出席中国人民大学 2015 届毕业典礼。全校校领导及各单位、各学院负责人出席，创业有成的校友出席，各学院院旗入场仪式，并唱响自选毕业主题歌曲，升国旗，唱国歌，播放毕业视频，介绍出席典礼领导及资深教授代表、校友代表，副校长宣读本科生毕业决定，硕士生、博士生毕业决定，宣读优秀毕业生名单，支西、参军毕业生名单，毕业十星名单，校领导与我们为其分别颁发各项证书，后由毕业生、留学生代表发言，最后全体毕业生宣誓。整个毕业典礼隆重、热烈。我于 1984 年在香港中文大学讲学期间曾出席香港地区大学毕业典礼，港督亲自出席致辞，毕业生及其家长均参加，使毕业生觉得很光荣、受尊重，典礼很隆重。我当时就觉得内地各学校也应有这样隆重的毕业典礼，地方院校、地方第一把手出席讲话，显得政府重视知识、重视人才，鼓励毕业生为国家、民族做出贡献。

7 月 3 日出席“中国人民大学书报资料中心学术顾问委员会成立大

会、‘学者在线’国家学术数字出版平台上线仪式暨互联网环境下哲学社会科学学术创新与发展论坛”。我被聘为顾问委员会委员，主任为陈雨露校长，秘书长为中国人民大学书报资料中心主任武宝瑞。现在人们流行顾问顾问、顾而不问，不过征求我们意见时还是要提的，平时也关心书报资料中心的工作情况。

三、人要学会做人

受邀出席“第三届北戴河国学论坛”。8月10日由罗安宪教授开小车载我到北戴河。8月11日论坛开幕，领导致辞后，王蒙和叶小文发言。王蒙讲一个敬字，敬是尊重每个人，尊重每件事，这个会议规定8:30开始，结果8:45还没开始，大家在这里等，这就是不敬。他说中华文化讲仁爱、讲度，与马克思、恩格斯辩证法一致，共产主义是大同思想。叶小文讲“厚德载物的市场经济”，如何应对市场经济道德危机，提德治、心治、自治、法治等方法。我讲“日用儒学与国民精神”。儒学的生命在于日用，发展在于日用，创新在于日用，由于儒学是日用之学，故具有持续性、不衰性、传承性、生生性。所谓日用儒学是指为人处世、日常生活、行为活动、所思所想、伦理道德须臾不离。

8月29日受邀出席“国学典籍馆为纪念中国抗日战争暨世界反法西斯战争胜利70周年书画展”。书画展主题是“铭记历史，拥抱未来”，以感性的美使人们铭记为抗日战争牺牲的英雄。主旨是缅怀历史，铭记被日寇侵略的历史；抗战英雄舍生取义精神；理想中的人类世界，和合学完善地提出和平、发展、合作的和合世界；圆中国梦。我在会上致辞，以《周易》的“富有之谓大业，日新之谓盛德，生生之谓易”三句话结合书画家的现实加以诠释，勉励其创新，成大事业，不断变易发展壮大。

9月14日出席中国人民大学2015—2016学年新生开学典礼暨教师节表彰大会，校领导均出席，一级教授除我外有陈先达、吴易风。靳诺讲话，鼓励学生好好学习，为国争光。9月30日出席2015届博士生开学典礼大会。陈雨露校长讲了中国人民大学发展的三阶段校史。1937年的陕北公学，毛泽东讲中国不会亡，因为有陕北公学；华北大学时期；新中国成立后要建立新中国新型大学——中国人民大学。中国人民大学研究生院院长吴晓求报告博士生培养的宗旨、学习过程、各种考核办法及条例。我作为博士生导师代表讲话：

我作为博士生指导导师，最希望博士生身体的、心灵的健康，衷心希望你们能在导师的肩膀上攀登科学高峰，超越导师，这才是好学生，也是对导师的最珍贵的回报。今天我在这里向博士生讲话是一种荣幸，为什么？做一个不很恰当的比喻，如果说大学毕业是秀才，硕士毕业是举人，那么博士毕业就相当于进士，这是古代最高的学位，现在博士也是最高的学位。因此你们是知识精英、国家精英、人民的精英，你们应该觉得自豪、光荣，你们的家人、亲戚朋友，以及你们的家乡都为你们考上博士觉得光荣，你们不应该辜负家人、亲人的期望。尽管你们现在是潜龙勿用，只要君子终日乾乾，夕惕若厉，就可以飞龙在天，实现梦想。马丁·路德·金说“我有一个梦想”，康德说“人的本性就在于知其不可为而为之”，德里达说人要“学会生活”。我要补充一句“人要学会做人”。因为你们是国家的栋梁、卓越人才，所以你们生命是可贵的，“天地之性，人为贵”。人是珍贵的、有价值的，是人间宝贝。为什么？古人说，人是天地之精华、五行之秀气妙合而凝成的。所以人要珍惜自己的生命，这是对家人、亲人、朋友的负责，是对人民、国家的负责。人的生命不是私有财产，“天生我材必有用”，是为国家、民族贡献力量的人才，因而不能一遇到挫折，就自我了断，不能做这样对国家、民族不负责任的事。

但人是一切冲突、矛盾、挑战的汇合点，是一切关系的聚合点，是政治、经济、文化、制度关系的汇聚点，你们面对这样的冲击、压力、冲突、挑战，不能做逃兵、做懦夫，或者自我回避、放弃。你们要想一想，父母之恩、师友之恩、国家民族之恩都没有报，自己一时冲昏头脑，这是一种极端自私的表现，是不可取的，有违中华民族自强不息的精神、勇者不惧的大丈夫精神，我们应该克服艰难险阻，奋勇前进，这才是中华民族知识精英的应有的情操和品格。

怎样回应我们所面临的冲击、压力、冲突、挑战？人的一生本是不平坦的，道路是曲折的。我们既然已经克服种种困难险阻而考取了博士研究生，今后的道路仍然是艰难的，但压力越大，反作用力也越大。我们能在压力下锻炼得更坚强，在冲突中磨炼得更有成就，在冲击下铸炼成钢。人的一生就是从冲击中、挑战中、冲突中走出来，人人如此，概莫能外。如何能够做到更加坚强、更加有成就、铸炼成钢，可以按《大学》三纲领、八条目来实践，这是内圣外王的功夫、修身养性的历程，是人获得心灵健康、事业成功并实现梦想的道德根基的八个阶段。

…………

博士毕业后，期盼你们都成为能修身、齐家、治国、平天下的杰出人才。

10月10日至10月18日上博士生课，我讲两课：第一讲为“日用儒学与国民精神”，第二讲为“全球人类命运的哲学思考”。这两讲已由听课博士生王文均等据录音输入电脑，未发表。

四、中西印智慧的比较

《气候和合学》在《探索与争鸣》发表后，《人民政协报》记者谢颖要采访气候变化问题。她整理后以《气候变化的和合之思——访著名学者张立文教授》为题刊载于《人民政协报》2015年11月30日。

2015年11月15日出席“弘扬关学精神，彰显文化自信——‘十二五’国家重点图书出版规划项目《关学文库》首发式暨研讨会”。我发言：陕西学人集中力量出版《关学文库》，这是大喜事，也是复兴中华文化、继往圣之绝学的壮举，是功在当代、惠泽后世的大事。以往对洛学重视研究多，关学相对欠缺，原因是张载死后，其大弟子吕氏投身程氏门下，关学渐式微；洛学地处中原地带，离京城开封近，影响大；当时学界主要人物赞扬洛学较多等。其实关学在理学奠基过程中具有极高的地位，关洛可谓双璧。

《关学文库》的出版，体现中华文化的特点：（1）多样性的统一性。中华文化是多民族、多宗教、多文化的融合。（2）地域性的一致性。关学作为地域文化具有普遍性，共同构成濂、洛、关、闽四大学派。（3）民族性的世界性。民族文化的世界化，世界文化的民族化。在全球化、信息革命的时代，民族文化得到跨地域的发展，便构成光辉璀璨的世界文化。我讲话的内容已被整理为《关学的共同体智慧》，于 2016 年 4 月 18 日发表在《光明日报·国学版》。

受国际儒学联合会的邀请，出席第二次学术务虚会。11 月 12 日儒联秘书长打电话来希望讲东方智慧问题。因此我想将做一中西比较。2015 年 11 月 21 日在职工之家酒店召开。我讲“中西智慧的思议”。作为常识，智慧是指聪明才智、知识、学问、辨析判断、创造发明能力；从形上看，智慧与宇宙本体、人生真谛的彻悟和上帝神明联系起来。现代汉语中智慧指辨析判断、发明创造能力，即聪明、才智、知识。

在智慧的内涵中包含着人与世界三维关系：人与生存世界的关系，人与意义世界的关系，人与可能世界的关系。这个世界从客观层面看，是自然和社会存在面貌的实际的改变和人的生存条件的改善，使世界变得更美好。从主观方面看，是主体境界的升华和主体创造力提升，从而获得人的自由。两者体现智慧本质要求，是主体对世界和人生的深层的本质和原因的独一无二的领悟，是主体发明了一种范式、规范去概括宇宙的基质，从而使发现、发明、创造成为可能。

中西方对智慧的规定既有相似之处，亦有差分，这是基于其文化传统的特异，换言之，中西智慧取决于其文化基因，其宇宙观、思维观、生态观、人性观、知行观、价值观、文明观均有差分。中西文化尽管有差分，但亦有会通、融合的方面，如古希腊哲学也主张和、和平的思想。中西文化的智慧可在互鉴、互学、互补中，共同发展繁荣，使世界文化思想再现辉煌。

由中国宋庆龄基金会和印度世界事务委员会主办，宋庆龄故居与中国人民大学孔子研究院承办的“中印友好与文明互鉴圆桌会议”于 11 月 26 日在宋庆龄故居召开。我做主旨发言，题为“中印文化交流与互补”。中印文化交流已有 2 000 多年历史，冲突融合，互动、互济、互补。中印文化交流请进来与走出去是并行的，印度僧人到中国传法，中国僧人到印度取经，互学互鉴。从语言融合来看，佛教文化的成语、典故被吸收到汉语中，成为独放异彩的奇花，如五体投地、一针见血、三生有幸、三头六臂、生老病死、伤风败俗、不即不离、在劫难逃、隔靴搔痒、功德无量、牛鬼蛇神、因果报应、六根清净、心猿意马、盲人摸象、味同嚼蜡、快马加鞭等，对中国语言有很大影响。中印作为文明古国，都在从自己的实际出发，发展各自民族文化，因此中印文明是相通的、互补的，应共同繁荣、发展。发展应注意：（1）虚（空）与实的互补；（2）体与用的互补；（3）有与无的互补；（4）心性论的互补；（5）和合与因缘的互补；（6）理与事的互补；（7）泛爱众与慈悲的互补；（8）因果报应论的互补；（9）满街都是圣人与众生成佛的互补。我的发言受到“中印友好与文明互鉴圆桌会议”与会学者的认同。

图书在版编目（CIP）数据

学术生命与生命学术：张立文学术自述/张立文著. —北京：中国人民大学出版社，2016.11
ISBN 978-7-300-23526-4

Ⅰ.①学… Ⅱ.①张… Ⅲ.①学术价值-研究 Ⅳ.①G30

中国版本图书馆 CIP 数据核字（2016）第 255242 号

学术生命与生命学术
——张立文学术自述
张立文　著
Xueshu Shengming yu Shengming Xueshu

出版发行	中国人民大学出版社			
社　　址	北京中关村大街 31 号	**邮政编码**		100080
电　　话	010－62511242（总编室）			010－62511770（质管部）
	010－82501766（邮购部）			010－62514148（门市部）
	010－62515195（发行公司）			010－62515275（盗版举报）
网　　址	http://www.crup.com.cn			
	http://www.ttrnet.com（人大教研网）			
经　　销	新华书店			
印　　刷	北京中印联印务有限公司			
规　　格	160 mm×230 mm　16 开本	**版**	**次**	2016 年 11 月第 1 版
印　　张	37.25 插页 3	**印**	**次**	2016 年 11 月第 1 次印刷
字　　数	556 000	**定**	**价**	98.00 元